"十二五"普通高等教育本科国家级规划教材

高等学校软件工程系列教材

需求工程

——软件建模与分析（第2版）

骆　斌　主编

丁二玉　编著

Xuqiu gongcheng

Ruanjian Jianmo yu Fenxi

高等教育出版社·北京

内容提要

　　软件需求的获取和分析是软件系统开发中的一项重要任务,正确获取软件需求的能力是软件技术人员所应掌握的基本技能。本书从软件需求工程的角度出发,以需求开发过程为主线,完整地描述需求获取、需求分析、需求验证、需求规格说明和需求管理5个需求工程活动。本书站在开发者的立场,侧重于实践者的技术与方法,系统全面地介绍了软件需求工程的各项进展,努力促进需求工程领域理论、方法和技术的全面融合应用,以指导需求工程各阶段的系统化实践。

　　本书内容翔实,结构合理,实例丰富,论述深入浅出,既适于软件工程、计算机、电子商务、信息管理及相关专业的本科生、研究生作为教材使用,又可以作为专业软件技术人员的参考用书。

图书在版编目(CIP)数据

需求工程:软件建模与分析/骆斌主编;丁二玉编著.--2版.--北京:高等教育出版社,2015.2(2018.12重印)

ISBN 978-7-04-041714-2

Ⅰ.①需…　Ⅱ.①骆…　②丁…　Ⅲ.①软件需求
Ⅳ.① TP311.52

中国版本图书馆 CIP 数据核字(2014)第 294810 号

| 策划编辑 | 倪文慧 | 责任编辑 | 倪文慧 | 封面设计 | 于文燕 | 版式设计 | 王艳红 |
| 插图绘制 | 尹文军 | 责任校对 | 陈 杨 | 责任印制 | 尤 静 | | |

出版发行	高等教育出版社	网　　址	http://www.hep.edu.cn
社　　址	北京市西城区德外大街 4 号		http://www.hep.com.cn
邮政编码	100120	网上订购	http://www.landraco.com
印　　刷	涿州市星河印刷有限公司		http://www.landraco.com.cn
开　　本	787mm×1092mm　1/16		
印　　张	32.5	版　　次	2009 年 4 月第 1 版
字　　数	830 千字		2015 年 2 月第 2 版
购书热线	010-58581118	印　　次	2018 年 12 月第 9 次印刷
咨询电话	400-810-0598	定　　价	46.00 元

前　言

写作背景

　　软件需求位于软件工程的起始阶段,是软件系统开发中一个重要的独立工作阶段,为软件工程后续阶段提供了工作基础,对软件项目的成败至关重要。20 世纪末,随着软件系统规模的扩大和复杂程度的增长,以需求分析为重心的传统需求处理技术已经不能适应现代软件技术发展的要求,完整的需求工程过程应运而生。需求工程是开发者在进一步深入理解软件项目需求处理活动之后提出的一个阶段性活动。同传统的需求分析相比,在需求工程中,软件需求处理不仅仅停留在单纯的分析与建模,需求的获取、建模、文档化、验证及管理等都是其中必需和重要的工作。

　　到目前为止,学术界与产业界在需求工程领域取得了较大的进展,研发了一系列有效的需求技术、方法和工具,构成了一个完整的需求工程过程框架。但是,尚有大量理论、方法和技术有待于广泛传播和全面应用,特别是需要进行系统化的实践。本书是关于软件需求工程的专门著述,目标是从开发者的视角出发,侧重于实践者的技术与方法,系统地介绍需求工程中的最新进展,促进需求工程领域理论、方法和技术的全面融合应用,指导需求工程各阶段的系统化实践。

写作思路

　　本书是作者在相关课程教学和多年科研基础上完成的,在写作中遵循了下述思路。

- 从软件需求的根源着手,在软件工程体系中讨论软件需求,让读者了解需求工程的作用和意义,明确软件需求的来源和去向。第 1 章、第 2 章、第 11 章、第 15 章、第 17 章及第 19 章都对这一点有所体现。尤其是第 2 章说明了软件需求怎样基于现实世界中的问题而产生,第 17 章解释了软件需求如何在整个项目周期内发挥作用。

- 针对需求工程理论与实践并重的特点,对理论、技术和实践方法进行了全面融合。本书既有需求的基础理论(第 2 章)和分析理论(第 11 章)等相关理论的介绍,又有建模与分析技术(第 5~6 章、第 11~14 章)的讨论,还有各种需求实践方法的描述(第 3 章 3.4.2 小节)。此外,本书还依据工业界的实际调查数据给出了每种需求工程活动在实践中的实际表现。

- 针对需求工程中的各项活动,在过程中介绍需求工程的理论、技术和实践方法。需求工程是一个完整的软件开发活动,将它的一些片段独立抽取出来进行介绍不利于对需求工程的整体理解,本书给出了需求工程中每一个活动过程的相应数据流图描述。将所有活动的数据流图描述整合起来,就是一个完整详细的需求工程过程的数据流图描述。

- 着重介绍需求工程中的主流技术和实践方法,强调技术和实践方法的可操作性。书中介绍了很多在实践中被广泛采用的需求工程技术和实践方法,其中还包括一些有实用价值,但在技术上仍有不成熟之处的方法(如第5章的目标模型技术、第11章的前期需求阶段的建模与分析技术)。需求工程是一个比较抽象的软件开发活动,为了方便读者更好地理解有关技术,掌握实践方法,书中尽可能为复杂方法和技术的应用列出明确的操作步骤,并使用了很多局部示例。

- 对需求工程中常见的技术和实践方法进行了梳理和比较分析。需求工程在很多工作的处理上都有不同的技术和方法,它们各自具有一定的适用性和优缺点。仅做到全面掌握这些技术和实践方法远远不够,还需要能够区别和判定它们的使用差异,并灵活应用。对此,本书使用了较多篇幅对常见的技术和实践方法进行了梳理和比较分析,尤其是第4章、第11章、第15章和第16章。

组织结构

本书共分为5个部分。

第一部分绪论是对需求工程的宏观介绍,包括第1~3章。第1章介绍需求工程产生的背景,说明它在整个软件工程中的地位,并简要描述需求工程。第2章从需求产生的根源出发,说明需求工程的内容、目标、作用和意义。第3章介绍需求工程的活动框架,概述需求工程中的主要活动和实践方法。

第二部分需求获取介绍需求工程的需求获取活动,包括第4~10章。第4章概述需求获取活动的内容、任务、成果和实践情况。第5章说明如何为需求获取确定项目的前景和范围。第6章说明如何选择需求获取的获取源。第7章说明如何展开用户需求获取过程。第8~10章给出常见的需求获取方法。

第三部分需求分析介绍需求工程的需求分析活动,包括第11~14章。第11章介绍需求分析的理论,概述需求分析活动的内容、任务、目标、方法、技术及实践情况。第12~14章介绍需求分析的几种常用方法和技术——过程建模、数据建模与面向对象建模。

第四部分需求的规格化和验证介绍需求工程的需求规格说明活动和需求验证活动,包括第15章与第16章。第15章描述执行需求规格说明活动所需要的各种知识,包括需求规格说明的各种特征、标准模板、写作技巧以及实践情况。第16章描述需求验证活动的任务、方法和实践情况。

第五部分需求管理和工程管理介绍需求管理活动以及针对需求工程的管理活动,包括第17~19章。第17章介绍需求管理活动的任务及各种常用的实践方法。第18章说明如何为项目建立和改进需求工程过程。第19章介绍需求工程中的各种项目管理活动。

读者对象

本书面向的主要读者对象包括从事软件需求相关工作的软件技术人员,高等学校学习软件工程课程,特别是软件需求课程的计算机类专业高年级本科生和研究生。

在校生可以使用本书作为教材,系统地学习需求工程的知识,也可以把本书作为软件工程课程的重要教学参考书;需求工程师可以参考本书,更好地理解有效的需求工程实践方法和技术;

项目管理人员可以从本书中了解到如何为项目实施需求工程;设计人员、程序员、测试人员及其他开发团队成员也可以通过本书更好地理解需求在软件开发中的重要性,更有效地参与和支持需求管理活动。

教学资源

为了加深读者对内容的理解,方便师生使用本书进行教学活动,本书提供了以下一些教学资源。

- 课件:PPT 和 PDF 两种格式的课件。
- 习题:用于复习每章内容的复习题,用于熟悉实践方法和技术应用的案例题,以及用于深化读者理解层次的思考题。

以上资源都可以从课程网站(http://js.nclass.org/vc/172737)和中国高校计算机课程网(http://computer.cncourse.com)获得。

致谢

本书在写作的过程中得到了很多人士的帮助,在此表示感谢。

前人工作是本书写作的基础。本书借鉴了已有著作和论文的内容,在此对列入引用文献清单的作者表示感谢。

本书是教学实践的结晶。软件需求工程是南京大学软件学院重点建设的软件工程类课程,自 2004 年开始设置。在教学过程中,学院对课程建设的支持,以及近千名本科生与研究生对课程的学习和反馈都为本书的写作提供了帮助,在此表示感谢。

最后,特别感谢高等教育出版社给予本书的支持,感谢各位编辑为本书的策划和出版付出的心血。

限于编者的水平,错误与不妥之处定然难免,衷心希望读者指正赐教。作者的 E-mail 为:luobin@ nju.edu.cn 及 eryuding@ nju.edu.cn。

作者

2014 年 12 月于南京

目　　录

第一部分　绪　　论

第二部分　需 求 获 取

第三部分　需 求 分 析

第四部分　需求的规格化与验证

第一部分
绪　　论

　　本部分的主要目标是帮助读者建立对软件需求工程的整体认识,理解软件需求工程的定位、关注点、基本术语、过程框架等知识。

　　第 1 章主要介绍软件需求工程产生的背景,软件需求工程和软件需求工程师的定位和主要关注内容。本章的重点是帮助读者认识到软件需求工程的复杂性和需求工程中非技术因素的重要性。

　　第 2 章主要帮助读者区分软件需求的基本术语,包括问题、问题域、需求、规格说明、解决方案、业务需求等,以便读者准确理解不同类型的需求,本章还详细解释了不同类型需求的表述准则。准确理解和区分这些术语,可以为后续章节的学习奠定良好的基础。

　　第 3 章使读者建立对软件需求工程过程的整体理解,并深入理解软件需求工程过程的关键特征,包括其迭代性与并发性、实践方法的大量应用和在软件工程中的正影响性。本章对需求工程过程的论述只是基础性的内容,更进一步深入的内容在第 18 章还有介绍。

第1章 需求工程导论

1.1 软件生产中的需求问题

1.1.1 需求问题是当前软件开发面临的主要问题

无论是实践者的切身体会,还是各种调查数据,都明确指出需求问题是当前软件开发面临的主要问题之一。在所有调查数据中,以美国专门从事跟踪工厂项目成功或失败的权威机构 Standish Group 的 CHAOS 系列报告最广为人知。

在 Standish Group 的调查中将软件项目分为 3 种类别:

① 在预计的时间之内,在预算的成本之下完成预期的所有功能,则项目为成功项目(success)。

② 已经完成,软件产品能够正常工作,但在生产中或者超支,或者超期,或者实现的功能不全,则项目为问题项目(challenged or faulty)。

③ 因无法进行而被中途撤销,或者最终产品无法提交使用,则项目为失败项目(failed or impaired)。

Standish Group 1995 年发布的调查报告[Standish 1995]表明(如图 1-1 和图 1-2 所示),1994 年美国 365 家公司的 8 380 个项目当中,成功项目仅为 16.2%,失败项目为 31.1%,问题项目为 52.7%。所有项目平均超支 189%,平均超期 222%,平均只完成了预计功能的 61%。

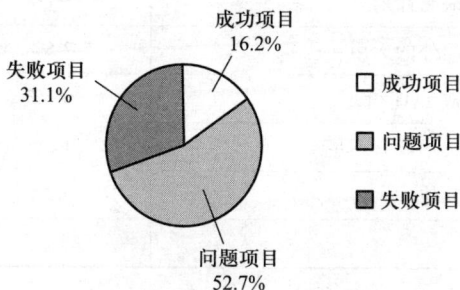

图 1-1 项目成功情况调查,
数据来源于[Standish 1995]

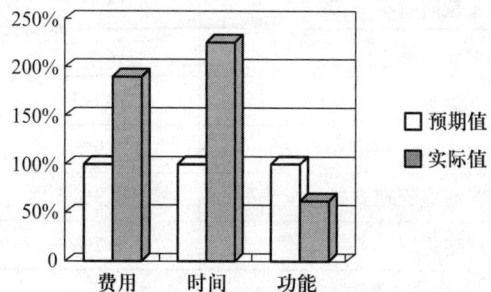

图 1-2 项目质量情况调查,
数据来源于[Standish 1995]

为了更深入了解项目成败的原因,Standish Group 在 1995 年的报告中还公布了导致项目成功或失败的影响因素,相关数据如表 1-1~表 1-3 所示。

表 1-1 影响成功项目的因素,数据来源于[Standish 1995]

成功项目的影响因素	影响指数	成功项目的影响因素	影响指数
用户参与	15.9%	员工能力	7.2%
高层管理支持	13.9%	主人翁精神	5.3%
清晰的需求说明	13.0%	清晰的目标和前景	2.9%
正确的项目计划	9.6%	努力工作	2.4%
切合实际的期望	8.2%	其他	13.9%
细化的项目里程碑	7.7%		

表 1-2 影响问题项目的因素,数据来源于[Standish 1995]

问题项目的影响因素	影响指数	问题项目的影响因素	影响指数
缺少用户输入	12.8%	不切实际的期望	5.9%
不完整的需求说明	12.3%	目标不清晰	5.3%
需求变化	11.8%	不现实的时间要求	4.3%
缺乏高层管理支持	7.5%	新技术的影响	3.7%
技术能力不足	7.0%	其他	23.0%
缺乏资源	6.4%		

表 1-3 影响失败项目的因素,数据来源于[Standish 1995]

失败项目的影响因素	影响指数	失败项目的影响因素	影响指数
不完整的需求说明	13.1%	缺乏计划	8.1%
缺少用户输入	12.4%	额外的无用功能	7.5%
缺乏资源	10.6%	缺乏 IT 管理	6.2%
不切实际的期望	9.9%	技术能力不足	4.3%
缺乏高层管理支持	9.3%	其他	9.9%
需求变化	8.7%		

通过分析表 1-1~表 1-3,可以发现需求因素对项目的成败具有至关重要的影响。其中的用户参与(用户输入)、高层管理支持、清晰的需求说明、切合实际的期望、清晰的目标和前景、需求变化、额外的无用功能等都会使需求发生问题。综合来看,需求因素对成功项目的影响指数为

53.9%,对问题项目的影响指数为 55.6%,对失败项目的影响指数为 60.9%。

1996 年,欧洲软件协会(European Software Institute,ESI)为欧洲软件过程改进培训计划项目(European Software Process Improvement Training Initiative,ESPITI)发布的报告[ESPITI 1996]进一步验证了 Standish Group 的调查结果。

ESPITI 在对欧洲 17 个国家的超过 3 800 个组织进行调查后发现,关于需求规格说明和需求管理的缺陷是软件开发当中最常见的两类重要问题,如图 1-3 所示。

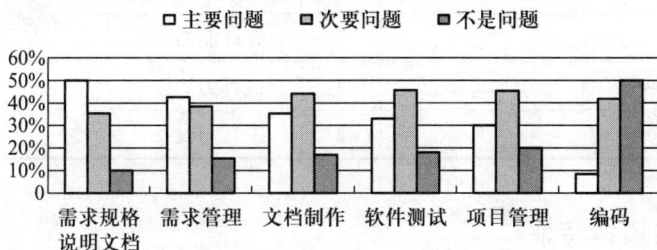

图 1-3　软件开发问题调查,数据来源于[ESPITI 1996]

所有这些调查数据表明,和软件需求相关的因素为软件项目所带来的风险和问题已经超过了所有的其他因素,糟糕的软件生产状况背后隐藏着软件工程的需求问题。

到现在为止,[Standish 1995]和[ESPITI 1996]报告已经过去了近 20 年,其反映的问题有所好转,但并未根本改变,软件生产面临的状况仍然不容乐观(如表 1-4 所示),其中的需求问题仍然存在(如表 1-5 所示)。

表 1-4　Standish Group 报告中软件生产成功率的变化

	1994 年度	1996 年度	1998 年度	2000 年度	2004 年度	2006 年度	2008 年度	2010 年度	2012 年度
成功/%	16	27	26	28	29	35	32	37	39
问题/%	53	33	46	49	53	46	44	41	43
失败/%	31	40	28	23	18	19	24	21	18

表 1-5　Standish Group 报告中项目成功的影响因素

排序	2010 年度		2012 年度	
	影响因素	指数/%	影响因素	指数/%
1	用户参与	20	高层管理支持	19
2	高层管理支持	15	用户参与	18
3	清晰的业务目标	15	清晰的业务目标	15
4	情感成熟度(emotional maturity,即项目氛围)	12	情感成熟度	12

排序	2010 年度		2012 年度	
	影响因素	指数/%	影响因素	指数/%
5	最优化(optimization)	11	最优化	11
6	敏捷过程	11	敏捷过程	9
7	项目管理技能	6	项目管理技能	7
8	有技能的员工	5	有技能的员工	5
9	执行力	3	执行力	4
10	工具与设备	2	工具与设备	1

1.1.2 软件的模拟特性

在这些导致需求问题的原因当中,一个最为重要的原因是:未能很好地理解和掌握"应用"型软件的模拟特性以及由此而产生的一系列影响和要求。

软件的模拟特性来源于其知识载体的特性:软件在运行中表现出来的特性、行为应该和应用的现实情况保持一致。这样,人们通过观察软件的表现就可以得出相应现实问题的答案,即软件"模拟"了现实。

例如,在图书管理软件中,如果在张三没有借书的情况下,软件系统产生了一条张三借书的记录,则该软件系统将会被认为是运行不正常和存在缺陷的,原因即在于借书情况的记录和现实中发生的借书事件没有保持一致。在软件和现实保持一致的情况下,人们不再需要为了查找一本书而翻遍所有的书架,通过软件系统进行书目查询就可以得到准确的答案。

软件的冗余功能问题也从另一个侧面很好地反映了它的模拟特性。在软件开发中,一方面只能完成预期功能的 60% ~ 70%[Standish 1995],另一方面移交软件中却存在着大量的冗余功能(接近 50%[Young 2002, Standish 2003]),这些功能用户从来不会使用。人们在讨论冗余功能为软件开发带来额外负担时,却很少有开发人员能够意识到,这些冗余功能往往也是导致用户不满意和软件不被接受的原因之一。正是因为缺乏这种意识,所以软件开发人员才会在开发中持续不断地超出用户的需求添加"出色功能",进行自我陶醉地为软件"镀金"。设想一个购买汽车的普通用户,如果发现汽车除了正常的功能之外,在方向盘边上还有一些用途不明的其他部件,虽然被告知那些部件可能永远不会被用到而可以置之不理,但作为一名普通的驾驶者,没有人会有设计师的那份泰然,不小心触发那些部件可能产生的未知后果会一直萦绕心头,以至于恨不能将之消除而后快。

当然,软件对现实世界的"模拟"并不是机械和被动的。在投入使用之后,它也会通过相应的对外接口对其周围环境产生必要的影响,并进一步帮助人们解决现实世界中遇到的问题。只是它必须以准确的现实理解为基础,在现实的制约之下对外施加影响,进而解决问题。

应用型软件的模拟特性决定了它和纯工具型软件在生产中具有不同的关注点和评判标准（如表1-6所示）。

表1-6　不同类型软件的评判标准

软件类别	纯工具型软件		应用型软件
	专业用户	普通用户	
评判标准	功能的复杂性 使用的高效性 技术的先进性	功能的有用性 使用的方便性 技术的可行性	功能的"模拟"性 使用的方便性 技术的可行性
关注点	创新性	有效性	模拟性
示例系统	编程环境 DBMS	Office 语言翻译	MIS EAI

软件可以被分为3种类别：面向专业用户的纯工具型软件、面向普通用户的纯工具型软件和应用型软件。

专业用户通常以软件为中心开展工作，工具软件是他们的主要手段，因此面向专业用户的纯工具型软件的首要成功标准是要具有功能的复杂性和使用的高效性。功能的复杂可以让专业用户在执行任务时具有更大的发挥空间和回旋余地。使用的高效可以帮助专业用户更快、更好地完成任务。以上两点的实现都要以先进的技术为必要条件。该类软件以创新性为主要关注点，技术创新是它们的生存之道。

普通用户利用软件的目的通常仅限于解决一些实际问题，软件仅仅是一种辅助性的手段，因此面向普通用户的纯工具型软件以功能的有用性为首要成功标准，一些过于复杂的功能反而会因其灵活性而丧失一定的实用性，进而受到用户的抵制。普通用户技术能力有限，所以对操作的要求以使用方便为主，在使用方便的前提下追求使用的高效性。实现功能的有用性和使用的方便性，利用常见的可行技术即可，先进技术并非必要条件。有效性是该类软件的主要关注点，能够有效使用即可占有一席之地。

应用型软件在"模拟"现实的基础之上接收用户的请求，协助用户完成任务，它正确工作的基础是具有"模拟"性。"模拟"性具体是指以下几点：

① 目的性。软件的目标是直接或间接地满足用户的某些目的或者解决用户的某些问题，软件的功能是据此设立的。

② 正确性。软件具备的功能能够保证目标的正确实现。

③ 现实可理解性。软件实现其功能的基础、手段和过程是在用户领域内现实可理解的，即软件系统是在理解其现实环境的基础上，通过影响现实的某些环节，或者改变现实各部分的通信方式，最终达成某些目的或者解决某些问题的。

应用型软件一般以普通用户为应用对象，因此也要求具有使用的方便性。实现功能的"模拟"性和使用的方便性也仅要求所用技术具有可行性。和工具型软件不同,应用型软件通常不是通用的,它们是为特定的应用环境定制的,对环境的"模拟"性是其主要的关注点。

　　不同的评判标准和关注点决定了3类软件在生产中也会有所不同(如图1-4所示),尤其是在分析阶段具有截然不同的目标:面向专业用户的工具型软件通常在具有一定的观念创新或技术创新后执行功能分析,分析阶段的主要目的是为充分利用创新优势而进行巧妙的功能安排;面向普通用户的工具型软件进行分析的主要目的是进行方案权衡,寻找一套切实有效的功能配置;应用型软件分析阶段的主要目的是发现人们利用软件的原因(目的),找出需要软件解决的问题,理解应用环境中的领域知识,保证功能的"模拟"性。

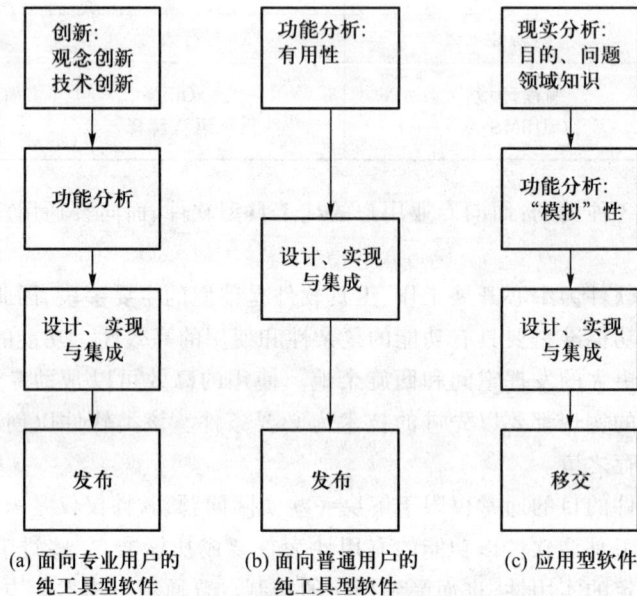

```
创新:              功能分析:           现实分析:
观念创新            有用性              目的、问题
技术创新                               领域知识
  │                                     │
  ↓                                     ↓
功能分析                              功能分析:
  │                                    "模拟"性
  │              设计、实现              │
  ↓              与集成                 ↓
设计、实现           │                 设计、实现
与集成              ↓                   与集成
  │                                     │
  ↓                                     ↓
发布               发布                 移交

(a) 面向专业用户的    (b) 面向普通用户的    (c) 应用型软件
    纯工具型软件          纯工具型软件
```

图1-4　不同类型软件的生产过程

　　在实际工作中,虽然大部分软件开发人员将其主要精力都消耗在应用型软件的生产中,但他们每天接触更多的却是工具型软件。因此,如果开发人员受到的工具型软件相关评判标准、关注点及生产过程的影响过大,就会对应用型软件的"模拟"特性理解不透彻或应用不坚决,进而导致对需求处理阶段重视不足或者在需求阶段轻视领域知识研究,应用型软件的生产就会发生需求问题。

　　而在实践当中,对应用型软件的"模拟"特性理解不透彻或应用不坚决的问题的确普遍存在。[Capers 1996]在调查了几百家公司之后发现超过75%的企业在需求处理环节存在不足。2000年,Nikula等人在对芬兰的中小型公司进行需求处理实践情况评价时发现[Nikula 2000],在以30分为标准线的情况下,75%的公司竟然在10分以下。Hofmann等人在欧洲的需求工程实践调查中发现,仅有约1/3的项目有明确的需求处理过程[Hofmann 2001]。在进行需求分析时,人们对软件自身特性投入很大精力的同时,对本应投入很大精力的问题背景和应用环境却常常关注不足。Juristo 等人在对欧洲的 150 多名需求工程实践者进行调查后发现,在需求处理的诸多技术中需求获取和冲突协商的技术没有得到充分的应用[Juristo 2002]。研究也发现,当软件生产面临时间、市场等其他压力时,漠视"模拟"特性的情况就更为严重。

1.1.3 需求问题具体原因分析

软件生产中产生需求问题的最大原因在于对应用型软件的模拟特性理解不透彻或应用不坚决,它会导致软件开发者产生轻视需求的态度问题。除此之外,还有一些技术原因也会导致需求问题的产生。

1. 非技术性和社会性因素重视不足

应用型软件的模拟特性使得需求处理具有很突出的特性。相对于软件开发的其他阶段而言,需求处理阶段涉及更多的非技术性和社会性因素,并且其所受的影响也远远高于其他阶段。20 世纪 90 年代之前的需求处理往往更专注于技术处理,而对其中的非技术性和社会性因素重视不足。

需求建模与分析是需求处理中的核心活动,它用一些形式化或半形式化的语言进行知识的描述。一方面,只有通过建模与分析才能将混乱、模糊的用户需求变成清晰、明确的软件需求,所以它是获取需求处理活动的必然后继,它建立的分析模型是需求处理中最为重要的成果;另一方面,建模与分析的理论可以帮助人们系统化地看待问题,它可以根据理论或分析中出现的各种现象指导其他需求处理活动更好地进行。因此,建模与分析活动在需求处理中具有非常重要的地位,以至于人们理所当然地把需求处理工作的重心部署在建模与分析活动中,放在对建模技术的理解和运用上,甚至在传统的软件开发生命周期中用"需求分析"一词指代整个需求处理阶段。

但在需求处理阶段除了需求建模与分析活动之外,还有其他的活动也应得到重视,理解需求处理中涉及的非技术性和社会性因素与理解建模分析技术一样必要,否则同样会导致软件的失败,这些因素包括组织机构文化、社会背景、商业目标、利益协商等。它们的必要性具体如下。

(1) 从需求处理的任务来看,需要重视非技术性和社会性因素

需求处理的主要任务是发现问题并解决问题。现实是问题的发生地,软件系统是人们应对问题的手段。但是单纯的软件系统是不能解决问题的,它只有和现实之间形成一种有效的互动才能解决问题。因此,相对于软件系统的构造问题,人们更应该关注软件系统和现实之间的互动效应。也就是说,需求处理不应该以新系统的功能性和内在特征为主要处理目标,而是更应该集中精力于分析环境的构成、现状和它们将来能与软件达成的期望互动效应。因此,作为软件系统环境的组织机构文化、社会背景和系统涉众(stakeholder,是指将会受到软件系统的影响,并能够直接或间接影响系统需求的个人、团体或组织)的目标与利益比软件内部的数据流与状态更应该得到重视。

（2）从需求处理的手段来看,需要重视非技术性和社会性因素

建模与分析技术是进行需求处理的主要手段,这些技术本身都是概念性的,不依赖于某些特殊的应用环境条件,可以被广泛应用于各种应用场景。但是利用这些技术构建的解决方案一定是和具体应用环境相关的,不存在不依赖于具体应用环境的解决方案。因此,在利用建模与分析技术进行需求处理时,不能忽视具体应用环境中的相关因素,例如组织机构的文化、行业规范和社会背景等,都会约束解决方案的构建空间。

（3）从需求处理的过程来看,需要重视非技术性和社会性因素

在需求处理的过程中,试图单纯通过技术的运用来建立一个一致、完整的需求模型是不太可能的。因为在现实中,因涉众的不同立场而产生利益冲突的情景非常常见,这些冲突是根本性的,是无法单纯通过技术手段所能解决的。因此,在需求处理的过程中,要重视非技术性和社会性因素所导致的问题的解决,面对冲突要能够分析社会原因和组织机构方面的原因,引导涉众进行利益协商,进而建立一个一致、完整的需求模型。

2. 传统需求分析方法的缺陷

传统的需求分析方法,如结构化分析和面向对象分析,都是从设计领域转入分析领域的。虽然它们在设计阶段取得了很大的成功,但它们并不非常适合于需求阶段的技术处理需要,因此它们在需求处理中的应用具有一定的先天缺陷。

传统的结构化方法和面向对象方法都是最先在编程领域取得成功的,它们所用的概念和组织机制都是从编程领域抽象出来的。其后,它们又都相继被用来进行软件设计,因为设计和编程都有构建高质量（健壮性、可维护性、适应性等）软件的共同目标,而且使用相同的概念和组织机制保证了从设计到编程的平滑过渡,所以它们在设计领域的应用也取得了成功。而后它们又被进一步应用到分析领域,但是需求分析除了拥有构建高质量软件的目标之外,还有一个更加重要的目标是理解现实,而这是传统分析方法所拥有的概念和组织机制所无法实现的,所以说传统分析方法在需求分析领域的应用具有先天缺陷。

3. 软件规模的日益扩大

20 世纪 90 年代之后大量出现的以"企业"为中心的软件反映了软件规模日益扩大的发展趋势,这一方面提高了需求处理中非技术性和社会性因素的影响比重,另一方面也进一步放大了传统技术在需求处理阶段的不适应性。

在软件以单一任务或几个相关任务为应用领域时,软件应用的上下文环境相对局限在某个部门或者某个角色,甚至某个个人的任务范围之内,涉众非常有限。所以,它所涉及的组织机构文化、社会背景、商业目标和利益协商等非技术性因素自然也相对较少。而且该类软件的需求来源往往很有限,所以每条需求相对较为完整和一致,可理解性相对较好,进行技术分析时对"为什么做"（why）进行描述的要求不是非常必要。

但是,当软件以企业为中心时,它的应用范围会包括企业的各个主要职能部门,包括各部门的主要任务和它们之间任务的协同。这样,该组织的部门划分、传统与惯例、规章和约束、行业特性和行业约定、社会地位和社会价值等组织结构文化和社会背景方面的因素就会对需求分析的

正确进行产生一定的影响。而且随着应用范围的扩大,涉众会更加广泛,相互之间的利益冲突也会加剧,因此对商业目标和利益协商的处理要求也变得很有必要,忽视这些非技术性因素会导致整个项目的失败。

在软件以企业为中心时,很少有用户能够单独给出对全局的理解,进而得出需求。相反,每个用户往往仅能给出与其相关的片段,需要分析人员将所有用户的片段连接起来,构成全局理解,导出需求。因此,该类软件要求分析人员能够在拥有相对有限的用户描述片段或者用户描述片段间有冲突时进行相对正确的解读,即需求分析对规格说明可理解性的要求加强,这样对"为什么做"进行描述就显得非常重要,因此传统分析方法的缺陷也就更加明显。

4. 需求问题的高代价性

需求处理是软件工程的起始阶段,设计、实现等后续阶段的正确性都以它的正确性为前提。如果在需求处理过程中有错误未能解决,则其后的所有阶段都会受到影响,因此与需求有关的错误修复代价较高,需求问题对软件成败的影响较大。统计表明,在需求阶段发生的错误如果到了维护阶段才发现,则在维护阶段进行修复的代价可能高达需求阶段修复代价的 $100 \sim 200$ 倍 [Boehm 1981,Boehm 2001](如图 1-5 所示)。这种递增效应也说明了需求问题的高代价性。

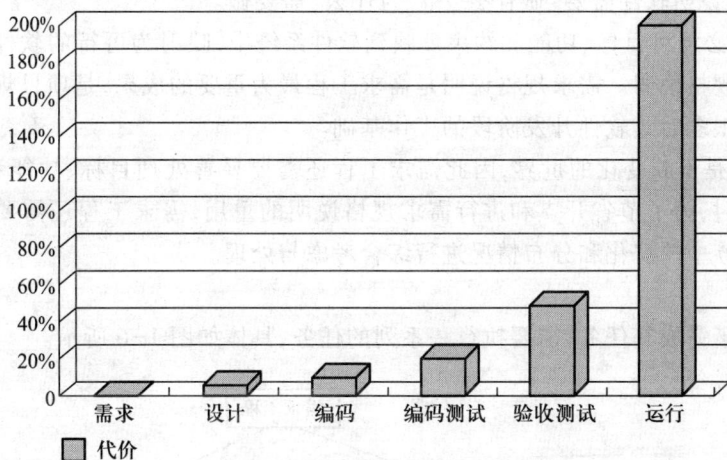

图 1-5 需求错误的修复代价对比,数据来源于[Boehm 1981]

1.2 需求工程

在对软件工程中的需求问题进行了大量调查和分析之后,于 20 世纪 90 年代提出了重视需求处理的要求。这时人们认识到需求处理除了核心的建模与分析活动之外,还有其他的活动也需要慎重对待,因此提出了"需求工程"的说法,即利用工程化的手段进行需求处理,以保证需求处理的正确进行。

1.2.1 需求工程简介

1. 定义

"需求工程"自产生以来,其概念和其领域内的其他名词一样,没有形成较为一致的定义,不同的人从不同的角度出发,根据各自不同的理解,会得出不同的定义。

简单来说,需求工程是所有需求处理活动的总和,它收集信息、分析问题、整合观点、记录需求并验证其正确性,最终反映软件被应用后与其环境互动形成的期望效应。

从细节来看,可以定义如下:需求工程是软件工程的一个分支,它关注软件系统所应实现的现实世界目标、软件系统的功能和软件系统应当遵守的约束,同时也关注以上因素和准确的软件行为规格说明之间的联系,关注以上因素与其随时间或跨产品族而演化之后的相关因素之间的联系。

通过以上定义可以发现,需求工程有以下 3 个主要任务。

① 需求工程必须说明软件系统将被应用的环境及其目标,说明用来达成这些目标的软件功能,还要说明在设计和实现这些功能时上下文环境对软件完成任务所用方式、方法所施加的限制和约束,即要同时说明软件需要"做什么"和"为什么"需要做。

② 需求工程必须将目标、功能和约束反映到软件系统中,映射为可行的软件行为,并对软件行为进行准确的规格说明。需求规格说明是需求工程最为重要的成果,是项目规划、设计、测试、用户手册编写等很多后续软件开发阶段的工作基础。

③ 现实世界是不断变化的世界,因此需求工程还需要妥善处理目标、功能和约束随着时间的演化情况。同时,为了节省开支和进行需求规格说明的重用,需求工程还需要对目标、功能和约束在软件产品族中的演化和分布情况进行综合考虑与处理。

2. 基本活动

需求工程为了完成其任务,需要执行一系列的任务,具体如图 1-6 所示。

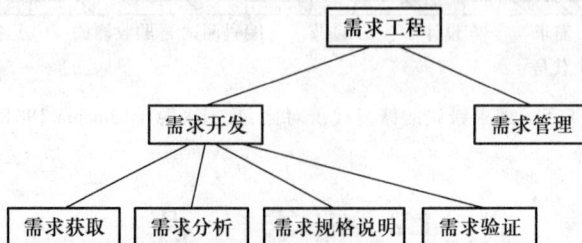

图 1-6　需求工程基本活动

需求工程活动包括需求开发和需求管理两个方面。需求开发是因为需求工程的"需求"特性而存在的,它们是专门用来处理需求的软件技术,包括需求获取、需求分析、需求规格说明和需求验证 4 个具体的活动。需求管理是因为需求工程的"工程"特性而存在的,它的目的是在需求开发活动之后,保证所确定的需求能够在后续的项目活动中有效地发挥作用,保证各种活动的开展都符合需求要求。

需求获取的目的是从项目的战略规划开始建立最初的原始需求。为此,它需要研究系统将来的应用环境,确定系统的涉众,了解现有的问题,建立新系统的目标,获取为支持新系统目标而需要的业务过程细节和具体的用户需求。

需求分析的目的是保证需求的完整性和一致性。它从需求获取阶段输出的原始需求和业务过程细节出发,将目标、功能和约束映射为软件行为,建立系统模型,然后在抽象后的系统模型中进行分析,标识并修复其中的不一致缺陷,发现并弥补遗漏的需求。

需求规格说明的目的是将完整、一致的需求与能够满足需求的软件行为以文档的方式明确地固定下来。在文档中,可以使用非形式化的文本(如自然语言)描述,也可以使用半形式化的图形语言,如统一建模语言(Unified Modeling Language,UML)描述,还可以使用形式化的语言(如Z 语言)描述。描述的结果文档是接下来将被提交进行需求验证的软件需求规格说明。

需求验证是需求开发中的最后一个活动。它的首要目的是保证需求及其文档的正确性,即需求正确地反映了用户的真实意图;它的另一个目标是通过检查和修正,保证需求及其文档的完整性和一致性。需求验证之后的需求及其文档应该是得到所有涉众一致同意的软件需求规格说明,它将作为项目规划、设计、测试、用户手册编写等多个其他软件开发阶段的工作基础,对帮助项目开发人员建立共同的前景具有重要作用。

需求管理是对需求开发所建立的需求基线的管理,它在需求基线完成之后正式开始,并在需求工程阶段结束之后继续存在,在设计、测试、实现等后续的软件系统开发中保证需求作用的持续、稳定发挥。它的主要工作是跟踪后续阶段中的需求实现与需求变更情况,确保需求得到正确的理解和实现。

1.2.2　需求工程与系统工程

在系统化的需求工程出现之后,需求处理在整个系统开发中所处的位置也出现了变化,具体如图 1-7 所示。

传统的需求处理即图 1-7 所示的软件工程的需求阶段,但系统化的需求工程将软件需求开发和系统需求开发结合起来,在系统工程的开始阶段起到重要作用。在 20 世纪 90 年代中期之后,系统需求开发又被称为需求工程的早期阶段(early phase)。软件需求开发相应被称为需求工程的后期阶段(late phase)。

计算系统工程通常是指将计算机引入某一现实系统,并用它来改变现实系统的运作方式,达到一个理想效果的过程。在计算系统工程中,软件通常具有重要的作用,但系统工程中除了含有处理软件的软件工程之外,还包括硬件工程和人力工程。硬件工程为计算机在某一现实系统中的应用提供硬件支持,如网络布局和处理机配置等。人力工程为计算机在某一现实系统中的应用提供人力资源支持,如维护人员培训、系统管理人员培训和用户培训等。因此,在系统工程中虽然应该重点关注软件工程部分的内容,但并不能完全以软件为中心来看待和处理整个系统。

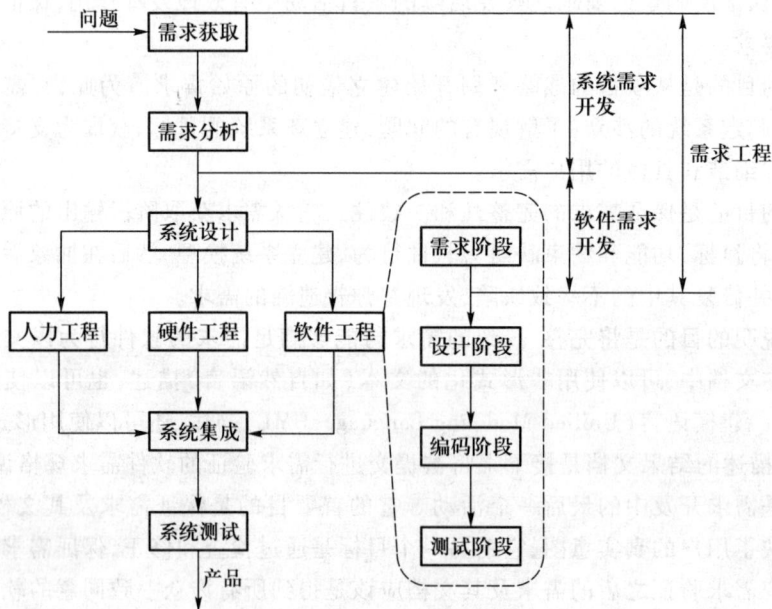

图 1-7　需求工程在系统工程中的位置

正确的方式应该是在处理软件所关注的内容之前就先综合考虑和处理所有的系统因素,包括软件、硬件和人力资源。为此,在实现具体的软件工程、硬件工程和人力工程之前,系统工程需要先进行系统需求开发,以获得对系统整体的综合理解。

系统需求开发的主要目的是获得整个系统的期望目标,包含功能特征和非功能特征(如性能要求等)。为此需要判断系统的涉众,采集他们的目标与要求,研究系统的环境,确定系统的约束,并进行一些整体性的需求分析。系统需求开发阶段的需求分析主要是分析系统的成本效率及系统的组织和行政策略,处理互相依赖、冲突、重叠或不一致的涉众需求,检查并弥补需求缺失,检查技术储备、外部系统等环境约束。系统需求开发的结果会写入系统需求规格说明。

系统需求开发阶段获得的需求将被分配到软件工程、硬件工程或人力工程部分。其中硬件工程和人力工程的需求一般比较容易落实,但软件工程的需求还需要进行更加细致的处理,即进行软件需求开发。软件需求开发用来确定系统需求中应该由软件满足的部分,将其映射为软件行为,产生软件需求规格说明。

1.2.3　需求工程的重要性

软件开发是一个工程性的问题,这一点已经被人们广泛接受。软件开发者的任务就是开发一个软件系统,将之应用于现实世界,并通过软件系统和现实世界的交互,影响和改变现实世界。在这个过程中,软件开发者并不是要从物理结构开始针对问题建立一个特定的计算机,而只是描述所需软件系统的特征和行为,然后通过编程在通用计算机上实现,使之表现出之前所描述的特征和行为。因此软件开发是这样一个工程问题：利用通用的计算机结构构建一个有用的软件系统，来满足人们的某些目的。

但是，作为一名工程师，软件开发者的工作方式却和其他工程领域的工程师不太一样，这些领域包括常见的汽车、电子、化学、航空等。最大的区别在于，一个汽车工程师在开始工作之前，不需要花费精力去研究等待他解决的问题是什么。他们的问题总是设计某种特殊类别的汽车，而且该种汽车的设计目标和特性要求都是清晰与明确的。家庭轿车的设计师不需要考虑让轿车飞行或载重 15 t 等性能之外的要求，也不需要考虑轿车是否应该有轮子或驾驶员应该坐在轿车的前面还是后面等性能之内的问题。每种类型汽车所要解决的问题都是固定的，或者是解决市内交通，或者是解决长途客运，等等，没有人会用汽车来建造一栋摩天大厦。因此对于这些工程领域中的工程师而言，一方面因其所从事行业的特殊性给他们施加了很大约束，另一方面也给他们提供了很好的工作基础。

由于计算机应用于现实世界的广泛性，所以软件工程师的工作也具有行业上的广泛性。这就要求他们在不同的行业领域里都表现出优秀的工作能力，例如，一个在金融领域软件开发中成绩斐然的工程师也应有能力在医疗领域进行成功的软件开发。这就带来了问题和解决方案的广泛性。但是软件工程师不可能了解所有的领域，所以在软件开发中他们常常要同时面对新的问题和提出新的解决方案。

因为总要面临新的问题，所以软件工程师常常需要将工作中很大的一部分用来定义问题，然后再为其设计一个新的解决方案。定义问题就是需求工程的任务，所以除了一些特殊情况之外，在软件开发中进行需求工程是非常必要的。

人们很早就认识到需求工程的重要性，正如 Frederick Brooks[Brooks 1987]所说：开发软件系统最为困难的部分就是准确说明开发什么。最为困难的概念性工作便是编写详细技术需求，这包括所有面向用户、面向机器和其他软件系统的接口。同时，这也是一旦有错最终将会给系统带来极大损害的部分，并且以后再对它进行修改也极为困难。

虽然需求工程的重要性早就被人们所认识，而且实践也一次又一次地证实了这种认识，但在很多情况下人们还是会忽略需求工程的重要性，这种忽略在学生的校园实践项目中体现得尤为明显。

究其原因，是因为有些特定问题的具体特性掩盖了需求工程的重要性。常见的情况有两类：

① 问题广为人知。像电梯调度、图书管理等问题就属于此类。面对此类问题时，即使不采用需求工程的方法，开发人员也可以得到对问题的准确和全面理解，进而开发出符合要求的系统。

② 问题小而简单。它们开发的代价较小，因此修复的代价也较小，即使全部推倒重来也不会有太大的影响，因此该类问题可以不采用需求工程的方法。

而以上两类问题在教学过程中常被当作典型示例，所以导致学生忽略了需求工程的重要性。

[Oboler 2003]也在调查中发现，学校的实践和科研项目存在不注重工程化方法（当然也包括需求工程方法）的现象，并总结了两个原因：第一，项目的结果往往仅要求提交一个可运行的原

型系统,而不是完善的产品;第二,一旦项目结束,很少存在后续的完善和维护需要。

这些特定的问题会在一定的场合掩盖需求工程的重要性,但该类情况只是软件开发中的极少数,需求工程的重要性仍然需要得到足够的重视。

1.2.4 需求工程的复杂性

Brooks 的论断在表明需求工程重要性的同时,也指出了需求工程的困难性,这来源于需求处理过程的复杂性。

[Lamsweerde 2000]认为,需求工程的复杂性体现在以下几个方面。

1. 处理范围广泛

需求工程连接现实世界和计算机世界,所以它首先要理解现实世界,要描述现实世界的现状与运行规律,既要描述物理的实体,又要反映人类活动的特点,而且并不存在一切内容都浮于表面的现实世界,需求工程师需要去研究、去发现,才能得到需要描述的内容;其次它也需要理解计算机系统,要清楚计算机与软件的构建方式,要能判断某一方法的可行性;最后它还需要将现实世界和计算机世界连接起来,让它们之间产生期望的互动效应,以满足用户的需求。

2. 涉及诸多参与方

在需求处理的过程中往往涉及很多参与者,他们来自不同的领域,具有不同的背景、技能、知识层次、关注点、期望值和表达方式等,因此他们之间的交流是非常复杂的,而且他们之间还常常会产生利益冲突和观念冲突,这使得需求处理过程更为复杂。常见的参与方包括客户、用户、领域专家、需求工程师、软件开发者和系统维护者等。

3. 处理内容多样

需求工程处理的知识内容多种多样,既有用户的功能需求和非功能需求,又有软件将来所处的环境及其约束。用户的功能需求往往体现为多个层次,有高度抽象的战略需求,有粗略的任务需求,也有细节的软件操作需求。除了功能需求之外,需求工程还要关注安全性、可用性、性能、灵活性、健壮性和可维护性等非功能需求,而且这些非功能需求往往还会互相冲突。最终的目标系统并不仅仅是一个软件,因此需求工程还需要关注目标系统的环境及其约束。环境由人、设备和其他软件组成。

4. 处理活动互相交织

需求工程包括需求获取、需求分析、需求规格说明和需求验证等 4 个需求开发活动,它们互相衔接、顺序处理。但基于人类认知逐步深入的特性,人们在分析中发现问题和缺陷时,往往还需要回溯到获取活动,以在更广或更深的范围内获取更多或更详细的信息。所以获取与分析在实际执行中往往是一个互相交织、不断迭代的过程。即使是在需求规格说明和需求验证阶段发现问题和缺陷,修复时也往往要回溯到获取活动或分析活动进行再处理,然后重新执行整个活动过程。所以,需求开发的各项活动虽然在理论上具有顺序处理的特性,但在实际执行过程中往往是迭代和互相交织的。

5. 处理结果要求苛刻

作为需求处理结果的需求规格说明要满足正确性、完整性和一致性等苛刻要求。因为如果需求规格说明中含有某些不足或错误，就可能会为后续的开发活动或最终的软件产品质量带来灾难性的后果。这些不足和错误包括需求不真实、需求不完整、需求之间互相矛盾、需求模棱两可等。除了以上的不足和错误之外，还有一些小的瑕疵也会带来负面的连锁反应（浪费时间、产生新的错误等），这些瑕疵包括噪声信息、不切实际的要求等。

1.3 需求工程师

1. 需求工程师是涉众和开发者之间的桥梁

在软件开发的各项活动中，需求工程的任务是连接现实世界与计算机世界，将现实世界的知识内容转化为计算机世界的工作基础，让软件设计、实现、测试等后续的软件开发活动将精力集中在计算机世界中来。需求工程师是负责完成需求工程主要任务的专门人员，所以他负责衔接现实世界和计算机世界，简单说就是涉众与开发者之间的桥梁。

需求工程师的重要性就体现在他的桥梁作用上，如图1-8所示。如果没有需求工程师的工作，设计师、程序员等开发者就会在深入并准确理解涉众的想法上出现困难，涉众在见到最终的软件之前也无法把握软件是否满足了他们的想法，最终会导致涉众与开发者之间出现大量的沟通不畅与误解，导致项目返工甚至失败。

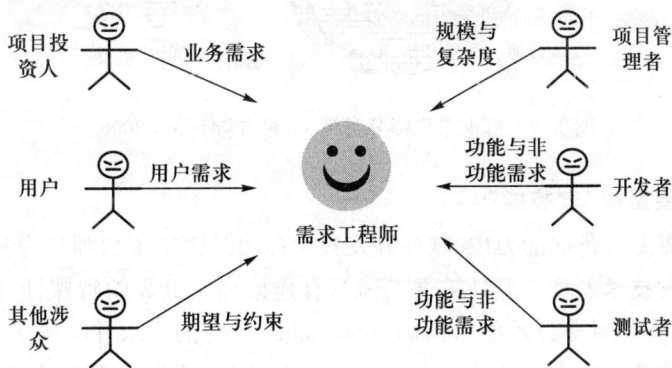

图 1-8　需求工程师的桥梁作用

需求工程师一切工作的核心就是扮演好桥梁作用：在面对涉众时，需求工程师就是后续软件开发者的代理，负责设计软件方案以满足涉众的各项需求；在面对后续软件开发者时，需求工程师就是涉众的代理，准确地将各项需求告知开发者。

虽然自身属于开发者的一个部分，但是因为需求工程师只有在需求开发阶段需要面对涉众，在更多的后续阶段中面对的是软件开发者，所以好的需求工程师更应该扮演好涉众代理的角色，站在涉众的立场想问题，替涉众跟踪和监控软件开发过程，保护涉众的利益。

2. 需求工程师需要具备的技能

因为需求工程比较复杂,又关乎项目的成败,所以合格的需求工程师需要具备多方面的知识与技能。

因为要代表开发者为涉众提供软件解决方案,所以需求工程师必须熟练掌握软件开发方法与技术,保证设计出来的软件解决方案既是可行的又是成本效益比有效的。

需求工程师还要代表涉众把他们的想法准确地告知开发者,所以需求工程师必须要有非常精确的表达能力,尤其是文档化能力。

当然,最关键的是需求工程师要从涉众那里得到他们的想法并转化为开发者需要的知识,所以需求工程师必须有非常好的交流沟通能力以了解涉众的想法,必须要有抽象建模与分析的能力以准确定义涉众的想法。

依照需求工程师需要完成的开发任务,[Al-Ani 2006]将需求工程师应该具备的能力做了定义,如图1-9所示。

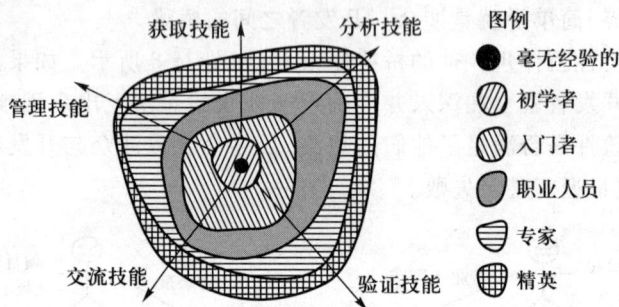

图1-9　需求工程师分类模型,源自[Al-Ani 2006]

3. 需求工程师要重视"软技能"

在需求工程师需要具备的能力中,软件开发技术能力是需求工程师最为基础的能力,因为他首先是一个软件开发技术人员。但是需求工程具有连接现实世界的特殊性,所以与其他软件开发角色相比,需求工程师对非技术能力(non-technique skill)的要求并不弱于(甚至强于)对技术能力的要求。这些非技术能力又常被称为软技能(soft skill),是指依赖于需求工程师个人素质而非技术方法掌握情况的能力,通常会涉及认知心理学、社会学、语言学和人类学等人文学科知识。

需求工程师需要掌握的重要软技能包括以下几方面。

(1)交流技能

需求工程师最为需要的软技能是广义的交流沟通能力,包括表述、写作、面谈、团队工作和狭义交流能力等。

这里的交流技能指狭义的交流能力,是指需求工程师与他人通过交谈完成信息交换的能力,是需求工程师获取需求必备的能力,包括以下两个方面。

首先,需求工程师要掌握交谈和提问的技巧。一方面,需求工程师要通过安排适当的话题,让用户的精力集中在主要的关注点上,然后通过问题的逐步展开和提问方式的灵活变换控制谈话过程,引导用户表达出重要的信息;另一方面,需求工程师要能够和不同的个人或小组展开讨论,要能够应对他们不同的交流方式(木讷、固执、盛气凌人等),剔除他们不同背景的附加影响,导出共同的需求。

其次,需求工程师要具有倾听的技巧。需求工程中的交流是双向交流,因此除了表达自己之外,需求工程师还要学会有效地倾听。有效倾听要能够营造好的交流氛围,抓住其他人说的每一句话,从字里行间中找出重要内容。有效倾听还要求需求工程师站在对方的表达习惯上进行理解,避免用个人的方式来过滤用户表达的信息。

(2)观察技能

观察也是需求工程师获取需求需要具备的能力。通过观察用户的工作环境和工作过程,需求工程师应该能够发现通过谈话及其他方法所无法发现的重要信息,例如系统对环境的依赖情况和用户没有提及的潜在知识等。即使是在和用户的谈话中也可以通过观察得出用户真实的感受和情感反馈,以便更好地引导谈话的过程,得到理想的信息。

(3)抽象分析与问题解决技能

首先,需求工程师要具有抽象能力。要能够在面对众多信息内容时清晰地把握问题的重点、核心和本质,要能够从用户的描述当中发现"真实"的需求。这是从获取信息中识别需求必需的技能。

其次,需求工程师要具有整合全局的能力。面对大量来自各种来源的杂乱需求信息片段,要具备从混乱和含糊信息中找出知识的耐心、韧性和组织能力,要能够发现和解决其中的遗漏与冲突,得出完整和一致的系统需求,这是需求工程师验证需求和解决问题必需的能力。

最后,需求工程师要具有系统化思想。在和用户的交流中要能够从全局出发,用不同的方式思考问题,要能够综合考虑不同的需求类别、不同的需求抽象层次和不同的可行性方案,要能够保证需求的系统性和整体性,这既是需求工程师获取需求需要的能力,也是需求工程师进行需求验证和解决问题需要的能力。

(4)写作技能

需求开发提交的主要成果是书面的需求规格说明,它将被用来在客户、管理人员、开发人员等涉众之间传递信息。信息交流是需求规格说明的第一目的,因此需求规格说明应该具有良好的可理解性,这要求需求工程师需要具备良好的文档组织能力,能够有条理地说明复杂的事物。需求规格说明在传递信息的过程中,要保证参与各方对其具有共同的理解,因此需求规格说明应该具有正确性和准确性,这要求需求工程师具有良好的语言驾驭能力,能够清晰地表达复杂的概念。

(5)关系协调和团队工作技能

需求工程有诸多涉众的参与,因此需求工程师要能够做一个有效的中间协调人,引导各方朝着共同的目标和前景前进。尤其是在参与的各方发生利益或观点冲突时,需求工程师更要能够促成相关方的有效协商,以最终达成一个合理的解决方案。

在面对大型系统时,需求开发往往由团队而不是由个人来进行,因此需求工程师还要能够协调团队内部相互之间的工作与人际关系,建立互相信任的团队工作气氛。

4. 需求工程师需要创新

在表面上看,需求工程师的工作只是捕获涉众的想法并忠实地转述给开发者,这使得需求工程师似乎不需要创新能力,甚至于应该抵制创新以与涉众保持一致。但事实上,是否具备创新能力往往是判断一个需求工程师是否出色的必要条件。

需求工程师的创新表现在两个方面:

① 软件系统并不仅仅是模拟现实,还要让现实变得更好。这需要需求工程师以现实为基础构思现实中不存在的软件解决方案,这是一种最基本的创新能力,虽然幅度不是那么明显。[Maiden 2007]还发现,涉众在描述现实时,往往会受到现实过度细节的约束或者对抽象的概念解释不清,这时就需要需求工程师运用创新能力,剥离细节约束或者丰富抽象概念细节,建立更好的软件解决方案。

② 出色的需求工程师往往还会给出具有飞跃意义上的创新[Robertson 2002],如最早的搜索引擎产品、电子产品等概念创新。需要认识到的是,这些创新并不是脱离现实随意构思的与涉众不同的想法,而是需要需求工程师敏锐地洞察现实才能实现的创新。它的基础是潜在需求——涉众自己都没有认识到但事实上非常需要的东西。所以,需求工程师的创新并没有脱离涉众,而是更积极地与涉众保持了一致。

5. 需求开发是团队行为

需求工程的复杂性使得一个人很难单独完成复杂系统的需求开发工作,所以实践中需求开发往往是团队行为。[Katzenbach 1993]将团队定义为:为了一致的目的、绩效目标、方法而共担责任并且技能互补的少数人。

关于需求开发团队的组建与管理请参见 19.4 节。

引 用 文 献

[Ahmed 2013] AHMED F, CAPRETZ L F, BOUKTIF Set. Soft skills and software development: a reflection from software industry. International Journal of Information Processing and Management(IJIPM), 2013, 4:3.

[Al- Ani 2006] AL- ANI B, SIM S E. So, you think you are a requirements engineer. 14th IEEE International Requirements Engineering Conference (RE'06), 2006.

[Boehm 1981] BOEHM B W. Software engineering economics. Englewood Cliffs: Prentice Hall, 1981.

[Boehm 2001] BOEHM B, BASILI V R. Software defect reduction top 10 list. Computer Archive, 2001, 34(1).

[Brooks 1987] BROOKS F. No silver bullet: essence and accidents of software engineering. Computer, 1987, 4:10-19.

[Capers 1996] JONES C. Applied software measurement: assuring productivity and quality. New York: McGraw - Hill, 1996.

[Davis 2004] DAVIS A M. Great software debates. Wiley- IEEE Computer Society Press, 2004.

[ESPITI 1996] ESPITI project: european user survey analysis. European Software Institute (ESI), 1996.

[Francisco 2003] Francisco A C Pinheiro, Julio Cesar Sampaio do Prado Leite, Jaelson F B Castro. Requirements engineering technology transfer: an experience report. The Journal of Technology Transfer, 2003, 28(2): 159-65.

[Hofmann 2001] HOFMANN H F, Lehner F. Requirements engineering as a success factor in software projects. IEEE Software, 2001, 18(4):58-66.

[Jackson 1997] JACKSON M. The meaning of requirements. Annals of Software Engineering Special Issue on Software Requirements Engineering, 1997: 5-22.

[Juristo 2002] JURISTO N, MORENO A M, SILVA A. Is the european industry moving toward solving requirements engineering problems. IEEE Software 2002, 19(60): 70-77.

[Katzenbach 1993] KATZENBACH J R,SMITH D K. The wisdom of teams. New York: Harper Business, 1993.

[Lamsweerde 2000] Lamsweerde V. A Requirements engineering in the year 00: a Research perspective. Invited Paper for ICSE'2000-22nd International Conference on Software Engineering. Limerick: ACM Press, 2000.

[Lubars 1993] LUBARS M, Potts C, Richter C. A review of the state of the practice in requirements modeling. First Int'l Symp.Requirements Eng. Los Alamitos: IEEE CS Press, 1993: 2-14.

[Maiden 2007] MAIDEN N, NCUBEL C, ROBERTSON S. Can requirements be Creative? Experiences with an Enhanced Air Space Management System. 29th International Conference on Software Engineering (ICSE'07), 2007.

[Minor 2004] MINOR O, ARMAREGO J. Requirements engineering: a close look at industry needs and model curricula. AWRE'04.

[Nikula 2000] NIKULA U, SJANIEMI J, Kälviäinen H. A state- of- the- practice survey on requirements engineering in small- and medium- sized enterprises.Telecom Business Research Center Lappeenranta. Lappeenranta 2000.

[Nuseibeh 2000] NUSEIBEH B, EASTERBROOK S. Requirements engineering: a roadmap. Proceedings.of the 22nd Int'l Conference.on Software Engineering, Future of Software Engineering Track. New York: ACM Press, 2000.

[Oboler 2003] OBOLER A, SQUIRE D,KORB, K. Why don't we practice what we teach.Engineering Software for Computer Science Research in Academia. International Conference on Software Engineering Research and Applications (SERA 2003), 2003.

[Paech 2008] PAECH B. What is a requirements engineer. IEEE Software, 2008, 7/8: 16-17.

[Penzenstadler 2009] PENZENSTADLER B, SCHLOSSER T, HALLER G, et al. Soft skills required: a practical approach for empowering soft skills in the engineering world. Collaboration and Intercultural Issues on Requirements: Communication, Understanding and Softskills (CIRCUS 2009), 2009.

[Peter 1969] NAURP, RANDELLB. Software engineering: report on a conference sponsored by the NATO science committee. Garmisch, Germany, 7-11 Oct. 1968. Scientific Affairs Division NATO, 1969.

[Pinheiro 2003] PINHEIRO F A C. Requirements honesty, requirements engineering. 2003, 8(3): 183-192.

[Robertson 2002] ROBERTSON J. Eureka! why analysts should invent requirements. IEEE Software 2002, 7/8: 22-24.

[Standish 1995] The Standish Group. CHAOS, 1995.

[Standish 2003] The Standish Group. What are your requirements. West Yarmouth, MA: The Standish Group International, 2003.

[Thomasa 2002] THOMASA T, SCHRODERB C. Developing the interpersonal and communication skills necessary for effective requirements engineering, AWRE'2002.

[Wiegers 2003] WIEGERS K. So you want to be a requirements analyst. Software Development, 2003.

[Wieringa 2003] WIERINGA R. Methodologies of requirements engineering research and practice: position statement. 1st International Workshop on Comparative Evaluation in Requirements Engineering. Faculty of Information Technology. University of Technology, Sydney, 2003.

[Young 2002] YOUNG R R. Effective requirements practices. Boston: Addison- Wesley, 2002.

[Zave 1997] ZAVE P. Classification of research efforts in requirements engineering. ACM Computing Surveys, 1997, 29 (4): 315-321.

第2章 需求基础

2.1 需求的定义

　　需求一直是软件工程中较为模糊的词汇之一。提起需求(requirement),不同背景的人(用户、开发者)会有不同的看法,因此需求是需求工程中一个非常难以准确定义和解释的概念。

　　在各种不同的定义中,本书更倾向于使用 IEEE 的需求定义[IEEE 1990]:

　　① 用户为了解决问题或达到某些目标所需要的条件或能力;

　　② 系统或系统部件为了满足合同、标准、规范或其他正式文档所规定的要求而需要具备的条件或能力;

　　③ 对①或②中的一个条件或一种能力的一种文档化表述。

　　IEEE 的定义中同时包括了用户的观点(第一种条件和能力)和开发者的观点(第二种条件和能力),它强调了"需求"的两个不可分割的方面:需求是以用户为中心的,是与问题相联系的;需求要被清晰、明确地写在文档上。

2.2 满足需求就是解决问题

2.2.1 问题与需求

　　需求源于问题,要准确理解需求,就必须明确它与问题的关系。[Jackson 1995a, Jackson 1997]认为当现实的状况与人们期望的状况产生差距时,就产生了问题(如图 2-1 所示)。问题中的差距要么是某些事件、事物的状态不理想,要么是某些事情的发生过程不理想。要解决问题,就需要改变这些事件、事物的状态,或者改变其状态变化的演进顺序,使其达到期望的状态和理想的演进顺序。

　　人们开发软件系统的目的就是希望用它作为解决方案来解决问题,使得现实改善到期望的状况。解决问题、改善现实、满足用户期望的条件与能力就是需求。

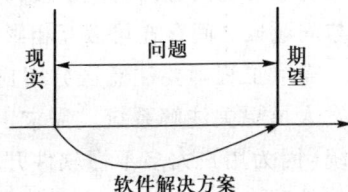

图 2-1　问题与软件解决
方案关系示意图

例如,一个利润率仅为2%的企业希望通过开发和应用一个软件系统,能够将利润率提高到5%。那么2%的利润率就是现实,"利润率低"(低了3个百分点)就是企业面临的问题,利润率为5%是期望的状况,将利润率提高3个百分点或者将利润率提高到5%就是需求。

2.2.2 问题解决的两个方面——问题域与解系统

1. 问题域

问题在现实世界与软件系统的互动中得到解决。如图2-2所示,软件系统在应用于现实之后,就成为现实世界的一个部分。当然,软件系统不会也不需要与整个现实世界互动,它只需要与现实世界中的一部分互动即可。这部分就是问题的发生地,也是问题解决的基本范围——解决问题必须涉及的事件和事物,[Jackson 1995b]将它们称为问题域(problem domain)。

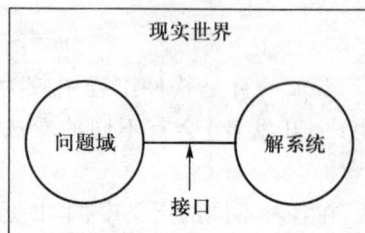

图2-2 问题域与解系统示意图

问题域是需求的背景,要理解需求就必须先理解问题域。例如,要准确理解需求"将利润率提高到5%",就需要弄明白利润由哪些部分组成,各自的比例是多少,工作是如何完成的……再如,要准确理解需求"用户可以查询商品详细信息",就需要了解哪些用户在哪些任务中需要查看哪些商品的详细信息……总之,虽然表达期望的需求看起来比较简单,但是只有明白问题域的复杂背景信息才能真正理解需求的含义。

问题域的背景信息又被称为问题域特性(problem domain feature)。与需求相区别的是,问题域是自治的,它有自己的运行规律,而且这些规律不会因解系统的引入而发生改变。需求是一种对未来的期望,是可以打折、部分满足甚至不予满足的;而问题域特性是既定现实,可以改善但不能忽视,更不能违背的。例如对于需求"将利润率提高到5%",可以部分满足,只提升到3%。但是如果用户的销售市场遍布全国(问题域特性),就不能仅考虑一个地点的销售工作状况。

2. 解系统

软件系统通过影响问题域帮助人们解决问题,所以[Jackson 1995b]称之为解系统(solution system)。在解系统中软件起着主要的作用,它是软件解决方案在通用计算机上的实现。

解系统是问题的解决手段,并不是问题的产生地,所以解系统并不是问题域的一部分。解系统与问题域之间存在可以互相影响的接口,以实现交互活动。

需求工程师要注意区分用户与软件开发人员在关注点上的不同:用户关注于问题域,软件开发人员更关注解系统。需求工程师扮演着桥梁的作用,一方面使用户不需要了解和关注解系统(因为用户大多不懂软件开发的专业知识),另一方面使软件开发者不需要关注问题域,让软件开发者将精力集中到软件构造工作中。尤其需要注意的是:虽然需求工程师通常是技术人员,来自于解系统领域,但是他们也必须要懂得如何站在用户的立场,与用户进行基于问题域的交流。

3. 问题域与需求

虽然解决问题和满足需求的手段是引入解系统,但问题和需求都来自于用户,用户关注的是问题域,所以需求是用户对问题域中的实体状态或事件的期望描述,例如有需求描述 R1、R2 如下。

R1:一旦书籍被借出,则在归还之前,系统应该不允许它被再次借阅。

R2:如果超过 30 天的归还期限,系统在书籍归还时应该进行超期处罚。

需求并不针对解系统,它的描述应该尽可能使用问题域的语言,尽量不涉及解系统的专业名词。例如下述需求描述 R3、R4 中就含有"数据仓库技术""客户关系管理系统""按钮""界面"等多个计算机词汇是不恰当的。相比之下,R5、R6 的描述更能被用户所接受。

R3:系统应该使用数据仓库技术建立客户关系管理系统 CRM,以扩大 5%的销售额。

R4:如果用户在销售列表信息界面选中一个商品,点击"查看"按钮,系统将显示商品的详细信息界面。

R5:应用系统 12 个月后,销售额应该扩大 5%。

R6:在用户请求查看具体商品时,系统应该显示该商品的详细信息,包括条码、名称、价格和厂家。

需求开发的最原始出发点就是用户需求,或者需求的源头——问题。

4. 解系统与需求规格说明

解系统的核心是软件解决方案和解决方案在通用计算机上的实现。虽然解决方案及其实现都关注于软件系统本身,但相互间也有所不同。解决方案描述的是软件系统与问题域交互的过程,侧重于软件系统中与外界交互的部分。实现部分则主要是软件内部的组成元素、结构关系、物理实现等软件系统的构造要素。需求工程所关心的仅仅是解决方案,不涉及软件的实现细节。

在需求开发过程中,问题域中的用户提出问题与需求。需求工程师接收用户问题与需求,分析问题域背景,建立软件解决方案,并将解决方案传递给后续软件开发者。软件开发者负责将软件解决方案变为软件实现。在整个工作衔接中,需求是用户与需求工程师的协作基础,解决方案是需求工程师与软件开发者的协作基础。

因为解决方案以对外交互的方式定义了软件系统的功能,所以解决方案被称为软件系统的需求规格说明(specification)。需求开发最终的目的就是提供一个高质量的需求规格说明,它定义了一个能够解决用户问题、满足用户需求的软件对外交互方案,是后续软件开发活动的工作基础。需求规格说明的典型描述方式是:"系统能够……"或者"如果用户提出……请求,那么系统应该……"。

[IEEE1990]将规格说明定义为:以一种完全的、精确的、可验证的方法规定系统或部件的需求、设计、行为或者其他特性的文件,并经常指明判定这个规定是否满足的过程。

[IEEE1990]将需求规格说明定义为:规定系统或部件的需求的文档,典型地包括功能需求、性能需求、接口需求、设计需求和开发标准。

问题域、需求、解系统、需求规格说明之间的关系示意如图 2-3 所示。

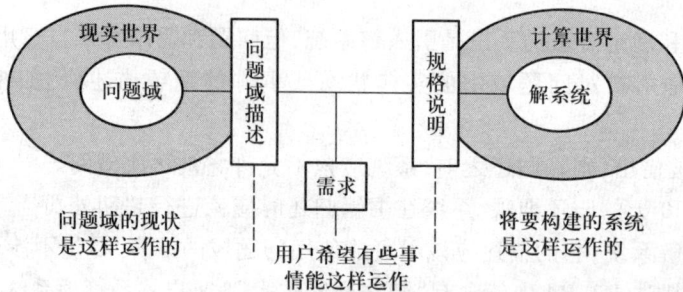

图 2-3　问题域、需求、解系统、需求规格说明关系示意图

2.2.3　问题解决的基础——模拟与共享现象

处于问题域之外的解系统之所以能解决问题域中的问题，是因为问题域与解系统之间存在有效的互动，并在互动中互相影响。而问题域与解系统能够形成互动的基础是解系统部分模拟了问题域，[Jackson 1995b]将这种模拟性称为共享现象（share phenomenon）。

初看上去，问题域与解系统原本是两个相互独立的系统，相互独立性使得它们之间难以互相影响。但是一旦认识到解系统对问题域的模拟性，它们就会变得紧密联系，互相影响也会自然形成。

简单地讲，模拟是指其中一方仿制另一方的信息。解系统对问题域的模拟则更加复杂一些，它们之间的模拟性带有交互性：一方面，解系统会在自身中保持一份与问题域现象一致的信息，并随着问题域现象的变化而变化；另一方面，问题域会期待在解系统中看到一致的信息，并据此展开自己的行为。

例如，一个图书馆中有图书、借书人、借书规则等现实信息，图书馆管理系统中就会建立相应的数据表（Table-Book、Table-Borrower、Table-Rule），这个是简单的仿制。如果图书馆中有一本书《软件需求工程》因为磨损而报废了，那么 Book 表中就需要删除"Name =《软件需求工程》"的数据行。如果在表 Borrower 中有一个数据行是"Name = 张三，BorrowedNum = 5"，那么管理员就会认为张三已经借走了 5 本书。如果张三实际上只借走了 3 本书，那么管理员就会认为管理系统出了错误，不能正常工作。这种带有交互性的模拟就是解系统与问题域能够互相影响的原因和途径。

解系统与问题域模拟的交互性其实是由人在意识中强制建立的。如果用户并未将现实发生的情况实时地输入到软件系统中，或者用户在工作时完全忽视软件系统提供的输出，那么软件系统就会失去影响和改变现实的能力，就不可能解决现实问题或者满足现实需求。这充分说明软件系统必须得到用户的认可，否则就会失去价值。

因为问题域与解系统并不相互独立，所以相比于图 2-2，[Jackson1995b]认为图 2-4 更准确地描述了问题域与解系统的关系。

共享现象就是解系统所模拟的问题域部分,该部分在两个系统中同时存在。除了共享现象之外,问题域还有一些没有被解系统模拟的知识,因为现实世界非常复杂,不可能也没必要在解系统中完全重现。例如,一本图书的质地,每页纸是否损坏、是否被涂抹等信息不需要在软件系统中建模。解系统会从特定的角度对问题域知识进行抽象和简化,并模拟简化后的知识。

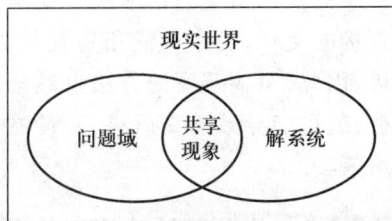

图 2-4　问题域和解系统的关系

除了包含共享现象的知识模型之外,解系统也有一些并非来自于现实模拟的特征,例如数据库管理系统的选择、模型的范式化、索引的建立等,这些因素并不对应于任何问题域知识,却是解系统必不可少的部分。

2.2.4　问题解决的方法——直接与间接

因为模拟后的知识——共享现象,是解系统的一部分,所以解系统可以对其施加操作,适当改变这些知识。知识的改变会通过交互性传递给问题域,问题域在会接受改变的基础上继续规律性的运作,使问题得以解决。例如,要用软件跟踪记录用户在银行的存款情况,可以将用户在银行的账户建模为表 Account(ID, Name, Balance),如果用户张三在现实世界中存了 1 000 元钱,那么软件系统就给“Name =′张三′”的 Account 记录的 Balance 增加 1 000。当其他银行职员看到软件系统中的这条记录时,也会接受张三存了 1 000 元这个现实。再如,仓储用户想降低库存成本,软件系统可以将出入库信息建模为表 Import 和 Export,然后软件系统通过计算这两个表过去一段时间的值,给出将来一段时间会有多少仓储差额的预测值,仓储人员就会接受该预测值以保持最佳库存,由此自然能降低库存成本。

模拟并操纵共享现象是软件系统满足需求最直接的方法,但有些情况下软件系统也会使用间接的方法解决问题:软件系统操纵共享现象影响问题域的一部分,然后利用问题域内在的规律性自动影响另一部分。例如,图书管理员希望能够督促那些超期的借书者尽快归还图书,直接的解决方式是软件系统将借书者的联系方式建模为表 Contact,并自动使用 Contact 的数据完成督促告知(如发送邮件)。但是如果软件系统中没有存储借书者的联系方式,即软件系统的共享知识中没有解决问题所需要的信息,就只能通过间接的方式来满足需求了,这时软件系统可以将超期者的名单告知图书管理员,然后由图书管理员逐一打电话督促归还。

考虑问题解决和需求满足的方法时,成本是重要的因素。如果成本能够接受,就尽量使用直接的方式解决,如果成本太高,就可以折中使用间接方式解决。

间接解决方式也提醒需求工程师,考虑到问题域内的规律性,在设计解决方案时要防止解系统的引入在问题域中引发未预见的连锁反应,这种反应可能会使解决方案无法达到预期目的,甚至造成不良的负面效应。

防止未预见的连锁反应尤其要关注间接特性。间接特性不会与解系统直接交互,不会受到解系统的直接影响,但是却可能因为连锁反应而受到影响。例如在一个车辆调度系统中,由调度员根据用车的请求统一安排车辆的使用,安排过程中车辆的驾驶员并不和调度系统进行直接的交互,但在车辆和驾驶员固定配对的情况下,对车辆的调度就决定了驾驶员的工作安排,因此,车辆调度的方法自然会影响驾驶员的工作情况,如果他们的相关因素没有被认真对待,就可能导致不良后果,致使在驾驶员请假时进行了车辆分配或者驾驶员的工作量分配不均等。

2.2.5 问题解决方案——需求规格说明

因为解系统解决问题的方法是改变共享知识,影响问题域的运行,进而满足用户的需求。所以需求规格说明主要包括两部分(如图 2-5 所示):对共享现象(模型)的描述和对系统对共享现象所施加的操作的描述。这也是软件系统中最为核心的两个部分:数据与功能。

2.2.6 问题解决的困难性

如果拥有描述明确的问题域特性 E 和定义良好的系统行为 S,就可以很容易地发现将系统应用到问题域后会产生的效果。这种效果如果符合预期的需求 R,那么系统就是满足人们需要的系统。所以需求工程的目的就是根据 E,构建 S,使得 E 和 S 的联合作用效果符合需求 $R:E,S\mapsto R$。

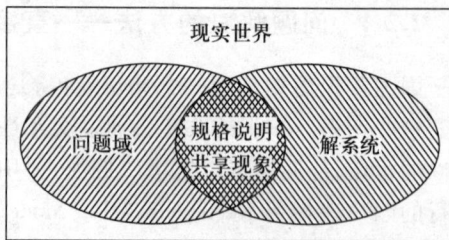

图 2-5　需求规格说明

从这里可以发现需求工程的困难之处:① 不存在描述明确的 E。② 不存在确定的针对 S 的评估标准 R。③ 根据问题域特性和系统行为推测系统应用效果是简单的推理过程,即 $E,S\mapsto R$ 是简单的,但根据问题域特性和期望的系统应用效果构建系统行为的过程是困难的,$E,R\Rightarrow S$ 是一个创造性的过程。

这些困难也恰好说明了需求工程的主要工作:① 进行需求开发,确定用户的期望效果 R;② 研究问题背景,描述问题域特性 E;③ 构建解系统,描述解系统行为 S,使得 $E,S\mapsto R$。

2.3 需求和问题都有层次性

需求是问题解决的期望,问题是可大可小的,期望自然也是可大可小的。例如,一个超市收银员的问题可以是"工作效率太低(大)",也可以是"商品销售过程太繁琐(中)",还可以是"销售时计算总价不方便(小)"。

问题和期望粒度不同的现象被称为需求的不同抽象层次。如图 2-6 所示,需求最为常见的抽象层次有 3 层:① 业务需求(business requirement),针对整个业务的期望,如 R7。② 用户需求(user requirement),针对具体任务的期望,如 R8。③ 系统级需求(system requirement),针对用户与系统一次交互的期望,如 R9。

R7:在系统使用 3 个月后,销售人员进行销售处理的工作效率应该提高 20%。

R8:收银员可以使用系统完成销售处理。

R9:在收银员请求计算已输入商品的总价时,系统应根据规则 Rule1 计算总价并显示。

$$\text{Rule1:} \quad \text{总价} = \sum (\text{价格} \times \text{数量} \times \text{折扣})$$

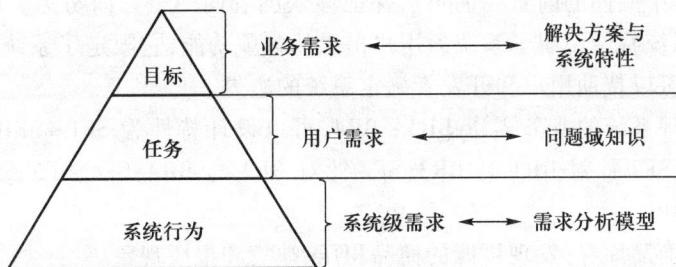

图 2-6　需求的层次性

2.3.1　战略问题与业务需求

业务需求是抽象层次最高的需求,是系统建立的战略出发点,表现为高层次的目标(objective),它描述了组织为什么要开发系统。例如超市管理系统可以有如下业务需求 BR1~BR4。业务需求通常来自项目的投资人、购买产品的顾客、实际用户的管理者、市场营销部门或产品策划部门。

BR1:在系统使用 6 个月后,商品积压、缺货和报废的现象减少 50%。

BR2:在系统使用 3 个月后,销售人员工作效率提高 50%。

BR3:在系统使用 6 个月后,店铺运营成本降低 15%。

* 范围:人力成本和库存成本。
* 度量:检查平均每个店铺的员工数量和平均每 10 000 元销售额的库存成本。

BR4:在系统使用 6 个月后,销售额度提高 20%(最好情况:40%;最可能情况:20%;最坏情况:10%。)

业务需求必须是可验证的,其验证标准可以是一个数值指标,如 BR1~BR4;也可以是一个直接的有无、是否等判定,例如,下述 BR5、BR6 验收时就是有与没有的判定。

BR5:跟踪记录储户的存取款情况。

BR6:跟踪记录 VIP 顾客信息。

业务需求可验证的数值指标是通过研究问题域的背景资料得出的,例如,若大多数商品从入库到出库的销售周期是 6 个月,那么就可以将 BR1 的第一个条件设定为"系统使用 6 个月后";如果详细列举原来导致商品积压、缺货和报废的原因及比率,将软件系统能解决的原因及比率累加后达到 50%,就可以将 BR1 的后一个验证条件写为"商品积压、缺货和报废的现象减少 50%"。再如,如果收银员从新手到熟练使用系统的培训周期为 3 个月,就可以将 BR2 的第一个条件写为"系统使用 3 个月后";如果实例研究中收银员使用与不使用系统的工作时间为 1:2,就可以将 BR2 的第二个条件写为"销售人员工作效率提高 50%"。

为了满足用户的业务需求,需求工程师需要描述系统高层次的解决方案,定义系统应该具备的特性(feature)。高层次的解决方案及系统特性指出了系统建立的方向,参与各方必须就它们达成一致,以建立一个共同的前景(vision),保证涉众朝着同一个方向努力。以支持业务需求的满足为衡量标准,系统特性说明了系统为用户提供的各项功能,它限定了系统的范围(scope),定义良好的系统特性可以帮助用户和开发者确定系统的边界。

为满足超市管理系统的业务需求 BR1~BR4,可以设计特性为 SF1~SF10 的高层次解决方案。其中 SF1、SF3、SF7 针对 BR1 与 BR3,SF2 针对 BR1 与 BR4,SF4、SF5、SF8、SF9 针对 BR4,SF10 针对 BR2 与 BR3。

SF1:分析店铺商品库存,发现可能的商品积压、缺货和报废现象。

SF2:根据市场变化调整销售的商品。

SF3:制定促销手段,处理积压商品。

SF4:与生产厂家联合进行商品促销。

SF5:制定促销手段进行销售竞争。

SF6:掌握员工变动和授权情况。

SF7:处理商品入库与出库。

SF8:发展会员,提高顾客回头率。

SF9:允许积分兑换商品和赠送吸引会员的礼品,提高会员满意度。

SF10:帮助收银员处理销售与退货任务。

2.3.2　任务问题与用户需求

高层次的目标是由组织的决策者提出的,但普通用户才是组织中任务的实际执行者,只有通过一套具体并且合理的业务流程才能真正实现目标。用户需求就是执行实际工作的用户对系统所能完成的具体任务的期望,描述了系统能够帮助用户做些什么。用户需求主要来自系统的使用者——用户。在有些情况下,系统的直接用户不可知,如通用的软件系统或社会服务领域的软件系统等,所以用户需求也可能来自间接的渠道,如销售人员和售后支持人员等。

例如,在超市管理系统中,收银员用户的需求如 UR1~UR5 所示。

UR1:收银员可以使用系统逐一记录销售的商品。

UR2:收银员可以使用系统计算商品账单并处理付款情况,账单计算需要使用促销策略。

UR3:收银员可以使用系统为顾客打印收据。

UR4:收银员可以使用系统退回顾客已经购买的商品。

用户需求是对任务的期望,所以其基本表达方式为"××用户可以使用系统完成××任务"。用户任务应该是有目标性、有价值的活动。例如在银行 ATM 系统中,取款、存款、转账都是合理的用户需求,因为它们各自代表了用户的一个目标,但"向 ATM 中插入银行卡"就不是一个合理的用户需求,因为用户不会无目的地"向 ATM 中插入银行卡"。再如,UR1 是一个合理的用户需求,因为它表达了收银员的一个任务,但是"收银员使用扫描仪扫描商品条码"就不是合理的用户需求,因为收银员的目的是记录商品,而扫描条码只是手段。

用户的任务可以有粒度不同的抽象表述,大的任务可以包含(分解为)小的任务,例如"销售"是任务,可以分解为 UR1~UR3。所以 UR1~UR3 是合理的,但 UR4 也是合理的。在实践中,用户需求到底使用哪个粒度与抽象层次要依据软件系统的复杂度而定。本书建议使用 UR1~UR3 的粒度,它们的特点是无法再进行任务分解。但是在比较复杂的系统中,抽象度稍高的用户需求也是可以接受的。还可以为用户需求建立嵌套层次结构,例如将 UR1~UR3 命名为 UR5.1~UR5.3 以表明它们是对 UR5 的细化。

UR5:收银员可以使用系统完成销售处理过程。

需要注意的是:在 3 个层次中,只有用户需求在表述时在不可验证性上要求较为宽松。因为用户需求具有下面几个特点:

① 模糊、不清晰。用户需求允许适度使用形容词和副词,使得描述常常带有模糊和不清晰的特性。

② 多特性混杂。在用户进行需求描述时,常常将功能需求和非功能需求混杂在一起。

③ 多逻辑混杂。用户需求是对用户任务的描述,而任务本身往往含有前后相继的多个逻辑处理过程,即一个任务需要进行多次系统交互才能够完成。

用户需求表达了用户对系统的期望,但是要透彻和全面地了解用户的真正意图,仅仅拥有期望是不够的,还需要知道期望所来源的背景知识。因此,对所有的用户需求都应该有充分的问题域知识作为背景支持。而在实际工作中,用户表达自己的期望时,通常不会提及需求所涉及的问题域知识,所以需求工程师需要根据用户的需求整理完整的问题域知识。例如对 UR1,需要补充问题域知识如下:

Data:需要记录的商品信息,包括 ID、名称、描述、价格、特价、数量和总价。

Format:ID 为×××格式的条码。

Rule:总价 = 特价×数量。

2.3.3 系统行为问题与系统级需求

业务需求描述了系统的目标与效益,适合决策者;用户需求描述了具体任务,适合用户;它们都不适合于软件开发者。适合软件开发者的需求层次是系统级需求,它关注的是软件系统的行为,尤其是系统与外界的交互行为:在接收到一个外界请求时,软件系统应该给外界提供响应。所以系统级需求的典型形式是"系统可以×××"或者"在××用户提出××请求时,系统应该×××"。

例如,对用户需求 UR1,可以将之转化为如表 2-1 所示的系统级需求,其中 SR1 及其嵌套、SR2 属于细节的功能需求,DR1、Rule3 是对功能需求的补充需求,分别属于数据需求和规则约束需求(具体参见 2.4 节)。

表 2-1　系统级需求示例

需求 ID	需求描述
SR1	在收银员输入商品目录中已存在的商品标识时,系统显示输入商品的信息,包括 ID、名称、描述、价格、特价、数量、总价。ID 的规则参见 DR1
SR1.1	在收银员要求输入数量时,系统应该允许收银员输入商品的数量
SR1.1.1	在收银员输入大于等于 1 的整数时,系统修改商品的数量为输入值,并更新显示
SR1.1.2	在收银员输入其他内容时,系统提示输入数量无效
SR1.2	系统应该计算并显示输入商品的总价
SR1.2.1	如果存在适用(商品标识、今天)的商品特价策略(参见 Rule3),系统将该商品的特价设为特价策略的特价,并计算分项总价为(特价×数量),并将其计入特价商品总价
SR1.2.2	在商品是普通商品时,系统计算该商品分项总价为(商品的价格×商品的数量),并将其计入普通商品总价
SR1.3	在显示商品信息 0.5 s 之后,系统显示已输入商品列表,并将新输入商品添加到列表中
SR2	在收银员输入商品目录中不存在的商品标识时,系统不予处理
DR1	ID 是规则为…的商品条码
Rule3	适用(商品标识,参照日期)的商品特价促销策略: (促销商品标识=商品标识)而且((开始日期早于等于参照日期)并且(结束日期晚于等于参照日期))

系统级需求比用户需求更加详细和准确,包含更多的技术细节。例如,表 2-1 的描述中 SR1.1.2、SR2 都是技术实现问题,不是任务的业务部分。对于开发人员来说,系统级需求对功能的定义更准确,每一条系统级需求恰好就是开发人员需要完成的一个设计决策。例如,表 2-1 中的每一条需求都是开发人员需要考虑的一个决策点,依赖于表 2-1 进行的开发工作便不可能出现决策遗漏与偏差。

因为系统级需求比用户需求更详细,数量更多,所以为了节省开发时间,在实际开发中有些开发者更愿意使用用户需求而不是系统级需求作为后续开发的基础。这种做法在一定程度上是可行的,但也有风险:用户需求不够准确,给开发人员提供了过大的发挥空间,可能导致开发人员在需求理解上出现偏差,因为开发人员未能从用户需求描述中得到足够信息以准确地完成设计与实现工作,就只能以自身的经验进行假设,这些假设未必是合理的。如果可能,本书还是建议开发者尽可能使用系统级需求作为后续开发的基础。

一个软件系统的系统级需求集合定义了相应业务需求及用户需求的解决方案,构成了需求规格说明的主体部分。解系统及其需求规格说明都是不属于现实的,是人们为了解决问题而构建的,所以系统级需求无法直接从现实中得到。相比之下,业务需求直接或间接地来源于决策者,用户需求直接或间接地来源于用户,而系统级需求就只能通过技术加工获得。技术加工过程被称为需求分析,其源对象是用户需求及相关的问题域知识,处理方式是利用分析方法、技术建立需求分析模型,并基于需求分析模型将用户需求及问题域知识转化为系统级需求。将用户需求转化为系统级需求是一个复杂的活动,详细情况请参见本书的需求分析部分。

2.3.4 需求开发要遵从层次性

功能需求的 3 个不同抽象层次之间有紧密的联系,如图 2-7 所示。

在 3 个不同层次的功能需求中,业务需求具有明显的目的性和较高的抽象性,比较容易获取和确认。所以需求开发往往从获取业务需求开始。有了业务需求之后,就可以确定系统的最终目标和努力方向,进而指导具体的需求获取活动,发现用户需求。用户需求经过明确和细化的处理,可以转化为系统级需求。

从另一个角度讲,系统开发者理想中的需求是系统级需求,因为开发者可以直接将系统级需求映射为系统行为,进行设计和开发。

但是因为系统级需求是无法直接或间接从现实中获取的,所以开发者只能退而求其次——获取用户需求,并通过分析活动将其转化为系统级需求。

随之而来的另一个问题是,用户需求的获取过程非常复杂,涉及众多参与者和诸多问题,要成功地获取用户需求,首先要协调参与者的立场和问题的范围,而这只能通过对业务需求的处理进行解决——根据业务需求,协调涉众的立场,限定问题的范围,指导用户需求的获取过程。

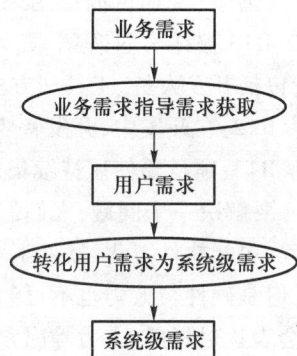

业务需求

↓

业务需求指导需求获取

↓

用户需求

↓

转化用户需求为系统级需求

↓

系统级需求

图 2-7 不同抽象
层次需求之间的联系

2.4 需求的分类与表述

需求需要被文档化表述,这要求需求工程师搞清楚需求有哪些类型以及每种类型如何进行表述。

2.4.1 需求的分类

分类的目的是为了区别对待,否则分类就失去了意义。需求分类是为了将需求划分为需要区别对待的不同类型,每种类型会被文档化到不同的部分,服务于不同的读者、不同的目的。

1. 广泛意义上的需求谱系

人们在软件开发中谈论"需求"时,通常是指软件需求,本书中使用"需求"一词时也主要用来指称软件需求。但有时"需求"一词也会被用来指称其他类型的需求。为了能够更清晰地理解后面的需求分类,这里还是要区分一下不同类型的"需求"指称,如图 2-8 所示。

  "需求"一词可能被用来指称针对项目的期望,如下述的 R10、R11 被称为项目需求。项目需求针对的对象是作为项目核心的计划,包括项目的成本、资源、时间和进度等。

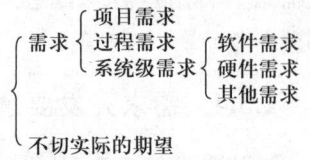

图 2-8 "需求"一词的常见
含义及其关系

  R10:项目的成本要控制在 60 万元人民币以下。

  R11:项目要在 6 个月内完成。

  "需求"一词可能被用来指称针对开发过程的期望,如下述的 R12、R13 被称为过程需求。过程需求针对的对象是软件开发过程,包括开发人员、工具和方法等。

  R12:在开发中,开发者要提交软件需求规格说明文档、设计描述文档和测试报告。

  R13:项目要使用持续集成方法进行开发。

  要解决一个问题,人们需要将软件、硬件和人力资源联合起来,这种联合的形式被称为系统工程,包括软件工程、硬件工程和人力资源管理。虽然在系统工程中软件可能处于最为重要的地位,但是硬件与人力也不可忽视。因此,人们在表述需求时,除了会表达对软件的期望之外,也可能会表达对硬件、人力等因素的期望。这样,所有针对系统工程的需求都被称为系统级需求,其中与硬件相关的需求被称为硬件需求(如 R14),与软件相关的需求被称为软件需求,与人力资源相关的需求以及软件、硬件、人力之间协同的需求被称为其他需求(如 R15)。

  R14:系统要购买专用服务器,其规格不低于……

  R15:系统投入使用时,需要对用户进行为期一周的集中培训。

  在软件开发项目中还有一个不得不强调的"需求"形式是"不切实际的期望"。严格来说,不切实际的期望不属于需求,因为它虽然表达了一种期望,但却是根本无法实现的期望。常见的不切实际期望有 3 种类型:技术上不可行,如 R16;在有限的资源条件下不可行,如 R17(财务分析系统非常复杂,比整个销售系统都要复杂);超出了软件所能影响的问题域范围,如 R18(因为软件系统根本无法限制收银员的行为,正确的形式应该如 R19 所示)。

  R16:系统要分析会员的购买记录,预测该会员将来一周和一个月内会购买的商品。

  R17:系统要能够对每月的出入库以及销售行为进行标准的财务分析。

  R18:在使用系统时,收银员必须要在 2 个小时内完成一个销售处理的所有操作。

  R19:如果一个销售处理任务在 2 个小时内没有完成,系统要撤销该任务的所有已执行操作。

  从严格的意义上来说,项目需求与过程需求都不能算是需求,因为它们并不是用户对问题解决的期望,而是用户对软件开发活动本身的要求。硬件需求与其他需求也不属于用户对问题解决的期望,而是为了让软件能够成功运营而需要适应的环境与活动。但是在文档化需求的材料中,经常会出现项目需求、过程需求、硬件需求和其他需求,因为它们对需求工程师及开发者正确理解软件需求甚至整个产品具有极其重要和不可缺少的作用,所以它们经常出现在需求文档中

(一般位于非主体部分,如需求文档的开头或末尾部分),供项目管理者和系统工程师阅读。

2. 严格意义上的软件需求分类

从严格意义上讲,软件需求是直接或间接关系到软件系统功能的期望。根据不同的分类标准,可以将需求分成不同的种类。在各种需求分类中最常见的是[IEEE 1998]的分类,[IEEE 1998]将需求分成下列几个类别。

① 功能需求(functional requirement):和系统主要工作相关的需求,即在不考虑物理约束的情况下,用户希望系统所能够执行的活动,这些活动可以帮助用户完成任务。功能需求主要表现为系统和环境之间的行为交互。

② 性能需求(performance requirement):系统整体或其组成部分应该拥有的性能特征,如CPU使用率和内存使用率等。

③ 质量属性(quality attribute):系统完成工作的质量,即系统需要在一个"好的程度"上实现功能需求,如可靠性程度和可维护性程度等。

④ 对外接口(external interface):系统和环境中其他系统之间需要建立的接口,包括硬件接口、软件接口和数据库接口等。

⑤ 约束(constraint):进行系统构造时需要遵守的约束,如编程语言和硬件设施等。

除了上述5种明确的软件需求类别之外,[IEEE 1998]还指出项目中也可能会出现逻辑数据需求等其他特殊类型的需求。

除功能需求之外的其他4种类别需求又被统称为非功能需求(non-functional requirement)。在非功能需求中质量属性对系统成败的影响极大,因此在某些情况下,非功能需求又被用来特指质量属性。

2.4.2　功能需求

功能需求是软件系统需求中最常见和最重要的需求,同时也是最为复杂的需求。

通常一个软件系统的绝大部分需求都是功能需求。虽然在类别划分上功能需求只是5种类别之一,但在比例上功能需求有可能占所有需求的90%以上。进行这样不均衡比例的划分,是因为功能需求的处理方式是一致的。

功能需求是一个软件产品得以存在的原因,是软件系统能够解决用户问题和产生价值的基础,也是整个软件开发工作的基础。所有开发者都需要了解功能需求。在复杂的系统中功能需求数量太多,所以需要将它组织为多个独立部分,然后按照分工原则由不同的开发者来处理不同的部分。

在大规模软件系统中,因为其功能需求比较复杂,所以它是最需要按照3个抽象层次进行展开的需求类别,也就是说功能需求的开发要围绕"目标→任务→交互"(例如BR2→ UR1~UR4 ,UR1→SR1~SR2、DR1、Rule3)的路线进行,对"目标""任务"和"交互"3个概念的关注是功能需求开发的重中之重。

2.4.3 性能需求

[IEEE 1990]对性能的定义是:一个系统或其组成部分在限定的约束下,完成其指定功能的程度,如速度、精确性和内存使用程度等。性能需求定义了系统必须多好和多快地完成专门的功能。

常见的性能需求包括以下几种。

① 速度(speed):系统完成任务的时间,如PR1。

PR1:所有的用户查询都必须在10 s内完成。

② 容量(capacity):系统所能存储的数据量,如PR2。

PR2:系统应该能够存储至少10万条销售记录。

③ 吞吐量(throughput):系统在连续的时间内完成的事务数量,如PR3。

PR3:解释器每分钟应该至少解析5 000条没有错误的语句。

④ 负载(load):系统可以承载的并发工作量,如PR4。

PR4:系统应该允许200个用户同时进行正常的工作。

⑤ 实时性(time-critical):严格的实时要求,如PR5。

PR5:监测到病人异常后,监控器必须在0.5 s内发出警报。

性能需求的定义要适合于运行环境。过于宽松的性能要求会带来用户的不满,过于苛刻的性能要求会给系统的设计造成不必要的负担,所以给出一个合适的量化目标是非常关键的,但同时也是非常困难的。更加常见的方法是在限定性能目标的同时给出一定的灵活性(如PR6)或者给出多个不同层次的目标要求(如PR7)。

PR6:98%的查询不能超过10 s。

PR7:(最低标准)在200个用户并发时,系统不能崩溃;

(一般标准)在200个用户并发时,系统应该在80%的时间内能正常工作;

(理想标准)在200个用户并发时,系统应该能保持正常的工作状态。

将性能需求划分为独立的类别,文档化为独立的部分,是因为它有其他类别需求都不具备的动态性——理论上说,只有开发完成并实际运行系统,才能确定软件系统的性能。实际工作中,软件体系结构师、系统工程师等人员需要特别关注性能需求,必要时需要专门进行模拟。

2.4.4 质量属性

1. 质量属性的概念

在软件系统的开发和使用过程中,人们很自然地关注系统的功能,它是系统能够为用户提供帮助的第一要素。但成功的软件系统除了满足功能需求之外,还需要满足更多的要求,如易于使用和少出错等。

功能需求是用户对软件系统的显式要求,用户在软件系统创建之前就可以清晰地向开发者表达这种要求。而非功能需求属于隐式要求,用户在软件系统创建之前无法清晰地告诉开发者他们希望该系统具备什么样的非功能性特征。但是在软件系统投入使用之后,他们却可以快速判断出软件系统的哪一部分非功能需求不满足他们的条件。例如,在市场买一双鞋子时,对于鞋子功能(休闲、跑步还是踢足球)的要求是显式的,但是对鞋底是否会脱胶、鞋面坚韧度等特性的要求就是隐式的,虽然不会有明文规定鞋底不能脱胶,但是一旦脱胶就会被认为是鞋子质量不合格。一般认为,具备职业素质的人员能够在用户不提及的情况下认识到用户的隐式要求,否则该人员就是不合格的。

成功的软件系统必须满足显式的及隐含的各种要求。系统为满足显式的及隐含的要求而需要具备的要素称为质量。

为了度量一个系统的质量,人们通常会选用系统的某些质量要素进行量化处理,建立质量特征,这些特征称为质量属性。

需要注意的是质量属性需求包含性能需求,只是性能需求比较特殊,所以被独立为单独的类型。

实际工作中,软件体系结构师会比较关心质量需求,因为妥善解决质量问题是软件体系结构师的主要工作。

2. 质量模型

为了更好地根据质量属性描述和评价系统的整体质量,人们从很多质量属性的定义中选择了一些能够相互配合、相互联系的特征集,它们被称为质量模型。最为常见的质量模型有[ISO/IEC 9126-1]和[IEEE 1061-1992,1998]两个,分别如表2-2和表2-3所示。

表2-2　ISO/IEC 9126-1的质量模型

特征	子特征	简要描述
功能性	精确性	软件准确依照规定条款的程度,规定了权利、协议的结果或协议的效果
	依从性	软件符合法定的相关标准、协定、规则或其他类似规定的程度
	互操作性	软件和指定系统进行交互的能力
	安全性	软件阻止对其程序和数据进行未授权访问的能力,未授权的访问可能是有意的,也可能是无意的
	适合性	指定任务的相应功能是否存在以及功能的适合程度
可靠性	成熟性	因软件缺陷而导致的故障频率程度
	容错性	软件在故障或外界违反其指定接口的情况下维持其指定性能水平的能力
	可恢复性	软件在故障后重建其性能水平,恢复其受影响数据的能力、时间和精力
	依从性	软件符合法定的相关标准、协定、规则或其他类似规定的程度

特征	子特征	简要描述
易用性	可理解性	用户认可软件的逻辑概念和其适用性需要花费的精力
	可学习性	用户为了学会使用软件需要花费的精力
	可操作性	用户执行和控制软件操作需要花费的精力
	吸引性	软件吸引用户的能力
	依从性	软件符合法定的相关标准、协定、规则或其他类似规定的程度
效率	时间行为	执行功能时的响应时间、处理时间和吞吐速度
	资源行为	执行功能时使用资源的数量和时间
	依从性	软件符合法定的相关标准、协定、规则或其他类似规定的程度
可维护性	可分析性	诊断软件中的缺陷、故障的原因或者识别待修改部分需要花费的精力
	可改变性	进行功能修改、缺陷剔除或者应付环境改变需要花费的精力
	稳定性	因修改导致未预料结果的风险程度
	可测试性	确认已修改软件需要花费的精力
	依从性	软件符合法定的相关标准、协定、规则或其他类似规定的程度
可移植性	适应性	不需采用额外的活动或手段就能适应不同指定环境的能力
	可安装性	在指定的环境中安装软件需要花费的精力
	共存性	在公共环境中同分享公共资源的其他独立软件共存的能力
	可替换性	在另一个指定软件的环境下,替换该指定软件的能力和需要花费的精力
	依从性	软件符合法定的相关标准、协定、规则或其他类似规定的程度

表 2-3 ［IEEE 1061-1992,1998］的质量模型

因素	子因素	简要描述
功能性	完备性	软件具有必要和充分功能的程度,这些功能将满足用户需要
	正确性	所有的软件功能被精确确定的程度
	安全性	软件能够检测和阻止信息泄露、信息丢失、非法使用、系统资源破坏的程度
	兼容性	在不需要改变环境和条件的情况下新软件就可以被安装的程度。这些环境和条件是为之前被替代软件所准备的
	互操作性	软件可以很容易地与其他系统连接与操作的程度

因素	子因素	简要描述
可靠性	无缺陷性	软件不包含未发现错误的程度
	容错性	软件持续工作,不会发生有损用户的系统故障的程度。也包括软件含有降级操作(degraded operation)和恢复功能的程度
	可用性	软件在出现系统故障后保持运行的能力
易用性	可理解性	用户理解软件需要花费的精力
	易学习性	用户理解软件时所花费精力的最小化程度
	可操作性	软件操作与目的、环境、用户生理特征相匹配的程度
	通信性	软件被设计成与用户生理特征相一致的程度
效率	时间经济性	在指明或隐含的条件下,软件于适当的时间限度内执行指定功能的能力
	资源经济性	在指明或隐含的条件下,软件使用适当数量的资源执行指定功能的能力
可维护性	可修正性	修正软件错误和处理用户意见需要花费的精力
	扩展性	改进或修改软件效率与功能需要花费的精力
	可测试性	测试软件需要花费的精力
可移植性	硬件独立性	软件独立于特定硬件环境的程度
	软件独立性	软件独立于特定软件环境的程度
	可安装性	使软件适用于新环境需要花费的精力
	可复用性	软件可以在原始应用之外的应用中被复用的程度

3. 质量属性的重要性

质量属性应该和功能需求一样得到足够的重视。真实的现实系统中,在决定系统的成功或失败的因素中,满足非功能属性往往比满足功能需求更为重要。

质量属性对设计的影响很大。在软件设计中对任何指定的功能都会有多种可选的方案,不同的方案选择产生不同的设计结果。这些不同的设计结果都体现了共同的功能特性,但它们之间却有着很大的区别,差异之处即在于拥有不同的质量因素。设计方案的质量因素往往包含很多不同的质量属性,而且不同的质量属性之间互有折中(如提高可移植性往往会导致效率降低),很难会出现某一个设计方案的质量属性完全优于其他方案的情况。因此,软件设计必须根据需求的质量属性在多种方案中选择一个最优的方案。如果不存在事先定义好的质量属性需求,设计方案的选择将完全没有依据,结果就很有可能导致软件不被用户接受。

对于一个已经完成的设计,如果需要修改其功能,则需要对设计进行一定的调整或拓展。但如果需要修改其质量属性要求,在复杂的情况下就可能会需要重新进行设计方案的选择,受到的影响就是整个设计而不再仅仅局限于其某个部分。所以,在设计开始之初就确定质量属性要求非常重要,而且对越复杂的系统越为重要。

4. 质量属性需求的开发

虽然用户会在和需求工程师交流的过程中表达一些和质量属性相关的想法,但因为他们并不了解软件系统的开发过程,也就无从判断哪些质量属性会在怎样的程度上给设计带来多大的影响,也无法将他们对软件系统的质量要求细化成一组组可量化的质量属性,所以一般来说,他们并不能明确地提出对产品质量的期望。

[Chung 2000]认为,在用户的叙述中质量属性大多是和功能需求联系在一起的,因此为了发现用户对质量属性的要求,需求工程师需要对照软件的质量属性检查每一项功能需求,尽力去判断质量属性存在的可能性;对于一些不和任何功能需求相联系的全局性质量属性,需求工程师要在遇到特定的实例时意识到它们的存在。[Cysneiros 2001]通过实践还发现,用户在描述中使用的形容词和副词通常意味着质量属性的存在。

在发现质量属性后,要想了解用户的真正想法,需求工程师还需要和用户以及开发人员一起从多个角度进行质量的定义。进行质量属性的定义时,应当将其与相联系的功能需求关联起来。不能和功能需求建立联系的全局性质量属性应该统一进行处理。

5. 常见的质量属性需求

(1)可靠性(reliability)

可靠性是指在规定时间间隔内和规定条件下,系统或部件执行所要求功能的能力,如 QR1。

QR1:在进行数据的下载和上传中,如果网络出现故障,系统不能出现故障。

QR1.1:分店子系统应该检测到故障,并尝试重新连接网络 3 次,每次 15 s;

QR1.1.1:重新连接后,分店子系统应该继续之前的工作;

QR1.1.2:如果重新连接不成功,分店子系统应该等待 5 分钟后再次尝试重新连接。

QR1.1.2.1:重新连接后,分店子系统应该继续之前的工作;

QR1.1.2.2:如果重新连接仍然不成功,分店子系统将数据恢复到同步之前的状态。

QR1.2:总店子系统应该检测到故障,并等待分店子系统的消息。

QR1.2.1:在等待 10 分钟仍然没有接到分店子系统的消息时,分店子系统将数据恢复到同步之前的状态。

(2)可用性(availability)

可用性指软件系统在投入使用时可操作和可访问的程度,或能实现其指定系统功能的概率,如 QR2。

QR2:系统的可用性要达到 98%。

(3)安全性(security)

安全性是指软件阻止对其程序和数据进行未授权访问的能力,未授权的访问可能是有意的,也可能是无意的,如 QR3。

QR3：收银员只能查看，不能修改、删除会员的信息。

（4）可维护性（maintainability）

可维护性指为排除故障、改进质量或适应环境变化而修改软件系统或部件的容易程度，包括可修改性（modifiability）和可扩展性（extensibility），如 QR4。

QR4：如果系统要增加新的特价类型，要能够在 2 人月内完成。

（5）可移植性（portability）

可移植性指系统或部件能从一种硬件或软件环境转换至另外一种环境的特性，如 QR5。

QR5：服务器要能够在 1 人月内从 Windows 7 操作系统更换到 Solaris 10 操作系统。

（6）易用性（usability）

易用性指与用户使用软件所花费的努力及其对使用的评价相关的特性，如 QR6。

QR6：使用系统 1 个月的收银员进行销售处理的效率要达到 10 件商品/分钟。

[Vara 2011]在调查中让调查者分别列举出最为常见的 5 个质量属性需求以及最为重要的质量属性，结果如图 2-9 所示。从中可以发现，最为常见的质量属性是：易用性、可维护性、性能、可靠性和灵活性。

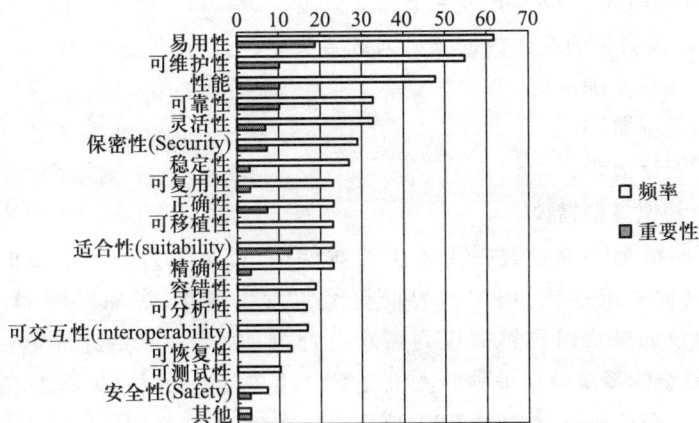

图 2-9　常见的质量属性需求及其重要性，数据源自[Vara 2011]

2.4.5　对外接口

对于解系统而言，问题域中的其他软件系统也属于问题域的一部分，且为一个比较特殊的部分。因此用户有权对解系统和其他系统之间的软硬件接口提出要求。解系统的对外接口也是一种重要的需求。

对系统之间的软硬件接口需要说明以下内容（如需求 IR1 所示）：

- 接口的用途；
- 接口的输入输出；

- 数据格式；
- 命令格式；
- 异常处理要求。

IR1：客户端在每个工作日的 20:00 向服务器端发送数据包，更新商品数据。

    IR1.1：数据包使用 XML 格式。XML 文件包括 Message Header 和 Message Content。

        IR1.1.1：Message Header 的 Root Tag 为"ShopProduct"，其各个字段如下所示。

        ShopID：String，店铺号，2 位区位码+3 位店铺码；

        Date：DateTime，日期，当天日期时间。

        IR1.1.2：Message Content 的父标签为"ShopProduct"，其字段如下所示。

        Product：商品数据；

        ID：String，商品 ID，36 位数据代码；

        SaledNum：Number，销售出的数量；

        ReturnedNum：Number，退货数量；

        RuinedNum：Number，报废数量；

        ImportNum：Number，入库数量。

    IR1.2：发生数据包的返回数据类型为数字文本，码类型为：

        00：操作正确；

        01：数据错误；

        10：网络故障；

        11：其他类型错误。

用户界面在有些情况下也会被视为系统的对外接口，被作为一种重要的需求。但［CMU/SEI1991］认为，和其他需求相比，用户的界面更经常发生变化，进而影响需求的稳定性，所以［CMU/SEI1991］建议如果将用户界面作为需求一部分的话，一定要进行单独处理和组织。通常，对于人机交互复杂的系统使用单独的人机交互设计文档记录用户界面需求，否则可以将其作为需求文档的一部分进行记录，如需求 IR2 所示。

IR2：订单管理。系统应该使用如图 2-10 所示的 Form 风格，帮助销售经理完成订单管理。

    IR2.1：在销售经理开始订单管理时，系统显示所有未签收的订单列表。

    IR2.2：在销售经理选择待修改的订单后，系统显示该订单的所有信息，并允许销售经理修改其状态。

    IR2.3：在销售经理修改订单状态后，系统保存更改后的订单列表，并刷新当前订单列表。

对外接口是设计师需要的知识，软件体系结构师需要根据对外接口安排软件系统的外部环境，详细设计人员要将所有对外接口与业务逻辑进行隔离，交互设计师要为人机交互需求设计人机交互方案。

图 2-10　订单列表

2.4.6　约束

约束是不受解系统影响,却会给解系统带来极大影响的问题域特性。因为不受解系统的影响,所以从解决问题的角度来看约束不会要求解系统为其进行专门的设计。但是如果解系统不满足约束,那就意味着问题域并不能够提供解系统要求的运行环境,解系统将无法在问题域内成功地部署和运行。因此,约束是在总体上限制了开发人员设计和构建系统时的选择范围。

这些约束通常会影响后续的体系结构设计、详细设计、实现、测试等软件开发活动。

常见的约束主要有以下几种。

① 系统开发及运行的环境(如 Constraint-1)。包括目标计算机、操作系统、网络环境、编程语言和数据库管理系统等。

Constraint-1:系统要能够在 Windows 和 Linux 两种操作系统上运行。

② 问题域内的相关标准(如 Constraint-2)。包括法律法规、行业协定和企业规章等。

Constraint-2:系统的保密性能要符合×××法律第×××条的要求。

③ 商业规则。用户在任务执行中的一些潜在规则也会限制开发人员设计和构建系统的选择范围。

④ 社会性因素。文化、信仰等社会性因素。

进入 21 世纪以来,随着 Internet 的发展,软件系统在社会生活中出现得越来越多,影响越来越大,所以约束变得越来越重要,尤其表现在法律规则[Otto 2007]和社会性因素[Yu 2010, Milne 2011]这两个方面。

规则往往是需求文档的一个重要部分,[Gottesdiener 2002]建议按照表 2-4 的格式进行描述。

表 2-4　规则描述样式与示例

类别	描述样式	示例
术语	[限定词]<名词/业务术语>是指<文字描述>	Rule2:退货是指顾客在一个时间点上凭之前一周内的购物发票,退回其中一项或多项商品的行为

类别	描述样式	示例
事实	[限定词]<名词/业务术语 1>[条件限定]必须|可能<动词或动词短语>[限定词]<名词/业务术语 2>	Rule3:同样的商品在不同的时期内可能有不同的价格
	<名词/业务术语 1>的特征有<名词/业务术语 2>	Rule4:每件商品都有一个条码
约束	[限定词]<名词/业务术语>必须满足<条件>	Rule5:商品条码符合 EAN-13 标准
	<名词/业务术语>必须/不能<动词或动词短语><条件>	Rule6:商品特价的折扣率不能超过 50%
推导	<名词/业务术语>的计算方式为<数学计算表达式>	Rule7:普通商品项总价 = 价格×数量
推理	如果<条件 1>[和/或者<条件 2>…],那么<结论>	Rule8:如果销售日期在一周之前,或者销售是用积分付款的,或者销售的非积分付款余额已经不足以支付商品退款额,那么该商品就属于不可退货商品

项目管理者和软件体系结构师、详细设计师及后续开发人员都需要关注约束,以保证最终的系统能够成功运营。

2.4.7 其他需求

实践中,需求文档还常常会文档化其他类型的需求,如安装需求 OR1、培训需求 OR2 和数据需求等,其中数据需求较为常见。

OR1:在安装系统时,要初始化用户和商品库存等重要数据。

OR2:系统投入使用时,需要对用户进行为期一周的集中培训。

数据是软件系统中非常重要的知识内容,但它可以在表达功能需求时进行描述,例如在 2.3.3 小节提及的需求 SR1,描述了交互功能的同时也描述了使用的数据。如果在功能需求中没有描述数据内容(如 SR3),就需要补充描述数据信息(如 DR1 和 DR2)。

SR3:在收银员输入商品标识时,系统显示商品信息,商品信息参见 DR1、DR2。

DR1:ID 是规则为……的商品条码。

DR2:商品信息包括 ID、名称、描述、价格、特价、数量和总价。

2.5 优秀需求的特性

理想情况下,需求应该既是解决用户问题所需要的,又是表述清晰的;既是用户的需要,又是开发者的需要。为此,人们定义了一些优秀需求应该具备的特性,下面是其中比较重要的部分。

1. 完备性

优秀的需求是完备(complete)的,它不需要做更多的扩展就可以充分说明用户需要的系统功能。完备性的判断标准是:需求是否描述了开发人员设计和实现这项功能所需的所有信息。只有完备的需求在开发中才可能被独立出来,单独对待。在需求开发过程中,对于不清晰的信息可以标记为 TBD(To Be Determined,待确定),但在需求开发结束之前,所有的 TBD 都必须被解决。

例如,R20 就是不完备的,仅仅根据需求描述,开发人员并不能明确到底如何输入商品信息,以及显示哪些商品信息。相对而言,SR1、SR3 更加完备。

R20:在收银员输入商品时,系统显示商品信息。

[Firesmith 2005]建议对不同类型的需求可以从不同的方面来保障需求描述的完备性。

(1) 对功能需求要确保下列方面都得到了描述

① 行为的触发者(trigger),它使系统执行功能需求的行为,常见的触发者包括数据输入、接收的请求、要处理的异常等。

② 行为的前置条件(precondition),它是系统成功满足功能需求的前提,常见的前置条件包括系统的模式或状态,其他外部系统的状态、任何系统数据的值等。

③ 行为(action),在前置条件下接受到触发者时,系统必须执行的行为。

④ 后置条件(postcondition),一旦系统成功执行行为后所处的状态,常见的后置条件包括系统的模式或状态、其他外部系统的状态、任何系统数据的值等。

⑤ 不满足前置条件(failed preconditions)的情况,以及相应情况下的结果(resulting failure postconditions)。

(2) 对数据需求(或者功能需求描述中的数据内容)要注意下列内容

① 类型;

② 语义(如在数据字典或项目术语表中描述数据的含义);

③ 组成成分(如属性和子部分等);

④ 初始值或默认值;

⑤ 可能的取值范围;

⑥ 度量单位;

⑦ 数据量;

⑧ 更新频率;

⑨ 可以对其施加的合理操作;

⑩ 对外关系,如关联、聚集和泛化等。

(3) 对对外接口的描述要注意下列内容

① 接口的名字;

② 接口的定义,简短的描述;

③ 接口的方向声明(In、Out 或者双向);

④ 服务请求,包括:

- 语法,如名称、参数和返回值;
- 语义、含义、协议,如前置条件、后置条件与不变量或者状态模型等;
- 异常,语法与语义;
- 接口定义的特殊数据类型;
- 质量属性要求(如性能、可靠性、安全性、保密性等)。

(4) 对质量属性(含性能)的描述要注意下列内容

① 针对系统或其部件的质量标准;

② 明确需要满足质量标准的情况与条件;

③ 衡量质量标准所使用的单位;

④ 质量度量的阈值。

(5) 要注意与需求源头和相关事项的专家确认

2. 正确性

每一项需求都必须正确描述所需要的系统功能,要真实反映用户的意图,所以需求的正确性又常被称为真实性(real)。需求的正确性只有提出需求的人才能加以判断,所以需求在传递给开发人员之前,必须请需求的提出者予以确认。

正确性是一个看上去简单,但实践中很难满足的特性。实践一再表明,不真实的需求是最为常见的需求错误之一,必须得到足够的重视。

需求正确性难以达到的主要原因有以下两方面。

① 用户在表达自己的需要时,可能会在潜意识下进行一定的加工。常见的情况是:用户的问题是 A,但用户认为如果提供了方法 B,则问题 A 自然可以得到解决,为此用户向需求工程师反映的便是 B,而不是真实的 A。所以为了发现用户的真实需求,需求工程师一定要进行问题分析,尽力发现问题背后的问题。

② 在人际交流中,信息会发生自然衰减,甚至扭曲,导致需求工程师理解的并非是用户所表达的。对此情况的解决方法是在需求传递给开发人员之前,请提出需求的用户进行仔细检查和确认。

[Gilb 2005]提出了一些发现真实需求的方法,总结起来包括下列几点:

① 多问用户"为什么",将涉众的需求描述从具体情景、技术环境等约束中抽离出来,发现涉众更广范围和更高层次上的目标。例如,如果用户描述"需要将联系人信息放到 Web 站点上",需求工程师就应该问为什么,将 Web 站点这个技术环境剥离,转变为"交流共享联系人信息"这个更深层的目标。

② 从业务方面描述需求,而不是从技术方面描述需求。虽然需求开发最终要产生的是系统级需求,它关注于软件系统的对外交互,不免涉及技术观点。但涉众更易于从业务角度理解需

求,所以在与涉众交流时,要用业务的方式描述需求。例如"收银员输入商品标识,系统记录商品……信息"比"收银员使用扫描仪扫描商品条码,系统将……信息存储入数据库"更能为涉众所理解。

③ 关注涉众的想法。包括关注涉众对需求的效益评价,关注涉众对需求的优先级划分,真正理解需求对于涉众的意义。

④ 在演化中理解需求。最初始的需求并不一定就是最终的需求,要将最初始的需求展示给涉众,并利用涉众的反馈发现真正的需求。

⑤ 通过量化手段准确理解需求。尤其是在描述质量属性需求时,试图量化需求的过程中,对验证标准的反复推敲可以更准确地理解涉众的需求含义。

3. 可行性

需求必须能够在系统及其运行环境的已知条件和约束下实现。用户无法判断需求的技术可行性,所以需求的可行性是由开发人员进行检查的。在检查的过程中,开发人员可能需要进行一定的分析和研究,而不是单纯地凭借经验和直觉。对于难以判断的需求,必要时要通过开发原型来加以验证。

不可行的需求又被称为不切实际的期望(unrealistic expectations),是实践中常见的需求定义问题,而且它在很大程度上影响着项目的成败。

因为用户并不掌握关于软件系统构建的相关技术知识,所以用户可能会提出一些已有软件技术无法实现的期望,或者在限定的项目环境下固执地要求不可能同时满足的多项要求,这通常是不切实际的期望的来源。

面对不切实际的期望,要求软件开发者提供可行性、成本等足够的技术参考信息,帮助用户对其进行取舍和调整。

4. 必要性

每一项需求都应该是必要的,它是满足用户的业务需求所必需的。如果一条需求被忽略之后,系统仍然能够以同样的效果解决用户的问题,那么它就不值得在开发的过程中消耗额外的资源。

不必要的需求也是实践中常见的一个问题,可能因为多种原因而出现:

① 用户将之作为和开发人员谈判的筹码,然后通过自己对不必要需求的进退取舍而在和开发人员的谈判中取得真正想要的利益,如金钱。对此问题,唯一需要的就是开发人员代表的谈判技巧。

② 用户在交流中总是害怕信息有所遗漏,并因而产生不利后果,因此用户总是倾向于表达各种各样的需要。要解决这个问题,就需要开发人员在进行用户需求的获取之前先定义明确的业务需求,然后根据业务需求进行用户需求的过滤和选择。

③ 需求开发人员"画蛇添足",添加"用户肯定会喜欢"的功能,该类功能既会造成项目额外的耗费,又不会给用户带来更多的帮助。这就要求需求开发人员要保持以用户为中心。开发人员尤其需要注意该事项。

5. 无歧义

需求能够正确传递知识的前提是传递者和受众能够形成共同的理解,因此每一项需求都应该有而且只能有一种解释,即需求无歧义。为了让需求可理解,一般倾向于以用户的语言描述需求,而用户的语言往往含有大量容易导致歧义的因素,因此在保证需求描述的无歧义时要格外注意需求描述中的词汇选择,通常在需求开发中要定义一个可以共同理解的词汇表(glossary),然后再在其基础上进行需求的描述。

模糊和歧义也是实践中常见的需求错误类型,它多数是被无意写出的,少数情况下也可能被有意写出。

无意中写出模糊和歧义的需求定义往往是因为选词造句不当,导致不同的人对同一项需求产生了不同的理解。[Wiegers 2003]建议在描述需求时避免使用表 2-5 内的词汇,以防止需求描述出现歧义。

表 2-5 应该避免的歧义词汇,源自[Wiegers 2003]

歧义词汇	改进方法
可接受的、足够的	具体定义可接受的内容,说明系统怎样判断"可接受"或"足够"
大概可行、差不多可行的	不要让开发人员来判断"大概"和"差不多"到底是否成立。应将其标记为待确定问题并标明解决日期
至少、最小、不多于、不超过	明确指定能够接受的最大值和最小值
在……之间	明确说明两个端点是否在范围之内
依赖	描述依赖的原因,数据依赖、服务依赖、还是资源依赖
有效的	明确"有效"所意味的具体实际情况
快的、迅速的	明确指定系统在时间或速度上可接受的最小值
灵活的	描述系统为了响应条件变化或需求变化而可能发生的变更方式
改进的、更好的、更快的、优越的	定量说明在一个专门的功能领域内充分改进的程度和效果
包括、包括但不限于、等等、诸如	应该列举所有的可能性,否则就无法进行设计和测试
最大化、最小化、最优	说明对某些参数所能接受的最大值和最小值
一般情况下、理想情况下	需要增加描述系统在异常和非理想情况下的行为
可选择地	具体说明是系统选择、用户选择还是开发人员选择
合理的、在必要的时候、在适当的地方	明确怎样判断合理、必要和适当
健壮的	显式定义系统如何处理异常和如何响应预料之外的操作
无缝的、透明的、优雅的	将词汇中所反映的用户期望转化成能够观察到的产品特性

歧义词汇	改进方法
若干	声明具体是多少,或提供某一范围内的最小边界值和最大边界值
不应该	试着以肯定的方式陈述需求,描述系统应该做什么
最新技术水平的	定义其具体含义,即"最新技术水平"意味什么
充分的	说明"充分"具体包括哪些内容
支持、允许	精确地定义系统的功能,这些功能组合起来支持某些能力
用户友好的、简单的、容易的	描述系统特性,用这些特性说明词汇所代表的用户期望的实质

有意产生的模糊和歧义的需求定义往往是为了应付对需求持有不同立场的用户,这些用户关于需求的目标互相冲突,需求工程师遂采用了模糊化的处理方法。但软件的生产是无法进行模糊化处理的,所以开发者最终仍要面对一个两难局面。对于用户立场冲突的正确解决方法是在项目前景的指导下,促进用户之间的协商解决。

6. 可验证

需求应该是可验证的,也就是说通过分析、检查、模拟或测试等方法能够判断需求是否被满足。如果需求不可验证,就无法判断完成的系统是否满足了该需求,开发人员也无法去选择一个能够实现该需求的方法。通常,不可验证的需求往往是因为描述模糊或者过于抽象,所以在进行需求的描述时要让需求具体化,小心形容词和副词的使用,避免程度词的使用。

引 用 文 献

［Albayrak 2009］ALBAYRAK Ö, KURTOGLU H, BIÇAKÇI M. Incomplete software requirements and assumptions made by software engineers. 16th Asia- Pacific Software Engineering Conference, 2009.

［Bray 2002］BRAY I K. An introduction to requirements Engineering. 1st ed. Addison Wesley, 2002.

［Bühnel 2004］BÜHNEL S, HALMANSL G, POHLL K. Defining requirements at different levels of abstraction. Proceedings of the 12th IEEE International Requirements Engineering Conference (RE'04), 2004.

［Chung 2000］Chung L, NIXON B, Yu E, et al. Non- functional requirements in software engineering. Kluwer Academic Publishers, 2000.

［Clements 2007］CLEMENTS P,KAZMAN R, KLEIN M, et al. The duties, skills, and knowledge of software architects. Proceedings of the 6th Working IEEE/IFIP Conf.Software Architecture (WICSA 07), 2007.

［CMU/SEI 1991］Software Engineering Institute. Requirements Engineering and Analysis Workshop Proceedings, 1991.

［Cysneiros 2001］CYSNEIROS L M, LEITE J C S P, NETO J S M. A framework for integrating non- functional requirements into conceptual models. Requirements Engineering Journal, 2001, 6(2).

［Firesmith 2003］FIRESMITH D. Specifying good requirements. Journal of Object Technology, 2003, 2(4): 77- 87.

［Firesmith 2005］FIRESMITH D. Are your requirements complete. Journal of Object Technology, 2005, 4(1).

〔Gabb 1999〕 GABB A P. Requirements denial- examining the excuses. Conference of the Systems Engineering Society of Australia (SESA) and the International Test and Evaluation Society (ITEA), SETE99, October 1999.

〔Gilb 2005〕 GILB T. Real requirements: how to find out what the requirements really are. Fifteenth Annual International Symposium on Systems Engineering, Seattle, Washington: International Council on Systems Engineering, 2005.

〔Gotel 2006〕 GOTEL O. In search of the system concept. IEEE SOFTWARE, 2006, 1/2:102-103.

〔Gottesdiener 2002〕 GOTTESDIENER E. Top ten ways project teams misuse use cases- and how to correct them. The Rational Edge, Date, 2002.

〔Lawrence 2001〕 LAWRENCE B. WIEGERS K.EBERT C. The top ten risks of requirements engineering. IEEE Software, 2001.

〔Leffingwell 1999〕 LEFFINGWELL D, WIDRIG D. Managing software requirements: a unified approach. Addison-Wesley, 1999.

〔Lubars 1993〕 LUBARS M, POTTS C, RICHTER C. A review of the state of the practice in requirements modeling. Proceedings of IEEE International Symposium on Requirements Engineering (RE'93), 1993.

〔Maiden 2008〕 MAIDEN N. User requirements and system requirements. IEEE Software,2008,3/4:90- 91.

〔McConnell 2000〕 MCCONNELL S. What's in a name. IEEE SOFTWARE, 2000, 9/10: 7-9.

〔McDermid 1989〕 MCDERMID J A. Requirements analysis: problems and the STARTS approach. In IEEE Colloquium on Requirements Capture and Specification for Critical Systems (Digest No.138), 4/1- 4/4. Institution of Electrical Engineers, November 1989.

〔Milne 2011〕 MILNE A, MAIDEN N A M. Power and politics in requirements engineering: a proposed research agenda. Proceedings of the 18th IEEE Int'l Requirements Eng. Conference. IEEE CS, 2011: 187- 196.

〔IEEE 1061- 1992〕 IEEE Std 1061- 1992. IEEE Standard for a Software Quality Metrics Methodology. Institute of Electrical and Electronics Engineering, Inc., 1992.

〔IEEE 1061- 1998〕 IEEE Std 1061- 1992. IEEE Standard for a Software Quality Metrics Methodology. Institute of Electrical and Electronics Engineering, Inc., 1998.

〔IEEE 1990〕 IEEE Std 610.12- 1990. IEEE Standard Glossary of Software Engineering Terminology. Institute of Electrical and Electronics Engineering, Inc., 1990.

〔IEEE 1998〕 IEEE Std 830- 1998. IEEE Recommended Practice for Software Requirements Specifications. Institute of Electrical and Electronics Engineering, Inc., 1998.

〔ISO/IEC 9126- 1〕 ISO/IEC 9126- 1. Software Engineering- Product Quality- Part 1: Quality Model. ISO/IEC Ed. International Organization for Standardization and International Electrotechnical Commission, 2001.

〔Jackson 1995a〕 JACKSON M. Problems and requirements, a keynote address at RE'95. Proceedings of the IEEE Second International Symposium on Requirements Engineering. ACM Press, 1995.

〔Jackson 1995b〕 JACKSON M. The world and the machine, a keynote address at ICSE- 17. Proceedings of ICSE- 17. ACM Press, 1995.

〔Jackson 1997〕 JACKSON M. The meaning of requirements. Annals of Software Engineering Special Issue on Software Requirements Engineering, 1997: 5- 22.

〔Jansen 2005〕 JANSEN A, BOSCH J. Software architecture as a set of.architectural design decisions.In Proceedings of

WICSA 2005, 2005.

[Kar 1996] KAR P, BAILEY M. Characteristics of good requirements. The 6th INCOSE Symposium, 1996.

[Kauppinen 2005] KAUPPINEN M. Introducing requirements engineering into product development: towards systematic user requirements definition. Doctoral Dissertation, 2005.

[Otto 2007] OTTO P N, Antón A I. Addressing legal requirements in requirements engineering. 15th IEEE International Requirements Engineering Conference, 2007.

[Robert 2002] ROBERT L.Glass, facts and fallacies of software engineering. Addison- Wesley, 2002.

[Sawyer 1997] SAWYER P, SOMMERVILLE I, VILLER S. Requirements process improvement through the phased introduction of good practice. Software Process- Improvement and Practice, 1997, 3: 19- 34.

[Standish 1995] Standish Group. CHAOS, 1995.

[Taylor 2009] TAYLOR R N, MEDVIDOVIC N, DASHOFY E M. Software architecture: foundations, theory and practice. Wiley, 2009.

[Vara 2011] VARA J L, WNUK K, SVENSSON R B, et al. An empirical study on the importance of quality requirements in industry. 23rd International Conference on Software Engineering and Knowledge Engineering (SEKE 2011), 2011.

[Wiegers 2003] WIEGERS K. Software requirements. 2nd ed. Redmond, WA: Microsoft Press, 2003.

[Young 2002] YOUNG R R. Effective requirements practices. Boston: Addison- Wesley, 2002.

[Yu 2010] Yu E, et al. Social modeling for requirements engineering. MIT Press, 2010.

第3章 需求工程过程

3.1 概 述

过程是一组相关活动的集成,通过这些活动的执行,可以完成一项任务或者达到一个目标。需求工程过程是系统开发中需求开发活动的集成,它以用户所面临的业务问题为出发点进行分析和各种转换,最终产生一个能够在用户环境下解决用户业务问题的系统方案,并将其文档化为明确的规格说明。

为了有效地理解用户问题,分析各种可能的系统解决方案,最终产生一个适宜的规格说明文档,需要将需求开发活动组织成一个系统化和严格的需求工程过程,这是人们随着系统开发的进展而逐渐认识到的[Siddiqi 1996]。在初期,系统开发的唯一焦点就是编码,此时不论系统大小,开发都是一个单独的活动——编码。这个时期人们还不认为存在独立的需求开发活动。其后,随着生命周期模型的引入,对系统开发活动的认知取得重大进展,人们认识到需求开发是系统开发中的一个独立的阶段,即软件开发生命周期模型的第一个阶段。在此后的进一步发展中,人们逐渐认识和接受了系统的演化式开发思想,认识到系统的实现往往是开始于一个并非完备的需求体系,发现需求开发也是一个递进的过程,包含一系列的独立活动。今天,大多数软件专业人士已经意识到需求工程也有属于它自己的生命周期模型,即存在针对需求开发的需求工程过程,这个过程又作为系统工程和软件工程的一个子过程部署在系统开发的初期阶段。

目前看来,如果所开发系统的类型不同、开发公司的规模和文化不同,或者系统开发资源获取的途径不同,需求工程过程都会表现出极大的差异。例如,对一个大规模的军用或航空系统而言,通常存在一个正式、严格的需求工程过程,它详细定义了过程的各个阶段,要求产生能够详细描述系统需求和软件需求的规格说明文档。而对开发创新型软件的小公司而言,需求工程过程可能仅仅包含一些头脑风暴会议,它产生的文档也可能仅仅是对系统期望的一段简短描述。但不管实际上执行的需求工程过程为何,它们都拥有一些共同的需求工程活动:需求获取、需求分析、需求规格说明、需求验证和需求管理。其中,需求获取、需求分析、需求规格说明、需求验证为需求开发活动,需求管理为项目管理活动。

在需求工程的开始必须要获取用户期望系统表现出来的各种行为,这些期望并不是外在和可以直接得到的,系统分析师需要利用一些方法和技术才能得到正确的结果。

为了取得对需求的正确和深入理解,系统分析师还需要对获取的结果进行综合与整理,通过分析保证需求的正确性、完整性和可行性。

经过分析的需求被认为是有效的需求,它必须被记录和文档化,因为只有将需求文档化为正式的规格说明,才可能将它们传递给其他参与系统开发的人员,让所有相关人员形成对系统需求的一致和正确的理解。

规格说明文档可能被传递给设计人员、测试人员、项目管理人员等众多系统开发者,因此如果传递的规格说明文档中存在一些错误或偏差将造成很大的影响。为了尽可能减小不利因素,尽最大可能产生完善的规格说明文档,就需要在规格说明文档产生之后和传递给相关人员之前组织进行文档的验证,以尽可能发现文档中的错误和偏差,并进行纠正。

获取、分析、规格说明和验证这些需求开发活动并不是看上去的那样以线性、顺序的方式执行。实际上,这些活动之间是互相交织的,整个开发活动也是不断迭代和递增的(如图 3-1 所示)。

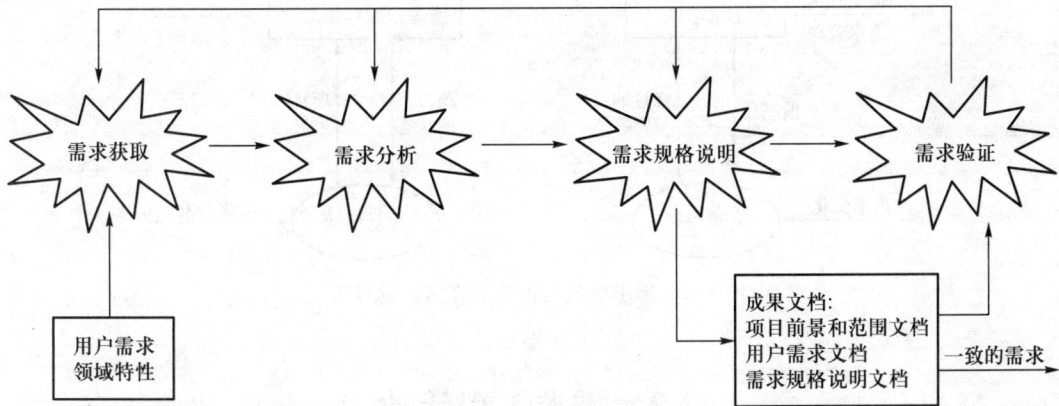

图 3-1　递增的需求开发模型,修改自［Kotonya 1998］

在需求开发活动中会产生各种成果文档,比较常见的有 3 种:项目前景和范围文档、用户需求文档和需求规格说明文档。项目前景和范围文档定义了系统的业务需求,明确了系统开发的努力方向和工作范围。用户需求文档定义了系统的用户需求,以用户的立场表达了对系统行为的期望,常见的用例文档就是用户需求文档的一种形式。需求规格说明文档定义了系统的系统级需求,指出了开发者应该完成的任务。需求规格说明文档又依文档内所定义的需求范围分为系统规格说明和软件规格说明,其中系统规格说明内定义的是对整个系统的需求,包括软件需求、硬件需求和其他需求;软件规格说明内定义的仅仅是软件需求。

在所有的需求开发活动结束之后,定义良好的需求被转入系统开发的后续阶段——设计、实现和测试等,但这时系统开发人员却仍需经常面对一个非常头疼的需求问题——需求变化。因为遭遇业务问题的现实世界的确处于不断变化之中,所以为了得到有效的系统解决方案,有些变化必须要进行妥善的处理,这就需要在需求开发结束之后,在后续阶段中采取有效的策略统一管理开发的需求和变化的需求,进行需求的管理和变化的控制。所以,和前面的 4 个需求开发活动不同,需求管理是项目管理活动,它在需求开发活动结束之后才开始执行。需求管理和需求开发活动之间的界限如图 3-2 所示。

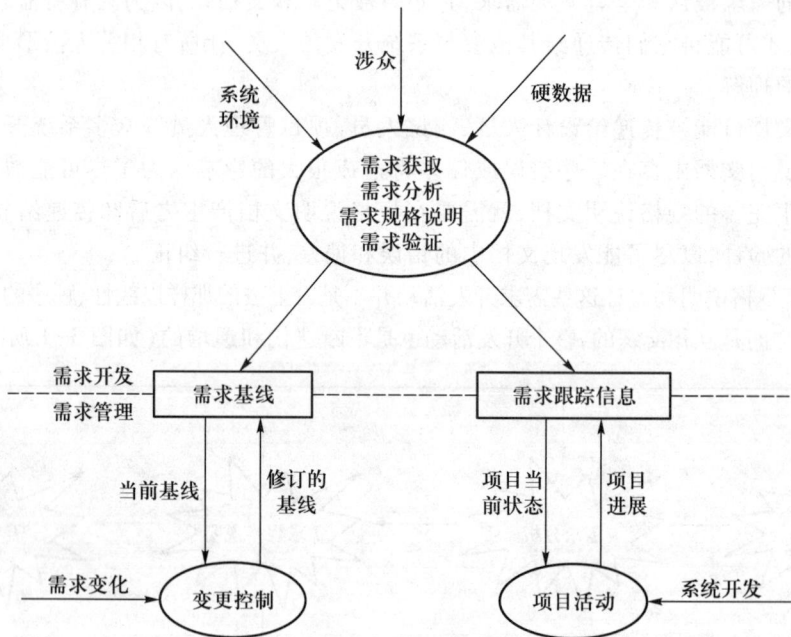

图 3-2　需求管理与需求开发活动的界限

3.2　需求工程活动

3.2.1　需求获取

需求获取是从人、文档或环境中获取需求的过程。获取过程并不是简单地将定义良好的需求从人、文档或环境中直接转移到获取的结果文档上,需求工程师必须要利用各种方法和技术来"发现"需求。

需求开发的过程包含有学习和认知的过程,而学习和认知的过程是递进的,即学习一点,增加一些认知,然后在新的认知的基础上继续学习。因此需求获取和需求分析是交织在一起的,需求工程师需要获取一些信息,随即进行分析和整理,理解、认知到一定程度后再确定要进一步获取的内容。

在需求获取中,需求工程师通常需要执行的任务包括以下几方面。

1. 收集背景资料

获取的目的是发现用户的问题,并经过需求分析步骤转化为用户的需求。要想和用户就业务问题进行交流,需求工程师应先具备能够和用户进行交流的知识基础,否则两者之间无法形成有效的沟通。因此需求工程师需要先收集系统的背景资料以形成一个基础的知识框架,如企业的业务状况等。如果需要对背景资料进行非常深入的了解(如进行产品线开发),就需要应用相关的需求分析方法(如领域分析等)对收集的资料进行整合与处理,当然这是需求分析的任务。

2. 获取问题与目标,定义项目前景与范围

有了一定的知识框架之后,需求工程师就可以通过收集数据和文档观察环境,了解用户的需要、期望和关注点,综合推定用户在业务中所遇到的高层次问题。用户解决高层次问题的期望即为系统的业务需求,也是系统要达到的目标。

在进行信息获取时,不同用户往往会从自身的立场出发考虑问题,提出相应的功能要求。这样,当软件系统涉及很多用户时常会发现用户相互之间对系统的期望有着很大的差距。因此,需要根据业务需求明确高层次的解决方案,确定软件产品未来的形式,定义项目的前景。有了共同的项目前景,不同的用户就可以从共同的方向上理解问题,提出对系统的功能要求。而且当用户之间发生需求冲突时,还可以利用项目前景指导需求冲突的协商解决。

需求获取中面对的信息内容非常广泛,因此,要保证获取的有效性,一方面要求不能在无关的内容上花费太大的代价,另一方面也要不遗漏应该获取的重要内容。因此在开展详细信息的获取工作之前,应先根据业务需求确定项目的获取范围,然后在范围界限的指导下保证获取活动的正确和顺利进行。在项目开发后期发生需求变更时,还可以依据清晰的项目范围定义来排除不必要的变化请求。

项目的业务需求、前景和范围都会被记录到项目的前景和范围文档中。

系统开发是一个不可见的过程,在最终产品完成之前要让客户完全依据对开发人员的了解与信任来启动一项投资无疑带有一定的风险,因此在项目早期产生的前景和范围文档还可以起到坚定客户投资信心的附带效应。

根据业务需求确定项目前景和范围的过程也包含有需求分析的活动。

3. 识别涉众,选择信息的来源

在大多数系统开发中,用户是需求的主要来源。一个复杂的系统往往拥有很多用户,因此在执行获取时要想覆盖所有的用户不仅费时费力,而且是困难的,也是不必要的。一个可行的方案是通过少数的用户来代表全体用户表达看法。但是系统的不同用户往往在很多方面存在差异,如使用的产品功能、具有的计算机技能和使用产品的频率等。这些具有不同特性的用户对系统的需求往往也是不一样的,因此要想让选取的少数代表完整地表达用户的声音,就需要将用户分成不同的类型,然后在理解每种类型用户特征的情况下为其选择合适的用户代表。这个过程称为涉众分析。

表单、报表、备忘录等硬数据是需求获取信息的另一个重要来源。在用户的工作过程中往往会产生大量的硬数据,它们以清晰、条理和准确的方式描述了实际业务的相关信息,因此是一种理想的信息来源。但同样的问题是,面对大量的硬数据,也需要使用恰当的方法进行采样,以保证采集的少量数据能够准确、完整地代表全部数据的相关信息,即进行硬数据采样。

除了用户和硬数据之外,相关的产品、文档和领域专家等也都有可能是需求的来源。

4. 选择获取方法,执行获取,获取功能与非功能需求

需求获取的主要目的在于获取用户需求,了解用户在完成任务时遇到的问题与期望。获取有效用户需求的前提是能够正确理解用户的问题,所以针对每个获取的需求都要同时获取相关的问题域特性,在问题域特性充足的情况下,需求才能够正确体现用户的意图。问题域特性往往包含很多细节,要清晰地描述这些细节非常困难。所以简单地向用户提问"你需要系统为你做什么?"是无法达到预期目的的,需求工程师需要运用多种获取方法和技巧才能完成任务。

需求获取的方法和技巧有很多,常用的方法有面谈、调查表、观察和原型等。它们都有自己的优缺点和适用情况,没有哪种方法可以有效应用于各种场合,因此需求工程师需要根据信息的来源与类型、获取的成本和时间等各种因素选择合适的获取方法,执行获取活动。例如,在用户地理位置广泛分布的情况下就可以使用调查表方法,在问题模糊和复杂的情况下可以使用原型方法,等等。

5. 记录获取结果

需求获取阶段产生的主要成果有业务需求、项目前景和范围、用户需求以及问题域特性。它们都需要被及时记录下来。

项目前景和范围文档记录了业务需求和前景与范围信息。获取笔录记录了用户需求和问题域特性。

因为刚刚获取的信息还没有进行分析与处理,所以获取笔录记录的内容往往具有凌乱、模糊、冗余和遗漏等诸多问题。

3.2.2　需求分析

需求分析的主要工作是通过建模来整合各种信息,以使人们更好地理解问题。同时,需求分析工作还会为问题定义一个需求集合,这个集合能够为问题界定一个有效的解决方案。需求分析还需要检查需求中存在的错误、遗漏和不一致等各种缺陷,并加以修正。

需求分析活动最后会产生一个需求的基线集,它指定了系统(或当前版本的系统)开发需要完成的任务。在资源受限的情况下,这个基线集往往只是用户所要求功能的一个子集,而且需求工程师和用户必须就该子集的取舍达成一致。需求基线集中的需求要具有优秀需求的特性(见第 2 章),尤其是一些不一致和冲突的现象必须得到妥善的解决。

在需求分析阶段,需求工程师主要的任务包括以下几方面。

1. 背景分析

系统是作为用户业务问题的解决方案得以被开发的,但仅靠系统本身无法帮助用户达成目标,它必须和部署的环境形成互动才能解决用户的问题。所以,在进行系统开发,尤其是需求开发时,研究系统所将要部署的环境无疑具有重要意义。而且通过对环境的分析和理解,还可以帮助需求工程师形成一个关于用户业务的知识框架,这又进一步有利于需求工程师在细节的需求获取活动中形成和用户的有效交流。背景分析就是研究系统环境的一个任务。

在多数情况下,系统的环境较为清晰和简单,因此进行背景分析并不需要太大的投入和太复杂的手段。但在规模较大系统的开发中,系统环境往往难以梳理,这时就需要使用一些专门的分析方法,如领域分析和企业建模等。

2. 问题分析、目标分析、业务分析,确定系统边界

在获取系统的问题、目标、前景、范围之后,要使用问题分析、目标分析、业务分析等分析方法与技术对它们进行处理,并基于这些处理明确其解决方案,定义系统的边界。系统边界之内定义的是系统需要对外提供的功能,系统边界之外标识的是对系统有功能要求的外部实体或者对系统有所限制的环境要素。

系统边界的定义要保证系统能够和周围环境形成有效的互动,并且在互动中解决用户的问题,满足业务需求,这些都依赖于分析技术与方法的有效使用。

系统用例图和上下文图通常被用来定义系统的边界。

3. 软件需求建模

建模是为展现和解释信息而进行的抽象描述活动。模型由一些基本元素和元素之间的关系组成,它含有丰富的语义。和文本化的自然语言相比,模型能够在有限的空间内表述更加严谨、准确和高密度的信息。

软件需求建模是需求工程中最为重要和基础的一项任务。它将大量信息以清晰、条理的方式集成到一个模型中,让需求工程师对问题形成更为深刻的理解。需求工程师还可以依据模型进行推理,以创建能够界定可行解决方案的需求集合。为系统建立的模型还可以更好地将信息传递给开发人员。

在为需求建模时,常用的技术包括数据流图、实体关系图、状态转换图、类图等半形式化建模技术。在有些要求严格的领域(如安全攸关的医疗器械控制),也会应用 Z 模型等更加严格的形式化技术。这些不同的建模技术各自为不同的应用目的而设计,适用于不同的建模要求,所以需求工程师在进行需求建模前需要进行合理的判断与选择。

目标分析、业务分析也是需求建模过程,只是从工作阶段划分来讲,这里更多的是指需求后期阶段的需求分析与建模。

4. 细化需求

用户需求往往具有模糊、歧义等诸多不利的特征,这使得它们很难被加以评估和验证。所以很有必要在系统模型的帮助下发现更多的细节,并依此将用户需求转化为一些具有良好粒度和特性的细节需求,即系统级需求。

5. 确定优先级

用户对系统往往有许多需求,而且这些需求并不是处于同等重要的地位,因此需求工程师需要根据其重要程度为需求设定优先级。这些优先级对多版本系统的功能分布和后续开发活动中的功能取舍非常重要,尤其是在开发资源非常有限甚至不足的情况下。

在项目的整个开发过程中应定期评估和调整优先级,以适应用户需求、市场条件和业务目标的变化。

6. 需求协商

在分析中有时会发生不同用户间的需求冲突,这种情况下用户各自的需求都是合理的,但却不可能在系统中同时被加以实现。无法同时实现的原因有可能是不同用户的需求互相敌对,不可调和,也可能是因为系统实现的资源有限,无法二者兼顾。

发生需求冲突时,需要让各方用户清楚地意识到冲突的存在,并通过他们之间的协商加以解决。在实践中,在用户能够从他人的关注点出发的情况下,冲突往往是比较容易解决的。

需求工程师在这个过程中的工作是通过分析及时发现冲突,并为处理冲突提供技术上的参考信息,组织和指导用户之间的协商。

3.2.3 需求规格说明

获取的需求需要被编写成文档。业务需求被写入项目前景和范围文档,用户需求被写入用户需求文档(或用例文档),系统级需求被写入需求规格说明。

编写文档的主要目的是在系统涉众之间交流需求信息,因此编写的文档应该具有一定的质量。这些质量特性有些来自于文档内所有独立需求的质量之和,有些来自于编写者的写作技巧,最重要的质量要求是简洁、精确、一致和易于理解。

需求工程师在这个阶段的主要工作包括以下几方面。

1. 定制文档模板

开发团队通常都会在其内部为各种需要编写的文档维护一些文档模板,需求规格说明文档也不例外。模板为记录功能说明和其他与需求相关的信息提供了统一的结构。

通常组织都会参考[IEEE1998]推荐的规格说明文档,然后根据自己的特点和需要进行调整,建立组织的参考模板。在进行具体的项目开发时,需求工程师再依据项目的特点对组织的参考模板进行进一步的定制。

2. 编写文档

有了定制的文档模板,就可以开始编写需求文档了。在编写过程中一方面要选择最准确的表达方式,另一方面又要注意保证文档的良好结构和易读性。通常,人们会同时使用模型语言(图形、表达式等)和自然语言(文本)两种表达方式,用模型语言来保证信息传递的准确性,用模型后附加的文本描述保证文档的可读性。

3.2.4 需求验证

为了尽可能地不给设计、实现、测试等后续开发活动带来不必要的影响,需求规格说明文档至少要满足下面几个标准:

- 文档内每条需求都正确、准确地反映了用户的意图。
- 文档记录的需求集在整体上具有完整性和一致性。
- 文档的组织方式和需求的书写方式具有可读性和可修改性。

为了保证以上标准的满足,需求规格说明文档(尤其是最终定稿的文档)在传递给相关人员之前要进行严格的验证。

需求验证阶段的主要任务包括以下两方面。

1. 执行验证

执行验证的方法有很多,同级评审是其中最常见、最有效的一个。在有些情况下,也需要使用原型或模拟等代价相对较高的验证方法。

2. 问题修正

在需求验证的过程中会发现一些问题,这些问题在验证之后必须要及时得到修正。问题修正的过程还应该得到跟踪,以保证修正的落实。

3.2.5 需求管理

在需求开发活动之后,设计、测试、实现等后续的软件系统开发活动都需要围绕需求开展工作。需求的影响力贯穿于整个软件的产品生命周期,而不是单纯的需求开发阶段。所以,在需求开发结束之后,还需要有一种力量保证需求作用的持续、稳定和有效发挥,需求管理就是这样的一个管理活动。

而且,在需求开发建立需求基线之后,还需要在设计、实现等后续活动中处理来自客户、管理层、营销部门及其他涉众群体的变更请求。需求管理会进行变更控制,纳入和实现合理的变更请求,拒绝不合理的变更请求,控制变更的成本和影响范围。

在企业界的实践中,需求变更被认为是导致项目失败的两个主要原因之一。所以需求管理在项目的各项管理活动中具有非常重要的地位,CMMI(Capability Maturity Model Integration,软件能力成熟度模型集成)就将其作为所有二级成熟度企业都应该具备的一个关键过程域。

目前,有很多的需求管理工具可以帮助进行需求管理工作,它们可以为每项需求定义属性,跟踪需求的状态,并在需求和其他系统开发产品间建立跟踪体系。

需求管理阶段的主要任务包括以下几方面。

1. 建立和维护需求基线集

建立良好的配置管理,对需求基线进行版本控制,是进行有效需求管理的前提和基础。

要实现需求基线的版本控制,首先要标识每项需求,记录它的相关属性,如 ID、来源、产生日期、产生理由、优先级和预计实现成本等,然后再为每一个需求文档建立唯一的版本号标识。

在建立初步的版本控制之后,所做的变更必须被明确地加以记录。记录的内容包括变更情况、变更日期和变更原因等。所有的变更还要被及时地传达给受到影响的每一个人。

基线的版本控制工作可以使用版本管理工具来进行,也可以使用专业的商业需求管理工具来进行。

2. 建立需求跟踪信息

建立需求在项目中的可跟踪性(traceability)是需求管理的一个重要任务。

需求的可跟踪性要求以系统级需求为出发点进行双向跟踪：一是后向跟踪（post-traceability），即跟踪系统级需求被设计、实现为哪些制品，并回溯每个设计、实现制品是为哪些需求存在的；二是前向跟踪（pre-traceability），即回溯每个系统级需求是为支持哪些用户需求及业务需求存在的，并跟踪每个业务需求、用户需求是如何被转化为系统级需求的。

3. 进行变更控制

考虑到现实世界的多变性，一个成功的项目在一致的需求基线建立之后仍然应该积极接受来自外界的需求变化请求，并做出及时调整与反馈。但为了保证项目的顺利进行，减小需求变化带来的失败风险，这些需求变化的请求必须得到妥善的控制，随意的需求变化是应该被绝对禁止的。

实现变更控制首先需要建立一个控制变更的过程及相关策略，它们确定了组织应对变化的基本方法。进行变更控制还需要挑选一批有经验的用户和开发人员组成变更控制团队，由他们来分析变化的利益得失，审定变化的接受与否。

有效的变更控制要求所有在需求开发阶段之后发生的需求变化都要被提交给变更控制团队处理，都要严格按照变更控制的过程进行分析、判断和落实。

3.3　需求开发过程是迭代和并发的

从需求工程各项活动的内容来看，需求开发活动似乎可以遵循"需求获取→需求分析→需求规格说明→需求验证"的路线顺序执行，并成功地产生有效的成果文档。但正如软件开发过程的瀑布模型一样，实践者们很快就发现这个线性顺序的过程可以用于解释需求开发中的活动内容，却无法用于组织成功的需求开发。

究其根本，作为软件开发的一个阶段，需求开发与软件开发一样存在着大量的不确定性，甚至是软件开发中不确定性最多的一个阶段，所以需求开发与软件开发一样都应该是迭代的。

需求开发不仅是迭代的，而且它的两个重要活动——需求获取与需求分析——还是交织的。需求获取与需求分析是需求开发中的两个主体活动，它们共同构成一个学习过程。

"不论是像早期一样认为需求是从涉众中获得的，还是最近一些观点认为有些需求是创造的、发明的或构建的，它们都包含了某种程度的学习过程——对涉众本身以及他们的任务、工作场所等的学习过程。学习是需求工程中很大的问题。"［Maiden 2012］

［Nguyen 2003］的发现更清晰地说明了需求开发的学习过程，如图 3-3 所示。

［Nguyen 2003］统计了随着时间发展的需求分析模型复杂度分布情况。理论上随着时间的延伸，获取的内容逐渐积累，需求分析模型的复杂度应是线性上升的，可事实上却在总体上升趋势中伴随着间歇性下降。［Nguyen 2003］认为下降的过程就是学习过程中知识积累到一定程度后发生的知识重构过程，简单来说就是因理解更加深入而使复杂知识突然变得简单的"豁然开

朗"现象。也就是说实际的需求开发过程应该是"获取、分析→重构→再获取、分析→再重构
→……"这样一个获取与分析交织并迭代的过程。

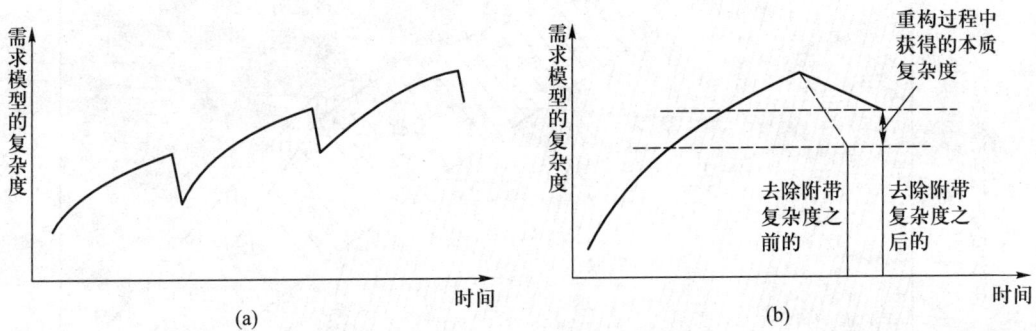

图 3-3　实际需求开发过程中的模型复杂度分布,源于[Nguyen 2003]

如果综合考虑需求开发的迭代性,尤其是需求获取与需求分析的交织性,则图 3-4 所示的需
求开发过程描述更加准确。

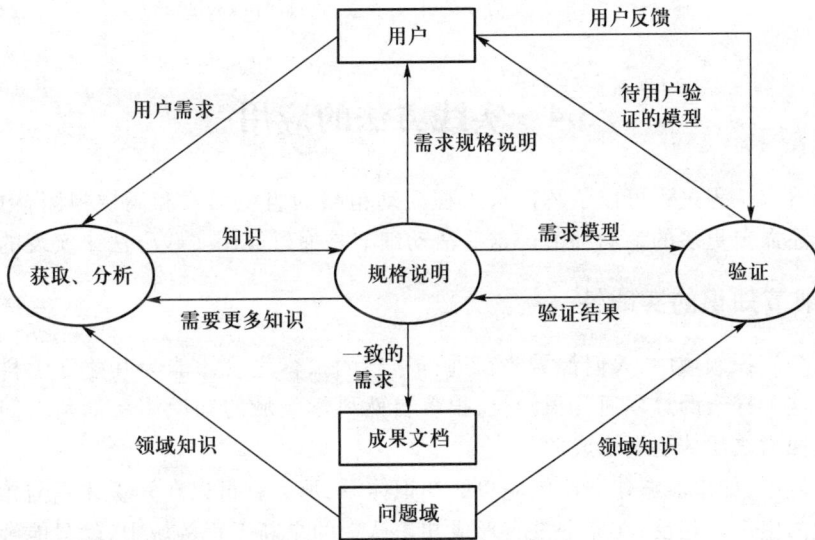

图 3-4　迭代的需求开发过程模型,修改自[Loucopoulos 1995]

需求开发过程不仅是迭代的,更进一步地说,它的各个活动之间是并发的,如图 3-5 所示,其
中分类(triage)属于本书中的需求分析活动。需要说明的是,因为需求和分析是交织的,所以实
践中很难准确区分二者的工作量,所以图 3-5 中获取与分析的分界也只是示意性的。

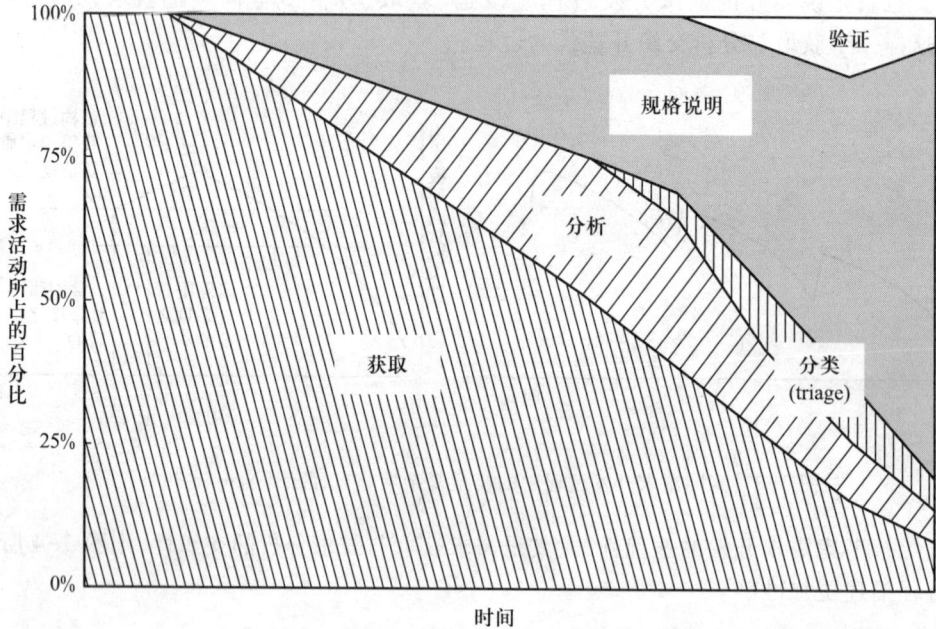

图 3-5　需求开发活动的并发示意，源自［Hickey 2003］

3.4　实践方法的应用

通过分析需求工程过程可以了解需求工程活动粗略的组织形式和高层视图，但是要进行一些具体的工作还需要更多的活动细节。这些活动细节是通过应用实践方法来实现的。

3.4.1　细节知识的实践性

在任何一个知识领域中，人们都需要在进行相当的探索之后才能为其建立学科化和系统化的知识体系。这个探索的过程通常很漫长，很多自然科学领域的知识体系都是人们在进行了数百或上千年的探索之后才逐渐形成的。

在工程领域中，如果能够建立比较完整的知识体系，那么就可以在知识体系的指导下进行规律性和系统化的生产。相反，在完全没有形成知识认知的全新工程领域中，就只能纯粹依赖生产者的个人才智来进行工作。也有介于上述两种情况之间的工程领域：它们还没有形成完整的知识体系，所以无法实现大工业化的生产方式；同时这些工程领域又经过了相当时间的探索，从生产者大量的个人行为中总结出了一些有效的工作方式和行为方法。这些有效的工作方式和行为方法虽然比较琐碎和孤立，和知识体系的要求还有很大的距离，但是它们却能够很好地帮助人们更快更好地进行工程实践，所以被称为实践方法（practice；又被称为原则，principle）。

实践方法是人们能够从陌生的知识领域中得到的最早的知识片段和知识形式。在它们逐渐累积和丰富之后,人们就会从它们当中抽象出更加普遍的规律性知识,建立知识体系。

软件工程是一个"年轻"的工程领域,还没有形成一个完整的知识体系——有些部分完整,有些部分欠缺。在软件工程的各个子活动中,有些领域已经形成了比较完整的知识体系,如程序的编码和编译方法;也有一些领域还没有形成需要的知识体系,需要依赖大量的实践方法来指导工作的进行,如设计活动和需求工程活动。

因此,除了能够在宏观上指导需求工程过程进行的过程模型之外,需求工程的成功应用还需要掌握很多能够指导工作细节的实践方法(参见附录 2)。

3.4.2　重要的实践方法

经过长期的实践,人们在需求工程领域发现和创造了很多用于处理这些需求工程细节的方法和经验,其中一些取得了显著的成功,被人们所广泛接受。因此,需求工程师的一项重要工作就是理解业界好的实践,并将它们成功地应用到组织的需求工程过程当中去。

在诸多实践方法中,有一些实践方法得到了广泛应用。本书从中选择了一些重要的实践方法(如表 3-1 所示),并在后面的章节中进行具体介绍。这些实践方法能够帮助读者更好地理解和执行需求工程工作的细节。

表 3-1　本书将要介绍的实践方法

活动	有效实践	内容	技术及方法	章
需求获取	定义项目前景	定义项目前景	问题分析、目标分析、业务过程分析、分析非功能需求、定义系统边界、编写前景与范围文档	第 5 章
	控制项目范围	控制项目范围		
	实现用户价值	涉众识别	先膨胀后收缩、检查列表、涉众网络	第 6 章
		涉众描述	涉众的描述特征	
		涉众评估	优先级评估、风险评估、共赢分析	
	促进用户参与	涉众代表选择	代表采样、使用用户替代源	
		参与策略制定	制定参与基本策略、敏捷方法——用户参与	
	识别并使用各种需求源	涉众分析	涉众分析的各种方法(如前述)	
		硬数据采样	硬数据采样	
		需求重用		第 10 章

活动	有效实践	内容	技术及方法	章
需求获取	有效的获取需求	建立有效交流机制	建立合作关系，维护交流气氛、利用适当的交流途径、交流方式	第4章 第6章
		正确使用需求获取方法	面谈/调查问卷/群体面谈、头脑风暴	第8章
			原型	第9章
			观察、民族志、文档分析/需求重用/需求剥离	第10章
	收集和组织需求获取的结果	建立收集和组织需求结果的机制	用例/场景模型	第7章
需求分析	为需求建模	通过建模手段明确和理解需求信息	结构化分析模型	第12章 第13章
			面向对象分析模型	第14章
		使用多种手段从多角度建模相同的内容	多视点方法、Wieringa框架、Zachman框架	第11章
	在合适的层次上描述需求	需求细化		
	唯一地标识每一条需求	需求细化		
	划分需求的优先级	确定需求优先级	累计投票、区域划分、Top-N、数据量化	
需求规格说明	使用模板	使用需求文档模板	[IEEE 1998]的模板	第15章
	进行良好的写作	综合使用各种描述手段	形式化、半形式和非形式化描述	
		学习有效的写作实践	写作技巧、优秀需求规格说明文档特性	
			需求写作事项、优秀需求的特性	第2章
需求验证	验证需求	使用有效方法进行需求的验证和确认	需求评审、原型与模拟、开发测试用例、用户手册编制、利用跟踪关系、自动化分析	第16章

活动	有效实践	内容	技术及方法	章
需求管理	建立和维护需求基线	建立和维护需求基线	配置管理、状态维护	第17章
	进行变更控制	进行变更控制	变更控制过程、变更控制事项（策略）	
	建立需求跟踪信息	建立需求跟踪信息	低端/高端的需求跟踪使用、需求依赖	

表 3-1 的实践方法描述了需求工程活动的工作细节，表 3-2 则说明了在需求开发中涉及的管理实践。

表 3-2　本书将要介绍的管理实践

	实践方法	内容	章
过程管理	建立需求工程过程	建立需求工程过程框架、选择工作组件	第18章
	维护和使用有效的实践方法	维护和使用有效的实践方法	
	持续改进需求工程过程	评价需求工程过程、持续改进	
项目管理	制定需求开发计划	提供充足的资源支持、选择需求开发的生命周期	第19章
	建立需求工程团队	组建团队、维持团队内部的交流氛围	
	管理需求风险	管理需求风险	

除了上述被系统总结过的实践方法和经验之外，需求工程领域还有很多其他一再经过实践验证的方法、手段、策略和机制。它们当中除了少数的例外情况之外，都在取得成功的同时具有不可避免的局限性，它们的应用通常只适合于特定的环境和场景。需求工程师的一个重要任务就是了解这些实践，并为组织或项目选择、定制和应用一些有效的实践。

3.5　需求开发过程实例

本书在内容组织上使用的是图 3-1 所描述的线性需求开发过程，只是将部分需求分析内容（主要是前期需求阶段的分析方法）与需求获取方法组织在了一起。在实践中使用较多的典型需求开发过程是图 3-4 所描述的过程。但是除了上述两个典型的需求开发过程之外，实践中人们还会依据项目环境的不同建立其他类型的需求开发过程。

图 3-6 是 [SIG 2001] 给出的一个需求开发过程,它能够非常好地适应软件开发过程的螺旋模型,可以用于风险驱动项目的需求开发,其实质就是螺旋模型前两个迭代的体现。图 3-6 中的协商与建模属于需求分析活动。

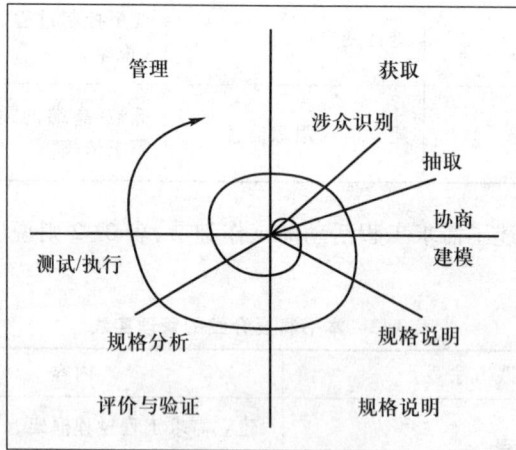

图 3-6　适用于软件开发螺旋模型的需求开发过程模型

图 3-7 是 [Hofmann 2001] 提及的一个需求开发过程,较为重视原型法的使用,可以很好地适用于软件开发过程的原型模型。图 3-7 中领域分析和原型开发完成需求获取活动,领域分析和基础及高阶模型开发属于需求分析活动,同级评审、场景走查和涉众反馈属于需求验证活动,编写规格属于需求规格说明活动。可以发现图 3-7 的需求验证活动与常规过程有所不同,它借重于原型和分析模型的验证作用,再加上涉众评价、反馈,就可以在不依赖软件规格说明文档的情况下完成需求验证工作,然后再将验证后的高质量需求写成规格文档。

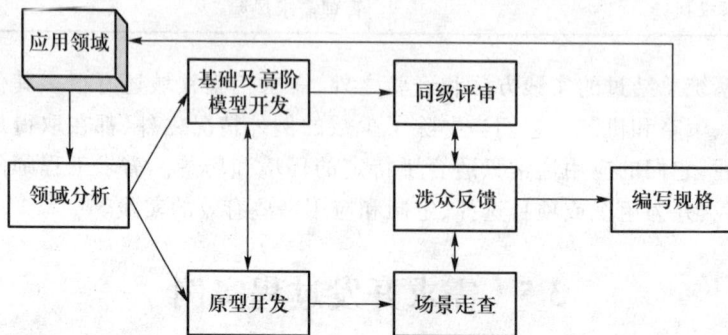

图 3-7　适用于软件开发原型模型的需求开发过程模型,源自 [Hofmann 2001]

图 3-8 源自 [Padula 2004],是 HP 公司的需求开发过程,将需求开发划分为两个阶段(系统工程的系统需求开发、软件工程的需求分析)进行,每个阶段都含有获取、分析、规格和验证活动,

适用于创新型产品或大型项目开发。[Padula 2004]需求开发过程在系统需求开发结束时要进行产品可行性分析,只有可行的产品才会真正进入软件产品开发阶段,可以实现利润的最大化。

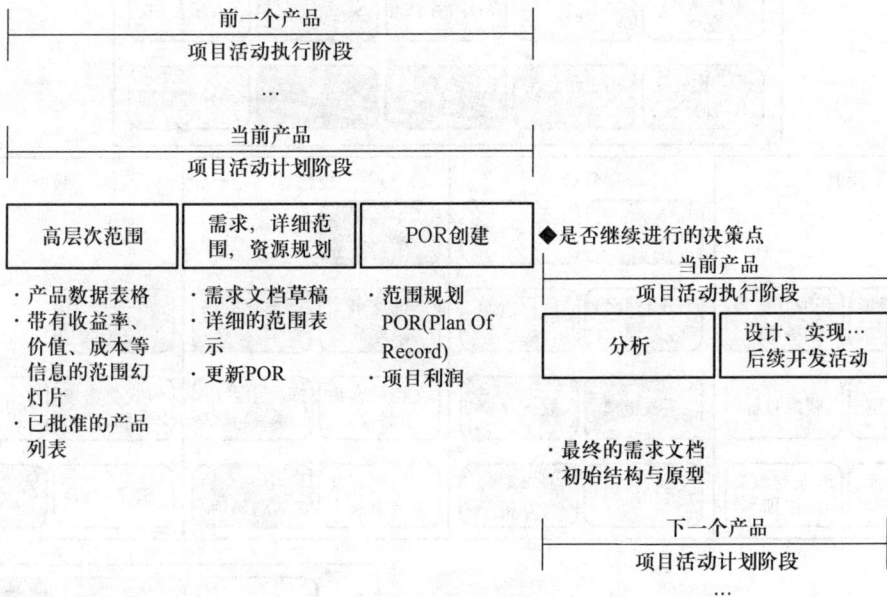

图 3-8　HP 两阶段的需求开发过程模型,源自[Padula 2004]

图 3-9 是[Dörr 2008]基于需求实践方法建立的需求开发过程,它将需求实践方法划分为多种类型以进行过程的评价与改进:基础实践完成最基本的需求开发任务,是需求开发过程必备的基础;进阶实践会让需求工程的某些方面变得更好;优化实践是非必须但是能进一步提升需求工程某方面效果的实践;依赖于上下文的实践是仅适用于特殊环境的实践,例如存在复杂业务过程时才可能使用"获取任务与业务过程"实践。

近些年比较受欢迎的敏捷软件开发方法强调原则与实践,而不是固定的过程模型,这一特点在需求工程中也有体现。[Cao 2008]在调查中发现敏捷软件开发方法主要通过 7 个实践完成需求开发:

* 面对面的交流胜过写规格说明文档;
* 迭代式需求工程;
* 将需求划分优先级做到极限;
* 通过持续规划管理需求变更;
* 原型法;
* 测试驱动开发;
* 用户评审会议与验收测试。

虽然不依赖特定的过程模型,但是敏捷方法的具体流派(如 XP 方法与 Scrum 方法)还是要

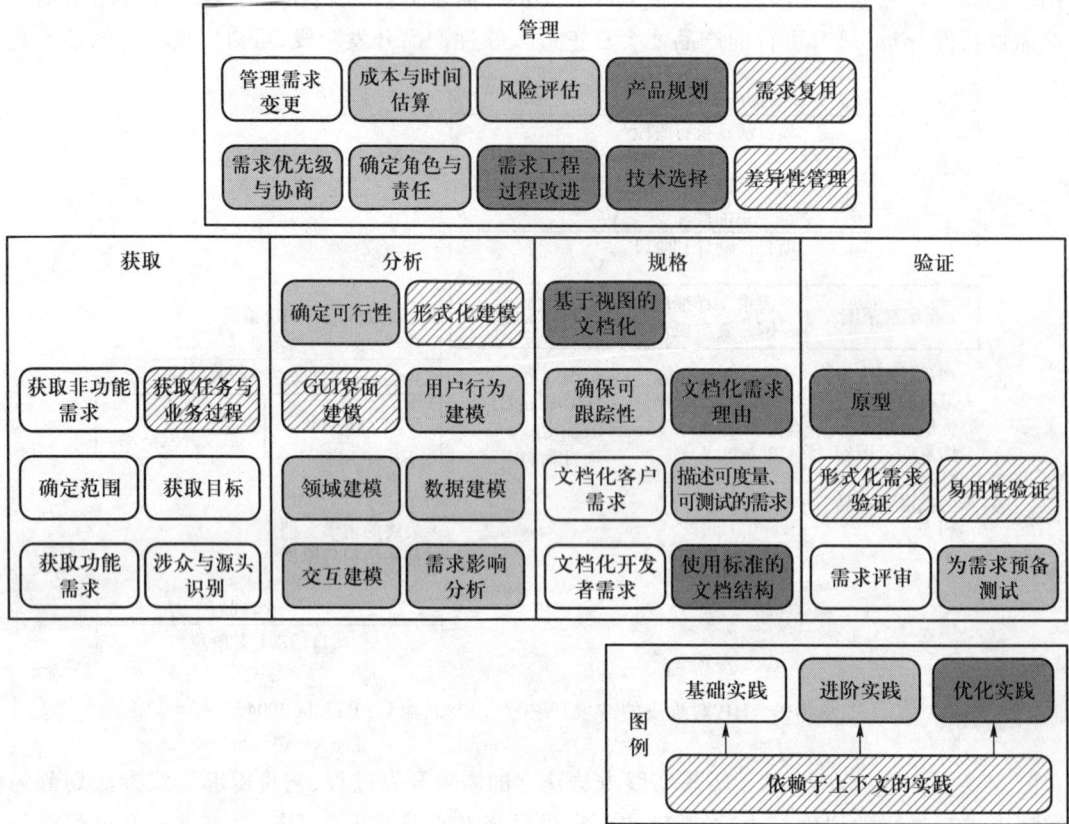

图 3-9　集成需求实践方法的需求工程过程模型,源自[Dörr 2008]

执行获取、分析、规格说明、验证、需求管理这几个需求工程活动,如表 3-3 所示。

表 3-3　**XP 和 Scrum 的需求工程活动组织,源自[Lucia 2010]**

需求活动	XP 方法	Scrum 方法
需求获取	将需求获取为 story 客户书写 user story	产品负责人(product owner)明确叙述产品功能(product backlog) 任何涉众都可以参与产品功能的确定
需求分析	并非独立阶段 开发时进行分析 客户为 user story 划分优先级	功能(Backlog)精化会议 产品负责人划分产品功能优先级 产品负责人分析需求可行性

需求活动	XP 方法	Scrum 方法
需求规格	user story 和验收测试用例作为需求文档 软件产品本身作为持久(文档)信息 面对面的交流	面对面的交流
需求验证	测试驱动 验收测试 频繁反馈	评审会议
需求管理	短的规划周期 跟踪 user story 按需重构	蓝图规划会议 跟踪产品功能项 对产品功能变更需求

RUP 在强调采用最优实践的同时给出了一个可定制的过程框架,如图 3-10 左边所示。在 RUP 过程框架中,业务建模、需求和分析与设计 3 个工作流共同完成需求开发工作,详细工作如图 3-10 右边所示。

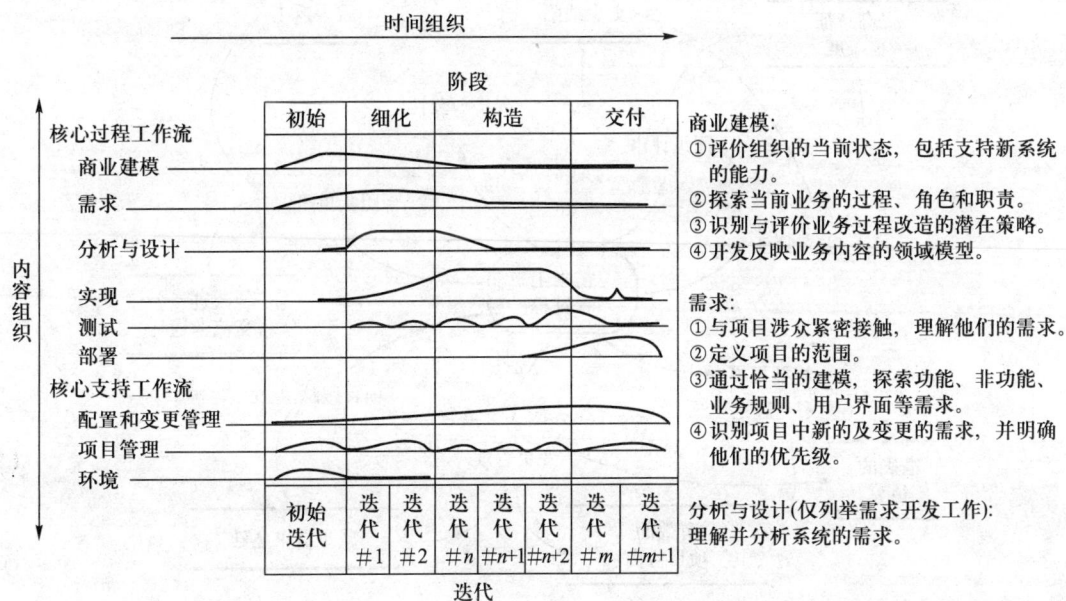

图 3-10　RUP 的需求开发工作示意

3.6 需求开发过程与软件工程过程的相互影响

"需求的好坏对后续软件开发有着极其重要的影响"这一观念已经是开发者的共识了,近些年的实践研究进一步发现:不仅仅是最终制品——需求,整个需求开发过程都会对其后续的软件开发过程产生重要影响。

[Verner 2005]发现,相比于需求方法本身的好坏,需求方法与软件开发方法的适配性更会影响项目的成败。这也就是说,需求开发方法与软件开发方法是否适配,比结果需求的好坏更能影响项目的成败。

需求开发过程之所以对后续软件开发过程有重要影响,并不仅仅是因为它的结果制品——需求——是后续开发过程的工作基础,更要认识到需求开发过程中还会产生很多正性信息(如前景与范围定义、涉众描述、分析模型、需求特征描述等)。如果单纯从产生软件需求规格这个任务来看,这些正性信息都是不必要的,但它们对后续软件开发过程的影响则是明显的。也就是说,为了让整个软件开发团队的工作能够更加顺利,需求工程师需要完成很多看上去似乎不属于其本职工作的任务,这就是"团队"的含义。Daniela Damian 等人的研究[Damian 2003, 2005, 2006]证实了上述推断,其详细研究结论如图 3-11 和表 3-4 所示。

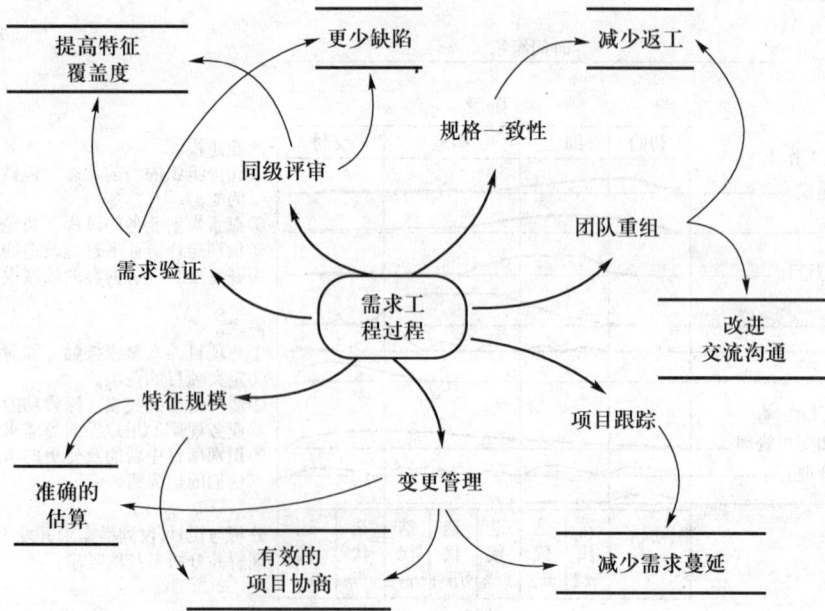

图 3-11 需求工程过程对后续软件开发工作的影响示意

表 3-4　需求工程过程对软件开发的影响效果及路径

需求工程收效	具体操作		影响趋向
提高生产率	问题理解		↑
	交流沟通	过度沟通	↓
		有效的沟通	↑
	开发者的非正式决策		↑
	返工		↓
提高质量	运营支持请求		↓
	交付后缺陷		↓
提升风险管理	估算		改进50%
	特征覆盖度		↑
	需求蔓延		↓
	项目协商		↑

引 用 文 献

［Boehm 1988］BOEHM B W. A spiral model of software development and enhancement. Computer, 1988, 21(5): 61- 72.

［Cao 2008］CAO L, RAMESH B. Agile requirements engineering practices: an empirical study. IEEE Software, 2008 1/2: 60- 68.

［Damian 2003］DAMIAN D, CHISAN J, VAIDYANATHASAMY L, et al. An industrial case study of the impact of requirements engineering on downstream development. Proceedings of the 2003 International Symposium on Empirical Software Engineering (ISESE'03), 2003.

［Damian 2005］DAMIAN D, CHISAN J, VAIDYANATHASAMY L, et al. Requirements engineering and downstream software development: findings from a case study. Empirical Software Engineering, 2005, 10: 255- 283.

［Damian 2006］DAMIAN D, CHISAN J. An empirical study of the complex relationships between requirements engineering processes and other processes that lead to payoffs in productivity, quality, and risk management. IEEE Transactions on Software Engineering, 2006, 32(7).

［Dörr 2008］Dörr J, ADAM S, EISENBARTH M, et al. Implementing requirements engineering processes:using cooperative self- assessment and improvement. IEEE Software, 2008, 5/6: 71- 77.

［Hickey 2003］HICKEY A M, DAVIS A M. Requirements elicitations and elicitation technique selection:a model for two knowledge- intensive software development processes.In HICSS'03: Proceedings of the 36th Annual Hawaii International Conference on System Sciences (HICSS'03) - Track 3, 2003: 96.1.

［Hofmann 2001］HOFMANN H F, LEHNER F. Requirements engineering as a success factor in software projects. IEEE Software, 2001, 18(4): 58- 66.

[IEEE 1998] IEEE Std 830-1998. IEEE recommended practice for software requirements specifications. Institute of Electrical and Electronics Engineering, 1998.

[Jacobson 1999] JACOBSON I, BOOCH G, RUMBAUGH J. The unified software development process. MA: Addison Wesley Longman, 1999.

[Kotonya 1998] KOTONYA G, SOMMERVILLE I. Requirements engineering-processes and techniques. John Wiley & Sons, 1998.

[Larman 2003] LARMAN C, BASILI V R. Iterative and incremental development: a brief history. Computer, 2003, 6: 47-56.

[Loucopoulos 1995] LOUCOPOULOS P, KARAKOSTAS V. System requirements engineering. McGraw-Hill Book Company Europe, 1995.

[Lucia 2010] LUCIA A D, QUSEF A. Requirements engineering in agile software development. Journal of Emerging Technologies in Web Intelligence, 2010, 2(3).

[Maiden 2012] MAIDEN N. Framing requirements work as learning. IEEE Software, 2012, 5/6: 8-9.

[Martin 2002] MARTIN S, AURUM A, JEFFERY R, et al. Requirements engineering process models in practice (AWRE'2002), 2002.

[Nguyen 2002] NGUYEN L, ARMAREGO J, SWATMAN P A. Understanding requirements engineering: a challenge for practice and education. School of Management Information Systems, Deakin University, 2002.

[Nguyen 2003] NGUYEN L, SWATMAN P A. Managing the requirements engineering process. Requir. Eng, 2003, 8 (1): 55-68.

[Padula 2004] PADULA A. Requirements engineering process selectionat hewlett-packard. Proceedings of the 12th IEEE International Requirements Engineering Conference (RE'04), 2004.

[Robert 2002] Glass R L. Facts and fallacies of software engineering. Addison-Wesley, 2002.

[Shaw 1990] Shaw M. Prospects for an Engineering Discipline of Software. IEEE Software, 1990, 7(6): 15-24.

[Siddiqi 1996] SIDDIQI J, SHEKARAN M C. Requirements engineering: the emerging wisdom. IEEE Software, 1996, 3: 15-19.

[SIG 2001] IPSJ Requirements Engineering SIG. SIG technical reports, Winter workshop in Kanazawa, 2001.

[Verner 2005] VERNER J M, COX K, BLEISTEIN S, et al. Requirement engineering and software project success: an industrial survey in Australia and the U S, in Proceedings of AWRE, Adelaide, Australia, 2005.

第二部分
需求获取

　　本部分的主要目标是详细讲解需求获取中的各种活动以及活动中常用的方法与技术,主要包括背景资料的收集、前景与范围的限定、需求获取源头的确定、重要需求获取方法的应用等。

　　因为获取与分析是相互交织的,所以本部分中也包含了一些必要的分析活动以及分析的方法与技术,主要是前期需求阶段的分析活动、方法及技术,包括定义前景与范围时涉及的分析活动、方法及技术;涉众分析时涉及的活动、方法及技术;需求获取展开时的场景/用例方法。

　　第4章帮助读者建立对需求获取活动的整体性、基础性理解。在整体性方面,本章介绍了需求获取的基本背景(常见困难、实践情况)、活动框架以及一些细节事项(内容、来源、方法、过程注意事项、制品等)。本章所讲述的内容都是相对浅显和粗粒度的,更深入的内容将在第5~10章中展开,所以本章内容只是基础性的。读者可以选择跳过本章直接读后续章节,但后续章节读完后还是建议回顾本章。

　　第5章讲解确定项目前景和范围的指导性过程及常用的方法、技术,包括简单情况下的问题分析;复杂情况下的目标分析、NFR和业务过程分析;系统边界的定义和前景与范围文档的编写。本章所描述的活动与第6章所描述的活动是并发和相互交织的。

第 6 章的核心主题是讲授获取来源的确定,顺带展开的主题是对涉众关系的理解和分析。虽然在篇幅和复杂度上附带主题有喧宾夺主之嫌,但本章的主旨是为了讲清需求获取源头的选择和确定。本章所描述的活动与第 5 章所描述的活动是并发和相互交织的。

第 7 章主要讲解在明确项目前景和范围之后,以用例/场景模型的组织作用为核心逐步展开用户需求获取的过程。本章的重点是对用例/场景模型的理解和应用。

第 8 章以面谈方法为核心,讲解了面谈、调查问卷、群体面谈、头脑风暴等多种传统的需求获取方法。这些方法的共同点是通过"面对面"(调查问卷除外)及"问-答"(头脑风暴除外)形式完成需求获取。语言上的直接交流是本章的主要关注点,问题准备、语言交流技巧、基本方法准则等事项是本章的重点。本章所讲授的方法是本书推荐的需求获取主体方法,可以大量使用。

第 9 章讲授使用原型方法进行需求获取,重点是对不确定性的理解、原型成本的控制和故事板原型方法。原型也应该是项目中大量使用的,但本书建议限制其使用范围,只在项目中具有不确定性的需求点加以使用,以避免原型方法的高代价性。

第 10 章讲解观察方法的使用,并简单介绍文档审查方法及其要点。观察方法是解决"情景性"的有效手段,也是本书推荐可以在各类项目的需求获取中加以使用的方法,但其使用应该针对系统中的"情景性"需求。文档审查方法的难点在于进行文档分析,这更多的是分析技能,所以本章只是简单介绍文档审查方法。

参照实际的需求开发过程,本部分知识可以拆分为两部分:第 5 章、第 6 章和必要的需求获取方法(第 8~10 章的部分内容)构成需求开发的前期阶段,主要任务是得到系统粗粒度的需求,包括目标、高层功能、领域数据、相关涉众等,主要关注点是理解现实和制定高层解决方案;第 7 章和各种需求获取方法(第 8~10 章的全部内容),可以与第三部分需求分析的内容合并在一起,构成需求开发的后期阶段,主要任务是得到细粒度的需求及需求解决方案,主要关注点是为后续软件开发活动提供良好的工作基础。

第4章 需求获取概述

4.1 引　　言

顾名思义,需求获取就是进行需求收集的一个活动,它从人员、资料和环境中得到系统开发所需要的相关信息。

在传统的系统开发中,需求获取一直是一个被忽视的活动,无论是传统意义上的结构化开发还是 20 世纪 90 年代之后的面向对象开发,都以需求分析为需求处理的主要活动,并认为在需求分析之前各项需求就已经准备齐全了。这种"需求获得过程非常自然和顺畅"的看法使得传统的开发方法学没有在技术上对需求获取进行过多的考量。

20 世纪 90 年代之后,随着软件系统规模和应用领域的不断扩大,人们在需求获取中要面对的困难越来越多,因为需求的获取不充分而导致项目失败的现象也越来越突出。这时人们逐渐认识到需求获取和需求分析同样都是重要的需求处理活动,开始接受需求获取的复杂性和困难性,并为此发展出了很多解决困难的方法与技术。

4.2　需求获取中的常见困难

在需求获取中有很多困难是普遍存在的,了解这些困难对更好地了解需求获取活动的复杂性有重要意义。下面就将逐一介绍这些常见的困难。

4.2.1　用户和开发人员的背景不同,立场不同

用户和开发人员来自不同的单位或部门,具有不同的背景和立场,有不同的表达方式和词汇集,因此他们之间必然会存在交流困难。

1. 知识理解的困难

用户和开发人员具有不同的词汇集,所以在用户传递一个信息时,开发人员可能连用户表达信息所使用的概念也无法理解,更别提信息本身了。就像一个对计算机一无所知的人突然看到一篇论述软件设计的文章一样,是不可能理解的。要解决这个问题,就要求开发人员在开展需求获取之初,尽力去研究应用的背景,理解组织的业务状况,形成一个能够和用户进行有效沟通的粗略的知识框架。

2. 默认（tacit）知识现象

默认知识是指在表达者看来简单认为不值得专门进行解释或提及的知识。在用户和开发人员的交流中，默认知识是大量存在的，而且大都涉及业务的处理细节，所以不可能要求开发人员像处理词汇集一样，为默认知识建立一个和用户能够沟通的知识体系。面对这个问题，开发人员只能利用有效的获取方法与技巧（角色扮演、观察等）来发现并获取默认知识。

为了避免这个问题，很多开发团队会选择一些对计算机比较了解的用户（尤其是系统管理员）来代表用户表述需求。但在多数情况下，这是种错误的应对策略，因为系统将要解决的问题是"用户"的问题，而不是这些易于沟通的特殊群体的问题。

4.2.2 普通用户缺乏概括性、综合性的表述能力

如果一个使用 PC（Personal computer，个人计算机）的普通用户被问到"你希望未来的计算机应该具备哪些功能？"或者"你觉得现在的 PC 有哪些不足之处需要改进？"之类的问题，多数情况下他们会无话可说或者不知所云。但并不意味着他们对未来的计算机就无所欲求，也不意味着他们表达能力低下，原因在于他们面对的问题过于具有概括性和综合性。这些问题在很大程度上是超出他们表述能力的，更适合于由相关的专家来回答。同理，在一个复杂的业务中，当普通用户遇到"你希望系统帮助你解决什么困难？"之类的问题时常常也同样会表现出无所适从（要么缺乏反应，要么答不对题），尤其是在他们没有相关系统的使用经验之时。因此，寄希望于由用户主动、完全、充分地表达需求是不太可行的。

这个困难的原因在于每个人都维护着自己的一个知识结构，专家用户因其知识的渊博性而使得自己的知识结构具有概括性和广泛性，普通用户的知识结构就相对局限于一些具体的业务细节，因此当他们面对问题在自己的知识结构中搜寻答案时，专家能够回答概括性和综合性的问题，而普通用户更善于表达具体业务的细节问题。

为了解决这个困难，要求开发人员在与用户接触之前就先行确定获取的内容主题，然后设计具体的应用环境和场景条件，让用户在执行细节业务的场景中来描述问题和表达期望。例如，常见的做法是先总结用户的主要工作，然后逐一选择某项工作，设定场景，让用户在设计好的上下文中描述业务，表述问题。

很多开发人员因为该问题的出现而武断地认为用户并不知道自己的问题和需求，进而越俎代庖为其设计需求，这是一个经常出现并且极端错误的做法。

4.2.3 用户存在认知困境

汤姆·迪马可在《最后期限》[DeMarco 1997]一书中描述了一个有趣的故事，其大意是：汤普金斯先生是一个具有丰富经验的项目管理者，他在拥有明确的需求时，能够较为准确地估算出项目规模，但当他被要求将其估算逻辑用数学方法进行表达时，他却始终无法解释其估算过程，进而怀疑估算过程存在数学表达的可能性，当然事后证实这个数学表达是的确存在的。故事中汤普金斯拥有了一个进行项目估算的数学方法，但他自己却认识不到自己已经了解了这种方法。

这种现象被称为潜在(latency)知识现象。

潜在知识是指人们认识不到自己已经知道的知识,它的出现意味着人们遇到了认知困境。在需求获取中,用户的认知困境也是普遍存在的,其典型形式是在很多情况下用户无法明确告诉开发者自己到底需要什么,但是当开发者提供一个明确的解决方案时,用户却能够迅速判断出该方案是否以及为什么解决了自己的问题。以 PDA(Personal Digital Assistant,掌上电脑)为例,在 PDA 出现之前,没有用户能够认识到自己需要一个 PDA,但在其产生之后,很多用户却坚定地认为 PDA 能帮助他们解决很多问题。

要解决这类困难,开发者就需要利用各种有效的需求获取方法和技巧,引导用户去发现用户自己也没有形成明确认知的知识。例如,对潜在知识,开发者第一种选择是应用民族志方法,分析用户的环境和行为,挖掘用户的潜在知识;第二种选择是在有限理解的基础上设计初始原型,然后结合用户反馈逐步修正解决方案,逐步接近用户的真实意图;第三种选择是主动"创造"需求,为每个潜在的可能情况都创造出可选需求,并为其设计相应的解决方案,然后分析用户对方案的反馈,确定合理的需求,其实质为原型法。

4.2.4　用户越俎代庖

在系统开发中用户是业务的主导者,拥有具体业务的话语权;开发者是解决方案的主导者,拥有设计方案的话语权。但在实际情况中,开发者常错误地替用户"创造"需求,而用户也会越俎代庖地行使开发者进行方案设计的权利。

用户越俎代庖的典型情况包括以下几种。

1. 用户提出的不是需求,而是解决方案

它产生的认知原因是:如果一个人需要解决问题 A,同时他非常确定如果解决了问题 B,就肯定能解决 A,于是他就转而要求解决问题 B。这个逻辑本无可厚非,问题在于系统开发中的 A 属于业务问题,B 属于方案设计问题,而由用户来对一个方案 B 能否解决问题 A 进行确认是不合适的,开发者比他们具有更好的专业知识。例如,在一个实际案例中,一个组织需要提高其数据库的容灾能力,但他们向开发者提出的要求却是实现"数据复制"和"双机热备",而根据开发者的了解和其组织的业务特点,还存在着其他更好的解决方案。

2. 用户固执地坚持某些特征和功能

在发生这个问题时,开发者一般都会听到一句非常无奈的话:"我们就是要求系统能够×××,至于能不能实现,怎么实现,那是你们开发者的事情"。在任何时候都不要忘记软件系统开发是一个工程性任务,折中与妥协在其中起着极其重要的作用,需求的确定也不例外。在需求确定的过程中,用户要衡量需求的收益,开发者要衡量需求的成本和可行性,然后二者通过协商不断调整需求直至其可以被接受。用户的固执要求意味着他们代替开发者执行了这个协商过程,但他们对需求成本和可行性的确定是没有专业基础的。也许他们只需要对特征和功能做简单调整就会从开发者那里得到更好的回馈。

要解决用户越俎代庖带来的困难,就要求开发者在需求获取的过程中注意保持业务领域和解决方案的区分界限。而且越俎代庖式需求的出现,往往意味着用户还拥有一些重要的隐藏需求没有被发现,开发者应分析用户的深层目的,找到隐藏在背后的需求。

4.2.5　缺乏用户参与

在已有的各项软件工程实践状况调查中,缺乏用户参与被一致认为是导致软件失败的一个重要需求问题[Standish 1995],也是需求获取中的一个常见困难。

导致缺乏用户参与的原因有很多,常见的有下列几种。

1. 用户数量太多,选择困难

随着现有系统规模和功能的不断扩大,它们中相当一部分拥有了大量角色各异的用户,要覆盖所有用户来获取需求已经变得越来越不可能。这些用户又都只是使用系统功能的某些片段,企望某个用户能够提供系统全部的需求视图也不现实。因此,如何选择用户以在需求获取可以有效进行的同时,保证获取需求的完整性和代表性,就带来了用户的选择困难。

2. 用户认识不足,不愿参与

在很多情况下,用户认识不到开展需求工作的重要性。在极端情况下,用户会以为软件产品的生产和其他工业用品一样,顾客的任务只是付费然后坐等合格产品的交付。在通常情况下,用户会在简单提出要求后,就急不可耐地要求看到开发者的进展,在得不到满足之后,又会抱怨开发者能力不足、领悟力不够。但事实上软件系统的开发是一项非常复杂的任务,它要求用户在需求开发上进行积极的配合,因为一方面软件系统的特性不是可以简单定制的,它必须针对用户的问题;另一方面开发者不是用户领域的专家,只有用户自己才真正了解自己的问题。

3. 用户情绪抵制,消极参与

一个软件系统被引入问题域之后,它在解决问题的同时也可能会产生其他附带影响,其中就包括可能会对某些用户产生不利的影响,并引起他们的情绪抵制。按照[Ramos 2005]的解释,组织本身是一个拥有独立目标、策略和管理方式的实体,同时它的成员又有自己的兴趣、信仰、价值和利益,成员的取向和组织的取向部分统一又部分分离,并在一段时期内形成一个平衡的状态,既满足组织的需要又能让成员们满意。在平衡状态下,如果用户怀疑一个新的软件系统会侵害他们的取向,或者他们看不到新系统对他们取向的尊重,他们就可能会努力拒绝变化发生,抵制新的系统,消极参与需求获取活动。

4.没有明确的用户

在相当多的情况下待开发的新系统是没有明确用户存在的,如商用 COTS 软件、社会服务领域软件等。这时就要求开发者尽可能去寻找用户的合适替代源,例如长期和用户打交道的人(销售人员、技术支持人员)、领域专家等。因为没有明确的用户存在就否认用户参与对需求开发的重要性是非常错误的。

总的来说,要解决缺乏用户参与的困难,就要求开发者在进行需求获取时,能够对系统用户以及用户的替代源等相关涉众进行分析,了解他们的特征、类别、任务和取向等,并在获取中采取对策避免用户参与不足现象的发生。

4.3 需求获取活动

通过对常见困难的分析,可以发现需求获取并不是一个简单地进行知识转移的活动。为了解决上述普遍存在的困难,获取活动至少要做到以下几点。

① 研究应用背景,建立初始的知识框架;

② 根据获取的需要,采用必要的获取方法和技巧;

③ 先行确定获取的内容和主题,设定场景;

④ 分析用户的高(深)层目标,理解用户的意图;

⑤ 进行涉众分析,针对涉众的特点开展工作。

因此,需求获取活动的一个典型流程就如图 4-1 所示。

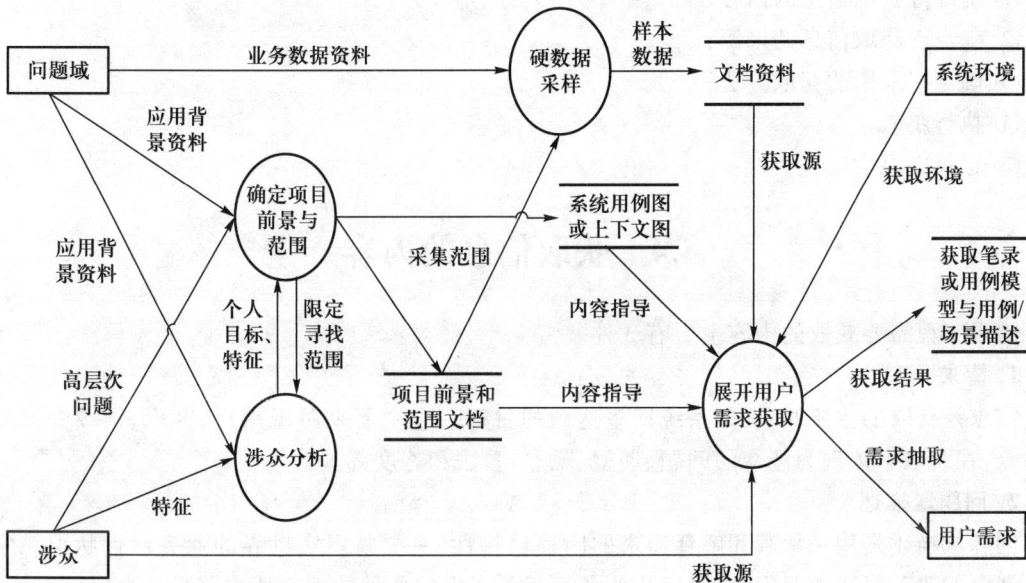

图 4-1 需求获取过程

在需求获取之初,需求工程师需要先收集和应用相关的背景资料,了解应用和组织的大概状况,建立初始的知识框架。同时,结合背景资料分析涉众的高层次问题,了解涉众对这些高层次问题的解决期望,总结出系统的业务需求。业务需求是涉众的高(深)层目标,它对分析涉众某些行为的原因及合理性具有指导性作用。

业务需求产生以后,需求工程师以它的满足为目标设计一个高层次的解决方案,并确定解决方案需要具备的系统特性。高层次的解决方案和系统特性定义了项目的前景和范围,把它们按照某种方式组织起来,就决定了后面具体获取活动的组织方式以及每次获取的主题与内容。

在项目的业务范围内,需求工程要寻找相关的涉众,并对他们的类别、任务、取向等进行分析,并在分析的基础上进行涉众选择,以在获取活动顺利进行的同时保证获取信息的完整性。最后采样的涉众及其特征将是细节获取活动的一个基础。

组织里通常都存在大量的表格、单据等业务相关的硬数据,它们能够很好地说明问题域的固有特性,也是获取活动中一个重要的信息来源。但是因为硬数据通常数量众多,形式各异,所以需求工程师也需要对它们进行采样。

针对某一次具体的获取活动而言,依据项目范围可以确定它的主题和内容,依据涉众特征和硬数据可以确定它的信息来源,但除了这些之外,它还需要确定应当利用的方法。获取方法的选择没有固定的标准,通常只有综合内容、来源和系统环境三者才能做出正确的决定。

在内容、来源和方法都确定之后,需求工程师就可以开展具体的获取活动,获取用户需求和问题域特性了。获取得到的具体信息要记录下来,以获取笔录的形式进行保存。

在这个复杂的获取活动当中,其实质步骤主要是以下几点:

① 确定待获取信息的内容;
② 确定待获取信息的来源;
③ 确定应采用的获取方法;
④ 执行获取;
⑤ 记录成果。

4.4　获取信息的内容

需求工程需要获取的内容主要有 3 种。

1. 需求

需求是获取的主要对象,是系统期望达到的目标。它主要来源于用户、客户、领域专家等相关涉众,在获取中体现为涉众的问题、期望、观点、看法和态度等。

2. 问题域描述

问题域描述是用来承载和解释需求的问题域特性,主要是现实世界的业务运行状况。它可以从涉众的业务描述中获得,也可以从业务运行所产生的各种数据文档中获得。

在多数情况下,涉众会依据问题解决之前的状况来描述问题域特性,但有时涉众也会描述问题解决之后的问题域特性,需求工程师需要注意辨别。

3. 环境与约束

环境与约束属于一种特殊的问题域特性,限定了解系统部署的环境和条件。之所以将其单独列举出来,是因为它常常在需求获取中被人们遗忘。环境与约束主要来源于涉众的描述和对应用环境的观察。

无论是需求、问题域描述,还是环境与约束,它们都要和项目前景保持一致,都要介于项目的范围之内。当然,在实际操作当中,无法做到绝对禁止去获取项目范围之外的信息,但需求工程师要保持对项目范围的控制,不能在不必要的内容上耗费过多精力。

4.5　获取信息的来源

在需求获取中,信息的主要来源包括以下几方面。

① 涉众:包括用户、客户、领域专家以及市场人员、销售人员等其他用户替代源。

② 硬数据:包括登记表格、单据、报表等定量文档,以及备忘录、日志等定性文档。

③ 相关产品:包括原有系统、竞争产品及协作产品(和解系统存在接口的其他软件系统)。

④ 重要文档:包括原有系统的规格说明、竞争产品的规格说明、协作产品的规格说明及客户的需求文档(委托开发的规格说明、招标书)。

⑤ 相关技术标准和法规:包括相关法律、法规及规章制度,行业规范、行业标准及领域参考模型。

在进行需求获取时,以上的信息来源并非全部都存在,也没有必要对全部来源都进行处理,一般要视项目的具体情况而定。通常需求主要来自于涉众(尤其是用户),其他4种获取源更多的是提供问题域的知识,所以涉众是系统最重要的获取源。如果是为市场开发通用系统,领域专家和竞争产品将是很好的信息获取源;如果该市场比较成熟,行业规范、行业标准和领域参考模型会起到极其重要的作用;如果是开发定制的系统,硬数据、用户文档会是问题域知识的理想来源。

从处理上讲,可以将以上获取源简单归结为两类:一是人脑内知识;二是人脑外知识。存在于人脑内的知识是隐藏和抽象的,获取起来比较困难,会遇到各种困难,但它是需求的主要产生地。人脑外的知识一般都是经过人们加工之后以文档的形式固定下来的,具有主题鲜明、格式清晰、记述条理等特点,所以它是比人脑内知识更加理想的问题域知识获取源。同时,因为文档中记录的大都是以前已经存在的状况(而需求是对未来的期望),所以它很少会产生需求。

4.6　获取信息的方法

至今为止有很多获取方法已经被大量的实践所证明,它们有各自的适用场合和效用,互相配合,形成需求获取的方法集。

所有这些需求获取方法可以分为6个类别。

1. 传统方法

传统应用开发使用的很多数据收集机制均属此类,它们在现在的需求获取中仍然起着非常基础的作用。常见的有问卷调查、面谈、文档分析、文档检查和需求剥离等。

2. 集体获取方法

该类方法将很多涉众集中在一起,通过与涉众的讨论发现需求,并在讨论中达成需求的一致,同时它还可以有效利用时间。常见的有头脑风暴(brainstorming)、专题讨论会(workshop)、JAD(Joint Application Development,联合应用开发)和JRP(Joint Requirements Planning,联合需求计划)等。

3. 原型

原型方法在软件系统的很多开发阶段都起着十分重要的作用,其中就包括需求获取。在需求模糊和不确定性较大的情况下,原型方法尤其有效。

4. 模型驱动方法

该类方法都有一个定义明确的模型,模型的定义方式确定了所要收集的信息类型,模型建立和完善的过程就是进行需求获取的过程。常见的有面向目标的方法(goal-oriented methods)、基于场景的方法(scenario-based methods)和基于用例的方法(use case-based methods)。

5. 认知方法

该类方法起源于知识系统(knowledge-based systems)中的知识获取(knowledge acquisition)方法,以认知的方式获取用户无法表达的潜在知识。常见的有任务分析(task analysis)和协议分析(protocol analysis)等。

6. 基于上下文的方法

前面5种方法基本都以用户的语言表达为主要关注点,相比之下基于上下文的方法更加注重用户在一定环境下表现出来的行为,通过分析用户的行为得到信息。常见的有观察、民族志(ethnography)和话语分析(conversation analysis)。

4.7 获取信息的过程

4.7.1 注意事项

在开展需求获取活动时,要注意以下事项。

1. 在整体上制定组织方案

细节需求获取活动的对象都是某个信息片段,因此,要获得完整的需求、问题域知识和约束,就需要开展很多次细节的需求获取活动。这些具体的获取活动需要用一个有条理的组织方案组织起来,以让它们联合起来构成完整的信息,同时又不会互相覆盖。

常见的组织方式是依照系统特性确定系统的边界,建立上下文图或系统用例图,然后按照遍历上下文图和系统用例图的方式开展获取活动。

有了整体的组织方案,还可以将来自众多涉众的信息更好地集成起来。

2. 维护项目的前景和范围

实践表明,用户在获取活动中总是倾向于表达各种各样的信息,因此需求工程师要清楚项目的前景和范围,并以此来引导和控制获取过程,使其顺利进行。

在获取过程中有时也会发现项目范围定义不准确、不恰当,此时就需要修改项目的前景和范围。

3. 接受需求的不稳定性

因为世界是实时变化的,所以需求在本质上具有不稳定性。而且用户随着外部世界的变化也会随时改变自己的观点和看法。所有这些变化都是不应该被武断拒绝的。

需求的不稳定性意味着用户会在获取中表现出前后不一致、更改意见等多种现象,需求工程师要做好接受的准备。

4. 控制探索性工作

在获取中,为了确定某个想法的可行性,可能需要进行深入和广泛的研究,确定其成本效益比,这种情况被视为探索性工作。

进行探索性研究有时会带来破坏性因素,例如导致项目延期、增加项目成本、提高项目风险等。因此,对探索性研究需要进行很好的控制。如果项目的确需要进行很多的探索性研究,可以额外立项开展研究,或者使用增量式开发方法控制风险。

4.7.2　防止遗漏需求

需求遗漏是最常见的需求缺陷类型,而且这类缺陷很难在检查中被发现,因为它们是不可见的。

要防止遗漏需求情况的发生,在获取的过程中就要注意以下几点。

① 务必让所有涉众都表达出自己的意见。

② 不要以抽象和模糊的需求作为结束。对抽象和模糊的需求要进行细化,让真正的需求显露出来。

③ 使用多种方法表达需求信息。利用不同的分析技术为相同的需求进行建模,通过分析不同的关注点,考察需求是否完整。

④ 注意检查边界值和布尔逻辑。

4.7.3　结束获取

为了防止需求遗漏情况的发生,获取完整的需求信息,很多需求工程师迟迟不敢结束需求获取活动,结果导致项目延期等很多风险的发生。但是实践已经证明,十分完整的需求是可欲而不可得的,开发就是以不完整的需求为基础的[Siddiqi 1996]。因此,需求工程师需要有一个标准来帮助判断获取活动结束的时机。

常见的方法是逐一分析系统的特性,检查是否所有特性都得到了明确定义。如果没有发现问题,那么可以考虑结束需求获取活动。

[Wiegers 2003]也提出了以下几条结束获取活动的判断条件。

① 用户想不出更多的用例;

② 用户想出的新用例都是导出用例(通过其他用例的结合可以推导出该用例);

③ 用户只是在重复已经讨论过的问题;

④ 新提出的特性、需求都在项目范围之外;

⑤ 新提出的需求优先级都很低；

⑥ 用户提出的新功能都属于后续版本，而非当前版本。

4.8 获取信息的成果

在获取中得到的用户需求、问题域知识和约束通常会以获取笔录（elicitation notes）的形式记录下来。获取笔录是普通的文本描述，其内容没有经过分析和整理，具有组织差、冗余、遗漏和自相矛盾等诸多问题。

在有些情况下，录音和摄像也可以作为获取活动的成果。它们除了能够记录获取对象以语言表达出来的信息之外，还可以记录获取对象的语调、动作、环境等其他丰富的信息。但录音和摄像往往涉及个人的形象问题，应事先取得获取对象的同意，而且录音和摄像的代价相对比较昂贵。

在需求获取中，如果存在项目需要，可能会产生两份定义明确的正式文档：项目前景和范围文档，用例文档。

此外，很多项目还会将涉众分析中得到的涉众特征也记录下来，作为项目管理的重要活动参考。

4.9 实践中的需求获取

需求获取是一个复杂的活动，涉及很多因素、方法和技术。第 5~10 章将逐一介绍其中的一些重要方面。在开始详细介绍之前，先来总结一下实践中得到的需求获取经验，看一看需求获取活动实践中的重要问题和关注点。

实践中的需求获取活动主要关注以下几个问题：

① 项目目标；

② 项目范围；

③ 用户参与；

④ 交流问题；

⑤ 获取方法的使用。

4.9.1 项目目标

［Shaw 1990］将工程的概念描述为："运用科学的知识创建能够帮助人们工作的事物，并利用它建立成本效益（cost-effective）有效的解决方案，解决实际的问题"。参照这个定义，软件工程就可以理解为："运用计算机科学的知识开发计算机软件，为实际问题提供成本效益有效的解决方案"。从中可以看出，实际问题是软件工程得以进行的主要意图和出发点，实际问题的解决是软件项目的主要目标。如果失去了对实际问题的把握，或者没有确定解决问题的方向，再或者没

能建立问题得以解决的判断标准,那么软件项目就好似大海中没有航向指示的漂流船只,结果可以想象。

在软件工程中承担理解问题责任的需求工程自然要承担起澄清问题、确定问题解决方向和建立问题解决判断标准的任务。也就是说,需求工程要为项目确立清晰、一致的项目目标。确立项目目标发生在需求工程的早期阶段,也是整个软件工程的起始阶段,它需要进行很多的获取工作,也需要进行很多的分析工作。

确立项目目标这个看似无可置疑的任务,在实践中却并没有得到一致认同和广泛实施,否则各项调查研究也不会将其列为需求工程中的一个主要关注点。[Standish 1995,Standish 1999,Standish 2001]的调查将"是否确立了清晰的项目目标"作为项目成功的十大影响因素之一。而且有越来越多的实践者开始强调在需求工程中确立项目目标的重要性。

目标模型和面向目标方法的出现是对确立项目目标这个关注点的最好回应。

4.9.2 项目范围

控制项目的范围是所有工程项目都需要做的功课,软件工程项目也不例外。一方面,项目需要包含完备的功能,这样才能有效地解决实际问题。另一方面,项目所包含的内容应该是必要的,这样才可能以最小代价和最低成本解决问题,达到解决方案的最佳成本效益比。

当然,要非常精确地控制项目范围是几乎不可能的,但是开发者至少可以(而且必须)在一定程度上保持对项目范围的有效控制,也就是说项目范围的不合理性(不完备或者冗余)要控制在一个可以接受的范围之内。对项目范围的控制会贯穿于整个软件工程过程,其中最重要的阶段就是需求工程。因为项目范围是在需求工程阶段建立的,而且其不合理性也最有可能产生于需求工程阶段。

项目范围的建立和控制需要进行一些分析工作,但更多的是要控制需求获取活动。对合理项目范围的建立和控制并不是一件容易的工作。实践中发现了以下一些常见的错误:

① 项目边界定义不清晰,或者根本就没有定义项目边界[McDermid 1989]提出的需求获取的十大问题见表4-1所示。

② 定义的项目边界错误,使得最终的需求不完备或者冗余。

③ 没有控制已建立的项目边界,使得项目范围失控,尤其是因为时间压力而抛弃需求的问题和开发人员"镀金"的问题非常普遍。

表4-1 [McDermid 1989]提出的需求获取的十大问题

编号	问题描述
1	不清晰的项目边界定义
2	不必要的设计(实现)信息
3	涉众不能充分理解自己的需要

编号	问题描述
4	涉众不了解计算机的能力和局限性
5	软件工程师对问题领域的知识缺乏
6	涉众和软件工程师说不同的语言
7	明显的信息遗漏
8	不同涉众之间的冲突
9	模糊的需求
10	需求的不稳定性和变化

要合理地控制项目范围,就需要确立清晰、一致的项目目标,并依据项目目标进行项目边界的定义和控制。当然,为了保证项目边界定义的正确性,尤其是为了保证项目边界的完备性,也需要使用一些分析的方法。

面向目标的方法、基于场景的方法以及前期需求阶段的分析方法都可以帮助人们有效地建立和控制项目范围。

4.9.3 用户参与

在需求获取的信息内容(需求、问题域描述、环境与约束)中,问题域描述、环境和约束有很多的渠道来源,但是需求却基本都是来自于涉众,尤其是用户。因此,用户的参与对需求获取(乃至需求工程和软件工程)的成功具有举足轻重的作用。[Standish 1995, Standish 1999, Hofmann 2001]的实践调查也发现用户参与是影响软件项目成功的重要因素。软件工程师们采取了一系列的方法和手段来提高用户的参与程度,取得了一定的成绩,但是整体上用户参与情况仍然不容乐观。

实践中发现的用户参与不足的原因有以下几点。

1. 没有能够有效地选择参与项目的用户

[Emam 1995]发现,因为时间、工作、责任等因素,那些最适合参与需求工程的用户往往也是最不可能参与的用户。[Al-Rawas 1996]在调查中发现需求工程师并没有依据最理想的标准——"个人领域知识"——来选择参与项目的用户,而是更多地采用了客户负责人的意见,如图4-2所示。而且在涉众当中,很多人也没有认识到项目需要的是他们的"工作内容分工"和"领域知识",如图4-3所示。

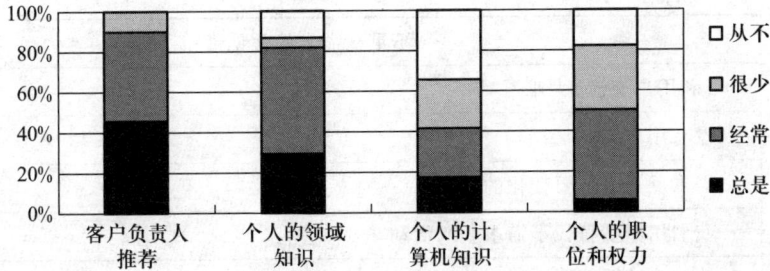

图 4-2　开发者选择涉众代表的主要依据,源自［Al-Rawas 1996］

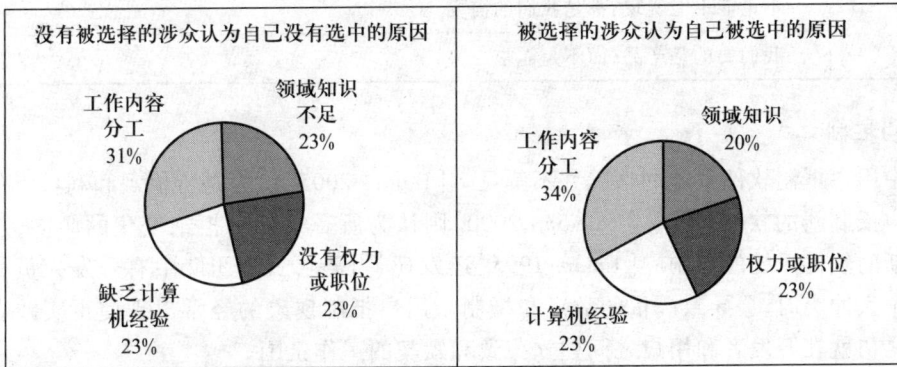

图 4-3　用户对参与项目的看法,源自［Al-Rawas 1996］

2. 认识不足

在实践中用户和开发者都存在着认识上的不足,看不到用户参与需求工程的重要性。［Gabb 1999］总结的一些不重视需求的常见借口中,开发者和用户都有认识不足的影子,如表 4-2 所示。开发者以"客户不感兴趣""客户并不知道自己想要什么"和"没有时间"这 3 个借口来搪塞用户的参与不足,他们并没有认识到用户是需求的主要来源。同时,因为行业的差距,用户也常常会认识不到他们对软件功能的主导作用,期望开发者能够独自提供有效的软件产品(借口"我们要的是产品,而不是需求")。

表 4-2　［Gabb 1999］总结的不重视需求的常见借口

借口方	不重视需求的常见借口
开发者	客户不感兴趣
	客户并不知道自己想要什么
	我们没有时间

借口方	不重视需求的常见借口
开发者	（和用户交流）太难了
	没有用户
	需求反正也是要变化的
	我们用原型替代了需求获取活动
	我们在用 COTS
	（您提出的）太晚了，合同上已经明确了
用户	不论能不能实现，都是我们的需要
	我们要的是产品，而不是需求

3. 用户抵制

实践中用户抵制软件系统的情况并不鲜见。[Ramos 2005]认为是价值观和利益上的原因使得部分用户抵制新的软件系统。[Saiedian 2000]则认为所有人都有拒绝变化的倾向，从而自然产生了对新的软件系统的抵制。[Emam 1995]还发现，当需求工程团队中有开发人员和用户发生严重的个人冲突时，会导致严重的敌意和抵制。用户抵制现象的经常出现使得实践者提倡在项目开始之初就在开发者和用户之间建立一致和默契的工作氛围。

4. 没有明确的用户

随着市场驱动软件(market-driven software，面向一个广大的市场开发的软件，有销售后的客户，缺乏销售前的客户)和基于 COTS 的软件(以商业的软件开发工具包为基础开发的软件，商业软件包的功能限制了被开发软件的功能，COTS 是 Components Off The Shelf 的缩写，又称为 Package Software)的日益增多与推广，需求开发时没有明确用户的现象越来越普遍。在[Lubars 1993]的调查中，市场驱动软件的开发者就抱怨他们根本无从想象用户的形象。这一问题是随着软件技术和开发方式的发展而出现的，所以还需要广大研究者和实践者提出新的解决方法，尤其是基于 COTS 的软件的需求工程对开发者来说更是一个不小的挑战。从目前来看，有效地利用用户的替代源可以在一定程度上解决这个问题。

5. 管理上的障碍

[Emam 1995]在研究项目的用户参与情况时发现，开发者往往会期待那些参与项目的用户能够在自己的组织中具有一定的权威影响力。[Emam 1995]在分析后认为，原因在于这些用户在参与软件开发活动之外还需要继续自己的本职工作，因此只有这些用户拥有一定的权威影响力，才能较好地保证他们能够从本职工作中为软件活动抽出足够的时间。[Al-Rawas 1996]的调查(如图 4-4 所示)则进一步说明管理原因所导致的本职工作和项目参与活动竞争参与者工作

时间的情况不容忽视。

4.9.4　交流问题

　　人脑内知识和人脑外知识这两类信息中,人脑内的知识是比较难以获取的。尤其是在开发者与用户来自不同应用领域,具有不同背景、立场和知识结构的情况下,对人脑内知识的获取就更加困难。这种困难集中反映为需求获取中的交流问题。

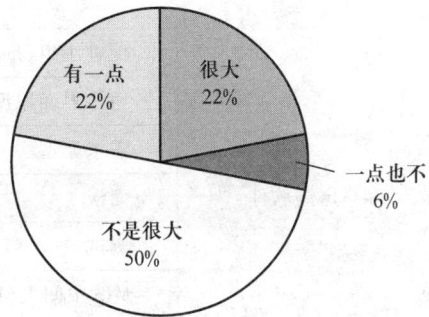

图 4-4　本职工作与项目参与活动的互相影响,源自[Al-Rawas 1996]

　　交流中最大的问题就是理解偏差。在人际交流中,信息会自然发生衰减和扭曲,因此就难免会发生理解偏差,导致最终的需求信息不真实。[Young 2002]发现在需求定义的错误中,有49%的错误是理解偏差导致的。[Lawrence 2001]也将"对用户需求理解与表达的不当"看作是10个最常见的需求工程风险之一。在对需求获取活动中信息交流途径的研究中也一再发现了理解偏差的问题。

　　需求获取活动中的信息交流是不同背景的众多人员的双向交流,因此有很多不同的交流方式和交流途径。在[Minor 2004]的调查中发现了下列常用的交流方式:非正式的电话交谈、正式的电话交谈(如客户热线或远程电话会议)、邮件、Web反馈表、文档以及一些面对面的交流(如JAD会议、原型等)。[Al-Rawas 1996]发现面对面的交流方式是最有效,也是最受欢迎的,如图4-5所示。[Gotel 1994]还发现实践者特别重视私人联系和非正式的交流方式。

　　在交流途径上,[Keil 1995]进行了系统的调查研究,发现客户定制软件和市场驱动软件有着不同的交流途径倾向,如表4-3所示。[Keil 1995]将交流途径分为两个类别:一是直接接触用户的直接交流途径;二是不直接接触用户的间接交流途径(这种途径利用熟悉用户的其他人,即用户替代源,代替用户表达看法)。[Keil 1995]在调查中发现,直接交流途径在客户定制软件和市场驱动软件中都更受欢迎。虽然市场驱动软件因为缺乏明确用户而较多使用间接交流途径,但是这些间接交流途径的评价普遍低于直接交流途径。实践中还发现间接交流途径会给项目带来更多的交流障碍,造成更多的理解偏差。[Keil 1995]还发现项目中使用的交流途径类型越多,其成功的可能性就越大。但是过多的交流途径也会消耗过多的成本,考虑到成本效益比,[Keil 1995]建议普通项目应该使用4~7条不同类型的交流途径。

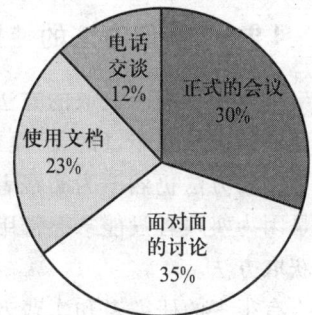

图 4-5　项目内交流的途径
[Al-Rawas 1996]

表 4-3　客户定制软件和市场驱动软件的不同交流途径倾向

软件类型	交流途径	有效性评价
客户定制软件	促进小组(facilitated teams)	5.0
	用户界面原型法	4.0
	需求原型法	3.6
	面谈	3.5
	测试	3.0
	MIS 中间人(MIS intermediary)	2.8
	邮件/公告栏	2.5
市场驱动软件	服务支持部门(support line)	4.3
	面谈	3.8
	用户界面原型法	3.3
	用户小组(user group)	3.3
	需求原型法	2.8
	测试	2.8
	市场人员和销售人员	2.8
	商展(trade shows)	2.5

4.9.5　获取方法的使用

可以用于需求获取的方法很多,常见的有面谈、调查问卷、原型、观察和文档分析等。虽然需求获取的方法是丰富的,但是[Juristo 2002]发现它们并没有在实践中得到充分应用,很多已经提出多年的方法仍然不为实践者所知。[Maiden 1996]认为实践中需求获取方法应用的不充分并不是因为实践者没能掌握常用方法的使用技巧,而是实践者不能很好地依据实际情况选择正确的获取方法。

有很多的研究者和实践者提出了能够帮助需求工程师选择需求获取方法的框架体系。其中,[Hickey 2003]认为要正确选择需求获取方法,就需要掌握 3 个方面的知识:

① 面对的问题、需要的解决方案和项目的特征;

② 已经知道的需求内容和仍待发现的需求内容;

③ 问题、解决方案、项目特征、需求状态等因素与获取方法之间的联系,了解不同获取方法的优缺点和局限性。

[Maiden 1996]则以下述 5 个方面作为方法选择的依据:

① 需求的目的。为一个已存系统建立规格说明,选择软件开发工具包,还是要为一个项目建立需求方案。

② 知识的类型。要获取什么样的知识,是静态结构的数据、抽象的动态行为,还是详细的动态处理过程。

③ 知识内化的特性要求(internal filtering of knowledge)。要获取的知识是否具有特殊的特征,包括:

- 当前不存在,需要进行"发明"的新知识(future system knowledge);
- 非常明显的知识(non-tacit knowledge);
- 不明显,但是经过提示能够想到的已认知知识(recognized knowledge);
- 不明显,但是能够解释的默认知识(TFG knowledge,Take For Granted Knowledge);
- 不明显,但是在特定工作情景中会出现的情景性工作知识(working memory knowledge);
- 曾经明显,但是因成为习惯的一部分而不再被意识到,变得潜在的惯性知识(complied knowledge);
- 还没有能够被意识到的潜在知识(implicit knowledge)。

④ 可观察的现象。获取时针对的是可观察的现象。

⑤ 约束。需求获取方法的成功应用需要满足哪些约束和特殊的条件要求。常见的有:

- 对开会的要求;
- 对准备的时间要求;
- 对采集信息的时间要求;
- 对获得需求的时间要求;
- 需要的需求工程师数量;
- 需要的涉众数量;
- 对涉众友好度的要求;
- 对前导技术的要求。

第8~10章将介绍常用的需求获取方法,表4-4就是依据[Maiden 1996]的框架为它们中的一些建立的选择框架。

表4-4 本书将要介绍的需求获取方法的选择框架

维度	类型	采样观察	非结构化面谈	结构化面谈	头脑风暴	原型	场景分析	民族志	群体面谈
需求的目的	建立规格说明	×	–	√	–	√√	–	×	×
	选择软件开发工具包	×	–	√	–	–	–	×	×
	建立需求方案	–	√√	√√	√	–	√√	–	√√

维度	类型	采样观察	非结构化面谈	结构化面谈	头脑风暴	原型	场景分析	民族志	群体面谈
知识的类型	抽象行为	√√	√	√	√	√	√√	√√	√√
	处理过程	√	√	√	√	√	√√	√√	√√
	数据	–	–	–	–	√	√	√	√√
知识内化的特性要求	新知识	×	√	√	√	√√	√√	×	√√
	明显的知识	–	√√	√√	√	–	√√	–	√√
	已认知知识	×	×	×	√	√√	√√	×	√√
	默认知识	√√	–	–	–	√	√	√√	√
	情景性工作知识	×	×	×	×	×	×	√√	×
	惯性知识	√√	–	–	–	√	√	√√	√
	潜在知识	√√	–	–	–	√	√	√√	√
可观察的现象		√√	×	×	–	×	×	√√	–
约束	需要开会	×	√	√	√	√	√	×	√
	需要准备时间	√√	√√	–	√√	–	–	√√	√
	需要采集信息的时间	√	√√	√√	√√	√√	√√	×	×
	需要获得需求的时间		√	√	√	√	√	×	×
	需求工程师数量	1	1	1	1	1	1	1	1
	涉众数量	1	1	1	1	1	1	2	6
	需要涉众友好	–	√√	√	√	√	√	×	×
	无前导技术要求	√	√√	√√	√√	×	×	√	×

注:表中√√表示非常适合,√表示基本适合,–表示不太适合,×表示非常不适合

引 用 文 献

[Al- Rawas 1996] Al- Rawas A, EASTERBROOK S. Communication problems in requirements.Engineering: a field study. Proceedings of the First Westminster Conference on Professional Awareness in Software Engineering. Royal Society, London, 1- 2 February 1996.

[Christel 1992] CHRISTEL M G, KANG K C. Issues in requirements elicitation.Technical Report CMU/SEI- 92- TR- 12. Software Engineering Institute, Carnegie Mellon University, 1992.

[CMU/SEI 1991] CMU/SEI. Requirements Engineering and Analysis Workshop Proceedings.Technical Report , CMU/

SEI- 91- TR- 30, ESD- TR- 91- 30, December 1991.

[DeMarco 1997] DeMarco T. The deadline:a novel about project management. Dorset House Publishing, 1997.

[Emam 1995] EMAM K El, MADHAVJI N H. A field study of requirements engineering practices in information systems development. In Second IEEE International Symposium on Requirements Engineering. IEEE Computer Society Press. 1995:68- 80.

[Gabb 1999] GABB A P. Requirements denial- examining the excuses. Conference of the Systems Engineering Society of Australia (SESA) and The International Test and Evaluation Society (ITEA), SETE99, 1999.

[Goguen 1993] GOGUEN J A, LINDE C. Techniques for requirements elicitation. In Proceedings of the IEEE International Symposium on Requirements Engineering, 1993.

[Hickey 2003] HICKEY A M, DAVIS A M. Requirements elicitations and elicitation technique selection: a model for two knowledge- intensive software development processes. In HICSS'03: Proceedings of the 36th Annual Hawaii International Conference on System Sciences (HICSS'03) - Track 3, 2003: 96.1.

[Hofmann 2001] HOFMANN H F, LEHNER F. Requirements engineering as a success factor in software projects. IEEE Software, 2001, 18(4): 58- 66.

[Juristo 2002] JURISTO N, MORENO A M, SILVA A. Is the european industry moving toward solving requirements engineering problems. IEEE software, 2002, 19(60): 70- 77.

[Kohl 2001] KOHL R. Changes in the requirements engineering processes for COTS- based systems. Proceedings of the 5th IEEE International Symposium on Requirements Engineering, 2001.

[Keil 1995] KEIL M, CARMEL E. Customer - developer links in software development. Communications of the ACM, 1995.

[Lawrence 2001] LAWRENCE B, Wiegers K, EBERT C. The top risks of Requirements Engineering. IEEE Software, 2001.

[Lubars 1993] LUBARS M, POTTS C, RICHTER C. A review of the state of the practice in requirements modeling. First Int'l Symp. Requirements Eng. Los Alamitos: IEEE CS Press, 1993.

[Maiden 1996] MAIDEN N A M, RUGG G. ACRE: selection methods for requirements acquisition. Software Engineering Journal, 1996, 5.

[McDermid 1989] MCDERMID J A. Requirements analysis: problems and the STARTS approach. IEEE Colloquium on'Requirements Capture and Specification for Critical Systems'(Digest No.138), 4/1- 4/4, 1989.

[Minor 2004] MINOR O, ARMAREGO J. Requirements engineering: a close look at industry needs and model curricula, AWRE'04.

[Morisio 2002] MORISIO M, SEAMAN C, BASILI V R, et al. COTS- based software development: processes and open issues. Journal of systems and Software, 2002, 61(3): 189- 199.

[Nuseibeh 2000] NUSEIBEH B, EASTERBROOK S. Requirements engineering: a roadmap. In Proceedings of the 22nd Int'l Conference. on Software Engineering. Future of Software Engineering Track. New York: ACM Press, 2000.

[Ramos 2005] RAMOS I, BERRY D M, CARVALHO J A. Requirements engineering for organizational transformation. Information & Software Technology, 2005, 47(7): 479- 495.

[Saiedian 2000] SAIEDIAN H,DALE R.Requirements engineering:making the connection between the software developer and customer. Information and Software Technology, 2000, 42(4): 419- 428.

[Shaw 1990] SHAW M. Prospects for an engineering discipline of software. IEEE Software, 1990, 7(6): 15- 24.

[Siddiqi 1996] SIDDIQI J, SHEKARAN M C. Requirements engineering:the emerging wisdom. IEEE Software, 1996, 3:15- 19.

[Standish 1995] Standish Group. CHAOS, 1995.

[Standish 1999] Standish Group. CHAOS: a recipe for success, 1999.

[Standish 2001] Standish Group. Extreme CHAOS, 2001.

[Wiegers 2003] WIEGERS K. Software requirements. 2nd ed. Redmond, WA: Microsoft Press, 2003.

[Young 2002] YOUNG R R. Effective requirements practices.Boston: Addison- Wesley, 2002.

[Zave 1997] ZAVE P. Classification of research efforts in requirements engineering. ACM Computing Surveys, 1997, 29 (4).

第5章 确定项目的前景与范围

5.1 引　言

在开始一个项目之初,首先要考虑的一个问题是——为什么要启动该项目? 也就是说项目的目标是什么?

项目的目标就是系统的业务需求。在有些情况下,涉众可以清晰地表达出系统的业务需求,但这种情况并不多见。在更多的情况下,需要进行一些分析工作才能得到系统的业务需求,如图 5-1所示。

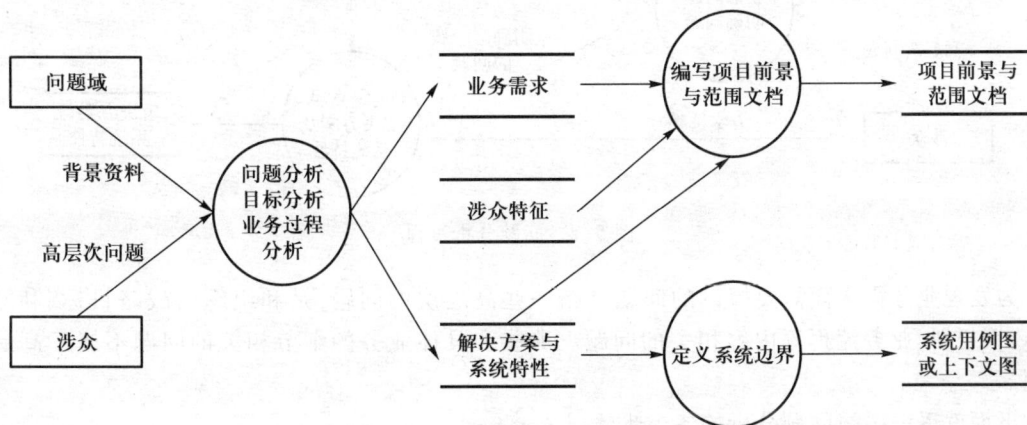

图 5-1　确定项目前景与范围的过程

为得到业务需求,在简单情况下可以进行问题分析,复杂情况下考虑进行目标分析,必要时辅以业务过程分析。

在进行问题分析、目标分析、业务过程分析时,还可以为目标的达成设计相应的高层解决方案,探索解决方案的基本功能特性。系统的高层解决方案及其功能特性可以帮助回答项目启动之初的第二个问题——项目打算做些什么。

根据系统的高层解决方案和系统特性,可以定义系统的上下文环境,建立系统的边界,这将是需求后期阶段需求分析活动的起点。

业务需求、高层解决方案及系统特性都应该被记录下来,定义为项目前景与范围文档。前景与范围文档中还会包含部分涉众分析的结果——涉众特征描述。前景描述了产品用来干什么以及最终将是什么样。范围则指出了当前项目是要解决的产品长远规划中的哪一部分。前景声明将所有涉众都统一到一个方向上来。范围声明则为项目划定了需求的界限。

5.2 问 题 分 析

涉众在现实世界中遇到问题时才会试图引入软件系统,因此他们对问题是感触颇深的。这样,当涉众无法清晰地表达业务需求时,就可以转为从对问题的了解和分析开始,逐步得到业务需求及其解决方案,如图5-2所示。

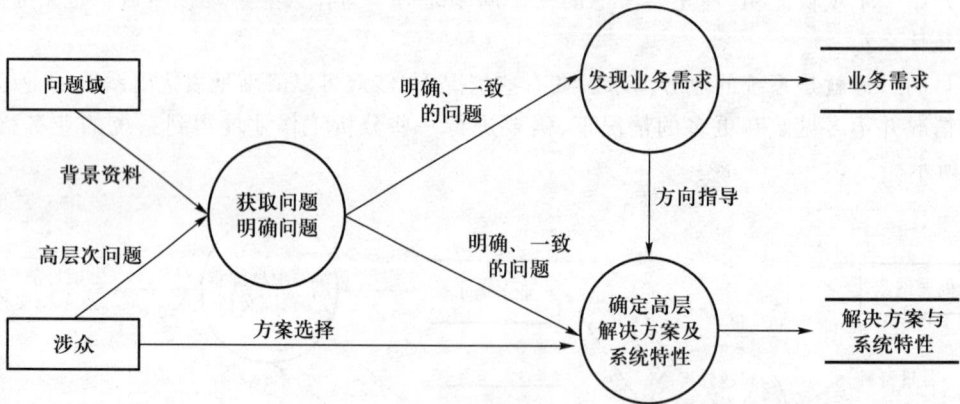

图 5-2 问题分析过程

为发现业务需求而需要探讨的问题是指一些高层次的问题,是和组织的战略目标、利益分配、政策规划、业务流程等内容相关的问题。那些和具体业务的细节相关的问题不属于高层次问题。

下面就逐一描述问题分析的各个步骤。

5.2.1 获取问题

问题分析的前提是获取问题,这可以通过收集背景资料或与涉众沟通来实现。

收集背景资料时,要收集业务描述及其统计数据(详见第 6 章 6.9 节),关注业务困难与问题。与涉众的沟通主要通过面谈完成(详见第 8 章)。

从收集的资料中,可以分析、发现问题。例如,从下面一段描述资料中可以发现问题P1~P4。

"×××连锁商店是一家刚刚发展起来的小型连锁商店,其前身是一家独立的小百货门面店。原店只有销售的收银部分使用软件处理,其他业务都是手工作业,这已经不能适应其业务发展要求。首先是随着商店规模的扩大,顾客量大幅增长,手工作业销售迟缓,顾客购物排队现象严重,导致客源流失;其次是商品品种增多,无法准确掌握库存,商品积压、缺货和报废的比例上升明显;再次是商店面临的竞争比以前更大,希望在降低成本、吸引顾客、增强竞争力的同时,保持盈利水平。"

P1:手工作业销售迟缓,效率不高。

P2:商品品种太多,无法准确掌握库存。

P3:成本不够低,导致竞争力不强,盈利水平不够。

P4:顾客不够多,销售额不高,盈利水平不够。

对于发现的每一个问题,都要逐一执行下面的"明确问题→发现业务需求→定义问题解决方案及系统特性",得到每一个问题的业务需求和解决方案(特性、边界及约束)。将所有问题的结果综合起来,就能够得到整个系统的业务需求和解决方案。

5.2.2 明确问题

要分析涉众的问题,首先要明确问题,将它们变得清晰而适宜进行分析。这个过程从问题和相关的背景描述开始。

1. 对问题达成共识

问题一般由单方涉众提出,因此在和所有涉众对其进行讨论之前,先要就问题本身达成一致,形成共识。具体的方法就是用标准化的格式描述问题,并在涉众之间取得认同。标准化描述的格式如表 5-1 和表 5-2 所示。

表 5-1   问题描述格式

要素	内容	要素	内容
ID	问题标识	问题	对问题的描述
提出者	提出问题的涉众	影响	描述具体的影响
关联者	影响该问题的解决或者受问题解决影响的相关涉众		

表 5-2   问题描述示例

要素	内容
ID	P2
提出者	总经理
关联者	业务经理、总经理
问题	商店的商品品种太多,无法准确掌握库存
影响	部分商品积压,占用库存成本;部分商品经常缺货,影响顾客满意度;部分积压商品会超保质期产生报废,增加成本

2. 收集背景资料,判断问题的明确性

达成共识的问题是一致的问题,但一致的问题不一定是明确的问题。问题的明确性要求它们具备以下两点:易于理解和能指明解决的方向。不符合这两点的问题是不明确的问题,往往是模糊的或者看上去无法使用软件系统进行解决的问题。

判定问题的明确性需要分析和理解问题域,因此要收集和问题相关的背景资料。常见的背景资料如组织的自我介绍、组织的业务描述、组织的章程和组织的门户网站资料等。

在业务比较复杂的情况下也可能会需要深入的知识,它们往往是对背景知识进行需求分析之后的结果。

例如,对表 5-2 的问题 P2,需要收集的资料有库存管理的基本活动、积压现象及统计、缺货现象及统计、报废现象及统计。

在理解问题背景的情况下,可以对问题的明确性形成判断。对于明确的问题,可以直接进行"发现业务需求"活动。对于不明确的问题,就需要进行下一步骤"分析不明确问题"。实践中,绝大多数问题都是明确的问题,少数问题属于不明确的问题。一定要以"是否能够理解并解决"为判断标准,不要陷入"为了问题而问题"的误区——试图发现每个问题背后的问题。

例如,在常见的图书管理系统开发中,问题 P5 就会因为比较模糊而被判断为不明确,而 P6 中的每一个问题都是比较明确的。再如,在一个生产企业的销售系统中,问题 P7 看上去是软件系统无法提供帮助的,它就可以被判断为不明确(因为看上去似乎销售系统无法解决生产的问题)。

P5:图书管理员:图书总是无法上架。

P6:图书管理员:图书的内容分类不合适,导致无法分类上架。

图书上架的工作太繁杂,导致来不及上架。

图书的借阅不遵守章程,不能保证及时上架。

P7:生产的废品过多。

3. 分析不明确问题,发现问题背后的问题

对于不明确的问题,尤其是那些初看上去无法解决的问题,不要直接拒绝和丢弃。可以尝试去发现涉众提出不明确问题的原因,理解其背后深藏的问题。

在大多数情况下,通过和涉众进行接触,解释问题不明确的原因,然后询问相关人员就可以得到问题背后的问题。例如对 P5,只要简单询问图书管理员一个问题即可——什么原因导致了图书无法上架?

在复杂的情况下,可以使用一些简单的方法来帮助与涉众的沟通。例如对 P7,可以建立如图 5-3 所示的鱼骨图并与涉众一起逐一分析每个原因分支,也可以收集数据资料(如图 5-4 所示)发现真正的原因。

如果深入分析后确认问题是无法解决的,就可以拒绝并丢弃了。如果发现问题还是可以间接解决或者部分解决的,就需要重新更准确地定义问题,并转向后面的解决过程。例如,对问题 P7,分析图 5-4 的数据可以发现,通过解决"不准确的销售订单"能够部分解决"生产废品太多"

的问题,就可以将 P7 定义为更准确的 P8。

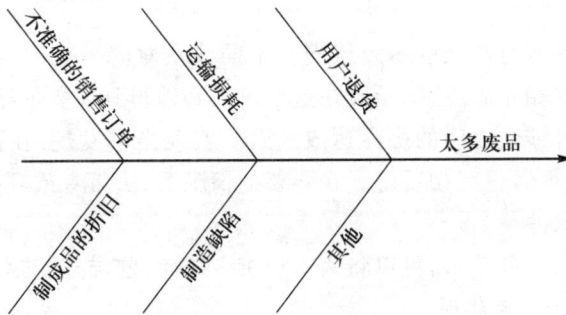

图 5-3　P7 原因的鱼骨图

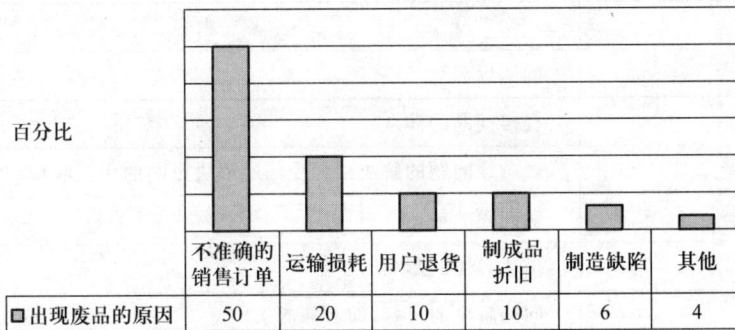

	不准确的销售订单	运输损耗	用户退货	制成品折旧	制造缺陷	其他
□ 出现废品的原因	50	20	10	10	6	4

图 5-4　P7 的原因分析图

P8:销售订单不准确,导致产生太多废品。

再次强调:不要为了探究而探究,切忌陷入盲目追逐问题背后问题的无休止过程,在问题可以明确时就应该适可而止。

5.2.3　发现业务需求

每一个明确、一致的问题都意味着涉众存在一些相应的期望目标,即业务需求。因此,确定每一个问题对应目标的过程就是发现业务需求的过程。一般情况下,业务需求就是问题的反面。例如,对问题 P1~P4 和 P8,可以发现它们的业务需求分别为 BR1~BR4、BR5。

BR1:在系统使用 6 个月后,商品积压、缺货和报废的现象要减少 50%。

BR2:在系统使用 3 个月后,销售人员工作效率提高 50%。

BR3:在系统使用 6 个月后,店铺运营成本要降低 15%。

　　范围:人力成本和库存成本。

　　度量:检查平均每个店铺的员工数量和平均每 10 000 元销售额的库存成本。

BR4:在系统使用 6 个月后,顾客增加 10%,销售额度提高 20%。

BR5:提供更准确的销售订单,在系统使用后 3 个月内,减少 50%因此而产生的废品。

这里需要再次重复强调 2.3.1 小节的内容:业务需求可验证的数值指标是通过研究问题域的背景资料得出的。

业务需求也需要得到所有涉众的一致认同。不同涉众对同一个问题的目标要求,或者不同的业务需求之间可能会互相矛盾,这些矛盾在这个阶段必须得到妥善的解决。在大多数情况下,业务需求的冲突可以通过涉众之间的协商达成一致。实践当中发现,在得到详细的影响及代价分析的情况下,涉众一般很懂得互相妥协。在必要的情况下,决策者或项目主管也可能会被要求解决涉众之间的业务需求冲突。

为了得到一致认同的业务需求,可以将表 5-1 所列的问题描述扩展为表 5-3 所示,让所有涉众都就"目标"描述内容达成共识。

表 5-3 问题及其业务需求描述的标准化格式

要素	内容
ID	问题标识
提出者	提出问题的涉众
关联者	影响该问题的解决或者受问题解决影响的相关涉众
问题	对问题的描述
影响	描述具体的影响
目标	问题解决的目标,即业务需求

5.2.4 定义问题解决方案及系统特性

仅仅理解问题和发现目标并不能自动解决问题和达成目标,解决问题还需要需求工程师为每一个问题发挥创造力,建立解决方案。

1. 建立问题解决方案

对每个明确、一致的问题,需求工程师要发现各种可行的候选解决方案,分析不同方案的业务优势和代价,然后通过和涉众的协商进行选定。对问题解决方案的描述可以如表 5-4 所示。

表 5-4 问题的解决方案描述

要素		内容
ID		问题标识
解决方案	方案描述	概要描述解决方案
	业务优势	该解决方案所能带来的业务优势
	代价	该解决方案将花费的代价

· 100 ·

建立候选解决方案时既要分析问题域背景,又要发挥需求工程师的创造性,但根本上还要依赖需求工程师的创造性。

例如,可以为 P2 建立如表 5-5 所示的问题候选解决方案。

表 5-5 P2 问题的候选解决方案

要素		内容
ID		P2
解决方案 1	方案描述	准确的库存管理,记录入库和出库,提供实时的库存分析数据,可以及时发现可能的积压、缺货、报废现象
	业务优势	及时发现积压、缺货与报废,可以尽早处置
	代价	对积压、缺货的预测可能不准确,会因此而产生代价
解决方案 2	方案描述	制定促销策略,处置可能的积压和报废商品
	业务优势	通过促销,可以减少积压和报废商品带来的损失
	代价	促销本身会产生代价
解决方案 3	方案描述	根据过去的销售情况预测未来的销售数据,并据此调整商品购买时机和数量
	业务优势	可以做到成本最小化
	代价	如果预测不准确,产生较多的缺货现象会降低顾客满意度
解决方案 4	方案描述	对积压、报废和缺货现象比较频繁的商品进行调整。将总是积压和报废的商品调整出销售目录,为总是缺货的商品引入新的同类商品
	业务优势	可以比较长远地解决积压、缺货、报废现象
	代价	无

需求工程师给出的问题解决方案只能是候选方案,最终的解决方案还要由涉众自己来决定,因为只有他们自己清楚所愿意接受的优势与代价。例如,在表 5-5 所描述的候选解决方案之中,涉众可能只会选择解决方案 1、2 与 4,因为相对于成本的降低,他们更担心缺货现象造成的顾客满意度降低的后果。

2. 确定系统特性和解决方案的边界

在选定解决方案之后,要进一步明确该解决方案需要具备的功能特征,即系统特性(feature)。然后依据这些功能特征,分析解决方案需要和周围环境形成的交互作用,定义解决方案的边界。

(1)系统特性

特性是对一系列内聚的相互联系的需求、领域特征和规格的总称。通常,一个特性内聚于一个目标与任务,反映了系统与外界一次有价值的完整互动过程。例如,在 P2 的解决方案 1、2、4 中,蕴含的系统特性为 SF1~SF7。

SF1:处理批量商品出/入库,掌握库存减少/增加。

SF2:记录销售所影响的商品出库,掌握库存减少。

SF3:记录退货所影响的商品入库,掌握库存增加。

SF4:分析店铺商品库存,发现可能的商品积压、缺货和报废现象。

SF5:根据积压、缺货和报废现象调整销售的商品目录。

SF6:制定促销手段,处理积压商品。

SF7:将报废商品自动出库。

(2)面向对象方法的问题解决方案边界——问题的用例图

系统特性描述了问题解决方案的内容,但还需要有另一种更精确的方式描述问题解决方案的边界,尤其是其与外界的交互。在面向对象方法下使用针对问题解决方案的用例图。

用例及用例图的详细情况请参见第 7 章。用例图描述了外部角色在与解决方案的交互中完成的任务与目标。用例图可以从系统特性中抽取,找到系统特性中所蕴含的外部角色及其交互任务。

例如,从 SF1~SF7 中可以发现的角色及其交互任务如下,建立问题用例图如图 5-5 所示。

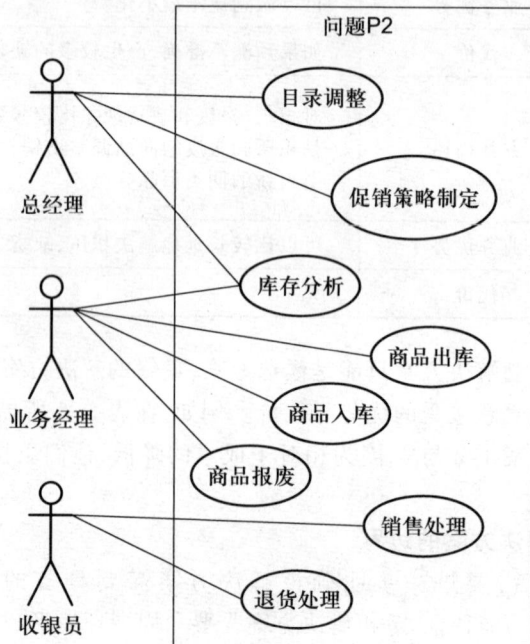

图 5-5　问题 P2 的用例图

SF1：业务经理，商品入库、商品出库。

SF2：收银员，销售处理。

SF3：收银员，退货处理。

SF4：业务经理，库存分析；总经理，库存分析。

SF5：总经理，商品目录调整。

SF6：总经理，制定促销策略。

SF7：业务经理，商品报废。

（3）结构化方法的问题解决方案边界——问题的上下文图

结构化方法使用上下文图描述解决方案与环境的交互。上下文图的详细情况参见第 12 章 12.2.3 小节。

上下文图关注解决方案与环境之间的信息流输入/输出，以此界定解决方案的边界。上下文图可以从以下几个方面从系统特性中抽取其所蕴含的数据输入/输出关系：

- 它需要的信息由谁提供？
- 它产生的信息由谁使用？
- 谁控制它的执行？
- 谁会影响它的执行？

例如，从 SF1~SF7 中可以发现的数据流如下，建立问题上下文图如图 5-6 所示。

SF1：商品入库数量，业务经理（源头），系统内部使用；商品出库数量，业务经理（源头），系统内部使用。

SF2：销售商品数量，收银员（源头），系统内部使用。

SF3：退货商品数量，收银员（源头），系统内部使用。

SF4：商品状态报告，系统内部数据源，业务经理与总经理（使用者）。

SF5：商品目录变更信息，总经理（源头），系统内部使用。

SF6：促销策略，总经理（源头），系统内部使用。

SF7：报废商品及其数量，系统内部数据源，业务经理（使用者）。

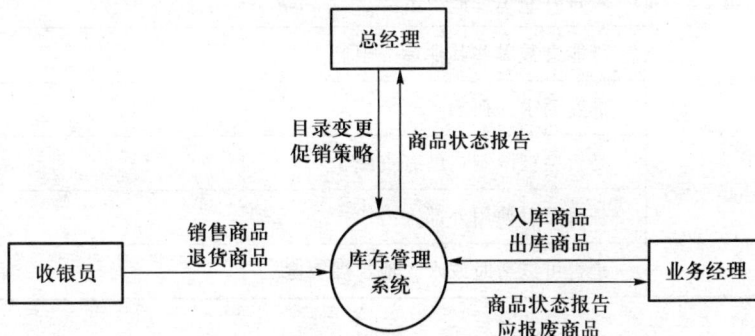

图 5-6 问题 P2 的上下文图

3. 确定解决方案的约束

约束是对问题解决方案的进一步限定,会影响到设计师、程序员等后续开发者的工作决策,是一个需要重视又常被忽视的因素。

[Leffingwell 1999]建议使用如表 5-6 所示的检查列表来帮助发现约束。

表 5-6　发现约束的检查列表,源自[Leffingwell 1999]

约束源	问题
经济的	有哪些财政或者预算上的约束
	是否有货物成本和价格上的要求
	是否有任何法律许可问题
行政的	是否有产生影响的内部或外部政治问题
	是否有需要部门间协调的问题
技术的	在技术的选择上有什么限制
	是否必须使用既有的平台和技术进行工作
	对新技术的应用是否会被禁止
	是否有可能使用 COTS 软件包
系统的	是否要建立在现有系统基础之上
	是否要维护和现有系统的兼容性
环境的	需要支持哪些操作系统和环境
	是否有环境的约束,其灵活度怎样
	是否符合法律法规
	是否有安全性需求
	可能会被哪些其他标准限制
进度及资源的	进度要求如何
	是否会被限制在已有资源上
	是否可以使用外部人力
	是否可以暂时或永久地扩展资源

例如,对问题 P2 的解决方案可以发现约束如表 5-7 所示。

表 5-7　问题 P2 的解决方案的约束

约束源	约束	理由
技术	Constraint-1 使用 J2EE 平台	Web 方式符合互联网发展趋势,同时 J2EE 的开源性质可以降低成本
系统	Constraint-2 使用 MySQL 数据库管理系统	降低成本
行政	Constraint-3 不同连锁店之间的积压商品流转由各自的业务经理自行决定	利于不同连锁店之间的工作协调

5.3　目　标　分　析

作为一种实践方法,问题分析将每一个问题都独立对待,这使得它易于操作但却只能适用于简单情况,因为复杂情况下的不同问题之间会存在相互依赖关系。

相比之下,目标分析使用目标建模技术作为基础,能够处理问题、目标、特性、角色和任务等各种因素的相互依赖关系。

5.3.1　"目标"概念——面向目标的需求工程方法

"目标"一词在需求工程中已被广泛使用。因为需求概念本身,无论是需要被满足的愿望、需要被达到的目标还是需要被实现的前景,都带有目标的意味。但是,这些用法都是非正式的。

面向目标的需求工程(Goal-Oriented Requirements Engineering)方法是一种正式定义"目标"概念,并以此为基础开展需求工程活动的方法。也就是说,面向目标需求工程方法中的"目标"概念是被明确定义的,有相应的方法和技术负责它的解释和使用。

面向目标的需求工程方法是指向整个需求工程的,对当今需求工程方法和技术的影响比较普遍,但是它的核心作用表现在前期需求阶段——项目前景与范围定义活动。

面向目标的需求工程方法正得到越来越广泛的认同和应用。"有相当数量的需求工程方法在组织和归类需求的内容时开始使用目标作为高层抽象。面向对象方法现在也将目标看作是用例的一个重要部分,使用它来组织用例……很多现存的方法学也开始整合对目标的分析与处理技术。目标概念在需求工程方法中被广泛接受,这一现象说明目标已经成为需求工程常用的核心概念"[Kavakli 2002]。"目标将会补充传统方法中的实体(entities)概念和行为(activities)概念,一起成为需求工程建模与分析的基本对象类别"[Yu 1998]。

虽然目标概念在需求工程中的重要地位已经得到了一致认同,可是人们却一直没能就目标概念的解释和使用达成一致,也就是说人们还没有能够就目标概念在需求工程中的准确定位达成共识,面向目标的方法仍然缺乏统一性,尤其是不同方法下的图示有很大差异。因此,本章下文只能是综合面向目标需求工程方法的一些共性,参考 KAOS 方法图示,介绍它们在定义项目前景与范围活动中的作用——目标分析。需要了解详细内容的读者请参考各种方法（KAOS[Dard-enne 1993，Lamsweerde 1995]、NFR[Mylopoulos 1992，Chung 2000]、I*[Yu 1997]、GBRAM [Anton 1996，Anton 1997]）的专门文献。

5.3.2 目标模型

1. 目标

（1）目标的定义

对目标概念的定义存在着不同的版本。例如，[Anton 1994]将目标（goal）定义为业务、组织或者系统的高层目的（objective），它们说明了系统被开发的原因，并用于指导企业内各种层次上的决策。[Lamsweerde 2000a]认为目标是软件系统应该通过行为者（agent）的协作而予以实现的目的，这些行为者来自于被开发的软件系统内部或者系统的应用环境之中。而综合这些不同的定义，简言之就是：目标是系统被开发的目的。

目标模型的描述是需要精确描述和定义的。在对目标的定义中，能够精确描述目标含义的非形式化的说明总是需要的。但非形式化的自然语言描述是无法进行计算机处理的，所以除了非形式化的说明之外，各种面向目标的方法还分别给出了半形式化或形式化的描述。这些描述采用了图形符号和文本符号的描述方式，具备了一定的语义和语法规则。其中一个重要的规则是每个目标都拥有一些特征属性，常见的有类型、名称、说明（specification）、优先级、可行性和效用（utility）等。

例如，KAOS方法对火车控制系统中的一个目标描述如图5-7所示。上面是图形描述（这里未给出），下面是精确定义。目标名称为 DoorsClosedBetweenStations，属于目标类型 SafetyGoal，它要求当火车在两个站台之间运行时火车门保持关闭。关注（Concerns）是目标达成涉及的问题域对象。"○""W"是时序逻辑运算操作，常用的时序逻辑操作符如表5-8所示。

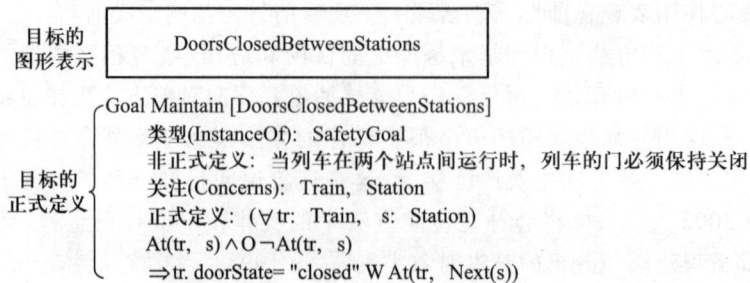

目标的
图形表示 ┤ DoorsClosedBetweenStations

目标的
正式定义 ┤
Goal Maintain [DoorsClosedBetweenStations]
　　类型(InstanceOf): SafetyGoal
　　非正式定义: 当列车在两个站点间运行时，列车的门必须保持关闭
　　关注(Concerns): Train, Station
　　正式定义: (∀tr: Train, s: Station)
　　At(tr, s)∧○¬At(tr, s)
　　⇒tr. doorState= "closed" W At(tr, Next(s))

图 5-7　KAOS 对目标的描述，源自[Bertrand 1997]

表 5-8 时序逻辑常用操作符

操作符	用法	含义
○	○Q	在下一个状态中 Q 必须为真
●	●Q	在前一个状态中 Q 必须为真
◇	◇Q	Q 终将在未来的某个时间点上为真
◆	◆Q	过去的某个时间点上 Q 曾经为真
□	□Q	在所有后续路径中,Q 必须始终为真
■	■Q	在过去的路径中,Q 必须始终为真
U	P U Q	P 必须一直为真直到将来的某一点 Q 为假
W	P W Q	P 必须一直为真直到将来的某一点 Q 为真

目标的描述包括 3 方面的信息:类型(type)、属性(attribute)与链接(link)。类型将在下面的第(4)部分详细介绍,链接将在下面的"2.关系"部分详细介绍。属性除了包含图 5-7 所示的必需属性(名称(DoorsClosedBetweenStations)、类型、关注、定义(正式与非正式))之外,还可以有优先级、主体、拥有者等其他可选属性。

(2) 目标的层次

目标可以在不同的抽象层次上进行描述。它可以在战略高层进行描述(达成组织的某种战略),如 G1;也可以进行技术上的低层描述(实现某种操作),如 G2。目标可以针对不同的内容。它可以是针对系统功能的目标,也可以是针对非功能的目标。目标的不同层次可以组成树状结构。

G1:降低 5% 的运营成本。

Goal Achieve[OperationCostDecrease]

类型:SatisfactionGoal

非正式定义:降低 5% 的运营成本

关注:OperationCost

正式定义:$\forall$ c:OperationCost

Decrease(c)

$\Rightarrow \diamond$ DecreasePercent(c) >= 5

G2:在商品距离报废期还有 10 天时,业务经理应该得到提示。

Goal Achieve[CommodityOutofDateNoticed]

类型:SatisfactionGoal

非正式定义:在商品距离报废期还有 10 天时,业务经理应该得到提示

关注:Commodity, GeneralManager

正式定义:$\forall$ c:Commodity, m:GeneralManager

c.guaranteePeriod( ) < = 10

$$\Rightarrow \diamond \text{ Notify}(m, c)$$

（3）目标的主体（agent）

目标不会自动达成，需要有主体的参与和履职。主体是系统环境中的主动部分，可以是人、硬件，更可以是软件。例如，开发商品销售系统时的目标 G1 的主体可能有库存管理员、商品销售系统、收银员、信用卡刷卡器、税务系统接口……它们共同的协作才能将运营成本降低 5%。

主体是有主动性的，他们可能需要约束自己的主动性行为以确保目标的实现。例如，收银员看到系统提示的找零数额，就应该向顾客实际支付相应的零钱。再如，总经理发现有商品积压时，就可以对其进行促销。

越是抽象、粗粒度、范围广的目标，参与的主体越多。越是具体、精细、精确的目标，参与的主体越少。例如，目标 G2 的主体应该只有商品销售系统。如果一个目标的主体只有待开发的软件系统一个，那么该目标就可以等同于需求了。如果一个目标的主体只有系统环境中的一个对象（如用户），那么该目标就可以等同于假设（assumption）与依赖（dependency）了。

要区分目标的主体与拥有者，拥有者通常是涉众，这些涉众期望目标达成但不一定参与目标达成过程。例如目标 G1 的拥有者是总经理，他并不一定会参与目标达成过程。

（4）目标的分类

目标可以被分成不同的类型。最常见的是将其分为功能目标（functional goal）和非功能目标（non-functional goal）。功能目标是期望系统提供的服务，非功能目标是期望系统满足的质量。

功能目标和非功能目标又可以根据一定的特征进一步细分。例如，功能目标可以分为满足型目标（satisfaction goal）和信息型目标（information goal）。满足型目标是对行为者请求的满足，信息型目标是为了保持对行为者的信息告知。非功能目标可以依据质量模型的属性细分为安全目标（safety goal）、性能目标（performance goal）和可用性目标（usability goal）等。

目标又可以被分为软目标（soft goal）和硬目标（hard goal）。软目标是指无法清晰判断是否满足的目标，如关于可维护性的目标。硬目标则是那些可以通过一些技术确认其是否满足的目标，如关于性能指标的目标。

依据其正式定义的特点，[Dardenne 1993]将目标总结为 5 种基本模式，并以此为基础进行目标的规格与关系处理[Darimont 1996]。

- 实现（achieve）：$P \Rightarrow \diamond Q$　　//如果将来某一时刻 Q 为真（被满足），则目标实现
- 终止（cease）：$P \Rightarrow \diamond \neg Q$　　//如果将来某一时刻 Q 为假（被终止），则目标实现
- 保持（maintain）：$P \Rightarrow \diamond Q$　　//将来任一时刻 Q 都为真，则目标实现
- 避免（avoid）：$P \Rightarrow \diamond \neg Q$　　//将来任一时刻 Q 都为假，则目标实现
- 优化（optimize）：最大化（maximize）目标功能或最小化（minimize）目标功能

2. 关系

除了核心的目标概念之外，目标模型的另一个核心要素是元素之间的关系，又称为链接。目

标模型的链接有两个方面：一是目标之间的关系，包括精化（refinement）关系、阻碍（obstruction）关系与冲突（conflict）关系；二是目标与其他模型元素之间的链接，这些链接构成了目标模型的结构基础。

（1）目标精化

一个高层次目标 G 可以精化为低层次目标 $\{G1, G2, \cdots, Gn\}$：

● 如果一系列子目标 $\{G1, G2, \cdots, Gn\}$ 的完成有助于目标 G 的完成，那么 G 与 $\{G1, G2, \cdots, Gn\}$ 之间就是 AND 精化关系。此时任意两子目标 Gi 与 Gj 之间是互补的。

如果更进一步，子目标 $\{G1, G2, \cdots, Gn\}$ 的完成能够直接保证 G 的完成，$\{G1, G2, \cdots, Gn\}$!= G，那么 G 与 $\{G1, G2, \cdots, Gn\}$ 之间就是完备（complete）AND 精化关系。

● 如果任一子目标 Gi 都是 G 的替代方案，那么 G 与 $\{G1, G2, \cdots, Gn\}$ 之间就是 OR 精化关系。此时，任意两子目标 Gi 与 Gj 之间是互相替代的。

一个目标模型的精化关系示例如图 5-8 所示，它描述了火车管理系统的目标模型片段。在图 5-8 中，火车管理系统主要有 3 个高层的软目标：服务更多的旅客（ServeMorePassengers）、尽可能降低成本（Costs，类型 Min）和安排运输（SafeTransport）。

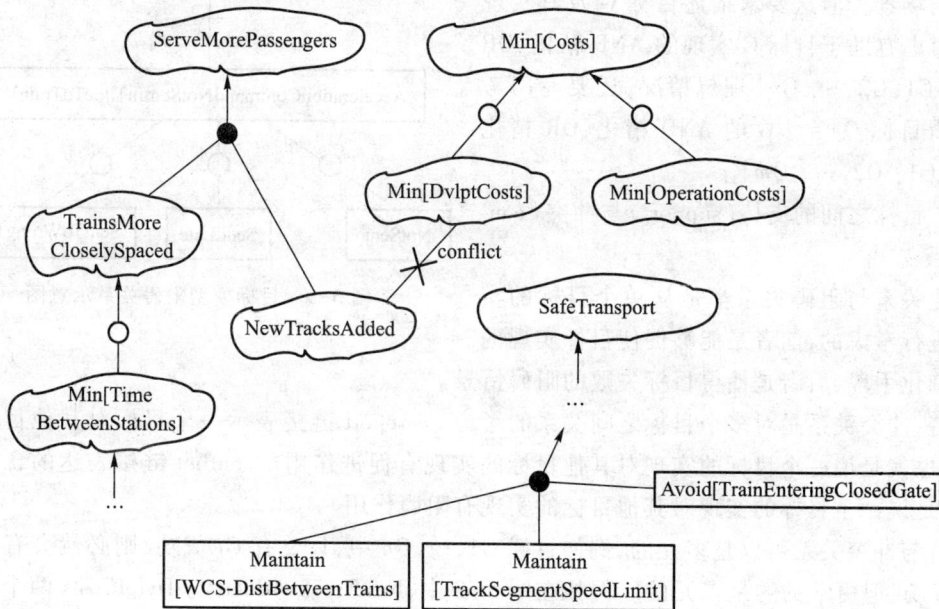

图 5-8　目标模型精化关系示意图，修改自［Lamsweerde 2001］

对 ServeMorePassengers 的工作可以同时（AND 精化）从增加新班次（NewTracksAdded）和缩短班次间隔（TrainsMoreCloselySpaced）两个方面来实现。缩短班次间隔则可以通过（OR 精化）减少站点间运行时间（TimeBetweenStations，类型 Min）来实现。

降低成本的实现可以考虑降低新投资（DvlptCosts，类型 Min）或者（OR 精化）降低运营成本

（OperationCosts,类型 Min）。

在实现安全运输的措施当中,有 3 个是必须同时(AND 精化)达到的:一是要保持安全的车距(WCS-DistBetweenTrains,类型 Maintain);二是列车的速度要保持在轨道能够承受的范围内(TrackSegmentSpeedLimit,类型 Maintain);三是列车不要进入已经关闭的站台(TrainEntering-ClosedGate,类型 Avoid)。

（2）目标阻碍

精化关系只考虑了能够使得高层目标顺利完成的理想子目标,但是实际情况中,很多具体细节情况会使得高层目标无法完成,这就是阻碍关系要描述的内容[Lamsweerde 1998a]。

如果子目标 O 的达成会使得高层目标 G 失败,O|=¬ G,那么 O 与 G 的关系就是阻碍关系。

阻碍关系如图 5-9 所示,其中的 AccelerationSentInTimeToTrain 目标与 AccelerationCommand-NotSentInTimeToTrain 目标之间就是阻碍关系。另外 3 个子目标 NotSent、SendLate、SentToWrongTrain 则是对 AccelerationCommandNotSentInTimeToTrain 的 OR 精化。

对阻碍目标的考虑能让建立的软件解决方案更加坚固、完备[Alrajeh 2012],更好地应对异常事件与场景。但这要求描述目标 G 及其实现不仅要考虑有助于目标 G 实现的 AND 精化、OR 精化等{G1,G2,…,Gn}理想情况,还要专门考虑对阻碍目标 O|=¬ G 的 AND 精化、OR 精化的情况{O1,O2,…,Om}。

（3）目标之间的支持(support)与冲突(conflict)关系

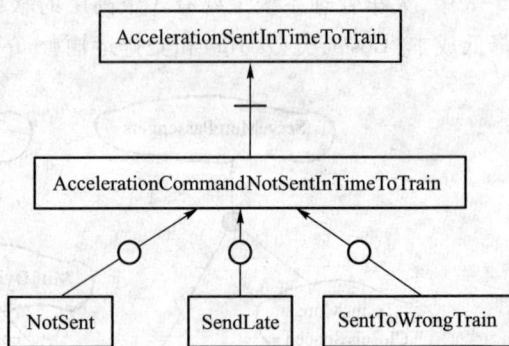

图 5-9 目标模型阻碍关系示意图

精化关系与阻碍关系都是从单个目标的实现出发进行考虑的,前者是能够促使目标实现的分解与细化手段,后者是使得目标失败的阻碍情景。

支持、冲突关系是对多个目标之间关系的考虑。support 链接表示一个目标对其他目标的支持作用,也就是说一个目标的实现对其他目标的实现有促进作用。conflict 链接表达的含义正好相反,它是说一个目标的实现对其他目标的实现有阻碍作用。

支持与冲突关系可以是多元的,例如目标 G1,…,Gn 中,只要有 Gi 成功,则必然会有 Gj(j≠i)难以成功,但更常见的是二元的。例如在图 5-8 中,NewTracksAdded 与 DvlptCosts 两个目标就是二元的冲突关系。

在二元的支持、冲突关系中,也可以使用如下标识标记关系。

- ++(make):一个目标的成功可以直接保证另一个目标的成功。
- +(help):一个目标的成功可以让另一个目标更容易成功。
- -(hurt):一个目标的成功会使得另一个目标的成功更加困难。
- --(break):一个目标的成功会直接导致另一个目标的失败。

在 KAOS 方法中,会将支持关系处理为 OR 精化关系。

(4) 目标与其他需求模型元素的链接

目标可以与其他模型元素建立关系,这些模型元素有主体(agent)、场景(scenario)、操作(operation)、任务(task)、资源(resource)和 UML 元素等。

如图 5-10 所示,Assignment 链接用来连接目标和主体,表示为实现目标而需要参与主体。OR Assignment 链接(图 5-10(a))表示目标的实现可以交由多个主体中的一个来完成。AND Assignment 链接(图 5-10(b))表示目标的实现必须由多个主体一起共同完成。

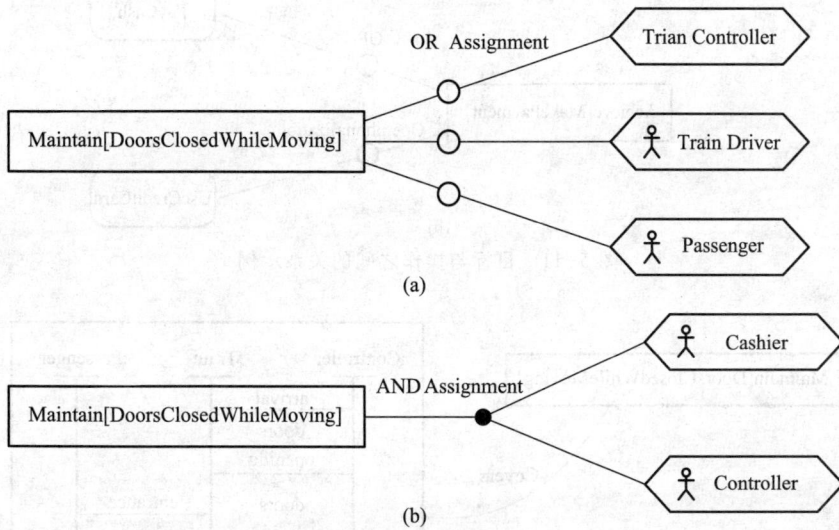

图 5-10   目标与主体之间的关系示例

如图 5-11 所示,AND Operationalization 链接(图 5-11(a))和 OR Operationalization 链接(图 5-11(b))用来连接目标和操作,描述了目标实现过程中需要执行的操作,$G | = \{Spec(Op_1), ..., Spec(Op_n)\}$。

如图 5-12 所示,Covers 链接用于连接目标和场景,表示场景涉及的所有行为都是目标所包含的操作的子集。Covers 链接的使用一方面可以帮助开展需求获取行为(针对分解后的子目标进行需求获取),另一方面也可以帮助组织获取需求(将需求内容组织为场景,再将不同场景归类汇总到目标)。

如图 5-13 所示,Concerns 链接用来描述目标与应用领域对象(数据资源)之间的关系。所有被目标定义为 Concerns 属性的应用领域对象都应该与目标存在 Concerns 链接关系。

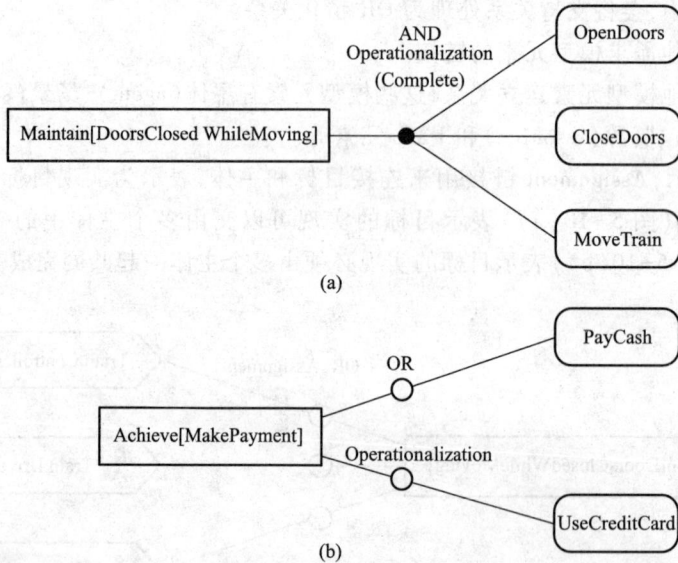

(a)

(b)

图 5-11　目标与操作之间的关系示例

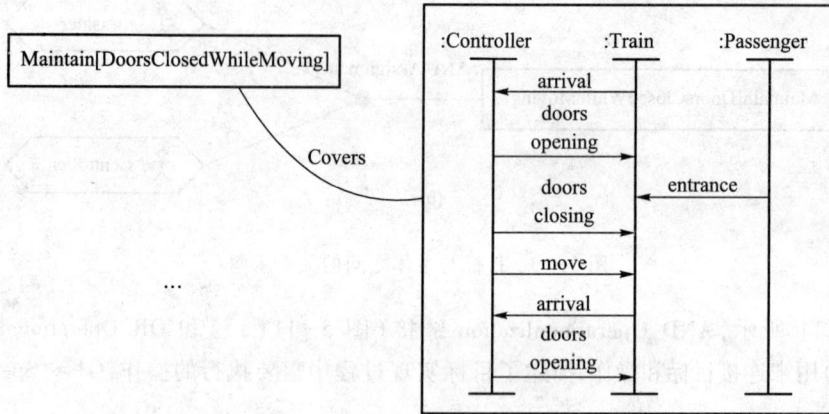

图 5-12　目标与场景之间的关系示例

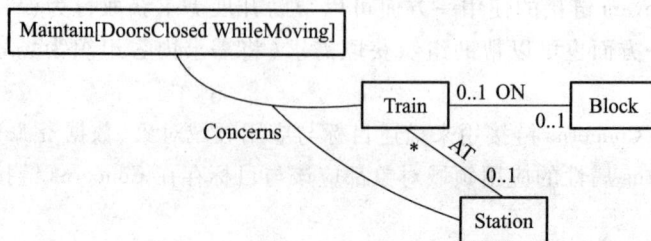

图 5-13　目标与应用领域对象（数据资源）之间的关系

5.3.3 目标分析过程

面向目标的需求工程方法可以应用于需求工程的各个阶段,这一点通过目标与其他需求模型元素之间的关系能得到充分体现。本书仅重点讲述目标模型在需求工程前期阶段的关键作用——目标分析,不会涉及目标模型与其他需求模型元素关系的建立细节,感兴趣的读者可以参考专门著作,在后续需求开发中可以自行尝试将用例/场景、UML 模型等其他需求模型元素整合入目标模型。

目标分析是在需求工程前期阶段发生的,在非技术层次(目标的主体通常是涉众,尤其是不能只有一个待开发系统)上建立目标模型,定义项目前景与范围的活动,如图 5-14 所示。

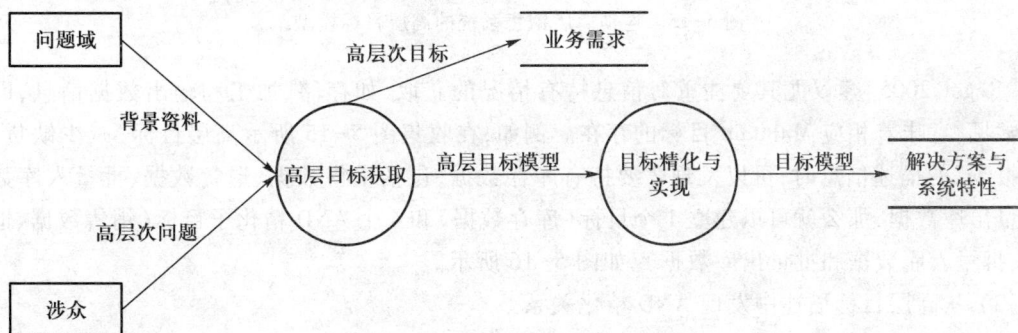

图 5-14　目标分析过程

1. 高层目标的获取

对目标的识别并不是一件容易的工作。有时涉众可以明确地提出一个目标,或者收集的材料会清晰地反映一个目标,但更多的时候,目标是需要努力去发现和获取的。

对系统的现状、背景和问题的分析往往能够发现高层次目标,在这一点上与问题分析过程基本一致,只是目标分析需要将识别出来的目标、系统特性等组织为相互联系的目标模型,而不是默认为不同问题、特性是相互独立的。

例如,在面对 5.2.1 小节所述的连锁商店销售系统项目时,需要分析其问题 P1~P4,并建立最高层目标 BR1~BR4(5.2.3 小节),这些目标可以被抽取定义为业务需求。

只是,目标分析并不简单地使用文本描述 BR1~BR4,而是将它们组织为目标模型,如图 5-15 所示,它不仅更直观地表现了所有目标,而且更能够体现目标之间的关系。

2. 目标精化

得到高层目标模型之后,还需要对高层目标进行精化,并根据精化结果完善目标模型。

对一个高层目标的精化需要获取高层目标的相关信息并进行分析,发现其子目标。总结不同方法的目标精化过程,可以将目标精化工作分为下列几个方面。

(1) 获取对高层目标的描述

通过收集背景资料,运用面谈、原型等需求获取方法,可以收集对高层目标的描述信息。

常见的描述信息包括企业规章、政策,任务描述,业务过程和场景描述(参见第 7 章)。

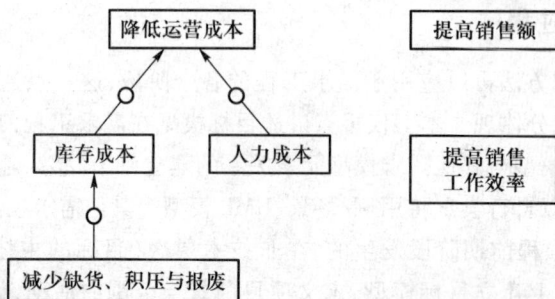

图 5-15　连锁商店销售系统的高层目标模型

[Regev 2005]建议尤其要注重对信息持有情况的获取,如存储、加工和输出数据信息,因为这很常见,意味着相应 Maintain 目标的存在。例如,在收集图 5-15 所示高层目标"减少缺货、积压与报废"的描述信息时,可以发现需要持有库存数据,包括销售数据、退货数据、批量入库数据和批量出库数据,那么就可以建立 1 个目标(库存数据)和 4 个 AND 精化子目标(销售数据、退货数据、批量入库数据和批量出库数据),如图 5-16 所示。

(2) 从高层目标描述中发现 AND 精化关系

分析高层目标的描述信息,可以发现 AND 精化关系。

常见的 AND 精化关系场景有以下几种。

- 同一个目标有不同场景:每个 Gi 代表一个典型场景,任意 Gi 与 Gj 代表不同的场景。
- 实现目标有连续过程:每个 Gi 代表 G 完成过程中的一个状态,Gi、$Gi+1$ 代表两个连续的状态。
- 实现目标需要多个方面紧密配合:Gi 与 Gj 紧密联系或互相支持。
- 目标有不同质量环境及表现:每个 Gi 代表不同质量要求下的 G 的完成。

例如,在分析图 5-15 所示高层目标的描述信息时,可以发现:

- 销售工作包括销售处理和退货处理两个场景,那么就可以为目标"提高工作效率"建立 2 个 AND 精化子目标,如图 5-16 所示。
- "减少积压缺货、积压与报废"目标的实现需要先后执行 3 个步骤:① 持有库存数据;② 分析数据尽早发现可能的缺货、积压与报废;③ 预先处置可能的缺货、积压与报废。于是就可以为"减少积压缺货、积压与报废"目标建立 4 个 AND 精化子目标(积压与另外 2 种情况的处置策略不同),如图 5-16 所示。
- "降低人力成本"的实现需要减少人员与提高人员工作效率两个方面的紧密配合,所以可以为目标"降低人力成本"建立 2 个 AND 精化子目标,如图 5-16 所示。

(3) 从高层目标描述中发现"候选办法",发现 OR 精化关系

从高层目标描述中如果发现目标的实现可以有多种可以相互替代的"候选办法",那么就可以建立相应的 OR 精化关系。

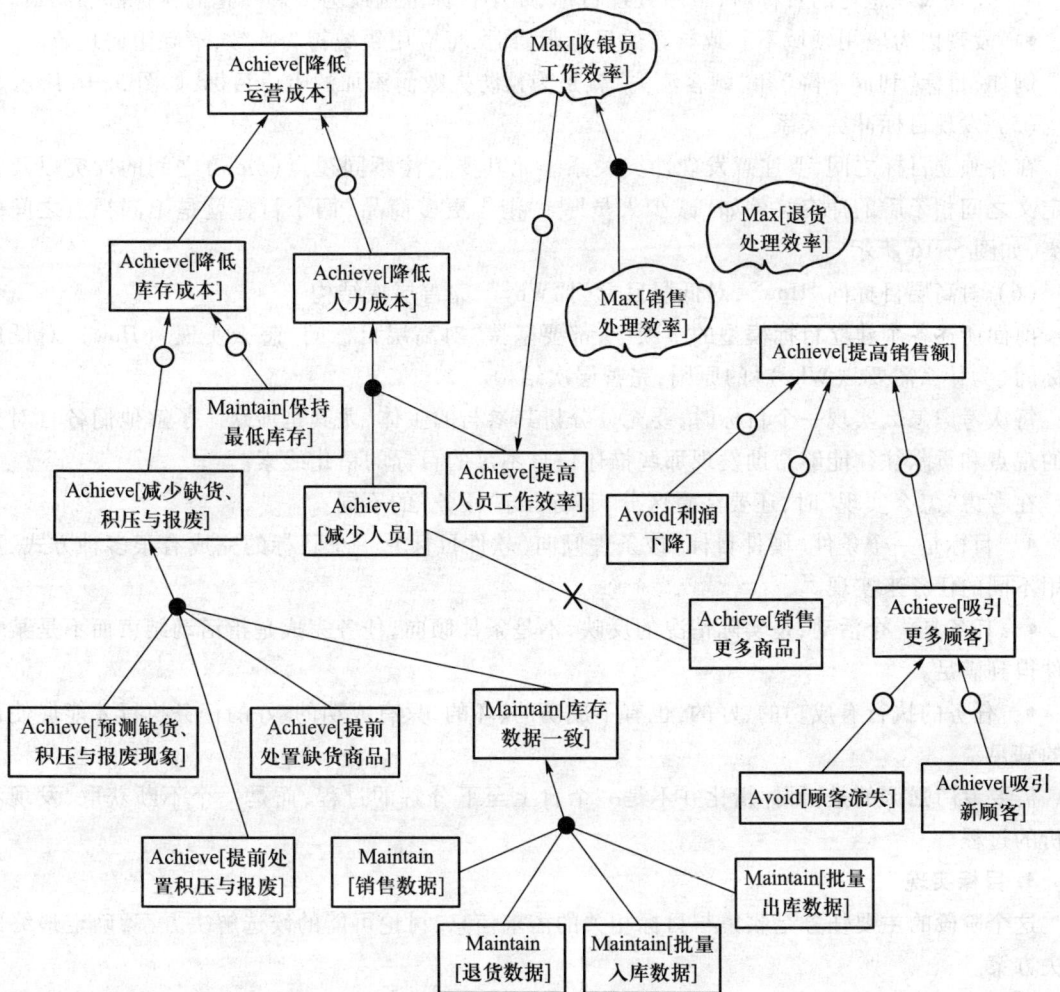

图 5-16　连锁商店销售系统的完整目标模型

例如,目标"提高销售额"可以从"让更多的人来买"和"卖得更多"两个方面分别想办法,只要它们中任意一个能满足,就能保证"提高销售额"目标的满足,所以可以建立如图 5-16 所示的 OR 精化关系。

(4)考虑阻碍目标(avoid 目标)实现的情况

除了要考虑理想情况下的目标实现方法之外,还要考虑阻碍目标实现的问题。

[Lamsweerde 2000b, Alrajeh 2012]建议从下列方面考虑阻碍目标:

- 考虑使得子目标失败的阻碍,添加针对子目标的阻碍目标。
- 考虑主体行为导致目标失败的阻碍,添加针对高层目标的阻碍目标。
- 考虑预防失败的情况,即为高层目标添加阻碍目标,避免阻碍的出现。

- 发现太理想化的目标时,重新处理目标,缩小目标范围或为太理想化的目标添加约束。
- 发现因为应用领域不一致导致的目标阻碍时,将应用领域转为一致,消除阻碍现象。

例如,目标"利润下降"和"顾客流失"就是为预防失败而添加的阻碍目标,如图 5-16 所示。

（5）发现目标冲突关系

在各独立目标之间,要注意发现冲突关系。尤其要关注不同视点(view)之间的冲突以及正式定义之间相矛盾的冲突。例如"减少人员"与"销售更多商品"两个目标就是不同视点之间的冲突,如图 5-16 所示。

（6）对高层目标问"How",对低层目标问"Why",完善层次结构

前面所述各个建立目标模型的事项中,都要坚持"对高层目标问'怎么实现'(How),对低层目标问'为什么需要'(Why)"的原则,完善层次结构。

每次考虑怎么实现一个目标时,要充分分析其参与的主体,尤其是涉众。了解他们各自对目标的观点和贡献往往能够帮助发现那些描述信息不足的目标的精化线索。

在考虑"怎么实现"时,还要注意区分"目标"与"任务"的不同:

- 目标是一个条件(硬件目标)或条件倾向(软件目标),一个目标的完成有很多种方式,可以用不同的任务来实现。
- 任务是一个活动,是实际情况的反映,不是条件倾向,任务完成是指活动结束而不是某个条件得到满足。
- 任务的执行有成功的、好的,也有不成功的、坏的,只有成功的、好的任务执行才能促使目标的满足。

需要专门强调的是,目标精化并不是一个自上至下分解的过程,而是一个不断获取、发现和分析的过程。

3. 目标实现

这个阶段的主要任务是收集与目标相关的需求信息,讨论可能的候选解决方案,确定最终的解决方案。

目标实现的最主要工作有两个:一是将最底层目标分配给主体;二是设计实现最底层目标的操作(任务)。每个工作与问题分析活动的解决方案设计一样,由需求工程师给出候选方案,涉众做最后的选择决策。

图 5-17 所示是连锁商店销售系统的目标模型片段的主体分配实现,其中"提前处置缺货商品"目标不需要软件系统的参与,完全由总经理在应用领域中自行解决。图 5-18 是相应的操作(任务)实现。

在进行目标实现时,如果一个目标的责任都被分配给了涉众,待开发的软件系统没有介入(例如图 5-17 的"提前处置缺货商品"目标),那么就意味着该目标没有被纳入项目范围,但必须将其记为项目假设与依赖,因为它虽不在项目范围却能够影响最终目标能否成功满足。

目标模型本身更深入、准确地说明了项目的前景,主体分配中涉及的需要与待开发系统互动的主体限定了系统的边界,操作实现中出现的操作/任务说明了项目的功能特性,它们共同构成

了项目的范围。

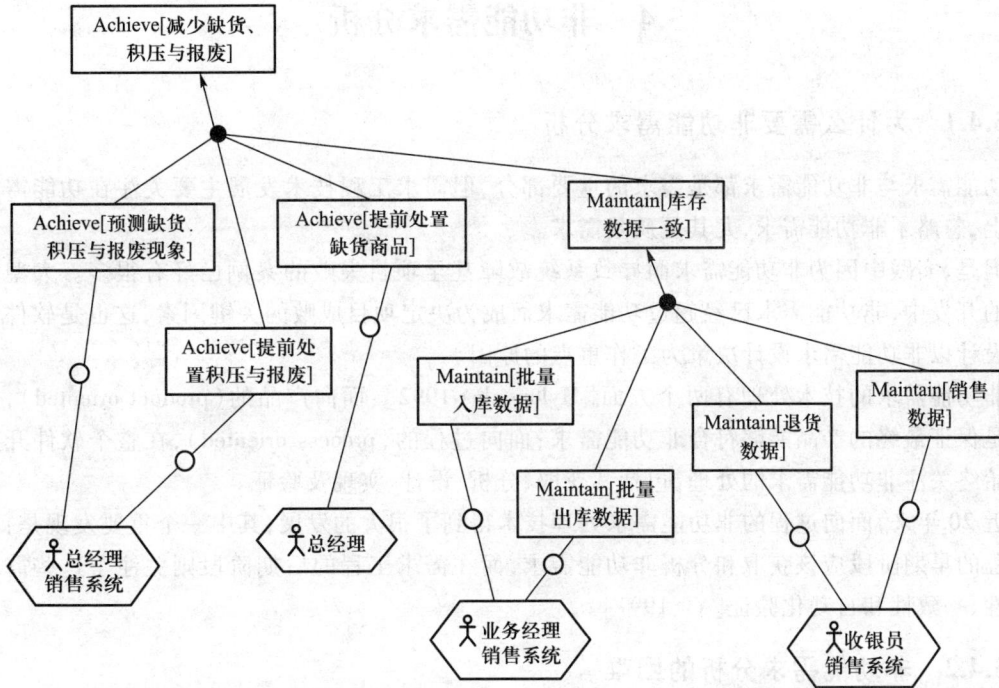

图 5-17 连锁商店销售系统的目标模型片段的主体分配实现示例

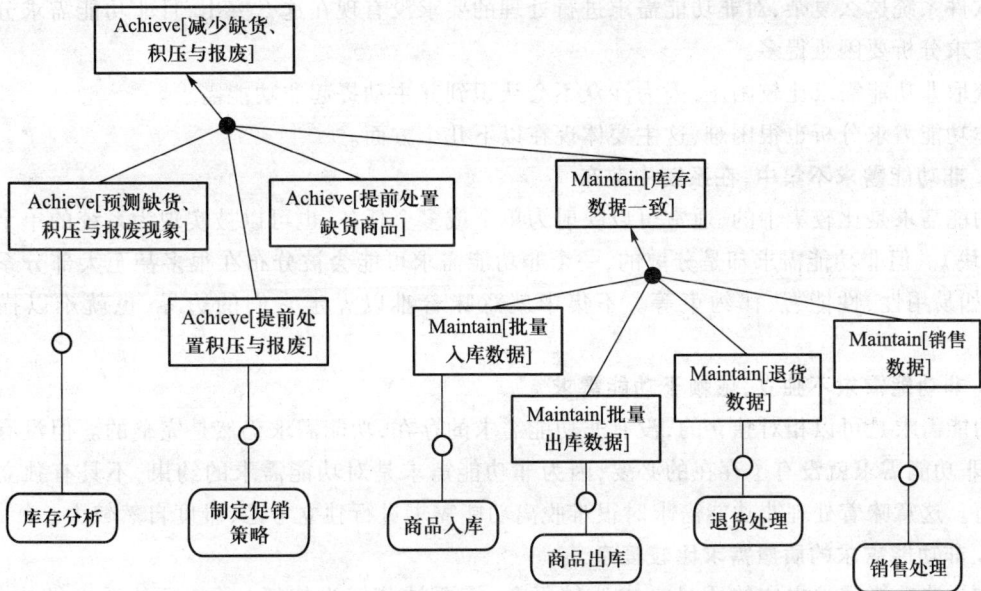

图 5-18 连锁商店销售系统的目标模型片段的操作实现示例

5.4 非功能需求分析

5.4.1 为什么需要非功能需求分析

功能需求与非功能需求都是需求的重要部分,但需求工程技术发展主要关注在功能需求的开发上,忽略了非功能需求,尤其是质量需求。

但是,实践中因为非功能需求而导致系统故障甚至项目失败的案例已经有很多。大型复杂系统的开发中,非功能需求已经超过功能需求而成为决定项目成败的关键因素,这也是软件体系结构设计以非功能需求设计决策为工作重点的原因。

非功能需求的技术处理有两个方面[Mylopoulos 1992]:面向产品的(product oriented),主要目的是保证最终的产品能够符合非功能需求;面向过程的(process oriented),在整个软件开发过程中始终关注非功能需求的处理,包括其获取、分析、设计、实现及验证。

近 20 年来,面向过程的非功能需求处理技术得到了很大的发展,其中一个重要发现是:在需求工程的早期阶段应该获取和分析非功能需求,而在需求工程的后期阶段则关注于这些需求的完备性、一致性和自动化验证[Yu 1997]。

5.4.2 非功能需求分析的困难

传统需求工程技术更多地关注功能需求而不是非功能需求,这是因为传统软件规模没有现在的软件系统这么复杂,对非功能需求进行处理的要求没有现在这么突出,且非功能需求分析比功能需求分析要困难得多。

获取非功能需求比较困难,因为涉众不会认识到并主动提起非功能需求。

非功能需求分析也很困难,这主要体现在以下几个方面。

1. 非功能需求不集中,在系统中散布

功能需求是比较集中的,通常可以映射为单个或多个任务,也可以被实现为系统的单个单位(如模块)。但非功能需求却是分散的,一个非功能需求可能会被分布在很多甚至大部分系统任务中,如易用性、性能、法律约束等。不集中就意味着难以界定它们的边界,也就难以描述和处理。

2. 非功能需求不独立,依赖于功能需求

功能需求是可以相对独立的,没有非功能需求的存在,功能需求仍然是完整的。但没有功能需求,非功能需求就没有了存在的必要,因为非功能需求是对功能需求的约束,不具有独立存在的价值。这意味着处理非功能需求时很难脱离功能需求进行独立考虑,难度自然较大。

3. 非功能需求的质量需求比较复杂

作为非功能需求主体的质量需求比较复杂,需要被分解为特征-子特征的层次结构(参见第 2 章的质量模型)进行处理,这使得非功能需求的处理技术也比较复杂,要能够处理层次结构。

4. 非功能需求相互冲突、依赖

不同的功能需求是相对独立的,它们之间的联系是受限的。但不同的非功能需求之间却可能存在着紧密的联系,例如性能与安全就是一对冲突的非功能需求——安全性越高性能越低,反之亦然。所以处理非功能需求时要同时折中、权衡的因素远多于单个非功能需求的内容,难度自然也高得多。

总的来说,非功能需求分析的根本困难是不独立性,而传统上获取与分析非功能需求时,常默认为每一个非功能需求分析是独立的。非功能需求分析需要有一种能够将独立非功能需求及其对外依赖关系综合考虑的技术。

5.4.3 使用面向目标的方法分析非功能需求

1. 概述

Mylopoulos、Chung 等人的工作使人们认识到目标模型及面向目标的方法是进行非功能需求分析的有效手段,并建立了 NFR 方法[Chung 2000, Cysneiros 2004b]。

如图 5-19 所示,NFR 方法将非功能需求建模为目标。

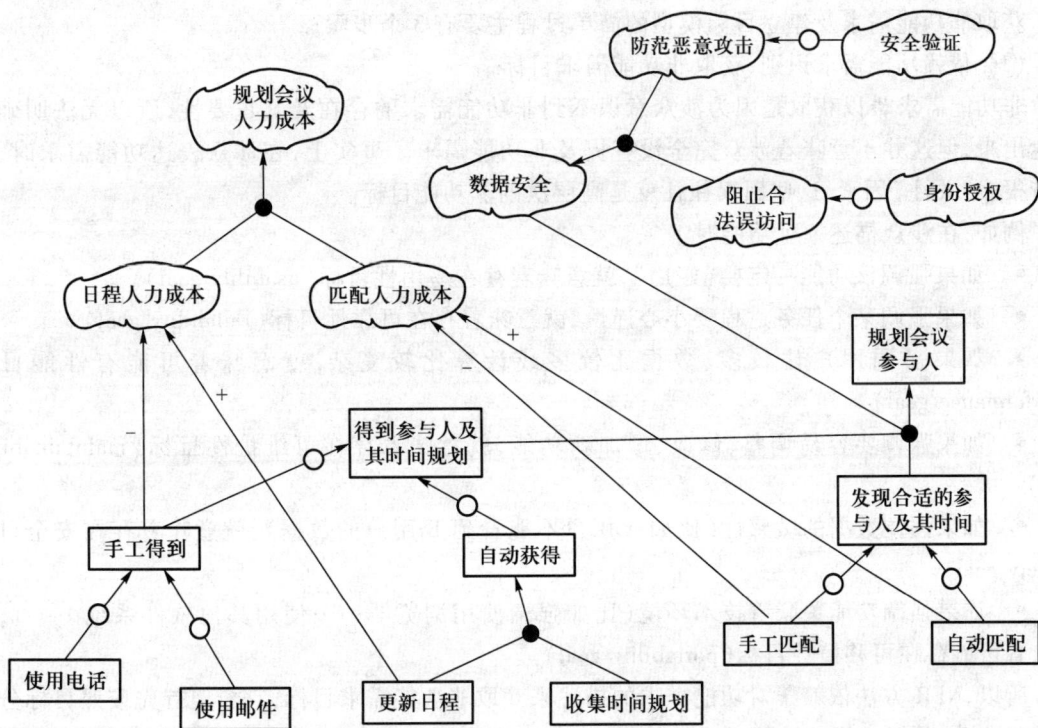

图 5-19　NFR 方法示例

（1）在早期信息较为抽象和不充分时建模为软目标,后期添加目标满足标准将其修正为硬目标,这样符合需求开发的基本过程。

（2）让非功能目标支持、阻碍或精化功能目标,描述非功能需求对功能需求的依赖关系。

（3）让单个非功能目标依赖多个不同的功能目标,描述非功能需求的散布特性。

（4）使用支持、阻碍(冲突)精化描述不同非功能目标之间的折中与冲突关系。

（5）依赖质量模型,将高层非功能目标精化为子非功能目标,描述非功能需求的层次结构关系。

很明显,目标模型适合于非功能需求分析。但需求工程中的非功能需求处理并不仅仅是分析,还需要获取、文档化、验证等其他工作。

所以,NFR 方法是一个以目标模型为基础,同时包含获取、与其他需求模型的整合及分析、规格化、验证等其他需求开发活动的工作框架。

限于篇幅,本书只着重讲述获取非功能需求及建立目标模型的简单过程,更详细的内容请参考专门著作[Chung 2000, Cysneiros 2004b]。

2. 获取非功能需求及建立目标模型的简单过程

获取非功能需求及建立目标模型的简单过程主要有 3 个步骤。

（1）依赖功能需求识别、获取非功能需求目标

非功能需求难以获取是因为涉众意识不到非功能需求的存在及其重要性,所以无法明确地表达出来,但这并不意味着涉众完全没有提及非功能需求。事实上,在涉众表达功能需求时,会附带很多"关注"因素,这些因素往往就是高层次的非功能目标。

例如,在涉众描述一个功能时,

- 如果强调该功能一定要"好用",就意味着存在易用性目标(usability goal)。
- 如果强调某个任务过程要小心谨慎,就意味着存在可靠性目标(reliability goal)。
- 如果强调用户比较多、数据比较多或计算比较复杂,就意味着可能有性能目标(performance goal)。
- 如果强调要容易调整、修改、增加新功能,就意味着存在可维护性目标(maintainability goal)
- 如果强调数据的敏感性(比如 A 用户不能看到 B 用户的数据),就意味着存在安全目标(safety goal)。
- 如果强调功能关联着技术环境(比如强调使用浏览器……使用其他软件系统……),就意味着可能存在可移植性目标(portability goal)。

所以,NFR 方法依赖于对功能需求的描述来获取非功能需求目标,它希望首先按照目标分析的过程获取、分析并描述功能需求目标,然后分析功能需求目标描述中的"关注"因素,发现依赖于功能需求目标的非功能需求目标。

Goal
将控制交通情况可视化

NFR
实时显示交通场景

NFR
实时显示雷达数据

NFR
画面要适配所有数据

NFR
航空器的位置应该按照
雷达搜索时间(少于3/16 s)
周期性刷新

NFR
显示100条跟踪轨迹

NFR
显示100个气象点

NFR
显示200条航线

NFR
显示500个表符号

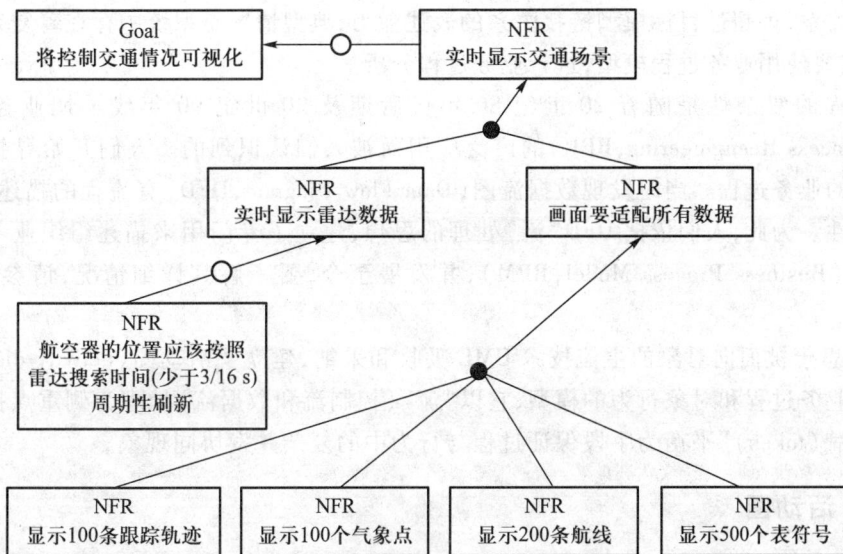

图 5-20　NFR 识别、获取非功能需求目标示例

如图 5-20 所示,功能目标"将控制交通情况可视化"中的文字"可视化"可能意味着人机交互界面有质量要求,仔细描述后可以发现,可视化意味两件事情:将众多复杂数据清晰地显示在一个屏幕上;实时刷新动态数据。于是就可以发现相应的非功能需求目标,分析后可以建立如图 5-20 所示的目标模型。

（2）根据非功能需求层次结构,精化非功能需求目标

有时获取到的非功能需求目标是比较简单的,例如图 5-20 所示的"实时显示雷达数据"。但更多的时候获取到的非功能需求是比较复杂、抽象的,典型情况是只获取到了质量模型的特征级质量需求。这时可以依据质量模型或其他非功能需求层次结构描述,将特征级的质量需求目标精化为子特征级的质量需求子目标。例如图 5-19 中,将安全目标"数据安全"精化为"防范恶意攻击""阻止合法误访问"两个更准确的子目标。

（3）量化底层非功能需求目标的验收标准

在高层 NFR 目标模型中,因为复杂、抽象等原因,主要使用软目标描述非功能需求目标。但最终的规格化及验证需要可以验收的非功能需求目标。所以,到了 NFR 分析后期,要为 NFR 目标模型中的底层非功能需求目标确定量化验收标准,如图 5-20 所示。

5.5　业务过程分析

问题分析方法将每一个问题、目标、特性等都看作是相互独立的,所以只能完成简单系统的前景与范围定义任务。目标分析能够表达问题、目标、特性之间的依赖关系,所以能够完成较为

复杂系统的前景与范围定义任务。但是仍有些系统的目标、特性(尤其是涉众任务)之间存在着极其紧密的关系,远超过目标模型链接关系的表述能力,典型情况是系统中存在着复杂的业务过程,这时就需要使用业务过程模型,进行业务过程分析。

业务过程的复杂性是随着 20 世纪 80 年代后期及 20 世纪 90 年代早期业务过程再造(Business Process Reengineering,BPR)的广泛应用而被人们认识到的。人们开始寻找技术手段来描述企业的业务过程。当时发现数据流图(Data Flow Diagram,DFD)有流程的描述能力,但又有很多局限性。为此,人们依据 DFD"流"处理的思想,建立了专门用来描述组织业务流程的业务过程模型(Business Process Model,BPM),并发展至今,要了解其详细情况,请参见[OMGB-PMN]。

BPM 的思想被面向对象的主流技术 UML 吸收和采纳,建立了活动图(activity diagram)。活动图是描述业务过程和对象行为的模型,它以"流"(控制流和数据流)处理为侧重点描述过程与行为,以"令牌(token)"平衡为手段保证过程与行为中的复杂并发协同现象。

5.5.1 活动图

1. 常用节点与流

活动图中比较常用的节点如图 5-21 所示。

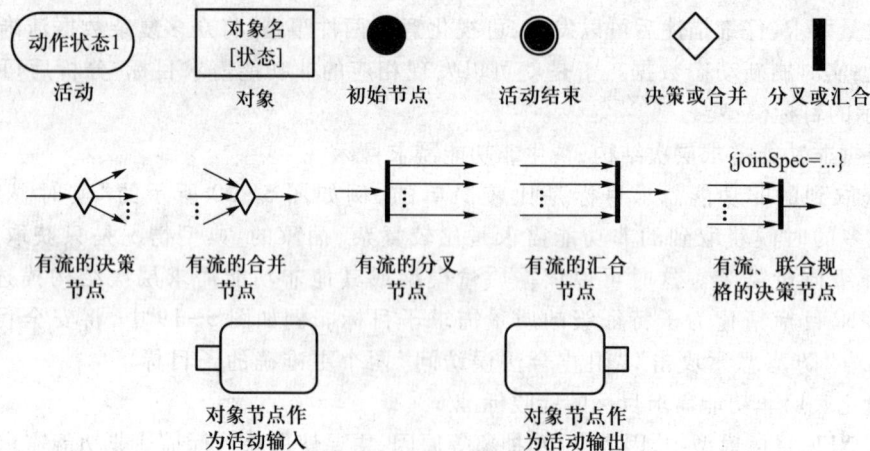

图 5-21　活动图常用节点

(1) 动作(action)节点

每个动作节点都是一个可执行的任务或行为。动作的执行会产生一次过程处理或数据转换。在业务过程分析中,每个动作都是业务过程中的一个重要步骤,通常是涉众的一个任务和多个任务的集成。

(2) 控制(control)节点

控制节点用来协同活动图中其他节点之间的流转。

- 初始(initial)节点:活动开始流转的地方。
- 活动结束(final)节点:活动停止流转的地方。
- 决策(decision)节点:有一个流入流和多个流出流,决策节点在多个流出流中决策选择一个。
- 合并(merge)节点:有多个流入流和一个流出流,用于将多个可能的流入流转换为一个流出流。
- 分叉(fork)节点:将一个流入流分割为多个并发的流出流。
- 汇合(join)节点:汇合多个并发的流入流转换为一个流出流。

(3) 对象(object)节点

对象节点是指一个特定对象的实例,通常在活动图的特定时间点出现和使用。对象节点可以是动作节点的输入和输出,此时对象节点被称为动作的输入 Pin 或输出 Pin。

活动图中的流有两种,如图 5-22 所示。

(1) 控制流(control flow)

控制流用于在前一个活动节点完成后启动下一个活动节点的活动边(activity edge)。

(2) 对象流(object flow)

对象流指一个能够传递数据和对象的活动边。

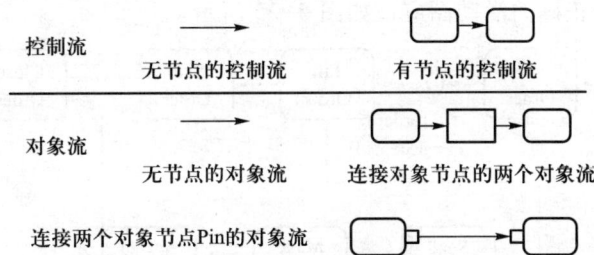

图 5-22　活动图的流

一个使用常用节点与流表达的活动图如图 5-23 所示。

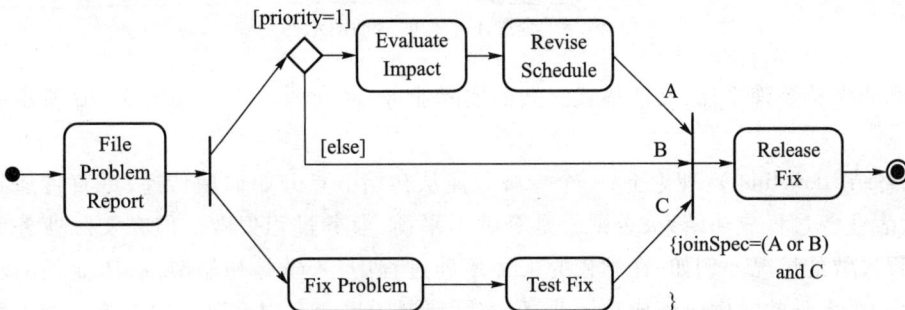

图 5-23　使用常用节点与流的活动图示例

2. 令牌平衡

活动图的一个关键是令牌平衡,它用于验证活动图流转是否正确。如果一个活动图的流转出现了令牌缺失(有些节点得不到令牌)、令牌丢失(有些令牌没有被传递到结束就无法继续传递了)或令牌冗余(有多余的令牌没有被处理),那么就意味着活动图的业务流转是有问题的。

典型的令牌流转是:

- 一个控制流传递一个令牌。
- 一个对象流传递一个令牌。
- 决策节点从流入流接收到一个令牌后传递给多个流出流中的一个。
- 合并节点从多个流入流中只要接收到一个令牌就传递给流出流。
- 分叉节点从流入流接收一个令牌后,复制出多份令牌,给每个流出流都传递一个令牌。
- 汇合节点从每个流入流都接收一个令牌,或者流入流的令牌接收情况符合汇合规格,就向流出流传递一个令牌。

一个令牌不平衡的活动图如图 5-24 所示。在 Receive Order 动作节点之后的决策节点会丢失令牌,当业务不符合"order accepted"条件时,令牌就没有继续传递的路径了,出现丢失。在 Fill Order 动作节点之后会出现令牌缺少,因为 Fill Order 只接收了一个令牌,自然无法同时传递给 Ship Order 和 Send Invoice 两个动作节点,因为这需要至少两个令牌。在 Close Order 动作节点的流入流部分又会产生令牌冗余,Close Order 只需要一个令牌,但是却能接收到两个令牌,自然会有一个是多余的。一个正确的活动图应该如图 5-25 所示。

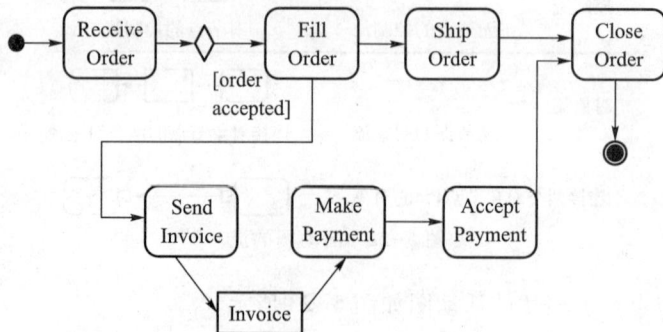

图 5-24　令牌不平衡的活动图示例

为了既能保持令牌平衡,又能描述复杂的实际业务,活动图引入了如图 5-26 所示的几个复杂元素。

① 流终结(flow final):理论上,一个令牌只能从初始节点开始向后传递,一直传递到活动结束节点,代表业务过程成功结束,否则就是令牌不平衡,业务过程失败。但在实际业务中的确存在业务过程失败的情况。例如,在学校的人才培养过程中,入学是初始节点,毕业是活动结束节点,理论上一个入学的学生应该成功毕业,但实际情况中也会有中途退学的现象。为了解决业务过程失败的实际情况,活动图引入了流终结,传递到流终结的并不是一个成功结束的令牌,但却

· 124 ·

不会再继续传递。流终结不等同于令牌丢失,因为令牌丢失意味着业务过程的流转设计不周密,被丢失的令牌没有被处理。但业务过程中的流终结是有意设计的,流终结也是一个行为。流终结可以保证业务过程失败时也能实现令牌平衡。

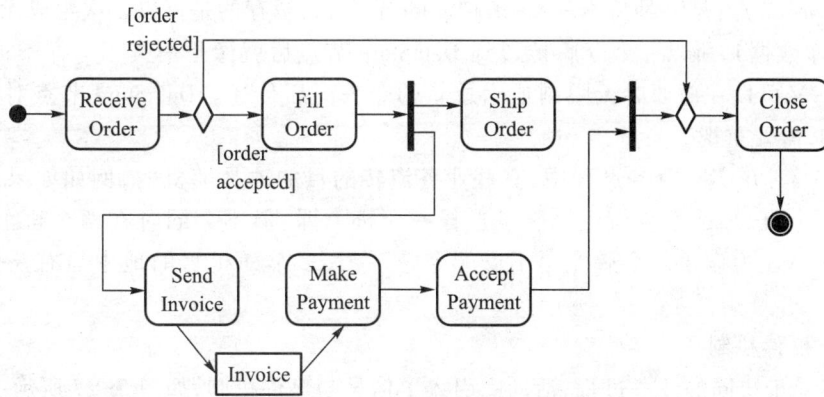

图 5-25　令牌平衡的活动图示例

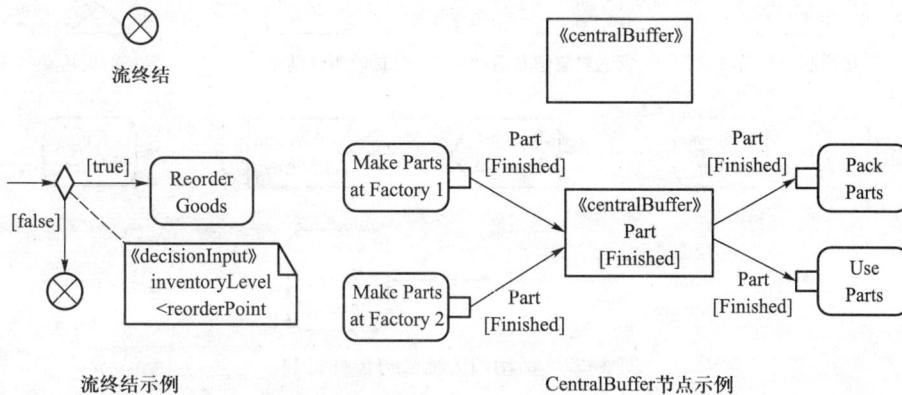

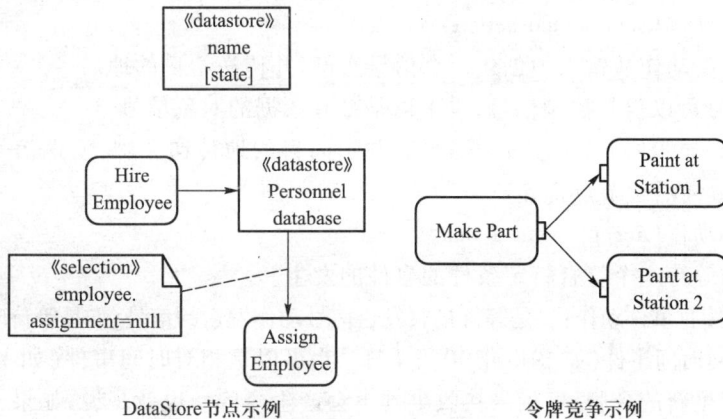

图 5-26　活动图的复杂元素

② CentralBuffer 节点:是一个对象节点,管理多个对象输入和多个对象输出。该节点用于描述实际业务过程中的缓冲区或仓库,会将输入的令牌暂存排队,并最终随一个对象输出向后传递。CentralBuffer 节点不影响令牌平衡。

③ DataStore 节点:是一种特殊的 CentralBuffer 节点,它暂存的是可以一次生成无数次使用的资源(如数据库数据),所以一个令牌传递到 DataStore 节点后就像是消失了一样不再继续传递;同时 DataStore 又可以在需要时无限制地生成新的令牌向后传递。DataStore 节点对令牌平衡的计算会有影响,需要重视。

④ 令牌竞争:在实际业务过程中,有些业务流转的目的地是随机的,例如如果有一个课程同时开设了两个班,那么学生就可以随机选择一个班上课,但不会同时在两个班上课,活动图就将这种情况描述为竞争。令牌竞争不影响令牌平衡,多个随机目的地中只有一个能够得到令牌。

3. 信号与事件机制

为了描述异步协同的业务过程,活动图引入了信号与事件机制,如图 5-27 所示。

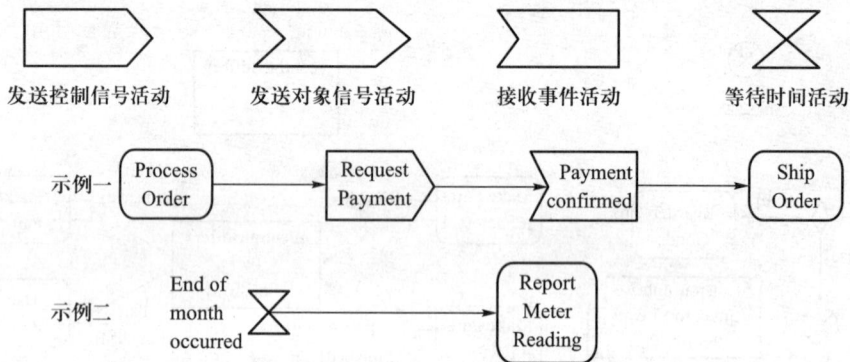

图 5-27　活动图的信号与事件机制

(1) 发送信号动作(send signal action)

发送信号动作指动作从输入中创建一个信号实例,并传送给目的地。

- 发送的信号可以仅是控制信号,也可以是带有数据的对象信号。

- 发送信号是异步协同,所以发送信号时并不向目的地传递令牌,发送信号动作的令牌仍然保留在本地,继续向后续节点传递。

(2) 接收事件动作(accept event action)

接收事件动作等待一个符合特定条件的事件的发生。

有两种类型的接收事件动作:一是等待接收发送信号动作发送的信号;二是等待时间事件的发生。时间事件可以是绝对时间事件(如 1949 年 10 月 1 日),也可以是相对时间事件(如 10 分钟后)。

时间事件会产生新的令牌,但信号接收事件不会产生令牌。也就是说,如果一个信号接收事件动作没有收到令牌,那么即使有信号发送也无法接收。一个有令牌的信号接收事件接收了一个信号时,令牌并不会增多,还是一个,传递给后续节点。

4. 异常与中断机制

为了描述实际业务过程中的异常情况,活动图引入了异常与中断机制,如图 5-28 所示。

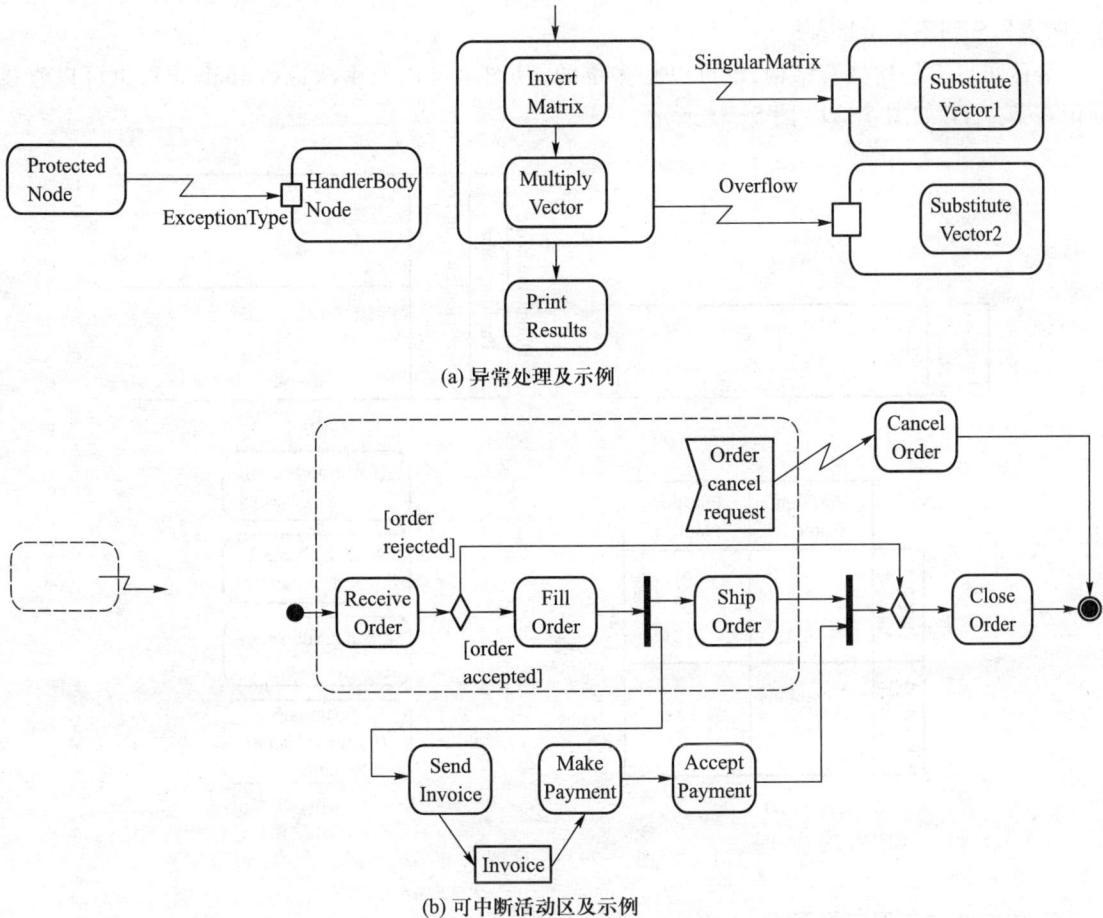

(a) 异常处理及示例

(b) 可中断活动区及示例

图 5-28　活动图的异常与中断机制

异常处理(exception handler):如果保护节点出现了特定类型的异常,就自动执行异常处理动作。如果异常没有被捕获,就会被传递给上一层被封装的保护节点。如果异常一直被传递到最顶层都没有被捕获,系统就可能会出现未预料的行为。

可中断活动区(interruptible activity region):这是一个支持中断其中令牌的活动组。只要区域内存在令牌,该区域就可以接收中断事件。只要接收到中断事件,区域内的所有令牌都会终止,并沿着中断边向外传递一个令牌。

5. 分区

活动图的节点与边可以依据特定的目的归类为活动组(activity group),一个节点或边可以被同时归类为多个活动组。

活动分区(activity partition)是一种最常用的活动组形式,它通常按照组织单位或涉众角色将节点、边划分到不同分区。

分区可以有层次嵌套结构,也可以是多维的,其图示可以使用泳道(swimlane),也可以直接标记在节点上,如图5-29~图5-31所示。

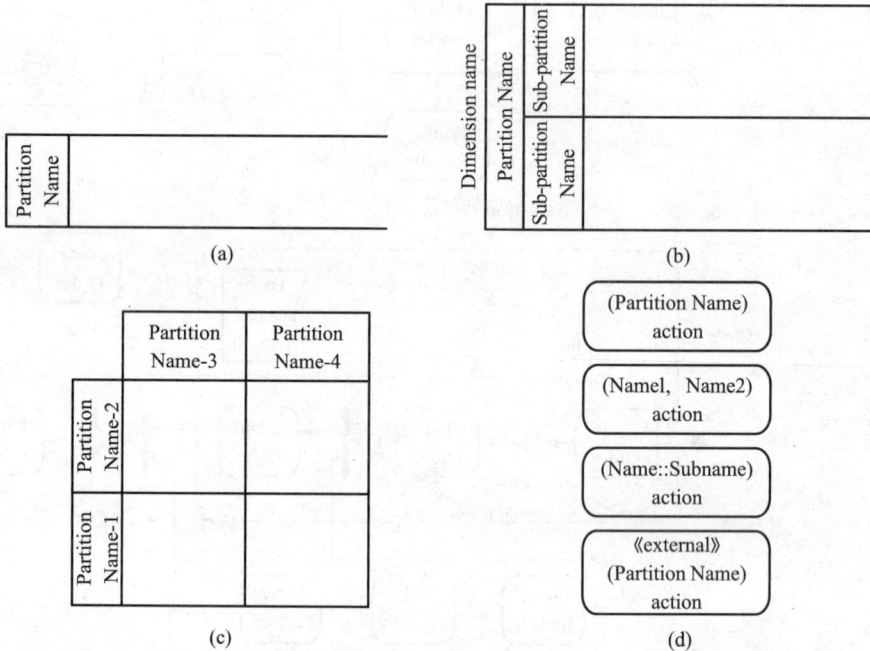

图 5-29 分区图示

6. 层次结构与图简化元素

为了防止单个活动图过于复杂,难以描述和阅读,活动图使用"活动"(activity)元素来建立层次性的活动图结构,将单个复杂业务过程分解为多个更简洁的活动图。

活动使用控制流和数据流模型,描述包含动作元素的下级行为的协同执行。简单地说,活动就是一个可以带有输入/输出参数的子活动图,如图5-32所示。

如图5-32所示,活动可以有输入/输出参数,也可以没有;可以标记前置/后置条件,也可以不标记,但必须有一个活动名称,这也是它被调用时的标识。

在活动图中,可以使用 →(Activity name □)→ 调用一个活动,如图5-33所示,调用了活动 Provide Required Part,该活动的定义如图5-34所示。图5-33中的活动 Provide Required Part 的流入流对应着

图 5-34中的初始节点。图 5-34 中的活动结束节点对应着图 5-33 中活动 Provide Required Part 的流出流。

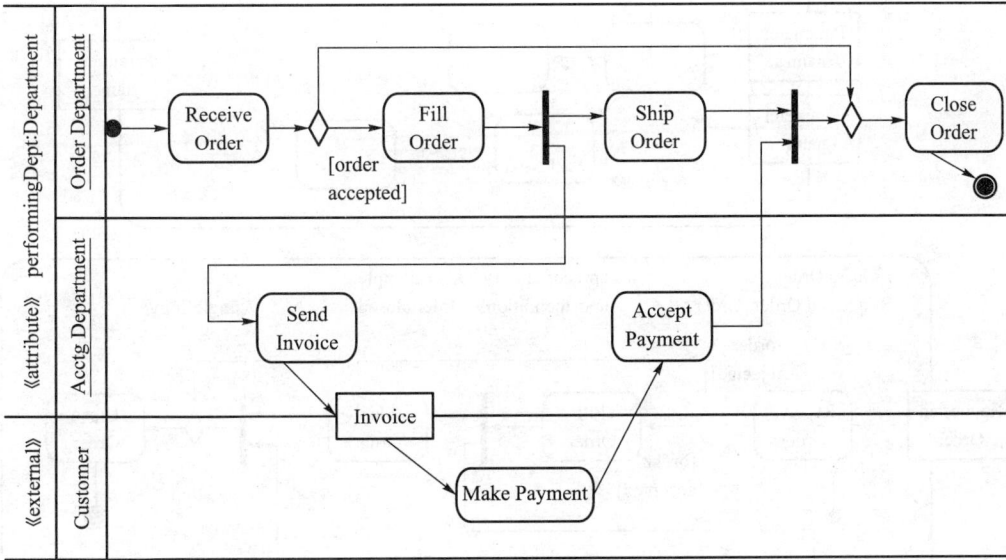

图 5-30　使用泳道的活动图分区示例

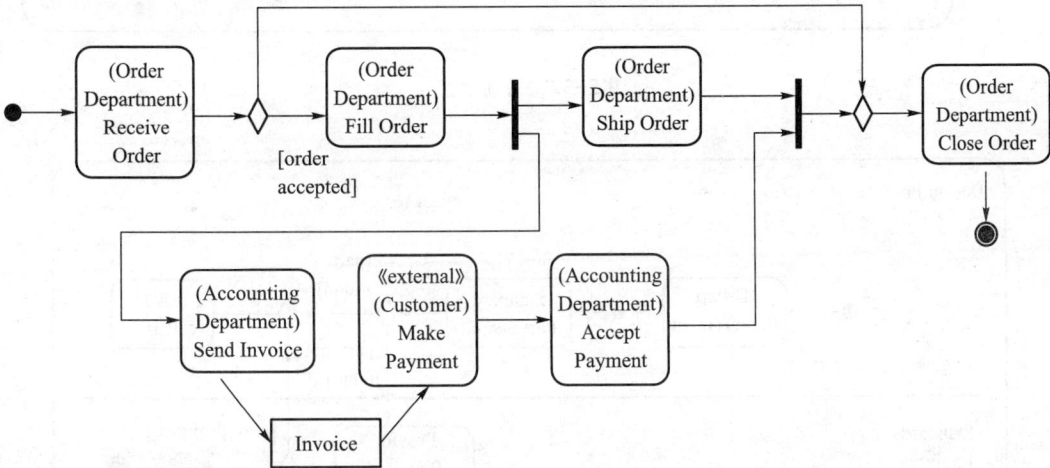

图 5-31　使用标记的活动图分区示例

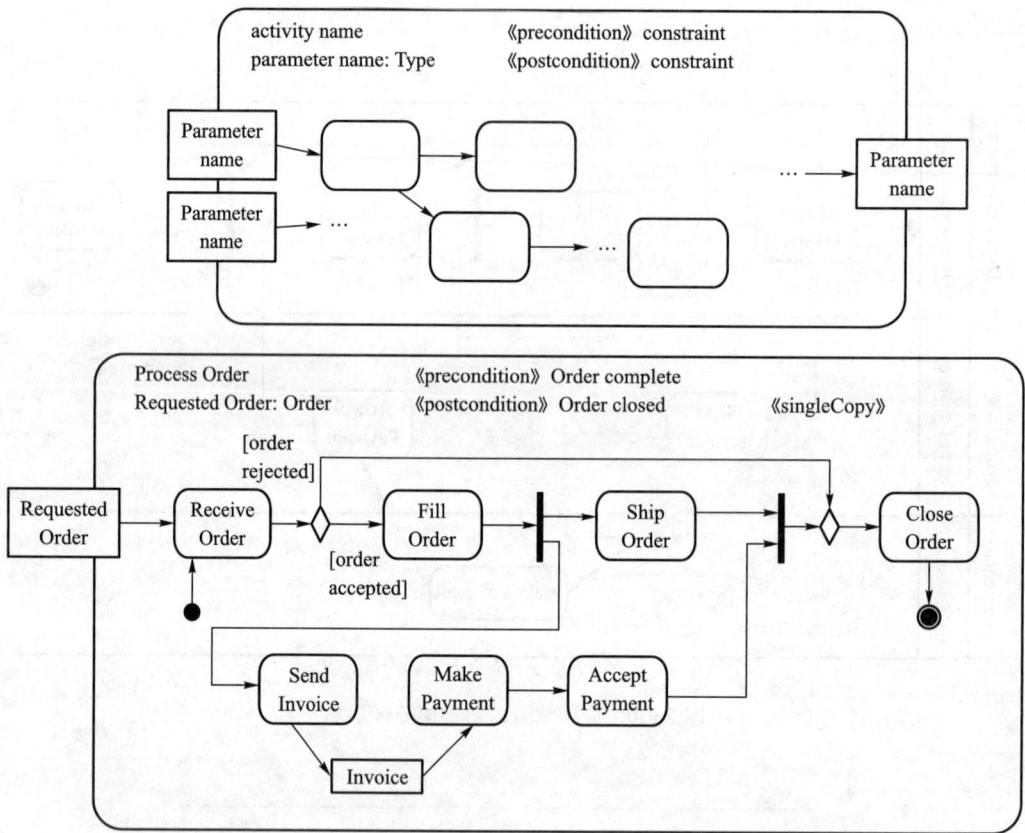

图 5-32 活动示意

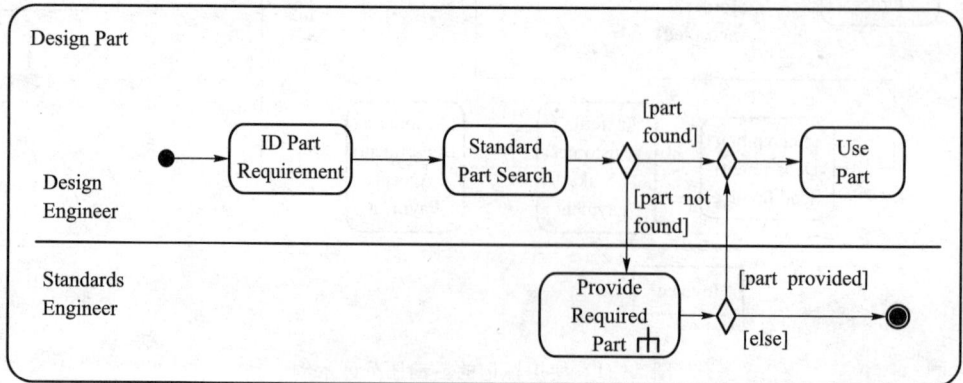

图 5-33 调用活动示例——调用部分

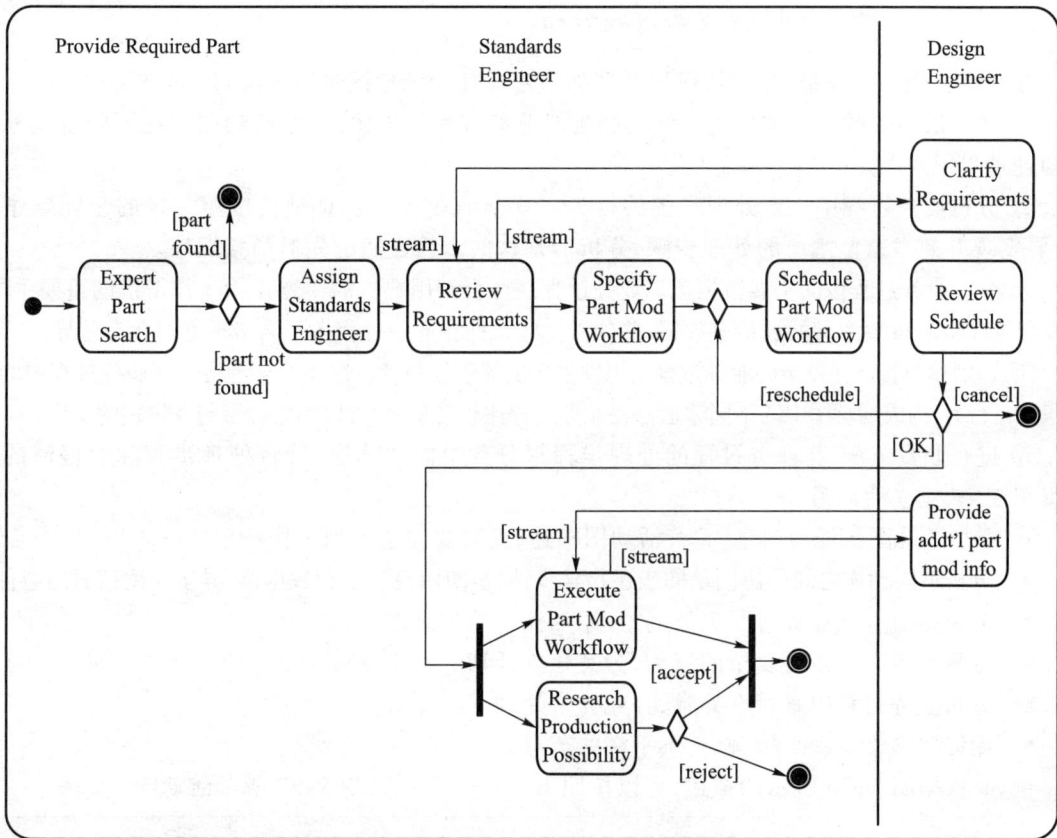

图 5-34 调用活动示例——被调用部分

为了不让复杂活动图中表示控制流和数据流的箭头交叉混乱,活动图使用了连接件(connector)元素,如图 5-35 所示。连接件是成对出现的,就像传送门一样,将从一个连接件端流入的流传送到另一个连接件端流出。

图 5-35 连接件示例

7. 更多的复杂活动图元素

前面所述的各种活动图元素只是活动图的部分元素,是业务过程描述时较为常用的元素,更多的活动图元素请参见[OMGUMLSuperstructure]。

5.5.2 使用活动图进行业务过程分析

在获取到业务过程描述之后,可以按照如下步骤使用活动图进行业务过程分析。

① 确定活动图的上下文环境。活动图是对业务过程的描述,建立活动图首先要确定业务过程的处理界限。

② 分析业务过程中主要处理步骤的行为。复杂的业务过程总是会按照一定的步骤顺序执行,要发现并列举这些主要的处理步骤,分析清楚这些步骤之间的先后衔接顺序。

③ 分析业务过程中的主要数据流。业务过程往往会利用数据的传递作为工作衔接的重要手段,要发现这些具有重要意义的被传递数据,并分析这些数据在业务过程中不同步骤下的状态差异。

④ 识别参与者。在复杂的业务过程中识别主要的流程参与者。这些参与者将分享业务过程中的各项职责与行为,构成活动图中的不同泳道。在业务过程比较简单时,可以不进行参与者识别的工作。

⑤ 进行职责分配,将业务过程的处理步骤划分到不同的泳道,并将处理步骤和数据流的传递组织起来,建立活动图。

⑥ 添加活动图的详细信息,完善活动图描述,尤其要注意下列工作:

- 分析不同动作之间的协同是同步还是异步,同步使用控制流和数据流,异步使用信号与事件。
- 分析是否存在业务过程失败场景,添加流终结节点。
- 分析是否存在较为复杂的行为,为其建立活动。
- 分析业务过程中是否有异常,补充异常处理。
- 始终要检查令牌平衡,修正不平衡的节点。

例如,依据图 5-36 所示的描述,可以按照下列步骤建立如图 5-37 所示活动图。

某电子商务厂商准备开发一个网上旧货交易系统,主要功能是完成二手物品交易。其预期的基本交易流程是:

① 卖家注册,发布二手商品;

② 买家注册,查询待交易的二手商品,选中想要购买的物品;

③ 如果买家选中某二手商品,就进行预付款;预付款暂时由系统(中介商)监管;

④如果卖家选中某二手商品,系统通知卖家准备发货;

⑤ 接到准备发货通知后,卖家选择物流公司;

⑥ 如果买家已经完成预付款,物流公司就开始派送物品;

⑦ 派送过程中,物流公司要持续更新派送状态(已送达地点、时间与联系人);

⑧ 在派送过程中,买家和卖家都可以实时查询派送状态;

⑨ 买家接到商品后进行验证和确认,如果验证通过,系统会将预付款最终转账给卖家银行账号,成功完成交易;

⑩ 在交易开始至交易结束的整个过程中,买家和卖家都可以申请取消交易。

进入交易取消流程(另有描述),由专门的审核人员负责。

图 5-36 业务过程描述示例

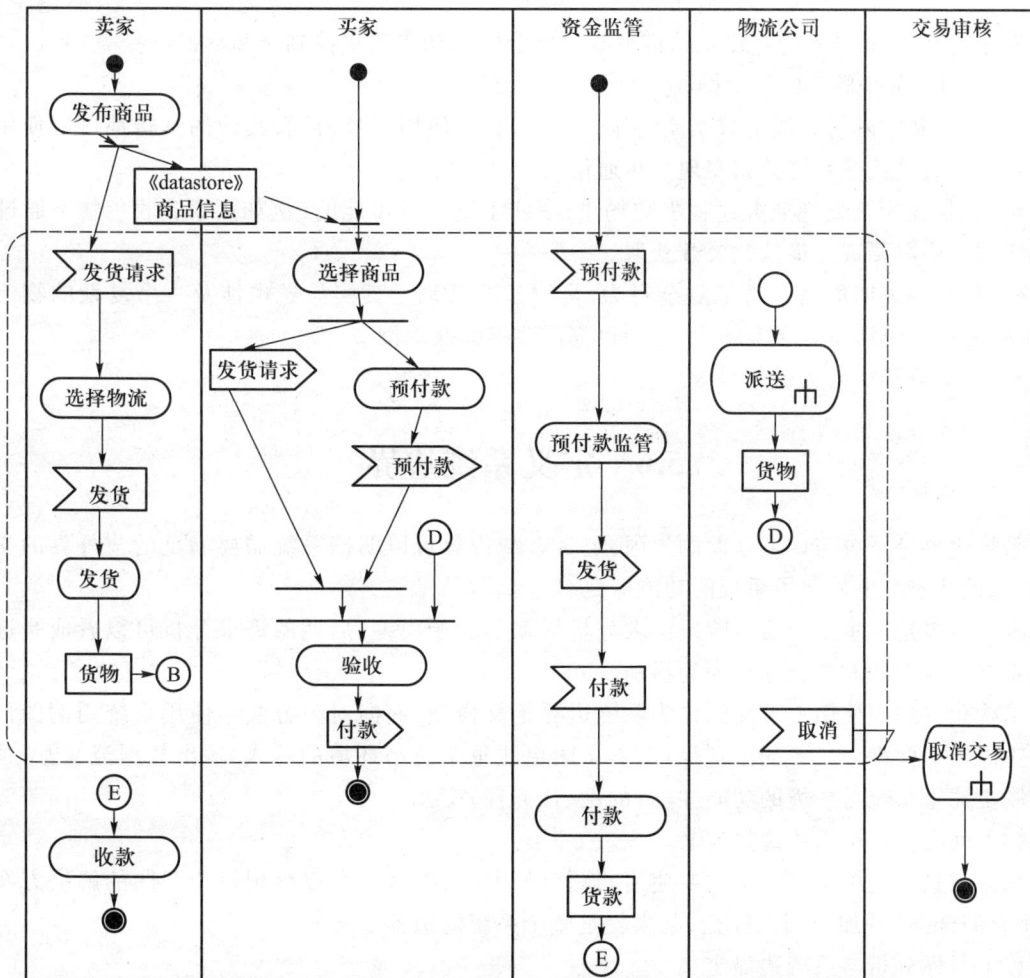

图 5-37　业务过程分析示例

① 整个业务过程以卖家发布商品开始，到交易完成结束。卖家与买家注册的问题不属于业务过程范围，可以不予处理。卖家和买家中途取消交易的申请不在业务过程范围内，可以另行描述交易取消申请过程。派送状态查询也可以描述为其他业务过程，不纳入交易业务过程范围内。

② 可以发现下列几个步骤行为：（卖家）发布商品、（买家）选择商品、（买家）预付款、（中介商）预付款监管、（卖家）通知准备发货、（卖家）选择物流公司、（物流公司）派送物品、（物流公司）更新状态、（卖/买家）查询状态、买家（验收）、中介商（付款）、（审核人员）交易取消。

③ 需要传递的数据流有：商品信息，卖家发布供买家查看；预付款，买家交付中介商；商品派送状态，物流公司更新，供卖家、买家查询；货款，中介商交付卖家；货物，卖家交付物流公司，再交付给买家。

④ 参与者信息上两步已有描述。

⑤ 按照②③的描述内容建立泳道框架,分配动作,初步连接控制流和数据流。

⑥ 仔细完善步骤⑤的活动图。

- 货物和实际付款两个数据流转比较关键,必须使用同步协同,其他的流转都可以使用异步协同——通过共享系统数据实现异步通信。

- 在描述中未发现业务过程失败场景,事实上这是不可能的(例如买家验收货物不通过),所以实践中还需要进一步就此展开获取。

- 描述中表明取消交易是复杂行为,可以建立活动。其实派送也涉及一个复杂的物流过程,也需要建立为活动。在实践中,它们也都需要继续获取细节。

- 交易取消的行为就是异常。

5.6 定义系统边界

系统边界是系统与环境互动的界限,定义系统边界可以明确系统需要满足的与外界的交互行为,从而从宏观上界定了系统的功能概要。

系统边界是需求工程后期阶段需求分析活动的起始模型,后期的需求分析可以看成是逐一细化系统边界中的对外交互行为的活动。

结构化方法中使用上下文图作为系统边界定义模型,面向对象方法中使用系统用例图作为系统边界定义模型。二者的区别是:上下文图更注重系统与环境的输入/输出数据流交互;系统用例图更注重系统与环境的功能性(目的性、任务性)交互。

(1)问题分析与系统边界定义

如果前景与范围定义活动主要使用问题分析方法,那么就可以得到每个问题的解决方案边界,将它们合并(叠加、汇总、补充)起来就是整个系统的边界定义。

(2)目标分析与系统边界定义

如果前景与范围定义活动主要使用目标分析方法,那么可以从目标模型中抽取系统的边界定义:

① 分配主体包括"将要构建的系统"和系统环境(涉众、硬件、其他系统等)的底层目标,这往往意味着存在系统与环境的互动,它们就是系统边界定义要考虑的目标,可以称为边界目标。

② 分析边界目标所覆盖的场景和操纵的操作(任务),可以得到系统用例,并据此建立面向对象的系统边界定义——系统用例图。

③ 分析边界目标所关注的数据对象,可以得到系统与环境的输入/输出流,并据此建立结构化的系统边界定义——上下文图。

(3)业务过程分析与系统边界定义

如果前景与范围定义活动使用了业务过程分析方法,那么分析的业务过程可以帮助完善系统边界的定义:

① 活动图的每一个动作都可能(未必一定)是一个用例,可以据此完善面向对象方法的系统用例图。

② 活动图的每一个对象流都可能(未必一定)是一个系统与环境的输入/输出数据流,可以据此完善结构化方法的上下文图。

5.7　前景与范围文档[*]

业务需求、高层次解决方案和系统特性都应该被定义到项目前景与范围文档中,为后续的开发工作打好基础。有些组织使用项目合约或抽象的业务用例文档来实现类似目的。

前景与范围文档主要由需求工程师来完成,但文档的负责人一般是项目的投资负责人、执行主管或其他类似角色。

一个可以参考的前景与范围文档模板如图 5-38 所示。

```
1    业务需求
1.1  应用背景
1.2  业务机遇
1.3  业务目标
1.4  业务风险
2    项目前景
2.1  前景概述
2.2  主要特性
2.3  假设与依赖
3    项目范围
3.1  第一版范围
3.2  后续版本范围
3.3  限制与排除
4    项目环境
4.1  操作环境
4.2  涉众
4.3  项目属性
词汇表
参考资料
附录
```

图 5-38　项目前景与范围文档模板

---

[*] 本部分的主要内容源自[Wiegers 2003]

下面将分别说明图 5-38 的各项内容。

5.7.1 业务需求

这一部分的主要目的是清晰地解释系统的业务需求。业务需求描述了新系统将带给投资人、购买者和用户的主要利益,说明了项目的最终目标。对于不同类型的产品,如信息系统、商业软件包和实时控制系统,业务需求的着重点也会不同。

1. 应用背景

这一部分概述系统开发的应用背景,描述原有的应用状况,说明新系统开发的动机。必要的情况下,还需要说明应用的历史延续过程。

例如,一个自助餐厅在线订餐系统的应用背景描述如下。

目前,Process Impact 公司的大多数员工平均每天要花费 60 分钟去自助餐厅选择、购买和用午餐,其中大约有 20 分钟要花在公司和自助餐厅之间的往返、选择午餐和以现金或信用卡方式结账上。当员工到自助餐厅之外去用午餐时,他们平均有 90 分钟时间不在岗。有些员工提前给自助食堂打电话预订午餐,请自助餐厅准备好他们选择的午餐。但是,员工并不总是能够如愿以偿,因为自助餐厅有些食物已卖完。而与此同时,自助餐厅又在浪费大量的食物,因为有些食物没有卖掉而只好倒掉。早餐和午餐同样面临着这样的问题,只是到餐厅用餐的员工人数比午餐要少得多。

2. 业务机遇

如果开发的是商业产品,这部分描述的是存在的市场机遇以及产品要参与竞争的市场。如果是企业信息系统,则应描述要解决的业务问题或需要改进的业务流程,以及系统的应用环境。这部分内容还应对已有的产品和可能的解决方案进行比较评估,指出新产品的优点。说明有哪些问题因为没有该产品而在当前无法解决。还要说明该产品怎样符合市场潮流、技术发展趋势或企业的战略方向。另外,还应有一段简短的说明描述如果需要为客户提供一个完整的解决方案,还需要哪些其他的技术、过程和资源。

例如,上述示例自助餐厅的业务机遇描述如下。

许多员工都通过自助餐厅的一个在线订餐系统提出订餐请求,要求在指定的日期和时间内将所订的午餐送到公司的指定地点。通过这样一个系统,使用这一服务的员工可以节约相当可观的时间,而且订到自己喜欢食物的机会也增大了。这既提高了他们的工作生活质量,也提高了他们的生产率。自助餐厅提前了解到客户需要哪些食物,就可以减少浪费,并提高员工的工作效率。要求送货上门的订餐员工将来还可以从本地的其他饭店来订餐,这就大大扩大了员工对食物的选择范围,并通过与其他饭店的大量购餐协议而有可能节约费用。Process Impact 公司也可以只在自助餐厅订午餐,而在其他饭店订早餐、晚餐、特定事件的用餐和周末会餐。

3. 业务目标与成功标准

这一部分用量化和可衡量的方式概述产品提供了哪些重要的业务利益。如果其他文档(如业务用例文档)中已包含了这些信息,此处指明参考文档即可,不必重复其内容。这一部分还应明确涉众如何定义和判断项目的成功。说明哪些因素对项目获得成功的影响最大,无论这些因素是否处于组织的控制范围内。还要定义可衡量的标准,用于评估各项业务目标是否已实现。

业务目标的例子如下所示。

BO-1:在第一版应用之后的 6 个月内,减少食物的浪费。

度量标准(scale):每周被自助餐厅工作人员扔掉的食物的价值。

计量方法(meter):检查自助餐厅库存系统的日志。

理想标准:减少 50%。

一般标准:减少 30%。

最低标准:减少 20%。

BO-2:在第一版应用之后的 12 个月内,自助餐厅的运营成本减少 15%。

BO-3:在第一版应用之后的 3 个月内,每个员工每天的有效工作时间平均增加 20 分钟。

成功标准的例子如下所示。

SC-1:在第一版应用之后的 6 个月内,目前在自助餐厅用午餐的员工中,有 75%的人使用在线订餐系统。

SC-2:在第一版应用之后的 3 个月内,对自助餐厅满意度的季度调查评价要提高 0.5,而在第一版应用之后的 12 个月内,这种满意度要提高 1.0。

4. 业务风险

这一部分概述与产品开发相关的主要风险。风险类别包括市场竞争、时间安排、用户认可、实现技术以及可能对业务造成的负面影响。要评估每一项风险可能造成的损失、发生的几率以及对它的控制能力。找出所有可能降低风险的必要措施。如果在业务用例分析或类似文档中已经给出了这些信息,此处只需要指明出处而不必重复该信息。

业务风险的示例如下所示。

RI-1:使用该系统的员工太少,减少了对系统开发和变更自助餐厅经营过程的投资回报。

可能性为 0.3,影响为 9。

RI-2:其他本地饭店可能并不认同减价是员工使用这一系统的正当理由,这会降低员工对该系统的满意度,并可能会减少他们对这一系统的使用。

可能性为 0.4,影响为 3。

5.7.2 项目前景

这一部分建立系统的战略前景,该系统将实现业务目标。项目前景为产品生命周期中所有的决策提供了背景。详细的功能需求或项目计划信息不应包括在这一部分内。

1. 前景概述

这一部分用一个简洁的声明概括系统的长期目标和意图。声明应当反映能够满足不同涉众需求的平衡的观点。前景声明可以理想化,但应当以当前或预期的市场现状、企业结构、团体战略和资源限制为依据。

前景概述的示例如下。

对那些希望通过公司自助餐厅或其他本地饭店在线订餐的员工来说,"自助餐厅订餐系统"是一个基于 Internet 的应用程序,它可以接受个人订餐或团体订餐,结算用餐费用,并将预订餐食送到 Process Impact 公司内的指定位置。与当前的电话订餐和人工订餐不同,使用"自助餐厅订餐系统"的员工不需要到餐厅内用餐,这既可以节约他们的时间,又可以增加他们选择食物的范围。

系统上下文图如图 5-39 所示。

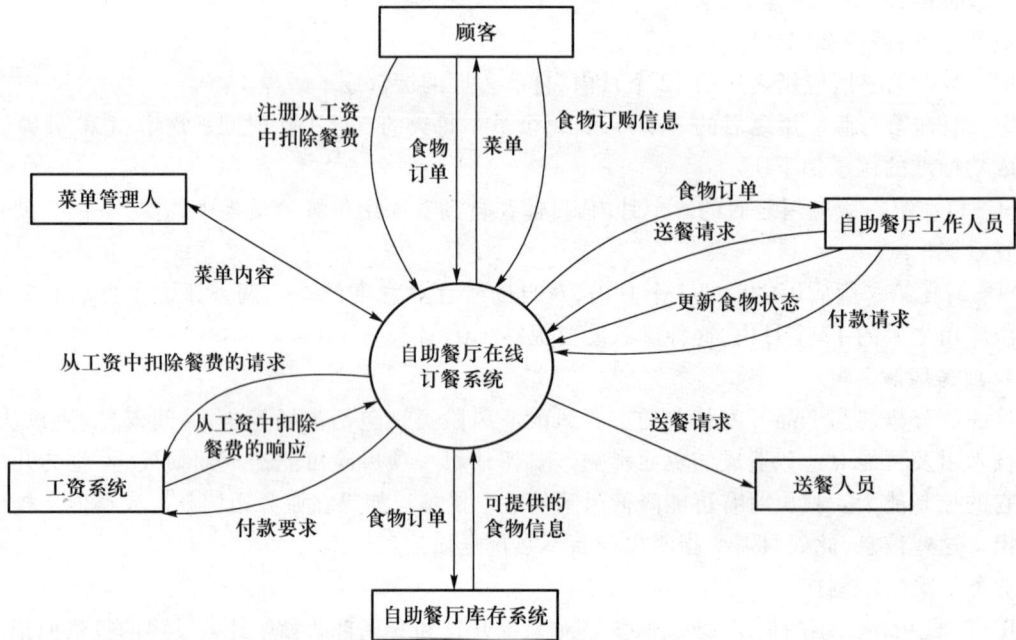

图 5-39　自助餐厅订餐系统上下文图

2. 主要特性

这一部分为新产品的每一项主要特性或用户功能进行固定的、唯一的命名或编号,突出其超越原有产品或竞争产品的特性。给每项特性一个唯一的标号,这样可以追溯其去向——用户需求、功能需求和其他系统元素。

系统特性的示例如下所示。

FE-1:根据自助餐厅提供的菜单来订餐。

FE-2:根据其他本地饭店的送货菜单来订餐。

FE-3:请求送餐。

FE-4:创建、浏览、修改、删除用餐预订。

FE-5:通过公司的内联网访问系统,或者授权员工通过 Internet 访问系统。

......

3. 假设与依赖

这一部分记录构思项目和编写前景与范围文档过程中涉众所提出的每一项假设。由于一方所做的假设往往不为其他各方所知,因此通过将所有的假设记录下来并进行检查,各方就能对项目潜在的基本假设达成一致。这样便能够避免可能的混乱以及这种混乱会在将来造成的影响。

这一部分还记录项目对不在自身控制范围内的外部因素的主要依赖关系。这类外部因素包括悬而未决的行业标准或政府法规、其他项目、第三方厂商及开发伙伴等。

假设与依赖的示例如下所示。

AS-1:自助餐厅内有可以访问公司内网的计算机和打印机。

AS-2:自助餐厅有送货人员和送货车辆,最多比请求的送货时间晚15分钟。

DE-1:如果某饭店有自己的联机订餐系统,那么"自助餐厅订餐系统"必须能与这一系统进行双向通信。

5.7.3 项目范围

项目范围定义了解决方案的概念和范围,同时也要表明系统不能提供哪些功能,它可以帮助涉众建立现实的期望。

1. 第一版范围

这一部分概述计划在产品的第一个版本中实现的主要特性。描述产品的质量特性,产品依靠这些特性为不同类别的用户提供预期利益。

如果目标是集中开发力量和维持合理的项目进度,就不要企图在第一版中包含所有可能的需求。那样会导致项目范围在不知不觉中增大,使进度延误。应该把注意力集中在那些能够在最短时间内,以最适宜的成本,为最大多数用户提供最大价值的特性上。

2. 后续版本范围

如果要采取阶段性的开发方式,需要决定推迟实现哪些特性,并为后续的版本做出时间安排。后续版本能够实现更多的需求和特性,并可完善第一版的功能。随着产品的不断成熟,系统的性能、可靠性和其他质量特征也将得到改进。

第一版和后续版本的范围定义示例如表5-9所示。

表5-9　第一版(版本1)和后续版本的范围定义

特性	版本1	版本2	版本3
FE-1	用午餐菜单定标准餐; 费用支付方式是从工资中扣除	除午餐外,也可以订早餐和晚餐; 费用的支付方式可以是信用卡	
FE-2	不实现	不实现	完全实现

特性	版本 1	版本 2	版本 3
FE-3	送餐地点仅限公司内部	送餐地点也可是公司外	
FE-4	如果有时间就实现	完全实现	
FE-5	完全实现		

3. 限制与排除

管理范围蔓延的方法之一是定义项目包含的需求与不包含的需求之间的界限。此处应列出涉众可能希望得到,但不在产品或其某个特定版本计划之内的功能和特性。

限制与排除的示例如下所示。

LI-1:自助餐厅的有些食物不适宜送货,因此"自助餐厅订餐系统"的顾客使用的送货菜单是餐厅整个菜单的一个子集。

LI-2:"自助餐厅订餐系统"只能用于 Process Impact 公司总部内的自助餐厅。

5.7.4 项目环境

1. 操作环境

这一部分描述系统将用于什么样的环境,定义关键的可用性、可靠性和性能等质量属性要求。这些信息对系统的结构定义有着重要的影响。

和操作环境相关的问题包括:

- 用户在地理上是分散的还是集中的?
- 不同的用户会在什么时间访问系统?
- 数据在何处生成,用于何处?
- 访问数据时的最大响应时间是否已知?
- 用户能否容忍服务中断?
- 是否需要提供访问安全控制和数据保护?

2. 涉众

这一部分描述项目涉众的相关信息,重点介绍不同类型的客户、目标市场和目标市场中的用户类别,说明他们和系统密切相关的一些特征。

详细的涉众描述见第 6 章。

3. 项目属性

要想更有效地进行决策,涉众必须就项目的相关属性及其优先级达成一致。这些属性包括特性(功能、范围)、质量、成本、进度和人员。

对任何一个特定的项目而言,上述每个属性都有 3 种影响因素。

- 驱动因素(driver):重要的成功目标。

- 约束因素(constraint):项目必须在一定的限制下展开工作。
- 可调整因素(degree of freedom):可以根据其他方面进行平衡和调整的因素。

项目经理的目标是:在约束施加的限制内合理安排可调整因素,获得最大的驱动因素。

在项目属性之间互相不可调和时,属性间的优先级顺序指导项目管理者采取正确的行动。例如,对于急需面市的系统,其进度是第一优先级,这样在项目无法按照预定计划前进时,就可能会推迟特定功能的实现,或者增加人员和投资。再例如,对于人员(或费用)受限的系统,人员(费用)是第一优先级,在项目出现偏离时就可能延迟系统的完成期限,或者推迟部分功能的实现。除特例情况之外,质量都是不应该被牺牲的项目属性。

项目属性的示例如表 5-10 所示。

表 5-10 项目属性示例

属性	执行者	约束因素	可调整因素
进度			计划××日期完成第一版,××日期完成第二版;在不包括责任人评审的情况下,最多可超过期限 3 个星期
特性		第一版中要求实现的特性必须完全可操作	
质量		必须通过 95% 的用户验收测试;必须通过全部的安全性测试;所有的安全事务都必须遵守公司的安全标准	
人员	团队规模包括一名兼职的项目经理、两名开发人员和一名兼职的测试人员;如果有必要,还可以再增加兼职的开发人员		
费用			在不包括责任人评审的情况下,财政预算最多可超支 15%

引 用 文 献

[Alrajeh 2012] ALRAJEH D, KRAMER J, LAMSWEERDE A, et al. Generating obstacle conditions for requirements completeness. Proceedings of the ICSE'2012: 34th International Conference on Software Engineering. Zurich, June 2012.

[Anton 1994] ANTON A, MCCRACKEN W, POTTS C. Goal decomposition and scenario analysis in business process reengineering. Proceedings of the 6th Conference On Advanced Information Systems Engineering (CAiSE'94).Utre cht, Holland, June 1994.

[Anton 1996] ANTON A. Goal-based requirements analysis. Proceedings of the Second IEEE International Conference on Requirements Engineering (ICRE'96). Colorado Springs, USA, April 1996.

[Anton 1997] ANTON A. Goal identification and refinement in the specification of software-based information systems.Ph.D.Thesis, Georgia Institute of Technology. Atlanta, USA, June 1997.

[Bertrand 1997] BERTRAND P, DARIMONT R, DELOR E, et al. GRAIL/KAOS: an environment for goal driven requirements engineering.Proceedings of the ICSE'97: 19th International Conference on Software Engineering. Boston, May 1997.

[Chung 1993] CHUNG L. Representing and using non-functional requirements:a process oriented approach. Ph.D.Thesis, Department of Computer Science, Univ.of Toronto, 1993.

[Chung 1995] CHUNG L, NIXON B A. Dealing with non-functional requirements:three experimental studies of a process-oriented approach. Proceedings of the 17th IEEE International Conference on Software Engineering. Seattle, 1995: 25-37.

[Chung 2000] CHUNG L, NIXON B A, YU E, et al. Non-functional requirements in software engineering. Kluwer, 2000.

[Classen 2008] CLASSEN A, HEYMANS P, SCHOBBENS P Y. What's in a feature: a requirements engineering perspective. Proceedings of the 11th International conference on Fundamental Approaches to Software Engineering, 2008: 16-30.

[Clements 2006] CLEMENTS P. Best practices in software architecture. Presentation given by Paul Clements, July 26, 2006.http://www.sei.cmu.edu/library/abstracts/presentations/bestpracticessoftwarearchitecture.cfm.

[Cysneiros 2004a] CYSNEIROS L M, YU E. Non-functional requirements elicitation. Perspectives on Software Requirements. Springer US, 2004, 753: 115-138.

[Cysneiros 2004b] CYSNEIROS L M, LEITE J C S P. Non-functional requirements: from elicitation to conceptual models.IEEE Transactions on Software Engineering, 2004, 30(5).

[Darimont 1996] DARIMONT R, LAMSWEERDE A. Formal refinement patterns for goal-driven requirements elaboration. Proceedings FSE-4 - 4th ACM Symp.on the Foundations of Software Engineering, San Francisco, 1996:179-190.

[Doerr2005] DOERR J, KERKOW D, KOENIG T, et al. Non-functional requirements in industry-three case studies adopting an experience-based NFR method.Proceedings of the 2005 13th IEEE International Conference on Requirements Engineering (RE'05), 2005.

[Jansen 2005] JANSEN A, BOSCH J. Software architecture as a set of architectural design decisions.In Proceedings of

WICSA 2005, 2005.

[Dardenne 1993] DARDENNE A, LAMSWEERDE A, FICKAS S. Goal- directed requirements acquisition.science of computer programming, 1993, 20: 3- 50.

[Kavakli 2002] KAVAKLI E. Goal - oriented requirements engineering: a unifying framework. Requirements Engineering, 2002, 6:.237- 251.

[Lamsweerde 1995] LAMSWEERDE A, DARIMONT R, MASSONET P H.Goal- directed elaboration of requirements for a meting scheduler: problems and lessons learnt.Proc.RE'95 - 2nd. IEEE Symp.on equirements Engineering (York, UK), March 1995: 194- 203.

[Lamsweerde 1998a] LAMSWEERDE A, LETIER E. Integrating obstacles in goal- driven requirements engineering. Proceedings ICSE'98 - 20th International Conference on Software Engineering. IEEE- ACM, Kyoto, April 1998.

[Lamsweerde 1998b] LAMSWEERDE A, DARIMONT R, LETIER E. Managing conflicts in goal- driven requirements engineering IEEE transactions on software engineering. Special Issue on Managing Inconsistency in Software Development, November 1998.

[Lamsweerde 2000a] LAMSWEERDE A. Requirements engineering in the year 00: a research perspective. Invited Paper for ICSE'2000- 22nd International Conference on Software Engineering. Limerick, ACM Press, June 2000.

[Lamsweerde 2000b] LAMSWEERDE A, LETIER E.Handling obstacles in goal- oriented requirements engineering IEEE transactions on software engineering. Special Issue on Exception Handling, 2000, 26(10): 978- 1005.

[Lamsweerde 2001] LAMSWEERDE A. Goal- oriented requirements engineering: a guided tour. Proceedings RE'01, 5th IEEE International Symposium on Requirements Engineering. Toronto, August 2001: 249- 263.

[Lamsweerde 2004] LAMSWEERDE A. Goal- oriented requirements engineering: a roundtrip from research to practice, RE'04, Kyoto, 2004.

[Lapouchnian 2005] LAPOUCHNIAN A. Goal- oriented requirements engineering:an overview of the current research, depth report. University of Toronto, 2005.

[Leffingwell 1999] LEFFINGWELL D, WIDRIG D. Managing software requirements: a unified approach. Addison- Wesley, 1999.

[Mylopoulos 1992] MYLOPOULOS J, CHUNG L, NIXON B. Representing and using non- functional requirements: a process- oriented approach.IEEE Transactions on Software Engineering, 1992, 18(6).

[Mylopoulos 2006] MYLOPOULOS J. Goal- oriented requirements engineering. 14th IEEE Requirements Engineering Conference Minneapolis. September 15, 2006.

[OMGUMLSuperstructure] OMG. UML 2.0 Superstructure Specification.

[OMGBPMN] OMG. Business Process Model and Notation. http://www.bpmn.org/.

[Oshiro 2003] OSHIRO K, WATAHIKI K, SAEKI M. Goal- oriented idea generation method for requirements elicitation.Proceedings of the 11th IEEE International Requirements Engineering Conference, 2003.

[Regev 2005] REGEV G, WEGMANN A. Where do goals come from: the underlying principles of goal- oriented requirements engineering. Presented at the 13th IEEE International Requirements Engineering Conference (RE'05). Paris, France, 2005.

[Webster 2005] WEBSTER I, AMARAL J, FILHO C L M. A survey of good practices and misuses for modelling with i* framework. in WER2005, 2005.

［Wiegers 2003］WIEGERS K. Software requirements. 2nd ed. Redmond, WA: Microsoft Press, 2003.

［Yu 1997］YU E. Towards modelling and reasoning support for early-phase requirements engineering. Proceedings of the 3rd International. Symp.on Requirements Eng, 1997: 226-235.

［Yu 1998］YU E, MYLOPOULOS J. Why goal-oriented requirements engineering. Fourth International Workshop on Requirements Engineering: Foundation for Software Quality (REFSQ'98). Pisa, Italy, 1998.

［Zave 1997］ZAVE P, JACKSON M. Four dark corners of requirements engineering. ACM Transactions on Software Engineering and Methodology, 1997: 1-30.

第6章 涉众分析与硬数据采样

6.1 什么是涉众

在需求获取的诸多获取源中,人是需求的主要来源和问题域知识的重要来源,所以得到人脑内的知识是非常重要的。但人们往往很难清晰、条理、严谨地表达自己的知识,所以要完整得到人脑内的知识是具有一定困难的。

实际上,在对人进行需求获取之前,还有一个更重要的问题需要解决——哪些人是需求获取的合适对象? 在软件系统规模日益扩大的同时,人们已经无法简单地确定哪些人是软件需求的信息来源。因此,人们需要首先搞清楚哪些人对软件系统的开发和应用具有发言权和决定权。

所有对软件系统的开发和应用具有发言权和决定权的人统称为涉众。管理学定义"涉众"一词为:所有能够影响组织的目标实现或者被组织的目标实现所影响的个人和团体。因此,软件系统的涉众可以定义为:所有能够影响软件系统的实现,或者会被实现后的软件系统所影响的个人和团体。

从定义就可以看出,涉众能够影响项目的成败。实践经验也一再表明妥善处理涉众问题——涉众分析——对系统开发(尤其是需求开发)的成败影响重大。

在传统上,涉众被简单地对等为用户、客户和开发者,因此通常忽视了涉众分析活动。2000年之后,随着软件系统日益复杂,让涉众有效参与需求开发以及建立开发者与涉众之间的良好互动开始得到重视,涉众分析活动也变得越来越重要。

6.2 涉众分析

6.2.1 如何进行涉众分析

理论上说,所有项目都需要进行涉众分析,但在实践情况中差异很大。简单项目的涉众分析工作非常简单,不需要使用复杂的方法与过程。复杂项目的涉众分析工作则非常复杂,需要遵循严谨的过程,使用多种实践方法才能很好地完成涉众分析工作。

关于涉众分析工作的差异性,可以借用[Athanasia 1997]对信息系统复杂度的分类来加以说明。[Athanasia 1997]按照复杂程度,将信息系统分成4种类型。

1. 小型系统(small system)

小型系统是指那些能够支持组织的部分工作,但又不会影响整个组织基础工作的信息系统,例如学校的学籍管理、企业的人事管理等,它们都只是由组织的某个部门使用,和该部门之外的其他组织部分不会产生正式的联系。

这种类型的系统通常功能较为固定,界限较为清晰,所以能够影响系统的涉众数量不多(通常仅限于用户群体),而且较为明显。

因为涉众的有限性和明显性,所以在开发小型系统的过程中通常总是默认涉众处于就绪状态,不需要专门进行涉众分析。

2. 组织级系统(organization-wide system)

组织级系统是指其功能能够影响整个组织基础工作的系统,它的功能在质量上和小型系统有着明显的差异。

相比较而言,小型系统通常只关注于某个特定问题。因此,系统只要解决了该问题,相应的用户群体就自然会接受该系统。组织级系统因为影响整个组织的基础工作,所以它可能会影响用户群体之外的组织内其他群体,甚至改变组织现存的权力结构。这很容易招致用户以及其他涉众的抵制,实践中也一再发现了这种对组织级系统的抵制。

那些用户之外抵制系统的其他群体是不明显的,所以组织级系统的涉众分析工作重点是描述涉众群体之间的互动,在互动中完成涉众分析工作,最大可能地获取他们的支持,降低他们的抵制。尤其是要注意发现那些不直接与系统互动,但会间接影响系统或被系统影响的群体。

3. 战略信息系统(strategic information system)

通常,人们在开发之前就可以确定一个组织级系统会给组织带来怎样的收益,但在很多例外的情况下(例如组织的流程改造),人们无法事先确定一个系统的开发会带来怎样的收益,甚至无法确定它能否带来收益。这种情况下,组织更多地将系统看成是一个组织的战略决策。这种作为组织战略决策而得以开发的系统称为战略信息系统。

在战略信息系统的开发中,人们无法根据现有的业务和技术状况来确定系统将来的应用效果,效果的不确定性使得系统的影响范围也变得难以确定,所以战略信息系统的涉众数量更多而且更加难以确定。

因为存在不确定性,所以在进行战略信息系统的涉众分析时,既要分析涉众群体之间的互动,又要研究将来的不同可能以及会给涉众互动带来的影响,尤其要控制因为不确定性而可能由涉众带来的项目风险。

4. 组织间系统(inter-organizational systems)

组织间系统的开发正呈现出一种不断增长的趋势,它们的关注点不再仅仅局限于单个组织内部的工作,而是通过系统自身的实施来建立或增强组织之间的合作关系。组织之间简单的数据交换应用不能算作是组织间系统,组织间系统应该是服务于组织业务发展战略而构建的系统。

因为组织间系统的很多决定不是单个组织所能控制的,所以组织间系统的涉众比组织内系统的涉众更加难以寻找和选择。[Cavaye 1995]认为,在主动参与和抵制系统的问题上,组织间系统和组织内系统有着质的差异,组织间系统有着更多的困难。

组织间系统的涉众寻找需要优先考虑组织之间的合作关系和利益分配方案,在组织的大框架下进行涉众的寻找和选择。

总之,对于不同类型的项目,要执行不同类型的涉众分析。本书下面所述的是较为复杂的涉众分析过程,在进行简单项目需求开发时,未必要执行得这么复杂。

6.2.2 涉众分析过程

涉众分析的过程如图 6-1 所示。

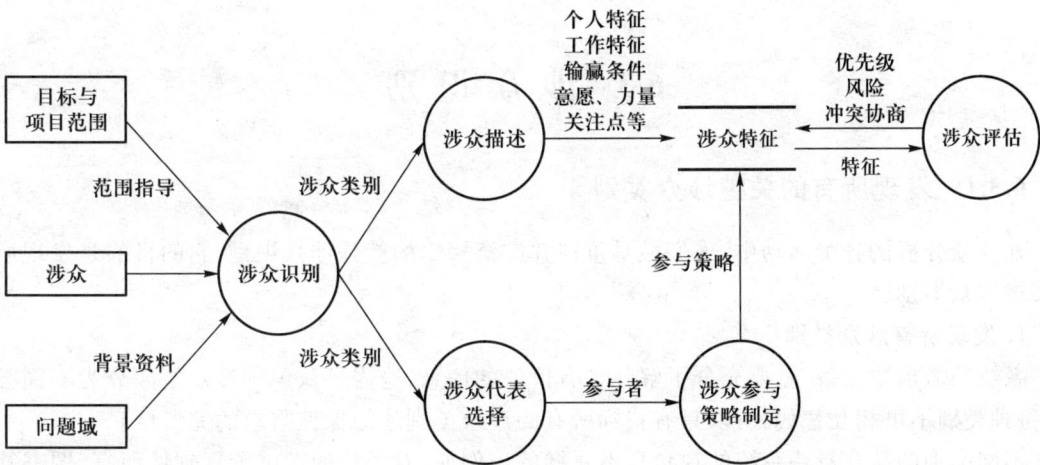

图 6-1 涉众分析过程

涉众分析的主要任务包括以下几方面。

① 涉众识别:寻找软件系统的涉众类别。

② 涉众描述:

* 描述不同涉众类别的简单特征,包括个人特征和工作特征。
* 描述不同涉众类别的复杂特征,包括关注点和兴趣取向,重要性和影响力,输赢条件和受影响程度。

③ 涉众评估:

* 为涉众类别划分优先级。
* 评估不同涉众类别的风险,化解风险。
* 分析涉众冲突,实现共赢。

④ 涉众代表选择:从每种涉众类别中选择代表。

⑤ 制定涉众代表参与需求开发乃至软件系统的参与策略。

需要特别指出的是,涉众分析活动与第 5 章的前景与范围定义活动是交织进行的,识别涉众时需要遵循项目的范围,找到涉众后可以帮助发现、精化和验证目标,目标的变动又会导致范围的改变,如图 6-2 所示。

一个典型的涉众分析过程如图 6-2 所示,它从一些比较容易发现的初始涉众出发,先后执行涉众识别、涉众描述、涉众评估和涉众代表选择 4 个步骤,最终完成涉众分析的各项任务。

对涉众的深入理解——涉众特征描述,不仅有助于进行项目前景与范围的确定,而且对整个软件开发而言都是重要的参考信息,所以涉众特征描述信息需要记录下来,在项目的各个开发阶段共享使用。

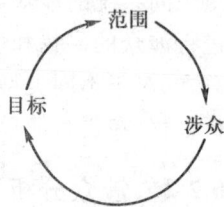

图 6-2　范围、涉众、目标的
　　　　交织过程

6.3　涉众识别

6.3.1　发现所有的关键涉众类别

在涉众分析的各个活动中,人们最早重视并广泛探索的就是涉众识别,它的目的是发现所有的关键涉众类别。

1. 发现所有涉众类别

系统的需求要完备,就要充分了解各种有价值的信息,这需要认识到涉众是区分为不同类别的,每种类别不可相互替代,所以只有找到所有的涉众类别才能保证需求的完备性。

不同类别的涉众看待系统的视角是不一样的。例如,对学校的图书管理软件而言,图书管理员、学生读者和教师读者都属于用户,但他们看待图书管理软件的立场是明显不同的:图书管理员希望的是图书管理软件能帮助他完成管理任务;学生读者希望的是图书管理软件让他们更好地利用图书促进学习——短周期(学习时间不会太长,通常少于 1 个学期)和有限数量(不可能同时学习很多本书);教师读者希望的是图书管理软件让他们更好地利用图书完成备课——以学期为周期(课程教学是一个学期)和更多的书(备课需要更多的书)。

理想的要求是每一类涉众的所有成员都能够一致、稳定地从相同立场、相同视角来看待相同的软件系统。

要发现所有的涉众类别,首先要能够从所有人群中区分出不同的类别,区分的手段不是职位和部门,更不是地理位置。最简单的区分特征是任务,不同类别的涉众会执行不同的任务。但仅凭任务特征在复杂情况下是不够的,因为任务相同并不能保证立场相同。复杂情况下可以分析涉众之间的互动,包括信息交换、互相支持、资源依赖、任务指令等。在涉众互动中,能够发现不同人群的需要、目标、策略等深层次信息,这可以很好地帮助区分不同的涉众类别。

2. 过滤非关键涉众类别

这个世界是普遍联系的,事物之间的影响会沿着联系的链条进行传递。例如 A 直接影响 B,

B 直接影响 C,那么就会有 A 间接影响 C。所以,在实际情况中,如果严格按照"影响与被影响"的关系进行涉众的辨别,将会发现大量的涉众类别,尤其是和软件系统有着间接联系的涉众类别。在手中的涉众列表越来越长的同时,对软件系统的功能要求也会变得过分复杂和背离初衷。因此,实际开发中需要发现的是那些与软件系统之间"影响或被影响"关系比较关键的涉众。例如,有些涉众的影响会关乎软件系统的成败,有些涉众会因为软件系统的实现而在工作中变得举步维艰,那么他们自然就是关键的涉众类别。

为了保证识别的涉众类别是关键性的,就需要对初步发现的涉众类别进行过滤。过滤的依据是:分析一个涉众类别的任务或他们与外界的交互活动,如果这些属于项目范围,服务于系统目标(业务需求)的满足,那么该涉众类别就属于关键类别,否则就是非关键类别。

例如,在一个社会服务领域救护车调度系统的开发中建立的初始涉众类别及其交互如图 6-3 所示。因为"救护车分配""事件描述"和"事件警告"都是系统设想的重要业务需求,所以紧急事件操作员、救护车工作队、医院就都属于关键涉众。系统没有"让请求帮助更便利"的目标,所以病人和警察就是非关键的涉众,可以过滤掉。

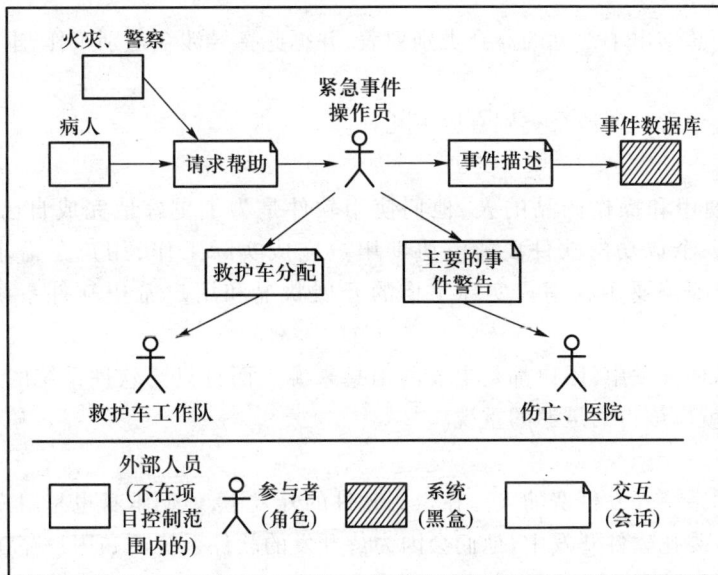

图 6-3 救护车调度系统的交互网络草图,源自[Alexander 2002]

3. 维护涉众类别

软件系统的涉众群体不是固定不变的。随着项目的进行,机构重组可能产生新的涉众类别或消除旧的涉众类别。随着外界的条件变化,某个涉众类别可能会发生兴趣和关注点的转移。随着项目的深入,单个涉众类别可能会在不同的时间表现出互相冲突的不同要求……所以,对涉众的理解不是一个完成之后就可以结束的活动,而是应该在完成之后继续保持适当的关注。

6.3.2 识别涉众的方法

在实践中,人们提出了很多涉众识别的方法,下面着重介绍其中的 3 种。

1. 先膨胀后收缩方法

先膨胀后收缩(expand-shrink)是 [Wiegers 2003] 提出的简易方法,完全由需求工程师凭借经验完成。

先膨胀后收缩有两个阶段:

① 膨胀。在该阶段,需求工程师在收集到背景资料后,凭借自己的经验,尽可能多地列出涉众类别,越多越好。

② 收缩。在该阶段,需求工程师判断是否有两类或多类涉众的立场是一样的,将一样的多个类别进行合并。

先膨胀后收缩方法简单易用,在系统涉众群体并不复杂时是非常适用的。但是如果涉众群体比较复杂,采用先膨胀后收缩方法识别的涉众群体就可能会出现遗漏。

2. 检查列表方法

在实践中人们总结出了常见的涉众类别列表,并据此指导涉众识别工作,本书将它们统称为检查列表方法。

软件系统开发中常见的涉众类别有以下几种。

(1) 用户

用户是最终使用和操作产品的人,他们使用软件是为了更好地完成自己的任务,满足组织的目标要求。一个成功的软件要能够协助用户完成实际工作,用户是需求获取的主要信息来源,需求工程师需要了解用户实际工作的开展状况和用户希望软件系统能够给予他们的帮助。

在大多数的软件开发中,用户都是主要的信息来源。而且只要软件系统的用户群体能够被清晰地确认,他们就应该得到足够的重视。

(2) 客户

客户是为软件系统开发付费的人。在定制软件的开发中,他们本身也是用户,通常是用户中的领导或代表。在委托软件开发中,他们会因为待开发的软件系统而和用户存在某种联系,但他们本身不是软件系统的用户。

软件系统的成本和收益是处于客户角色的人们最为关心的内容,因此他们对系统的运行环境、技术限制和法律法规约束等都有自己的要求。出于获益的目的,他们还常常会代替用户表达看法,在找不到明确用户的时候可以用他们作为合适的用户替代源。但他们毕竟不是真正的用户,所以在用户明确的时候,就不能因他们而忽略用户。

(3) 开发者

开发者是负责实现软件系统的人,包括需求工程师、设计人员、程序员、测试人员和集成人员等。

开发者也关心软件系统的成本和收益,但与客户不同的是他们从技术的角度来考虑成本和收益,而客户更多的是从经济的角度来看待问题。只有在技术上经过可行性分析和成本/收益衡量的需求才是可行的需求——开发者的技术考虑也是需求的一种重要属性。

需求工程师一般具有丰富的软件开发知识,所以他们能够代替开发者进行需求的技术评估,承担开发者应有的职责。但在遇到一些特殊的技术处理要求(如高新技术)或需求工程师能力受限的情况下,就必须要明确可以对其进行技术评估的技术专家。

(4)管理者

管理者是指参与软件系统开发事务管理的人。常见的管理者包括:

- 投资方管理者,他们的态度和关注点会影响整个软件系统的开发进程,例如视时间为第一要素的投资方管理者会使软件系统的开发尽可能地走捷径。
- 执行负责人,他们是投资方在项目管理中的代表,对产品的完成有最终的管理权。
- 项目管理者,他们是开发方负责管理项目日常工作的人。

管理者更注重项目的工作量、时间安排、工作分工与进度等与项目进展相关的信息。

(5)领域专家

领域专家是在问题域中具有丰富知识的专家。他们通常不会受到软件系统的影响,但是在软件系统开发中却是一类非常重要的涉众。

在自身工作所涉及的那部分问题域中,普通用户也可以算是对领域知识非常精通的人。但是和领域专家相比,用户通常具有立场的限制,他们看问题是从自己的角度出发,难免会有所偏颇。领域专家更能从全局和统一的角度来分析问题,能够比用户更好地提供概括性和综合性的知识。

如果需求工程师已经有了很多相同领域的系统开发经验,那么他们通常可以扮演领域专家的角色。

(6)政府力量

很多软件在功能上都存在着受到法律法规约束的问题,因此政府力量也是软件系统开发的一类重要涉众。

除了法律法规的约束之外,政府的长远规划、政策意向等对有些软件的开发也具有重要指导作用。

(7)市场力量

市场力量是指组织中的市场部门人员。他们在市场中的经验可以帮助判断软件的前景、重要功能和预期收益。他们与用户接触紧密,能够一定程度上了解用户的想法,所以他们往往也是一种重要的用户替代源。

(8)维护人员

这里的维护人员主要是指系统管理员,他们负责运营系统的日常维护工作,如硬件更换、系统环境调整、使用故障解决、权限管理和数据安全等。维护人员关心的是软件系统的易维护性。

检查列表方法的优点是清晰、明确,易于使用,相对较为全面、系统,可以帮助经验不足的需求工程师发现一些容易忽略的类别,如政府力量、维护人员和市场力量等。

但是检查列表方法有一个比较大的问题:将用户作为一个类别是远远不够的,需要进一步细化,但它并没有给出细化方法,只能依赖需求工程师自己解决。

3. 涉众网络方法

涉众网络方法相对比较复杂,它的基本思路是:

- 所有涉众群体的互动可以形成一个网络,每类涉众都是一个网络节点,如果两个类别间存在互动就存在一条边。
- 涉众网络是一个连通图。
- 从涉众网络的任一点出发进行遍历,就可以找到所有的节点——所有的涉众类别。

基于涉众网络的涉众识别方法步骤如下:

① 寻找最容易识别的初始涉众。像客户、管理者、典型用户等一些涉众类别是非常容易识别的,他们就是初始涉众,又称为涉众基线(stakeholder baseline)。

② 将初始涉众集中起来,进行一次头脑风暴(brainstorming),尽可能地列出一个涉众类别列表。列举涉众类别时,要使用能够代表其特征的名称,以达到涉众细分的目的。

③ 对步骤②产生的涉众类别列表进行分析,判断它们和软件系统的相关性,找出其中的关键涉众类别。进行分析时,要根据各个涉众列表的行为把他们和软件系统联系起来,建立一个交互网络,这个网络包含有涉众与软件系统之间的交互,也包含有涉众类别之间的交互。通过交互网络,可以直观地确定各个涉众类别和软件系统的相关性以及它们对软件系统的关键性。最后,将步骤②提供的涉众类别列表缩减为关键涉众类别列表。

④ 为步骤③的各个关键涉众类别选择代表,集中起来进行进一步的头脑风暴,列出新的涉众类别列表。如果新列出的涉众类别列表和步骤③给出的涉众类别列表相比没有大的变化,即意味着涉众类别列表趋于稳定,可以结束涉众识别过程。如果新列出的涉众类别列表有了新的发现,就提交新的涉众类别列表,迭代步骤③和④。

涉众网络方法适用于非常复杂情况下的涉众识别,而且能够保证识别结果的正确性和完备性,缺点是比较麻烦——需要反复召集涉众进行头脑风暴。考虑到软件系统的不同涉众类别在业务上存在着非常紧密的联系,所以涉众网络方法迭代 2~3 次就应该足够了。

6.4 涉 众 描 述

在识别出关键涉众类别之后,就要描述涉众类别的特征,这些描述有助于形成对不同涉众类别的理解。

6.4.1 描述哪些内容

理解涉众的最终目的是让他们更好地参与软件系统开发过程,建立成功的软件产品,所以涉众特征描述应该包含所有涉众有可能对最终产品研制成功有贡献的内容。对此,可以借用

[Bryson 2004]的干预措施模型加以说明。

[Bryson 2004]的干预措施模型用来解释如何在一个组织中进行一次成功的干预。如果将软件系统开发与应用看作是对组织现存状况进行的一次措施性干预,以解决组织面临的问题,那么[Bryson 2004]的干预措施模型就能够解释怎样让软件系统的开发与应用得以成功。[Bryson 2004]对组织中干预措施的分析如图 6-4 所示。

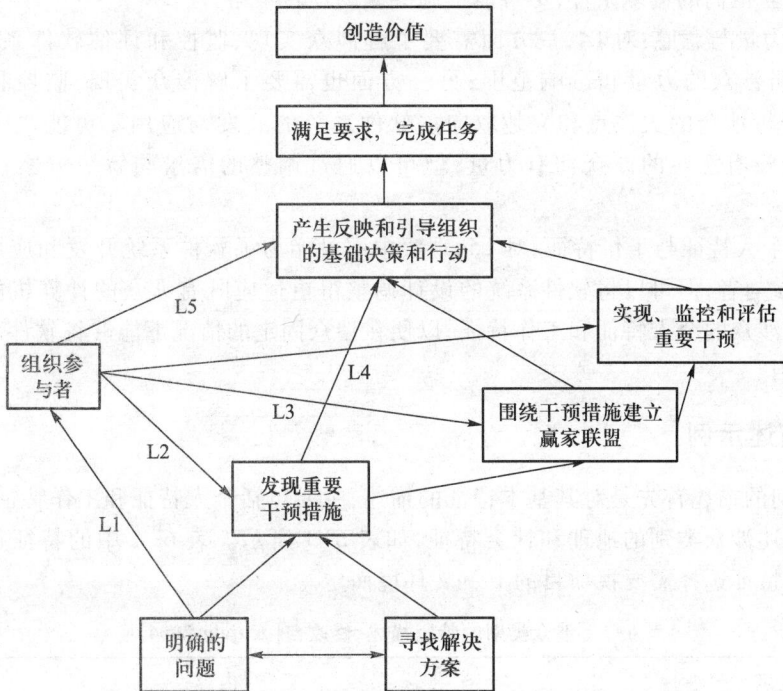

图 6-4　公共组织中干预措施的活动分析,源自[Bryson 2004]

① 组织的成功是指组织能够通过满足自己的要求和完成自己的任务来创造价值。

② 要求的满足和任务的完成依赖于一系列细节功能的满足和一系列细节活动的完成,也就是说,要求的满足和任务的完成来自于一些基础的决策与行动,这些基础的决策和行动说明组织的本质,引导组织的活动,反映组织的目的。

③ 基础决策和行动的产生要求更进一步的内容:

* 将参与者有效地组织起来,让他们有能力执行这些决策与行动。
* 在为明确的问题寻找解决方案的过程中发现重要的干预措施,保证基础决策与行动都是能够帮助解决问题的决策与行动。
* 围绕干预措施建立赢家联盟,让参与者能够积极主动地执行基础决策与行动。
* 给赢家联盟的参与者以权力,让他们帮助实现、监控和评估重要干预,即调动其主人翁精神。

分析图 6-4 可以发现,涉众在组织实施干预措施时有着重要的作用,联系 L1～联系 L5 都必须得到妥善的处理。根据软件系统的功能前景寻找涉众的工作反映了联系 L1,从涉众对象那里获取需求的活动反映了联系 L2,剩下的 3 个联系(L3、L4、L5)都应该在理解涉众的活动当中得到反映。只有对下列涉众因素进行了充分的理解与描述,才能最大可能地保证软件系统的成功。

① 涉众的输赢条件:对 L3,需要分析涉众在软件系统的开发当中可能的得与失,了解他们的受影响程度,建立他们的输赢条件,尽可能实施共赢的项目策略。

② 涉众的力量与意愿:对 L4,一方面需要了解涉众实现、监控和评估软件系统的能力,也就是说需要分析涉众的力量和影响范围;另一方面也需要了解涉众实现、监控和评估软件系统的意愿,即分析涉众的关注点和兴趣取向。软件系统的开发与应用不可能决定涉众的权力分配,不可能让没有意愿的涉众拥有力量,但可以通过调整的需求与解决方案让有力量的涉众更有意愿。

③ 涉众的个人特征与工作特征:对 L5,现实中不可能为了软件系统开发和应用专门召集一批能力合适的参与者,但可以将软件系统的设计调整得更适应既有涉众的计算机能力和业务能力,这需要了解涉众的个人特征和工作特征,以便在涉众固定的情况下能够将软件系统的各项功能设计得更好用。

6.4.2　描述示例

对涉众类别的描述首先是对其基本特征的描述,主要包括个人特征和工作特征,在少数例外情况下,也会描述涉众类别的地理和社会特征,如表 6-1 所示。表 6-1 中的特征很少会全部需要描述,具体的特征选择需要视项目的上下文环境而定。

表 6-1　涉众类别的特征描述,修改自[Kujala 2004]

类别	内容
个人特征	年龄、性别、学历、职业、职务
	生活方式、个性、对新技术的态度
	技能
	身体能力及限制,例如色盲
工作特征	任务
	使用状况(利用程度、使用频率等)
	技能和经验(新手～专家)
地理和社会特征	地理:区域、国家
	文化背景
	社会关系

一个"化学制品跟踪系统"的涉众基本特征的描述如表 6-2 所示。

表 6-2 "化学制品跟踪系统"的涉众描述示例,源自[Wiegers 1999]

涉众	特征
药剂师	药剂师将使用系统请求来自供应商和仓库的化学制品。药剂师每天多次使用系统,主要用于跟踪进出实验室的化学制品容器。药剂师需要在供应商目录中查找指定化学制品
采购者	采购者在采购部门处理其他用户所提交的化学制品请求,他们与外部的供应商建立联系,制定并发出订单。采购者对化学制品几乎不了解,因此将需要简单的查询机制来查找供应商目录。采购者不使用系统中容器跟踪这一特性。每个采购者平均每天使用系统 10 次
化学制品仓库人员	化学制品仓库人员包括 3 个技师,管理着多达 500 000 种化学制品容器。他们将处理来自药剂师的请求并提供可用的容器,向供应商请求新的化学制品以及跟踪进出仓库的所有容器的流向。他们是货存清单和化学制品使用报告特性的唯一使用者。由于交易量大,化学制品仓库人员所使用的系统功能必须是自动化并且高效的
卫生和安全人员	卫生和安全人员使用系统是为了生成符合官方关于化学制品使用和处理规则的季度报表。这些报表必须提前定义,并不需要特别查询能力,当官方的规则改变时,卫生和安全管理人员可能每年多次要求变化报表中的内容。报表变更优先级最高

表 6-2 的描述内容包括了各类涉众的主要任务、业务技能和任务频率等信息,设计者可以从中发现:

① 采购者是业务新手("对化学制品几乎不了解"),所以在设计采购者的功能时要防止他们使用出错,例如使用下拉列表选择代替输入框填写。

② 化学制品仓库人员的任务频率很高,非常依赖于软件系统的帮助,所以在设计化学制品仓库人员的功能时,要注重使用的高效性。

③ 卫生和安全人员的报表经常会发生变更,所以在设计报表时,要保证可变更性。

除了比较明确的个人特征与工作特征之外,还有一些扩展的但非常重要的涉众信息需要得到描述,包括:

- 对项目的关注点和兴趣所在,态度是反对还是赞同;
- 对项目的期望,成为项目赢家的条件;
- 可能受到的项目的影响,影响的具体内容及影响程度;
- 可以对项目施加的影响,力量的施加点及其强度。

5.7 节中的自助餐厅在线订餐系统的涉众扩展特征描述如表 6-3 所示。

表 6-3　自助餐厅在线订餐系统的涉众扩展特征描述,源自[Wiegers 2003]

涉众	主要目标	态度	主要关注点	约束条件
公司管理层	提高员工生产率;节约自助餐厅的费用	强烈承诺完成版本 2;如果有条件尽早完成版本 3	使用该系统所节约的费用必须超过开发和使用此系统的费用	无
自助餐厅工作人员	更高效地利用工作人员的全部工作时间;提高客户的满意度	担心与工会的关系和可能的裁员,否则很愿意接受新系统	保证工作	培训工作人员使用 Internet 的技能;需要有送货的人员和车辆
顾客	可以更好地选择食物;节约时间;更加方便	因为在自助餐厅和饭店就餐有社交作用,所以积极支持新系统,但使用系统的次数可能没有期望的次数多	使用要简单;送货可靠;食物选择要有效	需要访问公司的内部网络
薪资管理部门	得不到什么益处;需要建立从工资中扣除餐费的登记方案	不愿意采用该系统,但能够认识到该系统对公司和员工的价值所在	尽量减少对当前薪资核算软件所做的变更	还没有得到资源来实现薪资软件的变更
饭店经理	增加销售额;扩大市场	能够接受,但比较谨慎	尽量少用新技术;关注送餐所需的资源和费用	可能没有足够的人手和能力来处理订单;可能需要得到 Internet 的访问权

6.5　涉众评估

在涉众描述之后可以得到大量关于涉众的信息,这些信息分别描述了涉众某些方面的特征。涉众评估是将这些孤立的描述信息联合起来进行分析,以得到更深层次信息的过程。常见的涉众评估包括优先级评估、风险评估和共赢分析。

6.5.1　优先级评估

软件系统的涉众并不是完全平等的,有些涉众比其他涉众更为重要。因此,需要根据涉众的重要性进行优先级评估。这样,在发生资源紧缺或者需求冲突时,优先级高的涉众会受到特别优待。

在进行优先级评估时,要优先考虑涉众的基本特征,尤其是任务特征,因此出钱购买系统的客户(可能不是用户)和政治影响较大的涉众并不一定就会有比较高的优先级。例如,在区分用户群体优先级时,使用系统更多或更重要功能、使用系统更加频繁、规模更大的用户群体可能拥有更高的优先级。对任务的分析和比较要联系项目的业务需求来进行。

在评估涉众优先级时,可以建立如表 6-4 所示的 User/Task 矩阵(数值越大,优先级越高),然后通过对矩阵内容的分析与比较来评估涉众的优先级。

表 6-4　一个医务(体检)软件的 User/Task 矩阵,修改自[Kujala 2004]

用户群体	任务	群体数量	优先级
入院秘书(admission clerks)	收集病人的数据	25	2
护士	查看体检信息	490	3
管理员	软件安装与维护	12	1

基于涉众扩展特征建立的 Power/Interest 分布图(如图 6-5 所示)也可以帮助进行涉众优先级的评估。

在 Power/Interest 分布图中,每个涉众类别都按照自身 Power 和 Interest 的高低放在一个合适的位置,并最终被分为 4 种类型中的一种。

① 参与者。通常是系统的实际使用者,对系统的最终成功有比较大的影响力,同时他们也会受到软件系统的较大影响,给予系统较多的关注。参与者是 4 种类型中优先级最高的一种。

② 环境设定者。他们很少直接使用系统,所以很少受到系统的影响,对系统保持较低的关注,但他们会因为政治、经济或权力等因素而对系统有比较大的影响力。其优先级通常低于参与者但高于被影响者和观众。政府力量和管理层是最常见的环境设定者。

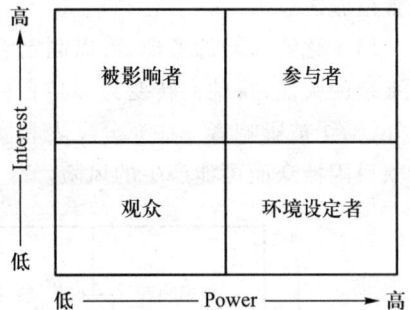

图 6-5　Power/Interest 分布示意图

③ 被影响者。他们有可能是系统的直接使用者,但更有可能是因为系统的出现而被剥夺了部分利益的输家,受到系统较大的影响,却没有足够的力量影响系统的决策。其优先级通常高于观众但低于环境设定者和参与者,在有些特殊情况下(如被影响度极高)其优先级也可能高于环境设定者。

④ 观众。他们不会受到系统较大的影响,也没有足够的力量影响系统的决策,所以他们更多的是以观众的角色参与软件系统的开发过程。但他们也不是可有可无的,他们能为系统开发提供必不可少的帮助。他们的优先级是最低的。领域专家和市场力量是比较常见的观众。

6.5.2 风险评估

如果有些涉众在项目中的表现和开发者所预期的行为不太一致,那么就可能会给项目带来风险,进而导致项目的失败。所以,为了保证项目的成功,需要在涉众分析时进行风险评估工作,以控制涉众因素可能给项目带来的风险。

风险评估首先要分析涉众的态度,一种方法是建立 Power/Attitude 分布图(如图 6-6 所示)。在 Power/Attitude 分布图中,处于强反对者区域的涉众是需要进行仔细分析的高风险因素。

涉众的关注点和兴趣取向也是风险评估的一个重要信息内容,在 Power/Interest 分布图中,处于环境设定者区域的涉众一般是项目的高风险因素。

对具有高风险的涉众类别,要尽可能澄清各个涉众类别的角色和职责,发现项目成功对他们的依赖和假设条件,分析实际情况与预期不一致时可能出现的风险因素,制定风险的提前化解策略和事后处置措施。

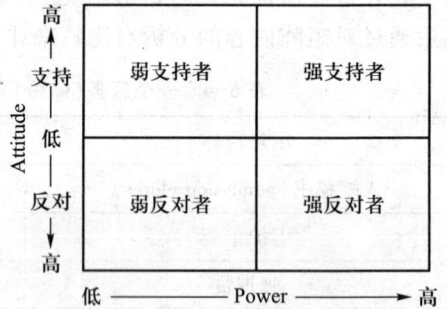

图 6-6　Power/Attitude 分布示意图

出于化解风险的考虑,可以制定合适的项目策略(如图 6-7 所示),一方面提高环境设定者对系统的关注,将他们转变为参与者;另一方面消除强反对者的反对原因,将他们变为强支持者。此外,给予被影响者一些充分发表和实现自身意见的权力,化解弱反对者的忧虑,也会有利于控制项目因涉众而可能产生的风险。

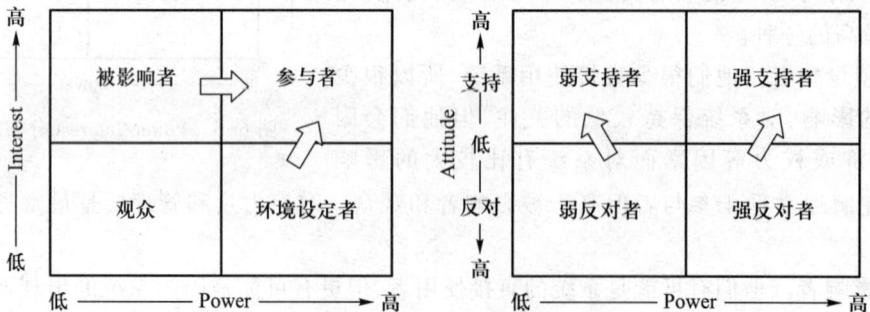

图 6-7　化解涉众风险策略图

涉众的需求冲突也是一类非常常见的项目风险,通过共赢分析可以尽可能地化解此类风险。

6.5.3 共赢分析

软件系统的不同涉众有不同的立场和利益,因此他们之间对系统的期望难免会发生冲突。为了保证软件系统的最终成功,应该尽可能地解决这些冲突,而且最好是在冲突发生之前能够消之于无形。这就是在涉众分析当中进行共赢分析工作的主要目的。

除了涉众之间经常发生的需求冲突之外,涉众自身的期望也常常和项目的整体目标存在着背离和不一致的现象,所以发现并消除涉众期望与项目业务需求之间的冲突也是涉众分析的一个重要内容。

化解冲突的第一个步骤是要发现冲突。一个可以利用的方法是建立 Stakeholder/Issue 关系图(如图 6-8 所示)。

① 列出系统的所有涉众类别,明确描述他们的兴趣和对系统的期望;

② 从涉众们的兴趣和期望中发现背后涉及的共同问题(issue);

③ 建立涉众类别和问题的关联,如果某个涉众类别对一个 issue 存在兴趣,那么该涉众类别和这个 issue 就存在关联关系;

④ 对每一个 Stakeholder/Issue 关系,标明该关系上所被寄予的期望。

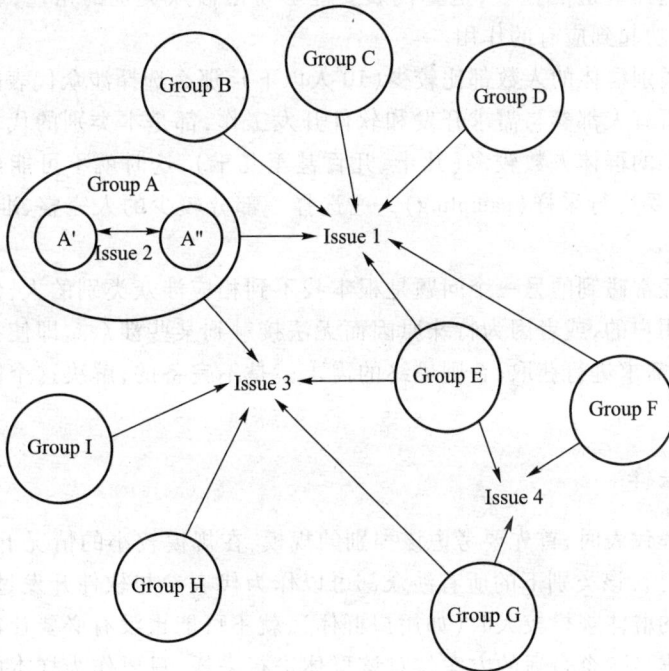

图 6-8　Stakeholder/Issue 关系图

在 Stakeholder/Issue 关系图中,如果某个关系上所寄予的期望与项目的业务需求无法保持一致,那么它所关联的涉众就在该 issue 的问题上和项目整体目标存在冲突。要解决涉众和项目目标之间存在的冲突,就需要涉众和项目负责人互相调整、折中各自的期望。在冲突比较严重的情况下,也许重新评估项目的可行性是更实际的选择。

如果 Stakeholder/Issue 关系图中某个 issue 所关联的不同关系标识有互相冲突的期望,那么就意味着它所关联的涉众在该 issue 上存在需求冲突。发现用户间的冲突之后,首先要分析各冲突方成为项目赢家的条件,如果他们的条件并没有太大的不一致,那么就说明他们所表达的期望和他们的利益存在一定程度的偏离,通过对期望进行适当调整就可以化解冲突。如果各冲突方成为项目赢家的条件也不可调和,那么需求工程师应该仔细分析项目在该 issue 上的目标、约束和可选方案,并提供给冲突方进行权衡,促进他们之间协商解决,以尽可能形成一个共赢的局面。

6.6　涉众代表选择

一个成功的项目不仅要很好地发现和理解关键涉众类别,还要能够让这些涉众类别在项目中确实起到关键的作用。因此,在发现关键涉众类别,完成对他们角色和职责的定义之后,还需要为每个涉众类别选择合适的代表,这些代表要能够扮演涉众类别的角色,履行涉众类别的职责,为项目的最终成功起到应有的作用。

如果每个涉众类别群体的人数都比较少(10人以下),那么选择涉众代表的工作就非常简单了——让类别内的所有人都参与需求开发和软件开发工作,都是本类别的代表。但是实践中经常遇到的是涉众类别的群体人数较多(几十、几百甚至几千),这时就不可能让所有人都作为代表参与软件开发,需要进行采样(sampling)——选择一部分较少的人完整、准确地代表所有人,参与软件开发。

涉众代表选择经常碰到的另一个问题是根本找不到相应涉众类别的人,例如商业软件在销售之前是没有明确用户的,或者因为特殊原因而无法接触到某些涉众。即使找不到涉众类别代表,也要想办法对其需求进行获取,否则最终的需求就是不完备的,解决这个问题的方法是使用涉众替代源。

6.6.1　涉众采样

为涉众类别选择代表时,首先要考虑该类别的规模,在规模较小的情况下(例如涉众类别为管理者和领域专家时),该类别下的所有涉众都可以作为代表参与软件开发过程,提出自己的需求。但在涉众类别的群体规模较大时(如用户群体),就不可能也没有必要让群体内的所有涉众都参与软件开发过程。一个合适的方案是对该群体进行采样,只要作为样本的代表能够真实代表涉众类别的整体情况,就可以在限定的成本和代价下保证涉众的有效参与。关于采样的严谨方法与过程是一个比较复杂的主题,限于篇幅,本书不再详细介绍,有兴趣的读者可以参考统计学的相关书籍。

在实践中,只要能够遵守一些基本原则,一些简单的采样方法也会取得很好的效果。这些基本原则包括以下几方面。

1. 完整采样

选择出来的代表们要能够完整的代表涉众,至少要做到每种涉众类别都有自己的代表,尤其是不要遗漏关键涉众类别。因为每个涉众都有自己的立场,所以指望某个来自不同涉众类别的人代替被遗漏的涉众类别表达需求是不现实的,至少表达出来的需求可能是不真实的。在无法表达自己意见与看法的情况下,没有自身代表的涉众类别的需求就得不到表达,这样就可能使得新系统的功能不完整或者被该涉众群体所抵制。

2. 态度积极

向开发者提供需求并不是一个轻松的工作,尤其是对那些日常工作极为繁忙的用户来说,一遍又一遍地向一个新手解释一些细枝末节的知识是一件非常消耗精力和令人厌烦的事情。因此,为涉众类别选择代表时,一定要保证选择的代表能够有足够的精力参与软件开发过程,并且愿意参与软件开发进程。

在选择领域专家时更是要关注他们是否愿意提供帮助,因为他们的时间往往都是非常宝贵的,而且他们在系统涉众的 Power/Interest 分布中属于观众类别,所以如果他们的态度不积极,就起不到应有的作用。

3. 数量适中

每个人对特定问题的看法都不可避免地包括两个部分:一是其所在群体的共同看法;二是他自己的个人看法。人们在发表看法时会同时把这两个部分一起表达出来,所以,如果为某个涉众类别选择的代表太少,就可能无法从代表们的表达中发现群体的共同看法,甚至出现代表们的个人看法倾轧群体共同看法的现象。在相反方面,如果为某个涉众类别选择的代表太多,就会浪费不必要的精力,而且涉众的数量越多,就特定问题产生不必要分歧的可能性就越大,达成一致就越困难。

代表数量的准确数字要视项目的上下文环境来确定,在实践中,[Beyer 1998]的建议是要介于 6~20 之间,[Hackos 1998]认为 5~10 个代表能够较好地覆盖涉众群体,[Kujala 2000]发现 6 个用户就可以为产品开发提供非常有用的信息。

4. 比例恰当

在为涉众类别选择一定数量的代表时,应该尽量保持一个恰当的比例分布。分布的基准是代表们的个人特征,例如,代表当中要有计算机技能熟练的人,也要有计算机技能不太精通的人;要包含非常熟悉业务细节的人,也要包含仅有普通工作能力的人,等等。恰当的比例可以让开发者更全面地了解涉众的能力,以保证功能设置更加合理,更加符合用户的实际能力。

6.6.2 用户替代源

在无法找到合适的涉众代表时,需求工程师可以考虑寻找一些涉众替代源——那些因为业务关系而和用户频繁接触的人。涉众替代源因为和用户在工作上存在频繁接触,所以能够较好地理解用户的真实想法,自然也就能够部分地代替他们发表看法。

通过分析涉众的交互网络图常常可以发现那些和涉众接触频繁的人,进而找到涉众替代源。常见的涉众替代源有:

- 拥有类似系统经验的系统分析人员;

- 与用户直接联系的技术支持人员;
- 服务咨询人员;
- 内部或者外部的顾问,通常是指领域专家;
- 用户方的管理者;
- 市场人员;
- 拥有相关知识的开发人员。

需要强调指出的是:如果能够找到真正的涉众代表,就不要使用替代源,因为替代源的效果比真实涉众代表要差得多。

6.7 涉众参与策略制定

6.7.1 制定涉众参与的基本策略

在选择了合适的涉众代表之后,还要让他们参与软件开发的过程,为软件系统的成功贡献力量。要求所有的代表都时刻准备着参与整个开发过程是一种糟糕的做法,因为涉众代表自己的日常工作也是非常繁忙的。正确的策略是事先安排好代表们的参与时间、强度与内容,让他们可以更好地提前安排自己的工作。为此,可以建立一个如图 6-9 所示的涉众参与矩阵,作为涉众代表参与软件开发过程的基本策略。

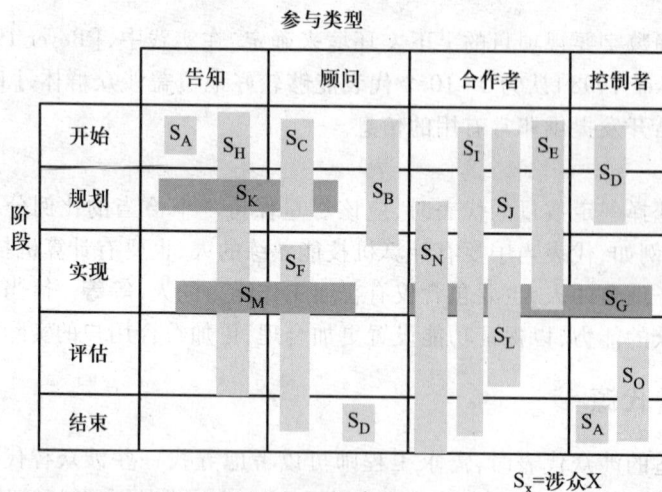

图 6-9 涉众参与矩阵,源自［Smith 2000］

例如,在图 6-9 中,对涉众 A 的安排就是在项目的开始阶段告知开发者相关的项目信息,其后的各个阶段他们都不再参与。而涉众 E 则要从项目开始到项目实现一直与开发者保持合作关系。

6.7.2 敏捷方法——用户参与

为了让涉众代表更好地参与软件开发,敏捷方法采用并广泛探索了用户深度参与(user involvement)方法。用户参与并没有形成公共认同的定义,其核心思想是建立开发者与用户的直接联系,尽早地关注用户和用户的任务执行过程,通过及时获得用户的反馈来调整软件设计,以完成高质量的设计。从另一个方面来讲,用户参与就是反对通过市场人员、管理者等中间媒介来了解用户,因为这些间接的联系会减少或歪曲用户的信息。

当然,用户参与并不仅仅是简单地让用户在软件开发活动中执行一些活动而已,它还反映了信息系统对用户的重要性和个人相关性,即用户在软件开发中的活动是重要的,而且最终的软件开发结果是和用户的活动行为密切相关的。[Kaulio 1998]根据用户对产品的影响将用户参与分为 3 种类型:为其设计(design for users)、与其设计(design with users)、由其设计(design by users)。

用户参与方法除了要求用户参与需求开发过程之外,还要求用户参与软件系统开发的整个过程,包括需求开发之后的设计、实现和测试等各个阶段。而且用户除了提出自己的需求之外,还需要通过实际执行任务并提供反馈来影响系统的设计,以提高最终系统的用户满意度。

因为用户需要参与软件开发的全过程,并且对最终软件的设计和质量具有非常重要的影响,所以在该方法中参与用户的选择和普通的涉众代表采样有所不同。主要的区别是这里除了要求完整采样、态度积极和数量适中 3 个原则之外,更倾向于选择计算机技能熟练、业务精通和善于沟通的用户,而且绝对数量上也要更少一些。

已经有很多开发者通过引入用户参与在项目中获得了很大的好处。[Kujala 2005]发现在项目早期就使用用户参与方法能够提高项目成功率和产品质量。[Emam 1996]发现在需求不确定性比较大的项目中,用户参与可以取得比较好的效果。但在相反的情况下,用户参与反而可能带来阻碍作用。[Damodaran 1996, Kujala 2003]总结的用户参与方法的优缺点也很好地说明了这一点(如表 6-5 所示)。

表 6-5　用户参与的优缺点

	优缺点描述
优点	会有更精确的用户需求,进而提高了系统的质量
	可以避免发生代价昂贵的系统故障
	能提高用户对系统的接受度
	用户能够更有效地理解和使用系统
	可以提高组织内决策制定过程的参与度

	优缺点描述
缺点	采集和管理巨量原始数据会花费很多时间
	需要解决直接接触用户和对设计施加影响的困难
	用户通常不愿意在别人的观察下工作,而且研究发现用户在被观察时并不是真的在工作
	难以安排对用户工作过程的观察

6.8 使用目标模型进行涉众分析

6.8.1 使用主体依赖模型描述涉众互动

涉众的互动关系是涉众识别及分析中十分重要的内容,目标模型框架 I* [Yu 1995; Yu 1997]为此提供了主体依赖模型(actor dependency model),比传统的草图分析更加直观和有效。

主体依赖模型如图 6-10 所示,通过依赖关系描述主体之间的互动。

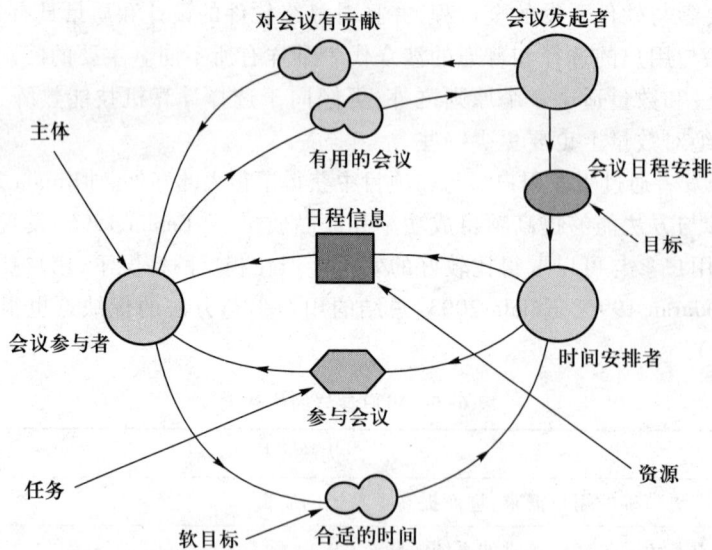

图 6-10　主体依赖模型示例

主体之间的依赖关系有以下几种。

① 目标依赖(goal dependency):依赖者希望被依赖者满足一个条件,但不会规定怎样满足该条件。

② 软目标依赖(soft goal dependency):一种特殊类型的目标依赖,其条件是无法量化描述的。

③ 任务依赖(task dependency):依赖者希望被依赖者执行特定任务。任务依赖比目标依赖更加具体,因为满足条件可以执行很多任务,被依赖者有自己的选择权。而任务依赖直接为被依赖者规定了任务。

④ 资源依赖(resource dependency):依赖者希望被依赖者提供资源实体(抽象信息或者实物材料)为自己所用,但不关注提供资源需要被依赖者执行的行为和解决的问题。

每个主体的期望都要由其他主体来满足,每个主体提供的资源、职责都要由其他主体来消费,联合起来就可以充分、完备地描述涉众之间的互动,能深入描述涉众群体间的社会互动性[Yu 2009]。所以,在保证描述比较完整的前提下分析主体依赖模型就可以帮助发现每类涉众的立场,所以主体依赖模型对识别涉众类别、判定其关键性都有很大的帮助。

6.8.2 基于目标模型描述及评估涉众

目标模型框架 I*[Yu 1995,Yu 1997]还建议将一个拥有者的所有目标单独组织起来,作为拥有者的描述信息,如图 6-11 所示。目标模型能够有效、深入地描述目标、策略信息,所以使用

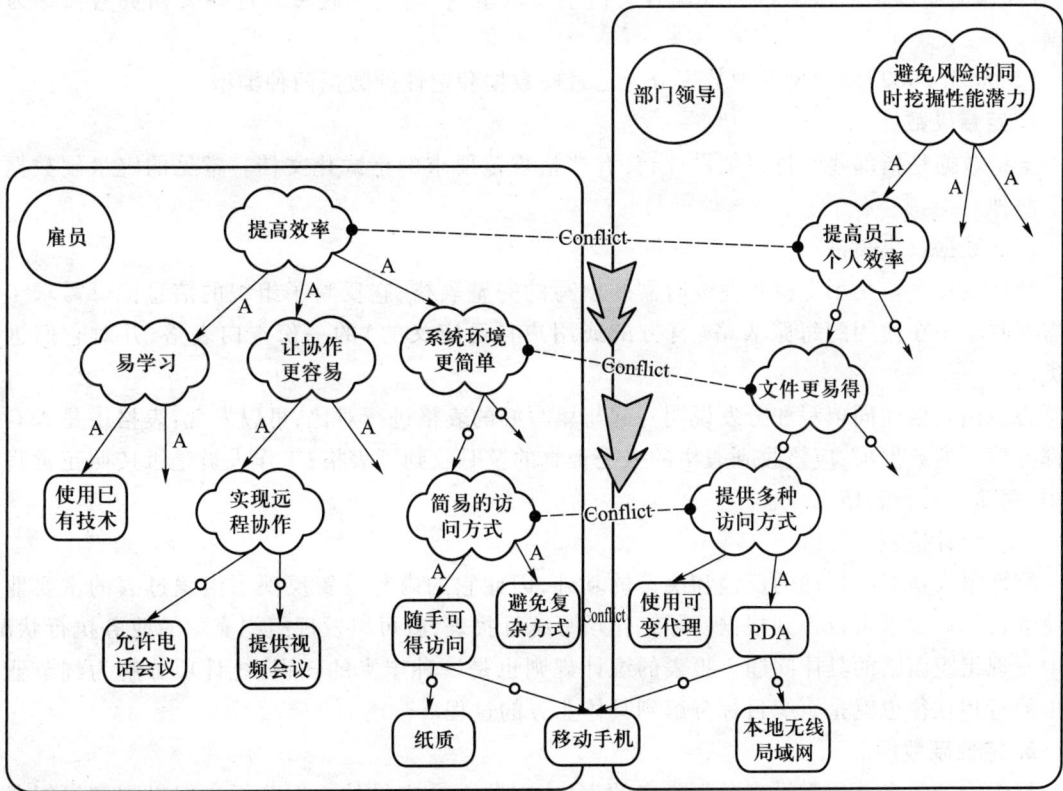

图 6-11 拥有者的目标模型示例

拥有者的目标模型能够更深入地描述涉众特征。

基于拥有者的目标模型,可以更好地执行涉众评估:

① 根据目标的优先级安排主体的优先级。

② 根据目标的风险确定主体的风险。

③ 根据目标分析深入分析主体间的互动:

- 根据目标冲突可以发现深层次的主体冲突。
- 根据目标的冲突情况协商解决主体间的冲突。

6.9 硬数据及硬数据采样

6.9.1 硬数据

人们在进行实际工作时会产生各种各样的表格和文档资料,这些表格和文档资料往往是用户对实际业务进行加工和抽象之后的结果,是一种精化过的知识。因此,在研究一个现有系统时,有经验的需求工程师总是会从现有文档中获取事实,理解问题域。这些文档资料被称为硬数据。

[Kendall 2002]将常见的硬数据分为定量硬数据和定性硬数据两种类型。

1. 定量硬数据

定量数据是指那些经过仔细设计、具有严格规范要求的格式化文档。常见的定量硬数据有以下两种。

(1)数据收集表格

数据收集表格是用户执行业务时需要填写的完整表格,它反映了组织的信息流。需求工程师需要收集正在使用的每张表格(官方的或用户自己定义的)的一份空白表格,并对它们进行分类。

将空白表格连同填写和分发说明一起与填写好的表格进行对比,可以发现:表格中是否有从来都不填写的数据项;应该收到表格的人是否真的及时收到了表格;工作人员是否按照正常程序使用、存储和丢弃表格。

(2)统计报表

统计报表是组织行动的反馈和决策的基础,因此它的内容设置反映了组织过去的主要业务和业务目标。如果可以得到根据实际工作填写统计报表,就可以发现组织实际的业务执行状况,从中发现组织面临的具体问题。报表的统计规则也是一种丰富的知识,统计项分解为细节业务数据的过程往往也就是组织目标分解到具体业务的过程。

2. 定性硬数据

组织中的很多文档都没有预先确定的表格,因此不是定量的。但分析它们对理解组织成员从事工作的过程还是有借鉴作用的。定性的硬数据大都是使用自然语言进行的文本描述,因此利用起来需要花费较大的代价。常见的定性硬数据有以下 3 种。

（1）整个组织的描述文档

该类文档的内容含有对组织的业务、流程、目标及结构的丰富信息，可以帮助开发人员从整体上了解组织的业务开展情况。

组织结构图是该类文档中常见的一种，它可以帮助发现项目的关键涉众。组织的门户网站往往也是该类文档的一种，网站上的内容设置与分类方式能够反映组织的业务开展状况。

（2）业务指导文档

常见的业务指导文档是组织的工作指南和规章手册，它们的内容能够解释业务的详细执行过程，反映业务的具体细节。

（3）业务备忘

组织成员在执行业务时，常常会留下一些备忘性的记录信息，它们和定量的数据收集表格一样可以反映业务的实际执行情况。通过将很多业务备忘联合起来进行分析，可以形成对组织工作流程的清晰理解。

6.9.2 硬数据采样[*]

因为研究组织内出现的每一个文档和记录是不切实际的，所以通常需要使用抽样技术来获得一个足够好的样本硬数据集，然后依据它们建立问题域的知识。

抽样时样本大小的选择取决于需求工程师希望样本具有多大的代表性。用于确定样本大小（SS）的一个简单而有效的公式是

$$SS = 0.25 \times (确定性因子/可接受的错误)^2$$

确定性因子取决于需求工程师希望抽样数据包括了样本中的各种情况有多大的确定性。确定性因子是通过统计学原理计算出来的，一些常用的确定性因子见表 6-6 所示。

表 6-6　常见的确定性因子

期望的确定性	确定性因子
95%	1.960
90%	1.645
80%	1.281

假设希望发票样本中包含所有的情况具有 90% 的确定性，那么样本的大小计算如下：

$$SS = 0.25 \times (1.645/0.10)^2 = 68$$

即为了得到期望的确定性，需要抽样 68 张发票。

现在假设从经验中得知每 10 张发票中就有 1 张发票与常规情况不同，那么就可以根据这条

---

[*] 本节内容主要源自 [Whitten 2003]。

知识修改上面公式,将启发式因子 0.25 替换成 $p\times(1-p)$:

$$SS = p\times(1-p)\times(1.645/0.10)^2$$

其中,p 是有差异的发票的比率。

于是,重新计算后的样本大小为

$$SS = 0.10\times(1-0.10)\times(1.645/0.10)^2 = 25$$

如何选择这 25 张发票呢?两种常用的抽样技术是随机抽样和分层抽样。随机抽样随机地采样数据,因此,只是根据上面计算出的样本大小随机选择 25 张发票即可。分层抽样是一种有考虑的系统的方法,试图降低采样数据的方差。例如,假设发票的总数是 250 000 张,由于样本大小需要包括 25 发票,所以就可以将所有的发票分为 25 层,每层 10 000 张,最后从每一层中随机抽取一个样本即可。

引 用 文 献

[Alexander 2002] ALEXANDER I F, STEVENS R. Writing better requirements. Addison-Wesley, 2002.

[Alexander 2004a] ALEXANDER I F. A better fit-characterising the stakeholders. CAiSE Workshops, 2004 (2): 215-223.

[Alexander 2004b] ALEXANDER I F, ROBERTSON S. Understanding project sociology by modeling stakeholders. IEEE Software, 2004, 21(1): 23-27.

[Athanasia 1997] ATHANASIA P, WHITLEY E A. Stakeholder identification in inter-organizational systems: gaining insights for drug use management systems. European journal of information systems, 1997, 6(1): 1-14.

[Beyer 1998] BEYER H, HOLTZBLATT K. Contextual design: defining customer-centered systems. San Francisco: Morgan Kaufmann Publishers, 1998.

[Bryson 2004] BRYSON J M. What to do when stakeholders matter: stakeholder identification and Analysis Techniques. Public Management Review, 2004, 6(1).

[Butler 1997] BUTLER T, FITZGERALD B. A case study of user participation in the information systems development process. Proceedings of the 18th International Conference on Information systems. Atlanta, 1997: 411-426.

[Cavaye 1995] CAVAYE A. Participation in the development of inter-organizational systems involving users outside the organization. Journal of Information Technology, 1995, 10(3): 135-147.

[Damodaran 1996] DAMODARAN L. User involvement in the system design process-a practical guide for users. Behaviour & Information Technology, 1996, 16(6): 363-377.

[Davis 2006] DAVIS A, DIESTE O, HICKEY A, et al. Effectiveness of requirements elicitation techniques: empirical results derived from a systematic review. In proceedings of 14th IEEE International Requirements Engineering Conference (RE'06). MN, USA, 2006: 179-188.

[Deursen 2001] DEURSEN A. Customer involvement in extreme programming—XP2001 Workshop Report, 2001. http://www.cwi.nl/~arie/wci2001/.

[Emam 1996] EMAM K El, QUINTIN S, MADHAVJI N H. User participation in the requirements engineering process: an empirical study. Requirements Eng, 1996, 1(1): 4-26.

[Freeman 1984] FREEMAN R E. Strategic management: a stakeholder approach. Pitman, Boston, 1984.

[Fuentes-Fernàndez 2009] Fuentes-Fernández R, Gómez-Sanz J.Pavón J. Understanding the human context in requirements elicitation. In Requirements Engineering. London: Springer, 2009.

[Glinz 2007] GLINZ M, WIERINGA R J. Stakeholders in requirements engineering. IEEE Software, March/April 2007.

[Hackos 1998] HACKOS J T, REDISH J C. User and task analysis for interface design. New York: Wiley, 1998.

[Kaulio 1998] KAULIO M A. Customer, consumer and user involvement in product development: a framework and a review of selected methods. Total Quality Management, 1998, 9: 141-149.

[Keil 1995] KEIL M, CARMEL E. Customer-developer links in software development. Communications of the ACM, 1995.

[Kendall 2002] KENDALL K E, KENDALL J E. Systems analysis and design. 5th ed. Pearson Education, 2002.

[Kotonya 1998] KOTONYA G, SOMMERVILLE I. Requirements engineering: processes and techniques. John Wiley, 1998.

[Kujala 2000] KUJALA S, Mäntylä M. How effective are user studies // MCDONALD S, WAERN Y, COCKTON G. People and Computers XIV. Springer-Verlag, 2000: 61-71.

[Kujala 2003] KUJALA S. User involvement: a review of the benefits and challenges. Behaviour & Information Technology, 2003, 22(1): 1-16.

[Kujala 2004] KUJALA S, KAUPPINEN M. Identifying and selecting users for user-centered design. Proceedings of the third Nordic conference on Human-computer interaction, 2004.

[Kujala 2005] KUJALA S, KAUPPINEN M, LEHTOLA L, et al. The role of user involvement in requirements quality and project success. Proceedings of the 2005 13th IEEE International Conference on Requirements Engineering (RE' 05), 2005.

[McManus 2004] MCMANUS J. A stakeholder perspective within software engineering projects. Proceedings of IEEE International Conference on Engineering Management, 2004, 2: 880-884.

[Pacheco 2009] PACHECO C, GARCIA I. Effectiveness of stakeholder identification methods in requirements elicitation: experimental results derived from a methodical review. Eigth IEEE/ACIS International Conference on Computer and Information Science, 2009.

[Pacheco 2012] PACHECO C, GARCIA I. A systematic literature review of stakeholder identification methods in requirements elicitation. The Journal of Systems and Software, 2012: 2171-2181.

[Pouloudi 1997] POULOUDI A. Stakeholder analysis as a front-end to knowledge elicitation. AI & Society, 1997, 11: 122-137.

[Razali 2011] RAZALI R, ANWAR F. Selecting the right stakeholders for requirements elicitation: a systematic approach. Journal of Theoretical and Applied Information Technology, 2011, 33(2).

[Robertson 1999] ROBERTSON S, ROBERTSON J. Mastering the requirements process. Addison-Wesley, 1999.

[Robertson 2003] ROBERTSON S. Stakeholders, goals, scope: the foundation for requirements and business models. http://www.volere.co.uk/pdf% 20files/StkGoalsScope.

[Sharp 1999] SHARP H, FINKELSTEIN A, GALAL G. Stakeholder identification in the requirements engineering process. Proceedings of the 10th Int'l Workshop Database and Expert Systems Applications, 1999.

[Smith 2000] SMITH L W. Project clarity through stakeholder analysis. CROSSTALK: The Journal of Defense

Software Engineering, 2000.

[Whitten 2003] WHITTEN J, BENTLEY L, DITTMAN K. Systems analysis and design methods. 6Rev ed. McGraw Hill Higher Education, 2003.

[Wiegers 1999] WIEGERS K E. Software requirements. Microsoft Press, 1999.

[Wiegers 2003] WIEGERS K E. Software requirements. 2nd ed. Redmond, WA: Microsoft Press, 2003.

[Yu 1995] YU E S. Modelling strategic relationships for process reengineering. Ph.D. dissertation. Dept. of Computer Science, University of Toronto, 1995.

[Yu 1997] YU E S. Towards modelling and reasoning support for early-phase requirements engineering. 3rd IEEE Int. Symp. on Requirements Eng., 1997: 226-235.

[Yu 2009] YU E S. Social modeling and i* // Borgida A, Chaudhri V, Giorgini P, et al. Conceptual modeling: foundations and applications-essays in honor of John Mylopoulos. LNCS vol. 5600, Springer. 2009.

第7章 基于用例/场景模型展开用户需求获取

7.1 用户需求获取活动的展开

7.1.1 展开用户需求获取活动时的注意事项

确定项目的前景与范围之后,需求工程就进入了后期阶段,就可以在前景与范围的指导下展开用户需求获取活动了。

用户需求的获取要时刻检查项目边界,在范围内的不要遗漏,在范围外的要坚决排除,必要时维护项目边界。可以围绕系统边界计划获取活动,在面向对象方法中,以用例为线索逐一展开获取过程;在结构化方法中,以系统与外界的输入/输出流为线索逐一展开获取过程。除了以系统边界为线索外,还可以辅之以业务需求、系统特性、目标模型、活动图等前景与范围阶段的工作成果,以更好地时刻把握系统边界。如果在用户需求获取中发现前期阶段的前景与范围定义得不准确,可以在确认后修正项目的边界,并以新边界为线索展开用户需求获取活动。

用户需求获取的成功依赖于合适的需求获取方法的选择与应用。需求工程前期阶段的需求获取也需要选择和应用合适的需求获取方法,但相对而言,需求工程后期阶段需要获取的内容更多、情况更复杂、要求更细致,所以需求工程后期阶段尤其需要正确选择与应用合适的需求获取方法。需求工程的前期阶段更为关键的是需求工程师的创造性,即建立解决方案的创造力,他的需求获取在多数情况下可以只依赖面谈一种方法完成。到了需求工程后期阶段,需求工程就要综合应用面谈、头脑风暴、原型、观察、硬数据抽取等多种方法才能有效地完成用户需求获取任务。在明确具体主题后,需求工程师要综合考虑涉众特征、环境特征、主题成熟度、主题稳定性等多种因素来最终确定应该使用的方法,具体细节请参见第 8~10 章。

要准备使用多次“获取→分析”的迭代过程最终完成用户需求获取。每个迭代可以进行多次具体的获取活动,每次获取都可以得到更多的信息,包括更完备的问题域信息、更具体的用户要求、更细化的解决方案细节等。每次获取后的分析是为了检查获取结果是否正确,以及指导下一个迭代中获取的内容与方向。

要及时将每次获取的内容组织起来。传统上一直使用获取笔录来组织获取内容,但获取笔录只是各种资料的简单堆积,是比较散乱的。20 世纪 90 年代之后,人们更愿意使用用例/场景模型组织获取到的内容。用例/场景模型以用例/场景为基本单位,既能够以任务方式清晰、条理地展现各部分内聚的已获取内容,又能够为需求分析界定合理范围,还能够综合所有用例/场景结构化地展现整个项目范围下的用户需求获取进展情况。

7.1.2　用户需求获取活动的主线索——用例/场景模型

用户需求获取活动展开示意图如图7-1所示,有3个典型的需求层次。

① 目标模型用于组织系统的目标、特性、任务等与业务需求相关的内容,目标分析过程是建立目标模型并验证其正确性、完备性、一致性的过程。

② 用例/场景模型用于组织用户需求的相关内容,用例/场景分析是建立用例/场景模型的过程,但用例/场景分析无法完成对用户需求相关内容正确性、完备性、一致性的验证。

③ 面向对象分析模型或结构化分析模型用于描述软件解决方案的细节知识,组织和指导系统级需求的建立。面向对象分析或结构化分析是建立面向对象分析模型或结构化分析模型的过程,同时还能够验证用户需求相关内容的正确性、完备性和一致性。

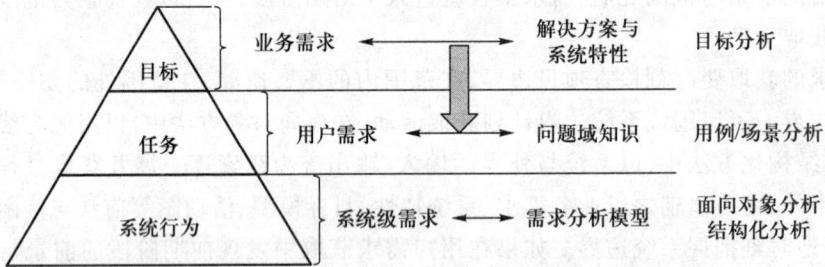

图 7-1　用户需求获取活动展开示意图

比较3个层次可以发现,用例/场景模型不能说完全没有保证用户需求相关内容正确性、完备性、一致性的分析作用,但至少不是完成用户需求相关内容分析的主要手段。用例/场景分析更多的是组织用户需求内容,并将其组织结果提供给面向对象分析或结构化分析,让面向对象分析或结构化分析更为顺利和更有目的性。

总的来说,用例/场景模型能够及时地将每次需求获取活动的进展组织起来,展现、提供给分析活动,并在得到分析结果后进一步指导后续获取活动,所以用例/场景模型在用户需求获取活动中有着主线索的作用。

7.2　用例/场景

7.2.1　什么是用例/场景

用例/场景虽然用例在前,场景在后,但事实上场景是更为基本的元素,用例只是一种特殊的场景,是需求工程师在组织需求时更喜欢使用的场景类型。

[Zorman 1995]将场景定义为对系统和环境行为的局部描述。[Plihon 1998]将场景定义为对行为或者事件序列的描述,序列中的行为和事件是系统需要完成的一个任务的特殊示例。[Jarke 1996]认为场景包含行为序列和行为发生的环境,环境描述了行为的主体、客体和上下文设置。实际上,以上描述都不足以作为场景的准确定义,人们也很难给场景下一个非常准确的定义。可以明确的是,场景具有重点描述真实世界的特征,它利用情景、行为者之间的交互、事件随时间的演化等方式来叙述性地描述系统的使用。从宽泛的意义上讲,示例、情景、上下文环境的叙述性描述、原型、序列图、脚本等都是场景常见的表现形式,如图 7-2 所示。

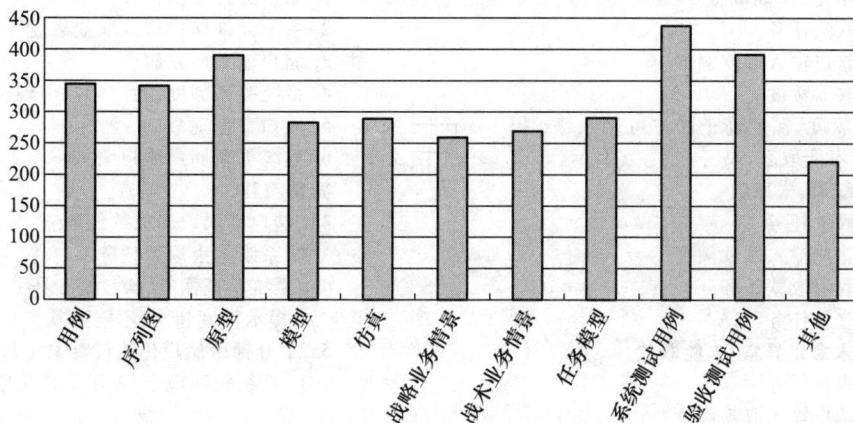

图 7-2 场景类型及其使用程度分布,源自[Jarke 1997]

用例是[Jacobson 1992]最先在 Objectory 方法中提出的,用于描述电话通信中的信息交换序列——对话过程。后来人们开始使用用例描述系统与外界交互的行为序列——软件功能的执行场景,并得到越来越多的关注与应用。统一建模语言 UML 也将用例和用例模型看作是整体中的一个重要组成部分,UML 对用例/场景的定义成为人们事实上的使用标准。

UML 将用例定义为"在系统(或者子系统或者类)和外部对象的交互中所执行的行为序列的描述,包括各种不同的序列和错误的序列,它们能够联合提供一种有价值的服务"[Rumbaugh 2004]。[Cockburn 2001]认为用例描述了在不同条件下系统对某一用户的请求所做出的响应。根据用户请求和请求时的系统条件,系统将执行不同的行为序列,每一个行为序列被称为一个场景。一个用例是多个场景的集合。

换句话说,如图 7-3 所示,每个用例是对相关场景集合(同一个目标下的多个场景)的叙述性的文本描述,这些场景是用户和系统之间的交互行为序列,互有重合、互为补充,共同实现用户的目的。更精确地说,一个用例承载了所有和用户某个目标相关的成功和失败场景的集合。用例是一个理想的容器,以外部视图和描述系统可观察行为的方式记录系统的功能需求。

共同前提要求:已插入银行卡并验证密码通过

共同结果要求:保持储户账户的数据一致性

场景 1:顺利取款

1. 储户选择取款任务

2. 系统允许储户输入取款额度

3. 储户输入取款额度

4. 系统验证额度,通过后吐出现金

5. 储户拿走现金

6. 系统更新储户账户

场景 2:额度不足,未能取款

1. 储户选择取款任务

2. 系统允许储户输入取款额度

3. 储户输入取款额度

4. 系统验证额度,额度高于账户可用余额,提示额度超支,不能取款

场景 3:中途取消,未取款

1. 储户选择取款任务

2. 系统允许储户输入取款额度

3. 储户请求取消取款任务

4. 系统取消取款任务

场景 4:现金未拿走异常,未能取款

1. 储户选择取款任务

2. 系统允许储户输入取款额度

3. 储户输入取款额度

4. 系统验证额度,通过后吐出现金

5. 1分钟后储户仍然没有拿走现金

6. 系统收回现金,提示取款失败

用例:取款

前置条件:储户已通过登录验证并得到授权

后置条件:保持储户账户的数据一致性

正常流程:

1. 储户选择取款任务

2. 系统允许储户输入取款额度

3. 储户输入取款额度

4. 系统验证额度,通过后吐出现金

5. 储户拿走现金

6. 系统更新储户账户

异常流程:

3a. 储户请求取消取款任务

  1. 系统结束取款任务

4a. 系统验证额度,额度高于账户可用余额

  1.提示额度超支,不能取款

5a. 1分钟后储户仍然没有拿走现金

  1. 系统收回现金,提示取款失败

图 7-3　用例与场景的关系示例

7.2.2　用例/场景的组织特点

本质上,用例/场景是对用户需求及相关内容的组织[Wiegers 2010],如图 7-4 所示。图 7-4 的左右两侧分别是两种组织方式,左侧是用例/场景的组织方式,它将原本独立的多个需求组织成一个个故事,让用户、客户等应用领域中的涉众看起来更容易理解和接受。右侧是以各自独立的方式组织所有需求,每一条需求都独立于其他需求,这更符合开发者的视角,可以让开发者集中精力对付每一条需求而不受其他需求内容的干扰。

传统上,人们使用的是用户需求列表的方式,因为需求内容的组织工作本来就是开发者负责的,但这无疑会使应用领域的涉众难以阅读,而且其分散性也不利于需求工程师执行获取、分析与验证任务。用例/场景的出现使得人们认识到还有一种更能为涉众所接受的需求组织方式,它不仅可以将需求组织为易于理解的故事,而且其内聚性还有助于需求工程师执行获取、分析与验证任务。

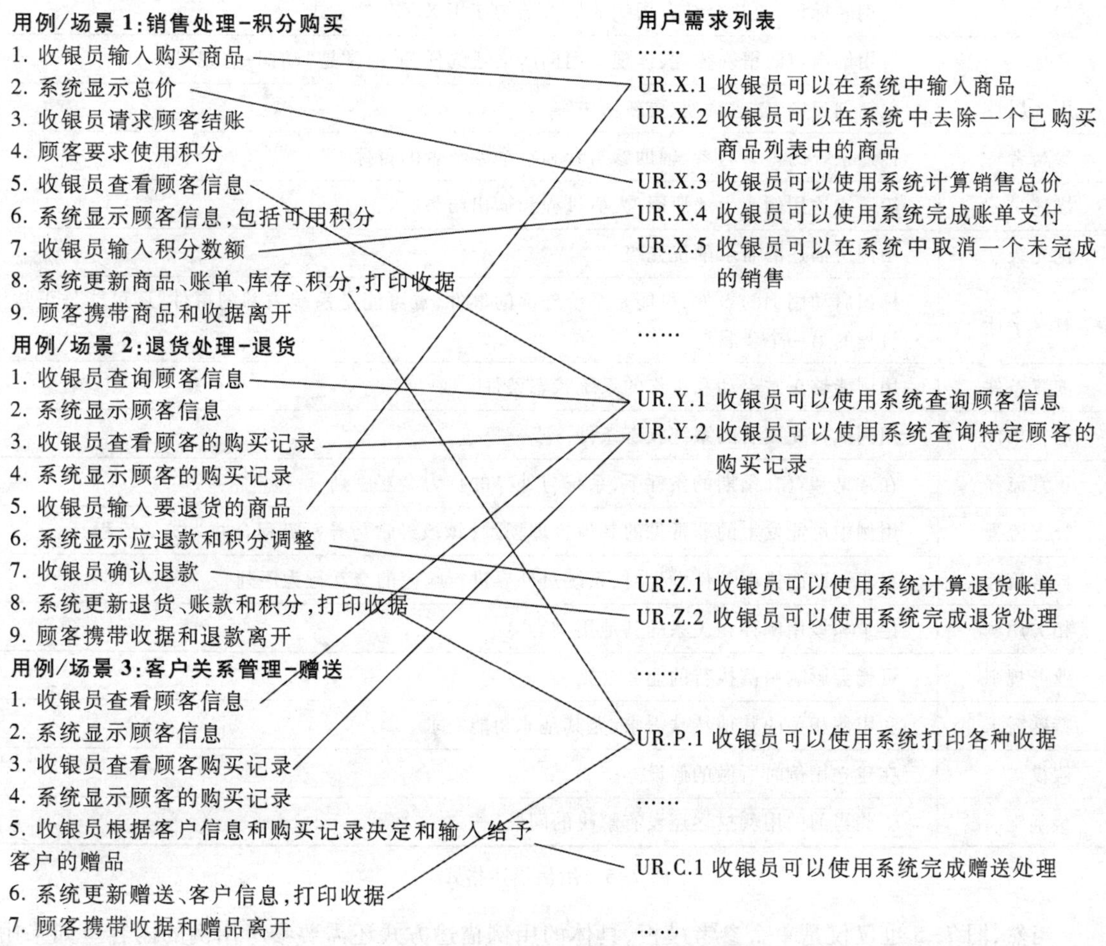

用例/场景1:销售处理-积分购买　　　　　用户需求列表

1. 收银员输入购买商品　　　　　　　　......
2. 系统显示总价　　　　　　　　　UR.X.1 收银员可以在系统中输入商品
3. 收银员请求顾客结账　　　　　　UR.X.2 收银员可以在系统中去除一个已购买
4. 顾客要求使用积分　　　　　　　　　　　商品列表中的商品
5. 收银员查看顾客信息　　　　　　UR.X.3 收银员可以使用系统计算销售总价
6. 系统显示顾客信息,包括可用积分　UR.X.4 收银员可以使用系统完成账单支付
7. 收银员输入积分数额　　　　　　UR.X.5 收银员可以在系统中取消一个未完成
8. 系统更新商品、账单、库存、积分,打印收据　　　　的销售
9. 顾客携带商品和收据离开

用例/场景2:退货处理-退货　　　　　......

1. 收银员查询顾客信息　　　　　　UR.Y.1 收银员可以使用系统查询顾客信息
2. 系统显示顾客信息　　　　　　　UR.Y.2 收银员可以使用系统查询特定顾客的
3. 收银员查看顾客的购买记录　　　　　　　购买记录
4. 系统显示顾客的购买记录
5. 收银员输入要退货的商品　　　　......
6. 系统显示应退款和积分调整
7. 收银员确认退款　　　　　　　　UR.Z.1 收银员可以使用系统计算退货账单
8. 系统更新退货、账款和积分,打印收据　UR.Z.2 收银员可以使用系统完成退货处理
9. 顾客携带收据和退款离开

用例/场景3:客户关系管理-赠送　　　......

1. 收银员查看顾客信息
2. 系统显示顾客信息　　　　　　　UR.P.1 收银员可以使用系统打印各种收据
3. 收银员查看顾客购买记录
4. 系统显示顾客的购买记录
5. 收银员根据客户信息和购买记录决定和输入给予
客户的赠品　　　　　　　　　　UR.C.1 收银员可以使用系统完成赠送处理
6. 系统更新赠送、客户信息,打印收据
7. 顾客携带收据和赠品离开　　　　......

图7-4　用例/场景的组织作用示例

　　当然,用例/场景的组织方式虽然有助于需求理解,但不利于设计师、程序员、测试工程师等开发者的后续开发工作,因为开发工作希望分解复杂度而不是增加复杂度,喜欢独立处理各条需求而不是一次性满足很多需求,尤其是不同用例/场景中会出现的重复部分是开发者最不喜欢的。所以,只要不是受到成本或进度限制,人们还是希望既建立需求的用例/场景组织方式以利于需求阶段的开发工作,又建立需求的列表组织方式以利于后续开发工作。一个广泛使用的做法是在用户需求获取展开阶段建立用例/场景的组织方式,等到所有的获取、分析工作都结束之后,再为系统级需求建立列表方式并文档化传递给后续开发者。

　　如图7-5所示,用例/场景不仅可以将多个独立的功能需求组织为故事,还能够以功能为中心,将涉众及目标、问题域知识(例如业务规则)、质量需求(特殊需求部分)、对外接口(特殊需求部分)、假设与依赖等众多的相关内容也组织在一起。

ID	用例的标识,通常会结合用例的层次结构使用 X.Y.Z 的方式
名称	对用例内容的精确描述,体现了用例所描述的任务,通常是"动词+名词"
用例属性	包括创建者、创建日期、更新历史等
参与者	描述系统的主参与者、辅助参与者和每个参与者的目标
描述	简要描述用例产生的原因,大概过程和输出结果
优先级	用例所描述的需求的优先级
触发条件	标识启动用例的事件,可能是系统外部的事件,也可能是系统内部的事件,还可能是正常流程的第一个步骤
前置条件	用例能够正常启动和工作的系统状态条件
后置条件	用例执行完成后的系统状态条件
正常流程	在常见和符合预期的条件下,系统与外界的行为交互序列
分支流程	用例中可能发生的非常见的其他合理场景(该段经常与异常流程合并为扩展流程)
异常流程	在非预期的错误条件发生时,系统对外界进行响应的交互行为序列
相关用例	记录和该用例存在关系的其他用例
业务规则	可能会影响用例执行的业务规则
特殊需求	和用例相关的其他特殊需求,尤其是非功能需求
假设	在建立用例时所做的假设
待确定问题	一些当前的用例描述还没有解决的问题

图 7-5   用例描述格式

当然,图 7-5 也仅仅是一个参考模板,具体的用例描述方式还需要参考用例的内容。如果用例是需求工程前期的一些抽象描述,那么可能就仅仅是一段概括性的描述而已。如果用例的内容是专门针对特殊情况的,如工作流、规则断言和异常流程等,那么可能就需要采用特殊的结构化文本方式,甚至可能会采用形式化文本的方式。

用例/场景以内聚的功能为中心组织各种知识,这取得了易于理解(各种知识内聚)的效果,也产生了弱点:

- 它反考虑了其他内容与功能需求之间的联系,却无法描述其他内容相互之间的联系,如质量需求的相互依赖、界面需求的跳转、对外接口需求与质量需求的联系等。
- 它反考虑了存在联系的事实,却无法分析联系的合理性,如有无遗漏功能需求、数据需求及业务规则是否充分、质量需求是否可行等。

所以,虽然用例/场景的优点非常明显,但它毕竟只是一种组织形式,不能寄希望于单凭用例/场景模型解决所有问题,目标模型、面向对象分析模型或结构化模型等其他的模型形式仍然是必要的。

7.2.3 用例/场景的层次性

用例/场景是对需求的组织,需求是有层次性的,那么用例/场景自然也是有层次性的。

用例/场景可以用于组织业务需求内容,如图 7-6 所示,它的场景描述可以只是一段抽象的文字描述,也可以是对业务过程的描述。

ID	3	名称	商品库存管理	优先级	高
参 与 者 及 目标			(主参与者)总经理:库存分析,减少商品积压、缺货和报废 (辅助参与者)收银员:记录销售及退货中的商品出入库情况 (辅助参与者)业务经理:记录商品的批量入库与出库		
用例描述			系统准确记录商品的入库、出库、销售及退货信息,并以此为基础掌握库存实时数据,分析和预测未来商品出库量,发现未来可能出现的积压、缺货和报废,提醒总经理进行处理		
主流程			1. 业务经理:商品入库 2. 收银员:销售处理,售出的商品出库 3. 总经理:库存分析,发现商品积压、缺货和报废		
分支流程			2a. 收银员:退货处理,退回的商品入库 2b. 业务经理:商品批量出库		

图 7-6 抽象用例示例

用例/场景也可以用于组织用户需求的内容,如图 7-7 所示。用户需求级别的场景描述由用户需求连接而成,每个步骤都是一个用户任务。为了让故事连贯起来,场景描述中也经常会添加一些不属于用户需求的内容,例如两个涉众之间的外部互动。在扩展流程中,只要不明确指明后续的步骤或者结束,故障(错误、异常)扩展流程自动回到主流程中的扩展步骤,分支流程则自动回到主流程中扩展步骤的下一个步骤。

用例/场景还可以用于组织系统级需求的内容,如图 7-8 所示。系统级需求级别的用例/场景描述由系统级需求连接而成,每个步骤都是一次外界与系统的交互。图 7-8 中正常流程步骤 5、扩展流程 6a-1 就是为了让故事连贯起来而添加的内容。1a、1-5a-1-1a 是异常扩展流程,所以执行完扩展流程后分别回到原扩展步骤 1、1-5a-1。其他扩展流程都是分支流程,所以执行完扩展流程后回到各自扩展步骤的下一步骤。

业务需求、用户需求、系统级需求只是需求的 3 个典型层次而已,在实际复杂系统中可能还存在其他的需求层次(复杂系统中,目标可以像目标模型那样再分层,任务也可以按照工作分解结构(Work Breakdown Structure,简称 WBS)再分层),所以用例/场景描述的内容详略程度会有很大的差异性,一般在需求工程的早期阶段建立最为概要的用例/场景描述,在需求工程的中期阶段(需求获取中)建立用户任务层次的用例/场景描述,在需求工程的后期阶段(需求分析后)建立系统交互层次的用例/场景描述。

ID	1.1	名称	销售处理	优先级	高
参与者		收银员,目标是快速、正确地完成商品销售,尤其不要出现支付错误			
触发条件		顾客携带商品到达销售点			
前置条件		收银员开始一个新的销售			
后置条件		准确完成支付过程,记录销售过程			
正常流程		1. 收银员输入销售商品,系统记录并显示商品列表 2. 收银员结束销售,系统计算和显示总价 3. 收银员输入支付现金,系统计算并显示找零 4. 收银员完成支付,系统记录销售信息,并打印收据			
扩展流程		1-2a 收银员可以删除一个已经输入的商品 1. 系统将该商品信息从记录中删除 1-3a 收银员可以取消销售过程 1. 系统放弃之前工作,结束销售处理			
业务规则		总价 = ∑商品单价×数量 找零 = 支付数额−总价 商品的条码符合			
特殊需求		商品列表、总价、找零信息的显示要 1 m 外可见 输入商品可以使用键盘,也可以使用扫描仪			

图 7-7　用户用例示例

ID	1.1	名称	销售处理	优先级	高
参与者及目标		收银员,目标是快速、正确地完成商品销售,尤其不要出现支付错误			
触发条件		顾客携带商品到达销售点			
前置条件		收银员开始一个新的销售			
后置条件		存储销售记录,包括购买记录、商品清单和付款信息;更新库存;打印收据			
正常流程		1. 收银员输入商品标识 2. 系统记录商品并显示商品信息,商品信息包括商品标识、描述、数量、价格、特价(如果有商品特价策略的话)和本项商品总价 3. 0.5 秒后系统显示已购入的商品清单,商品清单包括商品标识、描述、数量、价格、特价、各项商品总价和所有商品总价 收银员重复 1~3 步,直到完成所有商品的输入 4. 收银员结束输入,系统计算并显示总价 5. 收银员请顾客支付账单 6. 顾客支付,收银员输入收取的现金数额 7. 系统给出应找的余额,收银员找零 8. 系统记录销售信息、商品清单和账单信息,并更新库存,打印收据			

扩展流程	1a. 非法标识 　1. 系统提示错误并拒绝输入 1b. 有多个具有相同商品类别的商品(如 5 把相同的雨伞) 　1. 收银员可以手工输入商品标识和数量 1~5a. 顾客要求收银员从已输入的商品中去掉一个商品 　1. 收银员输入商品标识并将其删除 　　1a. 非法标识 　　　1. 系统显示错误并拒绝输入 　2. 返回正常流程第 3 步 1~5b. 顾客要求收银员取消交易 　1. 系统放弃之前处理,结束销售任务 6a. 顾客请求信用卡支付 　1. 收银员请求顾客使用信用卡付款机付款 　2. 信用卡付款成功后,收银员在系统中确认信用卡付款成功 　3. 转到主流程第 8 步 6b. 顾客请求积分支付 　1. 收银员请求系统使用积分支付 　2. 系统使用积分支付方式,允许收银员输入会员编号 　3. 收银员输入会员编号 　4. 系统显示应付积分额和可用积分额 　5. 收银员确认使用积分付款 　6. 系统更新会员积分,付款成功 　7. 转到主流程第 8 步 8a. 如果顾客是 VIP 会员并且没有使用积分支付 　1. 系统记录销售信息、商品清单和账单信息,并更新库存,增加会员积分
业务规则	总价 = ∑ 商品单价×数量 找零 = 支付数额 − 总价 商品的条码符合 会员积分 = 现金账单/10
特殊需求	1. 系统显示的信息要在 1 m 之外能看清 2. 输入商品可以使用键盘,也可以使用扫描仪。扫描仪的接口是…… 3. 如果一个销售任务在第 8 步更新数据过程中发生机器故障,系统的数据要能够恢复到该销售任务之前的状态

图 7-8　系统用例示例

7.2.4　基于用例/场景进行软件开发

用例/场景是需求的组织,所以只要需求起作用的地方用例/场景就可以起作用。需求能够驱动项目管理、设计、构造、集成、测试、维护等后续的软件开发活动,用例/场景也能驱动它们,所以用例驱动的软件开发[Jacobson 2004]某种程度上就是需求驱动的软件开发。

除了能够组织需求之外,用例/场景也可以用来组织其他内容,例如软件设计中的对象协作过程、软件构造中的算法执行过程、软件测试中的测试用例执行过程……理论上说,只要是具有叙述性、行为序列等特点的内容都可以用用例/场景来组织。

所以,虽然用例/场景较多地用在需求工程,尤其是用户需求获取阶段,但其他的软件开发阶段也会广泛使用用例/场景,如图 7-9 所示。"场景在实践(尤其是需求工程实践)中的应用情况比学术界所能想象的要丰富得多"[Weidenhaupt 1998]。

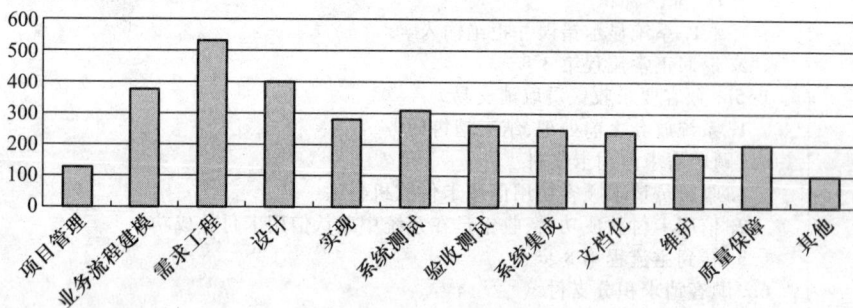

图 7-9　场景在软件工程不同阶段的应用分布,源自[Jarke 1997]

本章所要描述和强调的是在用户需求获取阶段使用的用例/场景,7.3 节将详细分析和限定该阶段用例/场景的特征,以保证能够基于用例/场景模型成功完成用户需求获取活动。

7.3　用例/场景模型

用例/场景模型更多的只是需求内容的组织方式,不是基于形式化理论的分析技术(虽然有不少方法试图为其建立形式化基础,但毕竟形式化的用例/场景模型会影响它被涉众理解的能力,所以没有在实践中得到广泛认同),所以用例/场景模型一直没有形成严谨、准确的语法、语义和语用体系,只有一些实践中总结出来的原则与经验。

本书仅汇总实践中总结出来的原则与经验,以更好地定位、理解和使用用户需求获取展开活动中的用例/场景。

7.3.1　场景的定位

实践中,场景的使用差异性表现在很多方面。因此,要更好地定位场景的特征,就需要理解所有这些差异方面。[Rolland 1998]将实践调查中发现的差异性总结为如图 7-10 所示的场景分类框架,很好地描述了场景的差异特征。

在[Rolland 1998]的分类框架中,场景在形式、内容、目的和生命周期 4 个方面都有差异。

1. 形式

场景的形式是指场景的表达模式。人们使用多种方案来描述场景,每种方案或多或少会涉

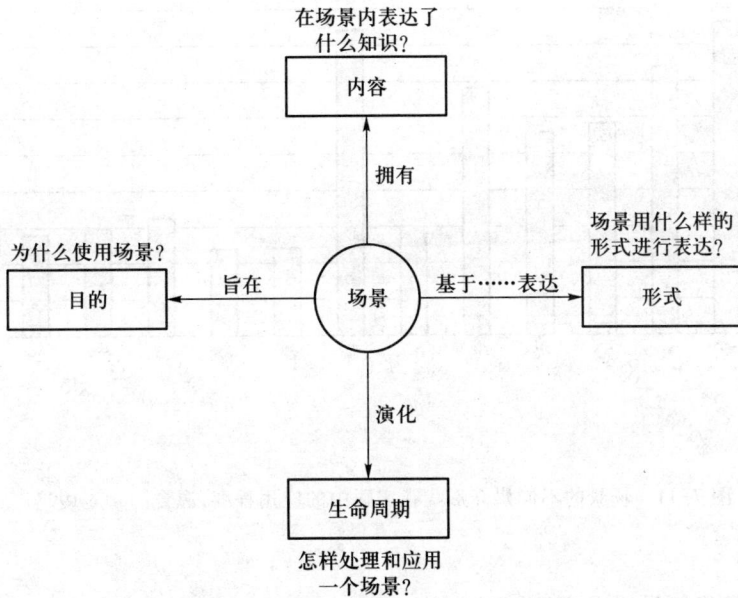

图 7-10 场景的 4 个方面特征

及一些正式定义的表示法。而且,场景被表现出来的方式也是不一样的,有静态的图片和文本,也有能够支持用户动态交互的动态展示。

在场景的形式上,又分为两个方面。

（1）描述（descri ption）

这方面的第一个要点是描述场景所使用的表示法的正规性,分别可能为非形式化语言（完全自由,没有任何规则）、半形式化语言（有一定的规则但不严谨）和形式化语言（有形式化体系,有完备的语法、语义和语用）。第二个要点是描述场景时所使用的媒介形式。在实践中有下面这些常见的媒介形式（如图 7-11 所示）:叙述性的自由文本、结构化文本、强限制文本、表格、图表和图像等。

在用户需求获取中,建议使用表格、结构化文本和模板等半形式化语言。

（2）外观（presentation）

外观是指场景被表达出来时的效果,主要有静态、动态和交互 3 种类型。静态外观的场景被展现为一个或者数个描述性的文本或者图片。动态外观的场景会被以动态的方式展现出来,读者可能会要求按时序向前或者向后浏览场景,也可能会要求跳转到场景的某一个时刻进行观察。交互外观的场景提供交互性,它允许用户在一定程度上控制和改变场景的变化时序或效果。

在用户需求获取中,建议以静态的场景外观为主。

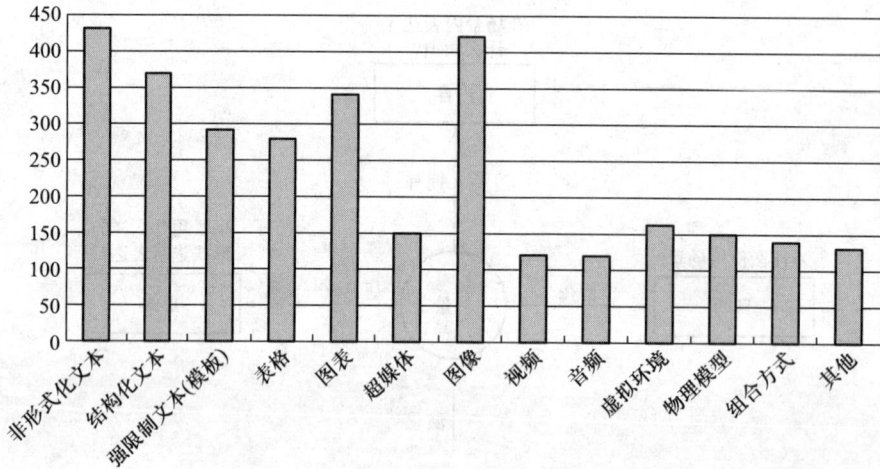

图 7-11　场景的不同媒介形式在实践中的应用程度,源自[Jarke 1997]

2. 内容

场景的内容是指场景所表达的知识类型。它又被分为 6 个不同的方面。

（1）主要关注点

场景内包含的知识可能是关于现在的,也可能是关于未来的。实践中的场景可能会被用来描述当前的系统状况,也可能会被用来描述能够解决当前问题的未来系统的期待方案,还有可能被用来描述一个各项决策都已明确的系统的实际运行情况。

在用户需求获取中,建议关注期待的系统的解决方案。

（2）上下文环境

在描述行为时,场景内可能会包括下列内容:发生在系统内部的行为细节,系统和应用环境的交互,以及完全是外部环境的交互。在需求工程中,考虑到需求处理的需要,常见的场景内容应该是对系统与环境交互行为的描述,实践中也的确如此。同时,人们越来越提倡将组织背景、文化背景和目标等环境上下文信息的描述包括在场景的内容当中。

在项目前景和范围定义时,可以适当使用描述外部环境交互的场景形式。

在用户需求获取中,建议使用描述系统与外部环境交互的场景形式。必要时(解决方案细节较为复杂,无法仅通过描述其与外部的交互来限定),可以适当使用描述系统内部行为细节的场景形式(即详细的顺序图,参见第 14 章)。

（3）抽象层次

场景的内容可能是具体的、抽象的或者抽象与具体的混合。具体场景,又称为实例场景(instance scenario),是对个别行为者、事件、情节的细节描述(例如张三到某 ATM 取 1 000 元钱),很少或者完全没有抽象内容。抽象场景,又称为类型场景(type scenario),是以经验中的类别和抽象概念来描述事实(例如储户在 ATM 上取钱)。在场景包含的复杂内容中,可能一部分已经非常具体,但其他部分仍然比较抽象,这是混合场景(例如储户要从 ATM 中取 1 000 元钱)。

在用户需求获取中,建议使用抽象场景形式。

(4) 覆盖范围

需求既有功能需求也有非功能需求,场景的覆盖范围就是指它对功能需求和非功能需求的覆盖情况。实践表明,场景对功能需求的覆盖情况较好,无论是静态结构还是动态行为,场景的内容都有所包含。同时,场景的内容能够反映一定的非功能需求,但是比起功能需求仍然不足。

在用户需求获取中,场景覆盖应该以覆盖功能需求为主,依赖于功能需求覆盖其必需的非功能需求。

(5) 粒度

场景的描述可以在不同的粒度层次上进行。实践发现它有 3 个常见的描述粒度:描述整个业务过程,描述某个任务完成过程及描述某个交互行为的详细处理步骤。

这 3 种形式都会在用户需求获取中得到体现,分别用于其早期、中期和后期阶段。

(6) 示例类型

在使用场景描述示例时,可能是描述正常流程下的示例,也可能是描述异常流程下的示例。很多学者认为场景在描述异常示例时具有一定的优势,但实践的情况并没有证实这个看法。在实践中,虽然正常流程示例和异常流程示例的描述都得到了应用,但是描述正常流程示例的场景应用得更为广泛一些。

在用户需求获取中,正常流程和异常流程两种场景形式都需要得到应用,而且最好将它们联合起来应用。

3. 目的

目的是指场景在使用时打算扮演的角色,也就说是为什么使用场景。目的不同,对场景的描述、解释和使用也会有所不同。在理论上,需求工程利用场景的目的可能有 3 种:描述(descriptive)、探索(exploratory)和解释(explanatory)。

描述性场景的目的是记录已经得到的需求,也就是整理每次需求获取行为中得到的信息。记录下来的内容可以更好地用于交流,也可以成为开发者和涉众之间达成协议的依据。也就是说,描述性场景可以用来进行需求的文档化,或者为软件开发各方的协商提供基础。

探索性场景可以用于两种目的:一是以需求为关注点进行探索,可以作为需求获取的一种行为手段;二是以解决方案为关注点进行探索,发现能够满足需求的可行方案。也就是说探索性场景可以用来进行需求获取和需求建模与分析。

解释性场景是为了解释某个主题和疑问,利用示例来说明原因或可行性。解释性场景可以在需求分析时用于降低模型的复杂性,或者用于验证需求。

场景在需求工程中的应用目的分布如图 7-12 所示。

在用户需求获取中,主要使用场景的探索目的。在获取基本结束时,再使用场景的描述目的(用例文档)。

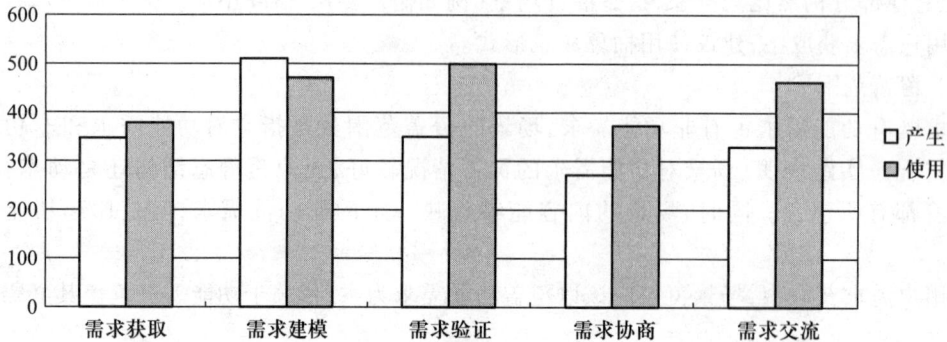

图 7-12　场景在需求工程中的应用目的分布,源自[Jarke 1997]

4. 生命周期

场景的生命周期关注场景的处理和应用,也就是关注场景在整个需求工程中是如何被捕获、修改和演化的。

实践中发现的场景应用和处理可以概括为 5 种情况(如图 7-13 所示)。

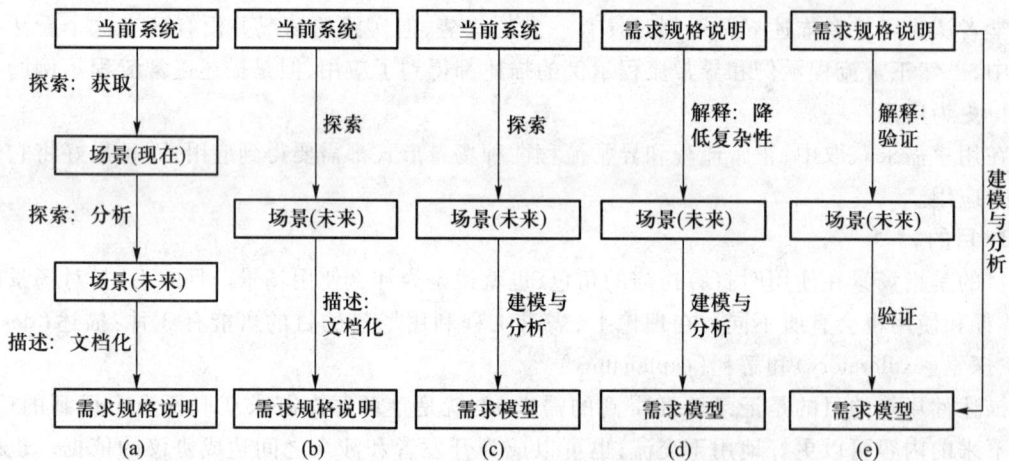

图 7-13　场景的应用和处理

① 从当前系统中捕获和建立关于现在的场景,它们描述问题域的状态和问题。对现在的场景做进一步的分析,转化产生关于未来的场景,描述期待中系统的解决方案。将关于未来的场景进行文档化,产生系统的需求规格说明,如图 7-13(a)所示。

② 在当前系统中分析问题和期望,捕获、分析和建立关于未来的场景。然后再将关于未来的场景进行文档化,产生系统的需求规格说明,如图 7-13(b)所示。

③ 在当前系统中分析问题和期望,捕获、分析和建立关于未来的场景,并依据场景描述建立需求模型。在这种情况下,需求工程除了场景之外不会再产生专门的需求规格说明,而是以场景

作为需求规格说明的替代,如图 7-13(c)所示。

④ 依据已经建立的需求规格说明,解释和建立关于未来的场景,然后为场景中描述的解决方案建立需求模型,如图 7-13(d)所示。

⑤ 依据需求规格说明所描述的解决方案建立需求模型。同时建立能够验证解决方案的场景,最后使用场景来验证需求模型的正确性,如图 7-13(e)所示。

实践中还发现,场景信息的捕获主要是利用面谈、原型、观察等基础需求获取方法得到的。在对场景的处理中,微软的 Office 套件是人们利用的主要工具。

在用户需求获取中,主要按照图 7-13(c)所示的方式使用场景。在面对非常简单的系统时(不需要进行需求分析就能够保证需求完备、正确和一致),可以按照图 7-13(b)所示的方式使用场景。在面对问题域非常复杂的系统时(问题域非常复杂、不易理解),不妨按照图 7-13(a)所示的方式使用场景,虽然耗费了工作量(两次描述场景),但分解了需要处理的复杂度(一次是理解问题域,一次是描述用户需求内容)。如果获取源中有旧系统、竞争系统或相关系统的需求规格说明,可以按照图 7-13(d)所示的方式使用场景,完成需求逆向工作。图 7-13(e)所示的方式主要用在需求验证阶段,在用户需求获取阶段基本不使用。

7.3.2　用例的定位

用例是场景方法中的一种,在场景的分类框架中,用例的定位如下:

① 用例是静态的结构化文本描述。

② 用例的内容可以是对当前世界的描述,对将来确定的解系统的内部行为描述以及对期待的解决方案的描述。需求工程中的用例描述倾向于采取最后一种方式,需求获取中可能会使用第一种方式。第二种方式基本不会在需求工程中使用。

③ 用例可能会用于描述系统内部的交互,也可能用于描述系统和环境的交互,还可能会用于描述行为的环境和背景。需求工程倾向于第二种方式的用例描述,也可能会包含有第三种方式的用例描述。

④ 用例是类型层次的事件描述,主要用来描述功能需求,可以围绕功能需求组织其他需求内容。

⑤ 用例可以是比较抽象的,用于描述整个业务过程;也可以是比较具体的,用于描述任务完成过程;还可以是非常具体的,描述交互行为详细步骤。在需求工程的前期会产生第一种和第二种用例描述,但最终都需要细化为最后一种形式的用例描述。

⑥ 用例的内容既包含有正常流程,又包含有异常流程。

⑦ 用例可以用于各种目的的应用,包括描述、探索和解释。需求获取和需求验证是它在需求工程中的主要应用阶段,它也可以用于需求的建模、交流和协商。

⑧ 场景的各种生命周期特征、应用和处理过程都适用于用例。需要强调指出的是,用例是在对现实世界的探索中或是在对需求规格说明的解释中产生的,而不是通过功能分解的方式创建的。至少在高层的功能需求获取完备之前,在用例的产生方式中是不允许使用功能分解方式的。

除了使用场景分类框架定位用例特征之外,其他一些概念对准确理解用例的含义和用法也是非常重要的,它们分别是主参与者(primary actor)、辅助参与者(secondary actor)、目标(goal)、职责(responsibility)、行为(action)和交互(interaction)等概念。

如图 7-14 所示,提出请求的用户被称为主参与者,他有一个需要在系统协助下才能得以实现的目标。在实现主参与者目标的过程当中,系统可能无法独自完成任务,它可能需要请求其他参与者或其他系统的协助,那么这些被系统请求的外部对象就被称为辅助参与者。系统本身也被看成是一个参与者,一个需要被实现的系统参与者(system under design)。每一个行为者都有一些需要完成的职责,表现为一系列需要达到的目标。为了达到目标,参与者会执行一些行为。参与者执行的行为会触发自己与其他参与者之间的交互,在交互中其他参与者履行自己的某些职责,满足发起行为的参与者的目标。在简单的情况

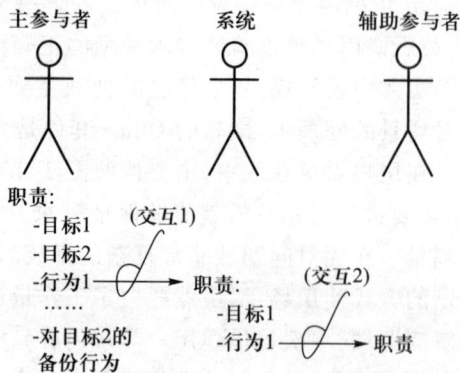

图 7-14 用例的交流模型,
源自[Cockburn 1997]

下,参与者之间的交互仅仅是一次消息的传递。在复杂的情况下,参与者之间的交互是一系列消息的传递。在一次交互中所传递的准确的消息内容、顺序和过程因系统之前、现在和将来状态的变化而变化。在系统每一种确定状态下发生的交互和消息传递序列就是一个场景。用例描述了在交互中所有可能发生的场景的集合。

7.3.3 用例图

用例的定位只是说明了单个用例的内容描述特点,要将多个用例联系起来,共同表达系统某一部分甚至整个系统的功能,还需要使用 UML 的用例图。

用例图是以用例、参与者(actor)为基本元素,描述系统功能的静态视图。要注意区分用例和用例图,[Sinnig 2005]在实践调查中发现了将二者混淆的现象。用例是一种文本方式的需求描述手段,而用例图是将获取的用例进行集中展示的图形表示法。用例的目的是描述业务的细节,用例图的目的是以用例为单位将系统的功能和行为展示出来。

用例图的基本元素有 4 种:用例(use case)、参与者、关系(relationship)和系统边界(system boundary)。

1. 用例

用例是用例图最重要的元素,是对业务工作的描述,或者说是对系统功能的陈述。

在用例图中使用一个水平的椭圆来表示用例,如图 7-15 所示。需要注意的是,在用例图中的椭圆并不是目的,更细节的用例文本描述才是真正有价值的东西。"和用例图的图示相比,用例的文本描述是更加重要的工作,实践中很多围绕图示法(主要是对用例关系的处理)的争论是一种舍本逐末的行为"[Larman 2002]。

图 7-15 用例图示

2. 参与者

发起或触发用例的外部用户以及其他软件系统等角色被称为参与者。它的图示是一个小的人形图案,如图 7-16 所示。

参与者代表的是与系统进行交互的角色,不是一个人或工作职位。一个实际用户可能对应系统的多个参与者。不同的用户也可以只对应一个参与者。事实上,参与者也不必非得是一个实际用户,它也可以是一个组织、另一个系统、外部设备或时间概念等。

图 7-16　参与者图示

3. 关系

用例图中的关系有以下几种。

（1）关联（association）

关联是用例和参与者之间的关系,描述了用例和参与者之间的交互。如果一个参与者(不论是主参与者还是辅助参与者)参与了一个用例,那么该参与者和用例之间就存在一个关联。关联是用一条连接参与者和用例的实线来表示的,如图 7-17 所示。

有些开发者建议将主参与者放在用例的左边,将辅助参与者放在用例的右边。当然,这并不是一种标准,适当使用可以让用例图的描述更清晰。

（2）包含（include）

在多个用例中常常会发生同样的行为,这些行为跨越了多个用例。与其重复书写这些共同部分,不如将这些共同部分抽取出来,形成一个抽象用例(abstract use case),然后原有的用例通过使用新建立的抽象用例来减少用例描述的冗余。原有用例和新建立的抽象用例的关系即为包含关系。需要注意的是,抽象用例是不能被实例化的,它必须被包含在其他用例中才能得以执行。

例如,在图书管理系统中执行借书和续借时都需要验证读者的身份,因此就可以从"借书"和"续借"两个用例中抽象出附加用例"身份验证",建立如图 7-18 所示的用例图。

图 7-17　关联图示

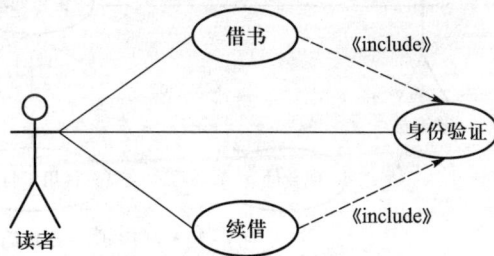

图 7-18　用例的包含关系示例

（3）扩展（extend）

在需求开发中,随着理解的深入,经常会需要依据新的需求扩展原有的用例文本描述,增加新的异常处理流程和场景。但在有些情况下,一些原因(例如建立基线的要求)使原有的用例文本不能被直接修改。这时,可以建立一个新需求的附加用例(additional use case),然后使用新的附加用例扩展原有用例。

新的附加用例会描述对新需求的处理流程,并定义新的处理流程在原有用例流程中的扩展点和触发条件。在执行新的附加用例时,新的附加用例会首先执行原有用例的流程,而且可能会按照原有用例的流程执行整个过程。只有在到达新流程在原有用例流程中的扩展点并且满足触发条件时,才可能执行附加用例的新流程。

例如,在一个正常的商品销售用例"销售处理"中,如果顾客要求采用礼券的支付方式,那么就可能会引发一个新的扩展流程。为了在不修改"销售处理"的情况下满足礼券支付的新流程要求,可以定义一个扩展用例"礼券式付费处理"来加以实现。扩展后的用例关系如图 7-19 所示。

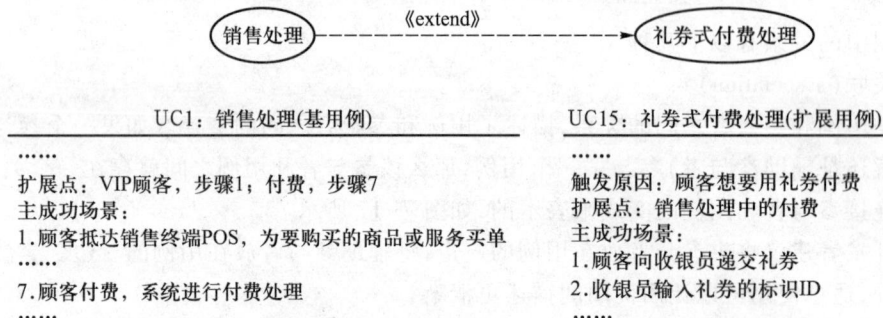

UC1:销售处理(基用例)
……
扩展点:VIP顾客,步骤1;付费,步骤7
主成功场景:
1.顾客抵达销售终端POS,为要购买的商品或服务买单
……
7.顾客付费,系统进行付费处理
……

UC15:礼券式付费处理(扩展用例)
触发原因:顾客想要用礼券付费
扩展点:销售处理中的付费
主成功场景:
1.顾客向收银员递交礼券
2.收银员输入礼券的标识ID

图 7-19　用例的扩展关系示例

在有些用例过于复杂时,为了降低复杂度,也可以使用扩展关系将原有用例的一些复杂处理行为扩展为附加用例。这种用法非常普遍和有效。例如,如果处理商品销售的用例"销售处理"在顾客采用现金支付、信用卡支付和礼券支付 3 种方式下都会发生比较复杂的处理,那么就可以通过图 7-20 所示的方式降低用例"销售处理"本身的复杂性。

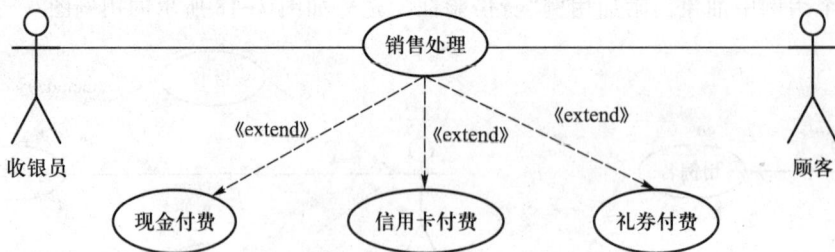

图 7-20　利用扩展关系简化用例复杂度示例

(4)用例泛化(generalization)
用例间的用例泛化关系是指子用例继承了父用例的特征并增加了新的特征,如图 7-21 所示。
(5)参与者泛化
用例间的参与者泛化关系是指子参与者继承了父参与者的特征并增加了新的特征,如图 7-21 所示。
再次强调:用例文本描述比用例图要重要得多,所以不要为了推敲用例图的各种关系而煞费苦心和争论不休,为了降低用例图的复杂度,不提倡在用例图中较多使用复杂的用例间关系,尤其是泛化关系。

4. 系统边界

系统边界是指一个系统所包含的系统成分与系统外事物的分界线。用例图使用一个矩形框来表示系统边界,以显示系统的上下文环境。

一个系统边界的简单示例如图 7-22 所示。所有的用例都是系统的内部功能,介于系统边界之内。所有的参与者都是系统外的交互对象,介于系统边界之外。

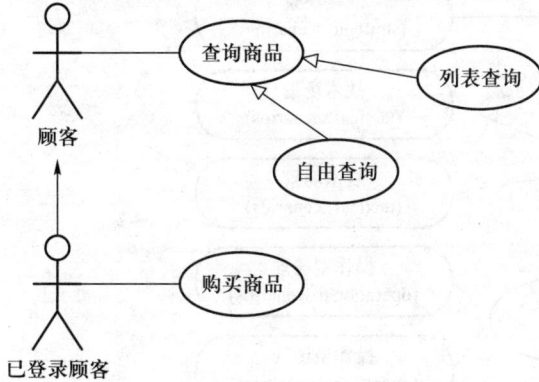

图 7-21 用例泛化关系示例 　　　　图 7-22 系统边界示例

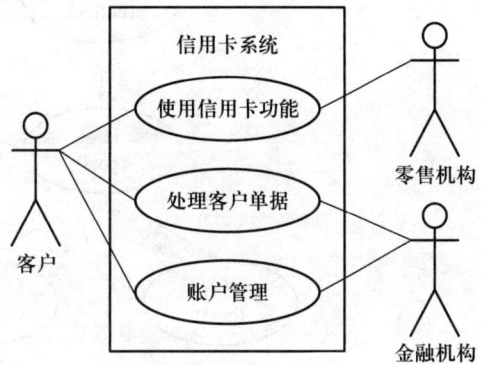

7.4 以用例/场景模型为主线索开展用户需求获取

以用例/场景模型为主线索展开用户需求获取的过程如图 7-23 所示。下面分别描述其中的各个步骤。

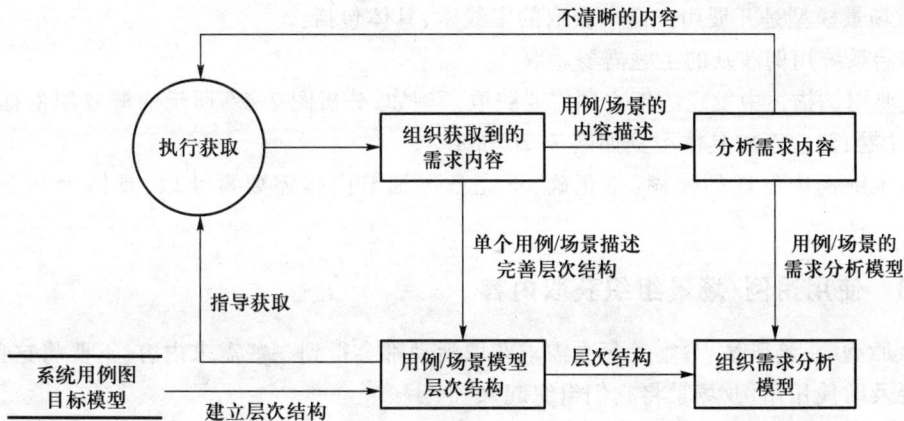

图 7-23 以用例/场景模型为主线索开展用户需求获取过程

7.4.1 依据系统用例图、目标模型建立初始用例/场景模型

系统用例图是前景与范围阶段建立的系统边界,它的主要元素就是用例,这就是最初始的用例/场景。

系统用例图中的用例通常是平等的。但如果有目标模型为参考,就可以依据目标 covers 链接的场景,建立具有层次结构的用例/场景模型,如图 7-24 所示。

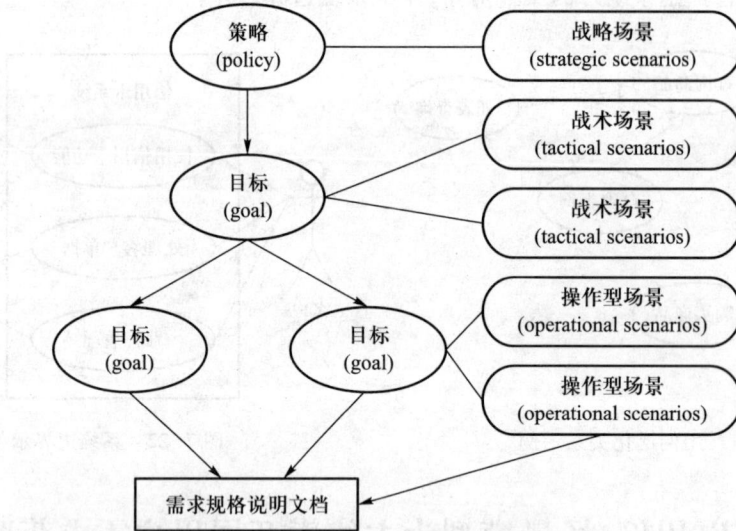

图 7-24　利用目标结构组织用例/场景层次结构,修改自[Jarke 1998]

7.4.2 根据用例/场景模型指导需求获取,完善层次结构

用例/场景模型是开展用户需求获取的主线索,具体包括:

① 初始系统用例涉及的主题需要获取。

② 概要用例描述中发现的新主题需要获取。例如,分析图 7-25 所示的概要用例描述时,可以发现新主题,建立新的具体用例如图 7-26 所示。

③ 具体用例中发现的模糊、不正确、不完备等细节内容需要再获取,具体示例参见 7.4.6 小节。

7.4.3 使用用例/场景组织获取内容

面谈、原型、头脑风暴、观察等每次需求获取活动都会得到一些需求内容,不要将这些内容散乱堆放,要及时使用用例/场景将它们组织起来。

例如,图 7-27 所示是一次面谈中得到的面谈报告,可以将这些内容组织为图 7-25 所示的用例描述。

ID	X	名称	车辆调度		优先级	高
参与者及目标		（主参与者）调度室：安排车队的每日调度计划 （辅助参与者）车队领导：管理、批准调度计划 （辅助参与者）司机：上报自己车辆的安排				
触发条件		每天晚上				
主流程		1. 车队报勤，包括人员报勤和车辆报勤 2. 如果有新任务，新建用车计划 3. 根据用车计划，开具路单 4. 为路单开具出门证				
分支流程		3a. 没有用车计划，也有可能开路单 3b. 开路单的车辆也可能不算报勤车辆 4. 没有路单，也有可能单开出门证				

图 7-25　使用用例/场景组织需求获取内容示例

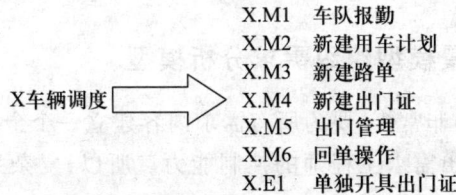

```
                        X.M1  车队报勤
                        X.M2  新建用车计划
                        X.M3  新建路单
X车辆调度    ⟹          X.M4  新建出门证
                        X.M5  出门管理
                        X.M6  回单操作
                        X.E1  单独开具出门证
```

图 7-26　使用概要用例描述发现新获取主题示例

谈话要点	被会见者观点
主要任务	主要的工作是车辆调度 包括车队报勤、开用车计划、开路单、开出门证
具体流程	基本流程是： 1. 每天晚上，车队会报第二天的出勤，包括人员报勤和车辆报勤 2. 如果有新任务，会新建用车计划 3. 根据用车计划，开具路单，同时附带一张出门证
分支流程	主要的分支流程： 1. 没有用车计划，也有可能开路单 2. 开路单的车辆也可能不算报勤车辆 3. 没有路单，也有可能单开出门证

图 7-27　获取内容示例——面谈报告

7.4.4　用新组织或修正的用例/场景完善用例/场景模型

根据其主题发现点,可以将新组织的用例/场景整合入用例/场景模型的层次结构。如果用例/场景只是进行了修正和完善,那么也可以用它替代用例/场景模型中的原有用例/场景。

完善用例/场景模型的示意过程如图 7-28 所示。

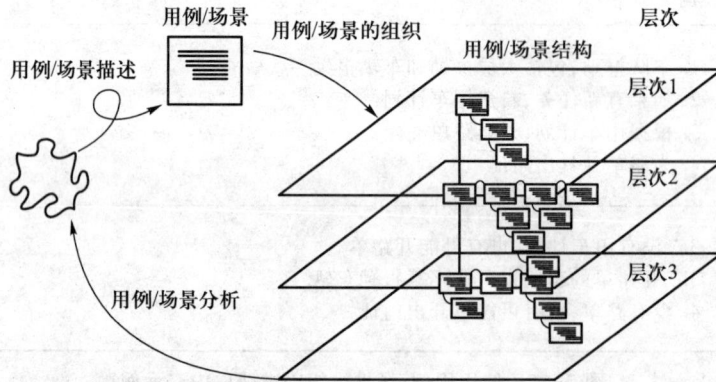

图 7-28　用例/场景模型的完善,源自[Ben Achour 1999]

7.4.5　依据用例/场景模型组织需求分析模型

在复杂系统中,需求内容非常多,要为所有需求内容建立一个全局式的需求分析模型是基本不可能的——其复杂度会超出需求工程师的控制能力。所以,复杂系统建模时会先将系统分解为不同部分,每个部分的复杂度是可控的,这时再为这些部分分别建立需求分析模型。该种工作方式的关键在于:一要保证分析覆盖度,避免有需求被遗漏;二要保证不同部分分析模型的一致性,要让它们可以有效整合。

用例/场景模型可以帮助组织需求分析模型,如图 7-29 所示。

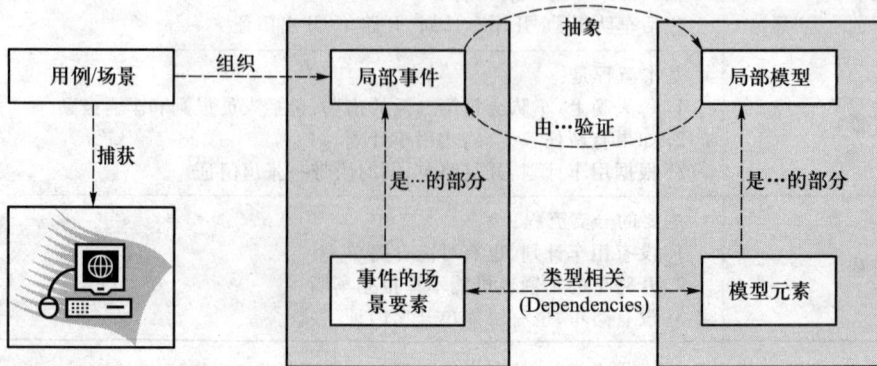

图 7-29　利用场景帮助进行需求分析,修改自[Haumer 1998]

用例/场景可以作为详细需求分析的信息基础,需求分析活动从用例/场景信息中抽象出需求模型。也就是说,可以仅仅针对局部事件的用例/场景信息进行需求分析,局部事件的用例/场景构成了局部需求分析的背景和上下文知识,在降低了局部需求分析复杂度的同时保证了正确性。

因为需求模型是对场景信息的抽象,所以需求模型中的元素都是来自于用例/场景中的信息要素。这样,通过遍历事件的用例/场景要素,就可以更好、更快地建立需求模型。

局部事件的场景示例还可以帮助验证需求模型的正确性。

7.4.6 分析用例/场景发现仍需获取的需求内容

用例/场景没有验证内容正确性、完备性和一致性的能力,所以在建立比较详细的用例/场景描述之后,可以使用分析技术验证其内容的正确性、完备性和一致性,并将发现的信息缺失与不足交由下一次获取活动解决,逐步实现用例/场景的正确性、完备性和一致性。

例如,销售用例描述如图 7-30 所示。

为图 7-30 所示的用例建立系统顺序图(详细的系统顺序图技术参见第 14 章),可以发现两个问题:一是描述内容的交互性不足,即没有清晰的"外界请求→系统响应→外界再请求→系统再响应"的过程;二是顾客无法直接与系统发生交互,所以其步骤 5、6、9 都需要修正。

针对发现的问题,可以明确后续获取内容,并再次修正系统顺序图,最终可以将图 7-30 所示的销售用例细化和明确为图 7-31 所示的用例描述,该描述能通过系统顺序图的验证。

1.收银员输入会员编号。 2.收银员输入商品。 3.系统显示购买信息。 收银员重复 2~3 步,直至完成所有输入。 4.系统显示总价和赠品信息。 5.顾客付款。 6.系统找零。 7.系统更新数据。 8.系统打印收据。 9.顾客离开。

图 7-30　销售用例的简单描述

1. 收银员输入会员编号。 2. 系统显示会员信息。 3. 收银员输入商品。 4. 系统显示输入商品的信息。 5. 系统显示所有已输入商品的信息。 收银员重复 3~5 步,直至完成所有输入。 6. 收银员结束商品输入。 7. 系统显示总价和赠品信息。 8. 收银员请求顾客付款。 9. 顾客支付,收银员输入支付数额。 10. 系统显示应找零数额,收银员找零。 11. 收银员结束销售。 12. 系统更新数据,并打印收据。

图 7-31　销售用例的改进一

再为图 7-31 所示的用例建立概念类图(详细的类图技术参见第 14 章),可以发现其描述内容仍然不足,在问题域知识方面有着较大的欠缺:

① 部分信息的使用不准确,例如步骤 3 中输入的应该是商品标识而不是商品,步骤 5 显示的应该是明确的已输入商品列表信息(如商品标识、名称、价格、数量和总价等)。

② 部分信息不明确,如会员信息、商品信息、商品列表信息、赠品信息、更新的数据和收据

等,各自的详细内容并没有描述。

③ 遗漏了重要内容,例如总价的计算需要使用商品特价策略和总额特价策略,赠品的计算需要使用商品赠送策略和总额赠送策略。

上述问题也要在后续获取活动中解决,直到能建立如图 7-32 所示的用例描述,才能通过类图验证。

---

1. 如果是会员,收银员输入客户编号。
2. 系统显示会员信息,包括姓名与积分。
3. 收银员输入商品标识。
4. 系统记录并显示商品信息,商品信息包括商品标识、描述、数量、价格、特价(如果有商品特价策略的话)和本项商品总价。
5. 系统显示已购入的商品清单,商品清单包括商品标识、描述、数量、价格、特价、各项商品总价和所有商品总价。
收银员重复 3~5 步,直到完成所有商品的输入。
6. 收银员结束输入,系统计算并显示总价,计算根据总额特价策略进行。
7. 系统根据商品赠送策略和总额赠送策略计算并显示赠品清单,赠品清单包括各项赠品的标识、描述与数量。
8. 收银员请顾客支付账单。
9. 顾客支付,收银员输入收取的现金数额。
10. 系统给出应找的余额,收银员找零。
11. 收银员结束销售,系统记录销售信息、商品清单、赠品清单和账单信息,并更新库存。
12. 系统打印收据(格式为……)。

图 7-32　销售用例的改进二

如果一个用例/场景描述能够通过各种不同分析技术的验证,那么该用例/场景就是正确、完备和一致的,就可以结束对其内容的需求获取活动了。

7.5　用例文档

在用例驱动的软件开发中,用例是整个软件开发过程的核心元素,因此将系统的所有用例都进行文档化是非常重要的,产生的结果被称为用例文档。用例文档将是进行项目交流的有效途径。

在需求工程中主要产生 3 类重要的文档:项目前景和范围文档、用户需求文档以及需求规格说明。用例文档通常被用来代替用户需求文档,起到记录、交流领域信息和用户期望的作用。在特殊的情况下(如市场和时间压力),用例文档可以用来替代需求规格说明,但总的来说这是一种不值得提倡的方式。

用户需求文档的基本职责是把有关问题域的必要信息以及涉众的需求传达给解系统的设计者。它不涉及和解决方案直接相关的信息。除了内容上的区别之外,在文档的结构组织和细节写作上,用户需求文档和需求规格说明有着很大的相似性,所以关于用户需求文档的详细情况这里不再介绍,感兴趣的读者请结合第15章的内容理解。

对期待的解决方案的描述能够很好地反映涉众的期望和期望所依存的问题域信息,所以将这种描述方式的用例组织起来进行文档化,就可以用产生的用例文档来很好地替代用户需求文档。

一个用例文档的常见格式如图7-33所示。

一、文档的信息
    1. 对文档本身特征的描述信息,如文档的标题、作者、更新历史等。
    2. 为了方便读者阅读的导读性信息,如写作的目的、主要内容概述、组织结构、文档约定和参考
       文献等。
二、用例图或者用例列表
    使用一个和几个用例图来概括文档中出现的所有用例及用例间的关系。在文档内用例比较多
的情况下,也可能使用一个列表来代替用例图,列表内逐一列出文档内所有用例的ID、名称和其他
需要的概括性信息。
三、用例描述
    用例1
        对用例1的详细描述。
    ……
    用例 n

图 7-33 用例文档模板

产生的用例文档一定要进行评审,推荐使用图7-34所示的检查列表进行评审。

---

1 覆盖范围
  1.1 跨度:用例应该包含所有信息。
  1.2 范围:用例应该只包含项目范围内的相关陈述细节。
2 正确性
  2.1 文本顺序正确:用例的描述应该有逻辑路径,尤其要注意错误事件描述的逻辑正确性。
  2.2 依赖正确:用例应该是完备的(包括分支/异常流程),不能在未期待状态下终止。
  2.3 合理:用例的逻辑描述应该是合理的,能够描述一个正确的解决方案,不能有不正确事件和
      认知错误。
3 抽象层次一致
  用例的抽象水平应该是一致的,都应该是抽象的,以利于理解。
4 结构一致
  4.1 差异性:分支和异常流程应该被定义为主流程之外的单独部分。界面、质量、对外接口、业
      务规则和数据等非功能需求被定义为主流程之外的单独部分。
  4.2 顺序:主流程的行为编号应该是一致的。
5 语言一致
  应该使用一般现在时和简洁语句,避免使用副词、形容词、指代词、同义词。
6 分支流程/异常流程
  6.1 可行:分支流程和异常流程应该是有意义和完备的。
  6.2 编号:分支流程和异常流程的编号应该与主流程的编号相适配。

图 7-34 用例评审检查列表

引 用 文 献

[Arnold 1998] ARNOLD M, et al. Survey on the scenario use in twelve selected industrial projects. Aachener Informatik Berichte 98-7 (submitted for publication), 1998.

[Ben Achour 1999] ACHOUR B C, SOUVEYET C, TAWBI M. Bridging the gap between users and requirements engineering: the scenario-based approach. International Journal of Computer Systems Science & Engineering, 1999, 14(6).

[Chalkiadakis 2001] CHALKIADAKIS G. UML: A survey focused on use case modeling. Available at citeseer.ist.psu. edu/ 497502.html, 2001.

[Cockburn 2001] COCKBURN A. Writing effective use cases. Addison-Wesley, 2001.

[Cox 2004] COX K, AURUM A, JEFFERY R. An experiment in inspecting the quality of use case descriptions. Journal of Research and Practice in Information Technology. 2004, 36(4).

[Gottesdiener 2002] GOTTESDIENER E. Top ten ways project teams misuse use cases-and how to correct them. The Rational Edge, 2002.

[Haumer 1998] HAUMER P, POHL K, WEIDENHAUPT K. Requirements elicitation and validation with real world scenes. IEEE Transactions on Software Engineering, Special Issue on Scenario Management, 1998, 24(12): 11036-1054.

[Hurlbut 1997] HURLBUT R R. A survey of approaches for describing and formalizing use cases. Technical Report XPT-TR-97-03, Expertech Ltd, 1997.

[Jacobson 1992] JACOBSON I, CHRISTERSON M, JONSSON P, et al. Object oriented software engineering: a use case driven approach. Addison-Wesley, 1992.

[Jacobson 2004] JACOBSON I. Use cases-yesterday, today, and tomorrow. Journal on Software and Systems Modeling, 2004, 3: 210-220.

[Jarke 1996] JARKE M. CREWS: Cooperative RE With Scenarios-Project Summary. http://SunSITE. Informatik. RWTH-Aachen.DE/CREWS/crews-sum.htm.

[Jarke 1997] JARKE M, POHL K, HAUMER P, et al. Scenario use in european software organizations—results from site visits and questionnaires. CREWS deliverable: 97-10. http:\\SUNSITE.informatik.rwthaachen.de\CREWS\, 1997.

[Jarke 1998] JARKE M, BUI X T, CARROLL J. Scenario management-an interdisciplinary perspective. Requirements Engineering Journal 3, 3/4, 1998.

[Jarke 1999] JARKE M. CREWS: towards systematic usage of scenarios. Use Cases and Scenes, WI (Wirtschaftsinformatik) 99. Saarbrücken, 1999.

[Larman 2002] LARMAN C. Applying UML and patterns: an introduction to object-oriented analysis and design and the unified process. 2nd ed. Prentice-Hall, 2002.

[Leite 2005] LEITE P, DOORN H, HADAD S, et al. Scenario inspections, requirements engineering, 2005, 10(1): 1-21.

[Maiden 2005] MAIDEN N, ROBERTSON S. Developing use cases and scenarios in the requirements process, ICSE' 2005. St Louis, United States, 2005.

[Plihon 1998] PLIHON V, Ralyté J, BENJAMEN A, et al. A reuse-oriented approach for the construction of scenario based methods. Proceedings of the International Software Process Association's 5th International Conference on Software Process (ICSP'98), Chicago, USA, 1998.

[Rolland 1998] ROLLAND C, ACHOUR B C, CAUVET C, et al. Proposal for a scenario classification framework. 1998, 3(1): 23-47.

[Rumbaugh 2004] RUMBAUGH J, JACOBSON I, BOOCH G. The unified modeling language reference manual. 2nd ed. Addison-Wesley Professional, 2004.

[Sinnig 2005] SINNIG D, RIOUX F, CHALIN P. Use cases in practice: a survey. in Proceedings of CUSEC 05. Ottawa, Canada, 2005.

[Some 2006] Some S S. Supporting use case based requirements engineering. Information and Software Technology, 2006: 43-58.

[Weidenhaupt 1998] WEIDENHAUPT K, POHL K, JARKE M, et al. CREWS team, scenario usage in system development: a report on current practice. IEEE Software, March, 1998 and International RE Conference (ICRE'98), Colorado Springs, USA, 1998.

[Whittle 2006] WHITTLE J. Specifying precise use cases with use case charts// BRUEL J M. MoDELS 2005. LNCS. Heidelberg: Springer, 2006, 3844: 290-301.

[Wiegers 2010] WIEGERS K. More about software requirements: thorny issues and practical advice. Microsoft Press, 2010.

[Zorman 1995] ZORMAN L A. The content and composition of scenarios. OOPSLA Workshop. Requirements Engineering: Use cases and more, 1995.

第8章 需求获取方法之面谈

8.1 概　　述

在复杂的人类活动(如协商)中,面对面的会见(face-to-face meeting)被认为是最具丰富内容的交流方法,它可以传递所有种类的社会信息。面谈(interview)就是在需求获取活动中发生的需求工程师和用户之间的面对面的会见,它是一种使用问答格式,具有特定目的的直接会话。面谈是实践中应用最为广泛、也是最有效的需求获取方法之一。

面谈的基本过程如图8-1所示,详细过程将在下面各节中介绍。

图8-1　面谈的基本过程

8.2　准 备 面 谈

8.2.1　准备工作

在面谈之前需要深思熟虑,考虑一下为什么要进行面谈,要提什么问题,以及如何才能成功地进行面谈。另一方面,还要考虑被会见者的立场,必须预见到如何让面谈也满足他的要求。所以,在面谈之前需要进行细致的准备。

准备的基础来自于项目的前景与范围定义。前景指出了面谈的方向,范围限定了面谈的主题,涉众分析结果可以帮助更好地选择被会见者和做好准备。

面谈准备的主要工作包括以下几方面。

1. 阅读背景资料

尽可能多地阅读和理解关于被会见者及其组织的信息。为获得这种材料,通常需要向联系人询问公司的 Web 站点、当前的年度报告、公司的时事通信或任何发给公众的解释组织的出版物等信息。

在通读此类材料时,要特别留意组织成员用来描述自己及组织的语言。要设法建立一种共同的词汇,从而最终能用一种被会见者可以理解的方法,通过惯用语表述面谈的问题。研究组织的另一个优点是可以最有效地使用面谈的时间,如果事先没有准备,就有可能把时间浪费在问一般性的背景问题上。

2. 确定面谈主题和目标

项目的范围、系统的特性以及需求获取活动的组织安排,可以在宏观上帮助确定面谈的主题和目标。收集的背景信息和会见者的经验可以在细节上帮助确定面谈的主题和目标。

3. 选择被会见者

选择正确的被会见者是确保面谈成功的一个必要条件。当决定与谁面谈时,要包括各种在某些方面受到系统影响的关键人物,力争均衡地收集用户的需求。

4. 通知被会见者做准备

提前打电话或发送电子邮件通知被会见者,可以给被会见者时间去思考面谈事宜。如果要进行一次深入的面谈,可以把问题通过电子邮件提前发送给被会见者,让他们有时间仔细考虑答复。但最终的面谈还是要由人而不是电子邮件来完成,除非情况不允许面对面的会见。

5. 确定问题和类型

写下在确定面谈目标时发现的问题。适当的提问技巧是面谈的核心,因此需要知道问题的一些基本形式。每种问题类型所能完成的事情和另外一种都有一点区别,并且每种类型都有优缺点,因此需要考虑每种问题类型产生的效果。

8.2.2 问题类型

面谈是纯粹建立在有效人际交流基础之上的需求获取方法,不需要很多额外的工具和帮助,因此它比较容易实践,但同时它也是一种很难掌握和控制的方法。要想成功地利用面谈方法进行需求的获取,首先要进行充分的面谈准备,尤其是要恰当地使用各种不同的问题类型。

1. 两种基本的问题类型

人们在面谈中使用的问题有两种基本类型:开放式问题和封闭式问题,它们各有各的特点。对这两种问题的选择和使用是面谈当中最为基础的技巧。

(1) 开放式问题

开放式问题的"开放式"一词意指被会见者对答复的选择可以是开放和不受限制的,他们可能答复两个词,也可能答复两段话。例如:

- 请解释你是如何做进度决策的?
- 部门的重要目标是什么?

开放式问题的主要优点为:让被会见者感到自在;会见者可以收集被会见者使用的词汇,这能反应他的教育、价值标准、态度和信念;提供丰富的细节。

它也有很多缺点:提此类问题可能会产生太多不相干的细节;面谈可能失控;开放式的回答会花费大量的时间才能获得有用的信息。

（2）封闭式问题

和开放式问题相比，封闭式问题对答案有基本的形式，被会见者的回答是受到限制的。例如：

- 项目存储库每个星期更新多少次？
- 电话中心一个月平均收到多少个电话？
- 下列信息中哪个对你最有用：填好的客户投诉单；访问 Web 站点的客户的电子邮件投诉；与客户面对面的交流；退回的货物。
- 列出头两项需要优先考虑的改善技术基础设施的事项。
- 谁收到了这项输入？

不论使用哪种受限制的问题类型，它们都有如下的优点：节省时间；切中要点；保持对面谈的控制；快速探讨大范围问题；得到贴切的数据。

然而使用封闭式问题也存在如下缺点：使被会见者厌烦；得不到丰富的细节；出于上述原因，失去主要思想；不能和面谈者建立友好关系。

（3）开放式问题和封闭式问题的比较

开放式问题和封闭式问题各有优缺点，在面谈中要根据实际情况进行选择和使用。

① 在会见者对事实和问题的掌握比较有限，希望被会见者能够提供丰富信息时，可以使用开放式问题。一般需求的早期阶段较多地使用开放式问题，准备不充分、较为不确定的问题较多地使用开放式问题。

② 在会见者对事实和问题的范围比较确定，只是希望被会见者进行选择和确认时可以使用封闭式问题。一般需求的后期阶段较多使用封闭式问题，准备充分、有较大把握的问题较多地使用封闭式问题。

2. 程序性提示

程序性提示（procedural prompts）是针对一些人的思维特点而设计的面谈问题［Pitts 2007］，它们的使用是程序性的，也就是说到了特点的面谈程序点，就应该使用相应的程序性提示问题。

典型的程序性提示问题及其示例如表 8-1 所示。

表 8-1　程序性提示的问题类型及其示例，源自［Pitts 2007］

提示	示例
总结和反馈	你能否总结一下系统的功能？
	你能否总结一下一个成功系统的必备特征？
	在使用时，你希望能否够从系统当中得到什么类型的信息反馈？
重复和改述	能否再说一次系统的哪些特征是重要的？
	你能否详细地重新叙述一下使用系统的步骤？
	在使用系统时你会做出什么决定？

提示	示例
建立场景和细节描述	有什么是你现在能做,却在新系统中不能做的?
	在什么情况下功能是必需的?
	设想现在是 6 个月之后,你需要评估系统的成功状况,你会使用哪些标准来做出评价?
抗辩(counterargument)	你能否想出什么不使用系统的理由?
	你为什么会不想使用系统?
	你能否想出将来可能导致系统失败或故障的原因?

程序性提示问题是为了避免面谈过程中的一些认知性问题。

① 总结与反馈:人思维的容量是比较有限的,如果同时要考虑的内容太多,就会出现困难。例如,如果被会见者用 30 分钟谈了一个主题的大量内容,那么会见者要想准确、完整掌握这些知识是非常困难的,这时就可以进行总结性提问,向被会见者确认理解上是否准确、完整。

② 重复和改述:人的思维特点是短期记忆,能够清楚地记得刚刚提及的内容,但容易遗忘一段时间之前提及的内容。重复与改述就是为了防止被会见者忘记之前一段时间的谈话而进行的提醒。

③ 建立场景和细节:人在从大脑中提取知识时,往往只能提取出易于提取的知识。例如,一个销售人员能够快速想起最为常见(频率最高)的销售过程,但不易想起很少发生的特殊事件。再如,人易于想起影响比较重大的事件,不易于想起影响轻微的事件。建立场景和细节就是通过有意识的提醒,帮助被会见者更容易提取那些难以提取的知识。

④ 抗辩:人的一种能力是依据不充分的信息做出决策,换个角度看就是人的一个缺点是过分相信一些证据不足的观点。抗辩就是在被会见者所谈观点值得怀疑时,有意识地引导被会见者推敲证据。

3. 其他重要的问题类型

除了基本的开放与封闭两种问题类型以及程序性提示之外,其他一些问题类型也很重要。

(1) 探究式问题

探究式问题的目的是深究答复,从而得到被会见者的更多意思,澄清被会见者所谈的要点,使被会见者说出实情或者详细叙述他的要点。

探究式问题往往也是最简单的问题,例如:

- 为什么?
- 你能举个例子吗?
- 你能详细描述一下吗?

在面谈中使用探究式问题是非常必要的。有很多会见者在无法理解被会见者所述要点时,往往因为担心被轻视而闭口不问探究式问题,从而接受了似是而非的答复或者利用对被会见者的假设来掩盖问题,这一切最终将产生很坏的结果。

（2）诱导性问题

诱导性问题会引导被会见者按会见者所想的来回答,因为会见者设置了一种圈套,所以答复是有偏向的。例如,"你和其他经理一样,都同意把财产管理计算机化,是吗?"这使得被会见者很难不同意。一种更合适的措词是,"你对财产管理计算机化是怎么想的?"通过这样的措词,数据会更可信、更有效,从而更易理解,也更有用。

（3）双筒问题

双筒问题是仅使用一个问题的形式,实际上却有两个独立的问题内容。例如,"每天你通常会做什么决策,你是怎样做的?"如果被会见者回答这种类型的问题,数据质量就会降低。

双筒问题的效果很差,因为被会见者可能只回答一个问题,或者会混淆他们回答的是哪个问题,从而得出错误的结论。即使侥幸发现错误,但是回想口述的步骤并修正误解的过程也要花费额外的时间。预先仔细地对问题进行措词就能避免这种情况发生。

（4）元问题（meta-question）

元问题是那些关于面谈本身的问题,它对实施需求获取有很大的帮助。一些元问题的例子如:

- 我的问题看起来相关吗?
- 你的回答正式吗?
- 你是回答这些问题的最佳人选吗?
- 我问了太多的问题吗?
- 我还应该见什么人?

在面谈中适当问一些元问题,可以帮助会见者更好地组织和控制面谈过程。

8.2.3　问题准备

充分的问题准备除了要选择和使用正确的问题类型之外,更重要的是准备充足的问题内容:

① 一次面谈的时间只有 45～60 分钟,所以要保证面谈能达成目标,就应该有所准备。

② 涉众的时间往往是非常宝贵的,要高效利用他们的时间,就需要面谈前花费更多的时间进行准备。

③ 会见者要控制面谈过程,而不是让被会见者主导面谈过程,最好的办法就是事先准备好面谈的主题与线索。

④ 事先的准备可以减少面谈过程中的记录负担,让会见者更好地集中精力主导面谈过程。

在需求工程前期准备面谈的问题时,可以围绕两条交互的路线收集背景资料和问题设计:

① 问题→目标→解决方案（特征）→涉及的任务及其流程;

② 角色→目标、任务→任务特征（频率、优先级、内容等）。

例如,经过资料收集与理解之后,可以为一个连锁商店销售系统项目设计问题如图 8-2 和图 8-3 所示。很明显,需求前期阶段的面谈中开放式问题会更多一些。

```
（面谈对象:投资人、管理者）
1. 目前的业务主要碰到了哪些问题?
   （预计:销售效率低;积压、缺货、报废现象严重;成本较高;竞争力不足）
2. 希望新系统能够帮助达成哪些目标?
   （预计:提高销售效率;减少积压、缺货、报废现象;降低成本;提高竞争力;提升
   销售额）
   （如果存在销售效率问题）
3. 销售工作是怎样进行的?
4. 哪些人会参与销售过程?
5. 哪些人的哪些工作是瓶颈?
   ……
```

图 8-2　面谈的问题准备示例一

```
（面谈对象:销售人员）
1. 销售人员的主要工作是什么?
   （预计:销售处理、退货处理）
2. 销售处理的主要过程是怎样的?
3. 销售处理工作目前的困难有哪些?
4. 销售处理的频率怎么样?
5. 平均多长时间完成一次销售处理?
   ……
```

图 8-3　面谈的问题准备示例二

在需求工程的后期阶段,获取的主题通常是非常细节的,所以问题的准备也应该比较具体,以封闭式问题为主。需求工程后期的问题准备可以结合用例/场景(如图 8-4 所示)、任务流程、原型和数据项等材料展开。

用例/场景描述	问题:
1. 收银员输入会员编号;	1. 会员编号的格式是怎样的?
2. 系统显示会员信息;	2. 需要显示的会员信息有哪些?
3. 收银员输入商品;	3. 商品是怎样输入的?
4. 系统显示输入商品的信息;	4. 需要显示的商品信息有哪些?
5. 系统显示所有已输入商品的信息;收银员重复 3~5 步,直至完成所有输入	5. 系统应该怎样显示已输入商品的信息?
6. 收银员结束商品输入;	6. 总价是怎样计算的?
7. 系统显示总价和赠品信息;	7. 需要显示的赠品信息有哪些?
8. 收银员请求顾客付款;	8. 收据的格式是怎样的?
9. 顾客支付,收银员输入支付数额;	9. 有可能不输入会员编号吗?
10. 系统显示应找零数额,收银员找零;	10. 有可能不输入商品吗?
11. 收银员结束销售;	11. 有可能不结束销售吗?
12. 系统更新数据,并打印收据。	12. 付款时有其他非现金方式吗?

图 8-4　面谈的问题准备示例三

8.3　主持面谈

实际的面谈分为 3 个阶段:开始、主体和结束。

8.3.1　面谈开始阶段

面谈开始阶段会建立一个理想的氛围和环境,以促进会见者和被会见者之间的交流和沟通。
面谈开始阶段需要注意的事项包括:

① 会见者在进门时应该和被会见者握手,握手能够帮助建立信任和信赖。

② 在简短的相互介绍之后,可以概要说明会谈的原因、内容和目的,以及为什么选择他(或她)来参加面谈。这个步骤可以为面谈建立一个上下文环境,以避免被会见者谈一些会见者不希望谈的问题。

③ 就座之后,要准备好笔记本、录音机或其他记录设备,提醒被会见者将会发生的记录方式和要点。告诉被会见者将会如何处理所收集的数据,并保证它的机密性。尤其是要注意提前检查录音机和录像机等是否工作正常,如果误以为设备在正常工作而不加检查,那么可能就会有惨重的损失。

④ 在面谈开始时,可以采用一些非常一般的、轻松的、开放式的问题。用这种方式可以打开面谈的局面,建立一个和被会见者面谈的轻松气氛。通过仔细听取前期的回答,可以帮助会见者适应后面的问题。早期开放式的答复也能帮助揭示被会见者的态度、价值观和信仰,这些能够帮助了解被会见者如何使用信息及其对组织中其他人有何看法。

8.3.2　面谈主体阶段

面谈主体阶段是最耗时的阶段。在这个阶段可以得到被会见者对问题清单的答复。会见者需要在这个阶段通过提问和倾听来完成和被会见者的信息交流,按照计划控制面谈的进行,并在必要时进行适当的调整。

面谈主体阶段的注意事项包括以下几方面。

1. 保持有礼貌的倾听

在面谈中要表现出有礼貌的倾听,对他们的叙述给出合适的反馈。如果会见者在面谈当中不经意间发出了没有在倾听的信号,就会让被会见者认为他们所说的内容令人不感兴趣,进而破坏会见者和被会见者之间的有效交流。相反,如果被会见者认为会见者始终在认知聆听,就会使他们以更加开放的态度面对会见者,提高面谈的效果。

在会见者使用笔记本记录面谈信息时,尤其要注意时刻保持有礼貌的倾听,如果必要的话,可以配置两名会见者,一名负责记录,一名负责控制面谈过程。

目光接触、身体姿态和面谈表情都是人们用来传递倾听信号的有效途径。

2. 控制面谈过程

在按照事先的顺序安排进行面谈时,要告诉被会见者你想在回答中得到什么类型的细节。例如,如果觉得需要深入探讨某个问题,可以鼓励被会见者举例说明。如果对某个话题没有兴趣,告诉被会见者只要回答"是"或"否"就可以了。

在面谈中要控制时间的使用,必要的情况下可以指定答复时间的长度,以维持面谈的平衡。

3. 保持面谈主题

依据人类思维和认知的特点,人们在展开较长时间的谈话时,会将精力集中在刚刚发生的叙述上,距离时间较久的叙述往往难以也不会被主动回忆。因此,叙述中常常会发生一次次微小的偏移,这最终会导致整个谈话过程的跑题现象。在面谈当中,会见者需要避免跑题现象的发生,保持面谈主题。

保持面谈主题有两个要点:

① 会见者积极参与谈话过程,引导被会见者按照事先安排逐一解释各个主题。

② 对每个主题都在面谈的合适时间安排程序性提示,如在被会见者需要衔接较久的一个主题展开叙述时,使用复述和改述。再如,在被会见者表达一个主题结束时,使用总结和反馈。

4. 使用探究式问题

对于不清晰的答复,可以通过解释或概括性的语言来反馈被会见者的一些答复,以确保了解他(或她)的意思。

如果不了解被会见者的意思,必须及时追加探究式问题,一定要搞清楚最后的答复。在很多情况下,会见者会因为害怕自己问出"弱智"式的问题,进而自己主观制造对被会见者答复的一些前提假设和知识假设来解释不了解的答复,这种假装知道的情况只会对最终目标不利。

5. 观察被会见者

在研究中发现:在一个人的全部感觉中,只有7%是通过口头(语言)交流的,38%是通过语调交流的,55%是通过面部表情和肢体语言交流的。所以,如果会见者仅仅是倾听被会见者的话语,就会错过更多的丰富内容。

为了获得更多的信息,会见者要在面谈中观察被会见者,通过观察来决定下一步的动作。这些动作包括:缓和气氛;深入主题;回溯主题;结束主题,开始下一个主题;结束谈话。

6. 使用道具支持

研究发现,通过丰富的交流媒介可以增强人们面对面的交流。所以,在面谈中不妨使用一些可能的道具支持,以达到更好的交流效果。

一些简易的模型和草图是可以在面谈中广泛使用的道具,通过它们的使用可以系统化地整理被会见者的叙述,确保会见者对叙述形成正确的理解。

一些专门用于增强会谈交流的协作式软件工具([Tucker 2005, Daniela 2000])正在得到越来越多的关注。

8.3.3　面谈结束阶段

面谈结束阶段应该表示感谢并回答被会见者提出的问题。结束阶段对于保持与被会见者的亲善和信任关系是很重要的。

面谈结束阶段的注意事项主要有以下几方面。

① 面谈应该在 45~60 分钟内结束。并非要在提出所有关心的问题后才能结束面谈,相反,结束面谈应该比开始面谈更自然。

② 总结面谈的要点。如果有记录笔记的话,可以请被会见者进行快速的检查,确保记录下了面谈的所有重要信息。

③ 感谢被会见者,并且给时间让他们询问一些他们自己关心的问题。

④ 握手话别。

无论被会见者看上去多么想延长面谈而超出时间界限,都要记住他们在这里花时间的同时就是不在工作。如果面谈超过 1 小时,不管被会见者是否明确表示,他们都有可能讨厌这种面谈。

8.3.4　记录面谈

1. 记录的内容

利用面谈方法,可以获得并记录以下信息内容。

(1) 事实和问题

事实是问题域的特性,问题是需求的来源,所以事实和问题是需求获取的主要获取对象。在面谈中,会见者和被会见者以问答的形式展开对话,被会见者大都通过描述某个事物、某件事情或者描述某件工作来解决会见者的疑问。其中,对事物、事情和工作的描述就反映为事实和问题。

(2) 被会见者的观点

在面谈中,被会见者在描述某件事情或者叙述某件工作时,会明显表达出他们在相应问题上的个人观点,这些观点对所陈述事实的理解具有重要作用。例如,设想问一位最近增加了在线商店的传统商店老板:"在每个星期的 Web 交易中,顾客退多少货?"她回答说"一周大约 20~25 次"。监视交易后发现一周退货平均仅有 10.5,所以可以推断老板在夸大事实和问题。

而且,通过获取观点而不是获取事实的方法,还可以更好地发现需要解决的关键问题。

(3) 被会见者的感受

除了观点之外,应该尽力获悉被会见者的感受。被会见者比开发人员更了解组织,通过聆听被会见者的感受,不仅能更加全面地理解组织的文化,还可以知晓被会见者的自信度。

表达出来的感受对获知情绪和态度有所帮助。如果商店老板说："你从事这个项目,我绝对受到了鼓励。"就可以把它当成这个项目能做好的一个征兆。

（4）组织和个人的目标

目标是会见者要收集的重要信息。调查硬数据可以解释过去的成果,但是目标反映了组织的未来。在面谈中应该尽可能多地找出组织的目标。通过其他的数据收集方法是不能确定目标的。

2. 记录的方式

记录是面谈中最重要的部分。既可以用笔和纸做记录,也可以用录音机做记录,但重要的是在实际面谈时保留永久的记录。

用笔和纸还是用录音机做记录,部分取决于和谁面谈,以及面谈结束后将如何处理这些信息。另外,每种处理方式有各自固有的优缺点。

（1）笔录

如果被会见者拒绝使用录音机做记录,那么笔录几乎就是唯一的方法。

笔录的优点有:使会见者专心和集中精力;帮助回忆重要的问题;表现会见者对面谈的兴趣;表明会见者是有准备的。

笔录的缺点为:丢失很多被会见者在谈话中表现出来的语调、停顿等语音信息;做笔记时,会让被会见者说话犹豫;造成对事实注意过多,而对感觉及观点注意过少。

（2）录音和摄像

采用录音和摄像做记录时,事先要告诉被会见者记录的方式,并说明将会如何处理记录结果。如果被会见者不允许使用录音机,要友善地接受。

录音和摄像的优点有:记录了更多信息;会见者能轻松地倾听并更快速地做出响应;可以完整地重现面谈过程。

录音和摄像也有很多的缺点:被会见者可能会紧张,回答不自在;数据采集的代价较高;事后进行信息寻找时难以定位。

8.4　整理面谈报告

面谈结束后,应该尽快复查面谈记录,总结面谈信息,完成面谈报告。

1. 复查面谈记录

如果使用的是笔记的记录方式,那么复查面谈记录就是一个比较容易的工作,它要求重新审视笔记的内容,整理出其中的要点,进行分类。

如果使用的是录音和摄像的方式,复查面谈记录的工作就要费力一些。通常为了将录音的内容整理成文字,每个小时的谈话就需要花费4~6个小时的时间。整理后的文字也同样需要进行要点的归纳和分类。

2. 总结面谈信息

总结面谈信息的主要工作是评估面谈中所得到的信息：

- 对于新的探索性问题,答复是否充分? 详细程度如何? 是否令人满意?
- 对于以前探讨过的主题,答复是否和以前冲突? 是否需要改变?
- 根据面谈的结果,分析后续的获取工作程序是否需要调整?

3. 完成面谈报告

撰写面谈报告,记录面谈的实质内容,包括:

- 参与者、时间和地点。
- 会见者对被会见者的印象。
- 面谈中发现的观点和要点。
- 会见者对面谈的基本评价。

一个面谈报告的典型格式如图 8-5 所示。

会见者:张三	日期:××年×月×日
被会见者:李四	主题:计算机使用
会见目标: 　找出关于计算机使用的态度; 　获得用户的使用估计; 　看最新建议的系统的观点是否满足目标。	
谈话要点: 　计算机是我的朋友; 　一直都在使用计算机; 　迫不及待地要熟悉新系统。	被会见者的观点: 　对了解更多有关系统如何促进工作感兴趣; 　如果不使用计算机进行工作,会感到枯燥; 　将成为新系统的热情支持者和促进者。
下次会见的目标; 　发现李四怎样看待系统支持部门; 　找出下一个被会见者的观点。	

图 8-5　面谈报告示例

8.5　面谈的类别

面谈通常被分为 3 种类型:结构化面谈、半结构化面谈和非结构化面谈。

1. 结构化面谈

在结构化面谈中,会见者会完全按照事先的问题和结构来控制面谈。结构化面谈通常被用来获取一些比较确定或者选择空间比较有限的信息,一些统计性倾向信息的获取也可以使用结构化面谈。

2. 半结构化面谈

在半结构化面谈中,事先需要根据面谈内容准备面谈的问题和面谈结构。但在面谈过程中会见者可以根据实际情况采取一些灵活的策略,如调整问题的叙述方式,改变问题结构,建立场景和上下文环境等。

半结构化面谈通常用来在一个基础框架下处理探索性的问题。即会见者对面谈主题有一定的了解,能够建立一个基础框架,并据此制定面谈问题和面谈结构,然后根据探索性需要进行策略的使用和调整。半结构化面谈是在需求获取中应用最多的一种面谈类型,能够处理大部分需求获取任务。

3. 非结构化面谈

在非结构化面谈中没有事先预定的议程安排。在比较极端的情况下,会见者甚至会在没有太多事前准备的情况下就直接到访被会见者的工作地,就某个主题开展会谈。

在非结构化面谈中,会见者和被会见者谈话的主题可能非常广泛,而且每个主题都不会非常深入。这种非结构化面谈主要被用来获取一些概要性和全局性的信息,例如在需求获取刚开始时就可以使用非结构化面谈来了解一些项目的基本情况。

会见者和被会见者也可能在非结构化面谈中仅就某个特殊的主题进行深入的讨论。这通常发生在会见者没有掌握多少该主题的信息的情况下。例如在会见者整理获取信息时,可能发现关于某一个主题的可用信息很少,这时会见者就可能直接到访被会见者的工作场所,就该主题进行非结构化面谈。

结构化面谈较多使用封闭式问题,所以具有封闭式问题所带来的优缺点,如易于控制、答复准确、节省时间、易于让被会见烦躁、无法获取丰富内容等。同样,非结构化面谈较多使用开放式问题,所以具有开放式问题所带来的优缺点,如不易控制、内容丰富等。半结构化面谈会同时使用封闭式问题和开放式问题,具体的比例要视面谈情况而定,所以半结构化面谈的优缺点往往介于结构化面谈和非结构化面谈之间,并且因封闭式问题和开放式问题比例的不同而具有较大的波动性。

在实际的需求获取中,可以综合考虑结构化面谈与非结构化面谈的折中比较,为特定的情况选择更合适的面谈结构。需要特别指出的是,即使选择了非结构化面谈,也应该按照前面讨论过的步骤进行必要的准备。通常情况下,完全不进行任何准备是不正确的行为。

8.6 面谈的优点和局限性

面谈是在需求工程中被广泛应用的需求获取方法,但同时它也是常被误用进而被人们广为诟病的需求获取方法。因此,了解面谈的优点和局限性以在实际工作中正确地使用面谈方法是很有必要的。

面谈的优点有:

① 面谈的开展条件较为简单,经济成本较低。

② 能获得包括事实、问题、被会见者观点、被会见者态度和被会见者信仰等各种信息类型在内的广泛内容。

③ 通过面谈,需求工程师可以和涉众(尤其是用户)建立友好关系。

④ 通过参与面谈,被会见者会产生一种主动为项目做出贡献的感觉,提高涉众的项目参与热情。

面谈的缺点和局限性包括:

① 面谈比较耗时,时间成本较高。

② 在被会见者地理分散的情况下往往难以实现。

③ 面谈参与者的记忆和交流能力对结果影响较大,尤其是面谈的成功很大程度上依赖于需求工程师的人际交流能力。

④ 交谈当中常见的概念结构不同、模糊化表述、默认知识、潜在知识和态度偏见等各种问题都不可避免,进而影响面谈的效果,导致产生不充分的、不相关的或错误的数据。

⑤ 在会见者不了解被会见者认知结构的情况下,面谈不可能取得令人满意的效果。

8.7 群 体 面 谈

8.7.1 概述

一对一面谈是时间成本比较高的需求获取方法,尤其是在获取一个和多个涉众相关的主题时,需要反复和多个涉众安排逐步深入的面谈,以解决下面这些问题:

① 在从其他涉众得到一定的信息后,可能需要重新和以前的被会见者再次讨论和分析相关问题。

② 为了保证从不同涉众获取了完备的信息,可能会见者需要额外安排一些面谈。

③ 如果不同的被会见者在相同主题上出现冲突,往往需要会见者安排很多次反复面谈才能解决冲突问题。

为了降低上述情况下一对一面谈的时间成本,人们使用了群体面谈的需求获取方法。联合应用开发(Joint Application Development,JAD)[Wood 1989]、联合需求规划(Joint Requirements Planning,JRP)[Martin 1991],需求专题讨论会(Requirement Workshop)[Alexander 2002,Leffingwell 1999,Wiegers 2003]和需求中心小组(Requirement Focus Group)[Goguen 1993]等都是群体面谈的典型方法。

群体面谈的方法是将所有的涉众代表集中起来,选择一个合适的地点,集中一段时间,召开一个多方共同参与的会议,一起进行需求的讨论、分析和获取。

群体面谈延续了一对一面谈以面对面谈话为主的交流方式,所以在一定程度上继承了一对一面谈的特点,但是和一对一面谈相比,它在一些方面有明显的优点:

① 通过集中讨论,充分利用了交流时间,因此比一对一面谈更加节约时间,时间成本更低。

② 群体面谈往往是在一个集中连续的时间内完成,和一对一面谈的间隔性特点相比,能够加速项目的开发进度。

③ 在群体面谈中,涉众之间可以直接交流,和一对一面谈中以开发者为中介进行交流相比,提高了冲突的处理能力和处理效率。

④ 群体面谈的集中讨论具有明显的以用户为中心的特征,降低了开发者在面谈中的主导作用,这可以提高涉众的项目参与度,减少开发者主导需求获取时带来的弊端。

⑤ 群体面谈集中了所有参与者的智慧,所以常常会有创造性的信息内容产生。

和一对一面谈相比,群体面谈也有一些缺点存在:

① 群体面谈要求所有参与方都要在一个集中的时间内抽出大量时间和精力投入面谈,这往往难以实现。

② 群体面谈获得的信息比一对一面谈要复杂得多,因此对它们的分析是一个不小的技术挑战。

③ 主持群体面谈比主持一对一面谈要困难得多。

虽然群体面谈有很多种不同的具体方法,但它们都有一些相似的特征,都有计划面谈、主持面谈和分析结果 3 个相似的阶段。

8.7.2　计划面谈

群体面谈的准备工作比一对一面谈要重要和严谨得多,它的有效性可以直接决定群体面谈结果的有效性。准备工作主要包括确定参与人员、安排面谈时间、选择面谈地点和准备面谈内容。

1. 确定参与人员

群体面谈要确保所有真正风险承担者的参与。为此,需要分析哪些涉众能为整个过程做出贡献,并且为保证项目成功必须满足他们的要求。事实上,在项目完成涉众分析工作之后,这并不是一个困难的任务。

除了要提供大部分需求信息的相关涉众之外,群体面谈还需要其他一些重要的参与者。

（1）主持人

群体的面谈需要一个主持人,他是面谈过程的控制者。群体面谈主持人需要具备出色的沟通能力,以便让面谈顺利进行。他不一定是系统分析与设计方面的专家,却必须要具有丰富的面谈控制经验,要能够使参与者集中关注重要的系统问题,能够使参与者协商和解决冲突,能够帮助参与者达成一致意见。

（2）负责人

负责人通常是一个地位较高的管理者,他的职权通常要求能够跨越系统项目中涉及的不同部门和用户。会谈的启动和结束往往都由负责人来进行,在会谈过程中他也扮演着一种重要的角色。

（3）分析人员

群体面谈中应该有分析人员出席。在一对一面谈中，分析员往往会控制着谈话的过程。但是在群体面谈当中，分析员是被动的角色，他的主要任务是倾听参与者的谈话，发现系统的需求。在参与者的讨论涉及解决方案时，分析员可以暂时主导会谈，给出一些必要的建议。

（4）记录人员

记录人员负责记录会议上讨论的每件事情。在会议期间，这些记录要在每次会谈后能够及时反馈到所有参与者手中，以便让所有参与者都清楚会谈的进行状况，维持后续面谈的进行。在进行会议记录时，往往还需要对一些内容进行加工和整理，所以记录人员还要能够使用一些 CASE 工具完成建模工作。在很多情况下，参与面谈的分析人员会充当记录人员的角色。

（5）观察员

如果在群体面谈当中能够包括一些来自项目之外的技术人员和技术专家，将对面谈有很大的帮助。他们在会谈当中主要扮演倾听的角色，除非被邀请主动发言。观察员一方面在面谈中向小组提供技术解释和忠告，另一方面会在每次面谈之后帮助记录人员整理会议记录。

2. 安排面谈时间

各种群体面谈方法都要求参与者要能够用 2~4 天全职参与面谈，在此期间他们最好不要为面谈之外的事情分心。在所有预期的参与者都能够满足面谈时间要求时，才能召开会议。

在面谈期间，让所有参与者参与所有的面谈是不恰当的，应该根据面谈的主题拟定一份议程，然后参与者可以选择和其相关的议题和面谈时间参与讨论。

3. 选择面谈地点

为了保证面谈的顺利进行，最好选择一个远离单位的、舒适的地点召开会议。会议室应该具备充分的会议条件，包括：拥有充足的空间，可以布置理想的会场；有必备的道具支持，如投影仪、白板、纸、笔、打印机、计算机和网络等；在面谈期间能够提供良好的餐饮服务。

4. 准备面谈内容

计划群体面谈时，要事先确定面谈的主题和范围，确定面谈的议程，建立需求的预期和面谈的目标，提前准备好所有可能会用到和能够加速面谈进行的各种材料。

8.7.3 主持面谈

群体面谈应该从开场白、介绍以及面谈议程和面谈目标的简要介绍开始，然后主持人按照事先预定的内容主持会议。为了成功地主持会议，主持人应该注意下列事项。

1. 建立基本规则

为了保持会议的融洽气氛，保证会议的有效进行，需要建立一些会谈的基本规则。例如：

- 按时开始和结束面谈。
- 中途休息(如午餐)后要尽快进入状态。
- 一次只讨论一个主题。
- 期望每个人都为面谈做出自己的贡献。
- 要关注于问题,不要有人身批评和攻击。
- 限制发言时间,不要个人把持面谈。

2. 保持面谈的气氛

面谈中出现的一些意外事件很容易影响会议气氛,如准备工作不充分,某个人不遵守规则,面谈中出现了冲突等,这些事件会影响参与者的参与热情,阻碍面谈的顺利进行。因此,主持人要能够在事件发生时运用个人的人际关系处理能力进行妥善协调和处置,维持面谈的良好讨论气氛。

3. 确保每个人都积极地参与讨论

有时参与者会停止参与讨论,他们会因为面谈中出现的意外而变得灰心丧气:也许他们所提出的意见没有受到重视,这可能是因为其他参与者觉得他们的意见没有意义,或者不想破坏小组已经完成的任务;也许是参与者遇事好退缩,不愿与更好斗的参与者或者专横的分析员争执。主持人必须时刻观察和发现这些现象,了解他们不愿再参与讨论的原因,并试着使他们重新参与讨论。

4. 控制面谈的主题

群体面谈比一对一面谈更容易发生主题偏离的现象,使得面谈参与者就一些与面谈不相关的主题或者某些不必要的细节争执不下。主持人必须能够及时发现偏离现象,协调和引导参与者,回到面谈的主题上来。

8.7.4 分析结果

在面谈中,记录员要完整记录下会谈的内容。在每一次面谈结束之后或者可能的面谈间歇期间,记录员需要和参与面谈的技术人员一起对记录内容进行整理,并尽快提交给所有的面谈参与者。整理的工作内容包括:按照主题组织参与者的讨论;建立粗略的模型,分析每个主题已经获得的信息内容;和面谈目标比较,指明下一步的努力方向。

在面谈全部结束之后,应该尽快整理面谈期间得到的所有信息,进行分析和评估,完成面谈报告。

8.8　和面谈相关的其他需求获取方法

8.8.1 调查问卷

调查问卷是一种经常和面谈配合使用的需求获取方法。它在内容的安排上类似于结构化面谈方法,完全按照事先确定的问题来得到反馈信息,较多地使用封闭式问题。但是在交流媒介上,调查问卷方法和面谈方法有着明显的差异,面谈方法以口头语言为主要的交流媒介,而调查问卷以文档为主要的交流媒介。

因为以文档而不是口头语言为交流媒介,所以调查问卷方法常常被用来处理面谈方法受到局限的一些情况,如系统的涉众在地理上是分布的;系统的涉众数量众多,而且了解所有涉众的统计倾向是非常重要的;需要进行一项探索性的研究,并希望在确定具体方向之前了解当前的总体状况;为后续的面谈标识问题和主题,建立一个开展工作的基础框架。

调查问卷在内容设置上和结构化面谈方法是相似的,所以关于调查问卷中问题的选择和结构设计可以参考面谈方法。

调查问卷方法以文档为交流的媒介,在进行调查问卷的格式设计时要注意以下事项。

① 提供足够的空白空间。空白空间是指页面或屏幕上文字周围的空白区。挤在一起而没有足够空白空间的问卷调查表虽然节省纸张,却不利于阅读和理解。

② 提供足够的答复空间。除了要提供足够的空白空间之外,还要提供足够的答题空间。尤其是如果使用了开放式问题,就要预料到回答者可能会提供大段的答复,也就必须为其留下足够的答题空间。

③ 要求回答者清楚地标出他们的答复。一个良好的实践是要求回答者清楚地标出他们的答复,如使用"√""○"或"【】"来标记答案。

④ 使用目标帮助确定格式。在设计问卷调查表之前需要清楚地表达目标。例如,如果目标是就当前系统的一系列已标识问题尽可能多地进行组织成员调查,那么最好使用计算机能处理的答复表。如果这样,就会影响如何设计问卷调查表以及将包括什么类型的说明。

另外,如果希望得到书面答复,就需要计算多大空间才能容下想要得到的答复,然后确保在表单上保留该空间,或者写在额外的答题纸上。

⑤ 保持风格一致。以一致的方式组织整张问卷调查表。在问题部分,把选项放在同一位置,这样回答者始终能知道选择在哪里。采用一致的格式可以让回答者快速完成问卷调查表,而且减少出错的几率。

8.8.2　头脑风暴

头脑风暴又译为自由讨论,是一种特殊的群体面谈方法,和 JAD 等普通群体面谈方法的区别在于,它的目的不是发现需求,而是"发明"需求,或者说是发现"潜在"需求。就像它的名字一样,它鼓励参与者在无约束的环境下进行某些问题的自由思考和自由讨论,以产生新的想法。它是需求获取中为数不多的用于"发明"需求的想法,可能会增加需求的数量。

1. 需要采用头脑风暴的典型情况

头脑风暴通常只用于那些需要发明需求的地方,其典型情况包括:

① 发明并描述以前不存在的全新的业务功能。例如,在组织需要借助新的系统开展一项新业务时,组织无法明确业务开展的细节,因为之前并不存在该业务,此时就可以使用头脑风暴方法来探讨业务开展后可能发生的各种情况,进而确定这项未来业务的所有处理细节。

② 明确模糊的业务。例如,在开发新系统之前,组织的某项业务可能是比较混乱的,所以用户无法依据之前的工作给出清晰的业务描述,此时就可以使用头脑风暴方法来整理混乱的业务逻辑,建立清晰的业务描述。

③ 在信息不充分的情况下做出决策。例如,在组织进行业务流程改造(Business Process Reengineering,BPR)时,组织依据现有的数据通常无法准确预测出改造后的业务流程状况,因此新业务流程的选择是一项在信息不充分的情况下做出的决策。为了尽可能提高 BPR 的成功可能性,可以使用头脑风暴方法进行各种情况的考虑和衡量,做出当前情况下最有利的选择。

因为头脑风暴需要发明新的思想,所以它在选择参与者时倾向于选择“有思想”的人,即有充足知识库的人,领域专家和业务的熟练操作者是最佳选择。头脑风暴方法对主持人和记录人员的要求比普通的群体面谈方法要低得多,技术人员在其中仍然是起到提供技术评估和建议的作用。

2. 头脑风暴的两个阶段

头脑风暴通常包括两个阶段:想法产生阶段和想法精简阶段。

(1) 想法产生阶段

想法产生阶段的目的是产生出尽可能多的新想法。该阶段的工作步骤为:

① 将所有的相关涉众组织起来,召集到一起,简要介绍召集大家的目的。

② 解释头脑风暴的一些基本规则,包括:

- 充分发挥想象力,不要有任何羁绊。
- 产生尽可能多的想法,想法重在数量而不是质量,不要顾及想法是否荒诞。
- 自由讨论,目的是产生新的想法,不要争吵和批评。
- 在自由讨论当中,可以转换和组合所有已提出的想法,以产生新的想法。

介绍完规则之后,就可以让参与者自己去冥思苦想,把产生的新想法描述出来,记录在相关材料上面。

在每个人的冥想完成后,开始所有人的自由讨论。每个参与者大声陈述自己的意见,并通过结合别人的思想和讨论意见产生进一步的可能想法。

会议记录员把所有产生的想法都收集起来,供下一阶段使用。

收集到足够的想法后可以结束想法产生阶段,通常来说这个阶段持续 1 小时左右,特殊情况下可能持续 2~3 小时。在进入下一个阶段之前,应该允许参与者稍微休息一下。

(2) 想法精减阶段

想法精简阶段的主要目的是分析产生的所有想法,发现其中最能被广泛接受的想法。该阶段的工作步骤为:

① 去除那些不值得进一步讨论的想法。具体做法是由主持人逐一询问每个想法,由所有参与者表决其是否值得进一步讨论。

② 把类似意见归类。如果参与者能够自愿对想法进行归类,就可能得到非常有效的结果。在把相关想法进行归类之后,给每个想法组命名。如果在分组过程中参与者发现遗漏了某些方面的想法,可以对其重新进行想法的产生。

③ 主持人遍历每一个未被删除的想法,并请求每个参与者进行简单描述。这一步的目的是确保所有参与者都对其有共同的理解。

在所有人都对已有想法拥有共同理解的情况下,利用投票或类似方法,评估现有想法的优先级。

④ 根据评估的数据,从中筛选出符合一定标准的想法作为头脑风暴方法的成果。

引 用 文 献

［Alexander 2002］ALEXANDER I F, STEVENS R. Writing better requirements. Addison-Wesley, 2002.

［Bray 2002］BRAY I K. An introduction to requirements engineering. 1st ed. Addison Wesley, 2002.

［Cohene 2005］COHENE T, EASTERBROOK S. Contextual risk analysis for interview design. Proceedings of the 13th IEEE International Requirements Engineering Conference (RE'05), 2005.

［Daniela 2000］DAMIAN D E, EBERLEIN A, SHAW M L G, et al. The effects of communication media on group performance in requirements engineering, ICRE 2000.

［Davis 2006］DAVIS A, DIESTE O, HICKEY A, et al. Effectiveness of requirements elicitation techniques: empirical results derived from a systematic review. Proceedings of 14th IEEE International Requirements Engineering Conference (RE'06). MN, USA, 2006: 179-188.

［Dieste 2011］DIESTE O, JURISTO N. Systematic review and aggregation of empirical studies on elicitation techniques. IEEE Transactions on Software Engineering, 2011, 37(2): 283-304.

［Goguen 1993］GOGUEN J, LINDE C. Techniques for requirements elicitation. Proceedings of the First IEEE International Symposium on Requirements Engineering (RE'93). IEEE Computer Society Press, 1993.

［Kendall 2002］KENDALL K E, KENDALL J E. Systems analysis and design. 5th ed. Pearson Education, 2002.

［Leffingwell 1999］LEFFINGWELL D, WIDRIG D. Managing software requirements: a unified approach. Addison-Wesley, 1999.

［Martin 1991］MARTIN J. Rapid application development. Macmillar Coll Div, 1991.

［Pitts 2007］PITTS M G, BROWNE G J. Improving requirements elicitation: an empirical investigation of procedural prompts. Info Systems, 2007, 17: 89-110.

［Saiedian 2000］SAIEDIAN H, DALE R. Requirements engineering: making the connection between the software developer and customer. Information and Software Technology, 2000, 42.

［Short 1976］SHORT J, WILLIAMS E, CHRISTIE B. The social psychology of telecommunications. Wiley, 1976.

［Tucker 2005］TUCKER S, WHITTAKER S, LABAN R. Identifying user requirements for novel interaction capture. Presented at the Measuring Behaviour 2005.

［Whitten 2003］WHITTEN J, BENTLEY L, DITTMAN K. Systems analysis and design methods. 6th ed. McGraw- Hill Higher Education, 2003.

［Wiegers 2003］WIEGERS K. Software requirements. 2nd ed. Redmond, WA: Microsoft Press, 2003.

［Wood 1989］WOOD J, SILVER D. Joint application design: how to design quality systems in 40% less time. New York: Wiley, 1989.

第9章　需求获取方法之原型

9.1　原型及原型法概述

9.1.1　不确定性

不确定性是指因为对未来知识了解有限而无法确定某些行为或事件的后果。例如,早上出门时,因为不知道后续天气会如何变化,所以无法预测一整天内是否会下雨。解决不确定性通常有两种策略:一种是想办法增加对未来知识的了解程度,例如使用算法计算、预测一天内的天气情况,即天气预报;另一种是进行风险管理,例如带一把伞备用。

风险是指因为不确定性而可能给未来造成的损失。

人在天性上是厌恶不确定性的,因为不确定意味着不可控,进而意味着不安全。相对而言,人喜欢有规律的知识——科学。但科学只能解释不确定性的存在,不能完全消除不确定性。例如,抛硬币时科学能告诉人们正反面朝上的几率都是 50%,但不能准确预测某一次抛起的硬币到底是正面还是反面。

不确定性是现实中广泛存在的,作为工作与现实世界联系紧密的需求工程师,必须要克服自己的厌恶感,正确认识不确定内容并时刻为其出现做好准备。至少,每次出现不明确情况时不能武断地将责任推给涉众,也不能寄希望于涉众会清晰、明确地在面谈中告知一切。

面对不确定的知识,涉众自己是无法解释清楚的,自然也不可能通过面谈告知需求工程师,这就要求需求工程师想办法解决不确定性,主要的手段就是原型(prototype)。

9.1.2　原型及原型法

原型是在软件开发中被广泛使用的一种工具。在软件开发过程的各个阶段,包括需求开发阶段,都会使用不同类型的原型来达到不同的目的。

应用的广泛性使原型的含义多种多样,导致人们对原型概念的理解也非常模糊。例如,软件设计者会将一个粗略的设计模型看成原型,软件交互工程师会将一个视频外观或交互行为的模拟看成原型,程序员会将一个测试程序看成原型,用户行为的研究者(user studies expert)会将一些场景的叙述或者包含场景叙述的故事板(storyboard)看成原型。而且[Schrage 1996]发现一个组织会发展出自己独特的原型文化,这些原型文化仅仅将一些限定类型的事物看成有效的原型。因为这些因素,所以对"原型"的概念和原型方法(prototyping)很难进行准确一致的解释。

通常,人们更愿意从原型使用的角度来理解原型概念。如果在最终的制品(final artifact)产生之前,一个中间制品(mediate artifact)被用来在一定广度和深度范围内表现这个最终制品,那么这个中间制品就被认为是最终制品在该广度和深度上的原型。也就是说原型通常仅仅是真实系统的一个部分或一个模型,重要的不在于使用什么材料和工具来创建它们,而是人们怎么利用它们来探索和论证未来物件的某个方面。就像[Nauman 1982]认为的那样:"原型是一个系统,它内化了(capture)一个更迟系统(later system)的本质特征。原型系统通常被构造为不完整的系统,以在将来进行改进、补充或者替代。"

因此,需要认识到包括书面描绘、场景叙述、故事板、幻灯演示、动画模拟、屏幕快照和程序代码等在内的各种被用来探索和论证软件系统功能的物件都是软件的原型。在系统开发中利用这些原型的行为都属于原型法(prototyping)。

9.1.3　原型的用途

从原型及原型法的描述可以发现,原型及原型法的关键是将未来事物(最终制品或更迟系统)所含的知识带回到现在(中间制品、不完整系统)进行展示,所以原型及原型法可以用来解决不确定性。当然,原型及原型法使用的目的并不只是解决不确定性,也可能是用于其他用途。

[Budde 1992]将原型根据用途的不同概括为:演示原型(presentation prototype)、严格意义上的原型(prototype proper)、试验原型(breadboard prototype)和引示系统原型(pilot system prototype)。

1. 演示原型

演示原型通过演示相应的内容展示开发者的技术能力或特定问题解决的可能性,主要用在项目启动阶段。例如,研究者通常会演示 Demo 以表明技术上的可行性,Demo 就是演示原型。再如,开发者可以通过演示之前的产品向新客户表明自己的技术实力,之前的产品就充当了演示原型。

演示原型真正想要展示的是一种能力或技术可行性,是将能力或技术可行性带入现在的演示制品进行展现。

2. 严格意义上的原型

严格意义上的原型用于探索和解决需求的不确定内容,这也是它被称为"严格意义上的原型"的原因,主要用在需求分析阶段,用来阐明用户界面或系统功能的某些特定方面,帮助人们及时澄清问题。

严格意义上的原型将未来的不确定知识带回到现在的制品中进行展示和评价,并在评价与修正中解决不确定性。

3. 试验原型

试验原型用于试验和解决技术方案方面的不确定性,主要用在构建系统阶段,用来帮助开发者澄清他们所面对的一些和系统构建相关的技术问题,或者用来确定系统某些功能实现的技术可行性。

试验原型通过试验尽早发现一个技术方案在未来的可能运行表现,进而现在就判定该方案的可行性。

4. 引示系统原型

引示系统原型用来增长,这一点与前面的各种原型用途都大不一样。也就是说,如果一个原型不是用来探索、测试某个想法或者阐明某些意图,而是被用作最终系统的构建核心,那么该原型就属于引示系统原型。

在建立引示系统原型时,对它施加的约束与实际的应用系统要保持一致。这样,在达到一定程度的复杂性后,这个原型就被会被实现为引示系统,并在后续开发中被不断增强。引示系统原型可能会在系统开发的各个阶段开发,并在后续阶段持续增强,直至最终系统产生。

9.1.4 软件工程对原型及原型法的应用

软件工程中的不确定性是广泛存在的,这也是软件开发困难的主要来源之一,所以原型及原型法被认为是有效手段,在软件工程中得到了广泛应用,如表 9-1 所示。

表 9-1 软件工程中原型及原型法的应用

	不确定性分布	原型使用	其他解决方法
需求	涉众的需要不明确	严格意义的原型	迭代式开发 快速反馈 风险管理
设计	技术细节不明确	试验原型	
构造	算法细节不明确	试验原型	
测试	缺陷的发现与移除不明确	缺陷分布原型(缺陷植入)	
迭代式开发		引示系统原型(体系结构原型)	

9.2 使用原型法进行需求获取

9.2.1 基本过程

不确定性是需求获取中广泛存在并且必须面对的一个难题,而以问答形式为交流方式的面谈是无法获取不确定需求的,所以原型就成为需求获取中经常使用的方法。

使用原型方法获取需求的典型过程如图 9-1 所示,它的主要步骤包括以下几点。

① 确定原型需求。搞清楚为什么要开发原型,拥有的起始点是什么,期望的结束标准是什么?

② 原型开发。依据原型的需求特点和开发目的,以最低的成本建立初始原型。

③ 原型评估。对上一阶段产生的原型进行评估,根据评估者的反馈判断原型是否满足结束标准。评估者一般是用户和开发者。

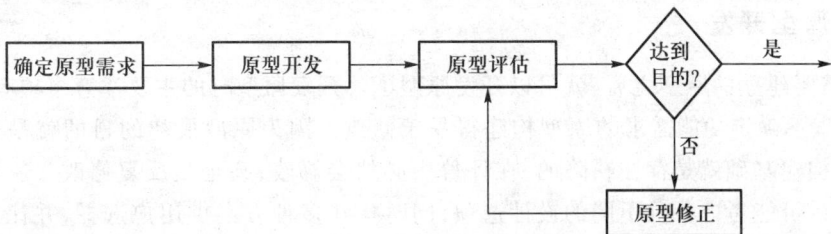

图 9-1　使用原型方法获取需求的典型过程

④ 原型修正。如果已经建立的原型达到了目的,就结束原型方法过程;否则根据评估者反馈的不足进行原型调整,调整完成后准备再次进行原型评估。

下面各节将分别描述上述步骤。

9.2.2　确定原型需求

因为原型方法的成本较高,所以应该只在必要的时候才使用原型方法。通常来说,如果用户需求出现了模糊、不清晰、不完整等具有一定不确定性的特征,就可以考虑使用原型方法。一个系统的所有需求之中只会有部分需求不确定,也只需要针对该部分需求建立原型,以控制原型开发的成本。

如果发现产品的需求存在不确定性,就可以考虑使用原型法,典型的不确定性情景有以下几种。

① 可能发生的需求变更。

② 存在冲突的地方。

③ 信息不充分:

● 产品的部分需求以前从未存在过,而且难以可视化。这些产品功能属于创新性内容,有着很大的不确定性。

● 产品的涉众对相关的产品功能没有经验,而且对将要采用的技术也没有经验。此时涉众无法明确工作的具体细节,即在细节需求方面存在着不确定性。

● 涉众进行自己的工作已经有一段时间了,但在完成工作的方式上仍然存在障碍。此时涉众无法判断问题的解决方案是否现实可行,所以产品相应功能的可行性是不确定的。

● 涉众在清晰说明某些需求方面存在困难,如默认需求或者潜在需求。这些相关的需求自然是不确定的需求。

● 需求工程师在理解涉众的部分需求上存在困难。在澄清和理解之前,这些需求存在着不确定性。

● 部分需求的可行性值得怀疑,即具体需求的可满足性存在着不确定性。

9.2.3 原型开发

确定了需要建立的原型之后,就可以开发原型了。开发原型时的主要注意事项有以下几点。

① 将探索不确定功能需求的原型构建得易于修改。因为原型最初的目的就是探索不确定功能需求,其构建基础就是存在缺陷的,在评价中必然会修改,甚至是反复修改。所以在构建原型时,就需要尽可能考虑各种不同的设计选项,同时构建多种方案供用户选择,并让原型易于根据使用反馈进行及时的修改。例如,对于常规的超市销售来说,顾客完全自助式销售过程就是不确定的,可以分析顾客自助式销售会有哪些差异情景(例如计算机熟练顾客的高效销售过程、计算机新手顾客的帮助式销售过程、计算机出现故障时的辅助销售过程等),并分别构建原型,每一个原型都要构建得易于修改。

② 让探索可行性的原型收集充分的数据。如果原型是为了探索部分需求的可行性(如性能、易用性、可靠性等质量标准可行性;推荐系统、数据挖掘等新技术效果),那么就要分析清楚可行性的判定数据并制定方案,让原型能够收集到充分的数据以做出判断。例如,如果要探索 CPU 的性能水平,就要收集 CPU 时钟;如果要探索 HCI 对新手用户的易用性水平,就要收集新手用户的反应时间和错误率等。

③ 控制开发成本。详细情况参见 9.4 节。

9.2.4 原型评估

要想利用原型达到探索和验证系统功能的目的,就需要将开发完成的原型提交评估者进行评估。在需求获取阶段,原型的评估者通常是用户,在涉及技术细节时也可能由开发者进行评估。

1. 使用脚本指导评估过程

原型并不是完备的产品,可能存在这样或那样的不足,不能经受用户像使用真实产品一样使用,所以需要创建一些脚本来指导评估者的体验活动,这同时也能够提高原型评估的效率。脚本可以让评估人员针对原型的目的使用原型而非无的放矢,更好地指引评估者将注意力集中在不确定的需求部分。

脚本的框架是评估者需要执行的任务,并在每个任务执行中或执行后探索相应的问题。常见的问题有:

- 这个原型实现功能的方式和你的想法一致吗?
- 有没有遗漏的功能?
- 有没有遗漏的异常处理?
- 有多余的功能吗?
- 导航的逻辑性和完整性有问题吗?

2. 创造无偏见的评估环境

在评估人员执行原型评估时,可以让他们尽量把自己的想法大胆地说出来。努力创造一个无偏见的环境,这样评估人员可以畅所欲言,表达他们的想法、观点和所关心的事物。

创造无偏见评估环境的关键是让评估者明白原型是基于缺陷需求构建的,所以存在任何不足都是可能的。要让评估者认识到他们从原型中发现的不足并不是对开发者的批评和否定,而是对开发者最好的合作与回馈。

在评估人员评估原型时,要避免诱导评估人员用"正确的"方法来执行某些功能。评估者完全通过自己的观察、感受和使用,产生对原型的反馈。这些反馈包括对原型的肯定意见、否定意见或修改建议。

3. 引导评估者从恰当的角度进行评价

要保证评估的有效性,就务必要让合适的人从恰当的角度来评估原型。要让原型所针对的不明确需求的相关涉众来执行评估,只有他们的意见才是真正有用的。

在把原型呈递给评估人员时,要告知他们原型的开发目的,要让他们清楚原型的不完备之处,强调原型只处理部分功能,其余功能要等到开发真正的系统时才能实现。例如,如果原型的目的是评估人机交互的易用性,就需要让评估者明白评价对象是界面的导航与布局,而不是菜单、按钮的完备性。

4. 观察评估者的行为

比起只是简单地听取评估者对原型的想法,亲自观察评估人员使用原型的过程可以获得更多的信息。要注意观察评估人员在执行工作时自然的寻找倾向和寻找目标,发现原型的功能设计和评估人员自然倾向不相符合的地方,分析原因并加以必要的修正。要注意观察评估人员在哪些地方一筹莫展或者迷惑不解,找出原因并发现他们在这个地方所希望看到的内容。要注意总结评估人员在哪些地方容易出现错误以及怎样设计能够让他们避免出现错误。

5. 收集评估者的反馈

在评估阶段需要获取的评估者反馈包括 3 个方面。

① 评估者反应。评估者对原型的反应可以通过观察、面谈和调查问卷来获得。这些获取方法是专门为了获取每个人对原型的意见而设计的。通过获得的评估者反应,开发者可以发现很多关于原型的有用观点,包括他们对这个系统是否满意,以及出售或实现这个系统是否存在困难等。

② 评估者建议。在评估者体验或使用原型的过程当中,经常会对原型系统的人机交互和功能设置提出建议。这些建议可以帮助开发者改进、改变或调整原型,从而使得原型更接近它的目标实现。

③ 创新思想。创新想法是指那些在使用原型方法之前没有想到的系统功能,它通常是用户的潜在需求。在用户和原型的交互当中,通过不断地在原型中添加一些新的内容,并不断获得用户的反馈,就可以发现用户的潜在需求。

9.2.5 原型修正

原型方法适宜于探索和验证需求,一方面是因为原型能够让用户较早感受到系统功能并及时提出反馈,另一方面是因为原型方法能够根据评估者的反馈迅速调整错误的或不完善的想法,并在连续的反馈和调整之中逐步接近正确的和完善的需求。因此,原型修正也是原型方法能够发生作用的关键一环。

原型修正一方面要依据评估人员的反馈,另一方面也要考虑事先的原型调整计划,尤其是在开发探索式原型和实验式原型时,事先就应该有设计选项和设计方案的调整计划。

9.3 抛弃需求原型

9.3.1 抛弃式原型与演化式原型

1. 原型开发方法分类

按照[Floyd 1984]的分类,可以将原型开发方法分为3种类型。

① 探索式。如果开发者对用户的一些问题和需求有了一定的了解,但是了解的内容非常模糊或者不充分,那么开发者就可能会依据已经了解的内容开发出一些初始原型,然后获取用户对这些原型的反馈,并不断调整原型,最终澄清模糊的需求,发现未知的需求。这种以缺陷需求开始,继而不断调整和修正需求的原型开发方式称为探索式。探索式的原型方法通常要尽可能地调整各种设计选项(如需求内容、软件化内容及软件支持方式等),并比较多种设计方案下的用户反馈,以得到理想的用户需求。探索式的原型方法能够帮助开发者更深入地了解用户的业务、问题和期望。

② 实验式。和探索式的原型方法相比,实验式的原型方法初始时就拥有清晰的用户需求,但是开发者对这些需求的实现方法、实现效果和可行性没有太大的把握。实验式的原型方法需要首先定义一个对原型的评估方法,确定评估的属性(如可行性、适用性、效率和吞吐量等),据此评估各种技术方案下的原型,明确需求的可行性和有效的技术实现方案。

③ 演化式。在演化式的原型方法中,原型的开发并不是一个独立的活动,而是整个项目的持续开发过程中的一个部分。原型开发的初始点既有要求原型化的需求,也有项目积累下来的原型资产。要求原型化的需求往往是积累下的原型资产所没有实现的需求,而且也往往是清晰的需求。在为需求开发演化式原型时,要保证原型的质量,并与前期原型资产相融合,能够以整体的方式传递给下一个原型开发过程。这个被不断传递和不断增强的原型资产将成为最终的软件系统。通过在持续开发过程中使用原型方法,可以使软件开发过程更好地处理用户需求的不断变动。

2. 原型开发方法比较

在探索式、实验式和演化式这3种原型方法当中,前两种方法产生的原型往往是在经历了很多次错误的尝试之后才产生的。这些错误的尝试过程会在最终的原型产品当中留下痕迹,原型中的一些代码是在错误的前提(错误的需求、错误的技术方案)下完成的,它们会使原型产品具有很差的质量,所以人们在得到正确的尝试之后往往会抛弃这些原型产品,另起炉灶。为此,探索式和实验式方法产生的原型产品又被称为抛弃式原型(throwaway prototype)。

与抛弃式原型产品的做法相反,演化式的原型方法要求原型产品作为资产沿着开发过程向后传递,并可能被后续过程修改和增强,最后成为软件系统的一个部分,所以演化式原型方法产生的原型产品被称为演化式原型(evolutionary prototype)。演化式原型必须具有健壮性,代码质量要从一开始就能达到最终系统的要求。而且为了原型产品的向后传递和增强,演化式原型要易于进行扩展和频繁改进,因此开发者必须重视演化式原型的设计,采用好的体系结构和设计原则,利用成熟的技术和熟练的工具。

9.3.2 坚决抛弃抛弃式原型

按照命名所含的意思,因为代码质量较差,所以抛弃式原型是应该被抛弃的。但是有些项目管理者和开发者吝惜抛弃式原型代码所蕴含的人力成本和经济成本,将其整合进了最终交付的软件系统当中,导致了最终产品的低质量。对此,[Luqi 1991]认为:这些管理者和开发者应该充分认识到,抛弃式原型的贡献不在于它的代码,而是它所包含的内容,它说明了正确的需求和正确的技术方案,如果认识不到这一点,他们就只能得到低质量的代码,而丢失真正宝贵的内容。

需求获取原型大多数是探索式原型,也可能使用少量的实验式原型,但都属于抛弃式原型,所以需求工程师要坚决地抛弃抛弃式需求获取原型。

9.4 控制原型成本

相对于其他需求获取方法而言,原型方法通过在用户和需求工程师之间设立一个有形的制品,使双方的交流更加简单和有效。它一方面可以使用户更好地理解需求工程师的假设,另一方面可以使需求工程师通过观察用户的反馈来加深对用户的理解,并明确自己的一些假设为什么不正确。但原型方法也有缺点,它(尤其是代码原型)是一个成本较为高昂的方法,在构建原型的过程中会花费一定的人力和经济成本,而且还可能浪费开发时间。因此,人们很少会对利用面谈就可以确定的需求采用原型方法,在使用原型法时也会尽量控制原型的成本。

9.4.1 依据抛弃式特征控制原型成本

因为抛弃式原型的代码是要被抛弃的,所以在建立抛弃式原型时就应该尽量花费最小的代价,争取最快的速度。为此,原型的开发者可以使用一些简易的开发工具和不成熟的构造技术,也可能会忽略或简化一些和原型目标不相关的功能特征。例如在探索一个用户界面时可能会忽略界面内含的功能处理,在实验一个算法性能时可能会简化算法的用户界面。

"不要过于详细地构建抛弃式原型,只要它能够满足原型制作的目标就足够了。要抵制住诱惑,也要顶住用户的压力,不要向抛弃式原型添加更多的功能。"[Wiegers 2003]

9.4.2　控制水平原型的成本

1. 水平原型与垂直原型

水平原型来自于[Mayr 1984]的原型划分。[Mayr 1984]认为系统的构建是对其多个层次（用户界面层、操作系统层、数据库操作层等）的设计与实现过程，并据此将原型的构建方法分成以下两种类型。

① 水平原型方法（horizontal prototyping）。水平原型方法仅仅实现选定功能所有层次中的某些特定层次（如用户界面层），它能够处理较大范围的功能，建立的原型产品称为水平原型（horizontal prototype）。

② 垂直原型方法（vertical prototyping）。垂直原型方法会触及选定功能实现的所有层次，处理的功能范围通常较小，建立的原型产品称为垂直原型（vertical prototype）。

水平原型由于仅仅实现了某些特定的层次，所以虽然它涵盖了很多功能，但并没有真正地实现这些功能。以水平原型最常处理的用户界面为例，它能够演示用户使用的功能选项、界面外观和导航结构，也能完成一些功能的转换和显示一些响应消息，但实质上它采用的功能处理和响应消息可能是开发时硬编码完成的，是固定不变的，并不是真的进行了功能处理和消息响应。也就是说，虽然水平原型看起来似乎可以执行一些有意义的工作，但其实不然。

垂直原型要实现选定功能的所有层次，所以它的运作方式应该和所期望的真实系统的运作方式相似。在开发垂直原型时，需要保证真实实现它的各种功能，考虑其中涉及的所有技术细节。

2. 用尽可能低的成本开发水平原型

需求获取中使用的绝大部分原型都是水平原型，构建水平原型时只需要将精力集中在它所关注的层次，其他层次稍加处理即可，这样就可以降低原型开发成本。

需求获取水平原型关注的常见层次有 3 个：人机交互、功能与任务和实现（implementation）。

人机交互原型关注用户使用时的感觉体验，即用户在使用原型时会看到什么、听到什么和感觉到什么。构建人机交互的水平原型时，重点在于原型的界面外观（如整体布局、字体与颜色使用等）和交互方式（如命令行式、GUI 式、触摸式等），其功能布局（如按钮与菜单的完备性、任务流程的合理性等）和技术实现细节（算法和编码正确性）就会被简化处理。

功能与任务原型关注用户的工作任务，即原型的使用能够为用户的工作带来哪些帮助。构建功能与任务水平原型时，重在搞清楚原型到底能够帮助用户完成哪些工作与任务（任务流程、窗口、按钮、菜单反映出来的任务等），其界面交互和技术实现细节就会被简化处理——通常界面中体现出相应功能的存在即可，无需美化，算法也使用简单的硬编码而不是完备的逻辑实现。

实现原型关注特定功能实现的技术细节。实现原型的开发主要考虑各种可能的功能实现方法，验证方法的技术可行性和观察用户对原型的反应，功能的内容和外观表现就不再是非常重要的方面。例如，最简单的实现原型可以仅仅是一段程序，运行后捕获相关数据，不需要界面，也不需要考虑功能是否完备。

9.4.3 使用尽量简单的介质降低原型成本

可以使用不同类型的介质构建原型,如图 9-2 所示。

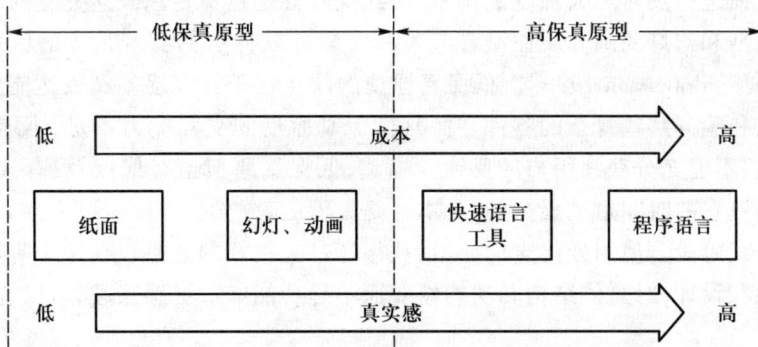

图 9-2 原型的常见介质

常见的代表性介质有纸面、幻灯动画、快速语言工具和程序语言。

纸面介质包括纸、白板、活动挂图、便签、快照等。纸面介质随地可得,较为便宜,所以基于纸面介质建立原型方便、快捷,成本较低。但是纸面介质表达动态性和交互性事物的能力有所不足,无法和原型的评估者形成互动效应。和其他几种介质相比,纸面原型的真实感最低。

因为纸面原型的低成本特性能够缓解原型方法的高成本缺点,所以能够基于纸面介质建立的原型都应该尽量使用纸面介质。因为交互性不足,所以纸面原型最常被用来表达静态的物件,例如用户界面,如图 9-3 所示。当然,如果多个纸面原型联合起来的话,也能够表达少量的交互。

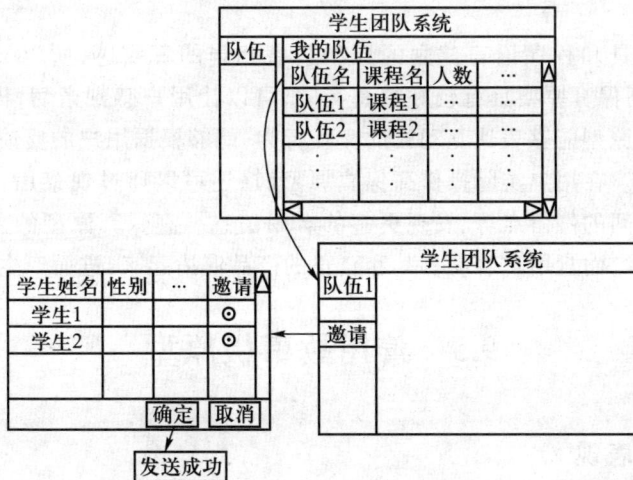

图 9-3 纸面介质的原型示例

幻灯动画介质包括连续的幻灯片和用 Flash 等工具快速开发的动画。使用幻灯动画建立原型的成本稍高于纸面介质原型,但是它的交互表达能力也稍强于纸面介质原型。在一定程度上,幻灯动画介质原型可以被看作是多个纸面介质原型的集成。幻灯动画介质原型建立之后,也难以根据用户的反馈进行及时和大幅度的调整,因此交互性仍然不足以表达完全的动态性。

纸面介质原型和幻灯动画介质原型看起来和实际的软件产品有着很大的区别,因此它们又被称为低保真原型[Robertson 1999]。低保真原型的缺点在于真实感差和表达能力有限,因此它们无法用来探索和验证某些复杂的物件。而且低保真原型的交互能力不足,不能够及时修正以响应用户的反馈,不能充分获知用户的反馈。当然,低保真原型也有优点:没有人会把它和真正的产品弄混。创建它的时间也是最少的,成本也是较低的。

在开发的早期阶段若使用低保真的原型,往往能带来很好的效果。在这个阶段,用户还较少关心产品的外观和设计,对总体结构和功能概要而不是功能细节更感兴趣,所以能够提供更多的反馈。

为了建立具有真实感的原型,同时又要控制原型开发的成本,开发者会选择一些能够快速、便捷开发原型的程序语言和开发工具,这些语言和工具与实际的软件开发语言和工具是不同的。Visual Basic 具有快速开发交互界面的能力,因此它是最常被采用的原型建立语言。一些基于 Web 的解释型语言也是常见的原型建立语言。除了具有一定特殊性的语言之外,也有一些专门用来快速开发原型的工具,这些工具主要集中在用户界面的建立。

在对原型效果要求非常真实的情况下,如试验型原型和演化式原型,开发者就会选择成本较高但真实性较强的程序语言来开发原型。采用的程序语言和实际的开发语言可能一样也可能不一样。在真实性最高的要求下,如一些实时性要求较高的功能原型,不仅采用的原型语言和实际的系统开发语言要一样,而且原型开发时的环境和配置也应和实际的系统开发保持一致。

基于快速语言工具和程序语言建立的原型具备相当的真实感,所以又被称为高保真原型[Robertson 1999]。高保真原型具有较好的真实感,可以让用户感到亲切,提高用户的评估和参与意识。而且高保真原型能够表达互动式的交互行为,能够根据用户的反馈及时调整原型,从而提高用户的探索兴趣。在用户实际操作高保真原型时,还可以通过观察用户使用时的表现和行为,如出错点、较长时间的停留点等,发现更多的有用信息。高保真原型的主要缺点在于开发的成本较高、工作量较大,而且用户容易将其和真正的产品混淆起来,进而产生不必要的风险。

9.5 善用故事板原型

9.5.1 原型的表现

提起原型,很多人首先想到的是一些动态的程序,然后是一些静态的画面,其实除了上面两种表现之外,故事板(storyboard)也是原型的一种重要表现方式,如图 9-4 所示。

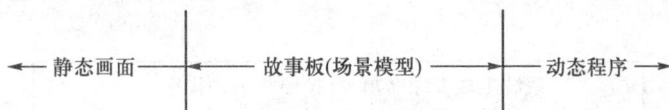

图 9-4 原型的表现

静态画面表现出来的是静态的结构,如图形界面,它本身不具有动态性,不能和评估者形成明显的互动。与此相反,动态程序本身就是软件系统,它能够表现所有软件可以表现的一切,所有类型的人机互动在动态程序中都能够看到。而故事板则是交互性介于静态画面和动态程序之间的一种原型表现形式,它能够表现场景式的互动。

9.5.2 故事板原型

故事板最早是好莱坞在设计电影场景和卡通故事时使用的,卡通制作者通过勾画出一系列相连的图片来展示一个卡通故事,具有更直观、可视化的故事叙述能力。在需求获取中,可以按照故事板的思想建立故事板原型,实践中体现出了非常好的效果。

故事板原型是将原来分散的功能与步骤组织成故事,让普通人能够更好地体验与评估。例如,[Sutherland 2010]使用图 9-5 所示的故事板原型来展示一个政府办公系统中的交易许可审批功能,它比只为评估者提供 8 个表单的静态界面原型要生动得多。

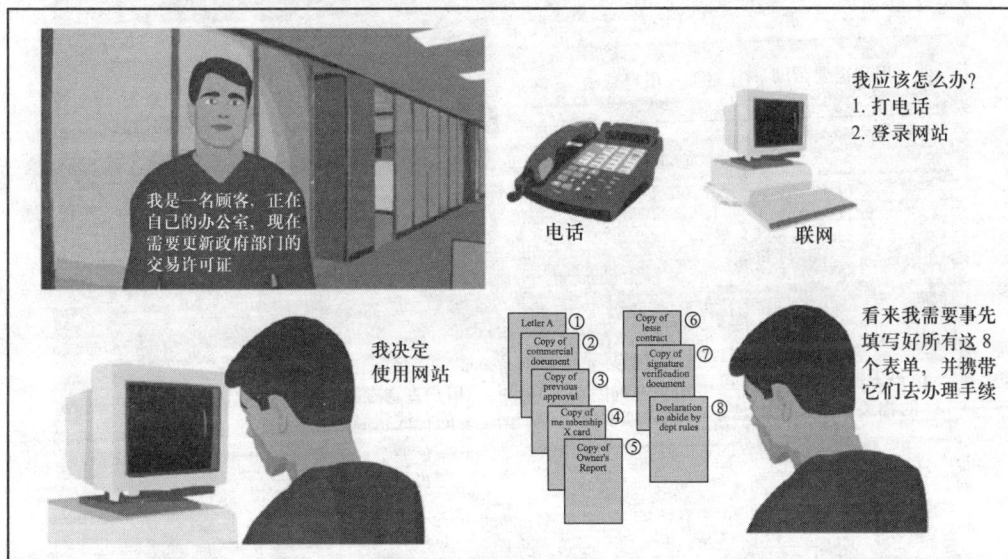

图 9-5 故事板原型示例,源自[Sutherland 2010]

原型(尤其是故事板原型)的特长是组织能力,用例/场景的特长也是组织能力,所以它们通常结合使用:为需要探索和澄清的用例/场景建立故事板原型,或者依据故事板原型的评估结果建立清晰、明确的用例/场景描述。例如,可以为图 9-6 所示的场景描述建立更直观的故事板原型,如图 9-7 所示。

```
1. 系统生成专家名单,并按照相关性排序
2. 系统提供了各个专家的信息
3. 用户查询专家名单
   3(a) 用户查询专家的特征信息
   3(b) 用户查询专家的相关因素
   3(c) 用户查询相关因素的详细解释
   3(d) 用户查询专家的在线状态
   3(e) 用户选择一个专家
4. 用户请求与选中的专家互动
5. 系统向选中的专家发送一个请求
```

图 9-6 场景文本描述示例,修改自[APOSDLE 2006]

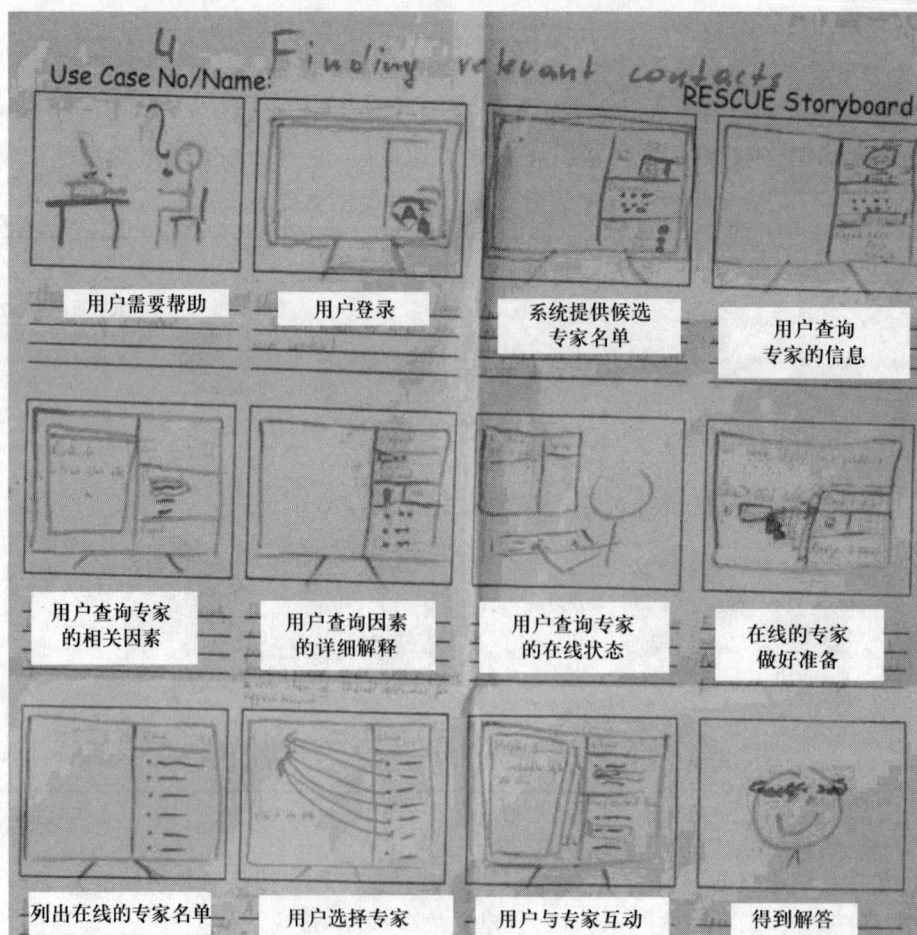

图 9-7 故事板原型示例,修改自[APOSDLE 2006]

9.5.3　故事板原型构建

一旦需要原型探索的需求范围被确定了,构建故事板原型的过程应该是简单、直接的,但其中也有一些事项需要加以注意。

1. 明确故事板原型要素

构建故事板时,首先要明确其要素是否完备。故事板的必备要素有以下 3 种。

① 角色(who):是谁需要使用系统,常见角色包括用户、设备和其他系统等。

② 内容(what):用户与系统交互时执行的行为,系统与用户交互时发生的行为。

③ 方法(how):描述交互的发生过程,包括触发事件、状态、状态转移过程。

2. 构建不同类型的故事板原型

故事板原型有 3 种不同的类型,构建时要执行不同的工作。

① 被动(passive)故事板原型:被动故事板原型的特点是给评估者"讲"故事,它由主线索、分镜头(图片、屏幕快照、幻灯演示和示例性输出等)组成。被动故事板原型适合于功能展示,在通读故事板过程中获得用户对原型的评估。

② 主动(active)故事板原型:主动故事板原型的特点是让评估者"看"故事,常见的是自动播放的幻灯、简短动画、自动执行的计算机脚本和视频等。主动故事板原型特别适合用于创意展示,生动展示功能的典型使用场景,让评估者体会并评估其中的细节。

③ 交互(interactive)故事板原型:交互故事板原型的特点是让评估者"体验"故事,它让用户以近似真实的方式使用和体验原型。常见的交互故事板原型是由抛弃式代码组成的功能仿真与模拟。

9.6　原型方法的风险

原型方法的最大优点是能够及早解决系统开发中的不确定性,从而减少软件项目失败的风险,但原型方法的复杂性使得它在减少风险的同时也引入了新的风险。

原型方法最大的风险是成本失控。如果对原型开发工作投入太多,消耗了过多的时间和成本,最后可能会被迫匆忙实现一个产品,甚至于只交付一个原型。开发者要认识到原型只是一种探索工具,是一种澄清不确定性和消除风险的方法,对于明确的需求没有必要使用原型方法,开发针对不确定需求的原型时也要控制原型的成本,不要将原型局限在具备完整系统特征的代码原型之上,一些低成本的原型类别(如纸面原型)和一些有所侧重的开发方式(如水平原型)也许是更好的选择。

原型方法的第二个风险是给客户造成错误印象。客户看到一个正在运行的原型时,难免会得出产品已经基本完成的结论,从而提出快速交付产品的不当要求。此时一定要提醒客户原型是不完整的,只是一个模型、一次模拟或一次实验,不要对其有太高的期望。决不要将抛弃式原型用于生产,无论它与真正的产品如何相似。除非出于迫不得已的业务动机(例如,需要产品立即上市,而且管理层愿意接受由此带来的高额维护费用),否则一定要顶住压力,不要交付抛弃式原型。

原型方法的第三个风险是用户可能会被原型所表现出来的非功能特性遮蔽了眼睛,从而忽略了他们更应该重视的功能特性。用户在感受一个原型时,可能会将主要的注意力都放在界面元素摆放是否协调、消息提示是否准确等易用性主题,忽视了界面元素是否完备、消息提示是否有指导性等功能性问题。

原型方法的第四个风险是在澄清需求不确定性的同时也可能会掩盖一些用户假设,这些假设将会无从发现。在建立原型时,开发者会将原型开发目的之外的一些功能视为额外特性,如界面的美观度、响应的速度、效率、性能等。但是原型的评估者可能会认为这些额外特性是非常重要的系统特征,而且他们在评估中发现原型轻易满足了他们的要求之后就默认了这些额外特性,从而产生了假设的需求,即他们认为相应的特征是肯定会被满足的。当经历了原型评估的用户接触到实际系统之后,可能会发现:实际系统的界面并没有专用界面工具设计得那么美观,具有实际功能的系统并不像水平原型那样响应迅速,加入了实现细节之后的系统并没有表现出水平原型的较高性能,等等。为了避免这种风险,原型开发者要仔细分析原型的目的和需求内容,并据此设置原型的反馈收集机制,选择合适的原型开发方法和原型构建技术,让重要的需求特征明确化。

引 用 文 献

[APOSDLE 2006] APOSDLE Report. Use cases & application requirements 1 (First Prototype). http://www.aposdle. tugraz.at/content/download/373/1868/file/APOSDLE-UseCases1.pdf, 2006.

[Atwood 1995] ATWOOD M, BURNS B, GIRGENSOHN A, et al. Prototyping considered dangerous. Fifth International Conference on Human-Computer Interaction (Interact'95), 1995.

[Brooks 1995] Brooks F P. The mythical man-month: essays on software engineering. Anniversary Edition. 2nd ed. Addison-Wesley Professional, 1995.

[Brooks 2010] Brooks F P. JR the design of design. Pearson Education, 2010.

[Budde 1992] BUDDE R, KAUTZ K, KUHLENKAMP K, et al. What is prototyping. Information Technology & People, 1992, 6, 2-4:89-95.

[Carr 1997] CARR M, VERNER J. Prototyping and software development approaches. Working Paper Series. Information Systems Department, City University of Hong Kong, 1997.

[Ebert 2005] EBERT C, MAN J D. Requirements uncertainty: influencing factors and concrete improvements. ICSE'05, St.Louis, USA, 2005.

[Emam 1995] EMAM K El, MADHAVJI N H. A field study of requirements engineering practices in information systems development. In Second IEEE International Symposium on Requirements Engineering. IEEE Computer Society Press, 1995: 68-80.

［Floyd 1984］ FLOYD C. A systematic look at prototyping // BUDDE R，KUHLENKAMP K，MATHIASSEN L, et al. Approaches to prototyping. Heidelberg:Springer-Verlag,1984: 1-17.

［Houde 1997］ HOUDE S,HILL C. What do prototypes prototype // HELANDER M G,LANDAUER T K,PRABHU P.Handbook of human-computer interaction. 2nd ed. Amsterdam: Elsevier Science, 1997: 367-381.

［Luqi 1991］ Luqi, ROYCE W. Status report: computer-aided prototyping. IEEE Software,1991, 9(6):77-81.

［Mannio 2001］ MANNIO M，NIKULA U. Requirements elicitation using a combination of prototypes and scenarios. WER, 2001: 283-296.

［Mayr 1984］ MAYR H C，BEVER M，LOCKEMANN P C. Prototyping interactive application systems // Budde, et al. Approaches to Prototyping.Heidelberg:Springer-Verlag,1984.

［Nauman 1982］ NAUMAN J D，JENKINS M. Prototyping: the new paradigm for systems development. MIS Quarterly,1982, 6，3: 29-44.

［Parnas 1986］ PARNAS D L ,CLEMENTS P C. A rational design process: how and why to fake it . IEEE Trans.Software.Eng.,1986.

［Robertson 1999］ SUZANNE R，JAMES R. Mastering the requirements process. London: Addison-Wesley, 1999.

［Schrage 1996］ SCHRAGE M. Cultures of prototyping // Winograd T. Bringing design to software. Addison wesley, 1996:191-205.

［Schrage 2004］ SCHRAGE M. Never go to a client meeting without a prototype. IEEE Software,March/April, 2004: 42-45.

［Sillitti 2005］ SILLITTI A,CESCHI M,RUSSO B,et al. Managing uncertainty in requirements: a survey in documentation-driven and agile companies. The 11th IEEE International Symposium on Software Metrics,2005.

［Sutherland 2010］ SUTHERLAND M,MAIDEN N. Storyboarding requirements. IEEE Software,November/December, 2010: 9-11.

［Wiegers 2003］ WIEGERS K. Software requirements.2nd ed. Redmond, WA: Microsoft Press, 2003.

第 10 章　需求获取方法之观察与文档审查

10.1　观　　察

10.1.1　概述

在需求获取活动中,需求工程师和用户之间的主要交流形式是语言交流。在进行语言交流时,用户通常是主动的,他们会将相关信息主动告知需求工程师,面谈和原型都采用了这种方式。而观察方法体现的则是另外一种交流形式:用户专心于完成自己的工作,而且不需要同步向需求工程师解释自己的工作;需求工程师则置于一旁,他们很少会打断用户的工作,同时通过观察用户的行为形成对相关信息的学习和认知。

在传统的需求开发中开发者就已经采用了简单的观察方法,但它在早期的需求获取活动中并没有得到特别的重视。在 20 世纪 90 年代之后,随着软件功能和需求的愈发复杂,观察方法的重要性才逐渐显现。在简单观察方法(采样观察)的基础之上,开发者从社会学、人类学和认知学等领域借鉴了很多知识对其进行了丰富,形成了以民族志(ethnography)为首的丰富的观察方法体系。

目前常见的观察方法有以下几种。

① 采样观察(sampling observation):传统、简单的观察方法。它根据明确的目的选取特定的时间段或特定的事件进行观察。

② 民族志:长期、浸入式的观察方法。它要求观察者深入到用户当中,花费较长的时间(一般为几个月)来观察用户的活动。

③ 话语分析(discourse analysis):对用户之间的交谈行为的观察。它通过观察和分析用户交谈中的交互方式或特定话语形式(discourse form)的内部结构来发现和获取相关信息。

④ 协议分析(protocol analysis):对用户任务的观察。它要求观察对象一边执行任务,一边大声解释他们在执行任务时产生的各种想法。

⑤ 任务分析(task analysis):专门针对人机交互行为进行的观察。它引入相关的模型方法来观察、记录和分析用户与软件系统的交互行为。

考虑到方法的成熟度和适用性,本书对话语分析、协议分析和任务分析 3 种方法不做进一步介绍。

10.1.2 观察方法的适用情况

相对于用户主动的信息告知而言,需求工程师被动的信息学习往往要花费更多的精力和更高的代价,所以在用户能够完成主动信息告知的情况下,开发者很少会考虑观察方法。但在实际情况中,很多时候用户无法完成主动的信息告知,或者说用户和需求工程师之间的语言交流无法产生有效的结果,这时就有必要采用观察的方法。

[Goguen 1994,Goguen 1996]将用户无法完成主动信息告知的原因归结于事件的情景性(situatedness)。情景性是指某些事件只有和它们发生时的具体环境联系起来才能得到理解。对于情景性事件,需要将它们放在发生时的情景中进行解释,才能明确其意图。而这些情景信息往往是用户不会有意识提及的,所以他们对情景性事件的描述也往往是难以明确的。

1. 情景性的重要性质

情景性的重要性质(qualities of situatedness)主要有以下几个。

① 突现(emergent)。事件往往是由一些团队中的成员集体促成的,是在集体成员之间互动的基础之上突现的,所以需要将所有的成员互动联系起来才能理解这些事件。如果单纯从每个用户的个人角度和个人认知出发,是无法清晰描述和理解这些事件的。

② 局部(local)。事件及其解释只有在特定的上下文环境下才能得以成立,包括特定的时间和特定的地点。脱离了这些上下文环境信息的限定,用户可能意识不到这些可能发生的事件,或者无法对其形成准确的解释。

③ 暂时(contingent)。事件及其解释依赖于当前的情况,而当前的情况是以前的事件遗留下来的结果。因此对事件的解释会受到活动演进过程的影响,相关的规则也可能会依据事件的上下文环境来进行局部化的解释。对一个暂时性事件,用户的解释可能仅仅是对以前类似事件的解释,而它们不能代替对当前事件的解释。

④ 涉身(embodied)。事件需要一些特定的参与者,这些参与者具备对周围环境的直接体验,他们拥有一定的认知和能力。这些人员对周围环境的感知方式会从根本上影响事件的解释。如果需求工程师无法理解用户对周围环境的感知方式,他们就很难理解用户对事件的描述。

⑤ 开放(open)。仅仅依据现有的信息无法在总体上对事件的原理给出一个最终和完整的解释。对事件的解释必须保持开放,以在得到进一步的分析之后可以进行进一步完善。开放性事件的开放特点决定了用户无法对其形成全面和准确的解释。

⑥ 模糊(vague)。出于实用的目的,对事件的解释往往并不会细化至极其精确的程度,而是基于一些当然的潜在(tacit)知识进行展开。需求工程师并不具有和用户相同的潜在知识,自然也就无法理解用户基于潜在知识进行的模糊的事件解释。

2. 观察法对情景性问题的解决

情景性使用户无法有效地主动进行事件的解释和告知,因此,需要利用观察方法来部分缓解情景性问题。观察法将发现的重点放在问题的上下文环境之上,[Goguen 1993,Goguen 1996]称之为社会因素(social Issues),包括组织的文化、组织的结构、用户的工作环境、用户的工作实践、法律与经济约束等。通过对上下文环境的理解,观察方法可以帮助需求工程师更好地理解问题发生的情景,进而更透彻地理解情景性问题。当然,观察方法并不能解决所有的情景性问题,尤其是开放的情景性问题。观察方法对情景性问题的解决如表 10-1 所示。

表 10-1 观察方法对情景性问题的解决

方法	情景性性质	描述
采样观察	局部	对工作进行一段时间的观察,发现其中的异常处理
	暂时	对实际工作进行观察,发现并纠正其与规章、手册或用户意识中的不一致
	模糊	观察特殊事件的进行,发现用户工作中的潜在知识
民族志	突现	通过观察,分析群体的互动,理解复杂的协同事件
	局部	长时间的观察,可以发现各种情况下的异常处理和特殊情况处理
	暂时	对实际工作进行观察,发现并纠正其与规章、手册或者用户意识中的不一致
	涉身	在观察中学习,了解用户本身的认知和能力
	模糊	了解各种基础的细节,能够发现用户工作中的潜在知识
会话分析	涉身	通过分析用户交谈,发现用户的认知和能力
协议分析	模糊	发现用户工作中的潜在知识

在表 10-1 中所述,需要应用观察方法解决的问题有以下几个。

(1)理解复杂的协同事件

随着软件规模的迅速增长和复杂度的迅速增加,有越来越多的复杂协同问题被提交给软件的需求工程师们,如航空调度[Harper 1991]、证券交易[Heath 1993]和医疗手术控制[Heach 1996]等。这些复杂的协同问题都具有突现的情景性,因此企望用户给出一个明确的协同过程描述是不现实的。

理解复杂的协同事件需要进行长时间的观察,分析群体的互动,理解复杂的协同事件。到目前为止,民族志的一个主要应用目的就是研究和解决复杂的协同问题。

(2)获取工作中的异常处理

复杂的工作总会同时存在着常见流程和不常见流程,即正常流程和异常流程。在进行主动告知时,用户常常会把正常流程描述得非常明确,同时忽略或简化异常流程。因为异常流程大多是一些特殊情况下的处理,这些特殊情况限定了异常处理的上下文环境,即异常处理具有局部的情景性。

通过采样一段时间对实际工作进行观察,可以发现工作中大多数的异常处理情况。如果需要获得非常全面的异常处理信息,那么就应该进行长时间的观察(民族志)。

(3)获取与用户认知不一致的实际知识

虽然用户非常熟悉他们的业务领域,是任务细节上的专家,但是在实践中也经常会发现他们的认知和实际的知识存在偏差。

其原因在于用户总是根据过去的经验获得相关知识,并由组织把获得的知识固定为规章制度或任务手册。但工作的组织、分工和执行是动态的,它会依据环境、可用的资源和组织战略的变化而进行重组,即工作知识的解释具有暂时的情景性。

为了解决这类问题,需要需求工程师在听取用户的描述之后,对不是非常确定的工作或事件进行采样,选取一些实际的工作和事件进行观察,验证用户的解释,必要时进行修正。如果工作非常复杂,而且不一致的现象比较严重,就可能需要需求工程师在实际工作环境中进行长时期的观察(民族志),以取得对工作的实际认知。

(4) 了解用户的认知

有很多重要工作的进行需要用户具备一定的认知,否则工作就无法顺利进行。这些常见的用户认知有:具备一定的知识基础,熟悉群体的习惯,了解用户间的默契,熟悉计算机操作等。这些用户的认知要求已经成了工作必备的部分,即工作具有涉身的情景性。

通过对实际工作进行长时间的观察(民族志),可以发现这些工作对用户的认知要求。在一些特殊的情况下,需求工程师可能无法了解用户执行工作时所需的知识基础,也无法从用户那里得到有效的帮助,此时可以使用话语分析方法,通过观察和分析用户群体的谈话来理解用户在工作中的知识基础。

(5) 获取默认(tacit)知识

用户在对复杂事件的描述中会忽略很多的默认知识,而且这些默认知识大都涉及工作的细节,对工作的顺利进行具有重要作用。除了用户在事件本身的描述上存在着模糊的情景性之外,用户对工作环境约束信息的描述也有着模糊的情景性。在用户看来,他们日复一日执行工作的环境和约束是如此熟悉和自然,以至于很少会专门提及,而是以默认知识的形式存在于他们的思维当中。

要获取特定事件的默认知识,进行采样观察即可。可以选取几个事件的发生样本,观察事件的进行始末,发现其中用户未提及的细节部分,记录事件的环境约束信息。

协议分析也是一个发现默认知识的有效方法。用户在执行任务的同时大声说出他们的想法,就可以将各种默认知识显形化,以备需求工程师捕捉。

长时间观察(民族志)也可以发现默认知识,不过考虑到长时间观察的代价,人们很少会专门为了默认知识的获取采用民族志的方法。

10.1.3 采样观察[*]

采用观察是最简单的观察方法。它是在和用户进行了一定的交流之后,为了得到用户所述信息的更深层次理解而进行的,常见的应用目的是发现异常流程,验证用户所述知识和实际的一致性,以及发现默认知识。

---

[*] 本小节内容主要源自[Kendall 2002]

当然,仅仅简单地知道观察的必要性是不够的。需求工程师还需要知道观察什么。必须深思熟虑观察什么人,观察什么事,在何时观察,在何地观察,为什么要观察,以及怎样观察,等等。

需要特别指出的是,在观察中需求工程师要将重点放在用户的实际工作上,即他们实际上做了什么,而不仅仅是他们记录了什么和解释了什么。另外,在观察当中,需求工程师还要关注用户与其他组织成员之间的关系和环境约束信息。

采样观察根据采样方法的不同可以分为两种。

1. 时间采样

时间采样允许需求工程师建立指定的时间间隔来观察用户的活动情况。例如,时间采样可以在 7 个 8 小时工作日内随机指定 5 个 10 分钟间隔来观察用户。

时间采样的优点在于可以减少在任何某个单独时间段内进行观察时可能发生的偏差,将偶尔才发生的事件看作是重要的业务事件。时间采样还可以只选取频繁发生的活动中一个代表样本进行观察,节省时间和成本。

时间采样的缺点是以分段方式收集观察的数据,而这可能无法为某些长事件提供充分的观察时间。例如贯穿用户整个业务流程的主体业务。用时间采样收集观察数据时的第二个缺点是一些很少发生(或不经常发生)但又非常重要的事件可能得不到观察,因为它们没有出现在采样的时间之内。例如,一些非常重要并且影响很大的异常处理事件。

2. 事件采样

事件采样通过有目的地选取整个事件进行观察,如"董事会"或"用户培训会",而不是随机采样时间段。事件采样为观察所提供的是在一个真实背景下的完整行为,所以它不会遗漏重要的事件或者重要事件的某些片断。事件采样的不足之处在于它不能获得频繁发生事件的代表性样本。

从正反两方面考虑这两种方法,当决定要对用户活动的内容、时机、原因和方式进行观察时,应该鼓励热衷于观察的分析员采取时间采样和事件采样相结合的方法。表 10-2 列出了它们之间的对比。

表 10-2　时间采样和事件采样方法的对比

	时间采样	事件采样
优点	① 通过随机的观察减少偏差 ② 对频繁发生事件取代表性事件进行观察	① 允许在行为展开过程中观察 ② 允许对指定的重要事件进行观察
缺点	① 用分段方式来收集数据不能提供全面的信息 ② 漏掉不经常发生却很重要的事件	① 消耗大量时间 ② 漏掉频繁发生事件的代表性样本
适用情景	① 发现异常流程 ② 验证用户知识和实际工作的一致性	① 获取默认知识 ② 验证用户知识和实际工作的一致性

10.1.4 民族志

1. 概述

民族志是由人类学家最早提出来的,用来理解原始社会(primitive societies)的社会机制。它要求人类学家花费长期的时间(通常是数年)在被研究的社会中生活并且仔细观察该社会中的实际活动,得到第一手的观察数据。对这些观察数据的分析可以揭示被研究社会的社会结构、组织方法和具体活动。

民族志在需求工程中尤其是在需求获取中得到重视还是 20 世纪 90 年代之后的事情。其主要的促进因素是随着软件的日益复杂,人们在开发大规模交互系统时,在理解工作的自然状态上出现了困难。如[Viller 2000]所述的"民族志在需求工程中的普及主要归因于 CSCW(Computer-Supported Cooperative Work)领域的研究和发展"。目前的一些民族志成功应用的典型示例也都是复杂的协同问题,如航空调度、证券交易和医疗手术控制等。

对一些复杂的协同工作而言,工作的协同安排具有一定的社会性,是按照社会化的方式组织的,也就是说复杂的协同工作具有突现的情景性。民族志可以帮助开发者了解这些工作的社会性因素,解决突现的情景性因素。

2. 优点

民族志最大的优点是它能够深度理解信息。因为研究者会在实际环境当中进行观察,所以研究者能够在人们描述自己工作的同时看到他们实际在做的事情。经过一段时间之后,研究者就能够得到对被研究者自身、被研究组织和实际工作环境的深度理解。通过实地考察活动的发生,研究者能够亲身体会到日常工作中的困难、挫折、习惯、关联和风险,而这些是深度理解情景性事件所必不可少的信息。

民族志的第二个优点是能够让真实世界的社会性因素可见化。它试图描述在特定背景下工作和生活的人们所经历和理解的真实状况。民族志将工作看成一个社会化领域内的社会行为,这些工作会通过累积参与者的日常活动而得以完成。这样,对于那些开发者所需要的社会性因素,当它们被参与者所感知时,民族志方法就能刻画出这些感知,进而描述这些社会性因素。它提供了一个机会来展现用户没有意识到、不能描述或不愿意描述的一些需要和活动,尤其是其工作中的社会性因素。

此外,通过民族志得到的知识是真实的知识,它可以打破人们已有的一些错误假设和错误观念,能够避免一些更严重后果的发生。

3. 缺点

与其他方法相比,民族志的一个主要缺点是需要耗费很多时间。它不仅需要花费很长的时间进行观察和研究,而且需要大量的时间来分析和记录观察的结果。和它所产生的知识相比,民族志虽然非常耗时,但它仍然不失为一个非常多产的方法。但是考虑到软件开发所面临的时间压力通常比较紧迫,所以开发者在使用民族志方法时会根据已有的实践经验对其进行一定的调整。

民族志的另一个缺点是它的调研结果很难传递到开发过程。民族志会得到大量的数据，内容覆盖广泛，全面描述了被研究领域的各种知识和细节。但开发者需要的并不是业务领域的完全描述，他们需要的仅仅是对问题域的抽象描述，且产生问题部分的现实世界描述。因此如何从民族志的结果当中抽取出开发者需要的知识并以一种合适的方式组织起来提供给开发者是困难的。

4. 实施

"民族志成功实施的一个关键要求是研究者对被研究的社会没有预先的既存想法，没有等待解决的问题列表，也不会将他们自己的价值判断施加于被观察的活动"[Sommerville 1993]。民族志得到的知识是完全从头构建的，是通过长时间在真实工作环境中进行参与式观察（participant observation）得到的，所以它们注重的是实际工作的进行，而不是工作的表面定义和人们对工作的既成描述。

但是考虑到软件开发所面临的时间压力通常比较紧迫，很多时候开发者没有足够的时间来通过观察从头构建所有的知识，所以更多的时候开发者会总结已有的实践经验，然后将这些经验贯彻于观察过程之中，指导观察过程更快、更有效地进行。所以，软件开发实践中的民族志通常是社会学领域纯粹民族志的修改版，它会选择观察重点并忽略非重点信息。

（1）针对复杂协同问题的民族志

针对应用最多的复杂协同问题，已有的众多实践表明，在民族志当中，需求工程师和开发者需要关注 3 方面的内容：工作的分布式协同（distributed coordination）、工作的计划和程序（plans and procedures）和工作的意识（awareness of work）。

① 分布式协同：指在日常工作中人们与任务实现协同的方法。复杂因素下的工作任务是作为一些固有活动模式的单个部分得以完成的，它是在一定的劳动分工之下展开的，是更广行为的一个步骤，有助于整个活动的持续进行。在分布式协同的模式之下，每一个活动都依赖于其他的活动，工作需要有助于他人，许多任务也是为了帮助其他人完成工作才得以进行的。分布式协同下的个人任务往往是复杂系列任务里面的单一步骤，其他人完成系列任务的其他步骤，这些步骤共同构成一个更大的任务。在这个工作环境下，个人会逐渐形成清晰的认识，理解他们自己和他人在整个工作过程中应该担负的职责。

简单地说，分布式协同就是要求观察者将用户的活动看成一个有组织的整体活动的一个部分，而不是单纯的个体活动。

为了理解工作的分布式协同，观察者要特别注意那些利用物件实现的协同和创建这些物件的文书工作。在组织规模较大，管理和控制的问题较为复杂的时候，人们往往会使用备忘、文件、标准表格等物件来实现分布式协同。这些物件会将任务的描述内置，然后辅以格式指示、必填项目等相关信息，让那些使用物件的人了解协同中其他人的已尽或应尽行为。

[Viller 2000]将分布式协同的观察事项总结为下列问题：

- 工作的分工是怎样通过个人的工作和工作的协同体现出来的？
- 如何界定和区分人们的职责？

- 人们对其他人的工作、任务和角色的评价如何?
- 个人利他的工作是怎样的?

② 计划和程序:指那些在某个工作场所产生的资料、用来记录多种任务完成的细节步骤和过程,这些任务集成起来满足整个工作的要求。计划和程序是在组织中实现分布式协同的显著手段,观察者应该关注它们在组织活动中的应用方式。

对计划和程序的另一个观察要点是发现实际工作和文档化程序之间存在的偏离。这些偏离可能仅仅是因为文档的更新不够及时,也有可能是发现了在实际工作环境中完成工作的不同途径,更有可能是反映出了一些暂时的情景性事件。

项目计划、项目日程、程序手册、职位描述、形式化的组织图表和工作流图等都是计划和程序的常见实例。

为了辅助完成对程序和计划的观察,[Viller 2000]提出了下列问题:

- 计划和程序在工作场所是如何运作的?
- 计划和程序总是有作用吗?
- 计划和程序在什么情况下会应用失败,如何失败的?
- 如果计划和程序的应用失败,会产生哪些后果?
- 在什么情况下可以绕开计划与程序,如何绕开?

③ 工作的意识:指活动的某种组织方式,在这种方式下,活动可以对协同中的其他人可见或可理解。一边工作一边大声谈论可以实现活动的可见和可理解。或者通过利用表格、页卡等来描述待完成的工作,以反映工作的当前阶段,进而实现活动的可见和可理解。

对工作的意识的观察要关注:

- 工作空间是如何布置的? 其对工作的影响如何?
- 工作场所的个人空间是如何安排的?
- 将哪些物件放在手边可以更好地完成日常工作?
- 工作的人通常会参考哪些文件?
- 工作产生的对象分别位于什么位置? 由谁使用? 使用频率怎样?
- 个人如何监控他人的工作?
- 个人如何使得自己的工作对他人可见?

(2) 适用普通民族志的规则

除了复杂的协同问题之外,民族志也可以用于解决很多其他问题。针对不同的问题类型,在执行民族志时应当有不同的关注点。因此,实施民族志时的细节关注点需要从同类型先验问题的实践中进行总结和发现。在这些具体的关注点之外,人们也对民族志的实施提出了很多的通用规则,[Myers 1999]将其总结为下面几条。

① 民族志的观察者应该定期记录他们的发现,包括观察资料、印象、感觉、预感和疑问等。在记录之后,通过复查前期的记述可以再现当初的场景和思路,这是非常有价值的事情。

② 民族志的观察者应该尽快记录可能会在观察过程中发生的面谈。及时的记录可以防止

重要信息(尤其是细节信息)的遗忘。即使对面谈进行了录音,也要及时整理面谈的简要总结。

③ 在实施的过程当中,民族志的观察者应该定期复查和更新自己的想法。随着观察的深入,观察者对问题的理解也会逐步深入,进而其以前的一些想法也会发生变化,因此,观察者需要不断地复查和更新自己的想法。

④ 民族志通常都会得到海量的数据,因此观察者必须从一开始就确定该问题的应对策略。在每个可区分的步骤之后,观察者都应该对获得的信息进行总结、索引和分类。必要时,可以使用软件工具来帮助管理海量的数据。

10.2　文　档　审　查

文档审查是一种传统的需求获取方法,是专门针对文档进行的需求获取活动。它的主要获取对象包括相关产品(原有产品或竞争产品)的需求规格说明、硬数据和客户的需求文档(委托开发的规格说明、招标书)。针对 3 种不同的文档类型,在进行文档审查时会使用不同的方法,如表 10-3 所示。

表 10-3　文档审查的方法

文档类型	文档审查方法	描述
相关产品的需求规格说明	需求重用	分析相关产品的规格说明,发现可以移植到新产品中的需求信息,进行需求的重用 ● 问题域信息 ● 用户界面特征 ● 业务需求、组织策略、政策法规
硬数据	文档分析 [Robertson 1999]	阅读、研究得到的硬数据,从中发现需求信息 ● 问题域信息 ● 工作流程 ● 业务细节
客户的需求文档	需求剥离 [Bray 2002]	抽取客户的需求文档中的需求描述 ● 粗粒度需求

10.2.1　需求重用

在开发新产品时,常常可以发现相关产品(原有产品、竞争产品)的需求规格说明。因为这些需求规格说明所反映的产品和新产品具有类似甚至相同的待解决问题,所以这些产品的需求规格说明是值得探索的丰富资源。需要将这些规格说明作为需求获取源的一部分进行分析,发现可以移植到新产品中的需求信息,进行需求的重用。

产品之间常见的可重用共性包括以下几种。

1. 问题域信息

一方面,问题域信息是由问题域进行控制的,它的特性(结构特性和行为特性)是不以软件系统的引入而转移的。另一方面,新产品、原有产品和竞争产品虽然是不同的产品,但它们所要解决的问题通常是相似的甚至是完全相同的,也就是说这些不同产品的问题域是相似甚至完全相同的。所以,相关产品需求规格说明当中所包含的问题域信息可以在稍加修改甚至不加修改的情况下很好地移植到新产品当中,进行重用。

2. 用户界面特征

一方面,特定的用户群体通常拥有特定的人机交互经验和人机交互要求,即特定的用户群体有特定的用户界面特征。另一方面,新产品和原有的产品通常拥有相同的用户群体,新产品和竞争产品在用户群体上也具有很大的相似性。所以,在开发新产品时,相关产品(尤其是原有产品)需求规格说明中的用户界面特征是一种理想的重用需求来源。

3. 业务需求、组织策略和政策法规等

新产品和相关产品在业务细节的处理上通常存在着很大的区别,但是它们的业务需求却往往是类似的,所以在它们之间可以实现业务需求的重用。

组织策略和政策法规是产品开发所需要面对的约束性需求,这些约束性需求是一种比较特殊和重要的问题域特性,所以它们在新产品和相关产品之间是保持相似性的,自然也就具有良好的可重用性。

实现需求的重用,要在开始新项目的需求开发之前浏览相关产品的需求规格说明,寻找潜在的可以重用的东西。有时候很多需求是可以完全重用的,不用修改。更常见的情况是,有些需求尽管不完全是想要的东西,但可以作为写入新项目的需求的基础。

重用需求的要点是,一旦需求已经成功地确定,并且产品本身也是成功的,那么需求就不需要重新开发。

10.2.2　文档分析

文档分析是通过检查采集的硬数据来确定潜在的需求。它不是一个完整的技巧,应该与其他技巧共同使用。文档分析是对工作中产生或使用的文档进行反向工程。换言之,是在从旧的工作所使用的材料当中挖掘新的需求,在寻找将成为新产品一部分的需求。显然并不是所有的旧工作都要继续保留。但只要有当前系统存在,总会有充足的材料成为需求工作的原料。

通过分析组织的定量硬数据,可以获取组织业务的问题域信息;通过分析组织的定性硬数据,可以得到组织的业务工作流程;通过分析硬数据的使用情况,可以发现业务细节当中存在的问题。

文档分析通常是数据建模方法的一个基础部分。人们为了数据建模的方便常常会在分析文档时考察一些问题,例如[Robertson 1999]建议检查收集的文档,从中找出名词或"东西",然后对

每个名词,问以下的问题:

- 此物的目的是什么?
- 怎么使用? 为什么要使用?
- 系统都利用它来做些什么?
- 哪些业务事件用到或者参考了此物?
- 此物会有一个值吗? 例如,它有一个数字或代码或数量吗?
- 如果是这样,它属于哪些东西的集合?
- 此物的用途是什么?
- 文档中是否包含了一组重复的事物?
- 如果是这样,这些事物的集合是什么?
- 能找到事物之间的联系吗?
- 什么过程建立了它们之间的联系?
- 每件事物附加的规则是什么? 换言之,哪部分业务策略涉及该事物?
- 什么过程确保了这些规则会被遵守?
- 什么文档会带给用户最多问题?

以上大多数问题常常用于数据建模活动。当然,文档分析也可以作为面向对象的开发基础。如果小心使用,当前的文档也能够揭示类或数据分类。它们也能够揭示系统存储的数据的属性,有时还包括一些对数据的操作建议。

文档分析是从当前工作中寻找新产品所需要的功能。这并不表示要绝对复制旧的系统,毕竟收集需求为了构建一个新的产品,而且旧的系统可能会存在一些有缺陷的旧结构,完全复制会将这种有缺陷的旧结构带入新的系统。

另外,需要注意的是,文档虽然是来自于当前计算机或手工系统的产物,但这并不表示它就是正确的,也不表示它就是客户所需要的。有可能客户希望消除该文档,因为它没有服务于什么有用的目的,或者可以被某种更好的东西取代。也就是说文档说明的系统与实际存在的系统之间可能不匹配,结合使用其他需求获取方法(面谈、观察等)有助于检测这种问题。

10.2.3 需求剥离

如果当前存在一份客户的需求文档,如委托开发的规格说明、招标书等,就可以使用需求剥离技术,从需求文档中抽取单个需求并加入到新的需求文档之中。

因为客户的需求文档可能会有模糊、冗余等不利特征,所以在进行需求剥离时可能需要对原有需求进行处理,建立新的结构,并加入到新的需求文档中。

需求剥离原则上可以手工进行,但当有电子格式的原始文档时,通常使用剥离工具。剥离工具常常提供需求可跟踪性和管理工具(又叫需求数据库),并极大地提高了这种数据库存放需求的速度。这种工具甚至有某种程度的"智能",而且需求剥离的自动化可以进一步提高效率。

如果可能,一旦剥离了所有需求之后,说服客户放弃他们原有的"规格说明",这对开发者有利,而且很可能对客户也有利。

引 用 文 献

［Bray 2002］BRAY I K. An introduction to requirements engineering. 1st ed. Addison Wesley, 2002.

［Goguen 1993］GOGUEN J A. Social issues in requirements engineering, in Proceedings of Requirements Engineering'93. IEEE Computer Society, 1993: 194-195.

［Goguen 1994］GOGUEN J A. Requirements engineering as the reconciliation of technical and social issues. Requirements Engineering: Social and Technical Issues, 1994: 165-199.

［Goguen 1996］GOGUEN J A. Formality and informality in requirements engineering, in Proceedings of the Fourth International Conference on Requirements Engineering (IEEE Computer Society), 1996: 102-108.

［Harper 1991］HARPER R, HUGHES J, SHAPIRO D. Harmonious working and CSCW: computer technology and air traffic control // BOWERS J M, BENFORD S D. Studies in computer supported cooperative work: Theory, Practice and Design. Amsterdam: Elsevier Science, 1991.

［Heath 1993］HEATH C, JIROTKA M, LUFF P, et al. Unpacking collaboration: the interactional organisation of trading in a city dealing room. Proceedings of the 3rd European Conference on Computer-Supported Cooperative Work-ECSC, 1993.

［Heach 1996］HEACH C, LUFF P. Documents and professional practice: 'bad' organizational reasons for 'good' clinical records. Proceedings of the ACM Conference on Computer Supported Cooperative. Boston, MA: ACM Press, 1996.

［Hughes 1995］HUGHES J, O'BRIEN J, RODDEN T, et al. Presenting ethnography in the requirements process. Proceedings of the 2nd IEEE International Symposium on Requirements Engineering. New York: IEEE Computer Society Press, 1995.

［Hughes 1997］HUGHES J, O'BRIEN J, RODDEN T, et al. Designing with ethnography: a presentation framework for design. Proceedings of the ACM Symposium on Designing Interactive Systems.Amsterdam: ACM Press, 1997.

［Kendall 2002］KENDALL K E, KENDALL J E. Systems analysis and design. 5th ed. Pearson Education, 2002.

［Myers 1999］MYERS M D. Investigating information systems with ethnographic research. Communications of the AIS,Issue 4es, 1999, 2(1).

［Robertson 1999］JAMES R, SUZANNE R. Mastering the requirements process. London: Addison-Wesley, 1999.

［Sommerville 1993］SOMMERVILLE I, RODDEN T, SAWYER P, et al. Integrating ethnography into the requirements engineering process. Proceedings of the IEEE International Symposium on Requirements Engineering. San Diego: IEEE Computer Society Press. 1993.

［Viller 2000］VILLER S, SOMMERVILLE I. Ethnographically informed analysis for software engineers. International Journal of Human-Computer Studies, 2000.

引用文献

第三部分
需　求　分　析

　　本部分的主要目标是讲解软件需求工程后期需求阶段所主要使用的需求分析活动、方法与技术。软件需求工程前期阶段的需求分析活动、方法与技术在第二部分中已有描述。

　　本部分所描述的数据流图、实体关系图、UML等主要的需求分析方法与技术也是传统软件工程中需求分析的知识，所以本部分内容也对应于传统软件工程所指的需求分析。

　　第11章的主要目的是建立需求分析的框架，包括需求分析的出发点与定位、方法与技术、活动与实践情况等。本章的重点有两个：一是明确需求分析的意图、必要性与建模思路，尤其是要深入阐述需求的建模思想；二是深入辨析需求分析方法与技术的不同特性，要能够进行灵活判定和综合运用。因为本章内容的理解难度较大，所以也可以考虑在简单介绍本章后直接讲解第12~14章，并在后续3章完成后再重新展开本章知识，这既能保证在学习具体分析方法、技术之前先建立一个需求分析框架，又能实现结合具体分析方法、技术的细节深刻理解本章的两个重点。

　　第12章主要讲解以数据流图为核心技术的结构化需求分析方法。因为以数据流图为核心的结构化方法不再是企业实践的主流，所以对它的介绍侧重于结构化方法的思想和路线，而不是细节，以提升读者的建模能力。需要说明的是，决策表、数据字典、模块结构图等分析技术在企业实践中仍然较为常见，所以不能忽视。

第 13 章介绍数据建模中的实体关系图方法。如果读者有较好的数据库开发知识,本章内容可以简化甚至直接略过。

第 14 章介绍面向对象方法学下的各种需求分析技术,包括领域类图、交互图、状态图、对象约束语言等。本章讲授的各种面向对象分析技术都以 UML 为建模规范,但重点在于建模思路而不是 UML 图的细节。需要说明的是,第 5 章的活动图、第 7 章的用例图也是 UML 中重要的需求分析技术,只是它们更多地用于软件需求工程的前期阶段。

需求获取与需求分析是交织的,学习分析技术时一定不能脱离这一基本前提,在这一前提下才能体会和重视需求分析的作用——发现问题。所以讲解本章时不能总是以充分的需求获取材料为分析出发点,更不能空洞地只讲技术,而是要适当安排缺陷的起始建模场景以体现需求分析发现缺陷的能力。

第11章 需求分析概述

11.1 需求分析的根本任务

在需求获取中,需求工程师可以得到关于问题域的描述信息,可以得知涉众对软件系统的期望。可是,上述这些被记录在获取笔录上的内容都还是属于现实世界的信息,它们是用户和其他涉众对现实世界的理解与描述,使用的是实际业务的表达方式。换句话说,需求获取中得到的信息仅仅是解释了用户等现实世界群体对软件系统的期待,它们还不是开发者能够立即加以实现的解决方案。而且,开发者通常并不熟悉业务,所以他们无法从杂乱的获取笔录中轻易把握到用户表达某个信息时其内容的真实意图,为其创建软件解决方案的工作也就更是无从谈起了。

总的来说,需求获取得到的信息和需求开发应该建立的软件系统解决方案之间有着很大的差距。需求分析就是用来解决这个差距的需求工程活动,如图11-1所示。

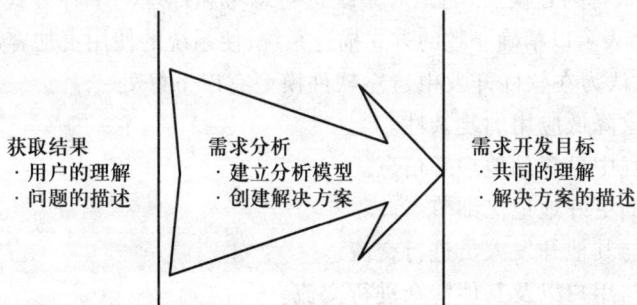

图 11-1 需求分析的任务

因此,需求分析的根本任务有如下两条:

(1)建立分析模型,达成开发者和用户对需求信息的共同理解

分析可以将复杂系统分解成简单的部分并明确它们之间的联系,确定本质特征,并抛弃次要特征。这样,分析就可以抽取出信息的本质含义,帮助开发者准确理解用户的意图,和用户达成对信息内容的共同理解。分析的活动主要包括识别、定义和结构化,其目的是获取某个可以转换为知识的事物的信息,这种分析活动被称为建模(modeling)——建立需求分析模型。

(2)依据共同的理解,发挥创造性,创建软件系统解决方案

分析可以将一个问题分解成独立的、更简单和易于管理的子问题来帮助寻找解决方案。分

析可以帮助开发者建立问题的定义,并确定被定义的事物之间的逻辑关系。这些逻辑关系可以形成信息的推理,进而可以被用来验证解决方案的正确性。

创建解决方案的过程是创造性的。

11.1.1 建立分析模型

1. 模型

现实世界中的绝大部分事物,其结构和组织都有着令人难以置信的复杂性。以森林生态系统为例,在那里,各种各样的动物、植物、微生物等构成了一个紧密联系的有机整体。它们互相依赖、互相依存,每一个都为另一个提供一些得以繁荣的要素。而且所有的物体,不论大小,都还要受到其所处的环境和气候的影响。面对这些复杂性,任何人要想在当中掌握某些细节知识都不是一件容易的事情。此时,人们就会分析问题的重点所在,对复杂系统进行有意识的简化处理,建立复杂系统的模型。

"模型是对事物的抽象,帮助人们在创建一个事物之前有更好的理解"[Blaha 2005]。例如,为了理解生态系统的运行规律,可以集中关注它的一些重要生物类型以及它们之间的相互作用,建立概念模型;为了理解天体的运行规律,可以集中关注天体之间的力学作用,建立数学模型;为了理解飞机的各项特性,可以进行特殊部分的模拟,建立物理模型。同样,为了更好地理解需求获取所得到的复杂信息,就需要集中关注问题的计算特性(数据、功能、规则等),建立相关的软件模型。

建立模型的过程被称为建模。"它是对系统进行思考和推理的一种方式。建模的目标是建立系统的一个表示,这个表示以精确一致的方式描述系统,使系统的使用更加容易"[Fishwick 1994]。

[Satzinger 2004]认为在软件开发中建立软件模型有以下好处:

- 通过建模抽象降低应用的复杂性。
- 在建模的过程中更深刻地理解信息。
- 可以帮助人们更好地记忆细节。
- 可以更好地与其他开发人员进行交流。
- 可以更好地与用户以及其他涉众进行交流。
- 为以后的维护和升级提供文档。

抽象(abstraction)和分解(decomposition/partitioning)是建模最为常用的两种手段。抽象一方面要求人们只关注重要的信息,忽略次要的内容;另一方面也要求人们将认知保留在适当的层次,屏蔽更深层次的细节。这样,抽象通过强调本质的特征,就减少了问题的复杂性。进一步来说,它可以在问题的各元素之间推断出更广泛和更普遍的关系,帮助人们寻找解决方案。

分解将单个复杂和难以理解的问题分解成多个相对更容易的子问题,并掌握各子问题之间的联系。分解的手段体现了问题求解中的"分而治之"思想,它不仅是降低问题复杂性的有效方法,而且分解的方案往往还能提供问题的解决思路。

2. 两个世界与三种模型

模型是对复杂系统的简化和抽象,它关注特定的组元和组元之间的关系,同时忽略与组元无关的次要信息。那么,需求分析中的模型应该关注什么样的组元,应该对需求获取的信息进行怎样的简化和抽象呢?

(1)计算世界与计算模型

因为需求分析的最终目的是建立问题的软件解决方案,因此,一个显然的选择是使用软件的构成单位作为模型的组元,将软件构建单位之间的关系作为模型组元之间的关系,对获取的信息进行建模。软件的常见构建单位及其关系如图 11-2 所示。

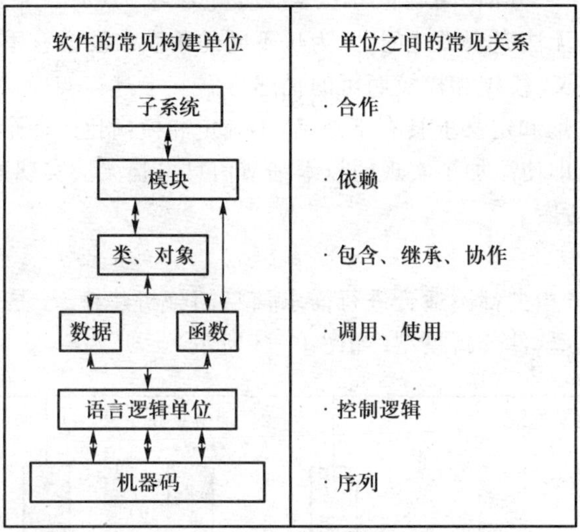

图 11-2 软件的常见构建单位及其关系

基于软件构建单位及其之间的关系建立的模型是软件工程中非常常用的一种模型形式,用来说明软件逻辑上的构建方式和实现方式。这种模型使用的组元及其关系都是软件的元素,所以它是来自于软件(计算世界)的模型,称为计算模型。

但是,来自于计算世界的计算模型却并不适合进行需求分析中的建模。其原因是软件计算模型的形式化特征不适用于需求工程阶段。

计算世界是基于计算科学建立的,具有形式化的特征。计算模型对信息的描述具有明确化、准确化和确定化的特征。但是在需求工程阶段,考虑的重点是软件系统需要解决的问题,缺乏和软件实现相关的技术细节,因此,需求分析阶段还无法建立一个形式化的计算模型。而且,需求工程阶段仅仅要求描述软件系统的解决方案,而不是软件系统的构建方式和实现方式。

实践中的情况也一再表明,具有形式化特征的计算模型是用户所无法理解的,所以基于它建立的模型是开发者的理解模型,但不是用户和开发者的共同理解模型。

(2)问题世界与业务模型

既然计算世界的计算模型不适合用来进行分析建模,那么另一个可以考虑的方案是使用问题域中的重要概念作为模型的组元,使用概念之间的业务联系作为组元之间的关系,建立需求信息的模型描述。

这种模型的元素都来自于问题域,使用了业务描述的方式,所以可以认为它们是来自问题世界的业务模型。

业务模型既可以抽取出需求信息中最重要和最本质的内容,又可以达成用户和开发者的共同理解,似乎是一个不错的建模选择。但是问题世界的非形式化特征却使得它同样也不适合进行需求建模。

问题世界是复杂的。一方面,问题世界包含大量的事物,具有巨量的分解和组合。另一方面,问题世界中的事物是无法完全描述的,因为从不同的角度出发会有不同的观察结论。再一方面,问题世界中充满了歧义、模糊和模棱两可的描述方式。上述三点会使业务模型的元素(即业务概念和业务联系)在选取和定义上具有不准确、不确定和模糊化的非形式化特征。这些特征都是软件世界所不允许的,即使添加了实现的技术细节信息也是无法实现的,所以它不足以用于描述一个有效的软件解决方案。

(3) 软件分析模型

既然计算模型和业务模型都不适合进行需求信息的分析建模,于是人们就采用了一种介于二者之间的模型形式——软件分析模型(如图 11-3 所示)。

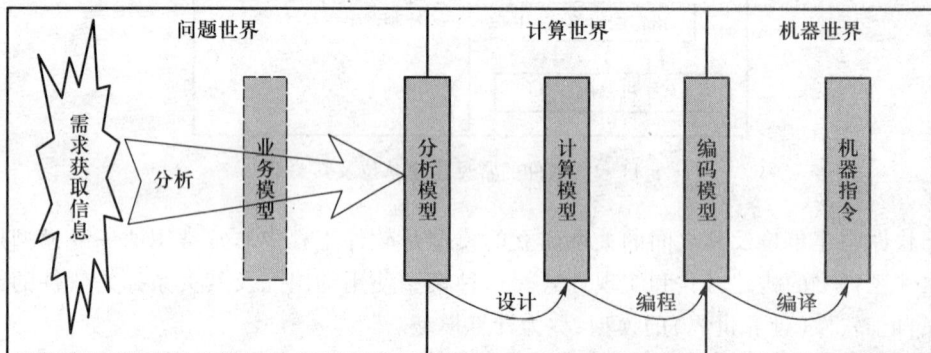

图 11-3　软件分析模型

分析模型使用了计算模型的组元形式,以对象、类、函数、过程、属性等作为模型的基本元素。这样,分析模型在描述软件的解决方案时,就有了比业务模型更加严谨和适用的描述方式。

同时,分析模型在组元的表现上采用了业务模型的表现方式,使用业务概念、业务联系和问题域语言来表现组元的语义。这样的分析模型利于同时被用户和开发者所理解,建立他们之间的共同理解。

分析模型是半形式化的,不再像计算模型那么严谨,不再具有形式化的特征,这使得它可以更适应需求工程的建模要求。而且,需求分析的半形式化特征还使得它可以比业务模型更严格、更好地进行软件解决方案的描述。也就是说,在需求分析仅仅需要描述解决方案,不需要探索实现细节的情况下,分析模型尤为适用。

3 种模型的一个区别示例如图 11-4 所示。

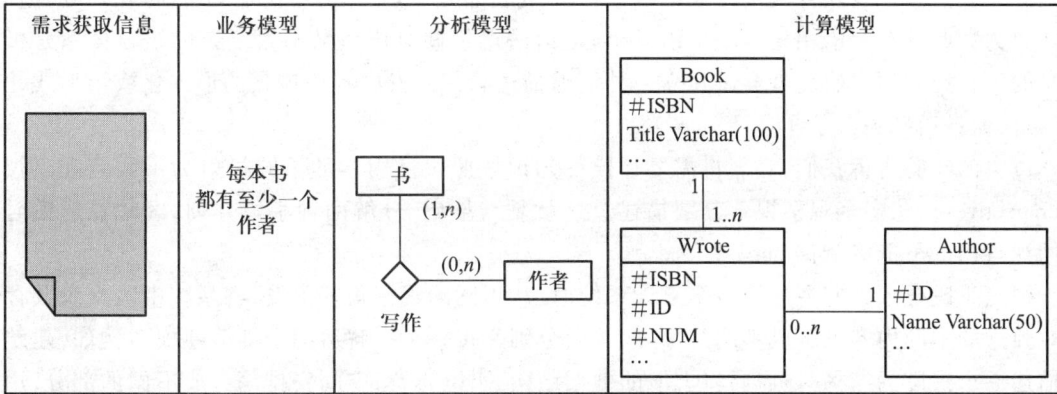

图 11-4　3 种模型的区别示例

在实际的软件生产中业务模型是并不存在的,没有用户会在请求软件工程师的帮助之前,利用模型的方式把业务情况进行严格和准确的描述。需求工程师也不会在创建分析模型之前先行建立一个有效的业务模型,因为这样会耗费太多的时间和精力。常见的情况是,需求分析人员直接依据需求获取的信息建立分析模型。当然,分析人员需要先确定获取信息中的重要和本质部分,然后再建立分析模型。也就是说,建立分析模型的过程中,内附有建立业务模型的思想,只是不会显式建立一个明确的业务模型。

附加一句,计算模型可以看成软件实现之前的构建草案,它其实就是软件的设计模型。对分析模型添加实现的技术细节,进行处理和转换之后,就可以得到软件的设计模型。这个过程就是软件工程师们熟知的软件设计活动。

3. 分析模型的描述

模型是对重要知识的集中描述,这种描述是通过模型语言实现的。

模型语言有 3 个要素,分别是语法、语义和语用。语法指怎样使用模型的元素,并且以什么方式组织、连接或关联这些元素;语义说明了一个特定模型元素所具有的含义;语用给出了一个模型元素描述的更宽广的上下文,以及影响该模型元素意义的约束和假定。

模型语言的 3 个要素之间互为依赖,每个要素都为下一个要素提供了一个必需的环境。如果一个模型语言没有语法,也就没有语义。没有语义,它就不能提供任何语用用途。如果一个模型语言的语法非常复杂,那么它就会具有丰富的语义和广泛的语用用途。如果一个语言具有简练和严格的语法,那么它就具有简洁、严谨的语义和限定、清晰的语用。

非形式化的自然语言是一种语法规则非常复杂的模型语言,它可以描述现实世界中发生的各种情况。形式化语言是基于数学方法的一种模型语言,它具有很强但并不复杂的语法规则,能够准确描述一些有限的特殊情景。分析模型采用的半形式化语言则是介于自然语言和形式化语言之间的语言形式。

分析模型对模型语言语用的要求是很高的,因为模型需要描述的内容是复杂的。分析模型的描述中要能够体现软件解决方案的各个必要组成部分,包括数据、结构、功能和规则等各种知识。要为如此复杂的语用建立一个语义丰富、语法严格同时语法又不太复杂的语言体系是极其困难的。曾经有很多研究者尝试建立一种能够描述软件开发中各种情景的形式化或半形式化模型语言,但最后都失败了。

过去的经验告诉我们,必须将需要建模的知识按照关注内容的不同投射为不同的观察视角(perspectives),从多个观察视角分别描述。这就是与抽象、分解两种手段并列,经常在建模时使用的视点(viewpoint/projection)手段。

视点手段要求人们在建模一个复杂系统时,从不同的观察角度出发,将系统中既交织共存又相对独立的不同内容拆解成不同的部分,然后分别为每一个拆解后的子部分建模。例如,建筑师在描述一个大厦的结构时,需要将大厦的框架结构、水电布置、空间安排等分成不同的部分,用不同的规划图案分别进行描述。

拆解后的子部分被称为视点(viewpoints)。每一个视点都是独立的模型,用独立的模型语言和表示法进行描述。所有视点的模型描述集成起来,就是对原有复杂系统的模型描述。当然,这里所说的集成并不是将多个视点的模型描述转化为单一的统一模型形式,而是依据系统内不同部分之间的关系,建立不同模型内元素之间的联系,从而将多个独立的模型描述在语义上连接起来。

相互之间建立了语义联系的多个模型集成在一起通常又称为视图(view)。软件系统的分析模型也常常被称为分析视图。

利用视点手段进行复杂系统建模的方法被称为多视点方法(multi-viewpoints methods,又被称为多视角方法,multi-perspectives methods)。其示意图如图 11-5 所示。

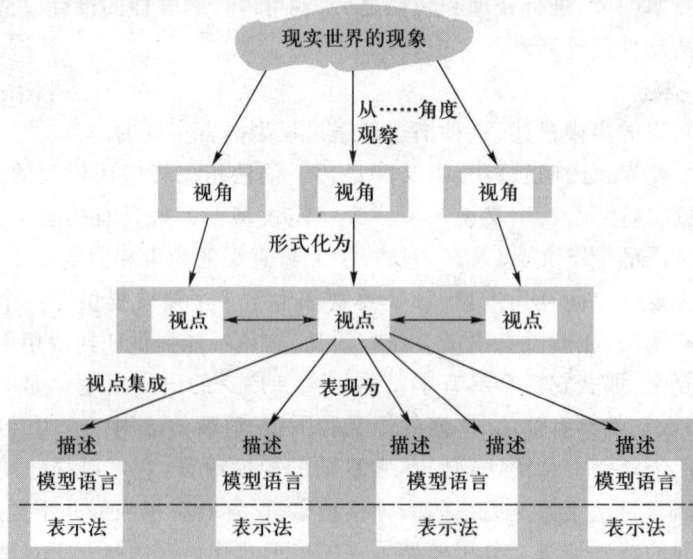

图 11-5　多视点方法示意图,源自[Stanger 2000]

软件分析模型的复杂性使得需要利用多视点方法对其进行模型描述,即软件分析模型是多个视点模型的集成。这些常见的视点模型有过程模型、实体关系模型、对象模型(领域模型)、状态机模型、行为模型和用例模型等。它们分别被用来在静态结构、数据结构和功能行为等不同视角进行软件系统的描述。这些视点模型的使用情况和相互关系将在 11.2 节介绍。

模型语言的元素会以一定的符号形式表现出来。一个模型语言所有元素的符号表现称为表示法,其中有自然语言的形式,有形式化文本的形式,也有图、表、限制性文本等半形式化的形式。分析模型的模型语言采用的多是半形式化的图表式表示法。

模型、模型语言与表示法之间的关系示例如图 11-6 所示。

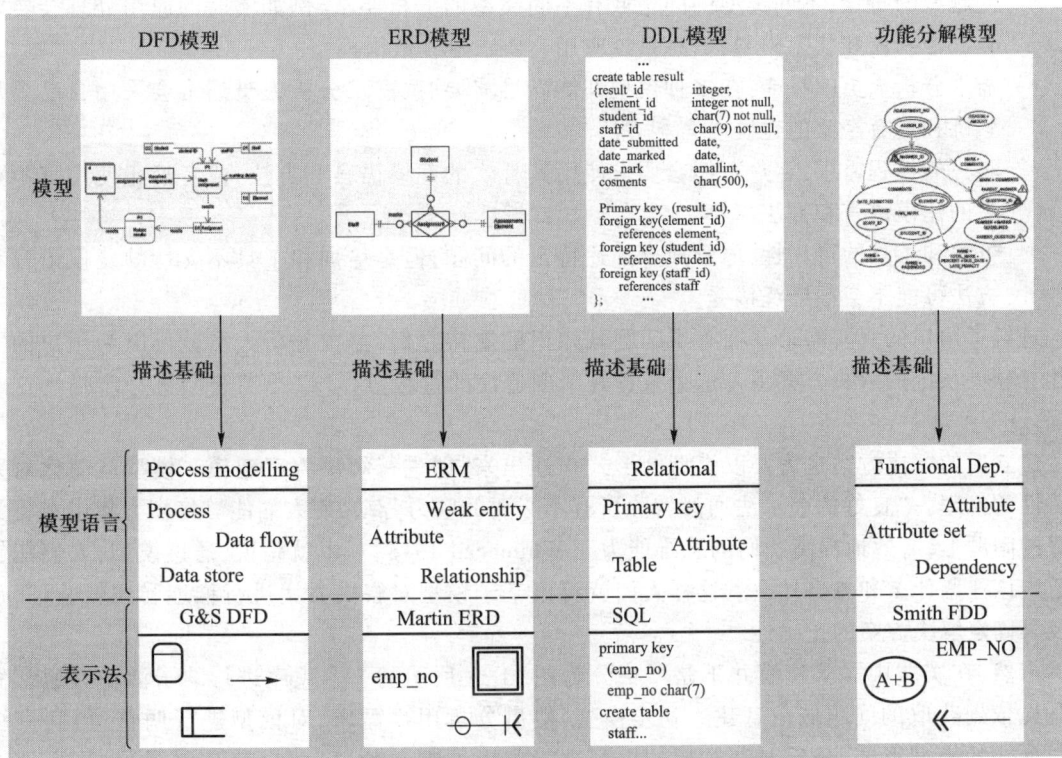

图 11-6　模型、模型语言与表示法之间的关系示例,修改自[Stanger 2000]

4. 需求建模

建立分析模型的任务集中体现在需求分析的需求建模子活动当中,其过程如图 11-7 所示。

图 11-7　需求建模过程

软件需求分析的关键是为真实世界的问题建立模型,即问题域建模。这样做,一方面是为了更好地理解所获取的信息内容,更好地理解问题域信息和用户的准确想法,建立用户和开发者对软件需求的共同理解。另一方面,问题域和解系统是通过共享知识互相影响的,因此需要建立问题域的模型,发现共享知识,以进一步依据它们建立软件系统的解决方案。例如,实体模型通常是由来自问题域的概念模型组成的,反映了它们在问题域中的联系与依赖关系。

因为复杂系统的建模工作需要用多视点方法来完成,所以在进行问题域建模时可能需要多种类型的模型形式,如过程模型、实体关系模型、对象模型(领域模型)、状态机模型、行为模型和用例模型等。具体模型类别的选择要视问题域的情况来确定,一般有下列影响因素。

- 问题域的特性:不同类型的问题域有不同类型的分析要求,例如实时的应用处理会要求建立控制流和状态模型,信息系统应用会要求建立数据模型。
- 需求分析人员的技能:在多种模型都能满足需要时,需求分析人员通常会采用自己更加熟练和更有经验的建模语言和方法。
- 客户的过程需求:客户可能会要求使用其喜欢的建模语言和方法,或者禁止使用其不熟悉的建模语言和方法。
- 方法和工具的可用性:尽管适合描述特定的问题,但是培训和工具不支持的建模语言和方法可能不会被广泛接受。

理解了用户的真实需求并拥有了问题域知识的支持之后,需求分析人员就可以为用户的需求建立软件系统的解决方案了。这个过程是个创造性的过程,11.1.2 小节将会进一步描述这个过程。

建立后的解决方案也需要以模型的形式描述出来,即进行解决方案建模。模型能简化对系统特性的推理。"良好的表示法通过解除所有不必要的脑力劳动,使人们能够将精力集中在更为高级的问题上,有效地提高我们的思维能力"[Whitehead 1948]。也就是说,通过模型,人们能够知道应该注意什么和忽略什么。这样人们就可以基于模型对解决方案进行推理和逻辑验证,从而及早确定解决方案的正确性。

当然,在实践中需求建模并不是严格分为图 11-7 所示的 3 个顺序进行的子活动。通常做法是先依据获取的问题域信息建立初步模型,然后分析用户需求,对模型进行调整,得到一个中间形式的模型形式,最后对调整后的模型进行逻辑推理和验证,如果符合预期的期望,那么它就是最终的解决方案模型。否则,继续对其反复执行调整和验证任务,直到它符合预期为止。

11.1.2　创建解决方案

对获取笔录的内容进行建模和分析之后,可以得到对问题域和用户需求的正确理解。这样,在需求工程的 3 个主要任务当中(① 研究问题背景,描述问题域特性 E;② 进行需求开发,确定用户的期望效果 R;③ 构建解系统,描述解系统行为 S,使 E 和 S 的联合作用效果符合需求 R:$E,S \mapsto R$),就完成了前两个。

这 3 个任务中最后一个任务才是最终的目标,前两个任务的完成都是对第三个任务的铺垫。因为只有在确定 E 和 R 的情况下,才能确定 S。但是,如第 2 章所述,根据问题域特性和系统行为推测系统应用效果是简单的推理过程,即 $E,S \mapsto R$ 是简单的,而根据问题域特性和期望的系统应用效果构建系统行为的过程是困难的,$E,R \Rightarrow S$ 是一个创造性的过程。

软件工程是一个建立解系统机器,以帮助现实世界的用户解决特定问题的工程领域。建立解系统机器的过程被视为一种设计活动,根据问题域特性 E 和用户期望 R 建立解决方案 S 的过程是整个设计活动中的一个局部子设计活动。

在设计行为发生的规律性上,人们有两个方面的认知。一方面是设计行为带有"实用性(practicality)、独创性(ingenuity)和意会性(empathy,即不可言传),关注适当性(appropriateness)"[Cross 1984]。从这个方面来讲,设计过程带有复杂的个人活动痕迹。对完全相同的问题,不同的人会给出不同的结果。因为这些人本身是不同的,他们有着不同的历程、环境和知识体系。而且即使是同一个人,多次面对同样的问题时,给出的结果也可能是有所不同的。这种难以描述的复杂个人行为即为设计活动中的创造性,俗称"灵感"。也就是说,设计活动是无法准确描述的,更是无法仅靠某些固定的规律就能复制的。从这个意义上讲,需求分析中创建解决方案的行为是依赖于个体的,是只能意会不可言传的,是无法进行完全知识传授的。

另一方面,设计行为又具有一定的科学性,即"客观性(objectivity)、合理性(rationality)和中立性(neutrality),关注真实性(truth)"[Cross 1984]。以软件系统的设计为例,作为软件载体的计算机在本质上是基于数理逻辑的,因此软件设计的行为不能违背数理逻辑的规律性。也就是说,软件设计活动中的复杂个人行为也不是完全没有限制的,它们也要遵循数理逻辑的规律性。而且,这些规律性帮助人们建立了计算机和编程语言,也能够帮助人们提供问题解决的思路,以更好地进行设计活动。因此,人们在面对富有创造性的设计活动时,也并非只能听天由命。通过发现、掌握和完善设计活动中的科学知识与规律性,人们可以在一定程度上提高自己解决问题的能力。

[Willem 1991]将设计中涉及的科学知识规律分为外部因素和内部因素两种。外部因素是指那些设计者无法影响和控制的部分,如问题和经济约束等。内部因素是指依赖于设计者自身的部分,常见的有文化背景、经验、习惯和态度等。[Broadbent 1984]则认为设计活动中的科学知识可以概括为 4 个部分:技术知识、职业技能、共同的信仰和习惯、共有的范本示例。

依照上述想法,需求分析中创建解决方案的创造性活动可以描述为图 11-8 所示。

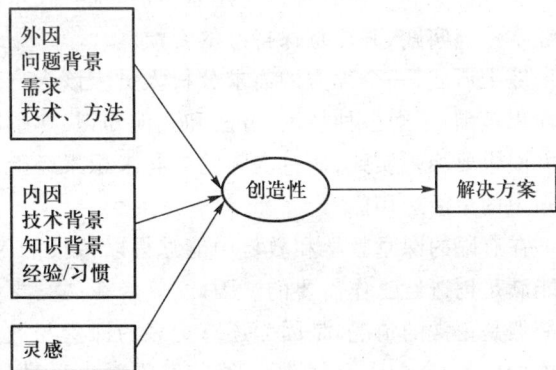

图 11-8　创建解决方案的创造性活动描述示意

在创建解决方案的创造性活动中,需求分析人员的个人灵感有着非常重要和关键的作用。在目前看来,灵感是无法解释的,也是无法学习和重复的,它主要归因于个体的智力因素。

当然,在创建解决方案的创造性活动当中,科学性因素也有着重要的作用。而且这些因素是个体可以加以学习和塑造的,是可以人为提高的。一个优秀的需求分析人员需要努力地学习和实践,为自己储备充足的知识基础。

这些科学性因素分为外因和内因两类。外因是指个体所无法影响和控制的因素,包括以下几方面。

① 问题背景,即问题域的特征。解决方案的创造必须符合问题域特性,所以需求分析人员应该掌握一定的问题域特征知识,这一点可以通过问题域建模来加以实现。在较高层次上讲,软件系统可以按照应用的特点分为嵌入式、网络和信息系统等不同类型。不同的需求分析人员会因为各自的知识储备而长于不同的软件类型。

② 需求。解决方案是为了满足需求的,所以需求分析人员要深刻理解用户需求,尤其是要仔细确定其可行性和可适应程度。

③ 技术、方法。在研究和实践中人们已经总结出了一些好的技术与方法,如 UML 等。它们是已经被总结和固化了的有效手段,它们内化的思想和方法可以帮助需求分析人员更好地创建解决方案。

内因是指依赖于个体自身的因素,包括以下几方面。

① 技术背景。指个人已经掌握的技术和方法。这些技术和方法越是适合问题域的处理,需求分析人员就越是能够建立好的解决方案。相反,如果需求分析人员没有掌握有效的技术和方法,就很难建立有效的解决方案。

② 知识背景。如果需求分析人员能够掌握技术和方法之外的很多知识(如数学、数据库和分析模式等),也会对他们的创造性工作有所帮助。

③ 经验/习惯。需求分析人员的实践经验和习惯也会对他们的创造性工作有很大的影响。这些实践经验和习惯有针对应用领域的,也有技术上的,还有纯属个人喜好的。需求分析人员需要经常参与实践,并注意保持好的习惯。

综上所述,一个优秀的需求分析人员应该为自己做很多必要的功课。一方面要认真读书,扩展知识范围,了解各种技术、方法和其他知识,熟悉嵌入式、网络、信息系统等一些领域的特点;另一方面也要加强实践,通过实际的参与来积累经验,养成良好的分析习惯,强化对技术、方法及其他知识的灵活运用能力。

在有限的课堂教学和教材中能够得以传授的仅仅是成熟的技术和方法,而这些显然是远远不能满足创造性工作需要的。因此,读者在认真学习本书之后仍然对建模和分析工作感到晦涩或茫然是正常的情况,是因为还有更多的课堂与教材之外的工作需要进行。需求分析不是一件简单的任务,它包含有创造性的活动,需要进行很多储备。

11.2 需求分析技术

11.2.1 模型、表示法、技术、方法和工具

在讨论具体的需求分析技术之前,需要先区分几个容易模糊的概念:模型、表示法、技术、方法和工具。

当使用"模型"一词时,依据上下文语境的不同,它通常会表现为下列 3 种含义中的一种。

① 抽象知识体。在这种含义下,"模型"用来意指对复杂系统的抽象。它由抽象后的知识体组成,侧重于模型对复杂系统的代表性,也即知识的最小完备性。知识体的组成和结构(即包括哪些组元以及组元间的关系)并不是它的关注点。例如,在"软件模型"一词当中,"模型"就是指抽象知识体。

② 视图。在探讨模型的组成和结构时(如进行模型的建立和实现时),需要基于一系列的组元以及组元之间的关系构建模型的内涵。通过特定的组元集体现出来的视图概念也常被称为"模型",例如前面所述的三种模型:业务模型、分析模型和计算(设计)模型。不同的视图模型具有不同的组元基础。如果一个抽象知识体可以体现为多种不同的组元集,那么它就具有多个不同的视图模型。

③ 模型语言。在描述复杂的视图模型时,需要采用多视点方法,从多个视角分别进行描述。每一个视角都有相应的模型语言,这些模型语言也常常被称为"模型",如实体关系模型和状态机模型等。

模型语言的元素会以一定的符号形式表现出来,一种模型语言的所有元素的符号表现即为该模型的表示法。每一种模型语言的语法、语义和语用都是固定的单一体系,但是它的符号表现却可能有多种不同的形式。也就是说,模型语言和表示法是一对多的关系。

基于某种模型语言为具体的应用建立模型描述的系统化的行为方式被称为技术。例如,使用实体关系模型描述具体应用的活动就是实体关系建模技术,利用过程模型描述具体应用的活动就是过程建模技术。

通常情况下,人们会将模型语言与使用该模型语言的技术等同起来。例如,过程模型和过程建模技术经常被不加区分地互相替代使用。而且,在很多情况下人们也会将表示法与模型语言、基于模型语言的技术等同起来。例如,"实体关系图"是实体关系模型的表示法,但是人们经常将它和"实体关系模型""实体关系建模技术"等同使用。

复杂的应用应该从多个视角分别建模,需要有多种技术互相配合使用。能够联合起来完成应用建模任务的一组技术合称为方法,如面向对象分析方法和 SSADM(结构化分析和设计方法)等。一种方法中的一组技术具有某种总体的组织模式或策略,是解决任务的有效途径。

为了支持某种方法、技术或表示法,可以开发相应的软件工具。这些工具将支持的表示法、

技术和方法集成起来,以使建模工作更加顺利。例如,Rational Rose 就以 UML 为标准,支持 UML 所包含的各种表示法、技术和方法。

总结来说,方法包含技术,技术基于特定的模型语言,模型语言使用表示法,表示法和技术可以由工具来支持,工具也可以支持方法。

本书并没有严格地使用不同名词来区分上述概念,因此读者在阅读时请注意甄别相关概念的准确含义。

11.2.2 常用的需求分析技术

在长期研究和发展中产生了很多需求分析技术,其中一些经常使用,经受了实践和应用的检验,被证明可以很好地完成需求的建模与分析工作。

表 11-1 列出了常见的需求分析技术,它们在本书后续内容中将详细介绍。

表 11-1 本书中常见的需求分析技术

技术	描述	主要元素	方法
上下文图 (Context Diagram)	描述系统与环境中外部实体之间的界限和联系。它从现实世界的角度说明了系统的边界和环境,并确定了所有的输入和输出	外部实体 过程 数据流	结构化分析 信息工程
数据流图 (Data Flow Diagram,DFD)	从数据传递和加工的角度,描述了系统从输入到输出的功能处理过程。运用功能分解的方法,用层次结构简化处理复杂的问题	外部实体 过程 数据流 数据存储	结构化分析 信息工程
实体关系图 (Entity Relationship Diagram,ERD)	描述系统中的数据对象及其关系,定义了系统中使用、处理和产生的所有数据	实体 属性 关系	结构化分析 信息工程
功能/实体矩阵 (Function/Entity Matrix)	建立 DFD 和 ERD 之间的关联关系,说明 DFD 的过程对 ERD 的实体的使用情况	过程 实体	结构化分析 信息工程
功能分解图 (Function Decomposition Diagram)	以功能分解的方式描述功能之间的层次结构关系	功能	信息工程
过程依赖图 (Process Dependency Diagram)	描述过程之间的依赖关系	过程 依赖关系	信息工程
用例图 (Use-Case Diagram)	描述用户与系统的交互。从交互的角度说明了系统的边界和功能范围	第 7 章已有描述	面向对象 分析

技术	描述	主要元素	方法
类图 （Class Diagram）	描述应用领域当中重要的概念以及概念之间的关系。它捕获了系统的静态结构	类 关联	面向对象分析
交互图（顺序图/通信图） （Interaction（Sequence/Communication）Diagram）	描述系统中一次交互的行为过程，说明了在交互中的对象协作关系	对象 生命线 消息	面向对象分析
活动图 （Activity Diagram）	描述复杂业务或复杂任务的处理流程。说明处理流程中的行为走向、数据走向和职责协作	第5章已有描述	面向对象分析
对象约束语言 （Object Constraint Language，OCL）	描述规则限制。为类图、交互图、活动图和状态图等其他面向对象的模型语言添加具有丰富语义的规则定义	类型 表达式 关键字	面向对象分析
微规格说明 （Mini-Specification）	对底层详细功能和过程的描述，为每个原始过程而写。捕获每个原始过程中执行的数据转换	结构化英语/伪码 决策表/树 流程图	通用
数据字典 （Data Dictionary）	定义概念、术语或者数据元素的结构	结构定义规则	通用
状态（转换）图/矩阵 （State（Transition）Diagram/Matrix）	描述系统、系统的子部分或对象在其整个生命期内的状态变化和行为过程	状态 事件 转换	通用

除了将要在本书后面要介绍的需求分析技术（即表 11-1 中的技术）之外，还有一些需求分析技术也经常用到，如表 11-2 所示。限于篇幅，本书没有将表 11-2 中的技术也逐一详细介绍，但是它们也具有自己的独特作用，也会在需求的建模与分析当中发挥重要的作用。感兴趣的读者可以参考表中列出的参考文献。

表 11-2　本书没有详细介绍的常见需求分析技术

技术	描述	适用情况	参考文献
对象角色模型 （Object Role Model）	依照不同对象角色，分析现实世界的一种建模方法。它以事实对象为基础，描述对事实对象的复杂规则约束	复杂商业规则下的数据建模	[Halpin 1996] [Halpin 2008]
实体生命历史 （Entity Life History）	建立系统中数据实体和重要事件之间的联系。说明实体在生命存续期间产生或响应的事件	结构化分析	[CCTA 1996]

技术	描述	适用情况	参考文献
事件/实体矩阵 （Event/Entity Matrix）	建立系统中数据实体和重要事件之间的联系。说明事件对实体的使用情况和实体在事件中的参与情况	结构化分析	[CCTA 1996]
业务过程模型 （Business Process Model）	描述复杂业务的处理流程。说明处理流程中的行为走向、数据走向和职责协作	业务过程建模 业务过程再造	[OMG 2008]
Petri 网 （Petri Nets）	基于严格数学基础（图论）建立的建模技术，以事件和状态转换为视角，描述系统的行为。特别适合于描述具有下列特点的行为：并发、异步、分布式、并行、不确定、随机等	工作流	[Bastide 1995]

11.2.3 需求分析技术的综合运用

1. 综合运用的需要

需求分析的技术多种多样，学习这些技术并不是一件容易的事情。对每一种技术而言，不仅需要广泛阅读，而且还需要进行很多的实践，才能很好地把握每种技术的内涵。

实践表明，需求工程师在建模与分析中遭遇的最大难题还不在于某些具体技术的掌握，他们有足够的能力学习和掌握每一种技术。对需求分析技术的综合运用才是需求分析人员最大的困难。

一方面，每一种需求分析技术都有自己的特点。这使得它们具有在应用上的独特性，即每一种分析技术都有自己适合和不适合的应用。如果对需求分析技术的应用特性判断错误，那么对该技术掌握得再好也不可能很好地完成建模任务。

另一方面，复杂应用需要多视角的建模处理。没有哪种需求分析技术能够单独完成对复杂问题的建模任务，只有通过多种需求分析技术的有机结合与集成才能充分描述复杂应用。如何为各个视角选择需求分析技术？如何实现它们之间的配合？这些都不是可以简单回答的问题。

为了更好地实现需求分析技术的综合运用，可以从以下几个方面对需求分析技术的特点和联系进行深入的分析。

① 需求分析方法。方法是技术的一种组合，它们有着共同的组织模式与策略，所以需求分析方法所包含的思想可以在需求分析技术的综合运用上给人们一些启示。

② 技术的发展历程。每一种需求分析技术都是应一定的实际需要而产生的，所以了解技术的发展历程、掌握技术产生的背景，可以帮助人们更好地进行需求分析技术的综合运用。

③ 技术的应用特征。每种需求分析技术都有自己的特点和应用特征，而且有很多的研究者

和实践者对它们的特征进行了综述和分类处理。所以,了解研究者和实践者对需求分析技术进行的综述和分析处理也可以帮助人们更好地进行需求分析技术的综合运用。

11.3 节将会详细介绍需求分析的方法。因此,本节下面的内容只是就技术的发展历程和技术的应用特征进行介绍。

2. 技术的发展历程

在 20 世纪 50 年代,随着计算机的出现,软件也自然诞生了。但是,当时人们还没有意识到软件的独特性,没有认识到软件的构建需要专门的学科知识和工作模式。人们还是把软件作为整个计算机机器中的一个普通零件,像硬件的构建一样进行软件的构建。对这种情况的代表性说法是:"我们每小时要为机器花费 600 美元,而为你们(程序员)是 2 美元,所以我希望你们根据机器的要求进行工作"[Boehm 2006]。这种生产模式下的软件构建工作仅仅就是编码,没有明确的分析和设计内容,因此也就不会出现专门的分析和设计技术。

到了 20 世纪 60 年代,人们开始认识到软件和硬件是有着巨大区别的两个内容,用生产硬件的方式来生产软件是不适当的。于是,人们开始探索"软件"的知识。探索阶段带有"个人英雄主义"特征,主要是依靠个人的聪明才智来完成工作。在个人实践的过程当中,经验的积累使得人们认识到软件生产应该有分析和设计阶段,并在这两个阶段开始尝试使用一些具有个人习惯的草图和草案,以更好地完成工作。

到了 20 世纪 60 年代中后期,软件出现了一个比较大的发展,越来越多的应用开始引入软件应用程序。"个人英雄主义"式的生产不能适应形式发展的需要,产生了"软件危机"。这使人们认识到软件的生产需要成熟和规律的方式,而不是完全依赖个人的才智。1968 年 NATO 的"软件工程大会"就是对这种状况的有力反映。

经过 20 世纪 60 年代后期和 70 年代早期的研究,计算机科学家们奠定了软件生产的学科知识基础——形式化方法。形式化方法有两种等价的典型形式:λ 演算和图灵机。结构化方法就是人们以 λ 演算为数学基础而建立的软件生产方法。结构化方法包括一套严格的编程机制和基于功能分解的复杂问题解决机制。数据流图(DFD)就是结构化方法提出的一个核心技术,它以过程为中心,以功能分解的机制建模复杂应用。DFD 是一个复杂的技术体系,上下文图、微规格说明和数据字典都是它的必要组成部分。它既可以用来描述系统的静态结构和数据,又可以用来描述系统的动态行为和功能。这一时期,基于图灵机的有限状态机(FSM)也被人们用于建立系统模型,产生了多种不同的状态转移图/矩阵技术。状态转移图/矩阵可以用来描述系统的行为。

到了 20 世纪 70 年代中后期,出现了越来越复杂的应用。这时人们发现把软件的数据和功能分开处理是一种更加有效的生产方式,因为在软件的功能经常变化的同时数据结构却是非常稳定的。基于这样一种想法,产生了数据库管理系统(DMBS),也产生了专门的数据建模方法——实体关系图(ERD)。结构化方法采纳了实体关系图技术,但是因为 DFD、FSM 和 ERD 之间没有共同的知识基础,所以将独立建立的 ERD 和 DFD、FSM 集成起来并不是一件容易的事情。为此,人们开发了一些能够有效地在 ERD 和 DFD、FSM 之间建立联系的技术——功能实体矩阵、实体生命历史和事件实体矩阵。

20 世纪 70 年代奠定的学科知识基础和生产方法使软件业在 20 世纪 80 年代出现了很大的发展。面对日益膨胀的需要，人们在能够保证软件生产正常进行的同时，开始关注软件的生产效率，开始考虑提高软件的生产速度。为了追求"速度和效率"，20 世纪 80 年代后期出现了很多的软件方法和技术，也包括各种不同的软件开发过程模型。在追求"速度和效率"的背景下，作为结构化方法核心技术的 DFD 也就有了调整的需要。DFD 的基本元素和构建规则非常简单，这使得它易于学习和使用，但同时也使它在描述复杂应用时过于繁琐。为了解决这个问题，以 James Martin 为代表的信息工程方法流派提出了功能分解图和过程依赖图，用它们来配合 DFD 可以更好更快地完成建模任务。也是在 20 世纪 80 年代后期，David Harel 扩展了传统的状态转移图，建立了状态图(state chart)。状态图增加了多种描述手段，可以用来描述越来越复杂的应用。

到了 20 世纪 90 年代，面向对象方法开始成为主流趋势，产生了很多不同的方法流派。代表性的面向对象方法有 OMT、Booch 方法和 OOSE 方法，它们构成了后来统一的面向对象方法 UML 的基础。

UML 还吸收了 David Harel 的状态图，调整后建立了自己的状态图(state diagram)。

20 世纪 90 年代初，工业界出现了业务流程再造的应用需要。这种应用要求需求工程师可以很好地描述业务的流程，而传统的各种建模技术都无法有效处理这一问题。为此，人们基于 DFD 的"流"思想建立了业务过程模型。UML 也采纳了业务过程模型这一建模技术，建立了活动图。

相比之前的应用，20 世纪 90 年代之后的应用有日益复杂的趋势，尤其是业务的规则越来越复杂。而传统的建模技术在对规则的处理上普遍比较欠缺，因此人们开始探索能够有效描述业务规则的建模技术，并提出包括对象角色模型(ORM)和对象约束语言(OCL)在内的多种技术。其中，OCL 被 UML 所采纳。

也是在 20 世纪 90 年代之后，分析技术面对的另一个挑战是工作流应用。工作流应用具有并发、并行、异步和分布式等特点，这使得传统的分析技术难以进行准确描述。为此，人们一方面扩展和强化业务过程模型(或 UML 的活动图)，另一方面将 Petri 网技术引入应用建模工作。Petri 网技术能够很好地适应工作流应用的各种特征。

常见需求分析技术的发展历程如图 11-9 所示。

3. 技术的应用特征

在对需求分析技术的综述和分类上，[Wieringa 1998] 和 [Zachman 1987，Sowa 1992] 的框架值得借鉴。

（1）Wieringa 的框架

软件系统的目的是为现实世界的问题提供解决方案，它是服务于有用目标的复杂统一体。软件系统的有用性是通过与周围环境的互动来加以实现的，因此为复杂系统建模的一种思路是描述系统与周围环境的交互。对这种交互的描述有以下几种方式。

20世纪70年代早期和中期　　形式化方法　　　　　　　　　　　　有限状态机思想

数据流图 → 数据流图 上下文图 微规格说明 数据字典

状态转移图/矩阵

建立功能、事件与实体的联系

结构化

20世纪70年代中期~80年代中期　　敘事　　分离数据

实体关系图

功能实体矩阵 实体生命历史 事件实体矩阵

David Harel的发展

20世纪80年代晚期　　业务过程再造

功能分解图、过程依赖图

OO思想

状态图

信息工程

20世纪90年代至今

复杂业务规则　　复杂业务规则

业务过程模型　　ORM　　OCL　　OMT　　Booch方法　　OOSE

状态图(state diagram)

工作流　　活动图　　OCL　　类图　　类图 交互图　　用例图 交互图

Petri网　　UML(需求分析部分)

面向对象

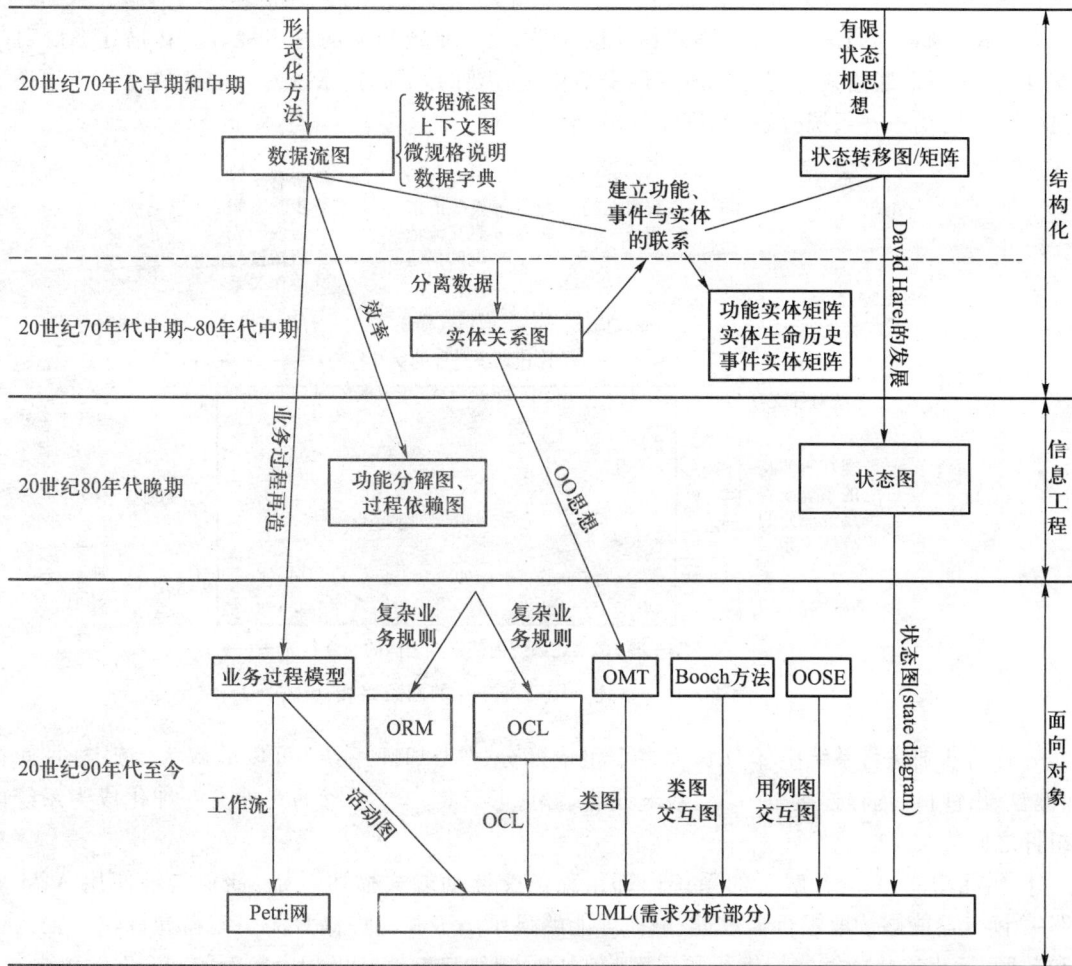

图 11-9　常见需求分析技术的发展历程

① 功能式描述。系统与环境的每一次交互都是有目的的,也就是说系统的每一次交互都有"有用性"。"功能"就是对交互的有用性的描述,如"储户能够使用 ATM 取钱"。

② 通信式描述。在交互中,系统自然会需要和周围环境中的实体进行信息交流。"通信"就是对交互中发生的信息交流情况的描述,例如"储户输入银行卡卡号、密码和取钱数额,ATM 系统给出相应数额的现金"。

③ 行为式描述。因为每一个有用的功能都可以拆分成多个更小的有用功能,所以通常情况下,系统中的每一次交互都可以细分为多个更小的交互。这些更小的交互相互之间形成的先后衔接与协作关系就是交互的"行为",例如"储户插入银行卡,系统允许储户输入密码→储户输入密码,系统验证,通过后允许储户选择任务→储户选择取款,系统允许储户输入数额→储户输入

取钱数额,系统给出相应数额的现金"。

"功能→通信→行为"是一种逐步精化的关系,是对系统功能的逐步展开。在描述系统对外的交互时,按照上述路线将交互的内容逐步细化是必要的。同时,系统对外交互的充分描述还需要另外一条路线——系统分解(如图 11-10 所示)。

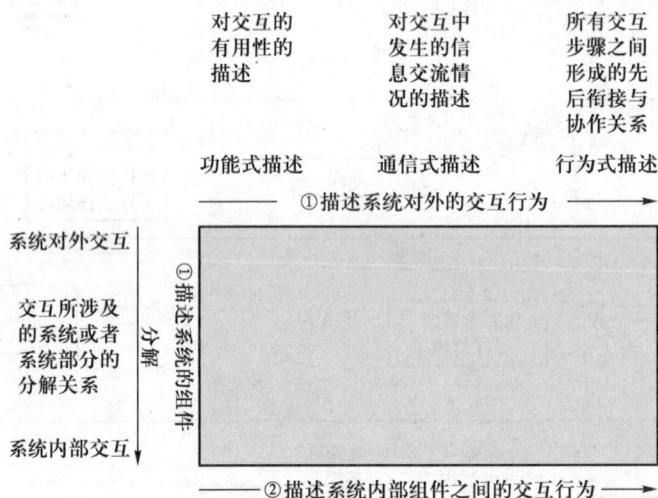

图 11-10　描述系统对外交互的两条路线

分解的基础是将系统整体分解为多个组成部分,如"ATM 系统"可以分解为"读卡器、触摸屏、键盘、出钞口、远程连接……"。基于分解结构,可以将一个系统的对外交互细化成为系统内部组件之间的交互。

① 组元功能:系统分解后的系统内部组元的交互功能式描述。如"储户能够使用 ATM 取钱"→"读卡器能够读取银行卡数据;触摸屏能够显示……并允许储户……键盘允许储户输入密码和数据;远程连接能够连接银行数据库验证……出钞口能够吐出相应数额的现金"。

② 组元通信:系统分解后的系统内部组元的交互通信式描述。如"储户输入银行卡卡号、密码和取钱数额,ATM 系统给出相应数额的现金"→"读卡器读取银行卡数据提供给远程连接;键盘接收到储户输入的密码提供给远程连接,得到储户输入的现金数额提供给出钞口;触摸屏向储户显示……远程连接向银行数据库发送银行卡卡号、密码,得到验证结果数据;出钞口吐出相应数额的现金"。

③ 组元行为:系统分解后的系统内部组元的交互行为式描述。示例分解过程可以参考第 14 章的详细顺序图。

因此,[Wieringa 1998]将需求分析技术分为 7 个类别:外部功能、外部通信、外部行为、概念组元、组元功能、组元通信、组元行为。它们会依序在需求开发的不同阶段得到应用。

① 系统对外交互精化与系统分解同步进行。对外交互精化顺次并衔接应用 3 种类别的建模技术:外部功能→外部通信→外部行为。

② 在分析、建模简单系统时,系统对外交互精化与系统分解完成后,就可以结束需求分析阶段,进入软件设计阶段。

③ 在系统比较复杂时,每一个系统对外的交互仍然比较复杂,有必要综合系统对外交互精化与系统分解的结果,将其进一步分解为内部的交互:组元功能→组元通信→组元行为。

按照[Wieringa 1998]7个类别的划分,可以对常见的需求分析技术进行如表 11-3 所示的分类。

表 11-3　常见需求分析技术的 Wieringa 分类

分类	结构化	信息工程	面向对象	通用	其他
外部功能		功能分解图	用例图	状态(转移)图/矩阵	
外部通信	上下文图		用例图 交互图		
外部行为		过程依赖图	交互图		
概念组元	数据流图 实体关系图 功能实体矩阵 实体生命历史 事件实体矩阵		类图	数据字典	ORM
组元功能			OCL	微规格说明 状态(转移)图/矩阵	
组元通信	数据流图 功能实体矩阵 事件实体矩阵	过程依赖图	交互图		
组元行为	实体生命历史		交互图 活动图	状态(转移)图/矩阵	BPM Petri 网

(2) Zachman 的框架

与 Wieringa 框架仅仅关注需求分析技术不同,Zachman 框架关注的是软件生产中的所有建模技术。

Zachman 认为,认识到系统开发是由具有不同观点的若干类人员共同完成与认识到系统开发是分阶段完成同等重要。因此,Zachman 研究了开发过程中每类人员的观点,并提出了一个能够概括和分类系统开发中的信息结构(即系统开发中的各种模型)的矩阵。

Zachman 的矩阵共有 6 行和 6 列,如图 11-11 所示。

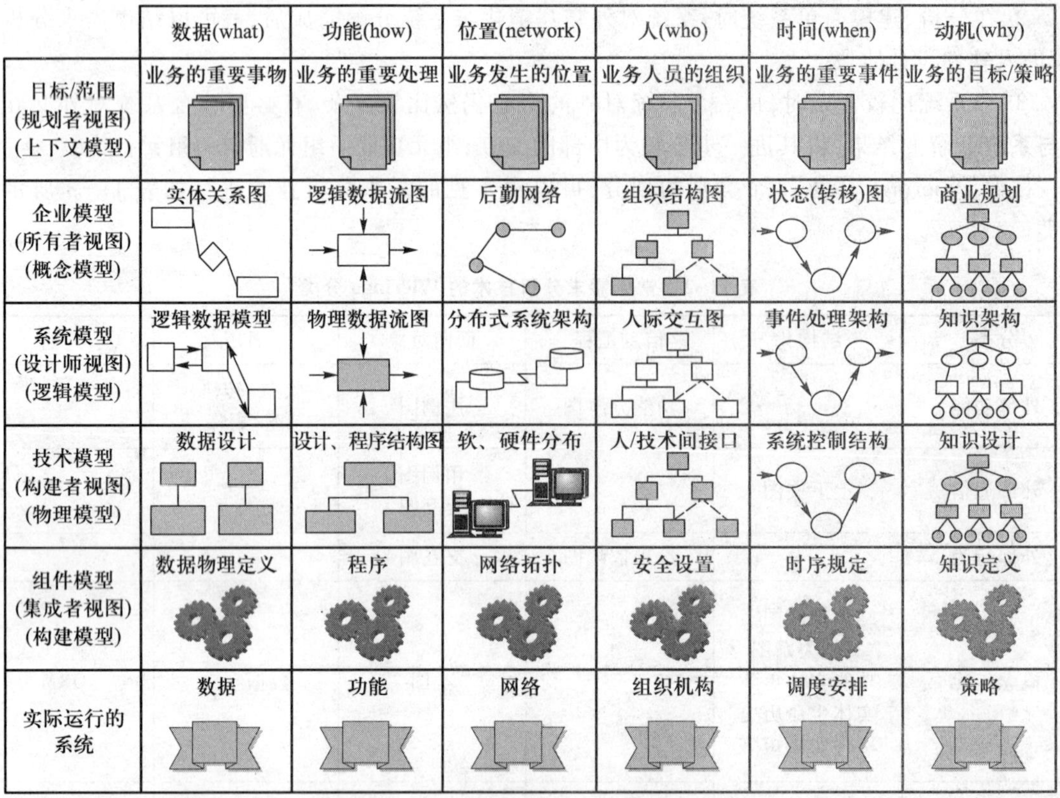

	数据(what)	功能(how)	位置(network)	人(who)	时间(when)	动机(why)
目标/范围 (规划者视图) (上下文模型)	业务的重要事物	业务的重要处理	业务发生的位置	业务人员的组织	业务的重要事件	业务的目标/策略
企业模型 (所有者视图) (概念模型)	实体关系图	逻辑数据流图	后勤网络	组织结构图	状态(转移)图	商业规划
系统模型 (设计师视图) (逻辑模型)	逻辑数据模型	物理数据流图	分布式系统架构	人际交互图	事件处理架构	知识架构
技术模型 (构建者视图) (物理模型)	数据设计	设计、程序结构图	软、硬件分布	人/技术间接口	系统控制结构	知识设计
组件模型 (集成者视图) (构建模型)	数据物理定义	程序	网络拓扑	安全设置	时序规定	知识定义
实际运行的 系统	数据	功能	网络	组织机构	调度安排	策略

图 11-11　Zachman 框架的矩阵示意

① Zachman 矩阵的行

- 目标/范围(规划者视图):规划者关心的是软件系统的成本和效益,因此规划者视图是对最终系统的规模、形式、位置空间及基本目标的粗略描述。规划者视图规定了项目的前景和范围。

- 企业模型(所有者视图):业务人员关心的是软件系统会如何参与和帮助他们进行实际工作,因此所有者视图是对业务实体、业务过程以及它们与系统之间交互的描述。所有者视图利用业务概念限定了系统的解决方案,它的内容就是前面所述的分析模型。

- 系统模型(设计师视图):设计师关注的是软件系统应该满足哪些需要以及设计方法的选择会受到怎样的限制,因此设计师视图是对软件系统的基本功能和设计空间的描述。设计师视图就是软件系统的体系结构。

- 技术模型(构建者视图):构建者关注的是应该按照怎样的逻辑要求来编写程序,因此构建者视图是对软件系统当中控制逻辑、算法、I/O 控制及其他各种具体技术细节的描述。构建者视图就是描述详细设计的设计模型。

- 组件模型(集成者视图):集成者关注的是应该将哪些部分组装为整个系统以及如何进

行组装,因此集成者视图是对软件系统的组件、接口及编码程序等内容的描述。

- 实际运行的系统:描述系统投入使用后的实际状况和在运行中的实际表现。

② Zachman 矩阵的列

- 数据:该列描述的是对企业有重要意义的事物以及企业对这些事物的理解。这些事物包括设备、业务对象和系统数据等。
- 功能:该列描述的是企业在业务中执行的任务以及企业对任务的理解。
- 位置:该列针对的是组织活动和软件系统的地理分布,以及它们与组织的其他方面的关联。
- 人:该列描述的是在软件系统被引入后会涉及的人员和组织,涉及内容包括任务的改变、权力的变更、任务分配结构的变化等。在高层次的单元中,内容一般是组织的单位或用户的角色;而在低层次的单元中,内容通常是系统使用者和用户的名字。
- 时间:该列描述了系统内的事件-事件关联之间的时间因素,表现为业务的规划调度、系统的事件响应和控制结构。
- 动机:该列针对的是企业建立目标系统的动机,揭示了企业的目标、目的、业务规划、知识架构、思想路线和决策基础。

Zachman 矩阵的每个单元都是从相应行的视图出发,对相应列的信息内容的描述。例如,第一行第一列的单元就是从规划者角度描述的数据内容,即业务中的重要事物列表。再如,第二行第二列的单元就是从用户的角度描述的任务执行状况,也即逻辑上的业务处理过程,可以用逻辑 DFD 来进行描述。

按照 Zachman 的矩阵框架,分析技术就是用来对第二行(企业模型)的各列进行建模和描述的技术。常见的需求分析技术在 Zachman 矩阵第二行各列的分布情况如表 11-4 所示。

表 11-4 常见需求分析技术的 Zachman 分类

	结构化	信息工程	面向对象	通用	其他
数据	数据流图 实体关系图		类图	数据字典	对象角色模型
功能	上下文图 数据流图 功能实体矩阵	功能分解图 过程依赖图	用例图 交互图 活动图 对象约束语言	微规格说明 状态(转移) 图/矩阵	业务过程模型
网络					位置拓扑图
人员					层次模型 矩阵模型 网状模型

	结构化	信息工程	面向对象	通用	其他
时间	实体生命历史 事件实体矩阵			状态(转移) 图/矩阵	Petri 网
动机			对象约束语言	微规格说明	对象角色模型

需要说明的是,目前还没有常见的专门技术来负责完成"网络"和"人员"两列的信息内容的分析建模任务。

在需要描述软件系统的分布网络时,人们通常会绘制一些位置拓扑图,它并不需要专门的处理技术。

在需要描述企业的组织结构时,层次模型、矩阵模型和网状模型是最常使用的工具,它们的建立也不需要太多的专门处理技术。层次模型反映了单向的分级管理体制,如"公司领导"管理"部门领导""部门领导"管理"部门人员"。矩阵模型反映了常见的双向(纵向、横向)管理体制,如一个政府部门既要受到当地人民政府的管理,又要受到上级相关部门的监督。网状模型则反映了更加复杂的管理体制,如全国所有机关单位的组织方式就是网状的。

对需求分析技术在 Zachman 框架中分类的详细情况感兴趣的读者可以参考[Hay 2002]。

11.3 需求分析方法

方法又被称为方法论,是指人们做事或者思考的策略、步骤、方向或行动。在软件工程的发展中,针对需求分析也出现了很多方法,其中有代表性的有结构化方法、信息工程方法和面向对象方法。

结构化方法和信息工程方法曾经在历史上起到过重要的作用,目前也仍然在发挥着重要作用。面向对象方法是目前工业界使用的主流方法。在"结构化方法→信息工程方法→面向对象方法"的发展历程当中,每一种后来的方法都吸收了前面方法的重要思想。当然,这并不意味着后面的方法可以替代前面的方法,如面向对象方法就不能完全取代结构化方法和信息工程方法,它们各有优点和局限性。而且结构化方法和面向对象方法有着完全不同的思想基础,各成体系,不能在一个方法体系中相融。

11.3.1 传统分析

传统的分析方法实际上根本没有什么方法论而言。在计算科学奠定自己的知识基础(20世纪 60 年代晚期)之前,需求分析就是处于这样一种混乱的状态。这种情况下的需求分析人员可能会依据个人习惯进行一些建模和分析工作,但它们完全是依赖个体才智的。

虽然传统分析也能取得一定的成功,但是它的工作过程缺乏结构、不可重复、不可测量并且具有主观臆断性。传统分析产生的分析结果往往有着很多的问题,[Bray 2002]称之为"维多利亚小说",意思是像英国维多利亚女王时代的小说一样冗长、混乱、偏颇、无结构等。

现在依然会有人用传统分析方式进行需求分析工作,而且依然能够在少数情况下和具体的环境中取得成功,但是需求分析人员应该尽量避免使用这种方式。

11.3.2 结构化分析

20世纪70年代,在形式化技术奠定了计算科学的学科知识之后,人们开始寻找解决传统分析方法下各种问题的途径,首次尝试使用相对形式化的模型来建立标准化的方法,形成了结构化分析方法。

结构化分析方法把现实世界描绘为数据在信息系统中的流动,以及在数据流动过程中数据向信息的转化。它帮助开发人员定义系统需要做什么(处理需求),系统需要存储和使用哪些数据(数据需求),需要什么样的输入和输出,以及如何把这些功能结合起来完成任务。

数据流图是结构化分析方法的核心技术,它表明系统的输入、处理、存储和输出,以及它们如何在一起协同工作。与数据流图一起工作的技术还有上下文图、微规格说明和数据字典。

实体关系图是结构化分析方法的另一个核心技术,用来描述系统需要存储的数据信息。

状态转移图也是结构化分析方法常用的技术,可以通过识别系统需要做出响应的所有事件来定义系统的处理需求。

为了建立处理需求和数据需求之间的联系,需求分析方法还会使用功能实体矩阵、实体生命历史和事件实体矩阵等分析技术。

结构化分析方法最大的贡献是明确提出了标准化分析工作的思想和路线,"告别了那些基于文本的分析,迎来了建模技术的使用,开创了一个至今不衰的先河"[Bray 2002]。

结构化分析方法也有自身的局限性。首先,虽然有了功能实体矩阵、实体生命历史和事件实体矩阵等分析技术,但是数据需求和处理需求的连接仍然不容易。其次,结构化分析向结构化设计的过渡(数据流图到结构图)中有着难以处理的鸿沟。再次,结构化分析过于重视对已有系统的建模,而这常常是难以实现的。

尤其是到了20世纪80年代,随着很多复杂应用的出现,结构化分析方法对原有系统的建模要求遇到了难题。在对原有系统建模时,因为原有系统的复杂性而举步维艰。除了复杂系统之外,还会出现一些"非存在"系统的建模问题,例如软件应用进入一个全新的领域(如电子商务),没有原有的运行系统可供参照。这些因为过于重视对原有系统进行建模而产生的问题被称为"分析抑制"现象。

为了解决"分析抑制"现象,人们又对结构化分析方法进行了发展,产生了现代结构化分析方法。

现代结构化分析要求定义系统必须实现的功能,但是并没有规定实现这些功能的具体技术细节。通过推迟确定实现系统功能的具体技术,开发人员能够将注意力集中在需要系统做什么而不是如何做,从而回避对原有系统建模的要求。

结构化分析的典型过程如图 11-12 所示。

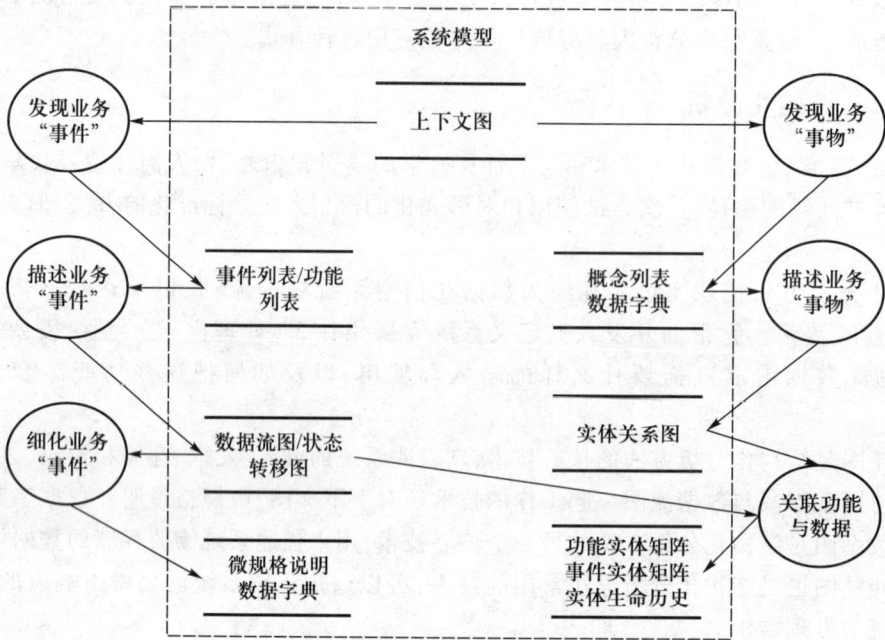

图 11-12　结构化分析的典型过程

11.3.3　信息工程

信息工程方法出现在 20 世纪 80 年代中期,因为人们对数据的日益重视和数据库管理系统的兴起而得以建立。

信息工程方法是对结构化方法的一种改进。它采纳了结构化方法的各种技术,并根据信息系统开发的特点进行更为严格、全面的改进,关注策略规划、数据建模和自动化工具。

信息工程主要从信息角度来开发系统,而不像结构化方法那样从功能角度考虑问题。客观世界被描述为数据和数据属性及其相互关系。

因为思路向数据建模转移,所以信息工程方法简化了结构化分析方法中的功能需求处理技术,建立了功能分解图和过程依赖图两种技术。

信息工程和结构化方法的典型分析过程基本相似,但是信息工程和结构化方法的本质差别在于解决问题的策略不同。虽然系统的需求分析都需要功能和数据两个方面,但是结构化方法主张从功能入手,而信息工程方法主张从数据入手。

信息工程方法的局限性在于它是为信息系统的开发而定制的,所以应用范围是有限制的。

11.3.4　面向对象分析

面向对象方法的产生可以追溯到 20 世纪 60 年代后期,当时诞生了第一个面向对象编程语言。但面向对象方法扩展到分析和设计领域还是到了 20 世纪 90 年代之后,而且它仍然还在不断发展当中,尤其是对目标、用例和场景技术的扩充与完善工作仍然在继续。

面向对象分析方法认为系统是对象的集合,这些对象之间互相协作,共同完成系统任务。也就是说,面向对象分析方法和结构化分析方法有着完全不同的建模思路,前者是以对象为基础,后者是以功能和数据为基础。

但是,面向对象分析方法还是受到了结构化分析方法的很多影响,它的很多建模技术都来自于结构化分析技术。[Bray 2002]也认为两者在下述方面有着非常有意思的共性:

- 主要的模型是结构模型(与行为模型相对立)。
- 焦点都集中在对解系统的建模上(而不是针对问题域进行建模,11.4 节将详细讨论这一点)。
- 都倾向于强调表示法的细节(而不是建模技术的基本原理)。
- 隐含的假设需求获取行为的发生,但大多数文献都很少提及。
- 分析与规格说明(内部设计)之间没有明显的差异。
- 对所有的问题域都采用类似的处理(而不论问题域之间有什么特征差异)。

面向对象方法有几个主要的优点,其中包括自然性和可复用性。对人而言,面向对象方法是自然的和直观的,因为人们倾向于按照可感知的对象来思考世界。而且和结构化方法相比,它能更容易地实现分析到设计的转化。

面向对象分析的典型过程如图 11-13 所示。

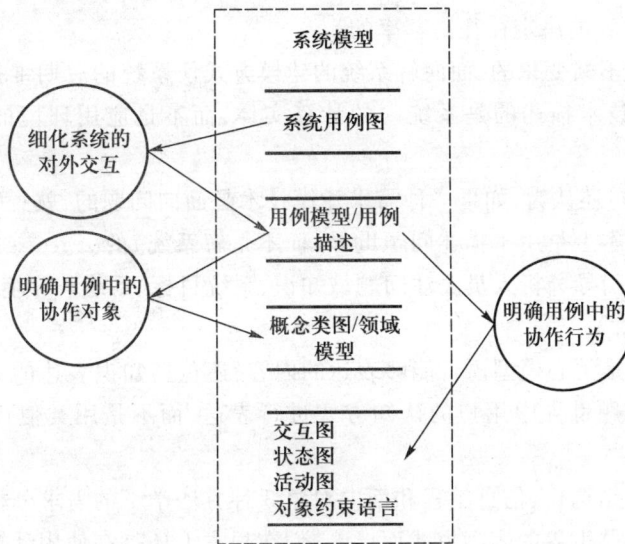

图 11-13　面向对象分析的典型过程

11.4　前期需求阶段的建模与分析

11.4.1　前期需求阶段和后期需求阶段

不论是问题世界的业务概念和业务联系,还是计算世界的构建单位及其关系,在进行需求的建模工作时都有所不适。因此,人们采用了处于二者之间的折中形式。但是如图 11-14 所示,折中的程度如何掌握——分析技术到底是应该更接近问题世界(面向问题,problem oriented),还是更接近计算世界(面向解系统,solution system oriented)——有着很大的不同。

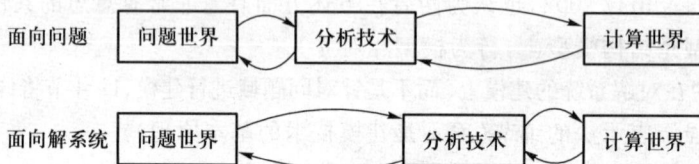

图 11-14　面向问题和面向解系统

研究者们认为需求分析中需要有面向问题的建模技术,因为[Høydalsvik 1993]认为:

① 面向解系统的分析技术没有仔细考察问题域在问题存在时的状态,而是直接描述了一个问题解决后的状态,这样它无法发现用户群体在问题解决前后可能需要的潜在改变——这也是用户不满的一个常见来源。

② 面向解系统的分析技术需要在明确解系统边界的情况下开展工作,而在问题没有被深刻理解之前,关于系统边界的决定往往是草率的。

③ 问题世界是会不断变化的,面向解系统的建模方式使系统的后期维护会越来越困难。因为面向解系统的建模技术描述的是系统内的计算实体,而不是应用环境的状况及其与系统的互动。

[Høydalsvik 1993]还认为,如果一种需求建模技术是面向问题的,就意味着:

① 建模语言在根本上是用于描述问题世界(而不是解系统)的。

② 建模技术应该引导分析人员关注问题域知识、系统目标、系统与环境的交互(而不是关注解系统的内部实现轮廓)。

③ 面向问题不只是关心模型语言能够表达的内容,还包括知识表达的方式。为了方便获取和验证,知识应该以问题世界中用户的认知方式进行表达,而不是用类似计算模型的方式进行表述。

从上述观点来看,结构化、信息工程和面向对象 3 种方法学下的需求分析技术都不是面向问题的,都只是采用了问题世界的表现方式而已,它们在根本上还是在使用计算世界的组元和组织方式。因此,这 3 种方法学下的需求分析技术都是面向解系统的。

这种面向问题技术的缺乏使需求分析人员的责任极大,他们需要努力理解问题世界,并完成需求从问题世界向计算世界(因为面向解系统的建模技术是接近于计算世界的)的转换。当问题世界比较复杂时,需求分析人员的责任也就尤为沉重,很多困难和问题也就自然产生了。

因此,在目前软件应用越来越复杂的情况下,研究者提出要建立面向问题的建模技术。理想的情况是分析人员利用面向问题的建模技术描述问题世界,然后再将其转换为计算世界的描述(即面向解系统的建模技术),如图 11-15 所示。

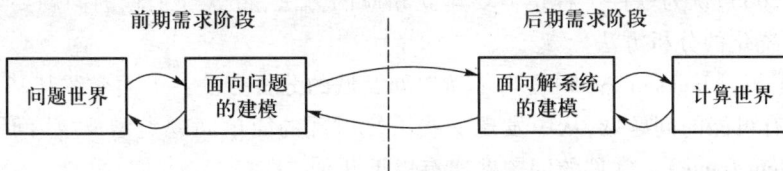

图 11-15　前期需求阶段与后期需求阶段

这样,使用面向问题的技术对问题世界的建模就被称为前期需求阶段的分析,使用面向解系统的技术对软件系统解决方案的描述就被称为后期需求阶段的分析。前期需求阶段分析的重点是理解问题世界,因此它关注的是整个问题世界,注重系统的环境、开发组织的业务背景、涉众的特征及目标等,软件系统只是整个背景下的一个要素。后期需求阶段分析关注的是解系统解决方案的建立,因此它以软件系统为中心,注重分析系统的内部功能以及它与环境的互动,是对系统功能详细信息的分析。

结构化、信息工程和面向对象 3 种方法学下的需求分析技术都适合于后期需求阶段的分析任务。而适合于前期需求阶段的分析技术大多是 20 世纪 90 年代之后才出现的新方法,包括:

- 面向目标的分析(goal oriented analysis)
- 面向问题域的分析(problem domain oriented analysis)
- 领域分析(domain analysis)
- 企业建模(enterprise modeling)

面向目标的分析是面向目标方法下的一个重要步骤,前面已介绍过,因此下面简要介绍其他 3 种方法。

11.4.2　面向问题域的分析

工程活动是设计和建造一个在某一环境下有用的"机器"的过程,因此,产品和物件似乎是工程活动的直接关注点。但是[Jackson 2005]在研究后发现,工程活动可以分为局部化(local)和普遍化(ubiquitous)两种类型。在普遍化的工程当中,即使处于不同的环境,工程面对的问题也都是具有相同特点的,因此工程在不同环境中的产品和物件也都是普遍相同的,如机械制造工程。而在局部化的工程当中,它面对的问题却是与应用环境紧密相关的,不同的应用环境要求的产品和物件也是截然不同的,如建筑工程。软件工程很明显是一种局部化的工程活动,所以软件工程的产品——软件系统——是应该和具体环境相关的。[Wieringa 2003]也从另一个视角(通用理论和局部理论,universal theory and partial theory)表达了和[Jackson 2005]相同的看法(需求工程属于局部理论)。

[Jackson 2005]在对建筑工程、土木工程等几个成熟的局部化工程领域进行研究后发现,这几个领域不仅注重对问题环境的分析,而且已经形成了系统化的分析方法。例如,在进行建筑工程时会对地基、宜居、环境等方面进行分析,它分析的要素、侧重点和方法都是已经系统化了的。因此,[Jackson 2005]认为软件工程也需要建立相应的方法,将软件工程的问题要素进行归纳和分类,并建立系统化的分析方法。

基于上述思想,[Jackson 1995]提出了面向问题域的分析方法。下面介绍其基本思想。

① 研究所有可能的问题域,从中发现一些重复出现的简单问题类型,这些问题类型被称为问题框架(problem frame)。常见的问题框架有以下几种。

- 需求行为控制系统:存在于物理世界的某个部分,其行为需要受到控制,以使它满足特定的条件。问题是要建立一个系统,系统将施加所需要的控制。
- 命令行为控制系统:存在于物理世界的某个部分,其行为要根据操作者发出的命令进行控制。问题是要建立一个系统,它将接收操作者的命令并施加相应的控制。
- 信息系统:存在于物理世界的某个部分,需要连续地表达关于其状态和行为的特定信息。问题是建立一个系统,它从物理世界中获得这些特定信息,并按所需要的格式呈现在所要求的地方。
- 工件系统:需要一个工具,让用户创建并编辑特定类型的计算机可处理的文本、图形对象或简单结构,它们随后要能被复制、分析、打印或进行其他处理。问题是要建立一个系统,以便让它充当这个工具。
- 转换系统:存在一些计算机可读的输入文件,其数据必须被变换以给出所需要的特定的输出文件,输出数据必须遵守特定的格式,并且必须按照特定规则从输入数据中导出。问题是要建立一个系统,它将利用输入产生需要的输出。
- 连接系统:有两个没有相互连接的物理部分,它们需要建立并维持一种稳定可靠的联系。问题是要建立一个系统,由它负责这种连接的建立和维持。

② 分析每种问题框架的特性,确定问题的理解和解决方法。例如,指出了上述6种问题框架的理解关注点,也给出了建模上述6种问题框架时的可用分析技术。

③ 将问题框架的建立和分类系统化,并以简单的问题框架为基本单位进行复杂问题的分解,将一个复杂的问题分解为多个简单的问题框架并加以解决。

与传统的结构化分析或面向对象分析相比,面向问题域的分析方法更多的是关注对问题的理解和建模,因此是一种有效的前期需求阶段的分析技术。

但是到目前为止,面向问题域的分析方法还是一种新技术,问题框架的发现、建立和分类都不是可以一蹴而就的。

关于面向问题域分析方法更详细的内容请参见[Jackson 2001]。

11.4.3　领域分析

[Schmid 2000]将"领域"(domain)一词定义为下述 4 种情况之一:

- 业务范围
- 问题的集合
- 应用的集合
- 有共同术语的知识范围

此处的领域分析是指第 3 种含义,它是随着产品族(product family)和领域工程(domain engineering)而一起出现的。

随着业务的扩展,很多软件公司都出现了多个应用产品之间具有颇多共性的现象。这些具有相似性的应用产品都来自于同一个应用领域,具有大量的共性特征,也有少量的差异特征,这些产品就被称为产品族。对产品族的开发显然不适宜使用从头构建的传统开发过程,而应该是尽可能地在开发中实现复用。

以软件复用为核心建立产品族的方法被称为产品线,如图 11-16 所示。产品线的开发方法分为两个部分:领域工程和应用工程(application engineering)。领域工程负责分析、设计和建立可复用的软件物件。应用工程负责以可复用物件为基础,建立既包含共性又各有特色的各种最终产品。

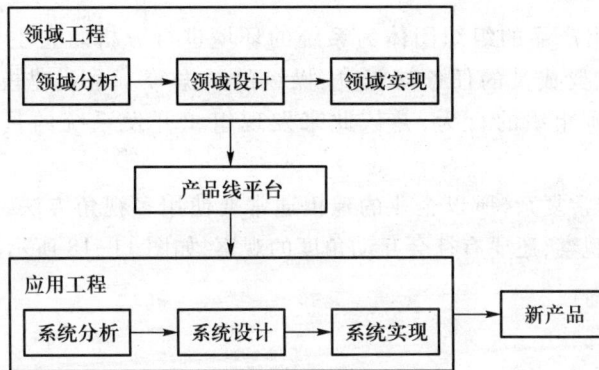

图 11-16　产品线方法示意图

领域分析是领域工程的一个重要活动。它的职责是发现、分析并定义可复用的需求。所以,领域分析需要仔细研究产品族背后的问题世界,在应用环境中发现相关业务的共性与差异性,定义共性和差异性可能的存在方式。这样,领域设计就可以依据这些共性和差异性设计可复用的软件架构和应用组件,它们再经过领域实现之后就构成了产品线中最基础的可复用物件。

特征模型是领域分析最为常见的分析技术,它使用"特征"树来分析和描述领域的共性与差异性。一个特征模型的示例如图 11-17 所示。

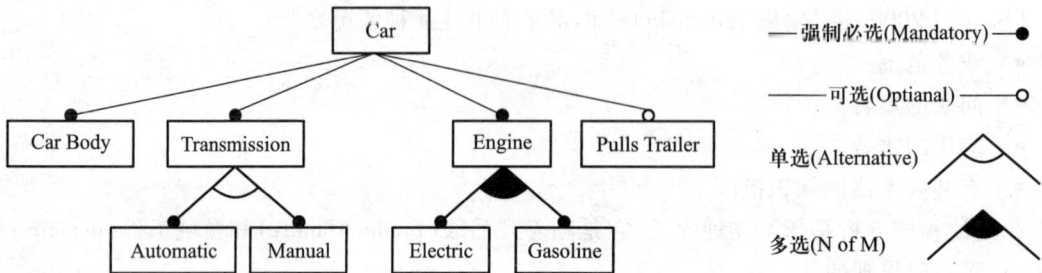

图 11-17 特征模型示例

通过产品线方法(领域分析),可以用相对较低的成本开发出有一定相似性的系列产品。但是因为领域分析的代价不菲,所以除了进行产品族的开发之外,人们一般不会费此周章。如果在进行需求获取之初就已经存在了相关的领域分析结果,那么将对人们了解系统的背景、环境和建立系统的业务需求有极大帮助。

关于产品线、领域工程、领域分析和特征模型的更详细信息请参考[Krebs 2005]、[Harsu 2002]、[Prieto-Díaz 1990]和[Kang 1998]。

11.4.4 企业建模

企业建模是以使用产品的组织团体为系统的环境进行分析。它主要用来理解组织的结构、行为规则、目标、重要成员的任务与职责、操纵的数据等。企业建模利用企业的目标、任务、策略、资源等来刻画组织的行为,并依此来发现组织开发系统的目的,建立系统的业务需求。

因为企业的活动非常复杂,所以企业的建模通常要使用多视角方法,既要有经济角度的观察,也要有技术角度的观察,还要有社会互动角度的观察,如图 11-18 所示。

常见的建模视角有:

- 产品物流
- 业务过程
- 技术性资源
- 数据/信息/知识
- 组织/决策方法
- 人力资源
- 成本价值

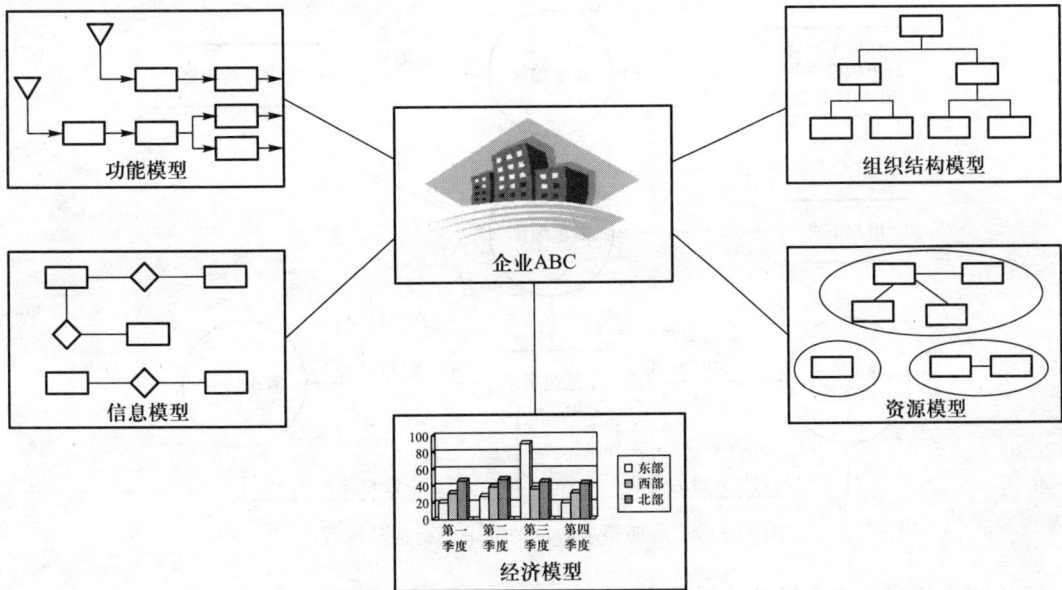

图 11-18　企业的多视角方法示意图

11.5　需求分析的活动

11.5.1　需求分析阶段的重要活动

如前所述,需求分析的子活动有以下几种:背景分析;问题分析、目标分析、业务分析,确定系统边界;需求建模;需求细化;确定需求优先级和需求协商。

在这些活动当中,"背景分析"和"问题分析、目标分析、业务分析,确定系统边界"是以问题域为关注点的分析,属于前期需求阶段的分析活动。这两个活动的目的是帮助明确问题域的特征,建立系统的前景和范围,进而指导用户获取需求。它们的内容以及它们在需求工程中的位置和作用已经在第 5 章中进行了介绍。

其他需求分析子活动发生在获得需求信息之后,是后期需求阶段的分析活动。它们的处理流程如图 11-19 所示。

本章前面已经介绍了一些有关需求建模的知识,更多的需求建模活动将在第 12~14 章进行介绍。

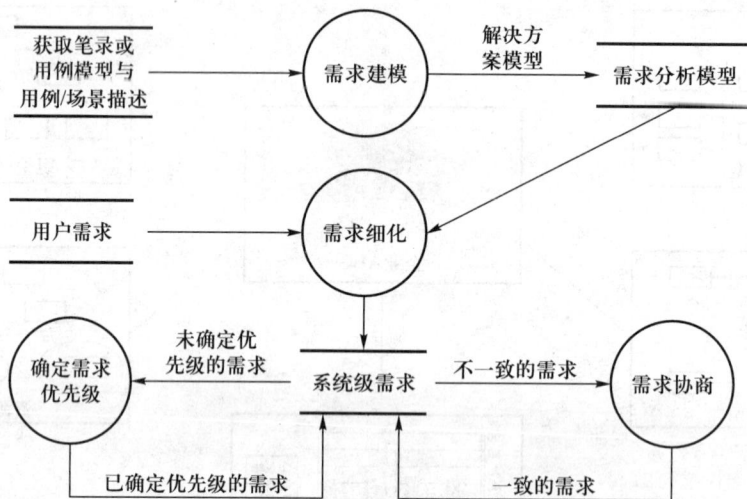

图 11-19　后期需求阶段的需求分析活动流程图

下面将介绍另外 3 个活动的详细内容。

11.5.2　需求细化

1. 基于需求分析模型设计详细解决方案,细化需求

用户需求需要被细化为系统级需求,这个工作需要以需求分析工作为基础,在需求分析模型中推敲并描述解决方案细节,解决方案每一次与外界交互中涉及的细节描述就是系统级需求。

需求细化的根本,是将从问题域和业务任务角度描述的用户需求转换为从软件和技术角度描述的系统级需求。在转换过程中要注意以下几点。

① 需要将用户需求细化。用户需求是以任务为单位的,但一个任务的完成可能需要进行多次的系统交互,例如,用户需求 URX"收银员可以使用系统输入商品"包含了"输入商品 ID,显示商品信息→0.5 秒计时,显示商品列表信息"两个系统交互行为,就需要细化为两个系统级需求:SRX.1"在收银员输入商品 ID 时,系统显示商品信息"、SRX.2"显示商品信息 0.5 秒后,系统显示商品列别信息"。

② 需要补充隐含因素。用户需求只是一种期望,并不直接包含问题域信息(虽然理解用户需求需要先理解问题域信息),但系统级需求是解决方案中的一个系统行为,需要包含相应的问题域信息。所以在细化需求时,需要将问题域信息补充到系统级需求中。这些需要补充的问题域信息就是用户表述需求时隐含的因素。例如需要显示的商品信息包括价格、名称、描述,商品 ID 是符合相关规定的条码……这些信息要么补充到系统级需求的描述中,要么单独描述为数据需求。

③ 非功能需求也需要随着功能需求的细化而细化。例如,联系 URX 的质量需求"商品信息显示要 1 米外可见",可以细化为联系 SRX.1 的"商品信息的显示要在 1 米外可见",SRX.2 可能

就不再需要联系该质量需求。

④ 会发现新的细节。细化的过程包含解决方案的创建过程,其中可能会发现一些新的细节,这些细节往往是用于约束和限定解决方案的手段。例如,在细化 URX 时,可以发现"输入商品 ID 时可以使用扫描仪,也可以使用键盘""收银员可以逐一输入多个同样的商品,也可以输入商品 ID 后紧跟着输入数量"这两个新的细节需求。

⑤ 在足够具体时停止。在需求工程师相信需求已经足够具体时,需求细化的工作就可以停止了。这里的"足够具体"意味着需求已经得了充分的理解,并且开发者已经可以着手为其进行方案设计了。切记不可将需求进行过分细化,以至于在其中包含了很多设计或实现的因素,这会限制设计人员和实现人员的工作空间。

2. 示例

例如,图 11-20 是超市销售处理用例的系统顺序图,包含了系统与外界的基本交互序列。

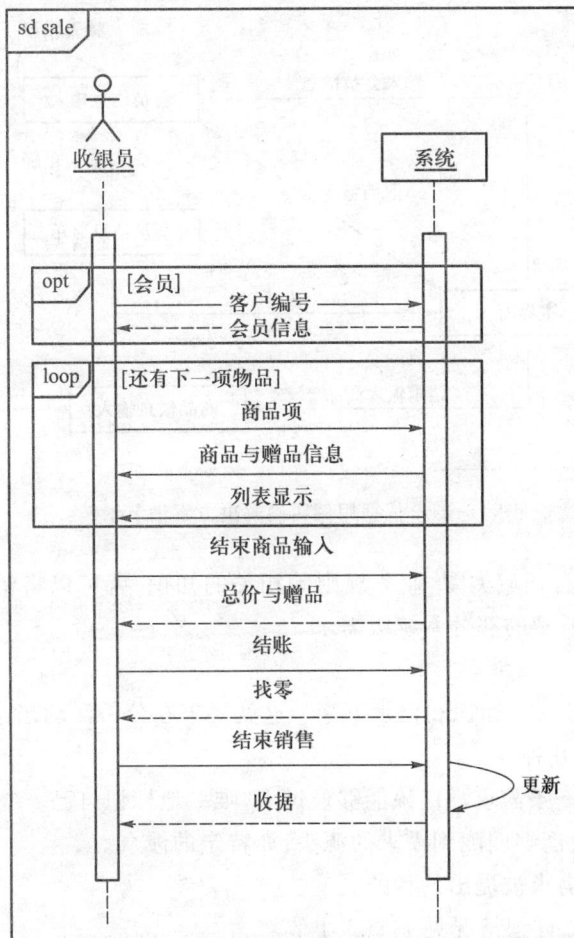

图 11-20　系统顺序图示例

刺激1:收银员输入会员的客户编号

　　响应:系统标记销售任务的会员

刺激2:收银员输入商品标识

　　响应:系统显示商品信息,计算价格

刺激3:收银员要求结账,输入付款信息

　　响应:系统计算账款,显示赠品、找零

刺激4:收银员取消销售任务

　　响应:系统关闭销售任务

对于上述交互序列,可以给出如图11-21所示的解决方案:假设发生了刺激1,解决方案进入了会员信息输入状态,再考虑到人的行为具有主动性特点(不规律和无法控制),所以还要设计"输入正确""输入错误"和"取消输入"3种后续的刺激。

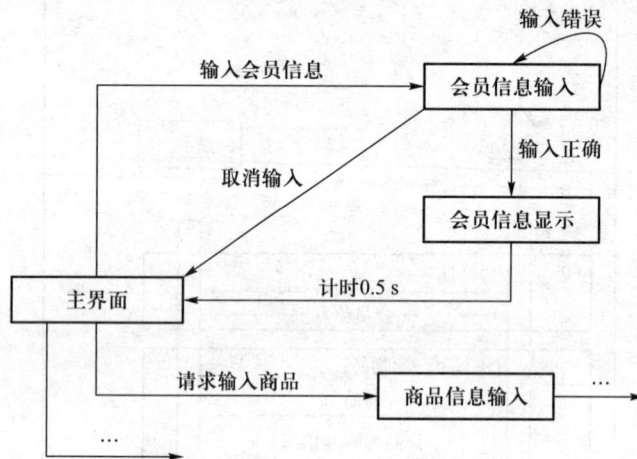

图11-21　依据用例明确解决方案细节示例

参照图11-21,再结合领域类图、业务规则等相关的知识,就可以将销售用例涉及的部分用户需求转换为图11-22所示的部分系统级需求。

3. 描述细化的需求

细化后的需求应该被一一标识和记录下来。这就要求在分析活动当中收集每条需求的重要属性,常见的属性有以下几种。

- 标识符(ID),每一条需求都应该能够通过 ID 唯一地标识自己。
- 源头(source),要能够回溯到需求的源头,如特定的涉众。
- 理由(rational),需求被提出的目的。
- 优先级(priority),详细情况见 11.5.3 小节。
- 成本(cost),预估的实现成本。

Sale. Input	系统应该允许收银员在销售任务中进行键盘输入
Sale. Input. Member	在收银员请求输入会员客户编号时,系统要标记会员,参见 Sale. Member *
Sale. Input. Goods	在收银员输入商品目录中存在的商品标识时,系统执行商品输入任务,参见……
Sale. Input. Invalid	在收银员输入其他标识时,系统显示输入无效
Sale. Member. Start	在销售任务最开始时请求标记会员,系统要允许收银员进行输入
Sale. Member. Notstart	不是在销售任务最开始时请求标记会员,系统不予处理
Sale. Member. Cancle	在收银员取消会员输入时,系统关闭会员输入任务,返回销售任务,参见 Sale. Input
Sale. Member. Valid	在收银员输入已有会员的客户编号时,系统显示该会员的信息
Sale. Member. Valid. List	显示会员信息 0.5 s 之后,系统返回销售任务,并标记其会员信息
Sale. Member. Invalid	在收银员输入其他输入时,系统提示输入无效
……	

图 11-22　销售用例的系统级需求(部分)

- 风险(risk),实现该需求的过程中可能带来的风险。
- 可变性(volatility),将来发生变化的可能性。

确定需求的属性可以更好地在整个软件开发过程中进行需求的管理,这一点将在本书后面的章节中进行更加详细的介绍。

11.5.3　确定需求优先级

在理想的情况下,开发者应该让最终的软件系统完美地满足用户提出来的所有需求。但是这种理想的情况并不总是会在现实中发生,甚至是很少在现实中发生。作为一项工程,软件开发总是在一定的环境限制下进行的,成本效益比是它成功的一个基本衡量标准。因此,在工程环境下,需求与需求之间并不是同等重要的,一些需求应该优于另一些需求得到更多的实现保证,这就是要确定需求优先级的原因。

1. 需要确定优先级的情况

在实践当中,确定优先级的活动尤为重要的情况有以下几方面。

① 一个项目的资源(时间、人力和成本等)有限,无法满足用户的所有需求。此时项目管理者就需要确定一种最佳方案,在既定的成本下取得最大的效益。需求优先级就是项目管理者进行此项工作的重要基础。

② 项目采用了分阶段的开发方式。为了最大化地体现项目的成本效益,项目应该在第一阶段就交付用户最重要和最紧急的需求,并将用户最不重要和最不紧急的需求放在开发的最后一个阶段。这就需要通过确定需求优先级的方式来划分需求的重要性和紧急性等级。

③ 在项目的开始阶段,并不能明确所有的用户需求,或者无法保证会最终满足所有的用户需求。这是实践当中最为常见的,迭代式的开发基本都属于这种情况。对这种情况,要区分用户需求的优先级,优先迭代级别高的需求,保证项目最终最大程度地满足了用户的需求。

用户和开发者都要参与到确定需求优先级的活动中来,提供自己的信息。用户描述需求的业务利益、重要性和紧急性。开发者描述需求的成本、实现难度和技术风险。

2. 确定优先级的常用方法

确定需求优先级的常用方法有下列几种:累计投票、区域划分、Top-N 和数据量化。

(1) 累计投票

在这种方法下,所有参与需求优先级评定的人员都会在一开始被给予一定数量的投票分数(如 100 分)。然后评定人员根据自己的判断将这些分数分配给各个单独的需求。最后,将每个需求得到的投票分值汇总,得到的总分值就代表了该需求的优先级,分值越大的需求优先级越高。

(2) 区域划分

在这种方法下,会将用来评价优先级的特征分为几个等级,然后建立不同的优先级区域。最后,由评价人员将需求划分到不同的区域当中,每个区域的优先级等级就是该区域内所有需求的优先级。

例如,依据需求的重要性特征和紧急性特征,可以建立如图 11-23 所示的优先级区域。将需求分配到这些不同的区域中也就意味着确定了需求的相对优先级。

	重要	不重要
紧急	高优先级	不予处理
不紧急	中优先级	低优先级

图 11-23　区域划分方法示例,源自[Wiegers 2003]

可以用来评价优先级的常见特征有以下几方面。

① 重要性:需求的不可或缺程度。

② 紧急性:需求的时间紧迫程度。

③ 惩罚性:忽略需求会导致的惩罚程度。

④ 成本:实现需求的代价。

⑤ 风险:需求实现中可能产生的风险程度。

(3) Top-N

这通常是在迭代式开发中使用的方法,如敏捷开发。在这种方法下,于每次迭代开始之前,由评价人选择他们认为最为重要的 N 个需求。这里 N 的取值是不受明确限制的,真正受限制的是 Top-N 个需求的实现代价总和。

(4) 数据量化

这种方法会将评价优先级的特征量化,然后再依据一定的计算规则计算需求最终的优先级。

常见的数据量化方法有 AHP[Karlsson 1996]和 QFD[Cohen 1995]等。如图 11-24 所示就是 QFD 方法示例。

$$优先级 = \frac{价值\%}{(成本\% \times 成本权值) + (风险\% \times 风险权值)}$$

相对权值	2	1			1		0.5		
需求	相对收益	相对损失	总价值	价值%	相对成本	成本%	相对风险	风险%	优先级
1. 打印化学品安全数据表格	2	4	8	5.2	1	2.7	1	3.0	1.22
2. 查询供应商的订单状态	5	3	13	8.4	2	5.4	1	3.0	1.21
3. 生成化学品仓库存货清单报表	9	7	25	16.1	5	13.5	3	9.1	0.89
4. 查看某个特定化学品容器的历史记录	5	5	15	9.7	3	8.1	2	6.1	0.87
…	…	…	…	…	…	…	…	…	
总计	53	49	155	100	37	100	33	100	

图 11-24　QFD 方法示例,摘选自[Wiegers 2003]

11.5.4　需求协商

第 6 章介绍了检测涉众之间目标冲突的共赢分析方法。但是除了目标冲突之外,目标相同的涉众在对某个具体需求的描述细节上仍然可能会出现冲突,这种冲突也需要解决。

这里的"需求协商"活动既包括对目标冲突的处理,也包括对需求细节冲突的处理。正如"协商"一词所体现的那样,涉众之间的人际互动是需求协商活动的关键。开发者只是为涉众提供协商的参考信息,并组织和引导协商过程,但不能替代涉众做出最终的决定。因此在需求协商活动中不存在能够执行协商的技术和方法。技术在需求协商活动中的作用更多的是检测冲突的存在,并提供信息以帮助和引导协商活动的开展。

在对目标冲突的处理上,除了 Stakeholder/Issue 关系图方法之外,[Boehm 1994]也提出了软件开发的 WinWin 螺旋模型(如图 11-25 所示),并开发了相应的支持工具[Boehm 1995]来帮助协商过程的进行。

[Mullery 1979, Finkelstein 1992, Leite 1996, Sommerville 1997]提出了视点的方法来帮助进行不同需求内容的获取、分析和组织。这样,通过比较不同的视点内容,就可以发现细节需求之间存在的冲突。[Easterbrook 1996, Kotonya 1996]依据上述的视点方法,开发专门的工具来检查不同视点模板之间可能存在的冲突,并帮助协商解决。

[Pohl 1997]抛开技术因素,说明了需求分析人员在需求协商当中应该予以确保的 3 个

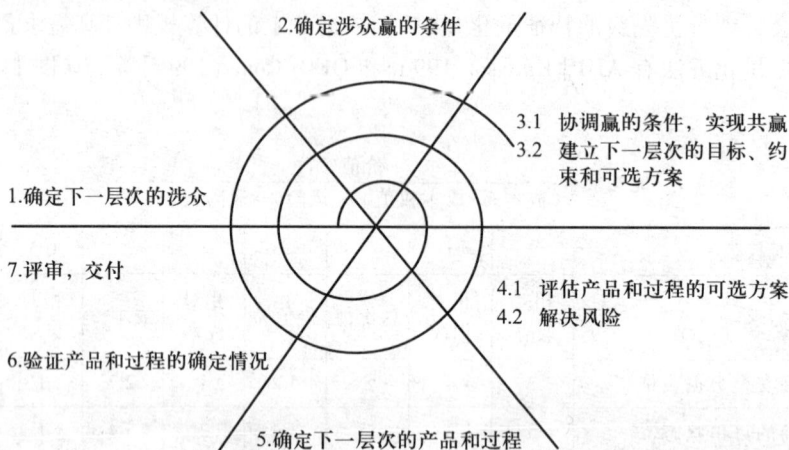

图 11-25 WinWin 螺旋模型

原则：

① 明确冲突的因素，避免情绪上的冲突。需求分析人员应该从技术上发现和描述冲突背后的本质原因，并帮助避免和解决涉众在协商中间可能产生的情绪冲突（emotional conflict）。

② 明确冲突的解决空间。需求分析人员应该引导涉众之间的协商，在涉众协作中发现和明确各种可能的解决方式（alternatives）、论据（argumentations）和理由（rationales）。

③ 确定最佳解决方案。需求分析人员应该提供足够的技术信息支持，帮助涉众在既有的解决空间内达成最佳的解决方案。

11.6 实践中的需求分析

11.6.1 需求分析技术的使用

在 20 世纪 90 年代初的实践调查当中，[Lubars 1993]发现实体关系图和类图在数据建模当中有着较为系统和广泛的应用。因为当时的面向对象分析方法还没有被统一在 UML 之下，还处于百家争鸣的状态，所以大多数项目都同时使用了多种面向对象分析方法。实践者还表示，实体关系图和类图应该使用用户的词汇术语，以方便用户的理解。很多分析方法鼓励分析人员使用数据规范化的技术来减少数据模型中的冗余，但是[Lubars 1993]发现这会使领域专家集中使用的知识被分散化，从而导致非专业的人员很难理解规范化之后的数据模型。

和静态的数据建模相比，[Lubars 1993]发现在功能建模方面，所使用的建模技术和建模的抽象层次有更多的差异。有些项目使用数据流图；有些项目使用状态图以强调控制流；还有一些项目使用事件/响应列表来描述系统的行为。而且在使用的这些功能模型当中，表示法和建模技术的不同非常普遍，同时对功能模型的实质含义不熟悉的情况也不在少数。

[Lubars 1993]还发现简单的结构化分析较少成功，用户反映结构化的模型极难读懂，难以明

白其内容与含义。因此,在多数情况下,结构化分析只是得到了象征性的应用,公司的管理层也没有为职员安排相应的培训活动。

[Al-Rawas 1996]也发现,不论选择什么样的表示法,大多数情况下用户都是以自然语言的方式进行需求的表述。由分析人员负责将它们翻译成相应的技术模型。而后,分析人员又会发现用户无法读懂技术模型,以至无法进行需求的确认和验证。向用户解释模型是一件颇费时间的事情,尤其是在项目面临时间压力的时候。

[Emam 1995]在调查中发现,在进行功能建模时,功能模型总是过于详细,涉及很多的实现细节。[Emam 1995]认为这主要有两种原因:一是分析人员经验不足,在模型构建的活动上花费了过多的精力;二是在一些企业当中,要求严格、准确实现需求的程度相对较高,这使模型中包含了更多的细节。当然,我们认为分析(what)与设计(how)之间界限不清的实际状况也应该被考虑在内[Siddiqi 1994]。

到了 21 世纪初,面向对象分析方法已经比较成熟,[Hofmann 2001]发现有 1/3 的项目使用了面向对象方法。成功的需求工程团队还使用了知识模型和 QFD 矩阵等分析方法。但是这些方法并没有使他们摒弃传统的基础建模技术,如实体关系图和状态转移图等。他们的目的是尝试去创建更加完备的系统模型。

[Hofmann 2001]还发现需求团队通常结合使用系统模型与系统原型来澄清已知需求,发现未知需求。在调查中,大多数的项目都使用了原型方法。模型与原型的联合使用使涉众(尤其是用户和客户)能够更好地体会系统的解决方案。

11.6.2 非功能需求的建模

功能需求是用户直接描述和关注的需求部分,因此[Lawrence 2001]认为分析人员在分析时根本不会忽略对功能需求的处理,但是却很可能会遗漏对非功能需求的处理。再结合其本人的实践经验,[Lawrence 2001]将分析时遗漏非功能需求的情况列为需求工程活动中的十大风险之一。

[Lubars 1993]的发现印证了[Lawrence 2001]的分析。[Lubars 1993]发现性能、实时性等非功能需求通常都是以文本或表格的方式定义的,它们很难和数据流图或状态图联系起来,这就使建模与分析工作中缺少了非功能需求的必要贡献。

[Hofmann 2001]也在调查中发现,管理层似乎对数据需求感到满意,而团队和项目管理者则关注于功能需求的开发。但是涉众强调指出,对数据需求和功能需求的集中关注使得对系统整体的注意有所欠缺,并导致了性能、容量和外部界面等其他需求的不完备。

11.6.3 确定需求优先级

确定需求优先级是一项重要的需求分析活动,[Hofmann 2001]在广泛的实践调查后,将其视为需求工程最重要的十大实践活动之一。但是在面对复杂的应用时,它也不是可以轻易完成的。

[Lubars 1993]发现在具有时间压力的市场驱动(market-driven)项目当中,确定需求优先级

是一个被频繁提起的话题。但是没有公司真的知道如何为需求设置优先级,它们也不知道修改需求的优先级时如何将优先级的改变有效地通知所有项目团队成员。

[Hofmann 2001]也发现,确定需求优先级的活动给需求工程团队带来了最大的困难。一方面是有些需求工程团队挣扎于让客户充分参与到优先级确定的过程中来;另一方面是有些管理者忽视暂时"未知"的需求和非功能需求,使这些需求没有在需求优先级的确定当中起到应有的作用。还有需求工程团队表示他们无法按照用户所设置的优先级执行需求工程,于是他们按照自己对需求"重要性"的看法来开展需求工程活动。需求优先级的改变难以有效通知所有相关人员的情况在[Hofmann 2001]的调查当中也有体现。

[Juristo 2002]在调查中发现,在简单、自然的状态下,确定需求的优先级对开发团队来说根本不是问题。但是在实践当中,初始的需求特征是不充分的,随着项目的深入,需求的成本、局限性及技术风险等因素会相继暴露出来,这使需求的重要性不断发生变化。这一方面使得需求的优先级难以确定(特征不充分),另一方面使开发团队必须面对需求优先级的改变问题。

11.6.4　新技术方法的需要

随着软件工程领域的不断发展,新的软件生产方式和新的生产要求不断产生。例如,在20世纪90年代之后,业务流程再造、逆向软件工程、软件外包和基于COTS的软件开发等新的软件生产方式一一涌现。传统的需求工程方法,尤其是需求分析方法难以再满足它们的生产需要,这就需要研究者和实践者不断发现和提出新的需求分析技术与方法。

这在[Emam 1995,Siddiqi 1996,Nikula 2000,Juristo 2002,Sommerville 2005]等众多的实践调查当中都有所体现。

引 用 文 献

[Al-Rawas 1996] Al-RAWAS A, EASTERBROOK S. Communication problems in requirements engineering: a field study. Proceedings of the First Westminster Conference on Professional Awareness in Software Engineering. Royal Society, London, 1996.

[Bastide 1995] BASTIDE R, PALANQUE P A. A petri net based environment for the design of event-driven interfaces. Application and Theory of Petri Nets, 1995: 66-83.

[Berander 2006] BERANDER P, ANDREWS A. Requirements prioritization//AURUM A, WOHLIN C. Engineering and managing software requirements. Springer, 2006.

[Blaha 2005] BLAHA M, RUMBAUGH J. Object-oriented modeling and design with UML. New Jersey: Prentice Hall. 2005.

[Boehm 1994] BOEHM B W, BOSE P, HOROWITZ E, et al. Software requirements as negotiated win conditions. Proceedings of ICRE, 1994: 74-83.

[Boehm 1995] BOEHM B W, BOSE P, HOROWITZ E, et al. Requirements negotiation and renegotiation aids: a theory-w based spiral approach, in 17th International Conference on Software Engineering, 1995.

［Boehm 2006］BOEHM B W. A view of 20th and 21st century software engineering. International Conference on Software Engineering (ICSE), Shanghai, China, 2006.

［Bray 2002］BRAY I K. An introduction to requirements engineering. 1st ed. Addison Wesley, 2002.

［Broadbent 1984］BROADBENT G. Design and theory building//CROSS N. Developments in design methodology. John Wiley & Sons, 1984: 277- 290.

［CCTA 1996］Central Computing and Telecommunications Agency. SSADM4+Reference Manual v4.3. London: The Stationary Office, 1996.

［Cohen 1995］COHEN L. Quality function deployment, how to make QFD work for you. Addison-Wesley Publishing Company, 1995.

［Cross 1984］CROSS N. Designerly ways of knowing. Design Studies, 1984, 3(4): 221- 227.

［Davis 1999］DAVIS A M. Achieving quality in software requirements.Software Quality Professional, 1999.

［Easterbrook 1992］EASTERBROOK S M. Resolving requirements conflicts with computer-supported negotiation, in Workshop on Requirements Engineering, Oxford, 1992.

［Easterbrook 1996］EASTERBROOK S M, NUSEIBEH B. Using viewpoints for inconsistency management. IEEE Software Engineering Journal, 1996, 11(1): 31- 43.

［Eirich 1992］EIRICH P. Enterprise modelling: issues, problems and approaches. Report by special interest group.International Conference on Enterprise Integration Modelling Technology, 1992.

［Emam 1995］EMAM K E I, MADHAVJI N H. A field study of requirements engineering practices in information systems development. Proceedings of the Second IEEE International Symposium on Requirements Engineering, 1995.

［Finkelstein 1992］FINKELSTEIN A, KRAMER J, NUSEIBEH B, et al. Viewpoints: a framework for integrating multiple perspectives in system development. International Journal of Software Engineering and Knowledge Engineering, 1992, 2(1): 31- 58.

［Fishwick 1994］FISHWICK P. Simulation model design and execution. Building Digital Worlds. Prentice Hall, 1994.

［Halpin 1996］HALPIN T. Business rules and object-role modeling. Database Programming and Design, 1996,9(10): 66- 72.

［Halpin 2008］HALPIN T, MORGAN T. Information modeling and relational databases. 2nd ed. Morgan Kaufmann, 2008.

［Harsu 2002］HARSU M. A survey on domain engineering. Technical Report 31. Institute of Software Systems, Tampere University of Technology, 2002.

［Hay 2002］HAY D C. Requirements analysis: from business views to architecture. Prentice Hall PTR, 2002.

［Hofmann 2001］HOFMANN H F, LEHNER F. Requirements engineering as a success factor in software projects. IEEE Software, 2001, 18(4): 58- 66.

［Hφydalsvik 1993］HφYDALSVIK G M,SINDRE G. On the purpose of object-oriented analysis. ACM OOPSLA' 93. Washington D C: ACM Press, 1993.

［Jackson 2005］JACKSON M A. Problem frames and software engineering. Information and Software Technology, 2005.

［Jackson 1995］JACKSON M A. Software requirements & specifications:a lexicon of practice, principles and prejudice. ACM Press. Addison-Wesley, 1995.

［Jackson 2001］JACKSON M A. Problem frames:analyzing and structuring software development problem. Addison

Wesley, 2001.

[Juristo 2002] JURISTO N, MORENO A M, SILVA A. Is the european industry moving toward solving requirements engineering problems? IEEE Software 2002, 19(60): 70-77.

[Kang 1998] KANG K C, KIM S, LEE J, et al. Form:a feature-oriented reuse method with domain-specific reference architectures. Annals of Software Engineering, 1998.

[Karlsson 1996] KARLSSON J. Software requirements prioritizing. Proceedings of the 2nd International Conference on Requirements Engineering (ICRE '96), 1996.

[Kotonya 1996] KOTONYA G, SOMMERVILLE I. Requirements engineering with viewpoints. Software Engineering Journal, 1996.

[Kovitz 1998] KOVITZ B L. Practical software requirements: a manual of content and style. Manning Publications, 1998.

[Krebs 2005] KREBS M. Product line development. Technical Report No. TUD-CS-2005-3, 2005.

[Lawrence 2001] LAWRENCE B, WIEGERS K, EBERT C. The top risks of requirements engineering. IEEE Software, 2001.

[Leite 1996] LEITE J C S P. Viewpoints on viewpoints. International Workshop on Multiple Perspectives in Software Development. SIGSOFT'96 Workshops, ACM, 1996.

[Loucopoulos 1995] LOUCOPOULOS P, KAVAKLI E. Enterprise modelling and the teleological approach to requirements engineering. International Journal of Intelligent and Cooperative Information Systems, 1995,4(1): 45-79.

[Lubars 1993] LUBARS M, POTTS C, RICHTER C. A review of the state of the practice in requirements modeling. First Int'l Symp. Requirements Engineering. Los Alamitos: IEEE CS Press, 1993: 2-14.

[McPhee 1996] MCPHEE K. Design theory and software design. Technical Report. TR 96-26. Department of Computer Science, University of Alberta, Canada, 1996.

[Mullery 1979] MULLERY G. CORE - a method for controlled requirements specification, in 4th International Conference on Software Engineering, 1979.

[Nikula 2000] NIKULA U, SJANIEMI J, Kälviäinen H. A state-of-the-practice survey on requirements engineering in small-and medium-sized enterprises. Telecom Business Research Center Lappeenranta, Lappeenranta, 2000.

[OMG 2008] OMG. Business Process Modeling Notation. V1.1, January 2008.

[Prieto-Díaz 1990] Prieto-Díaz R. Domain analysis: an introduction. Software Engineering Notes, 1990,15(2): 47-54.

[Pohl 1997] POHL K. Requirements engineering: an overview//KENT A, WILLIAMS J. Encyclopedia of computer science and technology. New York:Marcel Dekker, 1997, 36, Supplement 21.

[Satzinger 2004] SATZINGER J W, JACKSON R B, Burd S D. Systems analysis and design in a changing world. 3rd ed. Course Technology, 2004.

[Schmid 2000] SCHMID K. Scoping software product lines//DONOHOE P. Software product lines,experience and research directions. Kluwer Academic Publisher, 2000: 513-532.

[Shaw 1990] SHAW M. Prospects for an engineering discipline of software. IEEE Software, 1990,7(6): 15-24.

[Siddiqi 1994] SIDDIQI J. Challenging universal truths of requirements engineering. IEEE Software, 1994.

[Sikkel 2000] SIKKEL K, WIERINGA R J, ENGMANN R G R. A case base for requirements engineering: problem categories and solution techniques, REFSQ'2000.

[Sommerville 1997] SOMMERVILLE I, SAWYER P. Viewpoints: principles,problems and a practical approach to requirements engineering. Annals of Software Engineering. 1997, 3.

［Sommerville 2005］SOMMERVILLE I. Integrated requirements engineering: a tutorial. IEEE Software. 2005,22(1): 16- 23.

［Sowa 1992］SOWA J F, ZACHMAN J A. Extending and formalizing the framework for information systems architecture. IBM Systems Journal. 1992, 31(3).

［Stanger 2000］STANGER N. A viewpoint - based framework for discussing the use of multiple modelling representations.International Conference on Conceptual Modeling/the Entity Relationship Approach, 2000.

［Whitehead 1948］WHITEHEAD A N. An introduction to mathematics. London: Oxford University Press, 1948.

［Wiegers 2003］WIEGERS K E. Software requirements. 2nd ed. Redmond, WA: Microsoft Press, 2003.

［Wieringa 1991］WIERINGA R J. Object - oriented analysis, structured analysis and Jackson system development// ASSCHE V F, MOULIN B, ROLLAND C. Proceedings of the IFIP WG8. 1 Working Conference on the Object - Oriented Approach in Information Systems. North-Holland, 1991.

［Wieringa 1998］WIERINGA R. A survey of structured and object-oriented software specification methods and techniques. ACM Computing Surveys (CSUR), 1998, 30(4).

［Wieringa 2003］WIERINGA R. Methodologies of requirements engineering research and practice:position statement. 1st International Workshop on Comparative Evaluation in Requirements Engineering. Faculty of Information Technology, University of Technology, Sydney, 2003.

［Willem 1991］WILLEM R A. Varieties of design.Design Studies, 1991, 12(3): 132-136.

［Zachman 1987］ZACHMAN J A. A framework for information systems architecture. IBM Systems Journal, 1987, 26(3).

第 12 章 过程建模

12.1 概　述

过程建模是结构化分析方法的典型技术。过程建模将系统看成过程的集合,其中一些由人来执行,另一些由软件系统来执行。过程的执行就是对数据的处理,它接收数据输入,进行数据转换,输出数据结果。过程执行时可能需要和软件系统外的实体(尤其是人)进行交互,会要求外界提供数值输入或者将数据结果提供给外部实体。

当把一个复杂的系统当成单个过程看待时,通常很难全面理解它,进行过程的计算机化也就更加困难。所以,过程建模会将复杂的过程分解为一些子过程,这些子过程的功能是父过程功能的子集。子过程的功能相比父过程的功能而言范围更小,处理的内容也更加具体,即子过程的抽象级别低于父过程。分解后的子过程互相配合,能够完成父过程的任务。

对复杂的过程进行分解之后,如果产生的子过程仍然比较复杂和难以理解,那么可以继续对这些子过程进行分解,产生子子过程。这种对复杂过程进行分解的活动可以持续进行,直至最终产生的底层过程易于理解和易于计算机化。

通常,如果一个过程的内容已经非常详细和具体,能够对其直接进行“编码”处理,那么就可以认为这个过程是易于理解的和易于计算机化的,可以直接将其编码为“函数”或“程序”。

过程建模就以系统为单一的初始复杂过程,持续执行过程的分解,直至所有的底层过程都是易于理解和易于计算机化的,此时就可以将底层过程编码为软件“函数”或“程序”,并按照分解中产生的过程关系将这些“函数”或“程序”联系起来,共同构成最终的软件系统过程模型。

简言之,过程建模就是分析需求获取活动获得的信息,发现系统的功能及其与外界的交互,建立能够实现系统功能的过程分解结构,形成系统的过程模型,并用图形的方式将过程模型描述出来。同时,过程建模也需要定义系统中涉及的数据的结构。

过程建模使用的主要技术有(如图 12-1 所示):上下文图、数据流图、微规格说明(Mini-Specification;又称为过程规范,PSPEC,Procedure Speci-

图 12-1　过程建模的技术

fication)和数据字典(Data Dictionary)。其中上下文图是数据流图的一个特定层次(见 12.2.3 小节),用来说明系统的上下文环境,确定系统的边界。数据流图用来建立过程的分解结构。微规格说明用来描述数据流图过程分解结构中最底层过程的处理逻辑。数据字典用来说明系统中涉及的数据的结构。

在 20 世纪 80 年代,随着信息工程(Information Engineering,IE)的出现,过程建模技术又在数据流图基础之上进行了一定的扩展和变异,产生了用于复杂应用过程建模的功能分解图(Function Decomposition Diagram,FDD)和过程依赖图(Process Dependence Diagram,PDD,又被称为依赖关系图,Dependence Diagram,DD)。

12.2 数 据 流 图

12.2.1 基本元素

数据流图是过程建模所使用的主要建模技术。它在建模时所使用的基本模型元素有 4 种:外部实体、过程、数据流和数据存储。最终建立的数据流图会以图形的方式表现出来,它的表示法主要有两种:DeMarco-Yourdon 表示法和 Gane-Sarson 表示法。

1. 外部实体

外部实体是指处于待构建系统之外的人、组织、设备或其他软件系统,它们不受系统的控制,开发者不能以任何方式操纵它们。在数据流图中需要进行建模的外部实体是那些和待构建的软件系统之间存在着数据交互的外部实体,它们从待构建软件系统中获取数据或者为待构建软件系统提供数据,即它们是待构建系统的数据源或数据目的地。

所有的外部实体联合起来构成了软件系统的外部上下文环境,它们与软件系统的交互流就是软件系统与其外部环境的接口,这些接口联合起来定义了软件系统的系统边界。对软件系统功能的分析就是从系统的边界出发逐步深入的。

在 DeMarco-Yourdon 表示法中,外部实体使用矩形来加以描述;在 Gane-Sarson 表示法中,外部实体使用双矩形或矩形来加以描述,如图 12-2 所示。在图形描述当中,外部实体都需要一个名称来标识自己,它们通常会使用能够代表其特征的名词作为名称。

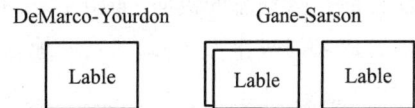

图 12-2　数据流图中外部实体的图形表示

在实践当中,常见的外部实体有:

• 从待构建系统中获取数据或为其提供数据的组织,如供货方和销售方等。

• 需要和待构建系统交互的个人。他们可能是待构建系统组织内的成员,也可能是待构建系统组织之外的人员,如顾客或办事员等。

• 需要和待构建系统交换数据的其他软件系统。

2. 过程

过程是指施加于数据的动作或行为,它们使数据发生变化,包括被转换(transformed)、被存储(stored)或被分布(distributed)。

过程是系统中发生的数据处理行为,它可能是由软件系统控制的,也可能是由人工执行的。其重点在数据发生变化的效果而不是其执行者。所以在建模时,人们会将现有系统中的人工处理任务也作为系统行为的一部分描述为过程,并将这些部分作为重点关注部分,以期在新的系统中实现自动化支持。

过程描述的内容是对数据处理行为的概括,而这种概括可能会表现为不同的抽象层次。在最高的抽象层次上可以将整个软件系统的功能都描述为一个过程,实现用户期待的所有数据处理行为。在较高的抽象层次上,可以将软件系统中的某项业务处理描述为一个过程,而这项业务处理又会包括很多具体的细节任务。在较低的抽象层次上,过程描述的可能是用户的一次活动,这项活动具有原子性特征。在最低的层次上,过程描述的可能仅仅是一个逻辑行为,体现为软件系统的一个命令执行过程。

过程对行为的这种概括性特征使粗略的过程描述无法满足分析的需要,因此建模者需要想办法描述过程的内容。对于抽象层次较高的过程,建模者会使用功能分解的方式,用一个抽象层次更低的数据流图来描述其内容。如果过程的内容已经非常详细和具体,能够对其直接进行"编码"处理,则建模者会使用微规格说明来描述它的内容逻辑。这种足够详细和具体的过程称为原始过程(primitive process;又称为基本过程,elementary process)。

在 DeMarco-Yourdon 表示法中使用圆形来代表过程,在 Gane-Sarson 表示法中使用圆角矩形来代表过程,如图 12-3 所示。在图形描述当中,过程使用"动词"的名称来标识自己,体现自己的功能。在 Gane-Sarson 表示法中,过程还拥有一个能够唯一标识自己的 ID,通常是"×.×.×…"形式的数字编码。

3. 数据流

数据流是指数据的运动,它是系统与其环境之间或者系统内两个过程之间的通信形式。数据流图的数据流是必须和过程产生关联的,它要么是过程的数据输入,要么是过程的数据输出。

在 DeMarco-Yourdon 和 Gane-Sarson 两种表示法中,都使用带有箭头的线段描述数据流,箭头的方向是数据流的流向,如图 12-4 所示。在图形描述当中,数据流通常会使用能够代表数据流内容的名词来作为名称,以唯一地标识自己。

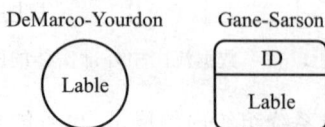

DeMarco-Yourdon   Gane-Sarson

| ID |
| Lable |

Lable

图 12-3 数据流图中过程的图形表示

DeMarco-Yourdon   Gane-Sarson

—— Lable ——→   —— Lable ——→

图 12-4 数据流图中数据流的图形表示

数据流可以分割和组合,如图 12-5 所示。分割表明整个流的内容流向不止一个地方。这种情况下,分割的数据流和原来的数据流保持一致。分割也可以是将原来的数据流划分为多个不同的元素或子组,即将复杂的数据包分解为几个更简单的数据包。这种情况下,图示上会有一个明确的分割操作,分割后每个分支都是全新的数据流,具有和原数据流不一样的标识。组合是分割的逆操作,其组合规则和分割类似。

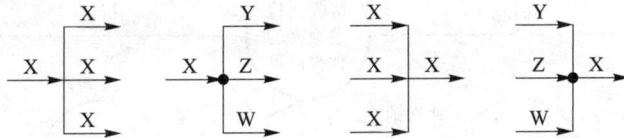

图 12-5　数据流的分割和组合

在过程建模当中,除了要了解数据流的流向和使用之外,清晰地定义数据流的具体内容也是非常重要的工作。所以,需求工程师在使用数据流图进行过程建模时通常会配合使用数据字典,利用数据字典来描述数据流图的数据流内容。实体关系图(ERD)也可以用来描述数据流的内容,但是过去的实践表明,配合使用实体关系图和数据流图往往是困难的。

4. 数据存储

数据存储是软件系统需要在内部收集、保存,以供日后使用的数据集合。如果说数据流描述的是运动的数据,那么数据存储描述的就是静止的数据。

数据流图中数据存储描述的内容应该就是组织希望储存的信息。所以,如果在过程建模之外还进行了数据建模,那么数据流图中的数据存储和实体关系图中的实体应该存在一定的对应关系。

不过,数据存储描述的内容不一定会和实体关系图描述的内容完全相同。因为数据存储除了可以描述数据库方式的存储之外,也可以描述文件方式的存储,甚至手工方式的存储,如文件柜和档案柜等。

数据存储的图形描述如图 12-6 所示。

需要指出的是,数据存储区的数据流入和流出通常表示实际的数据流入和流出。因此,如果流入和流出存储区的数据流包含与存储区相同的信息,则不用为数据流专门指定名称。但是如果流入或流出存储区的数据流包含存储区中信息的子集,就必须指定这个数据流的名称。

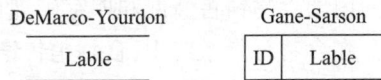

图 12-6　数据流图中数据存储的图形表示

5. 示例

数据流图使用外部实体、过程、数据流和数据存储这 4 个元素来构建系统的过程模型,描述系统的功能、行为和数据。例如,图 12-7 就用 DeMarco-Yourdon 表示法描述了一个食物订货系统的过程模型。

图 12-7 描述的食物订货系统主要和 3 种外部实体存在交互行为。首先,食物订货系统需要接收顾客的食物订单,并在接收后向顾客呈送一个收条,然后将订单转交系统内部的功能处理。其次,食物订货系统要能够将已经接收的食物订单及时转交给厨房,这样厨房才能够根据订货的

情况进行生产。最后,食物订货系统要能够基于一段时间的事务积累,为管理者提供管理报表,反映组织的生产状况。

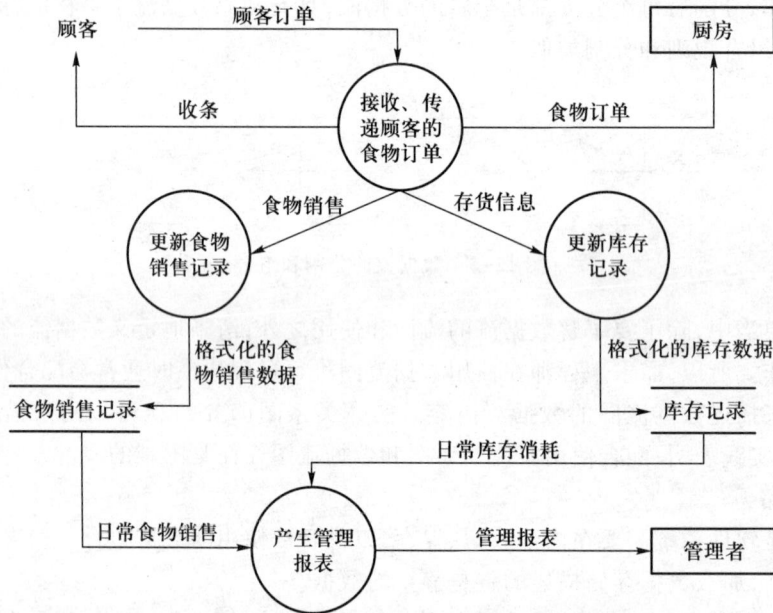

图 12-7　食物订货系统的 DeMarco-Yourdon 表示法

食物订货系统的内部功能主要有 4 个。第一个功能是接收顾客的食物订单,向顾客呈送收条,并将订单及时转交厨房,同时启动对订单的后续处理(第二个功能和第三个功能)。第二个功能是处理顾客食物订单,根据订单生成并记录食物的销售事务。第三个功能也是处理顾客食物订单,但其目的是根据订单更新库存信息,以保证生成的原材料供应。第四个功能是根据一段时间内的食物销售情况和库存管理情况生成管理报表,向管理者反映组织的生产状况。

在食物订货系统中,食物销售记录和库存记录是为了完成系统的功能(产生管理报表),组织希望储存的数据。

图 12-8 所示是该食物订货系统的 Gane-Sarson 表示法描述。

12.2.2　规则

在使用数据流图描述系统过程模型时有以下一些必须遵守的规则,这些规则可以保证过程模型的正确性。

① 过程是对数据的处理,必须有输入,也必须有输出,而且输入数据集和输出数据集应该存在差异,如图 12-9 所示。

如果过程在没有输入的情况下产生了输出,称之为"奇迹",即输出数据在没有任何可见来源的情况下就奇迹般地产生了。

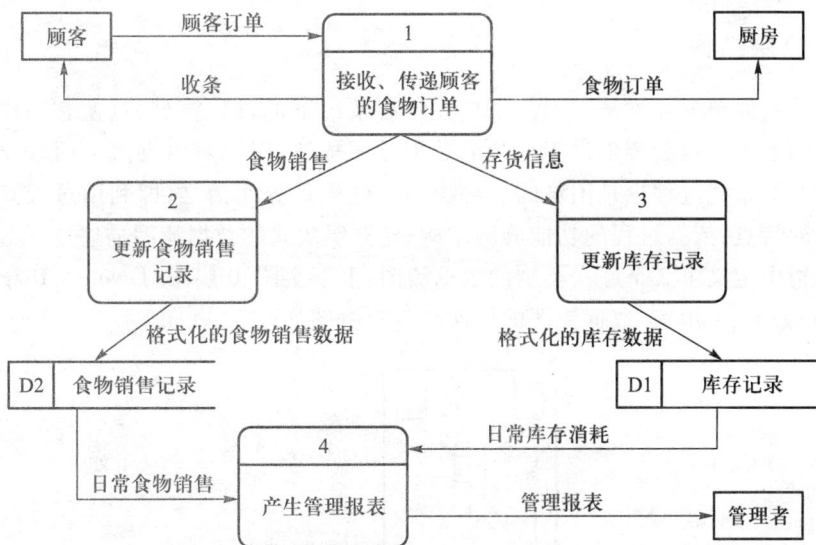

图 12-8　食物订货系统的 Gane-Sarson 表示法

如果过程接收了数据输入却没有产生输出，称之为"黑洞"。它浪费了输入的数据资源，却没有做出应有的贡献。

过程是对数据的处理，这种处理是要产生附加价值的，即进行了数据的加工和变换，而不是简单的数据转移。否则这个过程就失去了存在的意义，可以将其从数据流图中直接删除。所以，在特定的实例中一个过程的输入数据和输出数据可以相同，但在大量的实例中输入数据集和输出数据集应该存在差异。

② 数据流是必须和过程产生关联的，它要么是过程的数据输入，要么是过程的数据输出，如图 12-10 所示。

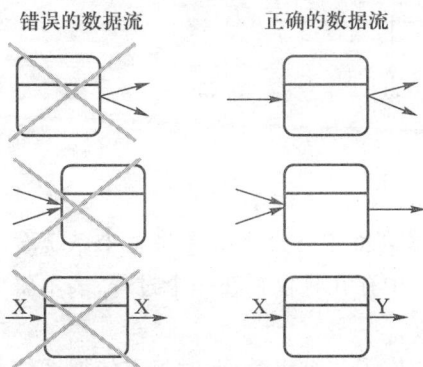

图 12-9　数据流图描述规则①

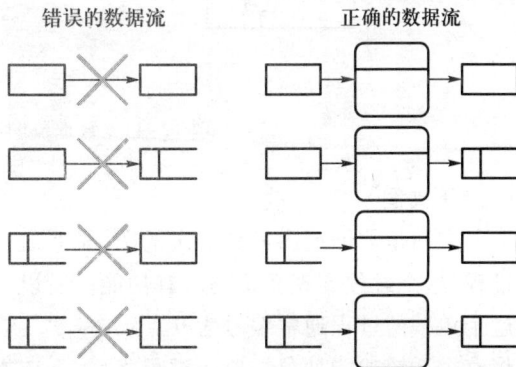

图 12-10　数据流图描述规则②

③ 数据流图中所有的对象都应该有一个可以唯一标识自己的名称。过程使用动词，外部实体、数据流和数据存储使用名词。

12.2.3　分层结构

数据流图使用简单的 4 种基本元素来描述所有情况下的过程模型,这使它简单易用。不过它在遇到复杂的系统时也会产生过于复杂的数据流图描述,以致难以理解。而且要在一个平面图上表示出所有的系统过程也是困难的。解决的方法就是分而治之,即利用过程具有不同抽象层次表述能力的特点,依据过程的功能分解结构,建立层次式的数据流图描述。

在分层结构中定义了 3 个层次类别的数据流图:上下文图、0 层图(Level-0 Diagram)和 N 层图(Level-N Diagram,$N>0$)。数据流图的层次结构示意图如图 12-11 所示。

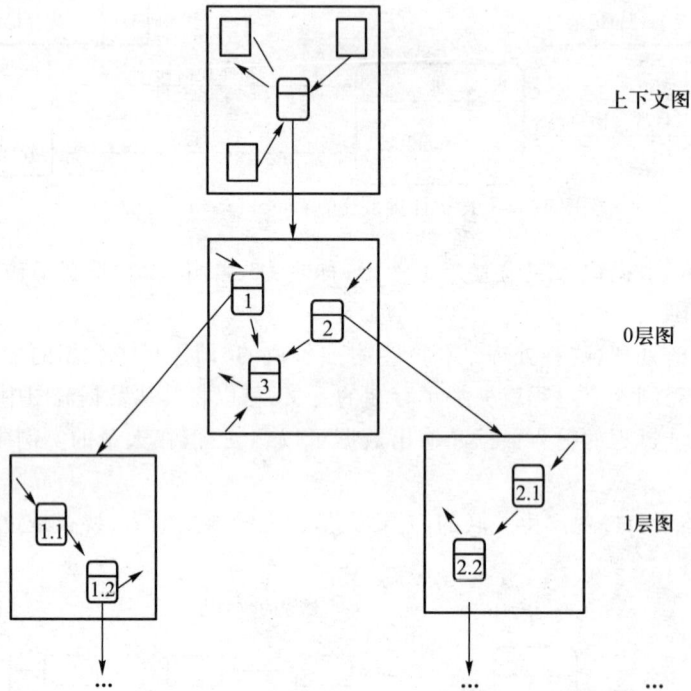

图 12-11　数据流图的层次结构示意图

1. 上下文图

上下文图是数据流图最高层次的图,是系统功能的最高抽象。上下文图将整个系统看成是一个过程,这个过程实现系统的所有功能。所以上下文图中存在且仅存在一个过程,表示整个系统。这个单一的过程通常编号为 0。

将整个系统功能抽象为单一过程之后,系统本身就变成了一个黑盒,此时只有依据系统与外界的所有交互才能准确界定系统的功能。所以,在上下文图中需要表示出所有和系统交互的外部实体,并描述交互的数据流,包括系统输入和系统输出。

上下文图以黑盒看待和描述系统的方式使它非常适合于描述系统的应用环境、定义系统的边界,而且这也正是数据流图在层次结构当中定义上下文图并将其置于层次结构最高层的原因。这个特性也使上下文图常常脱离数据流图的层次结构被单独使用,用来描述系统的上下文环境和定义系统的边界。

需要特别说明的是,因为数据存储是系统内部的功能实现,所以在将系统视为黑盒的情况下,上下文图中不会出现数据存储实例。

图 12-8 所描述的食物订货系统的上下文图如图 12-12 所示。

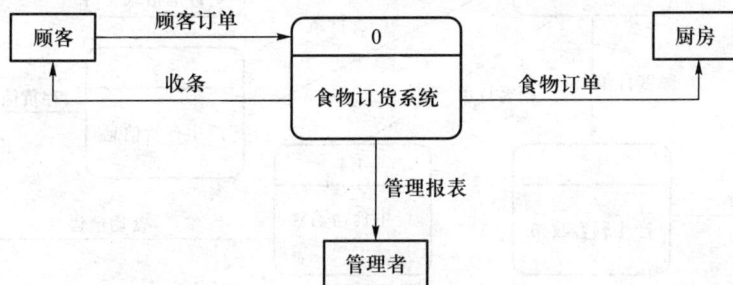

图 12-12　食物订货系统的上下文图

2. 0 层图

在数据流图的层次结构当中,位于上下文图下面一层的就是 0 层图。它被认为是上下文图中单一过程的细节描述,是对该单一过程的第一次功能分解,它需要在一个图中概括系统的所有功能。例如图 12-8 就是一个 0 层图,它很好地描述了图 12-12 当中"食物订货系统"过程的功能,也是整体系统的所有功能。

0 层图通常用来作为整个系统的功能概图。为了概述整个系统的功能,建立 0 层图时需要分析需求获取的信息,归纳出系统的主要功能,并将它们描述为几个高层的抽象过程,在 0 层图中加以表述。有一些重要的数据存储也会在 0 层图中得到表述。

为了保证数据流图的可理解性,0 层图应该简洁、清晰,所以在描述复杂的系统时,0 层图中不应出现太过具体的过程和数据存储。需求工程师要根据系统的复杂度掌握 0 层图中过程的抽象程度。

3. N 层图

0 层图中的每个过程都可以进行分解,以展示更多的细节。被分解的过程称为父过程,分解后产生的揭示更多细节的数据流图称为子图。对 0 层图的过程分解产生的子图称为 1 层图。

对子图中的过程还可以继续分解,即过程分解是可以持续进行的,直至最终产生的子图都是原始数据流图。原始数据流图是指图中的所有过程都是原始过程的数据流图。对 N 层图的过程分解后产生的子图称为 $N+1$ 层图($N>0$)。

在低于 0 层图的子图上通常不显示外部实体。父过程的输入输出数据流称为子图的接口流,在子图中从空白区域引出。如果父过程连接到某个数据存储,则子图可以不包括该数据存储,也可以包括该数据存储。

子图中过程的编号需要以父过程的编号为前缀。例如,图 12-13 是对图 12-8 中过程 1 分解得到的子图,其过程的编号规则为 $1.X$。

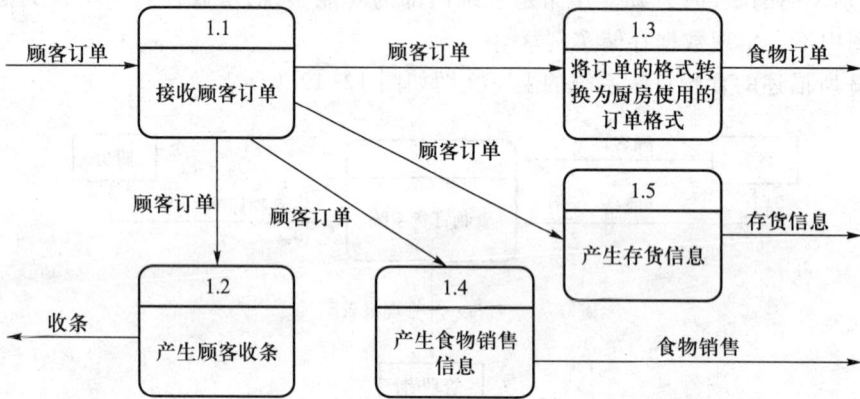

图 12-13　食物订货系统的 1 层图

12.2.4　层次结构的建立

数据流图使用 4 种简单的元素来描述系统的功能、行为和数据,利用层次结构来处理应用的复杂性,这些特性使数据流图的应用较为简单。但是其中还有一个关键的问题,就是数据流图的层次结构是如何依据过程的分解结构而得以构建的。

数据流图层次结构的建立主要包括以下几个步骤,如图 12-14 所示。

① 创建上下文图。

② 发现并建立 DFD 片段(DFD Fragment,数据流图片段)。

③ 根据数据流图片段组合产生 0 层图。

④ 对 0 层图的过程进行功能分解,产生 N 层图。

为了建立一个良好的数据流图层次结构,以上几个步骤往往需要不断的反复。例如,在描述数据流图片段时,可能会发现上下文图遗漏了某些外部实体,从而返回修正上下文图。再如,在对 0 层图进行功能分解的过程当中,可能会发现 0 层图的功能组合存在一定的问题,从而返回重新进行数据流图片段的组合,修正 0 层图。实践表明,数据流图(尤其是 0 层图)的创建,需要很多次的反复修改才能得到较好的结果。

1. 创建上下文图

要建立上下文图,首先要清楚系统的功能范围。系统的功能范围能够帮助界定系统的边界,进而发现系统应用的上下文环境。

在需求获取阶段获得的业务需求以及业务需求所决定的项目前景与范围可以用来帮助建立系统的上下文图。其中的具体细节请参见第 5 章。

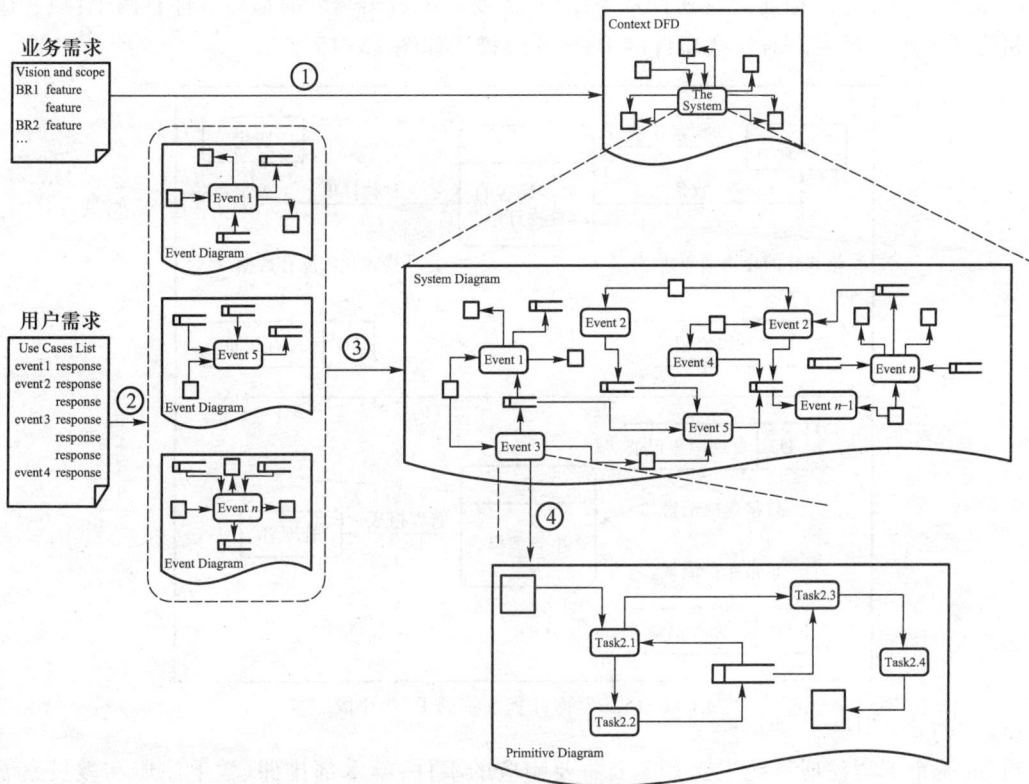

图 12-14　创建数据流图层次结构

2. 发现并建立 DFD 片段

建立上下文图之后的下一个目标是建立数据流图层次结构中的第二层——0 层图。0 层图是系统功能的概要描述,因此,建立 0 层图时需要从获取的用户需求中寻找和发现系统的功能要求,然后加以归纳和概括,最后在 0 层图中描述出来。

但是直接从用户需求中概括和归纳出 0 层图是困难的,一个更可取的做法是根据用户的功能需求建立一些 DFD 片段,然后再从这些 DFD 片段中概括和归纳出 0 层图。

DFD 片段是系统对某个事件的响应过程的数据流图描述,它是为系统中发生的重要事件创建的。它将系统对事件的处理看成一个单一的过程,重点描述这个单一过程与事件外界(包括系统内其他部分和系统外的外部实体)的数据流交互。

事件是需要系统做出反应的在某一特定时间和特定地点发生的事情。按照状态机建模的理论,将系统对所有事件的响应和处理综合起来,就可以从黑盒的视角准确地概括和描述系统的所有功能。所以在需要概括和归纳系统的整体功能时,可以先从用户需求中发现所有需要系统做出响应的事件,然后为每个事件建立 DFD 片段描述。这些事件的 DFD 片段联合起来,就构成了对系统整体功能的描述。

例如,在图 12-8 所描述的食物订货系统中,需要系统做出响应的重要事件有两个:顾客递交订单和管理者查阅报表。对这些事件的 DFD 片段描述如图 12-15 所示。

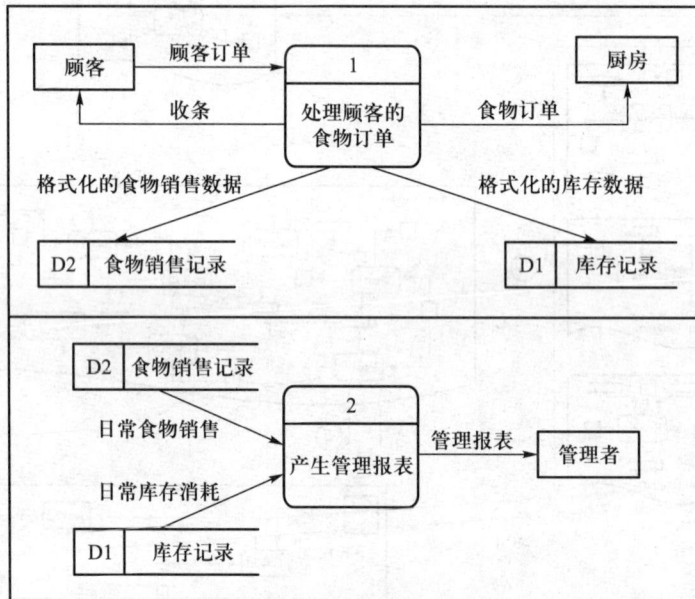

图 12-15　食物订货系统的 DFD 片段

再如,一个课程注册系统主要有 3 个需要响应的事件:学术部排课、学生注册和教员察看班级列表。图 12-16 描述了上述事件的 DFD 片段。

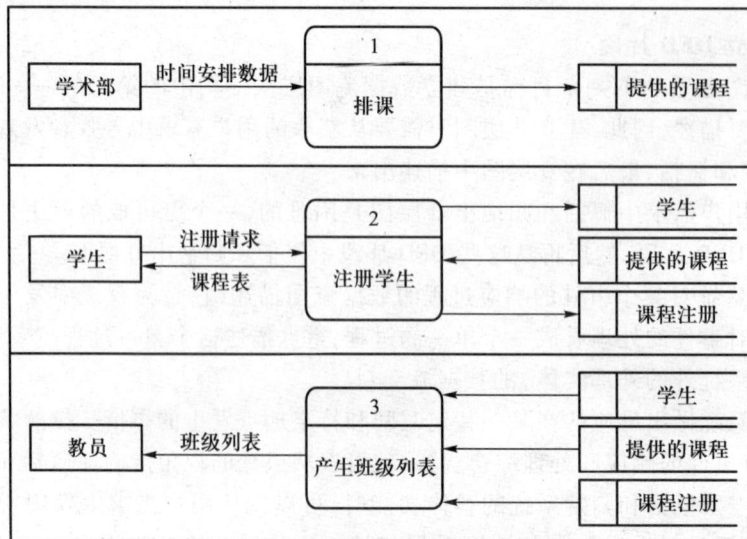

图 12-16　课程注册系统的 DFD 片段

3. 根据 DFD 片段组合产生 0 层图

在建立了系统重要事件的 DFD 片段之后,可以将这些 DFD 片段组合起来,集成到一个数据流图中,这个数据流图就可以成为系统的 0 层图。例如,图 12-16 所示的 DFD 片段集成之后产生 0 层图如图 12-17 所示。

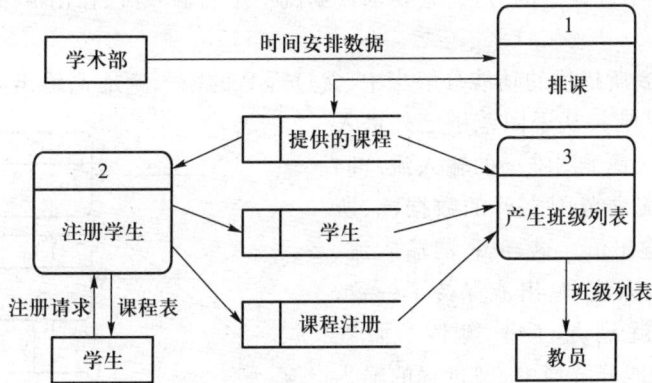

图 12-17 课程注册系统的 0 层图

课程注册系统的 0 层图的产生是比较简单的,仅仅是 DFD 片段的简单拼接。但是,不是所有系统的 0 层图都会这么易于产生,更多的时候是要在 DFD 片段连接起来之后反复进行过程的组合和分解,以产生一个高质量的 0 层图。例如,图 12-15 中食物订货系统的 DFD 片段在拼接之后就还需要对"处理顾客的食物订单"过程进行分解,最终产生图 12-8 所示的 0 层图。

对数据流图(尤其是 0 层图)质量的判定有下面几个准则:

- 没有语法错误,遵守 12.2.2 小节所述的各项规则。
- 具有良好的语义,过程的功能设置要高内聚、低耦合。
- 保持数据一致性,过程的输入流要足以产生数据输出。同时过程的输出流是在充分利用输入数据的基础上产生的,不存在输入数据的浪费。
- 控制复杂度,不要一次在图中显示太多的信息。一般情况下,一个图中的过程数量最好控制在 5~9 个(人脑的最佳信息处理量)。而且图中的数据流数量越少越好,越简洁越好(接口最小化)。

4. 功能分解,产生 N 层图

0 层图中较为复杂的过程应该按照功能分解的做法扩展成一个更详细的数据流图。功能分解是一个拆分功能的描述,将单个复杂的过程变为多个更加具体、更加精确和更加细节化的过程,其示意如图 12-18 所示。

每次功能分解都会为一个复杂的父过程建立一个

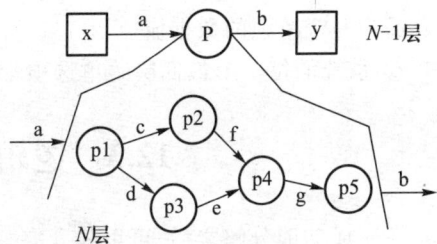

图 12-18 功能分解示意图

完整的数据流子图描述。在子图中会出现比父过程抽象层次更低的子过程,也会新出现一些配合子过程工作的新的数据流和数据存储。例如图 12-18 的过程 P 分解之后,出现了 5 个更加具体的子过程,也出现了一些新的数据流。

在功能分解过程中,最重要的是要保证分解过程的平衡性(balance)。平衡性是保证功能分解不会导致需求内容出现偏差的方法,它要求数据流子图的输入流、输出流必须和父过程的输入流、输出流保持一致。

例如,在图 12-18 所描述的功能分解当中,父过程 P 的输入流是 a,输出流是 b。在 P 分解后产生的子图当中,a 是唯一从子图范围之外进入子图的数据流,所以 a 是子图唯一的输入流。同样,b 是唯一从子图流向范围之外的数据流,所以 b 是子图唯一的输出流。这样,P 的输入流、输出流就和子图的输入流、输出流保持了一致,对 P 的功能分解就满足了平衡性。而在图 12-19 所表示的功能分解当中,父过程的输入流为 a,输出流为 b;子图的输入流为 a 和 c,输出流为 b。这样,虽然父过程和子图的输出流保持一致,但它们的输入流却存在差异,于是图 12-19 所描述的功能分解破坏了平衡性,是一个错误的功能分解。

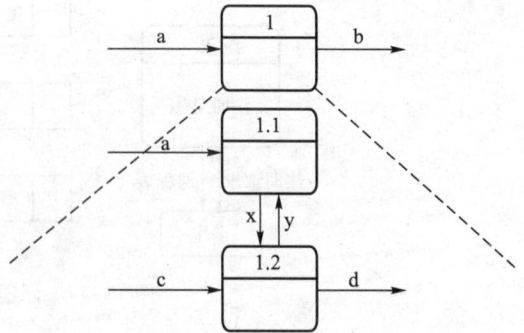

图 12-19　一个破坏了平衡性的功能分解示例

功能分解的过程需要持续进行,直至最终分解产生的子图都是原始数据流图。这里有一个关键的问题是如何快速有效地判定一个数据流图是否是原始数据流图。在分解产生的子图为下述情景之一时,可以判定其为原始数据流图,此时应该停止持续的功能分解活动:

① 所有过程都已经被简化为一个选择、计算或数据库操作。

② 所有数据存储都仅仅表示了一个单独的数据实体。

③ 用户已经不关心比子图更为细节的内容,或者子图的描述已经详细得足以支持后续开发活动。

④ 每一个数据流都已经不需要进行更详细的切分,以展示对不同数据的不同处理方式。

⑤ 每一个业务表单、事务、计算机的屏幕显示(computer on-line display)和业务报表都已经被表示为一个单独的数据流。

⑥ 系统的每一个最低层菜单选项都能在子图中找到独立的过程。

12.3　逻辑说明——微规格说明

在完成功能分解之后,可以建立完整的数据流图层次结构。在这个结构当中,所有的复杂过程都被解释为一个低层次的数据流子图。但是层次结构当中最低层次的原始过程却没有得到更为细节化的展示。为了充分描述系统功能,需要描述这些原始过程的处理逻辑,这个任务就是通过微规格说明技术来实现的。

微规格说明是一些用来描述过程处理逻辑的技术,主要有:结构化自然语言(structured natural language)、行为图(action diagram)和决策表/树(decision table/tree)。

1. 结构化自然语言

结构化自然语言是一种语言和语法,结合了结构化编程和自然语言的特点,用于说明过程模型中原始过程的内部逻辑。结构化英语即为结构化自然语言的一个示例,如图 12-20 所示。

```
READ 客户账户类型 account-type 与客户每月消费情况
SELECT CASE
    CASE 1(account-type 是 NOW)
        BEGIN IF
            IF 所有天的消费额都<300
                THEN 收费 5 美元
                ELSE 不收费
        END IF
    CASE 2(account-type 是 REGULAR)
        BEGIN IF
            IF 所有天的消费额都<100
                THEN 每次消费收费 0.2 美元,最多只收 3 美元
                ELSE 不收费
        END IF
END CASE
```

图 12-20　结构化英语示例

结构化英语借用了结构化程序设计的一些逻辑特点,所以它比自然语言更加严谨和精确。同时,结构化英语不是伪代码,它在说明的严谨性和精确性上弱于伪代码,它不包括声明、初始化和链接之类的技术问题,其语言地位如图 12-21 所示。

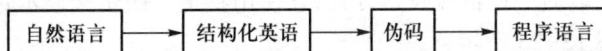

图 12-21　结构化英语的语言地位

结构化英语区别于自然英语的最大特点是,它借用了很多结构化程序语言的逻辑结构(如图 12-22所示),包括以下几点。

① 叙述上采用了结构化程序语言的 3 种控制结构:顺序、条件决策和循环。

② 使用了一些类似于结构化程序语言关键字的词语来表明叙述的逻辑,如 IF、THEN、

ELSE、DO、DO WHILE 和 DO UNTIL 等。

③ 在格式上使用和结构化程序语言相同的缩进方式来表明叙述的结构。

结构化英语控制结构	示例		
顺序结构	action#1 action#2 action#3		

条件决策	IF condition THEN
	    action#1
	ELSE
	    action#2
	END IF
		SELECT condition
		  Case #1
		      action#1
		  ...
		  Case #n
		      action#n
		END SELECT	

循环	FOR condition
	  action
	END FOR
		DO WHILE condition
		  action
		END DO
			REPEAT
			  action
			UNTIL condition

图 12-22　结构化英语的基本结构

除了上述特征之外,结构化英语在语言使用上也尽量使用简短语句描述处理,以利于理解。而且它只使用名词和动词,避免使用容易产生歧义的形容词和副词。

需要特别指出的是,结构化英语没有固定的语法和语义,以上仅仅是常见结构化英语的一些共同点。

结构化英语非常适合描述带有一系列处理步骤和相对简单控制逻辑的处理。但结构化英语不适合描述有下列特点的处理:

① 复杂的决策逻辑。

② 很少有(或没有)顺序处理的逻辑。

2. 行为图

行为图是结构化英语的一种特殊表达方式,它使用特定的图示来表示过程的逻辑结构。

行为图的使用如图 12-23 所示。

3. 决策表

决策表是一种决策逻辑的表示方法,它可以比结构化英语更好地描述复杂决策逻辑。

决策表是一个由行和列组成的表格,其基本结构如表 12-1 所示。

复合语句

作为一个单位对待的行为集合

顺序

action 1
action 2　按照出现顺序先后执行的多个行为

条件选择

IF condition 1
　　action 1

ELSE　选择执行其中的一个
　　action 2

循环　　REPEAT WHILE condition

嵌套

从嵌套中退出

IF condition

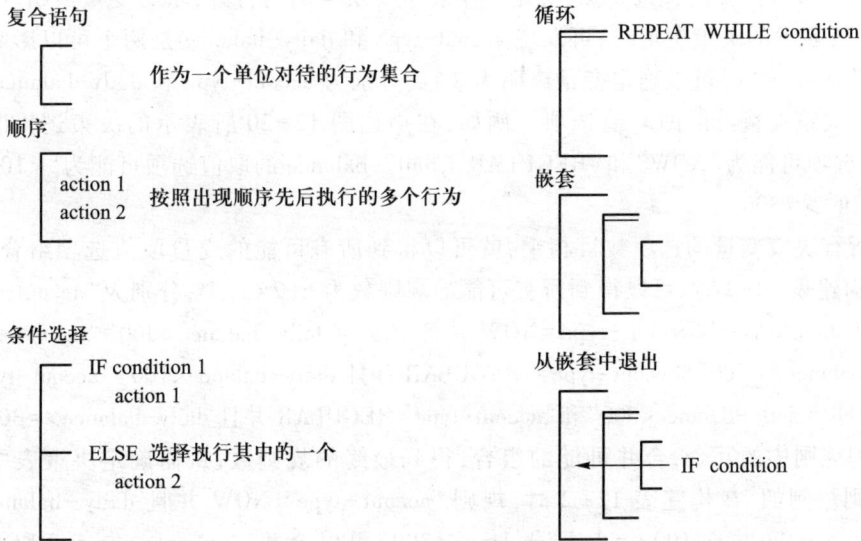

图 12-23　行为图的图示

条件和行动	规则
条件声明(condition statement)	条件选项(condition entry)
行动声明(action statement)	行动选项(action entry)

条件声明是进行决策时需要参考的变量列表。条件选项是那些变量可能的取值。行动声明是决策后可能采取的动作。行动选项表明那些动作会在怎样的条件下发生。图 12-20 所描述的决策逻辑可以按照决策表的方式描述为表 12-2。

表 12-2　决策表示例

条件和行动	规则			
账户类型 account-type	NOW	NOW	REGULAR	REGULAR
最多一天的消费额 daily-balance	<300	>=300	<100	>=100
收费 5 美元	×			
不收费		×		×
每次消费收费 0.2 美元,最多只收 3 美元			×	

为复杂决策构建决策表时,需要确定表的最大规模,排除所有不可能出现的条件选项组合、不一致性或者冗余,并尽可能简化表的结构。下面是创建决策表的常用步骤:

① 辨别决策时需要的决策变量,确定决策表中变量声明的行数,填写变量声明。例如,在描述图 12-20 所表示的决策逻辑时,可发现 accout-type 和 daily-balance 是两个可以影响决策的变量,所以以构建表 12-2 时可以确定变量声明为 2 行,分别为 accout-type 和 daily-balance。

② 分析决策变量可能的取值选项。例如,在描述图 12-20 所表示的决策逻辑时,accout-type 的取值选项可能为"NOW"和"REGULAR",daily-balance 的取值选项可能为"<100""> = 100 并且<300"和"> = 300"。

③ 把所有决策变量的选项数目相乘,就可以得到所有可能的变量取值选项组合数,即规则数。例如,构建表 12-2 时,可以得到所有可能的规则数为 6(2×3)个,分别为"accout-type = NOW 并且 daily-balance<100""accout-type = NOW 并且 100< = daily-balance<300""accout-type = NOW 并且 daily-balance> = 300""accout-type = REGULAR 并且 daily-balance<100""accout-type = REGU-LAR 并且 100< = daily-balance<300"和"accout-type = REGULAR 并且 daily-balance> = 300"。

④ 处理规则中的冗余,合并可能的组合,得到最终的规则数,从而确定决策表中的规则列数,填写规则。例如,在构建表 12-2 时,规则"accout-type = NOW 并且 daily-balance<100"与"accout-type = NOW 并且 100< = daily-balance<300"可以合并,"accout-type = REGULAR 并且 100< = daily-balance<300"与"accout-type = REGULAR 并且 daily-balance> = 300"可以合并,所以最终的规则数为 4,其填写情况如表 12-2 所示。如果两个规则中存在连续的变量取值,并且行动选择结果相同,那么就可以考虑进行规则的合并。

⑤ 辨别决策后可能采取的行动,确定决策表中行动声明的行数,填写行动声明。例如,在描述图 12-20 所表示的决策逻辑时,可以发现可能的行动有 3 个,分别为"收费 5 美元""不收费"和"每次消费收费 0.2 美元,最多只收 3 美元"。

⑥ 确定每个规则下的行动选择,填写决策表中的行动选项。

与其他描述决策的方法相比,使用决策表的主要优点是能够保证决策分析的完备性。因为决策表列举了所有可能出现的决策规则和行动,所以基于决策表的描述通常很少会发生规则遗漏和考虑不周的情况。

4. 决策树

如果结构化决策过程非常复杂,那么利用决策表进行描述时会使表的规模非常庞大,导致不易理解。此时,可以使用决策树来描述决策逻辑。与决策表 12-2 等价的决策树描述如图 12-24 所示。

决策树通常是一颗平放的树,树根在左边,树枝从左向右展开。树枝上是有关条件和行动的描述。

5. 决策描述技术的选择

前面介绍了 3 种可以用来描述结构化决策的技术:结构化英语、决策表和决策树。那么在具体情况下应该如何选择呢? 可以参考下面的指导原则:

① 使用结构化英语,如果有许多重复的行动,或者与最终用户的交流是重要的。

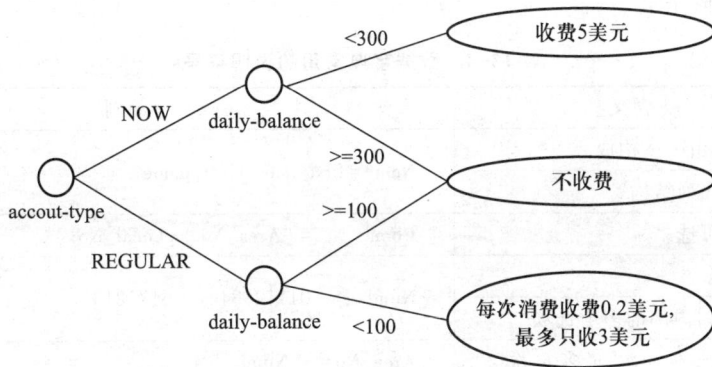

图 12-24 决策树示例

② 使用决策表,如果存在条件、行动和规则的复杂组合,或者要求决策分析的完备性。

③ 使用决策树,如果条件和行动的顺序十分关键,或者并不是每个条件都与每个行动相关。

12.4 数据说明——数据字典

数据流图的层次结构中,除了对原始过程的逻辑内容要进行细致描述之外,数据流图中涉及的数据流和数据存储也需要进行详细的说明,这是通过数据字典完成的。

数据字典是一个储存库,包含软件使用和产生的所有数据对象的描述,其中也包括数据流图中数据流和数据存储的定义。

数据字典会有组织地列出数据流图中涉及的所有数据元素(数据流和数据存储),并定义每个数据元素的名称、表示方法、单位/格式、范围、使用地点、使用方法以及其他描述信息。数据字典为每个数据元素组织的说明如表 12-3 所示。

表 12-3 数据字典的数据元素说明格式

项目	描述
名称	数据元素的原始名称
别名	数据元素的其他名称
使用地点	会使用该数据元素的过程
使用方法	该数据元素扮演的角色(输入流、输出流或者数据存储等)
使用范围	该数据元素存在的范围
描述	对数据元素内容的描述
单位/格式	数据元素的数据类型,可能事先设置的取值

数据字典要求对数据元素(尤其是其结构)的描述要精确、严格和明确。所以在说明数据元素的数据结构时,数据字典常常会使用类似于 BNF(巴科斯范式)的严格说明技术,其常用的说

明符号如表 12-4 所示。

表 12-4　数据字典常用的说明符号

符号	含义	示例
=	包含,由……构成	Name=first_name+last_name
+	指明序列结构	
( )	内容可选	Phone_No.=(Area_No.)+Local_No.
[ ]	内容多选一	Number=[0|1|2|3|4|5|6|7|8|9]
|	分割[ ]内部的多个选项	
$n\{\}m$	循环,最少 n 次,最多 m 次	Area_No=3{Number}4
@	数据存储的标识符(关键字)	Student=@ ID+Name+…
* *	注释	Area_No=3{Number}4 * *区号为 3~4 位数字

例如,按照 12-4 的说明符号,可以精确定义一个单位的电话号码的数据结构,如表 12-5 所示。

表 12-5　数据结构定义示例

定义	说明
telephone no.=[local extension|outside no.|0]	电话号码可能是内线、外线或转接主机(拨 0)
local extension=3{0-9}3	内线号码是 3 位数字
outside no.=9+[service code|domestic no.]	外线先拨 9,再拨特服号码或者普通电话号码
service code=[110|120|…]	特服号码有 110、120……
domestic no.=(area code)+local number	普通电话号码为可选的区号加本地号
area code=3{0-9}4	区号是 3~4 位数字
local number=8{0-9}8	本地号是 8 位数字

按照表 12-3 所示的说明格式,结合数据结构的定义和其他描述信息,数据字典就可以很好地说明数据流图中的数据元素。一个数据元素的说明示例如表 12-6 所示。

表 12-6　数据元素定义示例

名称	telephone number
别名	phone number, number
使用的地点和方法	read-phone-number(input) display-phone-number(output)

描述	telephone no. = [local extension | outside no. | 0]
	local extension = 3 { 0-9 } 3
	outside no. = 9 + [service code | domestic no.]
	service code = [110 | 120 | ⋯]
	domestic no. = (area code) + local number
	area code = 3 { 0-9 } 4
	local number = 8 { 0-9 } 8
格式	alphanumeric data

12.5　数据流图的验证

在建立了数据流图的层次结构并进行了充分的逻辑说明和数据说明之后,还不能马上结束数据流图的创建,还应该执行数据流图的验证,以确保所创建数据流图的正确性和有效性。

对数据流图的验证主要包括以下几个方面。

(1)验证数据流图的语法

要确保数据流图中不会发生语法错误。若有一些常见的语法错误,例如有些数据流没有终点、有些过程没有输出流等,往往意味着在进行数据流图描述时存在着信息的遗漏。

(2)验证数据流图的结构

首先要验证数据流图层次结构之间的一致性,包括分解的平衡性,也包括不同数据流图之间元素实例使用的一致性(如命名是否一致、格式要求是否一致等)。

其次要验证数据流图层次结构说明的完备性,如是否所有的过程都有更详细的说明(子图或逻辑说明),是否所有的数据流和数据存储都有数据说明等。

(3)验证数据流图的语义

验证数据流图的语义是为确保数据流图所说明内容的正确性和准确性。这个工作通常要由用户在需求工程师的帮助下来执行,用户需要浏览数据流图,从中发现和需求不符或者理解上存在偏差的地方。

12.6　数据流图创建实例

本小节介绍一个完整的数据流图创建的实例。应用的要求是使用数据流图描述常见的电梯控制系统。一个控制系统控制多个电梯。每个电梯被置于一个相应的甬道之中,在卷扬电机的作用下在甬道内上下运动。甬道内安装有多个传感器,通常每个电梯停靠点一个,用来感应电梯的实时位置。电梯内部和建筑的每个电梯停靠层都设置有指示器,用来告知用户的电梯实时位置和运动状况。电梯内和建筑的每个电梯停靠层都设有按钮,用户可以通过这些按钮提出服务申请并进出电梯。控制系统调度用户的申请,让电梯以最有效的方式满足用户的服务要求。

在获得了充足的需求信息之后,下面开始创建该系统的数据流图描述。

1. 创建上下文图

检查需求获取中得到的系统业务需求,并对其进行分析,具体如表 12-7 所示。其中,外部输入和外部输出是指和系统之外对象的数据交互,内部输入和内部输出是指和系统内部其他局部解决方案形成的数据交互。

表 12-7 电梯控制系统的业务需求分析

业务需求	实现业务需求需要的系统特性	局部解决方案的对外交互
BR1:使用电梯运送人员	SF1:能够获知电梯位置感应,并转交给指示器	外部输入:感应器感知信号 外部输出:指示器要求信号
	SF2:能够控制卷扬电机,实现服务请求的电梯运动	内部输入:调度要求 外部输出:卷扬电机控制信号
	SF3:人员可以利用按钮发出服务请求	外部输入:按钮信号 内部输出:服务请求
	SF4:有多个请求时,系统调度服务请求队列	内部输入:服务请求 内部输出:调度要求
BR2:保证人员出入电梯的安全	SF5:系统要根据电梯的运动状况和服务申请控制电梯门的开关	内部输入:服务请求、电梯状况 外部输出:门控命令

综合业务需求的分析,可以建立电梯控制系统的上下文图如图 12-25 所示。

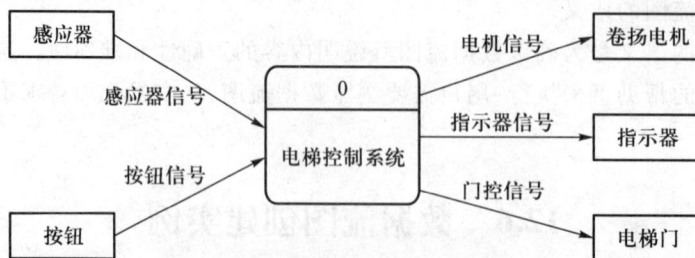

图 12-25 电梯控制系统的上下文图

2. 发现并建立 DFD 片段

检查需求获取的信息,寻找需要系统做出响应的事件,如表 12-8 所示。

表 12-8　电梯控制系统的外部事件及其响应

事件	系统的响应
用户利用按钮发出服务请求	系统首先要记录请求,以备调度。如果请求时电梯处于运动状态,则系统需要重新执行请求调度,并在需要的情况下更改运动目标
用户利用按钮发出开关门请求	系统察看电梯状态,如果处于静止状态且处于目前楼层,则发出门控命令,否则不予处理
感应器信号发生变化	系统要根据新的信号更新电梯状态,并通知指示器改变显示
电梯开始运动,即门已关闭,开始运动	系统要改变电梯状态为运动状态,然后根据等待的服务请求调度确定电梯的运动目标,结合电梯目前位置,控制卷扬电机开始工作
电梯停止,即电梯已经到达目标位置	系统更新电梯状态为静止状态,以停止对新增请求的处理,去除已完成的请求,然后控制卷扬电机停止运动,并在停止后开启电梯门

针对以上事件和系统的响应处理,可以建立 DFD 片段如图 12-26 所示。

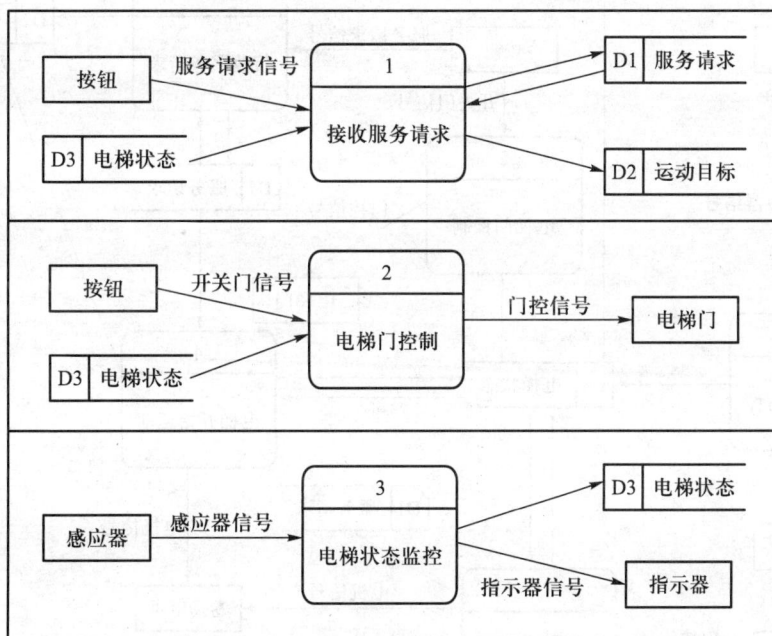

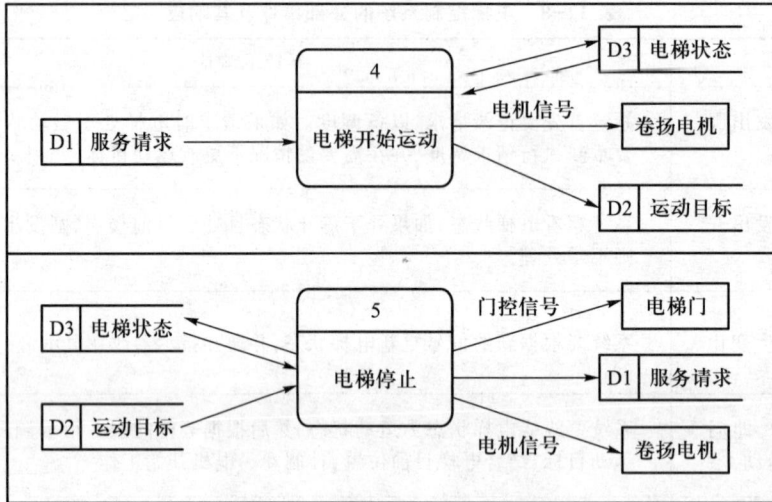

图 12-26　电梯控制系统的 DFD 片段

3. 根据 DFD 片段组合产生 0 层图

根据图 12-26 的 DFD 片段,可以组合产生 0 层图,如图 12-27 所示。

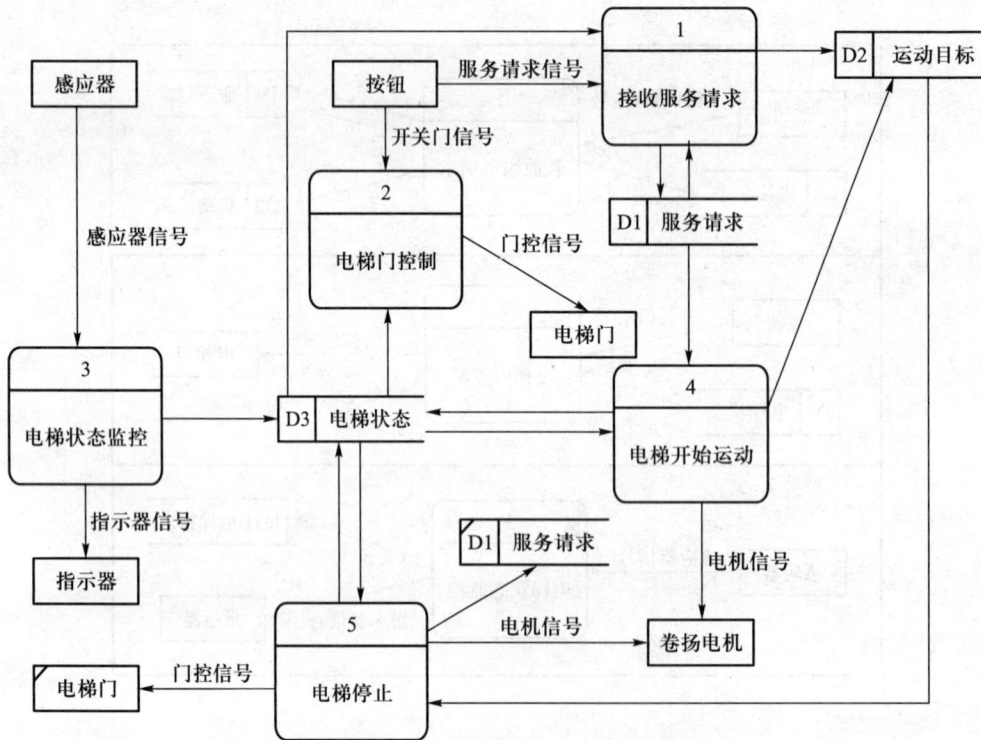

图 12-27　电梯控制系统的初始 0 层图

在图 12-27 当中,过程 1 可以分解为"记录服务请求"和"服务请求调度"两个子过程;过程 3 可以分解为"更新电梯位置"和"指示器控制"两个子过程;过程 4 可以分解为"更新电梯状态""服务请求调度"和"卷扬电机控制"3 个子过程;过程 5 可以分解为"更新电梯状态""移除服务请求""卷扬电机控制"和"电梯门控制"4 个子过程;数据存储 D3 可以分解为"电梯位置"和"电梯状态"两种数据存储。这样,图 12-27 的各个过程之间拥有过多的相同子功能,不太符合功能高内聚和低耦合的原则,所以需要按照各个过程的分解情况进行调整,形成图 12-28 所示的 0 层图。

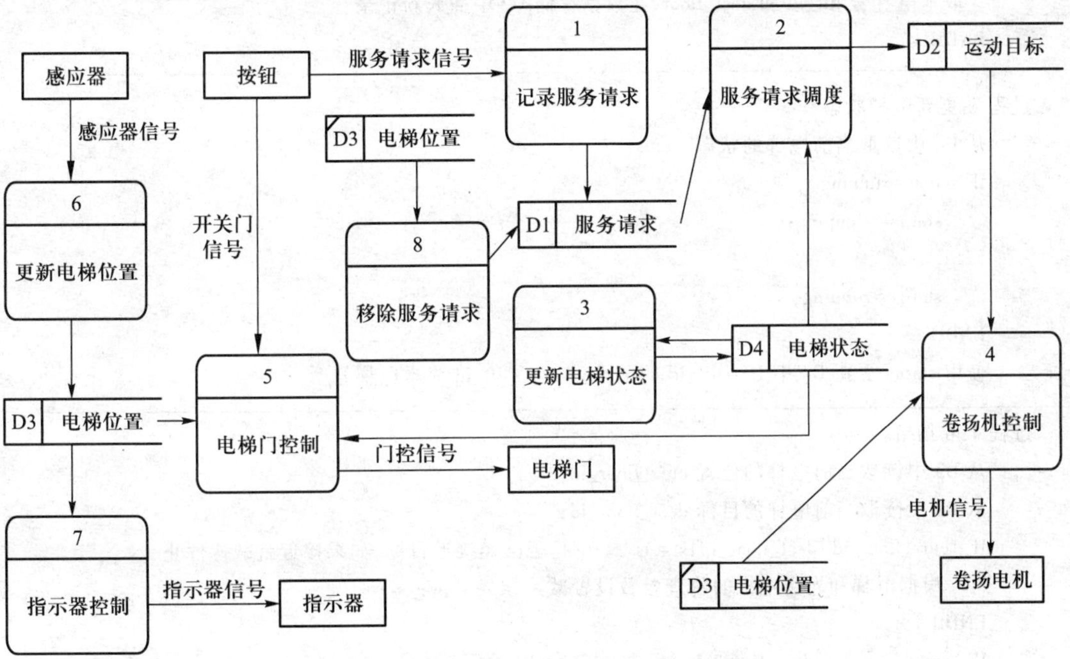

图 12-28　修正后的电梯控制系统 0 层图

4. 功能分解,产生 N 层图

在电梯控制系统的 0 层图中各个过程的逻辑均比较简单,所以不需要进行更详细的功能分解。

5. 定义原始过程的逻辑说明

最终数据流图描述包括 8 个原始过程,全部位于 0 层图之中。它们的逻辑说明如下所示。

```
过程 1:记录服务请求
    IF 服务请求信号为 lift request
        取 lift request 的 lift id+floor id,在数据存储 D1 中插入新记录;
    ELSE
        取 floor request 的 floor id+direction,在数据存储 D1 中插入新记录;
    ENDIF
```

过程 2:服务请求调度

    从 D4 中读取当前电梯的状态 status;

    IF stauts = running

        从 D1 中提取本电梯的待处理服务请求列表 request_list;

        dest_floor = Scheduling(request_list) ; //使用调度算法,得出目标楼层

        取本电梯号 lift_id 和 dest_floor,在数据存储 D2 中插入新记录;

    ENDIF

过程 3:更新电梯状态

    从 D4 中读取当前电梯的状态 status;

    IF status = running

        status = stopping;

    ELSE

        status = running;

    ENDIF

    使用 status 更新 D4 中 ID = lift_id 的记录;   //lift_id 为本电梯号

过程 4:卷扬机控制

    从 D3 中读取当前电梯的位置 curr_floor_id;

    从 D2 中读取当前电梯的目标 dest_floor_id;

    IF |curr_floor_id-dest_floor_id| < = 1   //是否已经接近目标,如果接近就减速停止

        根据电梯和卷扬电机的物理参数设置减速参数 slow;

    ENDIF

    IF curr_floor_id > dest_floor_id

        direction = down;

    ELSE

        direction = up;

    ENDIF

    根据 slow 和 direction 向卷扬电机发送控制信号;

过程 5:电梯门控制

    从 D4 中读取当前电梯的状态 status

    IF status = stopping

        从 D3 中读取当前电梯的位置 curr_floor_id;

        IF 开关信号的 floor id = curr_floor_id

            根据开关信号的 signal 向电梯门发送控制信号;

        ENDIF

    ENDIF

过程 6:更新电梯位置 　　取感应器信号中的 lift id 为 lift_id,floor id 为 floor_id; 　　将 D3 中 LID=lift id 的记录的 FID 值更新为 floor_id;
过程 7:指示器控制 　　取 D3 中的所有数据; 　　根据所取 D3 数据的 FID 和 LID 向指示器发送控制信号
过程 8:移除服务请求 　　从 D3 中读取当前电梯的位置 curr_floor_id; 　　从 D1 中删除(FID=curr_floor_id)并且(LID=NULL 或者 LID=lift_id)的数据;// lift_id 为本电梯号

6. 定义数据流和数据存储的数据说明

最终数据流图描述中涉及的数据流和数据存储的简单说明分别如图 12-29 和图 12-30 所示(因为篇幅关系,这里仅仅保留了对数据元素的结构描述,忽略了其他的相关信息)。

服务请求=LID+FID+DIRE;
　　LID=lift_id|NULL;
　　FID=floor_id;
　　DIRE=direction|NULL;
运动目标=LID+FID;
　　LID=lift_id;
　　FID=floor_id;
电梯位置=LID+FID;
　　LID=lift_id;
　　FID=floor_id;
电梯状态=ID+ STATUS;
　　ID= lift_id;
　　STATUS=running ∣ stopping ;
 	
　　　lift id=0 . . MAX LIFT;
　　　floor id=0 . . MAX FLOOR;
　　　direction=up ∣ down;
　　　NULL=0;

图 12-29　电梯控制系统的数据存储说明

7. 验证

因为这里描述的电梯控制系统是应用示例,所以验证过程忽略。

```
服务请求信号 = lift request | floor request;
电梯状态 - running | stopping;
电梯位置 = floor id;
开关门信号 = floor id+signal
门控信号 = signal;
感应器信号 = lift id+floor id
指示器信号 = lift id+floor id
电机信号 = slow+fast+direction;


    signal = hi | lo;  * * hi、lo 为电子脉冲信号
    lift request = lift id + floor id
    floor request = floor id + direction;


        lift id = 0 . . MAX LIFT;
        floor id = 0 . . MAX FLOOR;
        direction = up | down;
```

图 12-30   电梯控制系统的数据流说明(仅 0 层图部分)

12.7   模块结构图

数据流图、微规格说明和数据说明,包括第 13 章将要介绍的实体关系图,几乎都是在 20 世纪七八十年代开发的,用于记录一个系统逻辑需求的完全文档。

到了 20 世纪 80 年代之后,信息工程得到了很大的发展。信息工程是专门针对信息系统(尤其是复杂信息系统)开发的,比结构化方法更加严格、更加完全。

信息工程采用了一些新的模型来增强结构化分析模型,其中主要是功能分解图和过程依赖图。

12.7.1   功能分解图

功能分解图又被称为功能层次图(Function Hierarchy Diagram,FHD),它在一个图内自上至下集中显示系统的功能分解结构,如图 12-31 所示。

功能分解图最顶层的单独功能通常是对整个系统的使命描述,是对系统业务需求的概括。系统使命说明的下一层称为功能的最顶层,描述了系统应该具备的一些重要功能,它们支撑着系统使命的实现。功能最顶层下面的分支是对最顶层功能执行分解后形成的层次关系。功能分解图最底层是基本的业务功能。这些基本的业务功能是人们所能找到的最基本的、不可再细分的功能或处理。

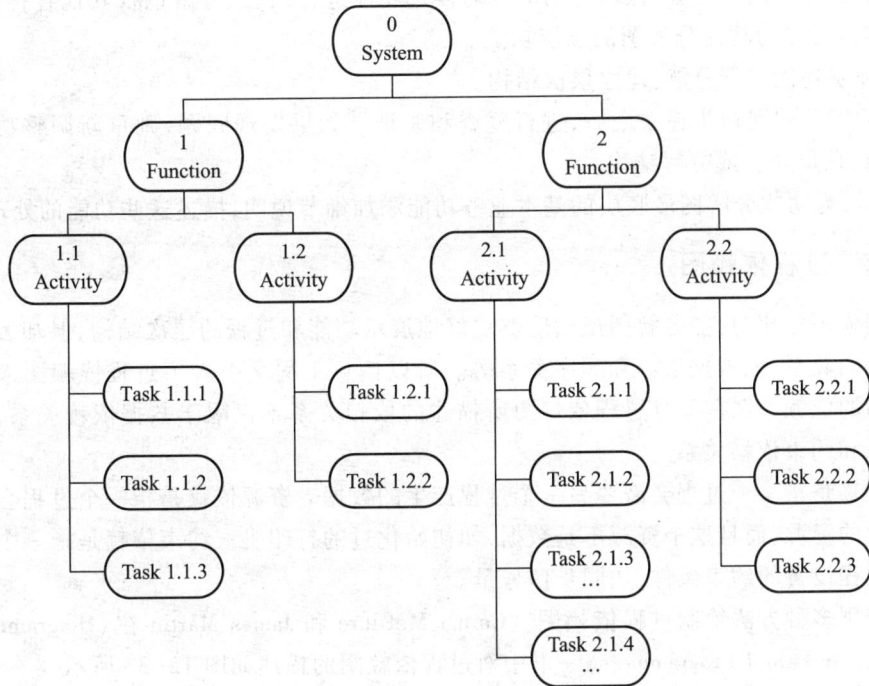

图 12-31 功能分解示意图

和数据流图层次结构所隐含的功能分解层次关系相比,功能分解图能够更加集中、更加直观地展示大量过程之间的层次关系。所以,在复杂的应用当中,功能分解图是数据流图的一个很好的辅助,可以帮助更好地描述功能和过程的层次关系。

和数据流图相比,功能分解图能够让人们更好地从整体上分析系统功能的分布和整合,更快地在整个系统中找到某一项功能的清楚定位。

不过功能分解图描述的仅是功能的概括,并不包括功能执行的先后顺序,也就是说功能分解图描述的不是系统的过程。

功能分解图的开发过程和数据流图层次结构建立的方法类似,只是步骤有所简略,如图 12-32 所示。

① 获取足够的需求信息,包括问题域信息、业务需求和用户需求等。

② 根据业务需求归纳并描述系统的使命。

③ 从获取的需求信息中提取系统需要具备的功能特性,列为候选功能。

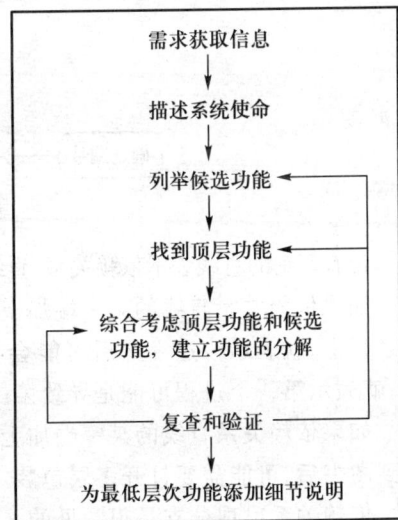

图 12-32 功能分解图的建立过程

④ 按照功能之间高内聚、低耦合的原则对候选功能进行组合、分解以及其他各种调整,找到最佳的功能组合作为功能分解图的顶层功能。

⑤ 对顶层功能进行分解,建立层次结构。

⑥ 待功能分解图初步建立之后,进行复查和验证。如果发现问题,则重新调整功能分解图的候选功能、顶层功能或分解结构。

⑦ 最后,为功能分解图最底层的基本业务功能添加细节说明,描述这些功能的处理过程。

12.7.2 过程依赖图

和数据流图相比,功能分解图虽然能够更好地展示功能和过程的层次结构,但却丢失了功能和过程之间的关系,如数据依赖和顺序关系等。所以信息工程又引入了过程依赖图来描述功能和过程之间的依赖关系。而且过程依赖图所描述的依赖关系不仅限于数据依赖关系,还包括资源依赖关系和约束依赖关系。

数据依赖是指一个过程会需要另一个过程产生的数据。资源依赖是指一个过程会需要另一个过程产生的资源,而且这个资源不是数据,如初始化过的打印机。约束依赖是指一个过程会需要另一个过程设置的约束条件,如同步信号量。

可以使用多种方法绘制过程依赖图。Carma McClure 和 James Martin 在《Diagramming Techniques for Analysts and Programmers》一书中对过程依赖图的描述如图 12-33 所示。

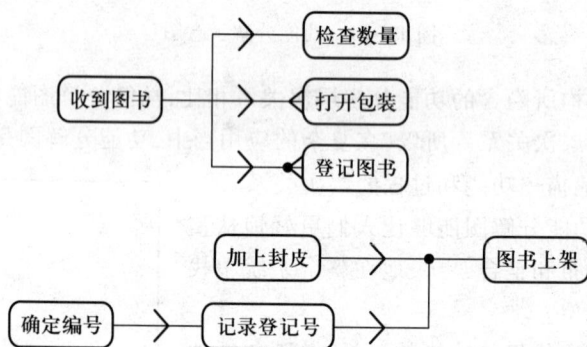

图 12-33　过程依赖图示例

带有箭头的直线表示依赖关系,直线两端连接产生依赖关系的两个过程,箭头方向为依赖的方向。

如果依赖关系直线的某一端加上了实心圆点,则表示该过程是可选的。如果圆点加在第一个过程上,就表示该过程之后可能会有第二个过程,也可能没有。如果圆点加在了第二个过程上,就表示第一个过程可能是导致第二个过程的原因,也可能不是。

如果依赖关系直线的某一端加上了三角叉标记,则表示该过程可能会重复多次出现,例如,收到图书后,可能需要打开多层包装。

依赖关系出现分支是很常见的。某个处理之后可能会出现多个其他处理,或者某个处理可能会依赖于一个或多个其他处理。

第 13 章　数据建模

13.1　概　　述

过程建模以数据在系统中的产生和使用为着重点，以进行数据转换的过程为核心，建立层次结构的过程模型来描述系统，它同时描述了系统的行为和数据。不过在数据说明方面，过程模型更多的是侧重数据产生与使用的时间、地点和方式，而没有描述数据的定义、结构和关系等特性。数据的定义、结构和关系等特性描述的是问题域内事物的客观存在状况。过程模型的数据说明所描述的则是系统或手工对客观事物的影响和操作方式。相比之下，数据的定义、结构和关系等特性更能说明共享知识模型，所以也更加稳定和更加重要。

数据建模技术就是能够弥补过程建模在数据说明方面的缺陷，描述数据的定义、结构和关系等特性的技术。数据建模建立的模型称为数据模型，是问题域和解系统共享的知识集合，通常能够反映企业业务的核心知识。数据模型说明了问题域和解系统共享的事物、对共享事物的描述和共享事物之间的关系。

因为数据模型的内容是问题域和解系统所共享的知识模型，所以可以使用问题域的语言或解系统的语言来解释它，还可以使用介于问题域和解系统之间的中立语言来解释它。这样，就产生了 3 种常见的数据模型表现。

① 概念数据模型。概念数据模型是以问题域的语言解释数据模型，反映了用户对共享事物的描述和看法，由一系列应用领域的概念组成。例如，对一个共享事物"学生"，概念数据模型下的描述可能仅仅就是简单一个概念"学生"，复杂者也不外乎"学生（学号、姓名、出生日期……）"的形式。

② 物理数据模型。物理数据模型是对数据模型的解系统语言的解释，它描述的是共享事物在解系统中的实现形式，是形式化的定义。例如，共享事物"学生"在物理数据模型下的描述可能为"Student{（Number, Long, Not Null, primary key），（Name, Varchar 50, Not Null），（Birthday, Date, Null）…}"。

③ 逻辑数据模型。因为概念数据模型和物理数据模型存在较大的差异，所以在构建解系统时，开发人员要想将概念数据模型转换成物理数据模型是存在困难的。逻辑数据模型就是为了缓解这个困难而使用一种中立语言进行的数据模型的描述。这种中立语言使用更加倾向于用户的概念和词汇，同时使用更加倾向于解系统语言的表达方式。例如，共享事物"学生"在物逻辑数据模型下的描述可能为"学生 = （学号，标识符）+（姓名，4 位汉字）+（出生日期，日期）+…)"。

在需求工程当中，数据建模建立的是概念数据模型和逻辑数据模型，不涉及物理数据模型。

图 13-1 以系统的演化为背景,说明了不同数据模型在系统开发不同阶段的应用。

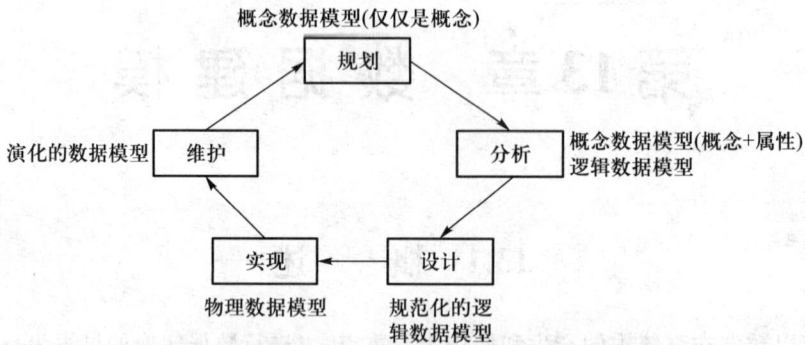

图 13-1　不同数据模型在系统演化中的应用

数据建模最常用的方法是实体关系图(Entity Relationship Diagram,ERD)。对象模型也可以用于数据建模,不过需要采用数据驱动的方式,而这种方式是被面向对象方法所排斥的,具体论述见第 14 章。

13.2　实体关系图

实体关系图起源于 Peter Chen 在 1976 年提出的实体关系建模方法,它使用实体、属性和关系 3 个基本的构建单位来描述数据模型。

在发展过程当中,实体关系图经过了多次扩展,发展出很多的分支。这些分支虽然在实体关系模型的内容上大同小异,但是在图示上却大不相同,所以它没有标准的表示法。实体关系图最常见的两个表示法是 Peter Chen 表示法和 James Martin 表示法,分别如图 13-2 和图 13-3 所示。

图 13-2　实体关系图的 Peter Chen 表示法

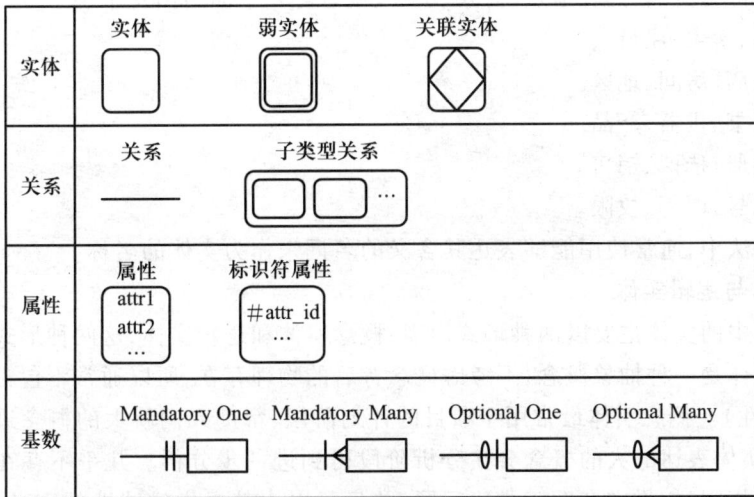

图 13-3　实体关系图的 James Martin 表示法

至于图 13-2 和图 13-3 所展示的元素的意义,将在后面详细介绍。

因为没有标准的表示法,所以图 13-2 和图 13-3 的图示仅是常见的用法。在实践中混合使用二者及其他表示法的情况也时有出现,例如在 Peter Chen 表示法中就常会使用 James Martin 表示法的关系基数图示,本书也会采用这种修改后的图示。

13.2.1　实体

1. 实体的概念

作为数据模型的描述手段,实体关系图首先要描述会在系统中出现的事物。实体就是实体关系图用来描述事物的元素,是需要在系统中收集和存储的现实世界事物的类别描述。

以一个简单的教室为例,教室里面的墙壁、地面、讲台、黑板、桌椅板凳都是事物。但是人们在理解这些事物时,并不是完全地一一列举这些事物,而是下意识地对这些事物进行分类,并掌握类别的特征。例如,人们会用一个"桌子"的类别概念来描述教室内的所有桌子,并且给予"桌子"概念一些具体的特征。这里的每一张桌子都被称为一个实例(instance),对归类后的实例集进行的类别描述称为实体(entity)。一个简单的实例和实体的区别示例如图 13-4 所示。

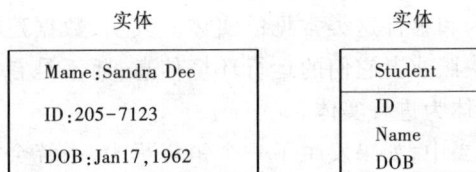

图 13-4　实体和实例的区别示例

实体描述的常见类别有人、地点、对象、事件、概念等。下面给出几个例子。

- 人:客户、学生、雇员。
- 地点:商店、房间、地区。
- 对象:图书、机器、产品。
- 事件:注册、选课、销售。
- 概念:账号、课程、权限。

在图形表示法中,通常使用能够表达其含义的名词来作为实体的名称。

2. 概念实体与逻辑实体

实体关系图中的实体主要以两种形式出现:概念实体和逻辑实体,这两种形式分别具有不同的作用。概念实体是一种抽象概念,不考虑概念背后的物理存在,所以通常不包含与之相关联的其他特征(即属性)。概念实体最常用于项目的计划阶段,帮助人们就大的概念进行交流。在开发中,这些概念实体表达的大的概念会在分析阶段得到进一步分析。几乎不存在关于什么可以成为概念实体的规则,如果它有助于描述问题,并且可以为其提供描述性的定义,通常就可以将其作为一个概念实体。

图 13-5 是一个概念实体的示例。在概念级,细节被屏蔽掉了。

逻辑实体是对概念实体的细化,拥有完整的特征描述。在实体关系图建模中,实体一词所指的通常就是逻辑实体。

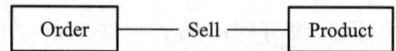

图 13-5　概念实体示例

图 13-6 是图 13-5 所描述的概念实体对应的逻辑实体。

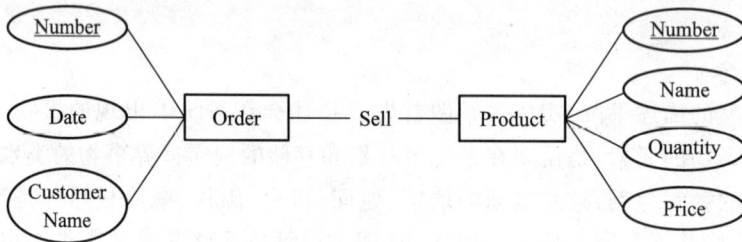

图 13-6　逻辑实体示例

3. 进程实体

在实践中,除了静态的事物和抽象的概念之外,行为和事件也是常见的实体类型。而且数据建模的初学者往往会忽视行为和事件这类常见的实体。其实,数据建模中对行为和事件建模是为了了解它们在某些时刻的快照或者它们的运行环境信息,而不是它们所体现出来的功能和达成的效果,所以不妨称这类实体为进程实体。

例如,在商店的管理系统当中,如果发生了一个销售行为,系统会需要记录下时间、地点、参与人员等行为发生时的环境信息,此时就需要将销售行为建模为实体。再如,在邮局的邮件递送系统当中,如果发生了一个递送行为,系统需要知道该行为在各个递送点时的表现,此时系统就需要将递送行为建模为实体,以了解它在不同传送点上的快照。

13.2.2 属性

1. 属性的概念

在确定了实体之后,还需要了解如何描述实体,属性就是可以对实体进行描述的特征。属性以数字、代号、单词、短语、文本乃至声音和图像的形式存在,一系列属性集成起来就可以描述一个实体的实例。

这里需要强调的是,属性是实体的特征,不是数据。属性会以一定的形式存在,这种存在才是数据,被称为属性的值(value)。

在图形表示法中,属性通常使用名词作为自己的名称。

2. 值与域

为了正确地说明一个实体的实例,属性的值就应该是一个合法的或者有业务含义的值。也就是说属性的取值范围应该是受限的,这个受到限制的取值范围称为域(domain)。

属性的域定义了属性可以取的合法值。在数据建模中,分析人员应该为属性指定必要的域限制。在过去的实践中,人们发现了一些非常常见的域限制,即常见的数据类型,可以在这些数据类型的基础上更有效地对属性进行域定义,如表 13-1 所示。

表 13-1　基于数据类型的域定义示例

数据类型	类型说明	域	例子
Number	整数	{最小~最大}	月份的域:{1~12}
Real	实数	{最小~最大}	考试得分:{0.0~100.0}
Text	文本	TEXT(属性的最大长度)	电话号码:TEXT(20)
Date	日期	{最早~最晚}	出生日期:{1900-01-01~今天}
Time	时间	{最早~最晚}	
Boolean	布尔		
Enumeration	枚举	{值1、…、值 n}	性别:{男、女、未知}
Binary	二进制		

3. 标识符

一个实体通常有很多实例,因此在把这些实例归类为实体进行统一形式的描述之后,有必要提供一种唯一确定和标识每个实例的手段。实体关系图采用的手段是为实体指定一个属性或者多个属性的组合,它们可以被用来唯一地确定和标识每个实例,这些属性或者属性组合就被称为实体的标识符(identifier),又称为键(key),如图 13-7 所示。

一个实体可能有多个键。例如对实体"学生",可以用"学号"作为键来唯一地标识某个具体的学生,也可以使用"身份证号"作为键来唯一地标识这个学生。这些键都被称为候选键(candidate key)。虽然所有候选键都能被用来标识实例,但人们通常会从多个候选键中选择和使用固定的某一个键来标识实例,这个被选中的候选键被称为主键(primary key),没有被选做主键的候选键被称为替代键(alternate key)。

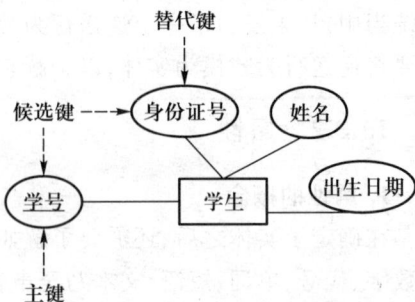

图 13-7　标识符示例

4. 属性的类型

根据取值情况的不同,可以将属性分为下面几种类型。

(1) 单值属性和多值属性

在描述实体的实例时,大多数属性都只有一个值,称为单值属性(single-valued attribute)。但也有些特殊的属性可能会取多个值,称为多值属性(multi-valued attribute)。例如,在图 13-8 的描述中,一个 student 的实例可能会有多个 Email,所以"Email"属性就可能会有多个值,就是多值属性。

(2) 简单属性和组合属性

通常,属性是实体的简单特征,在描述实例时会取一个简单的值,称为简单属性(simple attribute)。但也有属性是实体的复杂特征,需要使用多个数据组合起来才能描述实体的实例,称为组合属性(composite attribute)。例如,在图 13-8 的描述中,Student 的 Name 属性需要使用 first name 的值和 last name 的值组合起来才能描述一个具体的 Student,所以 Name 属性是组合属性。

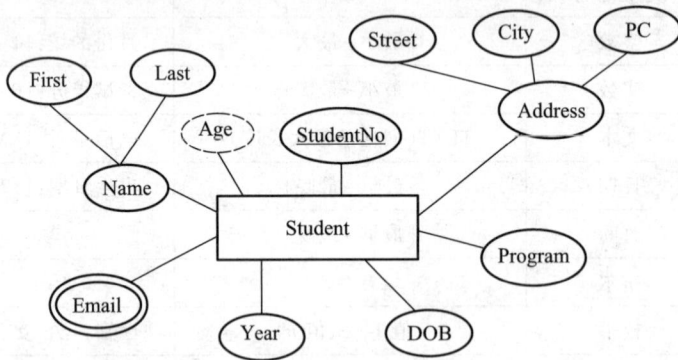

图 13-8　实体 Student 的属性描述(PC 为 Postcode)

(3) 存储属性和导出属性

实体实例大多数属性的值都是需要从现实当中获取的,但也有些属性的值是可以由其他属性值计算得出的。前者称为存储属性(stored attribute),后者称为导出属性(derived attribute)。例如,在 13-8 的描述中,一个 Student 的年龄 Age 可以通过出生日期 DOB(Date Of Birthday)计算得出,所以 Age 属性是导出属性。

13.2.3　关系

1. 关系的概念

实体并不是孤立存在的,它们之间互相交互、互相影响,共同支持业务任务的完成。关系就是存在于一个或多个实体之间的自然业务联系。关系表达的不是实体物理上的联系(如车与车轮),而是逻辑上的链接(如整体部分关系)。一个关系的简单示例如图 13-9 所示。

所有关系隐含的都是双向的,意味着它可以从两个方向上解释。在关系的命名上通常使用动词表达关系中实体的相互作用。

图 13-9　关系的简单示例

2. 关系的度数

关系的度数(degree)是指参与关系的实体数量,是度量关系复杂度的一个指标。

只有一个实体参与的关系存在于实体的不同实例之间时称为一元关系,又称为递归关系,如图 13-10(a)所示。

存在于两个实体之间的关系是最常见的关系,称为二元关系,如图 13-10(b)所示。

存在于 $N(N>2)$ 个实体之间的关系被统称为 N 元关系。图 13-10(c)展示了一个三元关系。

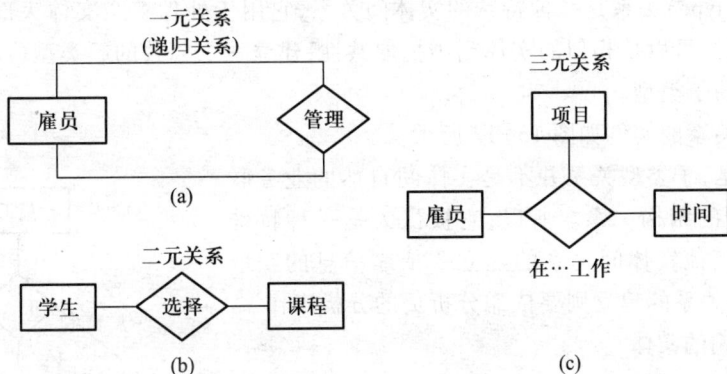

图 13-10　关系的度数

3. 关系的基数

衡量关系复杂性的另一个指标是关系的基数(cardinality)。关系的基数又被称为关系的约束(constraint)。一个实体在关系中的基数定义了在关系中其他实体实例确定的情况下,该实体实例可能参与关系的数量。

因为在实体参与关系时对其他实体的不同实例可能会有不同的参与实例数量,即基数是变化的,难以确定。所以为了描述关系的基数,基数又被分为最大基数和最小基数。最大基数又称为键约束(key constraint),最小基数又称为参与约束(participant constraint)。

一个实体在关系中的最大基数是指,对关系中任意的其他实体实例,该实体可能参与关系的最大数量。在最大基数为"1"时,实体在关系中的最大基数会被标记为"One"。在最大基数超过

"1"时,实体在关系中的最大基数会被标记为"Many"。只要关系是有意义的,最大基数就不可能为 0。

一个实体在关系中的最小基数是指,对关系中任意的其他实体实例,该实体可能参与关系的最小数量。在最小基数为"0"时,实体在关系中的最小基数被标记为"Optional"。在最小基数为"1"时,实体在关系中的最小基数会被标记为"Mandatory"。通常情况下,最小基数都不会超过"1",在超过 1 时,不做最小基数的标记,或者使用具体的数值作为最小基数的标记。

例如,图 13-11 描述了顾客实体和订单实体的签订关系。在签订关系当中,对于一个给定的订单实例,顾客实体有且只有能有一个实例参与,因为若没有具体顾客签订就不存在订单,而且订单不能重复使用,即一个订单只能被一个顾客签订。这样,在签订关系当中,顾客实体的最大基数为"1"(One),最小基数为"1"(Mandatory),其基数标记如图 13-11 所示。下面继续考虑签订关系中订单实体的基数,对于给定的顾客实例,这个顾客可能一次订单都没有签订过,也可能签订过很多订单,所以在签订关系当中订单实体的最大基数为"N"(Many),最小基数为"0"(Optional),其基数标记如图 13-11 所示。

图 13-11　关系的基数示例

4. 子类型关系

子类型(sub-type)关系是一种特殊的实体间关系,它用于处理多个实体大部分相似、少部分不同的情况。此时,可以从相似的实体当中抽取共性,建立一个公共的超类型(super-type),所有实体都是超类型的子类型。

一个子类型关系的实例如图 13-12 所示。

需要注意的是,子类型关系并不是实体间自然的业务联系,而是人为施加的结构关系。所以,它被认为是一种特殊的实体间关系。其他实体间关系的建立要依靠信息的获取和发现,而子类型关系的建立则要依靠分析员的分析工作。

5. 被关系影响的实体

在有些情况下,实体之间不仅仅存在关系,而且实体还会受到关系的影响从而表现出一些特殊的特性。这些被关系影响的实体主要是弱实体(weak entity)和关联实体(association entity)。

图 13-12　子类型关系示例

弱实体是指存在和标识需要依赖于其他实体的实体。如图 13-13 所示,考试是对课程的考试,如果不存在需要评价的课程,也就不存在考试。要标识一场考试,就必须先了解它是针对哪一门课程的考试。其中,"考试"被称为弱实体,关系"对…评价"被称为标识关系(identifying relationship),"课程"被称为父实体(parent entity)。

在实体之间建立关系时,可能会产生一些附带的实体,这些附带的实体就被称为关联实体。也就是说,关联实体是实体间建立关系时的副产品,它最常见的形式是进程实体。如图 13-14 所示,在学生选择课程时会发生选择行为,而且这个行为是系统需要收集的进程实体,所以"选择"

就是一个关联实体。关联实体需要同时依赖于关系中的所有参与实体才能唯一地标识自己。如果参与实体中有任何一个实体不存在相关的实例,那么关联实体就不可能存在对应的实例。

图 13-13　弱实体示例　　　　　　　　图 13-14　关联实体示例

13.3　实体关系图的创建

　　前面介绍了使用实体关系图描述数据模型的方法,方法中描述的对象反映了数据建模时的关注内容。但是在需求分析当中更重要的是建立数据模型,然后才有可能使用实体关系图将其描述出来。建立数据模型的过程是为一个系统从无到有建立实体关系图的过程,实体关系图的创建才是数据建模的核心问题。

　　实体关系图的创建方法主要有 3 种:第一种是依据充分描述信息的实体关系图创建;第二种是依据硬数据表单的实体关系图创建;第三种是复杂情况下的实体关系图创建。

13.3.1　依据充分描述信息的实体关系图创建

　　如果在建立实体关系图之前已充分获取所需要的数据描述信息,那么实体关系图的创建过程就是从信息的描述中辨识和描述数据模型元素的过程。在这个过程中,实体关系图的创建工作相对比较简单。

　　能够在建模之前获得充分的信息描述,然后专心进行数据建模的情况通常有以下两种:一种是系统小而简单,容易获得充分的信息描述;另一种是系统的功能分成了一些简单的部分,然后对其中的一个部分进行了充分的信息获取。

　　因为复杂系统的分析基本上都会使用分而治之的思想,所以掌握如何在局部范围内根据充足的信息描述建立局部的数据模型是非常必要的。

　　在获得充分描述信息的情况下,实体关系图的创建工作可以按照下列步骤进行。

　　① 从描述信息中辨识实体。从描述信息中寻找系统需要收集和存储的信息,然后将其建模为实体。寻找时,可以重点关注描述信息中的名词,并以系统是否需要收集其相关的特征为依据来判定是否将其建立为独立的实体元素。

　　② 确定实体的标识符。为每个实体选择能够唯一标识实例且比较稳定的属性作为标识符。

　　③ 建立实体之间的关系。从描述信息中辨识实体之间存在的业务联系,描述为独立的关系元素,并判断各个关系的建立是否会产生新的关联实体或者影响已有的实体特性。

　　④ 添加详细的描述信息。在得到一个初步框架之后,进一步从描述中挖掘信息,为数据模型添加详细的描述信息,包括实体的详细属性和关系的基数。

例如,××学校为了提高学生对新技术的理解能力,为研究生设立了研讨班制度。制度规定如下:

研讨班在每个学年开始的时候开设,然后持续一个学年。每个研讨班针对一个或几个研究方向。每个研讨班由一位或几位教师主持。在研讨班开设之后,学生可以根据主持教师(的姓名)和研讨班的方向来选择和参加某个研讨班。所有的学生必须且只能参加一个研讨班的学习。研讨班时常会开展活动,由教师来决定活动的时间、地点、主题和做报告的学生(的姓名)。每次活动时,由一位或多位同学围绕活动主题做学习报告,交流自己对新技术的学习心得。每个学生一次活动最多只能做一个报告,但每个学生至少会在一次活动中做一个报告。教师对活动中的每份学生报告进行一次点评和指导,提出建议和意见。

假设现在需要开发一个系统来支持研讨班制度的贯彻,主要目的有两点:一是支持研讨班制度,为教师和学生提供一个课内外交流的信息通道和平台;二是管理开设的各个研讨班,记录研讨班的开展情况。那么,就可以依据上面的制度说明建立局部的数据模型。

1. 辨识实体

从描述中可以发现重要名词,如图 13-15 所示。

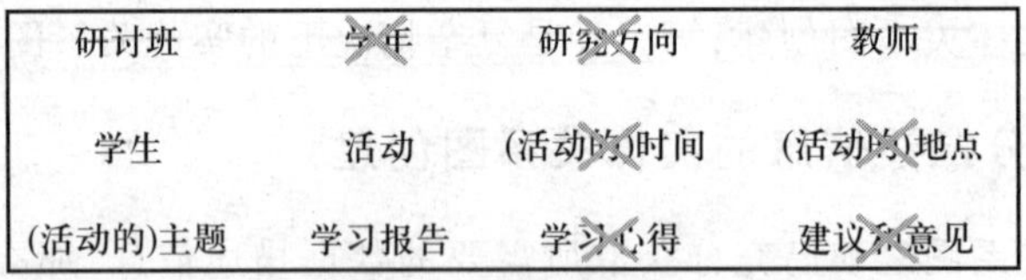

图 13-15　辨识实体的过程

因为系统要支持研讨班的开展,所以作为研讨班构成要素的"教师""学生"和"研讨班"本身自然是系统需要收集和存储的数据。又因为系统需要记录研讨班活动的开展情况,所以作为研讨班主要内容的"活动"自然也是系统需要收集和存储的数据。

在剩下的几个名词当中,"学年"和"研究方向"是对研讨班的描述,而且系统并不需要关于学年或者研讨班的更加详细的特征信息,所以它们应该作为研讨班实体的属性而不是具有自身特征的独立实体在系统中出现。

同样道理,"(活动的)时间""(活动的)地点""(活动的)主题"也应该是活动实体的属性而不是独立的实体。

在最后 3 个名词中,"学习报告"是活动的一个内容,是对活动的描述,但是系统需要更进一步了解关于学习报告的内容和教师评价,所以它应该作为一个独立实体存在。而"学习心得"和"建议与意见"是对学习报告的描述,而且系统不需要它们更进一步的特征,所以不应该作为独立实体出现。

最终发现的实体如图 13-16 所示。

2. 确定实体的标识符

为辨识出来的实体确定标识符,如图 13-17 所示。

图 13-16　初步辨识的实体

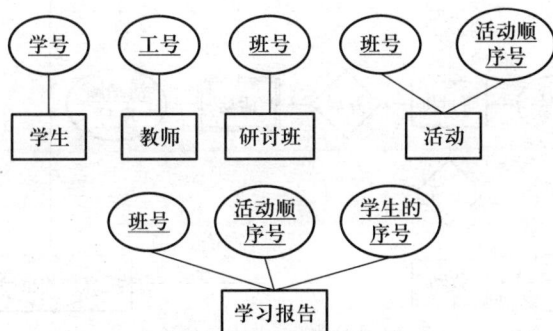
图 13-17　确定实体的标识符

3. 建立实体之间的关系

从描述中可以发现关系如下：

- 学生"参加"研讨班。
- 教师"主持"研讨班。
- 研讨班"开展"活动。
- 学生"参加"活动。
- 活动"内容包括"学习报告。
- 学生"做"学习报告。
- 教师"点评和指导"学习报告。

而且，进一步分析可以发现：

- 活动需要依赖于研讨班才能标识自己，所以活动是弱实体。
- 学习报告是学生参加活动的副产品，所以学习报告应集成到学生与活动的关系中，成为关联实体。
- 教师对学习报告的点评和指导会产生副产品——建议和意见，所以出现了"点评和指导"这样一个新的关联实体。

所以，建立实体关系之后的实体关系图如图 13-18 所示。需要注意的是，在一些实体的特性做出调整之后，它们的标识符也发生了变化。因为"活动"成为弱实体，需要依赖于"研讨班"来标识自己，所以"班号"属性需要去除。"学习报告"成为关联实体，需要同时依赖于"学生"和"活动"才能标识自己，而且它的 3 个标识符分别都是"学生"实体和"活动"实体的标识符，所以全部标识符都要去除。

4. 添加详细的描述信息

最后，依据描述信息建立实体关系图的详细内容，包括实体的属性和关系的基数等。

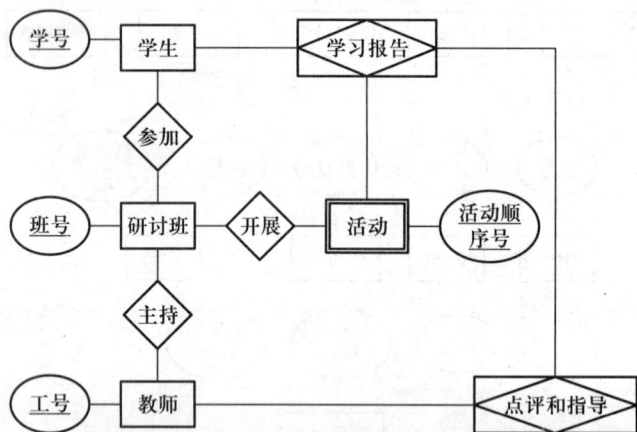

图 13-18　建立实体间的关系

图 13-19是最终建立的实体关系图,具体的内容这里不再赘述。

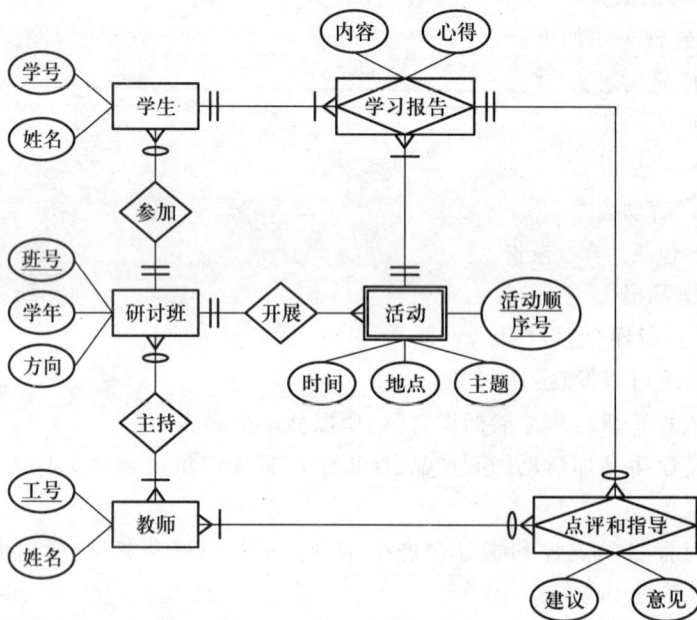

图 13-19　最终的实体关系图

13.3.2　依据硬数据表单的实体关系图创建

除了文本的信息描述之外,硬数据表单也是建立数据模型的理想资料。依据硬数据表单建立数据模型的情况在实践中非常常见。

在通常情况下,硬数据表单是比较简单的(如图 13-20 所示),可以将它的项目内容组织成一个实体或两个实体。

××学校××年×月×日—×日考试安排

日期	时间	科目	专业	考号	考场

图 13-20　硬数据表单示例 1

但也有些硬数据表单比较复杂,例如图 13-21 所展示的邮政包裹表单就是一个比较复杂的表单,无法利用一个或两实体来组织表单内含的项目。依据复杂的硬数据表单创建实体关系图也是系统数据建模中一个常见且重要的部分。

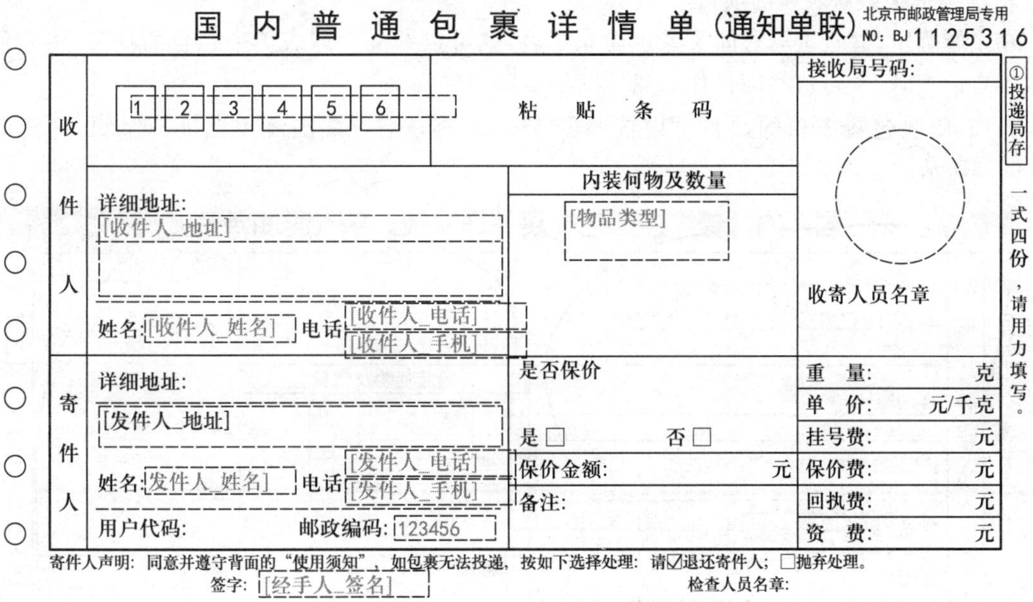

图 13-21　硬数据表单示例 2

面对复杂的硬数据表单时,可以依照下列步骤建立实体关系图。

1. 分析表单内容,确定表单主题

首先要分析表单的内容,确定表单试图说明的几个主题,然后将每个主题描述为一个独立的数据实体。

例如,对于图 13-21 所展示的邮政包裹表单,在不考虑签字和签章的情况下(即签字和签章的数据不需要收集),可以将表单内容分为包裹、收件人和寄件人 3 个主题。据此建立初始的实体关系图,如图 13-22 所示。

2. 建立主题之间的关系

在确定了主题之后,再依据表单的内容设置建立主题之间的关系。每张表单都有一个中心主题,它是表单最终要说明的内容。很多其他的主题常常会依赖于中心主题,进而成为弱实体,这一点需要特别注意。当然,并不是所有的其他主题都会成为弱实体。

例如,在邮政包裹表单的 3 个主题当中,包裹主题明显是中心主题,收件人和寄件人都依赖于它而成为弱实体。这些主题之间的关系如图 13-23 所示。

图 13-22　初始的实体关系图

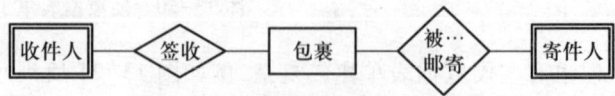

图 13-23　建立主题之间的关系

3. 围绕主题组织表单的项目

在主题确定,并且主题之间关系也建立之后,就可以一一处理表单中包含的项目,将它们分派到各自的主题,并将这些项目作为属性围绕主题组织起来。

例如,邮政包裹表单的项目可以按照图 13-24 的分割方式围绕主题进行组织,并建立如图 13-25 所示的实体关系图。

图 13-24　项目的分割

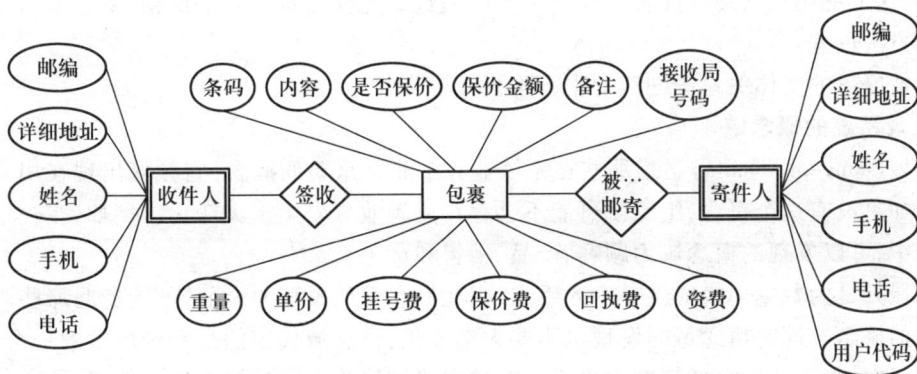

图 13-25　围绕主题组织项目

4. 补充实体关系图的详细信息

经过前面 3 个步骤,可以得到一个较好的实体关系图框架。在此基础上,补充一些详细的信息,包括关系的基数和实体的标识符等,就可以得到最终的实体关系图。

例如,经过详细信息的补充之后,邮政包裹表单的最终实体关系图如图 13-26 所示。

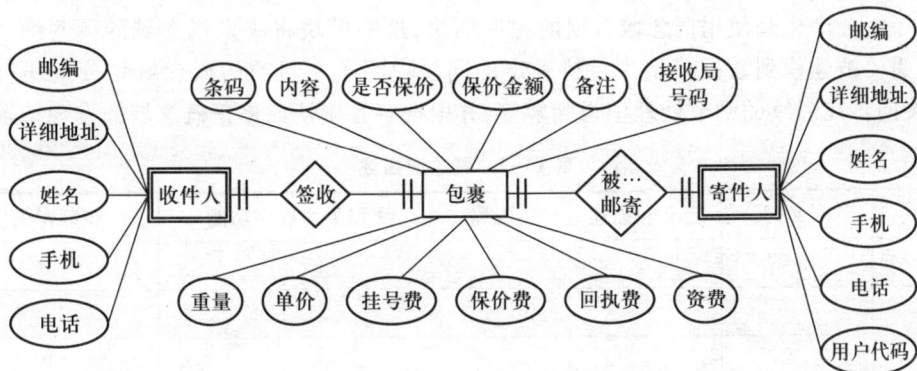

图 13-26　最终的实体关系图

13.3.3　复杂情况下的实体关系图创建

依据充分描述信息的实体关系图创建和依据硬数据的实体关系图创建,这两种方法都是在拥有充分的需求获取信息的情况下进行的实体关系图创建,但这种情况通常只会发生在一个复杂项目中的一些局部和离散部分。因为需求获取和分析通常是交织在一起的,它们互相促进。所以,在进行数据建模时,分析员面对的最多的情况是没有充分的需求获取信息。在这种情况下,数据建模的方法和过程就比它们要复杂得多。

复杂情况下的数据建模所涉及的内容复杂而且广泛,尤其是在对细节问题的处理上情况繁多,所以对这个主题感兴趣的读者可以参考专门的数据建模书籍。限于篇幅,本书下面仅提供一个简略的方法过程。

复杂情况卜的实体关系图创建通常有下列几个步骤。

1. 发现系统的概念域

概念域(concept domain)是指那些在系统业务中非常重要的概念,它频繁出现在用户的日常对话中。如果没有这个概念,组织就可能不会存在或者业务发生重大变化。例如,在一个企业销售系统当中,可以发现的概念域为顾客、产品、销售和员工。

概念域只是为数据建模提供一个入手点,因此概念域的发现要全面,不能遗漏那些对业务有重大影响的概念。同时概念域的发现也不要太细节化,概念域代表的是问题域中的一个子域,在后续处理当中,每一个概念域都会以星形发散的方式扩展为多个逻辑实体。例如,前述的概念域"产品"可能会被扩展为产品、产品分类和产品部件等。

2. 建立对概念域的描述

在发现概念域之后建立对概念域的描述,为概念域下一步的深入和扩展提供方向。

例如,可以为发现的概念域建立如表13-2所示的描述。同义词用来统一词汇的使用,避免在系统中发生不必要的概念混淆。定义和描述用来说明概念域的基本内容,提供初步的理解。资源说明了进一步理解概念域可以利用的资源,这些资源可以是人、文件或数据等。相关的程序功能说明了将会产生和使用概念域数据的程序模块,这些模块将决定概念域的哪些细节概念和具体特征需要被建模到数据模型中。待确定的问题说明了在目前的概念域划分上还有哪些疑问,这些疑问将在后续的细节处理中得到解答,并根据解答确认或修正概念域的发现结果。

表 13-2 概念域描述

概念域	同义词	定义和描述	资源	相关的程序功能	待确定的问题

3. 展开概念域

表13-2内提供的内容就是概念域得以进一步深入和展开的路线。具体来说,就是以可利用的资源为线索,获取并描述概念域所代表的问题域子域。然后结合程序功能对概念域数据的需要,建立概念域局部的数据模型。

在概念域得到充分的展开之后,就可以将其作为一个局部,使用依据充分信息描述的实体关系图创建方法或者依据硬数据表单的实体关系图创建方法,建立局部的数据模型。如果概念域仍然比较复杂,可以再从中发现概念子域,并重复上述的方法分而治之。

4. 合并概念域的局部数据模型

在各个概念域的说明完成之后，合并各概念域的局部数据模型，消除冗余和冲突，就可得到系统整体的数据模型。

13.4　实体关系图与过程模型的联系

结构化的分析方法使用实体关系图来描述系统的数据，使用过程模型来描述系统行为，但是在实体关系图和过程模型之间的协同问题上却始终没有形成有效的解决方案，实践也一再表明了这一点。

目前实现实体关系图与过程模型同步的技术当中，功能/实体矩阵（function/entity matrix）是一种较为常见的技术。

功能/实体矩阵的一个简单示例如表 13-3 所示。表 13-3 描述了一个课程注册系统的过程模型和数据模型的协同关系。表的行反映的是课程注册系统的过程模型，列出了系统的功能。表的列反映的是课程注册系统的数据模型，列出了系统的实体。表中的数据单元说明了对应行的功能会对对应列的数据进行怎样的操作。操作分为创建（create）、读取（retrieve）、更新（update）和删除（delete）4 种，在单元中被分别标记为 C、R、U、D，所以功能/实体矩阵又被称为 CRUD 矩阵。

表 13-3　功能/实体矩阵示例

功能/实体	学生	课程	注册
修改课程信息		RU	
注册课程	R	R	C
取消课程注册	R	R	D

建立功能/实体矩阵的过程也是一次极好的检查，可以帮助验证过程模型和数据模块的正确性，发现其中的错误、遗漏、冗余和不一致。例如，没有任何关联功能的实体都是可疑的，不对任何数据进行操作的过程也是可疑的。

第14章 面向对象建模

14.1 概　　述

面向对象建模是面向对象方法学在需求分析中的应用,所以也称为面向对象分析。它采用面向对象方法学的世界观,将系统看成是一系列对象的集合。每个对象具有独立的职责,完成独立的任务,对象之间通过消息机制互相协作,共同实现系统的目标。

虽然面向对象编程早在20世纪60年代就出现了,但是面向对象分析方法却是直到20世纪90年代才初现端倪。面向对象分析方法是在面向对象编程和面向对象设计得到大规模应用的情况下,吸收了传统软件方法学的很多成果之后才产生的。所以,虽然面向对象分析是目前需求分析的主流方法,但是读者在学习时要认识到它并不完全排斥传统方法中所采用的技术,它自身所使用的一些技术(如用例模型和状态机模型)也并不是基于面向对象方法学的。在很多情况下,它需要和传统技术互相配合才能取得更好的效果。

在产生之初,包括面向对象分析在内的面向对象方法出现了很多分支,其中主要的有 Grady Booch 的 Booch 方法[Booch 1997]、Ivar Jacobson 的 OOSE 方法[Jacobson 1992]、James Rumbaugh 的 OMT 方法[Rumbaugh 1991]、Perter Coad 与 Edward Yourdon 的 Coad-Yourdon 方法[Coad 1990]、Sally Shlaer 与 Stephen J.Mellor 的 Shlaer-Mellor 方法[Shlaer 1988]等。这些不同的方法有着各自不同的技术、概念、表示法和开发过程,相互之间难以进行工作的协同。所以人们试图综合不同分支建立统一的面向对象方法,建立统一建模语言(Unified Modeling Language, UML)。UML 后来被对象管理组织(Object Management Group, OMG)采纳作为面向对象建模的标准方法,并得到了广泛的认同。

14.2 UML 与面向对象分析

14.2.1 UML 的需求分析模型

UML 是以 Booch 方法、OOSE 方法和 OMT 方法为基础,发挥 3 种方法的互补性(如图 14-1 所示),互相取长补短,并吸收了对象约束语言(Object Constraint Language, OCL)等其他技术之后产生的。本书就以 UML 为面向对象建模的标准方法,介绍面向对象的需求分析过程。UML 的表示法比较复杂,本书仅解释主要的概念和图示,更详细的内容请参考 UML 专门著作[Rumbaugh 2004, Booch 2005]。

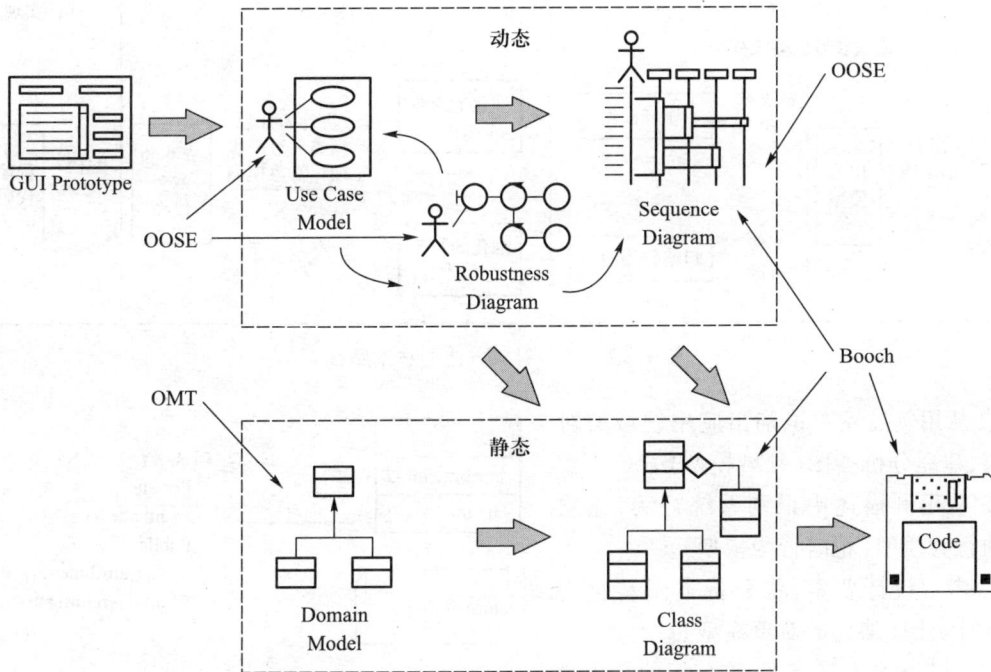

图 14-1　Booch 方法、OOSE 方法、OMT 方法与 UML

　　虽然被称为统一建模语言,但 UML 其实是很多种技术的综合体。这些技术在一个统一的框架下能够很好地实现相互之间的协同,共同构成完整的面向对象开发方法。在需求分析中涉及的 UML 技术有:

- 用例图(用例模型)
- 类图(对象模型)
- 交互图(顺序图/通信图,行为模型-对象协作)
- 状态图(行为模型-状态机)
- 活动图(行为模型-业务过程)
- 对象约束语言

14.2.2　基于 UML 的面向对象建模思路

　　如图 14-2 所示,面向对象分析方法在定义项目前景与范围时使用活动图分析业务过程,使用用例模型组织需求信息。面向对象分析与设计的最终目标则是建立完全的对象模型,并基于完全的对象模型完成向编码的平滑过渡,如图 14-3 所示。

　　因此,面向对象分析与设计的关键是实现从用例模型到完全对象模型的过渡,包括下列几个步骤:

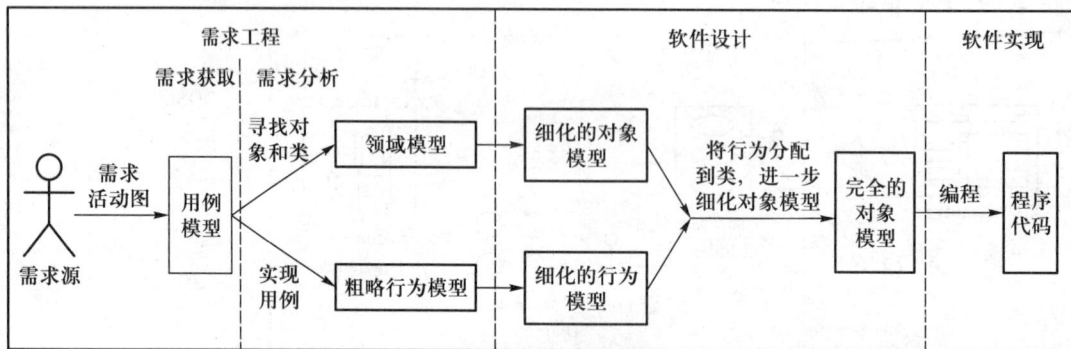

图 14-2　面向对象方法的技术路线

① 从用例描述中识别出应用领域的对象和类,建立分析类图(领域模型)。

② 从用例描述中识别系统行为,建立分析的行为模型(粗略行为模型)。

③ 考虑设计要素,将分析类图转化为初始设计类图(细化的对象模型)。

④ 基于初始设计类图,将分析的行为模型转化为设计的行为模型(细化的行为模型)。

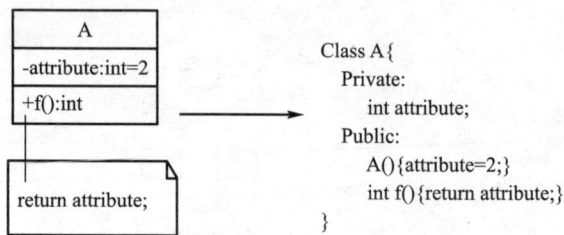

图 14-3　完全类图向编码平滑过渡的简单情景示意

⑤ 综合考虑初始设计类图与设计行为模型,将系统行为分配给类,细化类的职责,建立完全的对象模型。

面向对象分析与设计的几个步骤可以划分为以下 4 个阶段。

① 面向对象方法首先从需求的源头(主要是用户)进行需求获取,描述业务流程(活动图),组织需求信息的用户描述,建立用例模型。

② 在得到用例模型之后,面向对象方法一方面要从用例模型中寻找对象和类,建立领域模型,领域模型描述了业务工作中的概念类和类的重要属性;另一方面,面向对象方法依据用例模型建立行为模型,行为模型是用例模型的实现,体现了用例描述中的系统行为。这个阶段是需求的分析阶段,它的主要目的是理解用户的需求,所以它建立的对象模型和行为模型都是比较粗略的模型,还没有涉及与软件实现相关的技术细节。

③ 在得到用户需求的完整、准确理解之后,面向对象方法就开始考虑软件的实现机制,进行软件设计。设计阶段以软件的高质量实现为第一目的,所以设计阶段需要在领域模型和粗略的行为模型中加入软件实现的细节信息,进行模型的细化,建立细化的对象模型和行为模型。最后结合细化后的对象模型和行为模型,为类进行系统行为的分配,完成最终的完全对象模型。

④ 在得到完全的对象模型之后,编程人员就可以选择一种面向对象的语言,完成程序的编写,使软件变成实际的存在形式——程序代码。

整体来说,①、②阶段是需求分析的任务,③阶段是设计的任务,④阶段是实现的任务。面向对象方法中分析和设计的分界线比较模糊,这主要有以下几个原因。

- 分析和设计都使用相同的模型,只是模型内包含的信息有所不同而已,分析侧重于需求的理解,设计侧重于实现的细节。
- 关于需求理解信息(what)和实现细节信息(how)的区分比较模糊[Siddiqi 1994]。
- 模型"粗略"和"细化"仅仅是程度上的不同,无法定义一个非常准确的区分标准,所以无法准确界定分析应该何时终止对粗略模型的加工以及设计应该何时开始对模型进行细化。

本章主要描述的面向对象分析工作有以下两个。

- 对象模型(类图):建立领域模型。
- 交互图、状态图:建立行为模型。

14.3 对象模型

对象模型以对象和类的概念为基础,描述了系统中的对象和这些对象之间的关系。建立对象模型的过程被称为对象建模,它是面向对象建模的核心技术。

需要指出的是,对象模型(面向对象)的思想起源是很早的,可以追溯到 20 世纪 60 年代的 Simula 语言。早期的对象模型以对象、类及其之间的关系为基本元素进行系统模型的描述,这种早期的对象模型技术被称为基于对象(object-based)的技术。但是仅仅包含对象、类及其之间的关系还是远远不够的。在后期的发展中,在对象、类及其之间关系的基础之上,对象模型又扩充了继承和多态等重要概念和方法,才最终形成了现在的面向对象(object-oriented)技术。所以,读者在学习中需要认识到,除了对象、类及其之间关系之外,继承和多态也是面向对象方法的重要组成部分。

14.3.1 对象

对象的概念是对象模型的基础。从理解现实世界的角度来看,它是对现实世界事物的抽象,即对象代表了现实世界的事物。当然,在软件设计中也会出现一些在现实世界中没有对应事物的对象。不过在需求分析中,对象都应该代表相应的现实世界事物,这也是面向对象分析和面向对象设计的一个不同点。

对象描述的是一种比较常见的存在,很多事物都可以被模型化为对象。常见的有以下事物。

- 和系统存在交互的外部实体,如人、设备和其他软件系统等。
- 问题域中存在的事物,如报表、信息展示和信号等。
- 在系统的上下文环境中发生的事件,如一次外部控制行为、一次资源变化等。
- 人们在与系统的交互之中所扮演的角色,如系统管理人员、用户管理人员和普通用户等。
- 和应用相关的组织单位,如分公司、部门、团队和小组等。
- 问题域中问题发生的地点,如车间和办公室等。

- 事物组合的结构关系,如部分与整体的关系等。

但是,对象并非普遍存在,有一些事物是无法抽象为对象的。[Smith 1988]给出的对象概念为:对象是指在一个应用中具有明确角色的独立可确认的实体。在这个定义中强调了一个事物可以被抽象为对象的两个条件:独立可确认和有明确的角色。

1. 独立可确认

独立可确认要求对象能够从周围的环境中界定自己。如果一个事物无法在周围环境中界定自己,那么这个事物就不是独立可确认的,也就是无法抽象为对象的。这里需要强调的是,一个事物是否可界定是相对于环境的,是相对于问题域的。例如,在一个图书管理系统中,每一本图书都是可以界定的,但是每一本图书对借阅者的实际知识贡献是无法界定的,所以,可以利用一个抽象对象来描述图书,但是无法使用一个抽象对象来描述图书给借阅者产生的实际价值。但是,如果存在另外一个专门分析借阅者知识结构的系统,就能够界定每一本图书对借阅者的实际知识贡献,就可以将其抽象为对象。在系统对事物的信息有需要时,这些无法界定的事物往往会以其他对象属性的方式出现。

界定的对象需要拥有一个标识符以唯一地标识自己。和实体关系模型中使用键来标识实体不同,对象模型使用对象的引用作为对象的标识。如果一个对象 a 需要和另一个对象 b 合作,那么 a 就必须要从外界环境中将 b 识别出来,也即 a 需要知道 b 的引用。

2. 有明确的角色

对象角色(role)被认为是对象职责(responsibility)的体现,职责是指对象持有、维护特定知识并基于知识行使固定职能的能力,因此,要求对象有明确的角色就是要求对象在应用中维护一定的知识和行使固定的职能,简单说就是要拥有状态和行为。

状态是对象的特征描述,包括对象的属性和属性的取值,属性是描述对象时使用的特征选项。对象的行为通常是依赖于状态的,如果状态发生了变化,那么对象的行为往往也会随之变化。虽然在软件设计中会出现没有状态而仅有方法的对象,但是在需求分析中没有状态的事物是不能被抽象为对象的。例如,一个纯粹的随机数字产生行为不能被抽象为对象,而在一定状态(例如取值范围或者历史的取值记录)基础之上的随机数字产生行为就可以被抽象为对象。

行为是对象在其状态发生改变或者接收到外界消息时所采取的行动。对象的行为是基于其状态的,而其状态又是历史行为的累积,所以对象的多个行为之间往往具有相关性。如果对象的所有行为都互有相关性,那么可以认为它拥有一个内聚的状态和行为,此时称该对象具有单一职责,是理想的抽象结果。现实世界中只有状态没有行为的事物不能被抽象为对象,如蓝色、5M 等原子属性及其取值。

现在,再来重新认定对象角色的含义。一个对象维护其自身的状态需要对外公开一些方法,行使其职能也要对外公开一些方法,这些方法组合起来定义了该对象允许外界访问的方法,或者说限定了外界可以期望的表现,它们是对象需要对外界履行的协议(protocol)。一个对象的整体协议可能会分为多个内聚的逻辑行为组,例如,一个学生对象的有些行为是在学习时发生的,而另外一些可能是在购物时发生的,这样,学生对象的行为就可以分为两组。划分后的每一个逻辑行为组就描述了对象的一个独立职责,体现了对象的一个独立角色。如果一个对象拥有多个行为组,就意味着该对象拥有多个不同的职责,需要扮演多个不同的角色。例如,上例的学生对象就需要同时扮演学生和顾客两个角色。每一个角色都是对象一个职责的体现,所有的角色是对象所有职责的体现。所以,理想的单一职责对象应该仅仅扮演一个角色。

综合上面的论述,对象是对现实世界事物的抽象,在应用中履行特定的职责。对象具有标识、状态和行为。

14.3.2　对象之间的关系

系统中的对象不是孤立存在的,它们需要互相协作完成任务。对象之间这种互相协作的关系称为链接(link),它描述了对象之间的物理或业务联系。

链接通常是单向的,当然也有双向链接存在。如果一个对象 a 存在指向 b 的链接,那就意味着 a 拥有对 b 的假设,关于 b 的行为和行为效果的假设。也就是说,b 需要满足 a 的某些行为期望。这样,如果 a 需要这些行为,它就可以按照假设向 b 发出请求并得到期望的结果。在相反的情况下,如果 a 对 b 没有任何期望,那么 a 就不会向 b 发出请求,由 a 指向 b 的链接就是冗余的对象间关系。

由 a 指向 b 的链接除了包含假设和期望因素之外,还意味着 a 能够在链接的指引下,正确找到并将消息发送给 b。这种情况下,b 是对 a 可见的,或者说 a 拥有 b 的可见性(visibility)。如果一个对象 a 拥有了对象 b 的可见性,那么 a 就可以按照 b 的协议发送消息,请求 b 的服务。

a 获取 b 的可见性,或者说建立由 a 指向 b 的链接的途径有以下几种。

- b 是全局对象,它对系统内的所有其他对象都是可见的。
- b 是 a 的一部分。
- b 是被 a 创建的。
- b 的引用被作为消息的一部分传递给了 a。

14.3.3　类

1. 类的概念

对象是一个存在于一定时间和空间中的具体实体,而人们认识和处理具体事物时总会有意识或无意识地对它们进行归类和抽象,类就是将对象进行归类和抽象的结果。

类是共享相同属性和行为的对象的集合,它为属于该类的所有对象提供统一的抽象描述和生成模板。抽象描述称为接口(interface),定义了类所含对象对外的(其他类和对象)的统一协议。生成模板称为实现(implementation),说明了类所含对象的生成机制和行为模式。

每个类都有能够唯一标识自己的名称,同时包含有属性和行为方法。类的 UML 的表示如图 14-4(a)所示,图 14-4(b)展示了一个类 Student 的 UML 图示。

对象是类的实例,对象的 UML 图示如图 14-5 所示。因为对象的行为都是和类的方法声明保持一致的,所以在对象的图示当中没有方法列表。

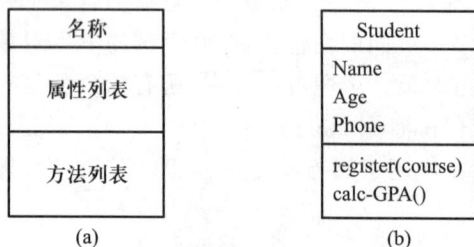

图 14-4　类的 UML 图示

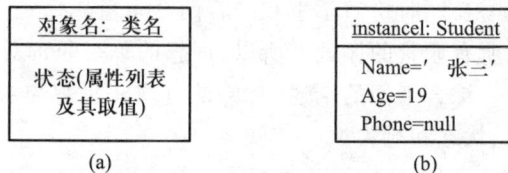

图 14-5　对象的 UML 图示

2. 类的产生——分类

"类"的概念体现了它的含义,它是众多对象分类后产生的类别。因此,分类方法的不同自然会导致所产生的结果类不同。目前常见的类产生方法有数据驱动(data-driven)和职责驱动(responsibility-driven)两种。

受到传统方法的影响,尤其是信息工程方法的影响(因为对象模型在某种程度上是在实体关系模型的基础上发展出来的),人们一度以数据(即对象的属性)作为对象分类的主要标准,将具有相同属性的对象归为一类,这种类产生方法被称为数据驱动方法。[Booch 1993]将这种类产生方法归因于哲学上传统的经典分类理论(classical categorization theory)。在经典分类法中,所有具有一个给定特性或共同特性集的实体组成一个类。因此,在考察一个对象的类别或者定义一个类别概念时,会首先考虑它是否具有某些指定特征。例如,这种理论就曾经将"人"定义为"无羽毛的双脚直立行走动物"。

经典分类理论明显是有缺陷的,人们在更多的时候会依据事物的相似性而不是完全的相同性来进行事物的分类,后一种分类方法在哲学上称为概念聚类(conceptual clustering)。概念聚类使用概念描述而不是指定的特征来描述类别和事物。在进行事物分类时它会考虑概念之间的相似性,并将事物归入和其概念最为相似的类别。概念聚类在类产生方法中的应用就是职责驱动方法。职责驱动方法要求结合对象的状态和行为来描述对象的职责,然后根据对象间职责的相似性进行聚集和分类,进而产生对象集的类。

3. 类的产生——抽象

分类之后,每个类别会有很多的对象实例,它们有相似性,也有差异性。从众多的对象中归纳出共同的类描述的过程依据的是抽象(abstract)原则。抽象是指在事物的众多特征中只注意那些和目标密切相关的特征,同时忽略那些不相关的特征,进而找出事物的本质和共性。

抽象是人们在理解事物时常用的手段。在面对的事物过于繁杂或者需要寻找众多事物的共性时,人们就会运用抽象原则。通过以特定的目标和要求为导向,忽略不重要的特征。抽象可以使得人们摆脱具体事物的细节困扰,将面对的问题简单化。

忽略特征有两种方式,一种是在水平层次上忽略一些特征,多用于对复杂事物的简化。例如,一本书具有标题、作者、内容、写作时间、印刷时间、销售时间、销售商、购买者、价格、纸张质料等非常多的特征,在开发图书管理系统时就可以将这些特性中的大部分忽略,仅仅保留标题、作者、内容等有限的重要特征。

忽略的另一种方式是在特征的垂直表达层次上忽略底层的细节,在一个更高的层次上分析事物,多用于归纳众多事物的共性。例如,对两个学生张三和李四,在底层细节上,他们的姓名属性分别取值为"张三"和"李四",抽象的方法会忽略这些底层细节的差异,在更高的层次上归纳出它们都有一个"姓名"属性的共性。

对象就是对现实世界事物的抽象结果,它表达了系统所需要的现实世界事物特征,抛弃了那些系统不需要的特征。类则是对象集的抽象结果,它忽略了具体某个对象在特定时间和空间的细节状态,从对象集的全局出发,在一个更高的逻辑层次上,描述了对象集的共性。后面将要介绍的类的继承关系也是一种抽象,在类集合中寻找共性的抽象。

4. 类的封装

需要特别指出的,类并不是简单地将属性和行为放置在一起,它还需要进行信息的隐藏(information hiding),又称封装(encapsulation)。封装是指尽可能隐藏构造单位内部的实现细节,只通过有限的对外接口保持对外联系的一种软件构造策略。

类的封装要求类只对外公开其对象为履行职责所必需的协议(protocol),其他的实现细节都要隐藏起来,包括不允许外界直接访问的属性和内部使用的局部方法。

因为类只通过封装后的协议与外界交互,所以类之间是平等的,不存在一个类控制其他类的现象[Booch 1994]。如果一个类需要使用其他类的功能,那么就按照对方的协议向其发送消息请求,并从对方的响应消息中得到结果。

14.3.4 类之间的关系

1. 关联

类之间的关系被称为关联(association),它指出了类之间的某种语义联系。关联是类对其对象实例之间的无数潜在关系的描述。对象实例依据关联所带有的信息进行链接的建立和撤销。如果两个类之间没有关联,那么这两个类的对象实例之间就不存在链接,就无法实现直接协作。如果所有的类之间都没有关联,那么就只剩下一些不能一起工作的孤立的类。

对象模型是以实体关系模型为基础发展出来的(OMT方法是对实体关系图的面向对象改进,而UML的对象模型的主要思想又来自于OMT方法),所以对类之间关系的处理和对实体之间关系的处理存在很多的相似性(如图14-6所示):

① 为关联赋予名称,表示关系的语义内涵。

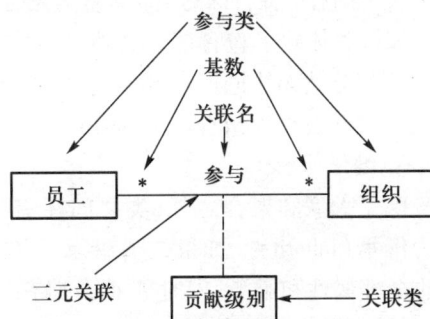

图14-6　关联的描述

② 将参与关联的类的数量表示为度数,用来度量关联的复杂度,常见的有一元关联、二元关联和 N 元关联。

③ 使用最大基数和最小基数来明确一个类在关联中的参与情况。

④ 如果一个关联同时具有了独立的状态和行为,那么这个关联也可以被看成类,称为关联类。

除了上述特性之外,对象模型还描述了关联的其他特性(如图 14-7 所示)。

- 角色(role)。在类参与关联关系时,依据类在关系中扮演的角色为关联端(association end)赋予角色。关联端是类与关联的连接点,它定义了关联中类的参与行为。关联端的角色是可选的,可以标记出来,也可以不予指定。

- 可见性(visibility)。除了角色之外,在关联端上还可以标记可见性信息,用来说明某个关联端的类是否对关联中的其他类可见,即用来说明其他类的对象实例能否通过关联的链接实例访问关联端类的对象实例。可见性也是可选的,可以标记,也可以不标记,而且通常很少标记。

- 方向。对象实例之间的链接是单向的,但是类之间的关联通常是双向的。不过也可以将关联标记为单向的,可以为关联赋予方向。在分析阶段,通常不标记关联的方向。

- 限定关联(qualified association)。在关联当中,一些类可以通过为关联端指定一些属性来将远端关联的类实例区分开来,这种关联被称为限定关联。

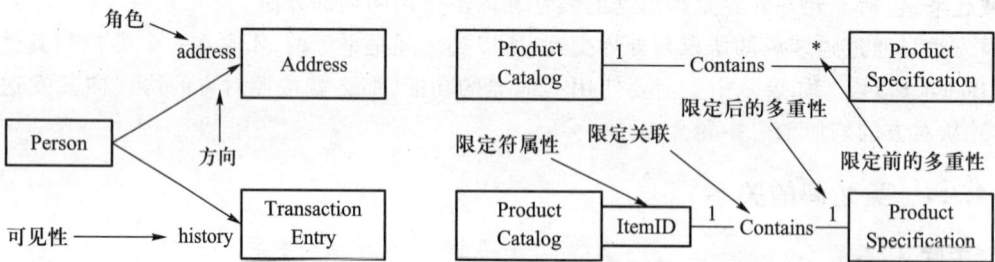

图 14-7 关联的其他特性描述

2. 聚合与组合

类之间有一种特殊的关联被称为聚合(aggregation),表示部分与整体之间的关系,如图 14-8(a)所示。如果整体除了包含部分之外,还对部分有完全的管理职责,即一旦一个部分属于某个整体,那么该部分就无法同时属于其他整体,也无法单独存在,则这种聚合关联被称为组合(composition),如图 14-8(b)所示。

3. 继承

除了关联和聚合之外,类之间还有一种比较基本的关系,称为继承(inherit)。如果类 A 继承了类 B,那么 A 就自然具有 B 的全部属性和服务,同时 A 也会拥有一些自己特有的属性和服务,这些特有部分是 B 所不具备的。其中,A 被称为子类,B 被称为父类(或超类)。在继承关系当中,可以认为子类特化

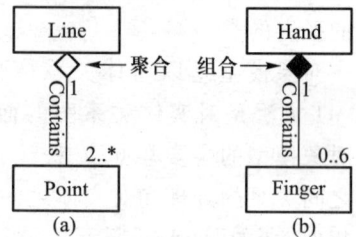

图 14-8 聚合与组合示例

了父类,或者说父类是子类的泛化,所以继承关系又称为泛化(generalization)关系。

要更好、更准确地理解继承关系的含义,就必须要提到继承关系的起源。面向对象的继承概念来源于人工智能(Artificial Intelligence, AI)领域。假设有下面两组条件 $Pc1$ 和 $Pc2$: $Pc1 = F1(.) \wedge F2(.)$, $Pc2 = F1(.) \wedge F2(.) \wedge F3(.)$,则如果 $Pc1$ 能够满足规则 Q,即 $Pc1 \rightarrow Q$,那么 $Pc2$ 就也能满足规则 $Pc2 \rightarrow Q$。$Pc1$ 和 $Pc2$ 的关系就可以被认为是继承关系,$Pc2$ 继承了 $Pc1$。从这里可以看出,如果一个子类继承了父类,那么子类就应该拥有父类所有的元素,同时额外追加自己特有的元素。除了子类要包含父类的元素之外,通过分析继承关系的起源,还可以发现继承关系另一层更加重要的语义含义,即子类要能够完成父类的工作,履行父类的职责。

对元素的继承是一种静态的结构关系,对职责的继承是一种动态的语义关系。实现静态继承关系的子类在结构上继承父类,被称为子类(subclass),静态继承关系被称为子类化(subclassing)关系。实现动态继承关系的子类在职责上继承父类,被称为子类型(subtype),动态继承关系被称为子类型化(subtyping)关系。同时实现静态和动态的继承是面向对象继承关系的理想情况。但是面向对象使用的是静态的继承实现技术,所以常常会出现仅仅实现静态继承的情况。这是一种不完整的继承关系,会带来很多的负面问题。

这里需要强调指出的是,不要仅仅为了实现结构上的复用效果而进行继承,要保证父类和子类之间职责上的继承。例如,在图 14-9(a)中,B 继承了 A 的结构,但是因为 B 更改了 A 的 Print 协议,所以 B 没有在职责上继承 A,此时 B 仅仅是对 A 的静态继承。静态继承可以实现代码的重用,但是因为 B 的 Print 协议具有和 A 不同的语义,所以如果出现了按照 A 的语义应用 B 的 Print 协议的情况,就会带来负面影响。在图 14-9(b)中,A 和 B 具有不同的结构,但是它们的职责是相似的,所以它们虽然没有子类关系,却可以是子类型关系。图 14-9(c)中的 A 和 B 是对象模型中理想的继承关系,B 同时实现了对 A 的静态继承和动态继承。

继承关系的图示如图 14-10 所示,它被描述为带有三角形箭头的实线。

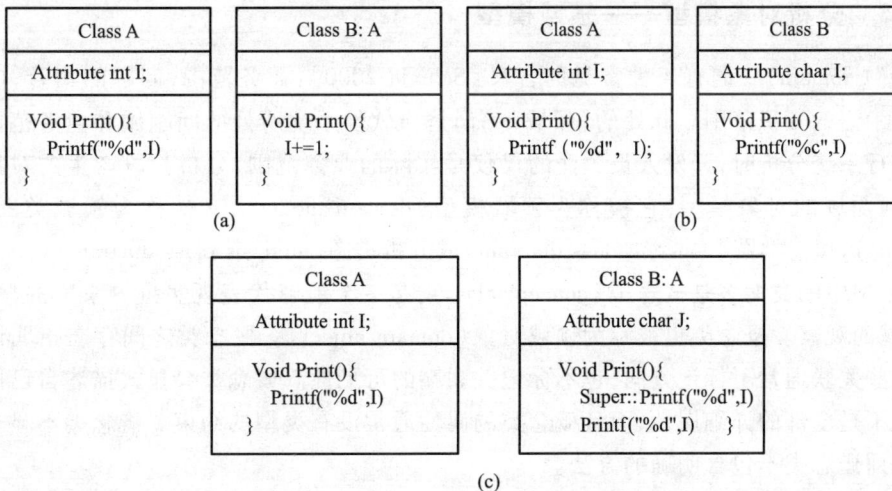

图 14-9　静态继承和动态继承示例

4. 多态

多态（polymorphism）是面向对象方法中对象模型的重要概念。多态有广义和狭义之分，对广义多态的理解需要分离对象的实现和它在一定情景下的表现形态。这里的实现是指对象具有的表现能力，它使对象有能力表现出各种可能的行为。表现形态是指对象在某一特定情况下表现出来的行为。因为受到使用情景的限制和影响，所以对象表现出来的行为可能仅仅是其能力的一个部分。也就是说，表现形态只是实现的一种可能展示。

一个对象在不同情景下表现出不同形态，或者不同对象在相同情景中表现出相同形态的现象被称为广义上的多态。

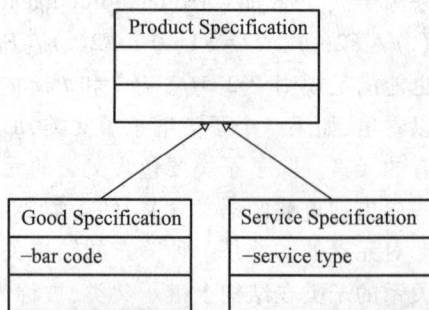

图 14-10 继承关系图示

广义多态的第一种类型是重载与泛型，是同一对象在不同情景中表现出不同形态的现象的抽象。例如，同一块显卡可以配合不同的主板配置表现出不同的效果。面向对象方法对该种类型的多态有两种实现方式：一是依据参数或返回值的不同为协议定义不同的版本，每一个版本都可以表现出自己独特的行为；二是使用同一个通用的实现处理不同的数据类型，然后根据数据类型的不同表现出不同的行为。第一种实现方式被称为重载（overloading）。第二种实现方式被称为泛型（generality），也被称为类定义的模板（template）机制。

广义多态的第二种类型是狭义多态，是对多个对象在同一情景中表现出相同形态的现象的抽象。例如，不同的显卡可以在同一套计算机配置中实现相同的显示效果。这种多态也是狭义上的多态概念。面向对象方法使用继承作为狭义多态的实现方式。

14.3.5　分析对象模型——领域模型

"领域"（domain）一词有 4 种常见的含义［Schmid 2000］：业务范围，问题的集合，应用的集合，有共同术语的知识范围。此处的"领域"一词是指软件系统所处的问题域和业务范围。也就是说，在进行系统分析时，开发人员关注的仅仅是实际的业务范围，分析阶段产生的对象模型是关注用户问题域的对象模型，它被称为领域模型（domain model），又被称为领域类图（domain class diagram）、概念类图（concept class diagram）或分析类图（analysis class diagram）。

领域模型中的类大多是概念类（concept class），是一个能够代表现实世界事物的概念，来自于对问题域的观察。概念类也被称为领域对象（domain object）。概念类之间存在指明语义联系的关联，这些关联通常不标记方向，也不标记关联端的可见性。概念类会显式描述自己的一些重要属性，但不是全部的详细属性，而且概念类的属性通常没有类型的约束。概念类不显式地标记类的行为，即概念类不包含明确的方法。

一个领域模型的示例如图 14-11 所示。领域模型和完整类图的比较如图 14-12 所示。

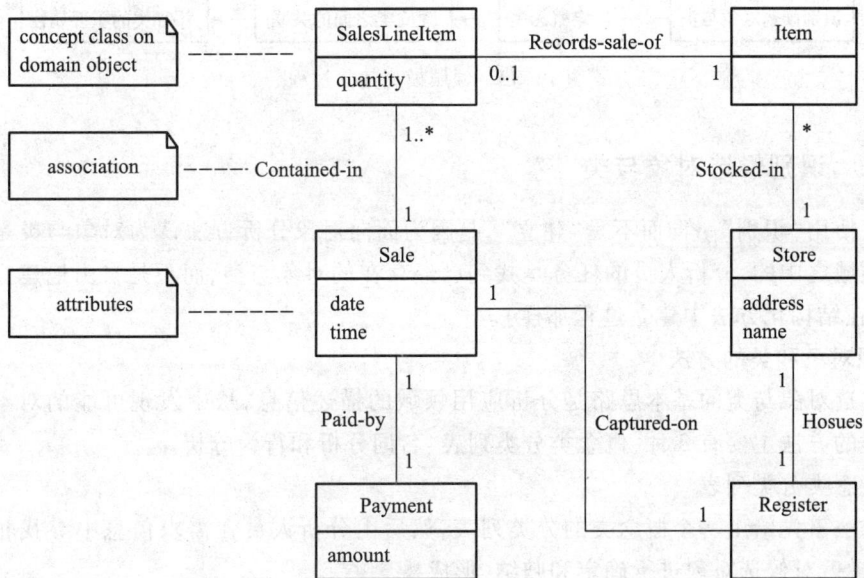

图 14-11 领域模型示例

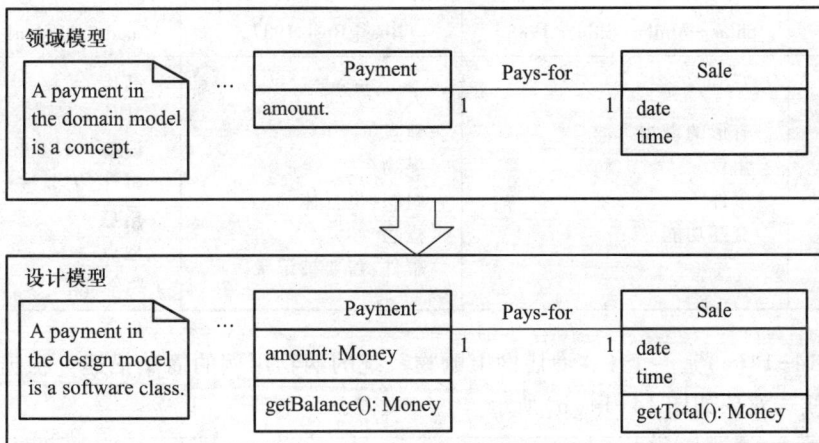

图 14-12 领域模型和完整类图的比较示例

14.4 建立领域模型

领域模型的建立过程如图 14-13 所示,包括 4 个步骤,识别候选对象与类、确定概念类、建立类之间的关联和添加类的重要属性。

图 14-13　领域模型建立过程

14.4.1　识别候选对象与类

之所以使用"识别"一词而不是"建立",是因为面向对象分析方法认为对象与类是本来就存在于应用领域之中的,分析人员的任务是找到已经存在的对象与类,而不是自由地建立需要的对象与类(像在结构化方法中建立过程那样)。

1. 发现对象和类的方法

识别候选对象与类的基本思路是分析应用领域的描述信息,从中发现可能的对象与类。发现对象和类的方法主要有 3 种:概念类分类列表、名词分析和行为分析。

(1) 概念类分类列表

这种方法事先给出一个概念类的分类列表,然后由分析人员在需求信息中寻找相应类别的候选对象,最后对候选对象进行确定和归纳,形成概念类。

一些常见的概念类分类方式如表 14-1 所示。

表 14-1　常见的概念类分类

方式来源	Shlaer-Mellor[Shlaer 1988]	Ross[Ross 1987]	Coad-Yourdon[Coad 1990]
分类列表	有形的事物 角色 事件 交互功能	人 地点 事物 组织:集合体 概念 事件:需要被记录	结构 其他系统 设备 事件:需要被记录 角色 地点 组织单位

例如,图 14-14(a)是一个 CD 商店网上购物系统的购物用例的简单描述。根据概念分类列表,可以发现候选对象如图 14-14(b)所示。

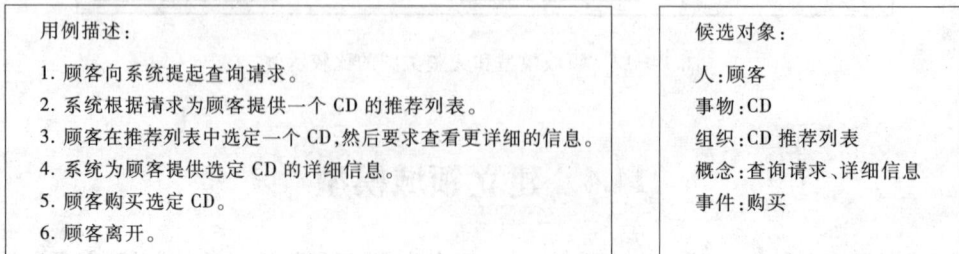

用例描述:

1. 顾客向系统提起查询请求。
2. 系统根据请求为顾客提供一个 CD 的推荐列表。
3. 顾客在推荐列表中选定一个 CD,然后要求查看更详细的信息。
4. 系统为顾客提供选定 CD 的详细信息。
5. 顾客购买选定 CD。
6. 顾客离开。

(a)

候选对象:

人:顾客

事物:CD

组织:CD 推荐列表

概念:查询请求、详细信息

事件:购买

(b)

图 14-14　利用概念类分类列表发现对象和类的示例

（2）名词分析

名词分析是一种运用语言分析的实用方法。名词分析从文本描述中识别有关的名词和名词短语，然后将它们作为候选对象，最后对候选对象进行确定和归纳，形成概念类。

例如，一个商店销售处理的用例简单描述如图 14-15 所示。对其进行语言分析，识别其中的名词和名词短语，并使用下划线进行标记。识别时，重复出现的名词和名词短语只需要标记一次即可。这些标记出来的名词和名词短语就成为候选对象。

用例描述：

1. 顾客携带商品到销售终端 POS 前。
2. 收银员开始一个新的销售处理。
3. 收银员输入物品项标识。
4. 系统记录销售的物品项列表并且显示物品描述、价格和总价。
   收银员重复步骤 3-4，直至输入所有物品项。
5. 系统显示最后的总价。
6. 收银员告诉顾客总价，要求顾客支付账款。
7. 顾客付款，系统结账。
8. 系统记录整个销售处理，更新产品库存目录。
9. 系统打印收据。
10. 顾客离开。

图 14-15　利用名词分析发现对象和类的示例

（3）行为分析

和名词分析不同的是，行为分析是从需求描述中搜寻动词，识别出系统行为；然后找出系统行为的主动对象和被动对象作为候选对象。

一个利用行为分析发现对象和类的示例如表 14-2 所示。

表 14-2　利用行为分析发现对象和类的示例

用例描述	行为	候选对象	
		主动对象	被动对象
1. 用户在第 i 层按下向上的楼层按钮	按下	用户	第 i 层向上楼层按钮
2. 第 i 层的向上按钮灯亮	亮	第 i 层的向上楼层按钮灯	
3. 电梯到达第 i 层	到达	电梯	第 i 层
4. 第 i 层的向上楼层按钮灯灭	灭	第 i 层的向上楼层按钮灯	
5. 电梯门开启	开启	电梯门	
6. 计时器开始计时	计时	计时器	
7. 用户进入电梯	无		
8. 用户按下到 j 层的电梯按钮	按下	用户	到第 j 层的电梯按钮
9. 到第 j 层的电梯按钮灯亮	亮	到第 j 层的电梯按钮灯	

用例描述	行为	候选对象	
		主动对象	被动对象
10. 计时时间到，电梯门关闭	到时	计时器	
	关闭	电梯门	
11. 电梯到达第 j 层	到达		
12. 到达 j 层的电梯按钮灯灭	灭	到第 j 层的电梯按钮灯	
13. 电梯门开启	开启	电梯门	
14. 计时器开始计时	计时	计时器	
15. 用户走出电梯门	无		
16. 计时时间到，电梯门关闭	到时	电梯门	
	关闭	计时器	

表 14-2 的第 1 列是电梯控制系统的一个用例的描述片段。

第 2 列是从用例描述中发现的行为。其中，用例的第 7 行和第 15 行所说明的行为（用户的进入和走出电梯）是与系统无关的行为，它既不会影响系统也不会受到系统的影响，所以不属于系统行为。

表的第 3 列是根据行为的主动对象和被动对象初步选择的候选对象。

2. 方法比较

上述 3 种方法各有优缺点和适用场景。

使用概念类分类列表和名词分析又被称为经典方法。之所以称这些方法为经典方法，是因为它们主要来源于经典分类理论，产生的概念类容易出现数据驱动缺陷。相比之下，行为分析就是以概念聚类为基础的职责驱动方法，它适用于描述复杂协同系统和控制系统。

概念类类别比较依赖于分析人员的个人技能，名词分析和行为比较依赖于用例文本的写法。实践中，[Abbott 1983] 提出的名词分析方法因为容易使用和有效得到了较为广泛的应用，它能够帮助解决常见情况下的候选类识别工作，虽然它不够严谨（因为名词比较依赖于用例文本的写法），但总体效果受到的影响不大 [Booch 2007]。

3 种方法的共同缺点是需要以明确的需求描述为前提，如果遇到复杂和有较多不确定性的系统，难以建立明确需求描述的情况下，这 3 种方法就会碰到困难，这时可以使用 CRC 方法参见 14.11 节。CRC 方法能够处理复杂情景，但应用起来较为困难，很大程度上依赖于分析人员自身的技能和经验。不熟练的分析人员是很难应用好 CRC 方法的。

3. 类的归纳

按照对象模型的概念定义，类是对象的归纳。那么在识别候选对象和类时，是否也需要先识别对象再归纳类呢？实际工作不是这样的，因为人们在观察和理解事物时很自然地就会带有分类的观点，所以在寻找对象时并不是搜寻孤立的对象，而是带着类型的观点搜寻和外界存在一定联系的对象类型,即寻找到的每个对象通常都能代表一个概念类。例如,在看待一个人时,人们不会仅仅停留在对他本人的观察上,而是会自然地将这个人和很多社会角色(学生、顾客等)联系起来,赋予其一种类型。只有在少数的特殊情况下需要按照分类法对对象进行分类处理,以产生概念类。例如,在图书管理系统当中,如果确定了"学生"对象和"教师"对象,在二者没有被图书管理系统区别对待的情况下,这两个对象应该被合并为一个概念类"读者"。

需要说明的是,这并不意味着类的分类思想就是没用的,因为分析人员在下意识进行归类时,仍然要遵循职责驱动的分类思路。

14.4.2　确定概念类

1. 确定概念类的准则

选定了候选类之后,还需确定其是否应该作为一个概念类存在。判断的标准就是在应用背景(尤其是需求要求)下考察候选类的内涵,看其是否同时具有状态和行为特征。

① 如果候选类既维持一定的状态,又依据状态表现一定的行为,那么它就应该是一个独立存在的概念类。例如,假设在销售系统当中有两个候选类"商品"和"价格"。其中"商品"需要维护商品的描述信息,即同时具有状态(描述信息)和行为(为查询提供描述信息),所以它应该是一个独立存在的概念类。"价格"拥有一个状态(即价格的取值),但是它没有行为,因为人们查询商品价格的时候是向"商品"发出请求而不是询问"价格",所以它不是独立存在的概念类。

② 如果候选类只有状态没有行为,就要分析它的状态是否是系统需要的数据。如果系统需要它的状态数据,那么该候选类就应该作为其他类的属性出现在最终的领域模型当中。否则,该候选类应该被摈弃。上一段例子中的"价格"就属于只有状态没有行为的候选类,而且系统需要它的状态数据,所以它最终会被抽象为"商品"类的一个属性。

③ 如果候选类只有行为没有状态,那么往往意味着需求信息的遗漏,因为行为的表现总是要以状态为基础的。此时就需要重新进行需求的获取。例如,假设在销售系统当中出现了一个候选类,它仅仅包含打印收据行为却不维护任何状态,那么很容易就可以发现关于收据内容的信息在执行需求获取时被遗漏了。

④ 既没有状态也没有行为的候选类很少会出现,即使出现也可以很容易地做出将其摈弃的决定。

2. 实体关系建模思想带来的误区

在判断一个候选类是否应该成为独立类时一定要紧密结合类的含义。尤其是要避免实体关系建模思想所带来的误区。

① 误区之一是属性的复杂度问题。在进行实体关系建模时,因为实体往往需要以二维关系表的形式表达出来,因此人们就会使用"二维"形式来限制实体的属性。例如,在实体出现组合属性或多值属性时,这些属性就会超出二维的限制,以至于无法被实现为一个对应的关系表,就常常会被独立为单独的实体。

其实这种二维的限制本来就不该出现在实体关系建模当中的,它应该是数据设计需要考虑的内容,而不是数据分析。在面向对象分析当中,这种限制就更不应该存在了。例如,在图书管理系统中,在描述"图书"类时,需要"作者"的信息。假设"作者"的信息比较复杂,包括姓名、职业、联系方式等很多内容,而且这些信息仅仅是被用来描述图书。按照"二维"形式的实体关系建模思想,具有复杂结构的"作者"自然应该是独立的实体。但是如果将"作者"作为候选类进行考察,那么依据类的含义进行判断,"作者"具有系统需要的状态数据但是没有独立的行为,它就自然应该被抽象为"图书"类的属性,是"图书"类的一个复杂属性。

② 误区之二是人们易于武断地将单值状态类抽象为其他类的属性。例如,在前面考察销售系统当中的"商品"和"价格"两个候选类的例子当中,很多人会因为"价格"仅仅包含一个属性(价格:Integer)而武断地将其作为"商品"的属性。但是在特定的情况下,假设商店实行的是依据外界环境变化的浮动价格(例如分时段、分顾客等级),那么"价格"就具有了独立的行为。再对"价格"进行考察时,它就应该是一个独立的存在类。除了"价格"这样带有数量性质的单值状态类之外,标识符也是常常被错误处理的单值状态类。例如,"商品"都有"条码"作为标识符,但是在"条码"具有独立行为时(如合法性验证),"条码"就应该被看成独立的类而非"商品"的属性。将上述情况下的"价格"和"条码"建模为独立类的好处可以在[Fowler 1996,Chapter 3 & Chapter 5]中找到充足的证据。

3. 示例

例如,对图 14-14 中所描述的候选对象,按照上述准则进行判定:"详细信息"应该是"CD"的属性而非独立的对象,因为它只有系统需要的状态没有独立的行为。所以,对候选类进行处理后就可以得到如图 14-16(c)所示的概念类。每一个确定后的对象都被归纳为一个独立的概念类。

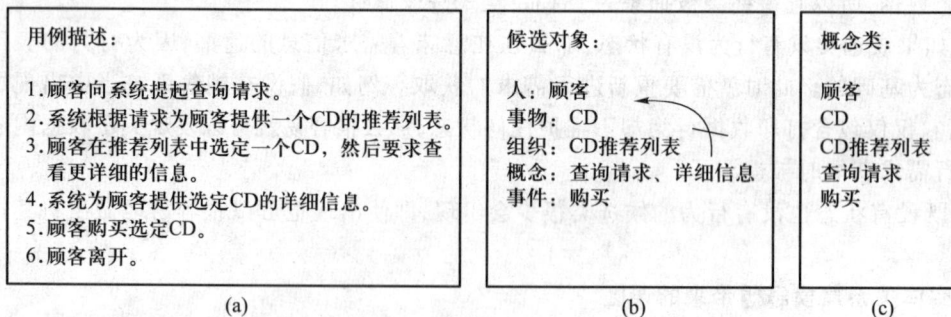

用例描述:	候选对象:	概念类:
1.顾客向系统提起查询请求。	人:顾客	顾客
2.系统根据请求为顾客提供一个CD的推荐列表。	事物:CD	CD
3.顾客在推荐列表中选定一个CD,然后要求查看更详细的信息。	组织:CD推荐列表	CD推荐列表
4.系统为顾客提供选定CD的详细信息。	概念:查询请求、详细信息	查询请求
5.顾客购买选定CD。	事件:购买	购买
6.顾客离开。		
(a)	(b)	(c)

图 14-16　从候选类中确定概念类示例一

再如,对图 14-15 所描述的候选类,进行概念类确定可以发现:"物品项标识""价格""总价"和"收据"4 个候选类不符合条件,需要被摈弃。当然,系统设定"物品项标识"和"价格"不存在合法性验证和浮动价格这样的特殊行为。而且,系统还设定它不需要保存和后续处理打印出来的收据,这样收据就是由系统产生但在系统之外存在的事物,属于既无状态又无行为的应摈弃对象。最后确定的概念类如图 14-17(c)所示。

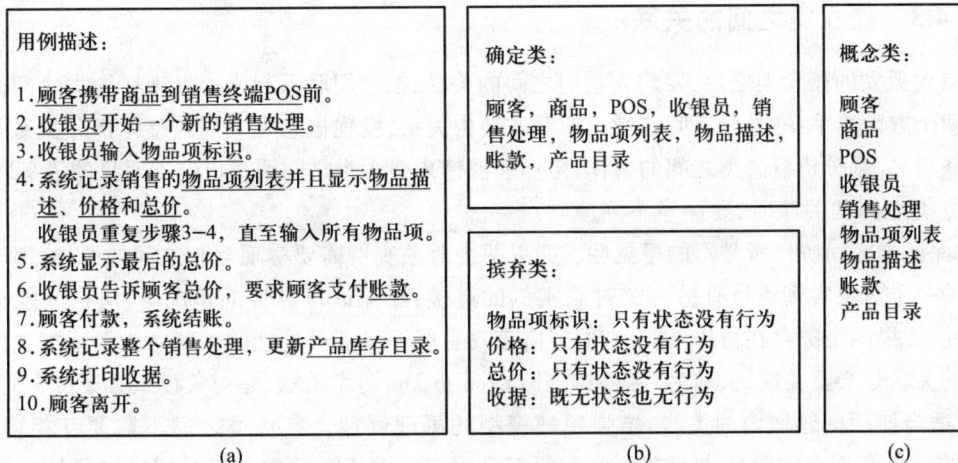

|（a）|（b）|（c）|

用例描述：

1. 顾客携带商品到销售终端POS前。
2. 收银员开始一个新的销售处理。
3. 收银员输入物品项标识。
4. 系统记录销售的物品项列表并且显示物品描述、价格和总价。
   收银员重复步骤3—4，直至输入所有物品项。
5. 系统显示最后的总价。
6. 收银员告诉顾客总价，要求顾客支付账款。
7. 顾客付款，系统结账。
8. 系统记录整个销售处理，更新产品库存目录。
9. 系统打印收据。
10. 顾客离开。

确定类：

顾客，商品，POS，收银员，销售处理，物品项列表，物品描述，账款，产品目录

摈弃类：

物品项标识：只有状态没有行为
价格：只有状态没有行为
总价：只有状态没有行为
收据：既无状态也无行为

概念类：

顾客
商品
POS
收银员
销售处理
物品项列表
物品描述
账款
产品目录

图 14-17　从候选类中确定概念类示例二

再如，分析表 14-2 中的候选类，可以确定如图 14-18 所示概念类。

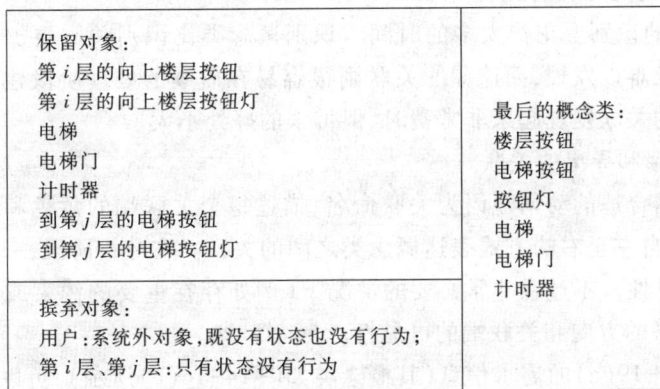

保留对象：

第 i 层的向上楼层按钮
第 i 层的向上楼层按钮灯
电梯
电梯门
计时器
到第 j 层的电梯按钮
到第 j 层的电梯按钮灯

摈弃对象：

用户：系统外对象，既没有状态也没有行为；
第 i 层、第 j 层：只有状态没有行为

最后的概念类：

楼层按钮
电梯按钮
按钮灯
电梯
电梯门
计时器

图 14-18　从候选类中确定概念类示例三

① 候选类"用户"没有状态，所以在设定"按下"行为的归属时，候选对象"第 i 层的向上楼层按钮"和"到第 j 层的电梯按钮"被作为首选，这样候选类"用户"就既没有状态也没有行为。

② "第 i 层"与"第 j 层"两个候选类只有状态，没有行为，应该作为其他类的属性存在。

③ 如图 14-18 所示，初步确定后的类还需要进行归纳。"第 i 层的向上楼层按钮"和"到第 j 层的电梯按钮"被归纳为概念类"楼层按钮"和"电梯按钮"。如果系统内同时存在多个电梯，"楼层按钮"和"电梯按钮"的行为会有所不同，所以可以保留这两个概念类（当然，也可以再为"楼层按钮"和"电梯按钮"抽象出一个共同的超类"按钮"）。如果系统内只有一个可以调度的电梯，那么"楼层按钮"和"电梯按钮"的行为会类似，就可以再将它们合并归纳为一个概念类"按钮"。电梯内所有按钮灯的行为都是类似的，所以被共同抽象为一个概念类"按钮灯"。

14.4.3 建立类之间的关联

在得到孤立的概念类之后,要建立它们之间的关联,把它们联系起来。发现概念类之间的关联可以从两个方面着手:一是分析问题域内的静态结构关系,发现概念类之间的整体部分关系和明显的语义联系;二是分析概念类之间的协作,协作能够体现概念类之间明显以及不明显的语义联系。

建立类之间的关联时,要注意下列原则。

① 保证类之间协作所必需的可见性。如果两个对象实例需要实现互相之间的协作,那么至少它们中的一个对象实例要持有另一个对象实例的链接,在保证可见性的情况下,协作才能成为可能。因此,如果两个类存在协作,那么它们就应该具有能够保证可见性的关联。为保证类之间协作而建立的关联是必要关联,被称为"需要知道"(need to know)型关联,是对象模型必不可少的部分。

② 适当使用问题域内的关联,增强领域模型的可理解性。有些类之间不需要互相协作,但是它们的对象实例在问题域内存在某些重要而且固定的关系。这些关系是问题域特性的必要部分,因此需要为这些关系建立关联,以增强领域模型的可理解性。对问题域内关系的识别要适可而止,因为问题域内的关系是复杂和繁多的,为它们建立太多的关联不仅不能有效地表示领域模型,反而会使领域模型变得混乱。

③ 不要在关联的识别上花费太多的时间。识别概念类比识别关联更加重要。一方面是因为遗漏的概念类比较难以发现,而遗漏的关联则很容易在后续的处理阶段建立。另一方面是因为常常有些深层次的关联发现起来非常费时,但带来的好处不大。

④ 避免显示冗余和导出的关联。

发现关联后使用合适的动词短语为关联命名,描述每个关联端的角色和多重性。关联名称通常按照自上至下、自左至右的方式表达概念类之间的关系。在分析阶段,一般不会描述关联的方向和关联端的可见性。不过在非常必要的情况下(例如存在重要的约束或者某些类有特殊要求),也可以描述关联的方向和关联端的可见性。

例如,根据图 14-19(a)的需求信息(其概念类如图 14-16(c)所示),可以从协作和问题域两个方面为其发现关联,如图 14-19(b)所示,并建立图 14-19(c)所示的领域模型。

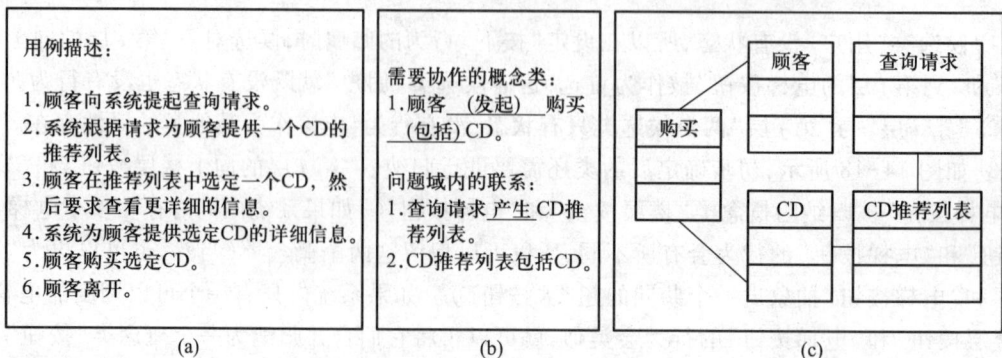

图 14-19 关联建立示例

为图 14-19(c)的领域模型关联添加了详细的描述之后,产生的领域模型如图 14-20 所示。

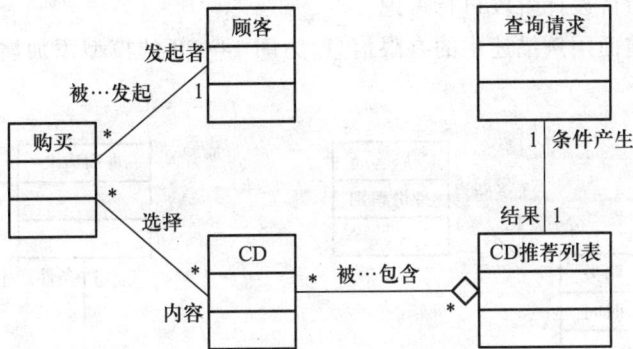

图 14-20 建立关联后的领域模型示例

读者可以按照上述步骤自行为图 14-17 和图 14-18 所描述的概念类建立关联。其参考结果分别如图 14-21(a)和图 14-21(b)所示。

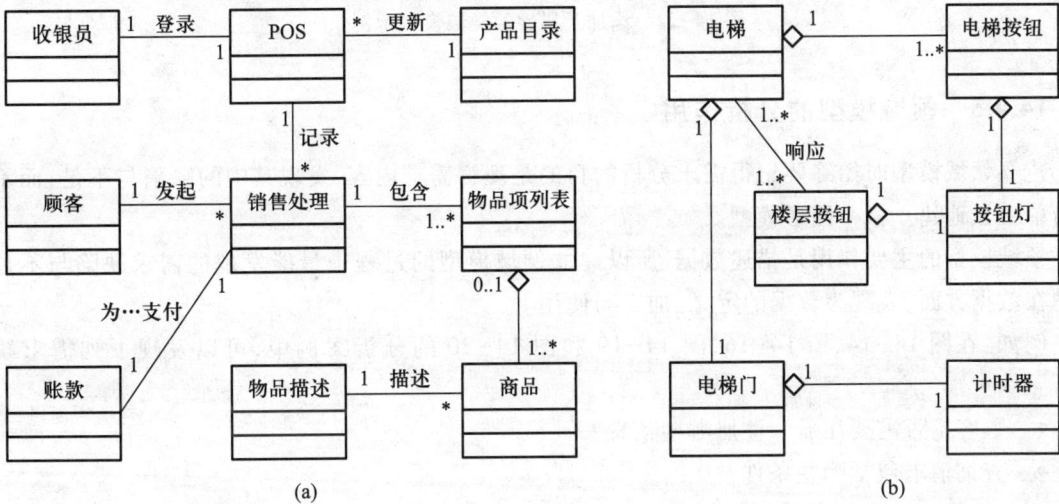

图 14-21 应用的参考示例

14.4.4 添加类的重要属性

建立领域模型的最后一个步骤是添加概念类的重要属性。这些属性往往是实现类协作时必要的信息,是协作的条件、输入、结果或过程记录。在用例的描述中可以发现关于属性的信息。在需求获取阶段获取的硬数据更是在添加类属性时非常重要的资料。

在分析阶段,建模的首要目标是理解现实,其次才是提高软件模型的质量。所以,在添加概念类的属性时通常遵循用户的描述方式,不进行类型和约束的严格定义。

遇到复杂的属性时,按照提高质量的考虑,应该进行简化处理。不过如果是为了理解需要,也可以先不加处理,留待设计阶段再行考虑。

例如,可以根据前面用例描述中的有限信息,为图 14-20 的模型添加属性,建立如图 14-22 所示的领域模型。

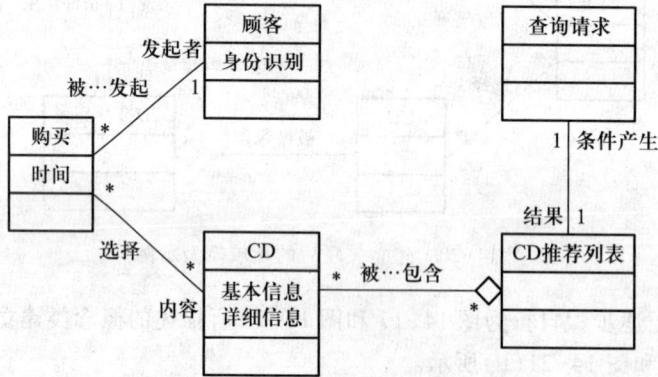

图 14-22　添加了属性的领域模型示例

14.4.5　领域模型的分析作用

建立领域模型时始终要记得需求分析的目的是理解需求内容,发现其中的缺陷与不足,而不是简单机械地建立一个图形模型。

领域模型的主要作用是描述数据,所以建立领域模型的过程中最能发现的需求缺陷与不足也是在数据方面,表现为数据的定义、加工与使用。

例如,在图 14-14、图 14-16、图 14-19 和图 14-20 的分析案例中,可以发现下列需求缺陷:

- 顾客是否需要注册? 注册哪些信息?
- 查询请求包括哪些条件?
- CD 推荐列表包含哪些信息?
- CD 详细信息包含哪些信息?
- 购买行为操作哪些数据?

再如,图 14-15、图 14-17 和图 14-21(a)的分析案例中,可以发现下列需求缺陷:

- 物品项标识需要标准定义吗?
- 总价的计算规则是怎样的?
- 结账操作的数据有哪些,如何操纵的?
- 产品库存目录是怎样定义的?
- 收据包含哪些信息,格式怎样?

分析中发现的需求缺陷有些可以通过分析其他用例来解决。例如分析"顾客注册"用例可以解决问题"顾客是否需要注册？注册哪些信息？"。一个系统中有很多用例，所有用例的领域模型合并起来，才构成完成的需求信息，所以单个用例的领域模型有缺陷是正常的，可以在其他用例的领域模型中得到解决。

有些分析中发现的需求缺陷的确是未获取过的信息或者分析中出现的错误，这时就需要根据发现的缺陷重新获取相关内容(参见第 7 章)或者修正错误的分析模型。

如果一个用例的领域模型分析没有发现缺陷，那么该用例的需求内容就是比较完备的，不再需要后续的获取过程。

14.5　行为模型——交互图

14.5.1　概述

对象需要相互协作才能完成任务。这种交互可以从两个角度进行描述，一个角度是以单个对象为中心，另一个角度则以互相协作的一组对象为中心。交互图就是以一组对象为中心的交互描述技术。

交互图用于描述在特定上下文环境中一组对象的交互行为，该上下文环境就是被实现用例的一个或多个场景。所以，交互图通常描述的是单个用例的场景。交互图中的每一个交互都描述了环境中的对象为了实现某个目标而执行的一系列消息交换。

UML 的交互图又包括顺序图(sequence diagram)、通信图(communication diagram)、交互概述图(interaction overview diagram)和时间图(timing diagram)。需求分析中常用的是顺序图和通信图。

本书不介绍交互概述图和时间图的相关内容，感兴趣的读者请参考[UMLOMG2011]。

14.5.2　顺序图

顺序图可以突出消息的时间顺序。一个简单的顺序图如图 14-23 所示。

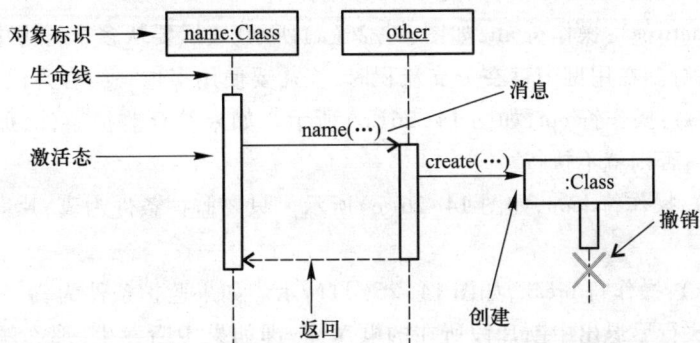

图 14-23　一个简单的顺序图图示

顺序图将交互表示成一个二维图表。纵向是时间轴,时间沿竖线向下延伸。横轴表示了参与协作的对象标识。每个对象标识用一条带有箭头符号和竖线的垂直栏(生命线)表示。当对象存在但不工作时,标识用一条虚线表示。在对象处于工作状态时,生命线是一个双道线,表示对象处于激活状态。

顺序图显示了交互行为中的消息序列。消息用从一个对象的生命线到另一个对象的生命线的箭头来表示。箭头以时间顺序在图中从上到下排列。消息有同步、异步和返回消息之分,分别用不同的图形符号进行表示,如图 14-24 所示。消息箭头的标注语法为:[attribute =]name[(argument)][:return-value],其中 attribute 是生命线所代表对象的可选属性名称,用于保存返回值。同步消息通常需要有相应的返回消息,异步消息则不需要返回消息。

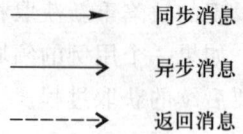

图 14-24　顺序图中不同消息类型的图示

除了图 14-23 所示的简单图示之外,顺序图还使用了一些表达复杂情景的组合片段(combined fragment),其图示如图 14-25 所示。

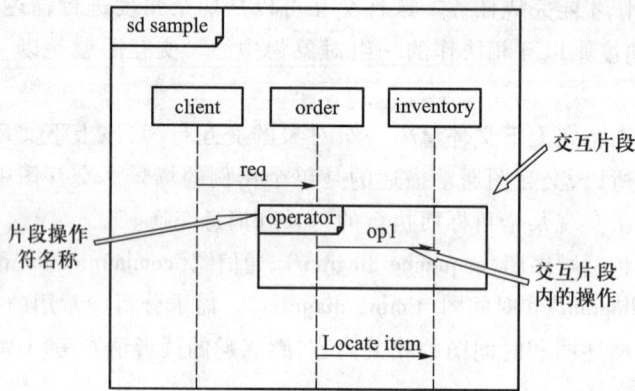

图 14-25　组合片段示意图

顺序图的组合片段有以下几种,如图 14-26 所示。

① 选择(alternatives):操作符 alt,如图 14-26(a)所示,表示要从多个行为中根据监护条件选择一个交互行为执行。在用例中存在分支流程时,往往要使用多选一组合片段。

② 可选(option):操作符 opt,如图 14-26(b)所示。如果符合监护条件,那么片段内的交互行为就会得到执行,否则就不执行。

③ 循环(loop):操作符 loop,如图 14-26(c)所示。只要监护条件为真,片段内的交互行为就会被反复执行。

④ 中断(break):操作符 break,如图 14-26(d)所示。如果监护条件为真,片段内的交互行为就会被执行,并在执行后退出中断片段所在的顺序图,即如果中断发生,那么顺序图中中断片段之后的交互行为就不会得到执行。

· 360 ·

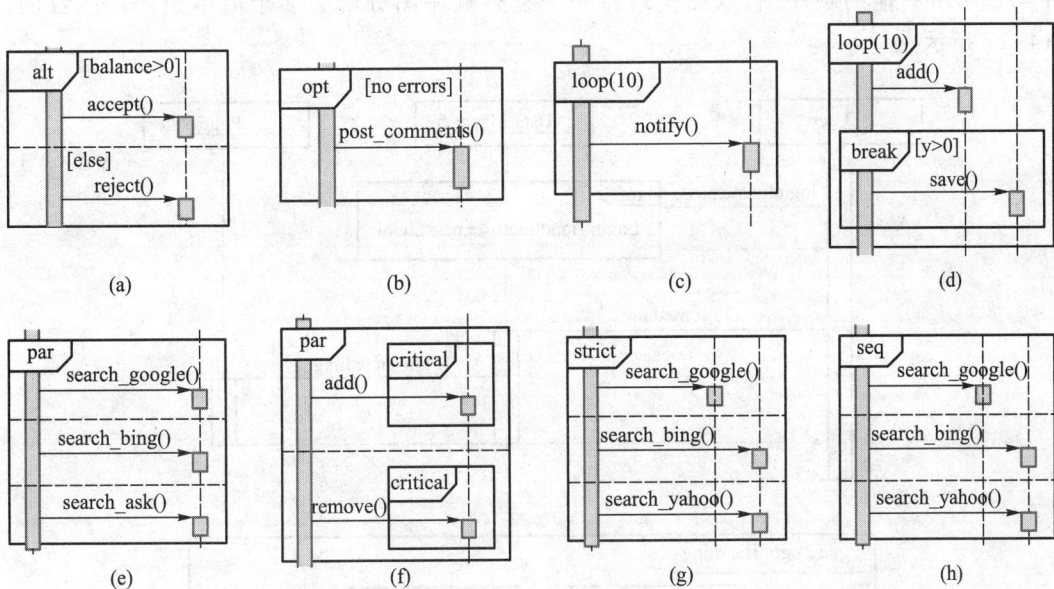

图 14-26　顺序图组合片段示例

⑤ 并行(parallel):操作符 par,如图 14-26(e)所示。并行片段内的不同交互行为可以不遵循顺序图的时间线顺序,可以并行、交织进行。

⑥ 关键区域(critical region):操作符 critical,如图 14-26(f)所示。区域内的交互行为是一个原子操作,一旦开始执行就必须执行完成,在执行过程中不能被打断,例如其另一个并发片段中发生了 Break 行为,关键区域内容的交互行为仍然要执行完成后才能退出其所在的顺序图。

⑦ 强顺序(strict sequencing):操作符 strict,如图 14-26(g)所示。强顺序内的交互行为必须顺序执行,例如图 14-26(g)内的行为必须按照"search_google( )→search_bing( )→Search_yahoo( )"的顺序执行。

⑧ 弱顺序(weak sequencing):操作符 seq,如图 14-26(h)所示。在弱顺序下:每个操作组内的交互行为要维持顺序关系;不同生命线上的不同操作组可以按照任何顺序执行;同一个生命线上的不同操作组要按照顺序执行。

例如,在图 14-26(h)中,Search_bing( )与 Search_yahoo( )必须先后执行,但是 Search_goolge( )与"Search_bing( )→Search_yahoo( )"是并发关系。

除了上述组合片段之外,还有否定(negative)、断言(assertion)、忽略(ignore)、关注(consider)4 个组合片段类型,它们更多地用在软件设计中,所以这里不作介绍,读者可以自行阅读[UM-LOMG 2011]。

引用并不是一种组合片段,但它使用了类似于组合片段的图示(操作符 ref),使得一个顺序图中可以引用其他的顺序图,从而实现将一个复杂顺序图分解为多个简单顺序图的目的,如图 14-27 所示。

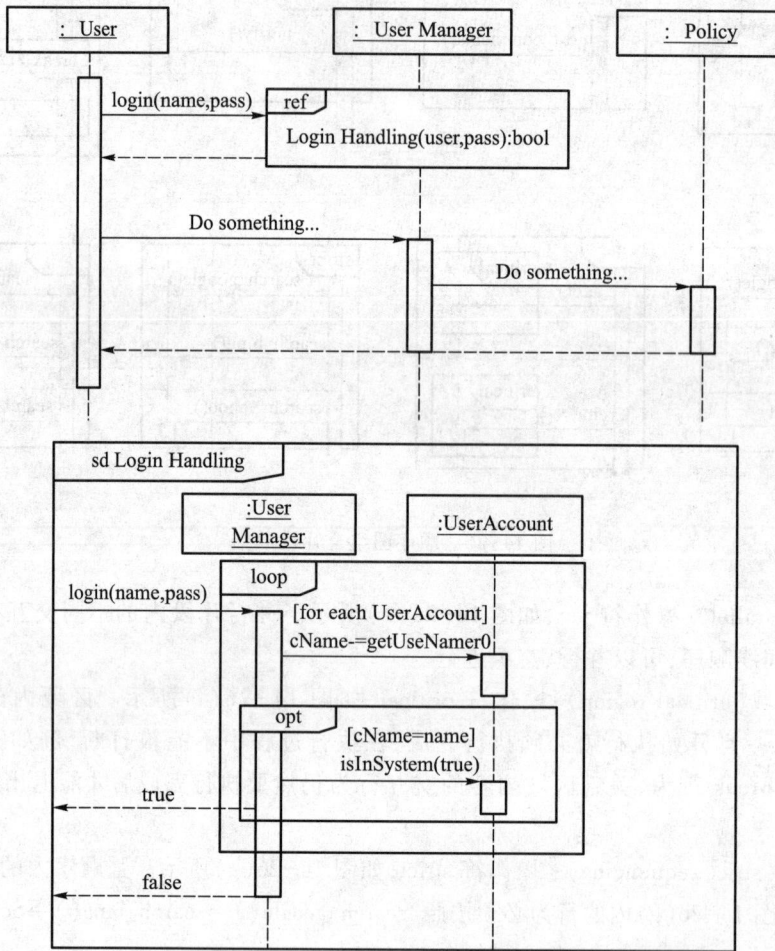

图 14-27　顺序图引用示例

14.5.3　通信图

通信图能够突出交互当中协作对象之间的关系,在结构上它有些类似于概念类图。一个简单的通信图示例如图 14-28 所示。

对象标识及其连接说明了在上下文环境中可能出现的对象和对象间的链接情况。对象之间的消息用附加在连接上带标签的箭头来表示。

消息的标注为:[sequence-expression:]message,其中 message 描述了消息的内容,其格式和序

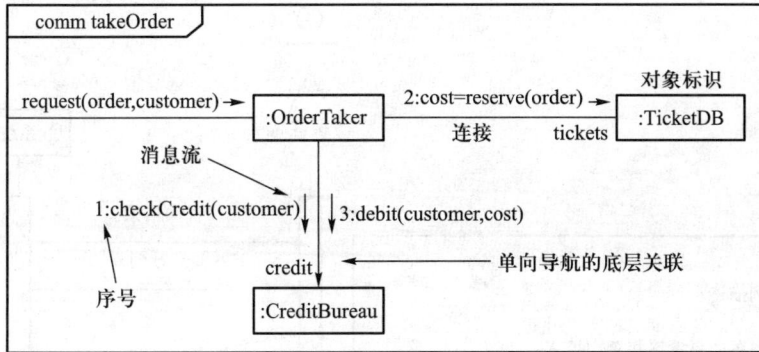

图 14-28 简单的通信图示例,源自[Rumbaugh 2004]

列图中的消息标注相同,即 message 为[attribute =]name[(argument)][:return-value]。

sequence-expression 是对消息执行顺序的描述,其格式为 label[iteration-expression]。label 是整数或者名称。整数代表了消息的执行序号,如消息 3.1.4 要发生在 3.1.3 之后。同时消息也能表达活动的嵌套层次,如消息 3.1.4 是在消息 3.1 的嵌套范围内发生的。名称代表了并发的控制线程。最后名称不同的消息在所处的嵌套层次上是并发的。例如,3.1a 和 3.1b 就是在 3.1 嵌套范围内的两个并发消息,它们之间不分先后,是完全平等的。

iteration-expression 表示消息应该条件执行或者迭代执行,即进行 0 次或多次消息发送。其形式为::*[iteration-clause]或者[condition-clause]。例如,要表示一个消息需要发送 n 次,则完整消息标签示例为:3.1*[i=1..n]:update()。如果要表示一个消息需要满足条件才能执行,则完整的消息标签示例为:1b.4[x<0]:invert(x, color)。

14.5.4 系统顺序图

顺序图和通信图从不同的侧重点对用例的典型场景进行了完全等价的实现。在实现中,顺序图和通信图都需要和领域模型保持一致。一致性是指在交互图中出现的对象应该在领域模型中有相应的对象存在。

因为系统分析的过程是一个不断迭代和深入的过程,所以一致性的要求会使用例的实现出现迟滞。因为对象的发现是无法在项目初始阶段就全部完成的,所以实现用例的详细交互图就不能确定参与协作的对象,进而无法形成实现用例的交互图。

一个更常见的做法是在分析阶段的开始开发系统顺序图,而不是直接实现在多个对象之间展开的比较详细的交互图。

系统顺序图将整个系统看成一个黑箱的对象,强调外部参与者和系统的交互行为,重点展示系统级事件。

系统顺序图的示例如图 14-29 所示。

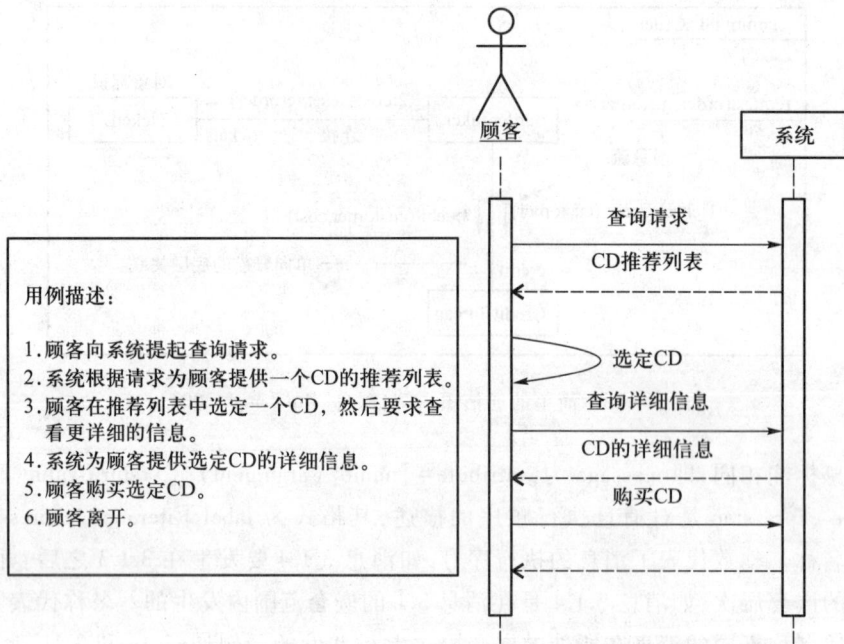

图 14-29　系统顺序图示例,左为用例的场景描述,右为对应的系统顺序图

14.6　建立交互图

通信图和顺序图是等价的图示,创建的方法也类似,下面只展示顺序图的建立过程,不再描述通信图的建立过程。

14.6.1　建立典型场景的系统顺序图

最基础的交互图是用例典型场景(通常是主流程场景)的系统顺序图。面向对象需求分析中最基本的工作也是为复杂用例的典型场景建立系统顺序图。

为典型场景建立系统顺序图的一般步骤如下:

① 确定系统顺序图的上下文环境。系统顺序图是对用例描述中典型场景的实现,展示了场景当中发生的对象交互行为。也就是说,系统顺序图的交互是在一定的场景环境下发生的,离开这个上下文环境的限定,对交互行为的描述和理解都会出现一定的问题。因此,建立系统顺序图需要首先确定下文环境,限定描述范围。而且,上下文环境的前置条件和后置条件应该被分配给系统顺序图中的相应行为,这个工作会在为交互行为添加契约说明时完成。

② 找出参与交互的对象。在场景环境中寻找参与交互的对象,寻找的目标是系统、系统之外的对象和其他系统。

③ 根据发现的对象建立交互图框架。将对象平行排列,并添加对象的生命线。

④ 添加消息,描述交互行为。以消息的方式,将对象之间的交互行为描述出来,并建立行为之间的顺序,要注意维护对象生命线的激活状态。描述时仅仅需要考虑系统与外界的交互行为,忽略那些与系统无关的(外部对象之间的)或系统内部的交互行为。

例如,对前面所述的商品销售的用例描述,可以按照下述步骤建立系统顺序图:

① 确定上下文环境,以用例描述中的流程为场景环境。例子中的场景描述相对比较独立,没有对其他用例或场景的引用,因此建立系统顺序图的过程和结果也相对比较简单。

② 根据用例描述可以找到顾客、收银员和系统 3 个交互对象。仔细分析后可以发现顾客和系统之间没有直接的交互,因此可以剔除。最后发现的交互对象为收银员和系统。

③ 按照用例描述中的流程顺序,逐步添加消息,并在进行详细信息描述后建立如图 14-30 所示的系统顺序图。

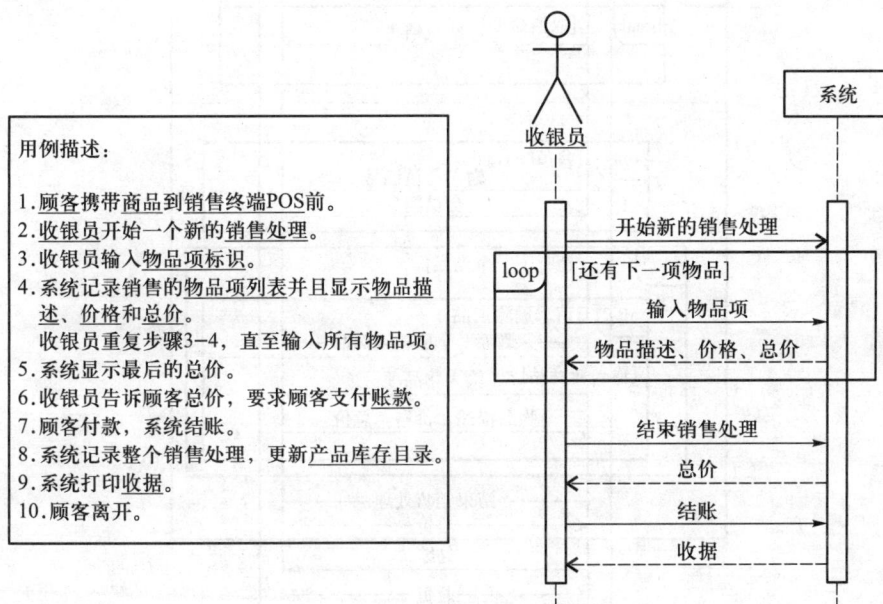

图 14-30　系统顺序图的建立示例

14.6.2　建立用例(多场景)系统顺序图

组合片段使顺序图能够处理复杂分支,也使顺序图能够同时描述多个场景。所以,在描述多场景用例的系统顺序图时,可以先为主流程场景建立基础的系统顺序图,然后根据分支场景与异常场景的分支点、异常点,建立组合片段描述,从而在一个系统顺序图中描述多个场景。

例如,如图要在图 14-30 的系统顺序图中添加下列场景:

- 在销售开始时输入 VIP 会员的编号,分支点在开始一个销售处理之后,为可选场景。
- 删除一个已输入商品,分支点在输入物品项及其返回消息之间,为选择场景。
- 取消销售,分支点在开始一个销售处理之后到结账之前,为中断场景。

那么就可以为 14-30 的系统顺序图添加组合片段,建立如图 14-31 所示的系统顺序图。

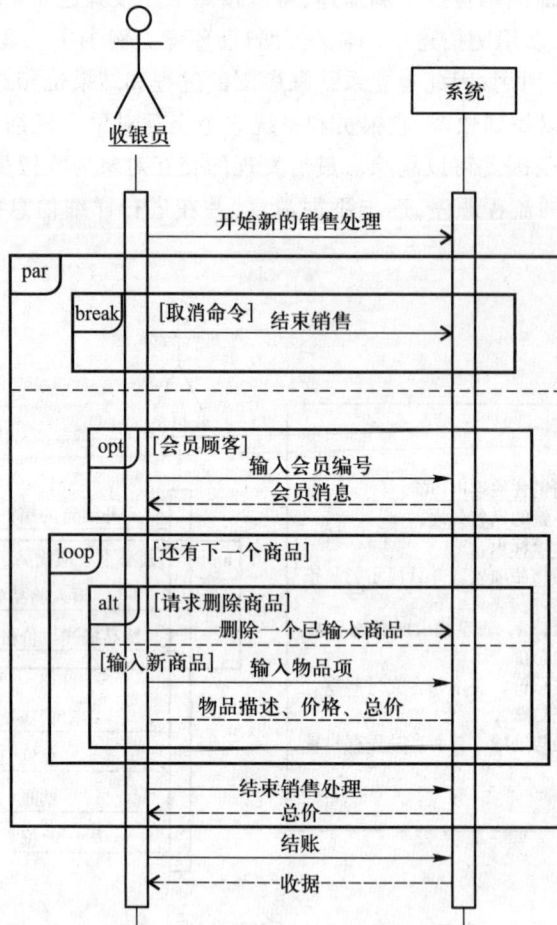

图 14-31　多场景的系统顺序图示例

14.6.3　建立详细顺序图

对简单项目进行需求分析时,建立系统顺序图描述就足够了。如果项目比较复杂,系统顺序图中的交互行为粒度太大,可以考虑适度使用详细顺序图。

建立详细顺序图的关键是正确识别参与交互的对象,这个可以借鉴领域模型的工作。一个用例的详细顺序图中参与对象应该与该用例的领域对象是一致的。

确定交互对象之后,将每一个外部交互转化为内部交互序列,就可以建立详细顺序图。详细顺序图仍然只是分析模型,因为它没有添加设计因素,所以到了设计阶段还需要被设计师继续细化,添加界面、数据模型等设计要素。

例如,对图 14-30 的系统顺序图,如果参考图 14-21(a)所示的领域模型确定交互对象,可以建立详细顺序图,如图 14-32 所示。

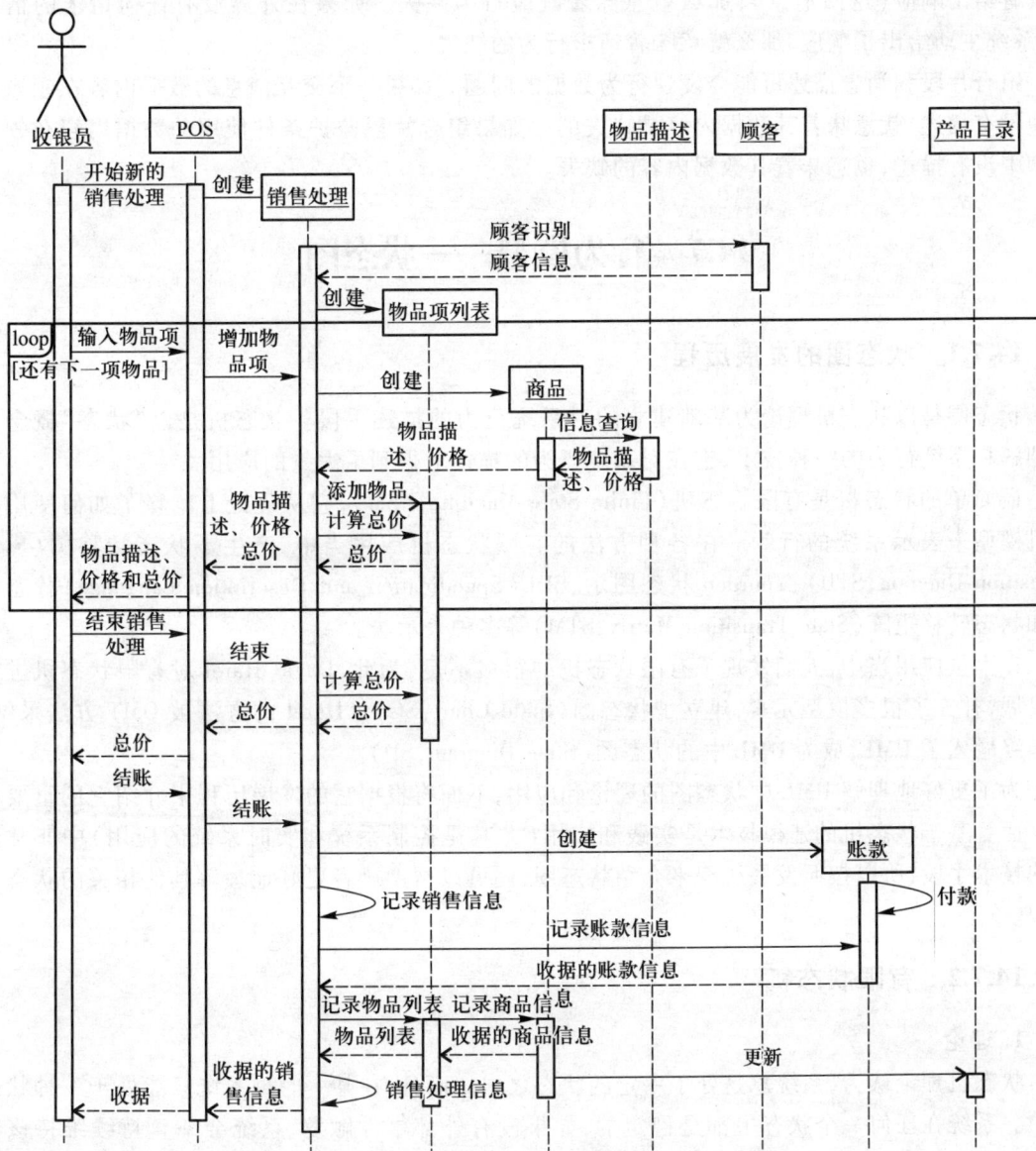

图 14-32 详细顺序图示例

14.6.4　交互图的分析作用

建立交互图时,也可以发现其所描述需求内容中的缺陷,主要是从行为方面发现问题,如行为缺失或行为的数据不清晰等。

建立交互图时最常发现的问题是系统的交互行为缺失。如果外界发起了同步交互,但是系统没有给出响应(返回消息),那么就意味着响应行为缺失。如果在外界没有任何请求的情况下,系统主动给出了响应,那么就意味着请求行为的缺失。

组合片段和消息描述可能会发现行为数据的问题。如果一个交互消息的数据内容在领域模型中没有描述,就意味着其数据内容是缺失的。如果组合片段监护条件使用的数据内容在领域模型中没有描述,也意味着其数据内容的缺失。

14.7　行为模型——状态图

14.7.1　状态图的发展历程

状态图是以状态机理论为基础建立的对系统行为的描述手段。状态机是以"状态"概念为基础解释系统行为的一种技术,它在对系统行为的描述上得到了大量的应用。

最简单的状态机是有限状态机(Finite State Machine,FSM),它从理论上阐释了如何使用状态机模型来表示系统的行为。在各种方法的有限状态机应用当中,产生了状态转移图(State Transition Diagram,STD)、Yourdon 状态图示、SDL(Specification and Description Language)状态图示和状态转移矩阵(State Transition Matrix,STM)等多种表示法。

在大量应用当中,人们发现了有限状态机的很多不足,为此,David Harel 对有限状态机进行了发展,补充了很多模型元素,建立了状态图(State Chart,SC)。Harel 的方法被 OMT 方法采纳,并最终融入了 UML,成为 UML 中的状态图(State Diagram,SD)。

为了更好地理解 UML 中状态图的理论和应用,下面将根据它的发展历程来介绍它的重要概念。而且基于状态机的建模技术是实践和应用(尤其是控制系统和实时系统的应用)中非常重要的技术手段,所以按照发展历程来介绍状态图,还可以帮助读者更好地理解其他相关的状态机知识。

14.7.2　有限状态机

1. 理论

状态机理论认为,系统总是处于一定的状态之中。而且,在某一时刻系统只能处于一种状态之中。系统在任何一个状态中都是稳定的,如果没有外部事件触发,系统会一直持续维持该状态。如果发生有效的触发事件,系统将会响应事件,从一种状态转移到唯一的另一种状态。

依据上述的状态机理论,如果能够罗列出系统所有可能的状态,并发现所有有效的外部事件,那么就能够从状态转移的角度完整地表达系统的所有行为。这就是有限状态机的基本思想,它用来描述那些状态和事件数目有限的系统的行为。

有限状态机可以被看作是一个 5 元组:FSM = $(Q, \Sigma, \delta, q_0, F)$,其中:

① Q 是系统所有可能的状态集合。每个状态都记录了系统曾经发生过的行为,是过去的系统行为的累积结果。状态包含的信息要能够决定系统可能的下一步去向。

② Σ 是系统所有可能面对的触发事件。事件通常由一个刺激(stimulus)因素引起,并要求系统做出一定的响应(response)。

可能的事件包括 3 种类型:外部事件(external event)、内部事件(internal event)和时序事件(time-based event)。外部事件是由系统外部的刺激因素引起的,如用户的输入。内部事件的刺激因素是系统内部的数据状态满足了事先预定义的条件,例如某一数据达到了最大或最小边界。时序事件是由系统时钟触发的事件,例如时间到了某个指定时刻或者累积时间达到了限值。

③ δ 是状态转移函数。它决定了在某个状态下,发生触发事件时,系统将转移到哪一个后续状态。$\delta : Q \times \Sigma \rightarrow Q$。

④ $q_0 \in Q$,是系统的初始状态,也就是系统一开始时所处的状态。

⑤ $F \subseteq Q$,是系统可能的结束状态的集合。在持续的行为当中,一旦系统转移到了某个结束状态,系统就将结束自己的行为,否则会继续执行自己的行为。

有限状态机的 5 元组为有限状态机建立了完善的数学基础。所以有限状态机是在行为描述的诸多技术手段当中少数的形式化技术之一。这样,有限状态机就在易于理解和易于使用之余还具备了严谨性,这也正是有限状态机以及它的后续技术得到广泛应用的重要原因。

2. 图示

为了更好地利用有限状态机描述系统的行为,人们为它定义了图形表示法,将有限状态机用直观的图形符号描述出来。例如,图 14-33 所示就是一个简单的有限状态机图示,它说明了一个电灯系统(灯泡和开关)的系统行为。

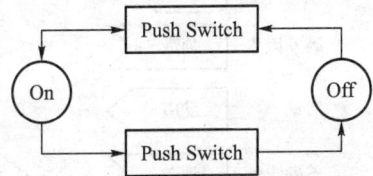

图 14-33　有限状态机图示示例

状态转移图是最为常见的有限状态机表示法,如图 14-34 所示。其中,不确定性是指状态的转移情况不确定,需要依据一些其他的数据才能做出决策,即常说的分支选择。图 14-33 使用的就是状态转移图的图形表示法。

Yourdon 方法和 SDL 也提出了自己的有限状态机图示法,分别如图 14-35(a)和图 14-36(a)所示。按照它们的表示法,电灯系统的行为描述分别如图 14-35(b)和图 14-36(b)所示。

除了上面的几种图形表示之外,状态转移矩阵也常常被用来进行有限状态机的描述。常见的 ATM 取款机的状态转移矩阵描述如表 14-3 所示。状态转移矩阵的行表示系统的状态列表。状态转移矩阵的列代表可能的触发事件。如果第 i 行第 j 列的单元格内容为 k,则表示在状态 i 下,如果发生事件 j,则系统从状态 i 转向状态 k。矩阵最后一列的"动作"是特殊列,用来说明进入某个状态后要执行的活动。和表 14-3 等价的状态转移图如图 14-37 所示。

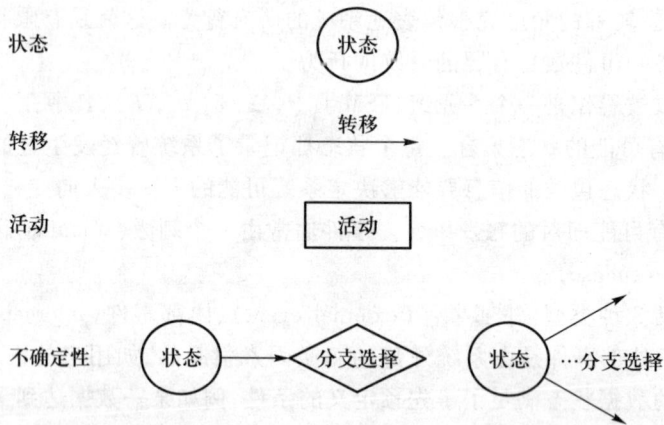

图 14-34　状态转移图表示法图示

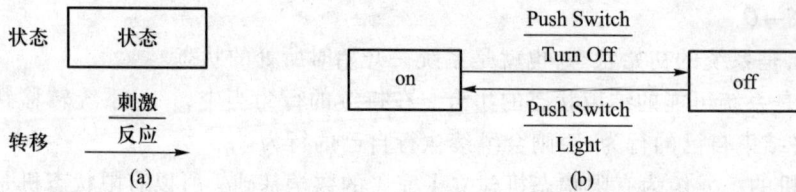

图 14-35　有限状态机的 Yourdon 表示法图示

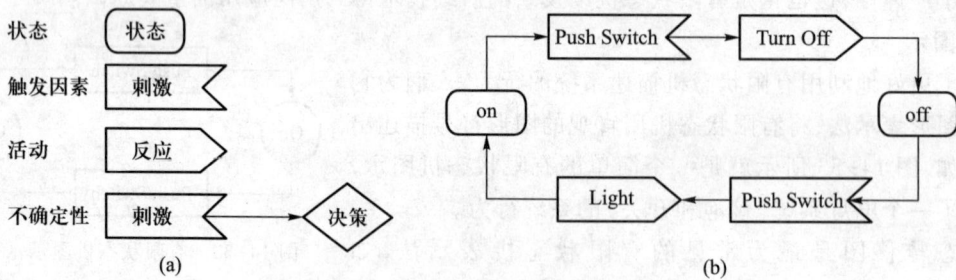

图 14-36　有限状态机的 SDL 表示法图示

表 14-3　ATM 取款机的状态转移矩阵描述

	卡插入	密码正确	密码错误	请求结束	输入数额	动作
1 等待插卡	2					显示"请插卡"
2 等待输入密码		4	3	1		显示"请输入密码"
3 等待二次输入密码		4	1	1		显示"重试"
4 等待输入数额				1	1	显示"输入数额"

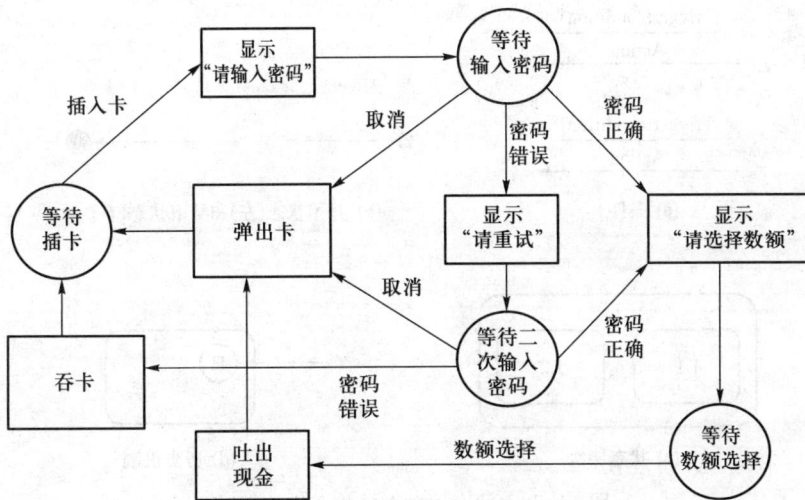

图 14-37 ATM 取款机的状态转移图描述,源自[Bary 2002]

14.7.3 David Harel 的发展

有限状态机有自己的优点,得到了广泛的应用。但是在实践当中人们也逐渐发现了它的局限性,尤其是它所固有的"平坦"(flat)性。任何一对状态之间都可以通过一个转移来连接,因此它不能适用于状态数量较多的系统,而这偏偏是复杂系统都可能会出现的。

为了解决有限状态机的很多局限性,David Harel 对有限状态机进行了扩展,建立了状态图(State Chart,SC)表示法。状态图的有限状态机基本元素表示如图 14-38 所示。

在有限状态机的基本元素之上,状态图进行了 6 个方面的扩展。

1. 设定触发条件

状态转移的触发是有条件触发,只有在满足条件的情况下,触发才是有效的。其图示如图 14-39(a)所示。

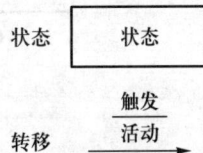

图 14-38　状态图的有限
状态机图示

2. 引入起始状态和结束状态

起始状态表示了有限状态机的初始状态,结束状态表示了有限状态机的结束状态集。按照有限状态机的定义,一个系统只能有一个初始状态,但可以有多个结束状态。初始状态和结束状态的图示如图 14-39(b)所示。

3. 构造状态层次

在系统中引入了超状态(super-state)的概念。超状态可以包含其他状态。这样,通过将一些联系紧密的系统状态包装成超状态,就可以对系统行为进行层次式的描述,减少了有限状态机"平坦"性所带来的图示复杂性。状态层次的图示如图 14-39(c)所示。

Trigger(condition)

Action

Trigger[condition]

Action

(a) 条件   (b) 开始状态(左)和结束状态(右)

1

1.1   1.2

1

H

(c) 状态层次   (d) 历史机制

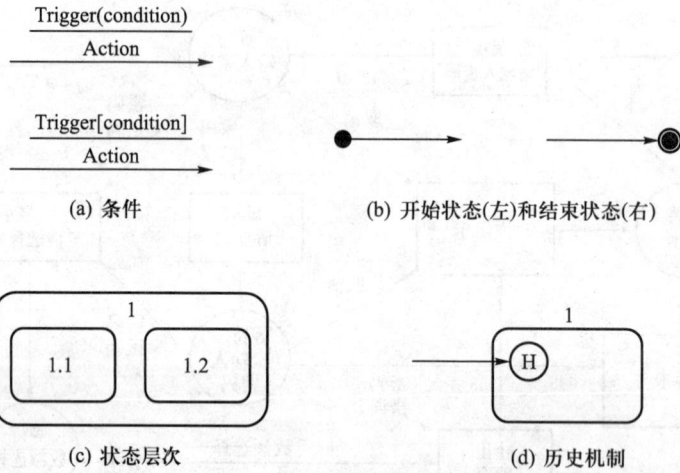

图 14-39   状态图对有限状态机的扩展

4. 使用历史机制

为了更好地构造状态层次,使用了历史机制。当转移返回到超状态中时,通常要返回到该超状态中最近经历过的子状态。其图示如图 14-39(d)所示。

一个结合了状态层次和历史状态的状态图如图 14-40 所示。

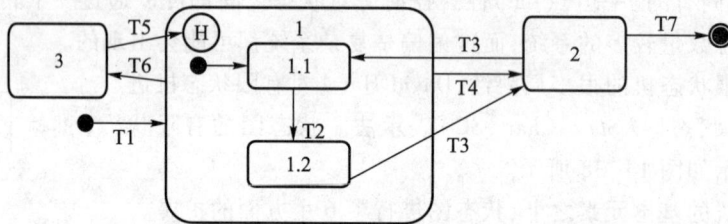

图 14-40   状态图示意图

该图可解释为:

- 开始触发事件(T1)导致进入状态 1 和子状态 1.1。
- 在状态 1 和子状态 1.1 时,如果发生触发事件 T2,则进入状态 1 和子状态 1.2。
- 在状态 1 和子状态 1.2 时,如果发生触发事件 T3,则进入状态 2。
- 在状态 1(即子状态 1.1 或 1.2)时,如果发生触发事件 T4,则进入状态 2。
- 在状态 1(即子状态 1.1 或 1.2)时,如果发生触发事件 T6,则进入状态 3。
- 在状态 2 时,如果发生触发事件 T3,则进入状态 1 和子状态 1.1。
- 在状态 2 时,如果发生触发事件 T7,则状态机结束运行。
- 在状态 3 时,如果发生触发事件 T5,则进入状态 1 和历史子状态,历史子状态是上一次离开状态 1 时的子状态(1.1 或 1.2)。

5. 完善内部触发和时序触发

虽然有限状态机在理论上将触发事件分成外部事件、内部事件和时序事件 3 种类型,但有限状态机的图示法通常认为事件来自系统外部。为了完善这一点,状态图使用条件来表示内部事件,并通过在状态上添加时序限制来表示时序事件。图 14-41 为状态图的内部事件和时序事件表示的一个示例,其中条件"密码不正确"和"密码正确"表示了两个内部事件,加在状态 2 上的限制"<10 等待输入密码"表示了一个时序事件。

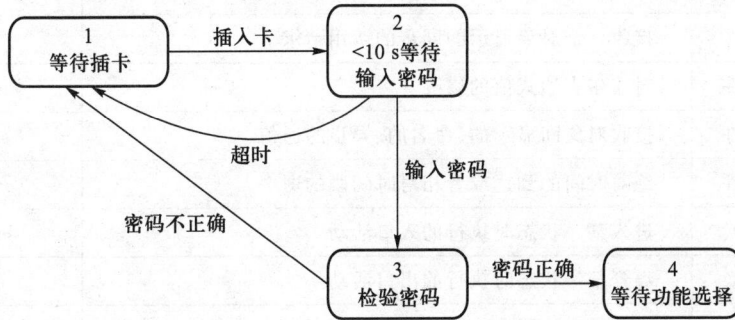

图 14-41　状态图的内部事件和时序事件示例,源自 [Bary2002]

6. 支持并发

有限状态机认为在任意时刻,系统都处于唯一的一种状态。这样,有限状态机就拒绝了系统的并发性,因为在并发行为下,系统的状态是不确定的。为了支持并发,状态图建立了并发的图示机制。状态图把并发表示在一个超状态中,并用虚线隔开。不同并发之间的交互局限于触发器的传递和相互之间的条件测试。图 14-42 展示了一个并发的状态图示例。

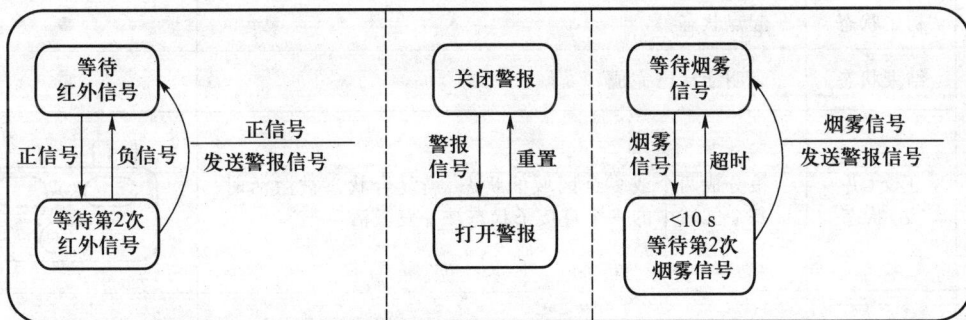

图 14-42　状态图的并发示例,源自 [Bary 2002]

图 14-42 描述了一个建筑内的火警系统。系统有 3 个并发的工作部分:红外探测器(左边)、烟雾探测器(右边)和警报器(中间)。红外探测器信号可分为正负两种情景,两个连续的正信号将触发警报。烟雾探测器信号只取正值,如果在 10 s 内收到两个信号,那么也会触发警报。

警报器收到触发信号后就开始发出警报。复位信号将重置警报器。

14.7.4 UML 的状态图

UML 的状态图是在状态图的基础上进一步发展而成的,它的表示法如表 14-4 所示。

表 14-4 UML 的状态图表示法,源自[Rumbaugh 2004]

元素	类型	说明	表示法
事件	调用事件	接收一个对象显示的同步的调用请求	op(a:T)
	变化事件	对布尔表达式值的修改	when(exp)
	信号事件	接收对象间显示的、命名的、异步的通信	sname(a:T)
	时间事件	绝对时间的到达或者相对时间段的逝去	after(time)
转换	入口转换	进入某一状态时执行的入口活动	entry/activity
	出口转换	离开某一状态时执行的出口活动	exit/activity
	外部转换	对事件做出的响应引起状态变化或自身转换,同时引发一个特定的效果。如果离开或进入状态也可能引起状态的入口转换或出口转换	e(a:T)[guard]/activity
	内部转换	对事件做出的响应并引发执行一个特定的效果,但是并不引起状态变化或入口转换、出口转换的执行	e(a:T)[guard]/activity
状态	简单状态	没有子结构的状态	
	初始状态	起点状态	
	结束状态	表明活动已完成	
	正交(并发)状态	被分成两个或多个区域的状态,当复合状态被激活时,每个区域中的一个直接子状态被并发激活	
	非正交(顺序)状态	包含一个或多个直接子状态,当复合状态被激活时,只有一个子状态会被激活	
	终止	终止状态机所描述的对象的运行	

元素	类型	说明	表示法
状态	选择	在运行至完成的转换中起动态分支的作用	◇
	历史状态	它被激活时会将复合状态还原成之前被激活时的状态	Ⓗ
	结合	将转换的片断串联成一个单一的"运行至完成"的转换	●
	子机状态	引用其他状态机的连接,被引用的状态机可以在概念上替换该子机状态	s:M
	入口点	标识出一个内部状态作为目标	a → T
	出口点	标识出一个内部状态作为源	U ⊗ b →

一个 UML 的状态图示例如图 14-43 所示,它描述了一个自动售票系统的行为。

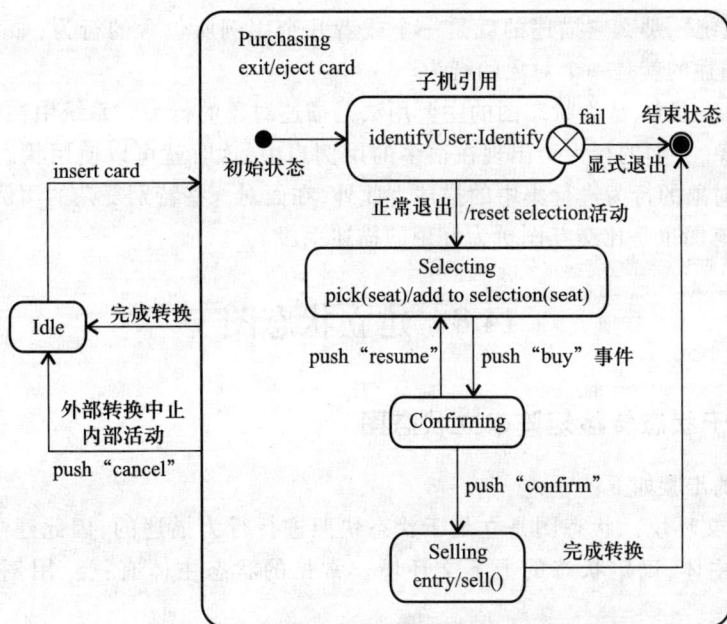

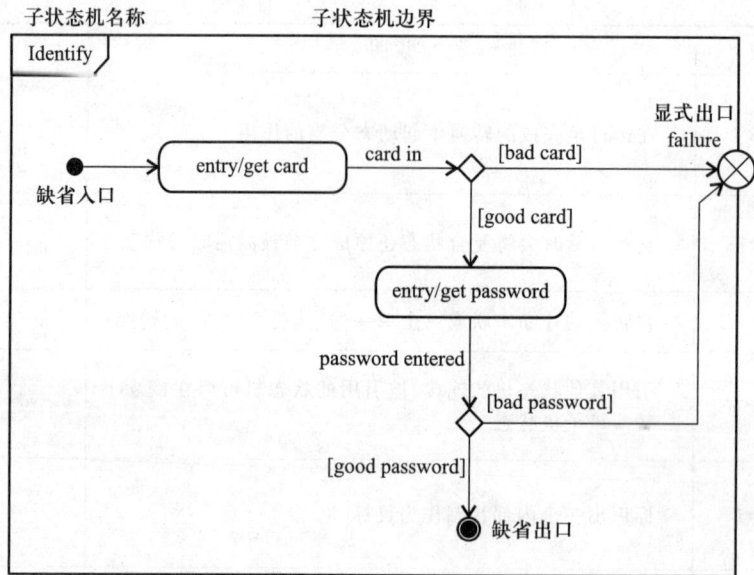

图 14-43　UML 状态图示例,修改自[Rumbaugh 2004]

UML 的状态图较为复杂,限于篇幅这里不再做详细的介绍。

UML 的状态图是以状态机的方式描述系统的行为。依据对“系统”范围的不同定义,它可以描述不同的方面:如果以整个系统为“系统”,那么它描述的就是整个系统的行为;如果以一个或者几个用例为“系统”,那么它描述的就是一个或者几个用例所包含的行为;如果以一个对象为“系统”,那么它描述的就是一个对象的行为。

在 UML 的规范里面,认为状态图的主要用法是描述对象的行为。系统中往往会涉及一些重要而且复杂的对象,它们的行为会出现在很多的用例当中,这时就可以使用状态图,从众多用例当中抽取出这些对象的行为进行集中的描述。此外,在面对一些特别复杂的用例(如拥有很多复杂的场景)时,状态图也是比交互图更为好用的描述手段。

14.8　建立状态图

14.8.1　基于状态转移矩阵建立状态图

建立状态图的步骤如下:

① 确定上下文环境。状态图是立足于状态快照进行行为描述的,因此建立状态图时首先要搞清楚状态的主体,确定状态的上下文环境。常见的状态主体有:类、用例、多个用例和整个系统。

② 识别状态。状态主体会表现出一些稳定的状态,它们需要被识别出来,并且标记出其中

的初始状态和结束状态集。在有些情况下,可能会不存在确定的初始状态和结束状态。

③ 建立状态转换。根据需求所描述的系统行为,建立各个稳定状态之间可能存在的转换。

④ 补充详细信息,完善状态图。添加转换的触发事件、转换行为和监护条件等详细信息。在有些情况下也可能会需要建立状态图的层次结构或进行其他更加复杂的工作。

例如,针对上面商品销售的示例,可以按照下面的步骤建立 POS 类的状态图:

① 明确状态图的主体:类 POS。

② 识别 POS 可能存在的稳定状态。

* 授权状态:POS 机已经准备就绪,但还未参与到工作中的状态。
* 空闲状态:POS 可以参与工作的执行,但并没有工作正在进行的状态。
* 销售开始状态:开始一个新销售事务,系统开始执行一个销售任务的状态。
* 商品信息显示状态:刚刚输入了一个物品项,显示该物品描述信息的状态。
* 错误提示状态:输入信息错误的状态。
* 列表显示状态:以列表方式显示所有已输入物品项信息的状态。
* 销售结束状态:收银员指令 POS 结束正在处理的已有的销售,打印收据。

其中,授权状态为系统的初始状态。

③ 建立状态转换。可能的状态转换如表 14-5 所示,其中如果第 i 行第 j 列的元素被标记为 Y,则表示第 i 行的状态可以转换为第 j 列的状态。

表 14-5　建立状态转换示例

	授权	空闲	销售开始	商品信息显示	错误提示	列表显示	销售结束
授权	Y	Y					
空闲	Y		Y	Y			Y
销售开始				Y			
商品信息显示					Y	Y	
错误提示		Y					
列表显示		Y					
销售结束		Y					

④ 在已识别状态和转换的基础上,添加详细的信息说明,建立如图 14-44 所示的状态图。

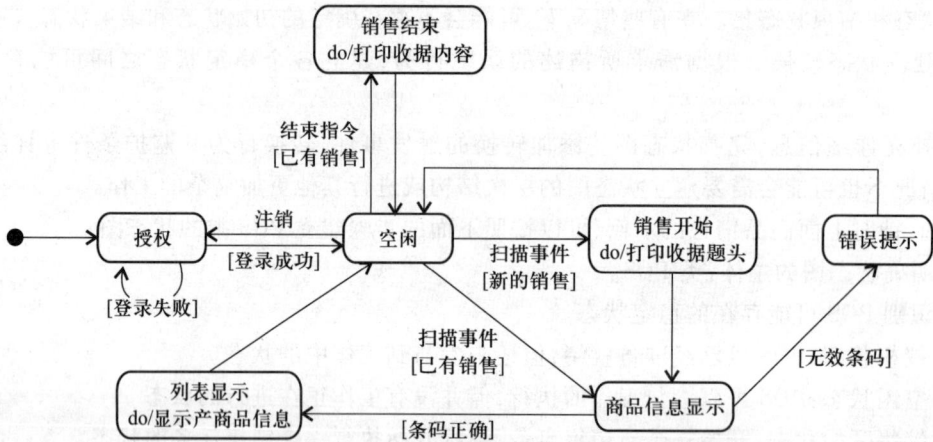

图 14-44　状态图建立示例

14.8.2　状态图的分析作用

分析状态图可以帮助发现需求内容的行为缺陷。如果状态图中发现有无法进入的状态或无法跳出的状态,就意味着相应行为的缺失。如果一个状态在发生触发时转移路线不确定,就意味着监护条件数据缺失或行为需要细化。如果应该建立的状态转移在需求内容中没有体现,就需要修正需求内容。如果应该存在的状态在需求内容中没有体现,也需要修正需求内容。

14.9　对象约束语言

14.9.1　概述

在对象模型、用例模型和行为模型当中,UML 使用图形语言来进行系统数据和行为的描述。和自然语言相比,这些图形语言是建立在一定的模型基础之上的,每个符号都有着特定的语义和语法规则,可以更加精确地描述信息。

但是,底层模型的语法和语义限制往往又使它们无法表达足够丰富的内容,描述系统的各个方面。例如,一个飞机 Airplane 和航班 Flight 之间关系的类图描述如图 14-45 所示。Airplane 有两种类型:客机 passenger 和货机 cargo。同样,航班也有客机航班和货机航班。按照常理,如果一

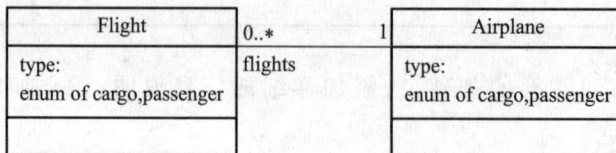

Flight	0..*	1	Airplane
type: enum of cargo,passenger	flights		type: enum of cargo,passenger

图 14-45　信息表达不充分的类图示例

次航班是客机航班,那么飞机也应该是客机。如果一次航班是货机航班,那么飞机就应该是货机。但是上述的信息却无法在类图当中得到充分的表达。

对上述问题,可以通过在类图中增加自然语言的描述注解进行解决。但是因为自然语言具有模糊性,所以引入自然语言的做法会降低 UML 的精确性。也有在 UML 中引入动作规约语言(Action Specification Language,ASL)以解决上述问题的做法,动作规约语言是一种接近似于编程语言的非常详细的动作描述语言。但是动作规约语言过于具体,而且它和 UML 模型的配合使用并不容易。最终,OMG 在 UML 的 1.1 版本中采纳了由 IBM 工程师建立的对象约束语言(Object Constraint Language,OCL)。对象约束语言是一种介于自然语言和动作规约语言之间的一种约束描述语言,它比自然语言更加精确和规范,同时又不像动作规约语言那样烦琐。现在,对象约束语言已经成为 UML 不可缺少的部分。

对象约束语言并不是 UML 中单独的一个模型,而是被应用在其他模型当中,丰富其他模型的语义。它是一种规约语言,以表达式的方式定义对其他模型元素的约束。这些表达式会根据模型元素的实际状态而表现出"真""假",并以保持表达式为"真"作为对其他模型元素状态变化的约束和限制。但它们不会修改任何其他模型元素的表述,也就是说,对象约束语言是一种无副作用的规约语言。

对象约束语言不是一种编程语言。它的首要定位是建模语言,因此它在保证一定表达能力的前提下,注重于语言的简洁性和抽象性。所以,它无法被用来描述程序的控制逻辑和工作流程,它的表达式定义也无法在程序中得到直接的执行。

14.9.2 对象约束语言的构成

对象约束语言主要由类型、表达式和保留关键字 3 部分组成。

对象约束语言是一种基于类型的语言,有着严格的类型定义,这可以保证它进行形式化描述的能力。它所包含的类型既包括原始数据类型(如 Real、Boolean、String 和 Integer)、集合数据类型(如 Collection、Set、Bag 和 Sequence),又包括一些专门针对 UML 模型的类型。关于对象约束语言具体类型及其详细信息请参见[OCLOMG 2012,Chapter 11]。

在数据类型定义的基础之上,对象约束语言又严格定义了它的表达式建立规则。它将表达式统一表示为:操作符+操作数。例如,在表达式"1+1=2"中,"+"和"="是操作符,"1""1"和"2"是操作数。在复杂的嵌套计算当中,操作数本身可能会是另一个子表达式。例如,在表达式"f()+p()=t"中,"+"和"="是操作符,"f()""p()"和"t"是操作数,而同时"f()"和"p()"又是子表达式。

依据"操作符+操作数"的思想,对象约束语言定义了可用的操作符、操作数(操作数最后会被规约为它的子表达式或者数据类型[OCLOMG 2012,Chapter 10])和操作符与操作数的匹配规则(参见[OCLOMG 2012,Chapter 8]),这保证了对象约束语言表达式的有效性。

类型的定义和表达式的规则定义构成了对象约束语言的主体,辅之以必要的保留关键字,就构成了整个对象约束语言的体系。对象约束语言的保留关键字如表 14-6 所示。

表 14-6　对象约束语言的保留关键字

保留关键字	声明对象约束语言表达式的上下文环境
and,or,not,xor	逻辑运算
if…then…else…endif	条件判断
package…endpackage	声明 OCL 表达式的 package 环境
inv，pre，post	声明不变量、前置条件和后置条件
let…in…	为后续的单个表达式声明变量
def,attr,oper	为后续一定范围内的多个表达式声明属性或者操作

14.9.3　对象约束语言的应用

对象约束语言在 UML 模型中有很多用途,其中最常见的是用来定义 UML 模型元素的 4 类约束:不变量(invariant)、前置条件(precondition)、后置条件(postcondition)和监护条件(guard)。

1. 不变量

不变量是可以对 UML 类元施加的约束。类元需要保持它的表达式取值在任何时候都为"真",或至少在指定的时间范围内或者指定的条件下始终为"真"。它可以用在 UML 的多种类元之上,其中最常见的是用来约束类的属性或类的方法。

例如,对如图 14-46(a) 所示类图中的航班 Flight 类,如果要限制 Flight 的时间小于 4(小时),那么可以进行对象约束语言描述如下:

context Flight inv:--context 和 inv 为保留关键字,前者指明约束的环境,后置声明了一个不变量
duration < 4

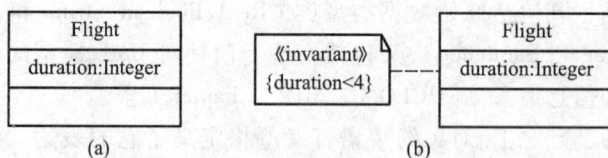

图 14-46　不变量说明示例

除了上面的表达式描述之外,也可以通过在 UML 图中直接添加带有<<invariant>>标签的特殊注释来进行说明。在图示中会省略环境和不变量的声明,如图 14-46(b) 所示,它和上面的表达式完全等价。

再如,对图 14-45 表达不充分的问题,可以添加 OCL 的约束表达式如下:

context Flight
inv:type=#cargo implies Airplane.type=#cargo
inv:type=#passenger implies Airplane.type=#passenger

其中,上面表达式中的"Airplane"是在 Flight 的上下文环境下依据关联进行的元素导航。导航时使用另一关联端(airplane)的角色名,在角色缺失的时候就使用另一个关联类的类名作为默认角色名。

2. 前置条件和后置条件

前置条件和后置条件是可以对类元的操作施加的约束。前置条件要求类元在执行操作之前必须保证前置条件的表达式为真。后置条件要求类元在操作执行完成之后必须保证后置条件的表达式为真。

例如,图 14-47(a)所示的类图描述了银行的交易处理工作。如果现在需要添加一个约束为:如果一个顾客的交易总次数超过了 30 次,那么就在顾客执行新交易时赠与 10 点的赠品。那么就可以建立如下的表达式:

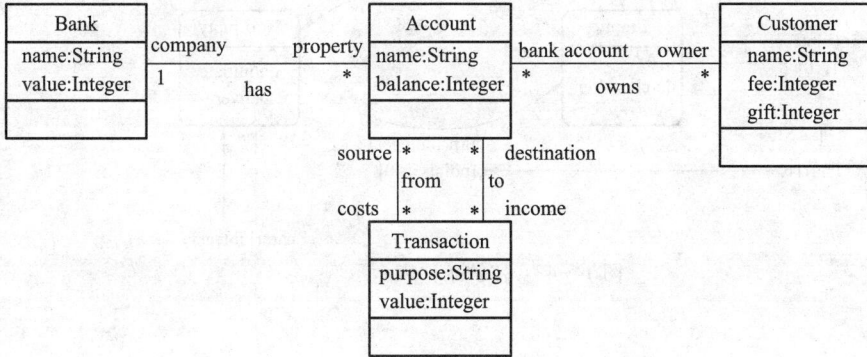

(a)

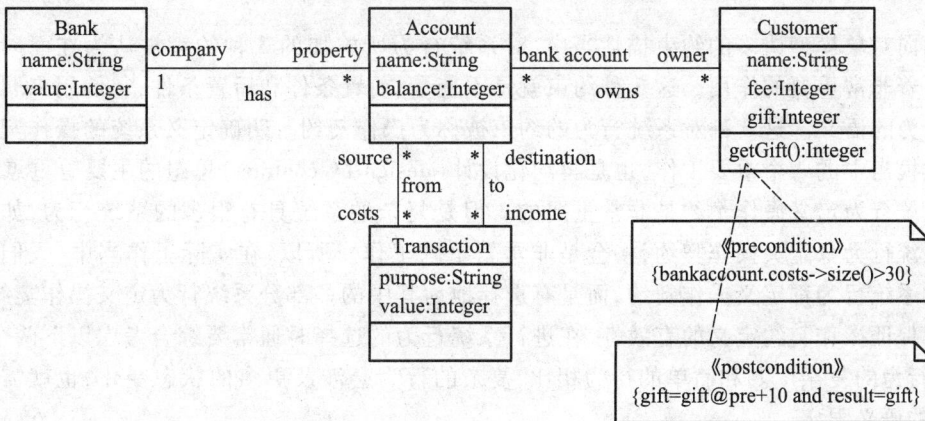

(b)

图 14-47　前置条件和后置条件声明示例

```
context Customer::getGift():Integer
pre CustStartTransact:
  bankaccount.costs->size()>30
post TenDollarsGift:
  gift=gift@ pre+10 and result=gift
```

当然,除了使用表达式之外,也可以直接在类图上面添加带有特定标签的图示,如图 14-47(b)所示。

3. 监护条件

监护条件是对状态机模型中状态转移施加的约束。在状态机到达转移点时,监护条件的表达式需要根据实际状态进行评估,并只有在表达式实际取值为"真"的情况下才进行转移。

监护条件约束被直接表示在状态图之上,放在转移语句之后,用"[ ]"进行界定,如图 14-48 所示。

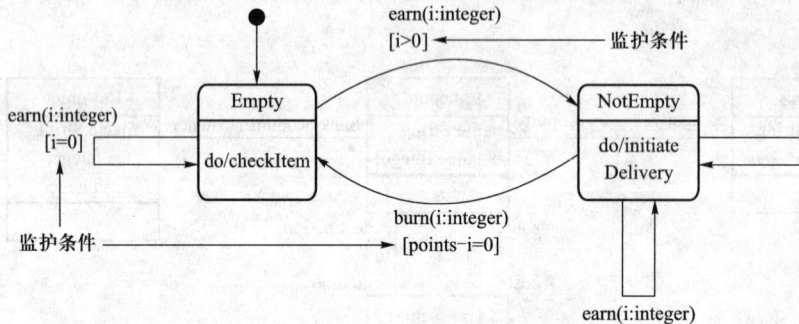

图 14-48　监护条件表示示例

14.10　使用对象约束语言建立契约说明

在面向对象模型诸多的约束描述当中,对系统行为所施加的 3 种约束被认为在面向对象建模当中有着非常重要的作用。这 3 种约束就是不变量、前置条件和后置条件,它们用来明确和限定系统行为的语义。这 3 种对系统行为的约束被称为操作契约。明确定义系统的操作契约是面向对象建模当中的一个重要工作,也是契约化设计(design by contract)思想的主要着重点。

为系统行为定义操作契约是非常重要的。但是复杂的系统具有很多的系统行为,如果要为每一个系统行为都定义操作契约,将会是非常繁重的工作。所以,在实际工作当中,人们并不会为所有的系统行为都定义操作契约,而是有选择地为其中的一部分系统行为定义操作契约。

为了保证操作契约定义的有效性,在进行系统行为的选择时通常要综合考虑以下两个因素。

- 行为的复杂度。和简单的行为相比,复杂的行为会涉及更多的状态变化,也就需要更多的语义限定。
- 行为的清晰度。和逻辑清晰的行为相比,因果关系比较微妙的行为更需要进行语义上的明确。

作为 UML 的一个部分,有着严格语法和语义的对象约束语言是进行操作契约描述的理想形式。但是在需求分析阶段缺乏完备的模型基础,即作为对象约束语言基础的其他 UML 图还停留在一个粗略的框架层次上,所以在需求分析阶段会结合使用对象约束语言和自然语言来进行契约的说明。在实践当中,人们通常会以对象约束语言的格式来组织自然语言的描述,其模板如图 14-49 所示。

```
操作(Operation):操作的名称及参数说明
引用(Reference,可选):发生此操作的用例
不变量(Invariant):不变量描述
前置条件(Precondition):前置条件描述
后置条件(Postcondition):后置条件描述
```

图 14-49 操作契约说明的模板

在进行操作契约的说明时,要从下面几个角度来进行约束的发现工作:

① 不变量:系统行为中所涉及的敏感状态,这些状态的改变往往会产生广泛的连锁反应。不变量包括不可改变的属性和不可改变的关联关系。

② 前置条件:行为发生和顺利完成所需要的系统的状态条件。前置条件主要包括合法的参数和有效的状态。有效的状态又包括对象的存在状态、对象的属性取值和有效的关联关系。

③ 后置条件:行为顺利完成之后引起的系统状态改变。而有效状态的改变主要指对象的存在状态、对象的属性取值和关联关系的改变。

例如对图 14-30 中的系统行为"输入物品项",可以进行操作契约的描述如下所述:

操作:
　　输入物品项 enterItem(ItemID, quantity)
引用:
　　用例:销售处理
前置条件:
　　有一个销售 si 正在进行
　　有一个物品项列表 sli 存在
　　si 和 sli 建立了关联
　　quantity 介于[Minimum…Maximum]
　　ItemID 可以和某个物品描述实例 spi 建立联系
后置条件:
　　创建了一个商品实例 spi
　　spi 和 sli 建立了关联
　　spi.quantity 被置为参数 quantity
　　spi.itemID 被置为参数 itemID

14.11　基于 CRC 卡面向对象分析方法

　　前面所描述的面向对象建模方法都是适用于简单情况下的建模方法。在需求信息比较明确时,它们能够发挥很好的作用。但是在复杂情况下,需求的获取和分析是交织前进的,也就是说在进行分析与建模时并没有非常明确和固定的需求信息可利用。这样,前面描述的建模方法就很难得到好的效果。

　　基于 CRC 卡的职责驱动方法就是[Beck 1989]提出用来处理复杂情况的一种面向对象建模方法,它和需求的获取活动互相促进,齐头并进。当然,基于 CRC 卡的职责驱动方法在实际开发中的应用要比前面所述的面向对象建模方法复杂得多,需要更多的实践经验和技巧。所以,在面对简单的应用时,本书还是推荐使用前面的简单方法。

　　基于 CRC 卡的职责驱动方法在应用的细节上包含有很多复杂的经验总结和启发式规则,所以对它感兴趣的读者可以参考[Wirfs-Brock 1990, 2003]。本书仅介绍它的基本思想和大概框架。

14.11.1　CRC 卡

　　CRC 是 Candidates、Responsibilities 和 Collaborators 三者的缩写。基于 CRC 可以建立一种索引卡片,被称为 CRC 卡。CRC 卡是由 Kent Beck 和 Ward Cunningham 于 1988 年发明的设计方法,用于描述早期的设计思想。后来,因为使用起来方便有效,所以 CRC 卡在面向对象开发中得到了大量的应用。

　　CRC 卡如图 14-50 所示。每个卡片代表了一个被发现的候选对象。卡的背面是关于候选对象的非正式描述。卡的正面记录了对象的职责(所维护的状态和可以执行的行为)和协作者。

图 14-50　CRC 卡示例

　　图 14-50 所示仅是 CRC 卡的一个示例图。它在实际应用中的形式可能是多种多样的,卡片、纸张、黑板等等都可以作为 CRC 卡的介质载体。

CRC 卡简洁方便,可以随时被移动、修改或者丢弃,所以它特别适合于在复杂的系统中进行对象的发现和设计思想的挖掘,即进行复杂情况下的面向对象分析与设计。

14.11.2　基于 CRC 卡的职责驱动方法

通过对 CRC 卡的建立、描述、修改和完善等行为,可以为复杂的系统最终建立有效的对象模型。这种面向对象的建模方法被称为基于 CRC 卡的职责驱动方法,它被广泛用于面向对象的分析与设计。

在需求分析阶段,基于 CRC 卡的职责驱动方法的主要工作框架如图 14-51 所示。下面将分别简要介绍其工作框架中的具体步骤。

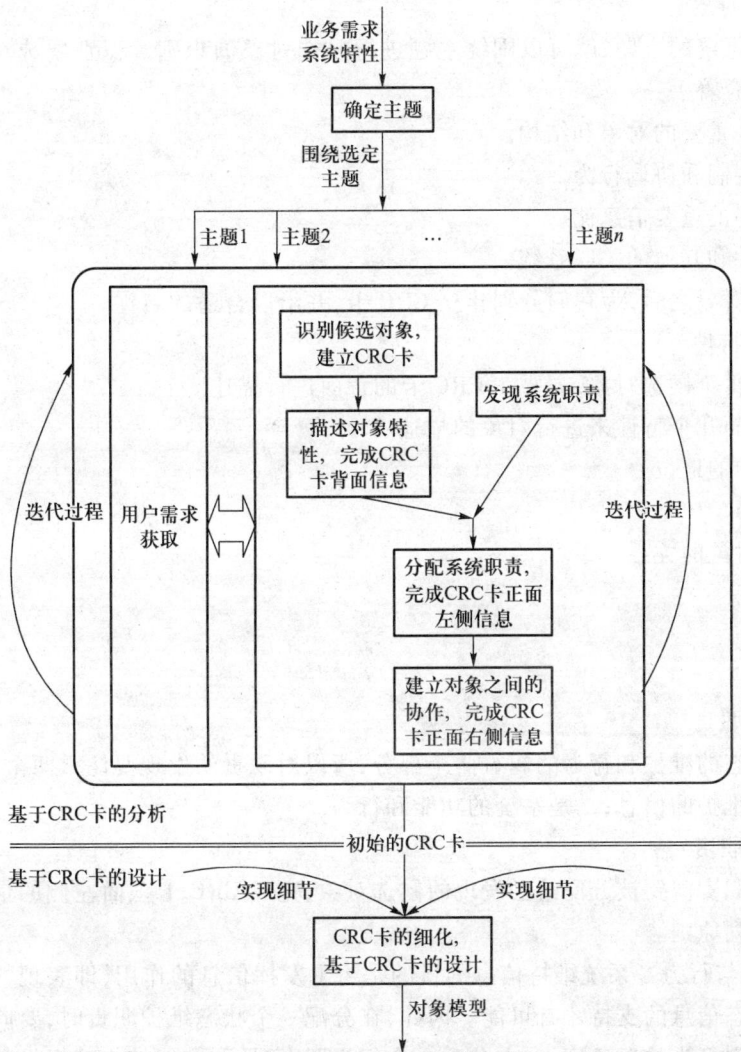

图 14-51　基于 CRC 卡的职责驱动方法的工作框架

1. 确定主题

面对复杂的系统应用,基于 CRC 卡的职责驱动方法首先需要分析系统的背景信息,找出系统中重要的主题(topic)。每个主题意味着系统工作的一个重要部分,整个系统可以按照主题被划分成有机的不同部分。

业务需求和为满足业务需求而规划的系统特性是用来确定主题的最好信息。通常可以围绕业务需求组织主题,或者将每一个系统特性都限定为一个主题。

每个主题内部的系统功能是紧密相关的,而不同主题之间的功能相关性就会大大降低。因此,主题的确定是利用模块化的方式在工作的初始阶段就降低问题处理难度的。

2. 识别候选对象

一旦确定了系统的主题,就可以围绕主题进行候选对象的识别。识别候选对象时可以从下列几个方面的内容着手:

- 问题域中重要的对象和结构。
- 系统的控制和协调行为。
- 需要传递的重要信息流。
- 关联硬件和其他的关联系统。

识别出候选对象之后,为它们分别建立 CRC 卡,并给以合适的名称。

3. 描述对象特性

对识别出的每个候选对象,需要在 CRC 卡的背面进行描述。

可以依据下面几个特性来进行对象的描述:

- 在系统中的地位
- 功能行为
- 和其他对象的关系
- 公共责任
- 抽象级别
- 复杂度

4. 发现系统职责

职责分为状态的维护和行为的履行两个部分,所以对职责的发现要注重两个方面的内容:一是系统所需要和维护的信息;二是系统的功能和行为。

5. 分配系统职责

发现的系统职责需要被分配给已发现的候选对象,完成 CRC 卡正面左侧的信息描述。职责分配时要注意下列原则。

① 集中信息与行为。系统维持信息的目的是为了发挥信息的作用,即表现一定的行为。行为的表现需要状态信息的支持才有可能。因此,在分配一个状态维护职责时,要向能够利用该状态信息表现出一定行为的对象靠拢;在分配一个行为职责时,要向能够为其提供状态信息支持的对象靠拢。

② 维持对象的角色。在对象的识别当中,已经为对象构思了某个特定的角色。角色是对象职责的体现,因此在为对象分配职责时,如果分配了过多和特定角色无关的职责,那么可能会冲淡或者改变事先预想的对象角色。如果在分析的过程中的确发生了事实和预计不太一致的情况,通过主动调整候选对象或对象角色(而不是被动改变对象角色)的方式来解决。

③ 保持对象责任的相关性。在给一个对象分配职责时,要保证新的职责应该和该对象原有的职责具有相关性,并且都符合该对象所扮演的角色。

④ 保持职责的合适粒度。在分配之前,要将职责控制在一个合理的粒度上。过于复杂的职责,要进行分割。过于简单的职责要进行合并。尤其需要注意的是那些和系统控制行为相关的职责,它们的初始体现往往会比较复杂。

⑤ 保持对象的粒度。不要让单个对象承担过多的责任。对象在履行责任时可以独立地完成,也可以部分或完全地请求其他对象的帮助。在分配责任时要在这两种方式中间折中,以避免单个对象的职责过于复杂或过于简单。对于无法对外委托责任的复杂对象,必要时考虑将其划分为多个小对象,这些小对象互相协作,共同完成原有对象的工作。

⑥ 不要重复责任。不要将一个责任重复分配给多个对象,这可能会导致后续阶段细节设计出现混乱。

⑦ 必要时调整候选对象。在一些职责的分配出现困难时,往往意味着需要进行候选对象的调整。

6. 建立对象之间的协作

在完成职责的分配之后,就可以着手进行对象之间协作的建立工作,完成 CRC 卡正面右侧的信息描述。

可以从下面几个角度出发建立对象之间的协作。

① 角色。角色表明对象在系统和具体工作中的位置。在系统和工作中相邻或者相关的角色之间通常会进行协作,也就是说对象所扮演的角色隐含着特定的协作关系。

② 任务。识别任务中的参与对象,分析任务中责任的分解、衔接和分配,这可以帮助发现对象之间的协作。

③ 职责。分析一个对象的职责(尤其是对象所维护的信息)也可以帮助发现对象之间的协作,这些协作体现了对象之间的帮助关系。

引 用 文 献

[Abbott 1983] ABBOTT R. Program design by informal English descriptions. Communications of the ACM, 1983, 26(11).

[Beck 1989] BECK K, CUNNINGHAM W. A laboratory for teaching object-oriented thinking. OOPSLA,89, 1989.

[Booch 1993] BOOCH G. Object-oriented analysis and design with applications. 2nd ed. Addison- Wesley Professional, 1993.

[Booch 1994] BOOCH G. Coming of age in an object-oriented world. IEEE Software, 1994, 11: 33-41.

[Booch 1997] BOOCH G. Object-oriented analysis and design with applications. 1st ed. Addison-Wesley, 1997.

[Booch 2005] BOOCH G, RUMBAUGH J, JACOBSON I. The unified modeling language user guide.Addison Wesley Professional, 2005.

[Booch 2007] BOOCH G, MAKSIMCHUK R A, Engle M W, et al. Object-oriented analysis and design with applications.3rd ed. Pearson Education, 2007.

[Bray 2002] BRAY I K. An introduction to requirements engineering. 1st ed. Addison Wesley, 2002.

[Coad 1990] COAD P, YOURDON E. Object-oriented analysis. Englewood: Prentice-Hall, 1990: 62.

[Cockburn 2001] COCKBURN A. Writing effective use cases. Addison Wesley, 2001.

[Fowler 1996] FOWLER M. Analysis patterns:reusable object models. Addison Wesley Professional, 1996.

[Jacobson 1992] JACOBSON I, CHRISTERSON M, JONSSON P, et al. Object oriented software engineering: a use case driven approach. Addison Wesley, 1992.

[Larman 2002] LARMAN C. Applying UML and patterns: an introduction to object-oriented analysis and design and the unified process. 2nd ed. Prentice-Hall, 2002.

[UMLOMG 2011] OMG. UML Superstructure Specification, 2011.

[OCLOMG 2012] OMG. UML OCL Specification, 2012.

[Rumbaugh 1991] RUMBAUGH J, BLAHA M, PREMERLANI W, et al. Object-oriented modeling and design. Prentice Hall, 1991.

[Rumbaugh 2004] RUMBAUGH J, JACOBSON I, BOOCH G. The unified modeling language reference manual. 2nd ed.Addison Wesley Professional, 2004.

[Schmid 2000] Schmid K. Scoping software product lines//DONOHOE P. Software product lines, experience and research directions. Kluwer Academic Publisher, 2000: 513-532.

[Shlaer 1988] SHIAER S, MELLOR S. Object-oriented systems analysis, modeling the world in data.Englewood Cliffs: Yourdon Press, 1988: 15.

[Ross 1987] ROSS R. Entity modeling: techniques and application. Boston: Database Research Group, 1987: 9.

[Siddiqi 1994] SIDDIQI J. Challenging universal truths of requirements engineering. IEEE Software, 1994.

[Smith 1988] SMITH M, TOCKEY S. An integrated approach to software requirements definition using objects. Seattle: Boeing Commercial Airplane Support Division, 1988: 132.

[Wirfs-Brock 1990] BROCK W R, WILKERSON B, WIENER L. Designing object-oriented software. Prentice-Hall, 1990.

[Wirfs-Brock 2003] BROCK W R, MCKEAN A. Object design: roles, responsibilities and collaborations. Addison Wesley,2003.

第四部分
需求的规格化与验证

本部分的主要目标是介绍在需求获取和分析之后进行需求规格化和验证的活动及方法。

第 15 章主要讲授软件需求规格说明文档写作的相关事项与技巧。除了软件需求规格说明文档之外，项目前景与范围文档、用例文档也是需求的重要规格化文件，它们已经在第 5 章和第 7 章进行了描述，本章仅针对性地展开了对软件需求规格说明文档的规格化过程。

第 16 章主要讲解需求验证的活动和方法。

第 15 章　需求规格说明

15.1　引　　言

　　需求获取活动收集了信息,需求分析活动更深入地理解了信息并建立了能够满足用户需求的软件方案。在经过需求获取活动和需求分析活动互相交织的处理之后,软件系统的涉众和需求工程师应该已经就软件的需求和方案达成了共识。为了保证软件开发的成功,这种共识还需要完整地传递给开发人员。需求规格说明活动就是将需求及软件方案进行定义和文档化,以有效将信息传递给开发人员的需求工程活动。

　　需求规格说明活动的内容如图 15-1 所示。首先,需求规格说明活动需要为目标的需求规格说明文档选择文档模板。现存可用的需求规格说明模板有很多,称为标准模板。标准模板可以很好地帮助需求工程师进行文档内容的组织,但是这些模板并不能不加修改地用于各种项目。所以需求工程师在选择了标准模板之后,还需要依据自身项目的特点对文档模板进行裁剪和调整,最终产生针对目标需求规格说明文档的文档模板。

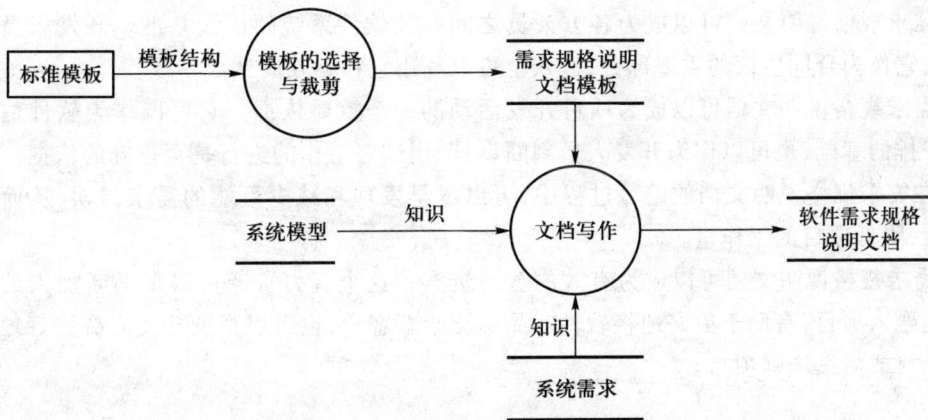

图 15-1　需求规格说明活动流程图

　　在得到文档模板之后,需求工程师就可以利用写作技巧,将需求分析活动产生的系统模型和系统级需求中所含的知识逐一填写到目标需求规格说明文档之中,产生软件需求规格说明文档。

15.2 需求规格说明文档

需求规格说明文档是需求规格说明活动的一个核心元素,要理解需求规格说明活动,就需要明确文档特性的下述内容。

15.2.1 编写需求规格说明文档的原因

在一个复杂软件系统的开发中,编写需求规格说明文档的必要性是显而易见的。

一方面,清晰、明确、结构化的文档可以将软件系统的需求信息和解决方案更好地传递给所有开发者。设计人员、程序员、测试人员及用户使用手册的文档编写人员在后续的开发活动中都需要了解软件系统的需求信息和为此而设定的解决方案。文档可以一致、重复地将这些信息传递给开发者,而且其效果是个体间聊天、讨论等其他交流渠道无法达到的。当然,即使最详细的需求规格说明文档也不能取代项目中其他的交流渠道,保留其他渠道的畅通仍然是重要的。

另一方面,文档可以拓展人们的知识记忆能力。在复杂的系统中,信息的含量超过了任何一个人所能够掌握的。书面的文档能够弥补人们记忆能力的不足,而且不会像人类的记忆一样慢慢退去。

除了必要性之外,[Kovitz 1998, Futrell 2002, Berry 2004]还指出了编写需求规格说明文档可以带来的好处。

① 需求规格说明文档可以成为各方人员之间有关软件系统的协议基准。开发人员和客户可以使用它作为合同协议的重要部分,涉众也可以利用它在相互间达成一致。

② 需求规格说明文档可以成为项目开发活动的一个重要依据。它可以作为软件估算和项目进度安排的基础,也可以作为开发人员判断设计、测试等工作的进行是否正确的依据。

③ 在需求规格说明文档的编写过程中,可以尽早发现和减少可能的需求错误,从而减少项目的返工,降低项目的工作量。

④ 需求规格说明文档可以成为有效的智力资产。这个智力资产可以帮助新加入的团队成员更快地融入项目,有助于更好地将软件产品移交给新客户,也可以帮助开发人员更好地完成其他类似项目或后续增强项目。

15.2.2 需求规格说明文档的类型

在需求开发的过程中可能会产生很多种不同类型的需求说明文档。这些不同的表现有:

- 需求文档的名称不同。
- 需求文档的内容不同。
- 需求文档内容的组织方式不同。

- 需求文档内容的表达方式不同。
- 需求文档的用途和作用不同。
- 在联系需求时使用的辅助性文档不同。

在各种不同的需求文档当中,有一些常见的需求文档,如图 15-2 所示。

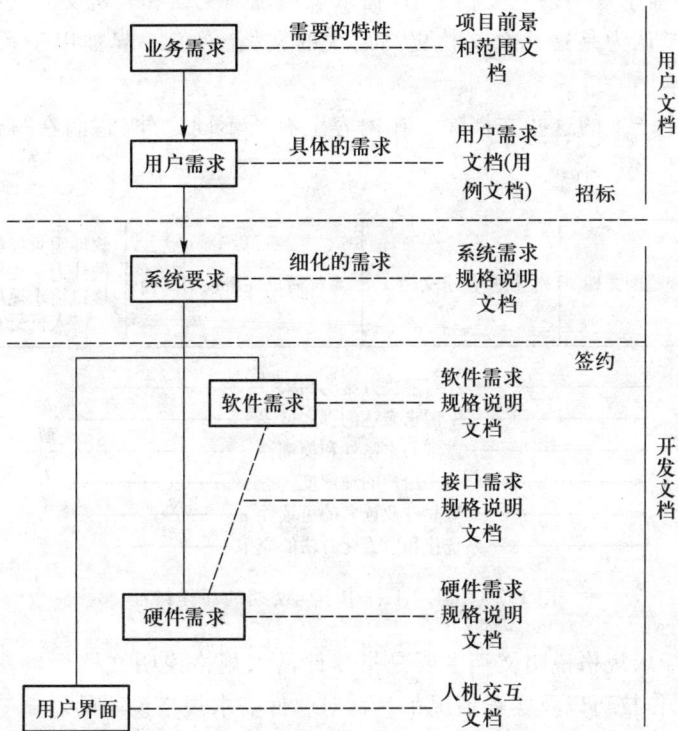

图 15-2　需求开发过程中的常见文档,修改自[Gabb 1998]

对业务需求的定义和文档化产生项目的前景和范围文档。对用户需求的定义和文档化产生用户需求文档,它的一种常见形式是用例文档。关于用户需求文档写作的更详细信息请参考[IEEE1362-1998]。项目的前景和范围文档、用户需求文档都被视为属于用户的文档,因为无论是在内容的写作上还是在使用的目标上,重点都是用户的现实世界。如果客户需要进行开发招标,那么招标工作也通常是基于用户需求文档进行的。

在得到用户需求之后,需求工程师可以为其建立包括硬件、软件和人力在内的从整个系统角度出发的解决方案,并将它们描述为系统需求规格说明文档。系统需求规格说明文档涉及的内容比较广泛,包括需求、软件体系结构设计方案(尤其是部署设计方案)、维护方案……所以系统需求规格说明文档的内容往往较为抽象,具有概括性的特点。关于系统需求规格说明文档写作的更详细信息请参考[IEEE1233-1998]。大多数系统开发项目都是以系统需求规格说明文档为基础签约的。

软件需求规格说明文档是对整个系统功能分配给软件部分的详细描述。硬件需求规格说明文档是对整个系统功能中分配给硬件部分的详细描述。接口需求规格说明文档是对整个系统中需要软、硬件协同实现部分的详细描述。人机交互文档是对整个系统功能中需要进行人机交互部分的详细描述。也就是说，对系统需求规格说明文档内容的细化和详细说明会产生软件需求规格说明文档、硬件需求规格说明文档、接口需求规格说明文档和人机交互文档。所以系统需求规格说明文档通常被认为是这几个文档更高层次的文档，它们一起被用于系统开发，都是开发文档。

需求开发过程中产生的这些文档除了在内容上有所不同之外，它们在写作的风格和特征上也有所不同，如图 15-3 所示。

项目前景和范围文档	用户需求文档	系统需求规格说明文档	软件需求规格说明文档 硬件需求规格说明文档 接口需求规格说明文档 人机交互文档

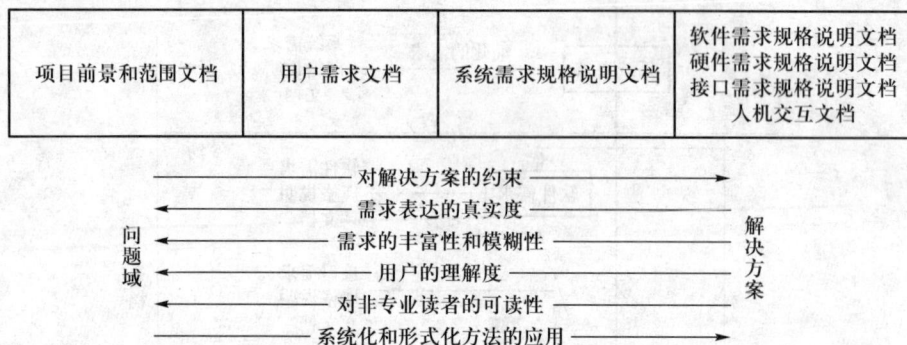

图 15-3　需求工程中不同文档的写作特征

本章所描述的需求规格说明文档主要是指软件需求规格说明文档。也就是说，本章描述的活动、文档、模板、写作技巧以及实践情况都是针对软件需求规格说明的。

15.2.3　需求规格说明文档的读者

需求规格说明文档是以信息交流为主要目标的，所以优秀的需求规格说明文档在编写时要考虑到它可能的读者。

图 15-4 是一个典型的复杂软件开发活动的片段，从中可以发现软件需求规格说明文档的几个常见读者。

① 项目管理者。软件需求规格说明文档全面、准确定义了软件的功能和非功能要求，因此，项目管理者可以基于它进行软件的估算。在估算出软件的规模、成本、所需资源等因素之后，再结合与需求工程一起交织进行的体系结构设计所产生的软件体系结构，项目管理者可以安排下一步的并行开发。并行开发工作由很多小组同时进行，每个小组负责完成分配的任务。

② 设计人员和程序员。设计人员和程序员需要依据软件需求规格说明文档来完成自己的任务。文档的内容是其工作是否正确的一个重要判断标准。

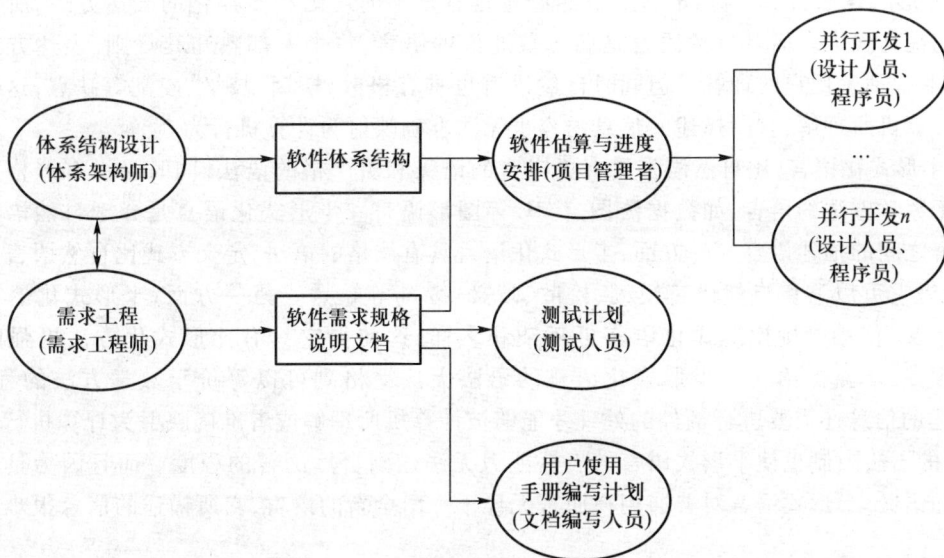

图 15-4　一个典型的软件开发活动片段

③ 测试人员。在软件需求规格说明文档完成之后,测试人员就需要根据文档的内容设计测试计划,包括确定需要测试的功能和产生有效的测试用例。这个测试计划将在后面的软件测试阶段用来指导测试活动的进行。

④ 文档编写人员。在软件需求规格说明文档完成之后,用户使用手册的编写人员就可以着手计划用户使用手册的编写,包括确定手册的内容和要点。在软件开发活动完成之后,再结合实际软件的素材进行最终手册的编写。

除了上述的常见读者之外,软件需求规格说明文档可能还有以下几类读者。

① 维护人员。在软件维护当中,无论是修正缺陷的修正性维护,适应新环境的适应性维护,还是新增或修改功能的完善性维护,都需要在充分理解软件现有需求的基础上进行。因此软件需求规格说明文档是维护人员执行维护任务时的重要依据。

② 培训人员。进行软件使用培训的培训人员需要理解软件需求规格说明文档的内容,根据对需求的理解来合理安排培训的内容和方式。

③ 律师。在必要的情况下,软件需求规格说明文档也是律师进行法律考量的依据,以检查软件产品是否符合现有的法律法规。

15.2.4　需求规格说明文档的描述手段

1. 信息描述语言的分类

需求工程师在描述需求规格说明文档时,需要使用一些语言手段。信息的描述语言可以分为 3 种类别。

① 非形式化语言,即自然语言。自然语言具有复杂的规则和多样化的表达方式,所以它的表达能力最为强大。而且自然语言是属于普通人的语言,每个人都熟知其规则、表达方式和特点,所以非常利于用户的理解。但同时自然语言也具有松散、模糊、歧义、凌乱等缺点,这使得它无法被计算机所理解,它所描述的信息内容也无法准确映射为计算机行为。

② 半形式化语言,比自然语言具有更丰富的语义和更严格的语法,同时又没有严格到可以完全基于数学方法的语言,如数据流图、UML 等图形语言。半形式化语言是介于自然语言和形式化语言之间的描述语言。一方面,半形式化语言具有严格的语法,定义方式比自然语言更加严格,这使得它可以避免自然语言模糊、松散、歧义、凌乱等缺点。另一方面,半形式化语言具有丰富的语义,使用规则比形式化语言更复杂和多样,这使得它具有比形式化方法更强的表达能力。但是,丰富的语义使半形式化语言的语法无法严格到可以等价于数学方法的程度,所以它描述的信息还需要进行额外的处理才能够被计算机所理解或者准确映射为计算机行为。同时,严格的语法限制也使半形式语言的表达能力无法达到自然语言的程度。而且因为具有独特的语法和语义,半形式语言对普通用户而言无异于一门全新的语言,它所描述的信息很难被用户所理解。

③ 形式化语言,基于数学的语言,如 VDM 和 Z 语言等,具有数学的表示法特性。使用形式化语言描述的信息内容是可以进行逻辑一致性推导和证明的,所以它能够保证信息的正确性。而且形式化的信息描述能够被计算机所理解,它所描述的信息内容可以准确映射为计算机行为。但是形式化描述的信息要求读者具备谓词演算方面的知识,这对普通的用户而言显然要求过高,以至于大多数用户无法读懂以形式化方法描述的信息。形式化方法所能描述的内容也是有限的,具体的有限性因形式化方法的不同而各异。

2. 3 种语言的比较与应用

为了实现复杂的规则、多样的表达方法和强大的表达能力,自然语言采用了以文本为主的描述方式。形式化语言也是使用以文本为主的描述方式,但是它所使用的文本都是经过严格选择和限定的,代表着特定的数学符号。和它们不同的是,半形式化语言采用了以图形为主的描述方式。这是因为:

① 半形式化语言的语法限制使得它用于信息描述的基本元素是有限的,这个有限性使它以限定文本或限定图形符号为描述方式成为可能。

② 半形式化语言追求表达语义的丰富性,而在这一点上图形符号是胜过限定文本的,所以人们倾向于选择使用图形符号的描述方式。

因为 3 种类别语言的特性区别,所以在进行需求规格说明文档的编写时,用户倾向于使用自然语言,因为其他两种类别的语言难以理解。而开发人员倾向于使用半形式语言和形式化语言,因为自然语言的表达不够严格和准确。形式化语言在实践当中的应用很少,因为需求规格说明对语言的语义和表达能力有着较高的要求,而这恰恰是形式化语言有所欠缺的。

为了让需求规格说明文档的内容能够同时满足用户和开发人员的需要,需求工程师在实践中更多的会综合使用自然语言、半形式化语言和形式化语言。例如,为半形式化语言和形式化语言添加自然语言的注释,或者分别使用自然语言和半形式化语言(或者形式化语言)重复描述同样的信息,或者使用半形式语言和形式化语言描述概要与抽象信息,然后再用自然语言进行详细信息的描述。

15.3 模板的选择与裁剪

15.3.1 模板的选择和使用

编写一份优秀的需求规格说明文档并不是一件容易的事情。一方面,需要依据文法选词造句,以正确、准确、简洁地进行表述。另一方面,整个文档在内容组织上要清晰、有条理且易于理解,这对于缺乏经验的写作者来说尤其困难。

为了让文档的编写工作更加顺利,同时也让编写出来的文档具有更好的质量,人们倾向于总结、借鉴和复用已有的经验。对表述技巧的总结可以提高人们的写作表述能力。对文档内容组织上的总结可以产生有效的文档模板,它可以帮助人们更好、更快地组织起高质量的文档。

因此,在编写需求规格说明时,首先要选择一份合适的文档模板。现在有很多的软件需求规格说明模板可供使用,其中比较权威是[IEEE830-1998]给出的模板,如图 15-5 所示。

[IEEE830-1998]推荐的模板很好地组织和安排了软件需求规格说明应该包含的内容,可以适用于多种项目。但是软件需求规格说明的最佳内容组织方式应该是根据软件产品的应用领域不同而有所不同的,所以[IEEE830-1998]推荐的模板更多的是起到参考作用,开发者还需要根据项目的类型和规模等因素对其进行调整。除了[IEEE830-1998]推荐的模板之外,还有很多软件需求规格说明模板可以使用。这些模板也大多是对[IEEE830-1998]推荐的模板进行调整后得出的。[IEEE830-1998]推荐的模板和其他模板是可以公开获得和使用的,这里统称它们为标准模板。

标准模板都更多的是起到一种参考作用,开发组织需要依据自己的情况对其进行调整,也即对其进行裁剪和定制,然后形成组织自己的软件需求规格说明模板(如图 15-6 所示)。例如,图 15-7 就是[Wiegers2003]对[IEEE830-1998]推荐的模板进行调整后形成的可供组织使用的软件需求规格说明模板。因为一个组织的多个项目间虽然具有相似性,但也有很大的差异性,所以在组织内进行项目开发时,还需要依据项目的具体特性对组织自己的软件需求规格说明模板进行再次裁剪和定制,形成针对具体软件产品的软件需求规格说明模板。拥有了对软件产品的软件需求规格说明模板,就算基本确定了文档内容的组织方式,此时就可以将文档的信息内容逐一写入,产生最终的软件需求规格说明文档。

需求规格说明活动中对模板进行选择和使用的整个过程如图 15-6 所示。

1. 引言
  1.1 目的
  1.2 范围
  1.3 定义、首字母缩写和缩略语
  1.4 参考文献
  1.5 文档组织
2. 总体描述
  2.1 产品前景
  2.2 产品功能
  2.3 用户特征
  2.4 约束
  2.5 假设和依赖
3. 详细需求描述 *
  3.1 对外接口需求
    3.1.1 用户界面
    3.1.2 硬件接口
    3.1.3 软件接口
    3.1.4 通信接口

  3.2 功能需求
    3.2.1 系统特性 1
      3.2.1.1 特性描述
      3.2.1.2 刺激/响应序列
      3.2.1.3 相关功能需求
        3.2.1.3.1 功能需求 1.1
        …
        3.2.1.3.n 功能需求 1.n
    3.2.2 系统特性 2
    …
    3.2.m 系统特性 m
  3.3 性能需求
  3.4 约束
  3.5 质量属性
  3.6 其他需求
附录
索引

---

   * [IEEE1998]为此处提供了 8 种不同的格式,分别适用于不同的应用情景。模板中的格式仅仅是其中之一。

图 15-5　模板示例一

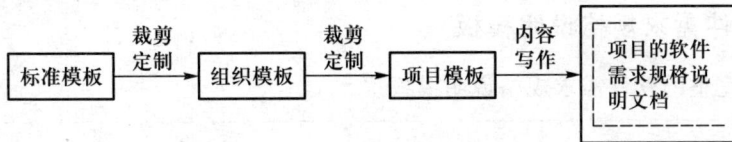

图 15-6　模板的选择和使用

1. 引言
　1.1　目的
　1.2　文档约定
　1.3　读者对象和阅读建议
　1.4　项目范围
　1.5　参考文献
2. 总体描述
　2.1　产品前景
　2.2　产品特性
　2.3　用户类及其特征
　2.4　运行环境
　2.5　设计和实现上的约束
　2.6　用户文档
3. 系统特性
　3.1　系统特性 X
　　3.x.1　描述和优先级
　　3.x.2　刺激/响应序列
　　3.x.3　功能需求
4. 对外接口需求
　4.1　用户界面
　4.2　硬件接口
　4.3　软件接口
　4.4　通信接口
5. 其他非功能需求
　5.1　性能需求
　5.2　安全性需求
　5.3　软件质量属性
6. 其他需求
附录 A:术语表
附录 B:分析模型
附录 C:待确定问题清单

图 15-7　模板示例二

15.3.2　软件需求规格说明模板

下面是一个完整的软件需求规格说明模板。

---

1. 引言

是对整个软件需求规格说明的概览,以帮助读者更好地阅读和理解文档。包括文档的意图(目的)、主要内容(范围)、组织方式(文档组织)、参考文献(参考文献)和阅读时的注意事项(定义、首字母缩写和缩略语)。

1.1　目的

说明软件需求规格说明的主要目标,描述软件规格说明所定义的产品或某些产品部分。限定预期的读者。

1.2　范围

(1) 根据名称确定将被开发的软件产品。

(2) 解释软件产品的预期功能,并在必要的时候解释没有纳入软件产品预期的功能。

(3) 描述软件产品的应用,包括相关的好处、目标和目的。

(4) 如果在此软件需求规格说明之外,还存在着一个更高层次的规格说明(如系统需求规格说明),那么该部分的描述应该与更高层次文档的相关段落保持一致。

1.3　定义、首字母缩写和缩略语

定义了正确理解软件需求规格说明所必需的术语、首字母缩写和缩略语。

这部分内容也可以通过添加附录或引用其他文档来提供。

1.4　参考文献

(1) 提供需求规格说明文档在别处引用的全部文档的清单列表。

(2) 利用标题、报告编号(如果适用的话)、日期和出版机构来标识文档。

(3) 指定可以获得参考文献的来源。

这部分内容也可以通过添加附录或者引用其他文档来提供。

1.5　文档组织

(1) 描述软件需求规格说明余下部分所包含的内容。

(2) 解释软件需求规格说明的组织方式。

2. 总体描述

从总体上描述影响产品和需求的因素。这部分并不涉及那些将在文档第 3 部分(详细需求描述)中描述的具体需求,而是为其提供背景知识,使其更加易于理解。

2.1　产品前景

该节将所定义的产品和其他相关的产品联系起来,在联系中描述产品的起源和背景,进而说明对产品的总体预期。

如果产品是一个独立的、完全自包含的系统,那么就应该在这里进行声明。

如果像常见的情况那样,产品仅仅是较大系统的一个组件,那么就应该将较大系统的需求和软件的功能联系起来进行说明,并标识它们之间的接口。如果能够开发一个能够显示较大系统的主要组件、内部连接和外部接口的框图,将会有很大的帮助。

这一节还应该描述较大系统的其他部分对软件产品的操作预期。这些部分包括:

- 系统接口。系统接口对软件产品的功能要求。
- 用户界面。软件产品和用户之间接口的逻辑特征和优化要求。
- 硬件接口。软件产品和较大系统中硬件组件之间接口的逻辑特征。
- 软件接口。其他软件系统对软产品的要求。
- 交流接口。本地网络协议之类的交流接口要求。
- 内存。软件产品在主存储器和辅助存储器上的局限性和可适用特性。
- 操作。用户要求的正常和特殊操作。
- 地点改变需求。对指定地点、任务或者操作模式的需求,调整软件装置而需要改变的地点或者任务的相关特征。

2.2 产品功能

概述软件将要执行的主要功能。此处只需要概略地总结,其详细内容将在第 3 部分(详细需求描述)中描述。例如,一个账目管理程序的软件需求规格说明会在本节中描述顾客账目维护、顾客描述和发票处理等功能,但不会提及上述功能的大量细节。如果存在为软件产品分配功能的更高一层的规格说明,那么这个部分的功能概述应该直接从更高层次规格说明的相关部分提取。

为了清晰起见:功能的组织应该能够让第一次看到文档的顾客或者其他人理解功能列表;可以使用文本或者图形化的方法显示不同功能及其联系。

2.3 用户特征

描述产品预期用户的一般特征,包括受教育水平、经验和技术能力等。这些描述信息可以用来解释第 3 部分(详细需求描述)中特定需求出现的原因,但是本节并不涉及这些特定的需求。

2.4 约束

对限制开发人员开发方案选择的项目进行一般性描述。这些项目包括:

- 规章政策
- 硬件限制
- 和其他应用的接口
- 并发操作
- 审计功能
- 控制功能
- 高阶语言要求(即程序开发语言)

- 信号握手协议(即信息交流的可靠性要求)
- 应用的临界状态
- 安全性考虑

2.5 假设和依赖

列举并描述了那些会对文档中所述需求产生影响的因素。这些因素并不是软件的设计限制,但是这些因素的任何变化都会影响到文档中的需求。例如,有这样一个假设:软件产品的目标硬件上会有某个特定的操作系统。而在实际情况当中,这样的情况并不存在,那么文档中的需求将不得不进行相应的改变。

3. 详细需求描述

这通常是软件需求规格说明中最大和最重要的部分。它要对所有的软件需求进行充分的描述。信息的内容应该包括设计人员进行设计时所需要的所有细节,足以让设计人员设计出一个满足需求的系统。信息的内容还需要清楚地告诉测试人员需要怎么样的测试才能保证得到一个满足需求的系统。

在这一部分:

- 细节需求的描述要符合优秀需求的特性要求,文档的组织和内容整合要符合优秀软件需求规格说明文档的特性要求(见15.5节)。
- 细节需求要能够回溯到相关的前期文档,形成前后参照。
- 所有的需求都要被唯一标识。
- 需求的组织应该尽可能提高可读性。

该部分内容的最佳组织方式要依赖于软件产品的应用领域和特性。[IEEE830-1998]为该部分的文档组织提供了8中不同的模板方式,图15-5仅为其中之一。图15-5是按照系统特性来进行需求组织的,除此之外也可以按照操作模式、类/对象、刺激/响应、功能分解、用户类别等方式进行组织。关于其他几种组织方式请参见附录1。

[IEEE830-1998]将需求分成了5类,并据此进行内容的组织。这5种内容是:功能需求、性能需求、约束、质量属性和对外接口。第2章已经详细解释了5种类型需求的区别,本章将仅仅对文档内容的组织进行介绍。

3.1 对外接口需求

描述了设计人员正确开发与软件外部实体的接口所需要的所有信息。

对软件产品对外接口中的输入/输出项,可以参照下列方式进行描述:

- 名称
- 目的描述
- 输入源/输出目标
- 有效范围,精确度和误差范围
- 度量单位

- 时间要求
- 和其他输入/输出项的关系
- 屏幕布局/组织
- 窗口布局/组织
- 数据格式
- 命令格式
- 结束消息

3.1.1 用户界面[*]

描述系统所需的每个用户界面的逻辑特征。本节可能包括下列内容：

- 对图形用户界面(GUI)标准的引用或者将要采用的产品系列的样式指南。
- 有关字体、图标、按钮标签、图像、颜色选择方案、组件的 Tab 顺序、常用控件等的标准。
- 屏幕布局或解决方案的约束。
- 每个屏幕中将出现的标准按钮、功能或者导航链接。
- 快捷键。
- 消息显示约定。
- 便于软件定位的布局标准。
- 满足视力有问题的用户的要求。

3.1.2 硬件接口

描述系统中软件和硬件每一接口的特征。这种描述可能包括支持的硬件类型、软硬件之间交流的数据、控制信息的性质及所使用的通信协议等。

3.1.3 软件接口

描述该产品与其他外部组件(由名字和版本识别)的连接，包括数据库、操作系统、工具、程序库和集成的商业组件等。声明在软件组件之间交换数据、消息和控制命令的目的。描述其他外部组件所需要的服务以及组件间通信的性质。确定将在组件之间共享的数据。

3.1.4 通信接口

描述与产品所使用的通信功能相关的需求，包括电子邮件、Web 浏览器、网络通信标准或协议及电子表格等。定义了相关的消息格式。规定通信安全或加密问题、数据传输速率和同步通信机制等。

3.2 功能需求

描述了软件产品在接收和处理外部输入(或者处理和产生对外输出)中发生的基本行为。

---

[*] 在实践中，开发者常常会使用专门的人机交互设计文档来代替或者增强该部分内容。

需要描述的内容有：

- 对输入的验证。
- 操作的顺序。
- 对异常的响应,例如数值越界、通信问题、错误处理与恢复。
- 参数的说明。
- 输出和输入的关系:输入/输出序列,将输入转换为输出的公式和规则。

3.2.x 系统特性

系统特性是外部期望的系统服务,它接收一系列的输入,并产生外界预期的输出。

3.2.x.1 特性描述

提出了对该系统特性的简短说明。

3.2.x.2 刺激/响应序列

列出输入刺激序列(用户动作、来自外部设备的信号或其他触发器)和系统的响应序列。

3.2.x.3 相关功能需求

详细列出与该特性相关的功能需求。这些是必须提交给用户的软件功能,使用户可以使用所提供的特性执行服务或者使用所指定的使用实例执行任务。描述产品如何响应可预知的出错条件或者非法输入或动作。

3.2.x.3.n 功能需求 x.n

对单个需求(功能的某个步骤或者某个方面)的清晰描述,常见形式为"RID:系统应该……"。

3.3 性能需求

阐述了不同的应用领域对产品性能的需求,并解释它们的原理,以帮助开发人员做出合理的设计选择。确定相互合作的用户数或者所支持的操作、响应时间以及与实时系统的时间关系。还可以在这里定义容量需求,例如存储器和磁盘空间的需求或者存储在数据库中表的最大行数。尽可能详细地确定性能需求。可能需要针对每个功能需求或特性分别陈述其性能需求,而不是把它们都集中在一起陈述。

3.4 约束

描述可能由法律法规、标准、规范或者硬件限制等因素带来的设计约束。

3.5 质量属性

详尽陈述与客户或开发人员至关重要的产品质量属性。这些特性必须是确定、定量的并在可能时是可验证的。

3.6 其他需求

定义在软件需求规格说明的其他部分未出现的需求,例如国际化需求或法律上的需求。还可以增加有关操作、管理和维护部分来完善产品安装、配置、启动和关闭、修复和容错,以及登录和监控操作等方面的需求。

附录

附录是对软件需求规格说明正文信息的补充。虽然它并不是必须的,但是必要的附录可以增加文档对需求的描述能力。

常见的附录内容包括:

- I/O 格式示例、成本分析研究、用户调查结果。
- 有助于阅读软件需求规格说明的背景信息,常见的有术语表、数据字典和分析模型图示。
- 需要解决但是目前还悬而未决的问题列表。
- 为了满足安全、导出、初始加载或者其他需求而对代码和数据媒体进行特殊打包处理的说明。

索引

对文档重要内容的位置引用,可以利用文档编辑工具自动生成。

15.4 需求规格说明文档的写作[*1]

15.4.1 写作的指导原则

1. 写作是一门艺术[*2]

认知哲学将人类的知识划分为"科学"(science)和"艺术"(art)两个类别。"科学"是运用范畴、定理、定律等思维形式反映现实世界各种现象的本质的规律的知识体系[CH 1999]。它重在把握事物的规律性,并按照这些固定的规律指导活动的顺利和活动的正确进行。和"科学"相对的"艺术",则是那些在科学王国之外依赖于人类天性和创造性的知识。没有什么固定的规律可以保证"艺术"活动的顺利和正确进行。

文档写作被视为"艺术"活动,所以不可能掌握了生搬硬套的规程,或者一些简单的步骤,就可以写出优秀的文档。一份优秀文档与一份比较差文档的区别就在于那些成千上万的细枝末节问题的处理上,如遣词造句和组织方式等。每一个具体细节的判断和选择似乎看不出差别,可是,成千上万个这些好的选择和差的选择汇集起来,其差别就很巨大了。

虽然"艺术"活动没有什么固定的规律,但是人们在长期的实践活动当中却可以发现和总结出一些经验原则(practice,principle)。这些经验原则虽然不能保证"艺术"活动的顺利和正确进行,却可以在一定程度上指导"艺术"活动更好、更快地进行。

[*1] 本部分内容主要源自[Kovitz 1998]。

[*2] 此处的艺术并不是指文学、绘画等常见的艺术概念,而是专指认知哲学中相对于"科学"的概念。

所以,文档写作也并非完全是要"听天由命"的,它也有不断进步的可能。一方面可以广泛了解他人实践中的间接经验,另一方面可以加强自身的实践,多动手写作,从中总结直接经验。阅读别人写的文档也可以学到很多东西。

这些可以习得的文档写作经验主要有:文档的组织方式、常见情景的处理、常用的写作技巧、容易出错的地方等。

在学习这些经验原则时,要永远记住:它们仅仅是能够让文档写作变得更好、更快,但绝不可能保证写作活动的顺利和正确进行。所以它们并非普遍适用的铁律,而是需要在实践中进行取舍和折中的。也就是说,包括本部分在内的 15.4 节所介绍的内容是应该在文档写作当中加以应用的,但并不是可以完全机械照搬的。

2. 文档化的目标是交流

编写软件需求规格说明文档的第一目标是在涉众及开发人员之间交流需求和解决方案信息。因此,在进行文档编写是要时刻牢记该文档是要给人看的,尤其是要给用户和开发人员看的。

但是一个糟糕的事实是:有很多的需求文档无法阅读。例如 Booch 曾经写了一份 8 000 页的需求文档[Booch 1996],"这个文档是没有人可以读得懂的"。甚至很多通常意义上的一份 50 ~ 100 页的需求文档都是无法阅读的。其原因在于,这些文档是为了遵循一些抽象的正确性标准写出来的。

这些标准通常来自于"方法论",或者来自于某些专门的文档模板标准。这些方法论意义上的东西通常都是希望达到这样的效果:用一组非常有局限性的表达方式来描述软件中一组很有局限性的信息。即用一种符号来描述所有的图,用一个句子结构来描述所有的需求,用一个表格来描述所有的文档内容等。

机械地照搬某些标准方式将导致这个文档毫无意义。这个文档只是为了满足一些武断的规则而已,而不是用于和别人交流信息。

为了保证文档的交流目的,在编写需求规格说明文档时要时常考虑下列问题:

- 有没有另外一种更容易理解的表达方式?
- 是否一次性提供了太多的信息?
- 对读者来说什么是重要的,什么是不重要的?
- 是否太抽象了? 需不需要举例说明?
- 是否太专业了? 需不需要解释原理?
- 会不会引起读者对内容的错误解释?
- 哪些内容有益于读者? 有益于哪些读者?
- 文档在整体上是不是过于机械、乏味或者松散?
- 文档枯燥吗? 令人厌烦吗?

如果有机会能够深入到文档用户的工作中去,了解他们的工作方式,体会他们阅读需求规格说明文档时的挫败感、需要和想法,将有助于作者写出更易于理解和交流的文档。

15.4.2　常见的写作技巧

1. 内容的组织

（1）所有内容位置得当

文档在内容组织上的一个基本原则是：每段内容都有一个合适的位置，而且每段内容都被置于合适的位置。文档的组织结构可以被看成一组承载细节的槽，大槽承载由多个小细节所组成的大细节。仔细斟酌和选择槽的顺序，以便所有细节内容都能适得其所。如果没有有意识地设计文档的组织结构，将很可能会因为没有地方放置细节而忽略一些信息或者在很多位置多次重复相同的细节。

有效建立文档组织结构的方法就是借鉴和使用标准的文档模板。

（2）引用或强化，但不重复

在文档编写时要避免重复的冗余需求。虽然在不同的地方出现相同的需求可能会使文档更加易于阅读，但这会造成维护上的困难。如果要修改，则需要同时更新某个需求的多个实例，以免造成各实例之间的不一致。

对于文档中必要的冗余重复信息，可以考虑使用引用：在文档中交叉引用相关的各项。这样，每个单独的需求实例就只会出现一次，而且在修改时也可以保持各个冗余部分之间的同步。

除了重复之外，冗余信息还有一种可以接受的形式：强化。强化是指通过在文档不同部分建立有逻辑性的连接，同一内容以不同的形式在不同部分多次出现，使读者可以更加深刻地理解文档内容。例如，对于一个抽象陈述，可以在文档的另一部分进行细化，或者给予几个示例来说明，它们会强化读者对这个抽象陈述的理解程度。

"引言"部分就是不折不扣的强化冗余。读者在阅读完文档的引言部分后，就可以增强对文档的细节理解。

图表也是文档中常用的强化冗余。图表表达的信息与文字所表达的信息相同，只是表现形式不同而已。图表以非常易于接受的形式表达了各种错综复杂的关系，这样可以让读者不断验证对文字理解的正确性。

2. 表达方式

（1）形式依赖于内容

事先就选择好用一种方式来表达文档内容，这种做法是不正确的。正确的做法是：根据需要表达的内容，选择合适的表达方式。前一种做法的错误在于，预想制定的形式可能无法表达所有的内容。例如，有时用表格来表达要比示意图好些，而有时候示意图比表格要好些。最合适的表达方式应该是能够倾向表达内容的方式。

（2）使用系统的表达方式

人们在写作或者阅读文档时，会倾向于有一种系统的方式来计划和检查这些文档的内容。因此，在对内容表达能力相同的情况下，人们会倾向于系统的表达方式。例如：

① 使用相同的语句格式来描述所有的细节需求。

② 使用列表或者表格来组织独立、并列的信息。

③ 使用编号来表达繁杂信息之间的关系,包括顺序关系、嵌套关系和层次关系:

- 对图、表进行编号。
- 对文档的章节进行编号。
- 对需求进行标识和编号。

3. 细节描述

(1) 定义术语表或数据字典

术语表是对重要术语的清晰、一致说明,用于准确描述术语的含义。数据字典比术语表更加严格,是对重要实体名词及其属性的定义。通过定义术语表和数据字典,文档的写作者和读者可以就术语所表示的意义达成共同理解。

定义术语表或数据字典,可以避免下列的常见问题。

①术语不一致。在人们计划和编写文档的时候,通常会使用一些术语,然后无数次地修改这些术语,特别是当他们对术语有新的想法,以及对问题域的理解有更深认识的时候。这种做法所带来的负面影响就是,在同一个文档中积累了针对同一个事物的不同的旧的和新的术语定义。这会给读者的正确理解带来困难。如果能够建立并维护一个术语表,那么人们可以很容易地在文档中进行术语的"查询"和"替换"。这样就可以避免文档中出现的术语不一致。

②"方言"问题。对同样的事物,不同的人群会使用不同的名词来描述,即具有不同的"方言"。不同的方言很有可能会在需求获取活动之后遗留到需求规格说明之中,这会给不懂方言的读者(如开发人员)对文档的正确理解带来问题。例如,软件的"客户"也可能被称为"顾客""投资人"等,如果读者不能认识到这些名词表示的意思是相同的,那么出现理解偏差就是难免的了。在建立术语表时,可以逐一解释术语的"方言"形式,这样就能妥善地解决"方言"问题。

③ 错误术语和冗余术语。有一句俗语为"言多必失",同样,在文档写作当中如果使用了过于复杂的词汇和表达方式,也会降低文档的精确性和清晰性,同时提高文档的模糊性。所以,在文档写作当中,尽量将使用的词汇限制在一些必要的基础词汇集及问题域的词汇集上。文档出现的不必要术语被称为冗余词汇,来自于其他领域(主要是软件领域)的词汇被称为错误术语。在需求规格说明文档中出现软件词汇的错误是非常常见的,如函数、参数、对象、类等。这些词汇除了让用户为难之外,并不能提高文档的可理解性。建立属于问题域的术语表可以避免错误术语问题。在术语表的基础上展开文档的内容描述可以避免冗余术语问题。

(2) 避免干扰文本

干扰文本是指那些没有实用目的,对文档内容的理解没有贡献的文本。

很多编写者可能认为将额外的文字加到文档中并没有什么坏处,因为如果这些文字没用,读者可以忽略。但是,这样做是有危害的。读者无法很容易地预先知道一个段落是否属于干扰文本,这样他们就会花费精力去阅读那些"没有实质的东西"。这一方面是对他们时间的浪费,另一方面会使读者不再愿意认真阅读每一个细节。

元文本就是常见的干扰文本。元文本是对文本内容进行描述的文本,例如"这一段的意思是……""上一句话是指……"等。

有时候元文本是很必要的,它可以帮助读者更好、更快地阅读和理解文档。常见的必要元文本是文档的引言部分,从总体上介绍文档的意图、内容和结构,帮助读者理解繁多的内容。

但更多的时候,元文本属于干扰文本。例如在文档的细节内容描述时,加入"本段描述的是……"之类的介绍。如果说没有这些元文本读者也能正确理解文档内容,那么显然它们是干扰文本。相反,如果没有这些元文本读者就无法正确理解文档内容,那么就意味着文档的描述存在缺陷,应该重新调整对内容的描述,而不是通过添加元文本来掩盖缺陷。

(3) 避免歧义词汇

模糊和歧义是自然语言自身不可避免的特性。因此,只要文档的写作还在使用自然语言,那么消除歧义就是文档写作和检查中一个必须和困难的工作。

15.5　优秀需求规格说明文档的特性

[IEEE830-1998]指出一份优秀的需求规格说明文档应该具备下面的特性:正确性、无歧义、完备性、一致性、根据重要性和稳定性分级、可验证、可修改、可跟踪。

需求规格说明文档是众多单一需求的集合,因此建立优秀的需求规格说明文档,首先要保证文档中每个单一需求都是优秀的需求。所有单一需求的优秀特性可以使整份文档满足正确性、无歧义和可验证3个特性。其中,正确性是指文档内的所有需求都具有正确的,无歧义是指文档内的所有需求都是无歧义的,可验证是指文档内的所有需求都是可验证的。

下面,再来详细分析优秀需求规格说明的其他特性。说明之前需要强调的是:人们可以很容易地写出一个完全优秀的需求,但是没有人能够写出一份完全优秀的需求规格说明文档。所以下列特性并不是对需求规格说明文档的严格验收标准,它们只是用于帮助人们进行文档的编写和审阅,以产生更好的需求文档,开发更好的软件产品。

1. 完备性

需求规格说明文档是完备的,当且仅当:

① 描述了用户的所有有意义的需求,包括功能、性能、约束、质量属性和对外接口。

② 每一条需求都是完备的。

③ 定义了软件对所有情况的所有实际输入(无论有效输入还是无效输入)的响应。

④ 为文档中的所有插图、图、表和术语、度量单位的定义提供了完整的引用和标记。

需求的完备性要求不能遗漏任何需求或者必要的信息。但需求遗漏问题很难被发现,因为它们根本就不会出现,错误自然也就无从查起。

为避免需求的遗漏,要求需求工程师做好业务需求的分析,建立并控制正确的项目范围。建立业务需求、用户需求和系统级需求的跟踪关系也可以很好地用于发现需求的遗漏现象(详细方法见第 17 章)。

在各种原因的影响下,常常会使需求工程师在编写需求规格说明文档时并不能给所有的需求和问题都形成定论,此时就要求需求工程师将这些内容显著标记为待解决(To Be Determined, TBD)问题,并指定解决的时间和人员。在文档内所有的 TBD 问题全部解决之前,需求规格说明文档都是不完备的。

[Siddiqi 1996]认为,随着迭代式开发越来越普遍,软件开发人员必须学会在需求不完备的情况下开展工作。[Verner 2005]在调查中发现,决定项目成败的并不是一开始的需求是否完备,而是不完备的需求能否在后续迭代中补充完整。

2. 一致性

这里的一致性有两层含义:一是细节的需求不能同高层次的需求相冲突,例如系统级需求不能和业务需求、用户需求互相矛盾;二是同一层次的不同需求之间也不能互相冲突,例如两个系统级需求之间不能互相矛盾。也就是说,软件需求规格说明文档既要在所包含的内容上保持一致,也要和更高层次的文档(如系统需求规格说明文档)所包含的内容保持一致。

为了保证需求规格说明文档的一致性,由开发人员和非开发人员对其进行手工评审是非常必要的。人们也在努力建立和使用一些能够自动检查文档一致性的分析工具。

3. 根据重要性和稳定性分级

在高质量的需求集中,开发人员、客户及其他风险承担人已经根据对客户的重要性和稳定性给单个需求分级了。分级过程对于项目的范围管理尤其重要。如果现有资源不足以实现进度和预算中的所有需求,那么知道哪条需求是易变的、哪条需求对用户是关键的就非常有用了。

根据重要性和稳定性为需求分级,也就是建立需求的优先级,具体情况参见第 11 章。

4. 可修改

需求规格说明文档必须能够修改,并可以为每项需求维护修改的历史记录。

文档的可修改是指:它的结构和风格使得人们可以对其中任一需求进行容易的、完整的、一致的修改,同时还不会影响文档现有的结构和风格。文档的可修改性要求:

① 有着条理分明并且易于使用的组织方式,包括目录、索引和显式的交叉引用。

② 没有重复冗余。

③ 独立表达每个需求,而不是和其他需求混在一起。

5. 可跟踪

一个需求规格说明文档是可跟踪的当且仅当它所包含的每个需求的来源是清晰的,并且存在一种机制使得在未来的开发工作中引用该需求是可行的。

关于需求跟踪的详细情况参见第 17 章。

15.6 实践中的需求规格说明

进行需求规格说明被认为是需求工程乃至软件开发中的重要活动,它所产生的正式的需求规格说明文档对项目的顺利和正确进行有着很大的影响。为此,研究者一直关注实践中的需求规格说明活动,下面是观察到的实际情况。

15.6.1 需求规格说明文档的编写和使用

正式的需求规格说明文档之所以被认为对项目的顺利和正确进行有着非常大的影响,是因为它是开发人员和用户等软件系统涉众进行需求交流的有效途径。但是正式的需求规格说明文档并不是项目当中唯一的需求交流途径,[Al-Rawas 1996]就在调查中发现除了44%的项目使用它为主要的需求交流途径之外,非正式的需求规格说明文档、文档结合语言的非正式交流和语言交流也是实践中常用的需求交流途径,如图15-8所示。

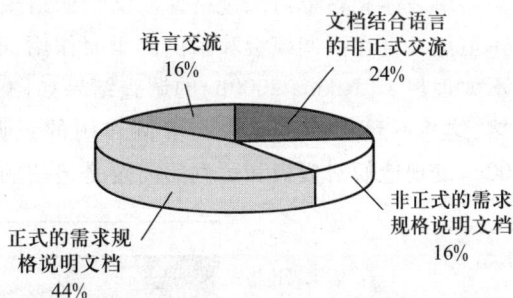

图 15-8 项目的需求交流途径

在是否应该采用正式的需求规格说明文档作为需求交流途径的问题上,[Lubars 1993]发现客户自定义开发项目(custom-specific project)通常会使用比较正式和详细软件需求规格说明文档,而市场驱动的项目(market-driven project)倾向于非常不正式的软件需求规格说明文档,这和开发人员面临的时间压力有着明显的关系。[Nikula 2000a]则认为是否创建需求文档依赖于很多因素。[Juristo 2002]也在调查中发现了没有建立正式需求文档的情况,并且这给项目后面的开发工作带来了很多额外的麻烦。

总结实践中的情况,开发人员面临的时间压力往往是他们不编写正式的需求规格说明文档的原因之一。为了能够尽可能地节省时间,加快项目的进行,不编写完全正式的需求规格说明文档也是可以接受的。但是这并不意味着项目不需要进行需求交流的文档,而是会使用用例文档、用户使用手册或者其他一些非正式的文档作为替代。

越来越普及的迭代式开发是开发人员不编写正式的需求规格说明文档的另一个实践原因。在迭代式开发中,开发人员在每次迭代之前只是能够获得针对本次迭代的需求,所以无法在开发工作开始之前就编写整个产品的软件需求规格说明文档。迭代式开发给正式软件需求规格说明文档的编写带来了一定的困难,却并不是不编写正式软件需求规格说明文档的合理理由。[Siddiqi 1996]就认为需求工程师应该接受迭代式开发所带来的片段需求处理的不完备性,并加以解决而不是回避。一个可行的办法是,开发人员在每次迭代时完成对本次迭代需求的正式的需求规格说明。在整个项目的迭代都完成之后,再整合前面的需求规格说明片断,得到最终完整的和正式的软件需求规格说明文档。[Decker 2007]就以 wiki 为工具实现了上述想法。

15.6.2 需求规格说明文档的质量

软件需求规格说明文档内容的不完备性和模糊、歧义性一直是一个难以处理的问题。[Hofmann 2001]还发现了文档缺乏可跟踪性和难以对需求分级的问题。文档内容的一致性和可修改性被认为是比较满意的。

15.6.3　模板和示例的使用

作为一种没有固定规律和模式的活动,经验对需求规格说明活动的意义不言而喻。因此,为单个需求表述和整个需求规格说明文档的组织提供模板和示例一直被认为一种重要的实践。

虽然一直在强调模板和示例的重要作用,而且实际可得的资源也并不匮乏,但实践的情况还是不太理想。[Nikula 2000b]的调查结果如图 15-9 所示,模板的使用并没有得到足够的重视。当然,这并不意味着对模板和示例作用的强调是错误的,因为在同样的被调查者中,[Nikula 2000a]发现他们对模板和示例的需要是迫切的(75%)。

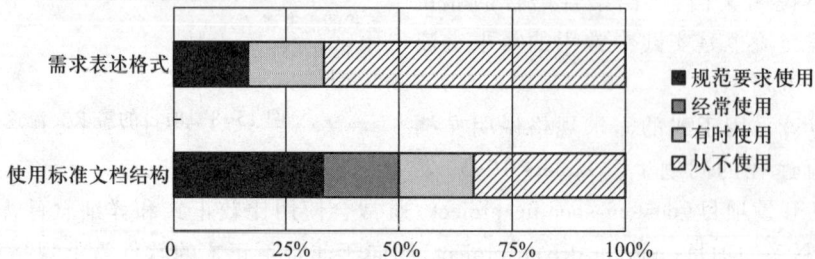

图 15-9　实践中的模板使用情况

一方面是对模板和示例的需求非常迫切,另一方面又面对很多可用资源却不加利用,这个现象也许有着更深层次的原因。[Feather 1997]在仔细分析后认为,现有的示例都不能很好地体现实际工作中的探索性和复杂性,过于完美的场景和功能设计反而使得它们的实际可借鉴性不足,人们应该去设计一些不太完美的示例。

15.6.4　需求规格说明文档的描述语言

为软件开发建立严密的形式化基础一直是众多软件研究者和实践者追求的目标,所以应用形式化语言和半形式语言编写需求规格说明文档的理论也一度甚为流行。但是,在目前阶段,普通读者无法很好地理解形式化与半形式的现实却使得学者们的目标难以实现。这就形成了在需求规格说明文档中应该使用什么语言的争论。

[Al-Rawas 1996]发现为了同时满足开发者的严格逻辑性要求和读者的易读性要求,实践中更多的是同时使用半形式语言和自然语言,即同样的内容进行两次不同方式的描述。而且,只有14%的开发人员表示其读者能够读懂他们在文档中使用的半形式化语言的图形符号,另外 86%的开发人员需要为其文档中的图形符号进行额外的解释,其解释的方法如图 15-10 所示,自然语言依然是首要选择。

[Nikula 2000b]的调查更是直接验证了对不同语言的特点分析,具体情况如图 15-11 所示。自然语言得到了最多的应用。半形式化语言具有概括和系统化的能力,它配合自然语言得到了

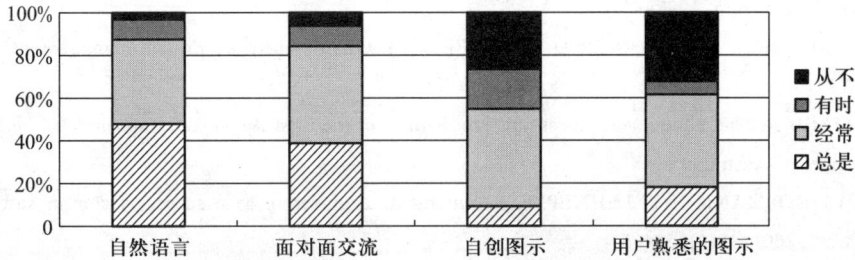

图 15-10 开发人员解释图形符号的方法

一定的应用。而形式化语言没有得到应用。

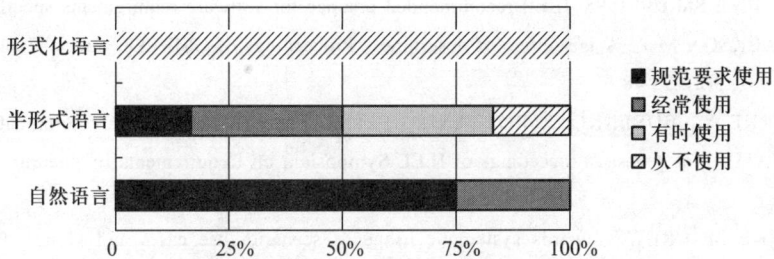

图 15-11 需求规格说明文档中不同描述语言的使用

引 用 文 献

［Al - Rawas 1996］AI- RAWAS A, EASTERBROOK S. Communication problems in requirements engineering: a field study. Proceedings of the First Westminster Conference on Professional Awareness in Software Engineering. London:Royal Society, 1996.

［Berry 2000］BERRY D M, KAMSTIES E. The dangerous 'all' in specifications. Proceedings of the Tenth International Workshop on Software Specification and Design (IWSSD'00), San Diego, 2000.

［Berry 2004］BERRY D M, DAUDJEE K, DONG J, et al. User's manual as a requirements specification. Requirements Engineering Journal, 2004, 9(1): 67- 82.

［Booch 1996］BOOCH G. Object solutions: managing the object-oriented project. Addison- Wesley, 1996.

［Bray 2002］BRAY I K. An introduction to requirements engineering. 1st ed. Addison Wesley, 2002.

［CH 1999］辞海. 上海:上海辞书出版社, 1999.

［Davis 1994］DAVIS A M, HSIA P. Giving voice to requirements engineering. IEEE Software, 1994, 11(2): 12-16.

［Davis 2002］DAVIS A M, HICKEY A M. Requirements researchers: do we practice what we preach. Requirements Engineering. 2002, 7(2): 107-111.

［Decker 2007］DECKER B, RAS E, RECH J, et al. Wiki- based stakeholder participation in requirements engineering. IEEE Software, 2007, 24(2).

［Feather 1997］FEATHER M, FICKAS S, FINKELSTEIN A, et al. Requirements and specification exemplars. Automated Software Engineering, 1997, 4(4).

[Futrell 2002] FUTRELL R T, SHAFER D F, SHAFER L I. Quality software project management. Prentice Hall PTR ,2002.

[Gabb 1998] GABB A. The requirements spectrum. Proceedings of the First Regional Symposium of the Systems Engineering Society of Australia, 1998.

[Hofmann 2001] HOFMANN H F, LEHNER F. Requirements engineering as a success factor in software projects. IEEE Software, 2001, 18(4): 58-66.

[IEEE 1233- 1998] IEEE Std 1233-1998. IEEE Guide for developing system requirements specifications, 1998.

[IEEE 1362- 1998] IEEE Std 1362-1998. IEEE Guide for information technology- system definition- concept of operations(ConOps)document. IEEE, 1998.

[IEEE 830- 1998] IEEE Std 830-1998. IEEE recommended practice for software requirements specifications.

[Jackson 1998] JACKSON M A. A Discipline of description. Proceedings of CEIRE98. Special Issue of Requirements Engineering, 1998, 3(2): 73-78.

[Jarke 1993] JARKE M, BUBENKO J, ROLLAND C, et al. Theories underlying requirements engineering: an overview of NATURE at genesis. Proceedings of IEEE Symposium on Requirements Engineering. San Diego,1993: 19- 31.

[Jarke 1999] JARKE M. CREWS:towards systematic usage of scenarios,use cases and scenes. Proceedings of the Wirtschaftsinformatik (WI' 99). Saarbrücken, 1999.

[Juristo 2002] JURISTO N, MORENO A M, SILVA A. Is the european industry moving toward solving requirements engineering problems. IEEE Software, 2002, 19(60): 70- 77.

[Kamsties 2001] KAMSTIES E, BERRY D M, PAECH B. Detecting ambiguities in requirements documents using inspections.Workshop on Inspections in Software Engineering(WISE'01), Paris. Software Quality Research Lab, McMaster University, Hamilton, Canada, 2001.

[Kauppinen 2005] KAUPPINEN M. Introducing requirements engineering into product development: towards systematic user requirements definition. Doctoral Dissertation, 2005.

[Kovitz 1998] KOVITZ B L. Practical software requirements: a manual of content and style. Manning Publications, 1998.

[Lubars 1993] LUBARS M, POTTS C, RICHTER C. A Review of the state of the practice in requirements modeling. First Int'l Symp. Requirements Engineering. Los Alamitos: IEEE CS Press, 1993: 2-14.

[Nikula 2000a] NIKULA U, SJANIEMI J, Kälviäinen H. A state-of-the-practice survey on requirements engineering in small-and medium-sized enterprises. Telecom Business Research Center Lappeenranta, 2000.

[Nikula 2000b]NIKULA U, SAJANIEMI J, Kälviäinen H. Management view on current requirements engineering practices in small and medium enterprises. Proceedings of the 5th Australian Workshop on Requirements Engineering (AWRE' 2000), 2000.

[Nuseibeh 2001] NUSEIBEH B. Weaving together requirements and architectures. IEEE Computer, 2001, 34(3): 115-117.

[Paech 2002] PAECH B, Dutoit A, Kerkow D, et al. Functional requirements, non- functional requirements and architecture should not be separated. Workshop REFSQ'02, 2002.

［Power 2001］POWER N.Variety and quality in requirements documentation. Proceedings of Requirements Engineering. Foundations of Software Quality(REFSQ2001), 2001.

［Robert 2002］Glass R L. Facts and fallacies of software engineering. Addison Wesley, 2002.

［Siddiqi 1996］SIDDIQI J, SHEKARAN M C. Requirements engineering: the emerging wisdom. IEEE Software, 1996: 15- 19.

［Sommerville 1997］SOMMERVILLE I, SAWYER P. Requirements engineering:good practice guide. Chichester: John Wiley & Sons, 1997.

［Tse 1991］TSE T H, PONGH L. An examination of requirements specification languages. The Computer Journal, 1991: 34(2).

［Verner 2005］VERNER J M, COX K, BLEISTEIN S, et al. Requirement engineering and software project success:an industrial survey in australia and the U.S, in Proceedings of AWRE. Adelaide, Australia, 2005.

［Wiegers］Wiegers.K. Software Requirements Specification for Cafeteria Ordering System. http://www.processimpact. com/projects/COS/COS_SRS.doc.

［Wiegers 2003］WIEGERS K. Software requirements. 2nd ed. Redmond: Microsoft Press, 2003.

第16章 需求验证

16.1 验证与确认

本章所谓的验证其实包含有两层含义:验证(validation)与确认(verification)。一方面,它要确保正确地得到需求(需求验证),得到足以作为软件创建基础的需求;另一方面,它要确保得到正确的需求(需求确认),得到能够准确反映用户意图的需求。这是两个容易混淆的概念,本章是用"验证"一个词来同时表达这两种含义。

16.1.1 软件工程中的系统验证

要深入了解验证与确认的实质意义,就有必要在整个软件工程的框架下来理解系统验证的意义。

软件开发过程中的完全正确性是可望而不可求的,总是会有一些小的偏差和错误发生。所有发现的偏差和错误都应该在最终的软件产品当中得到修正。实践当中,人们发现修正错误的时间越早,需要耗费的代价越小。人们认识到需要尽可能早地采取手段保证软件的质量。

软件测试是人们最为熟知和常用的软件质量保证措施,它以考察正在执行的软件的输入/输出或者功能来验证软件的质量。软件开发的过程模型也设置了一个专门的测试阶段作为软件质量保证的安全网。但是因为只有在软件开发后期阶段才可能产生可以实际执行的代码,所以从时间上来看,将系统质量保障完全依赖于测试方法和测试阶段并不是一个很好的主意。

因此,软件系统的质量保障要求在实际可执行的代码产生之前,要尽可能地依据开发文档、模型或者其他各种可用物件(如原型)进行分析和推理,及早发现错误并进行修正,这些方法统称为静态分析。

因此,验证是贯穿于整个软件生命周期的。静态分析和测试是它的两个最主要手段,如图 16-1 所示。

软件开发中重要的系统验证活动有以下几方面。

- 需求工程中的验证:需求是否正确;是否充分地表达了涉众的需要?
- 体系结构设计中的验证:体系结构是否很好地支持了功能需求和非功能需求?
- 详细设计中的验证:设计是否遵守体系结构约定? 是否为所有的系统功能都设计了方案?
- 编码中的验证:代码是否吻合设计?

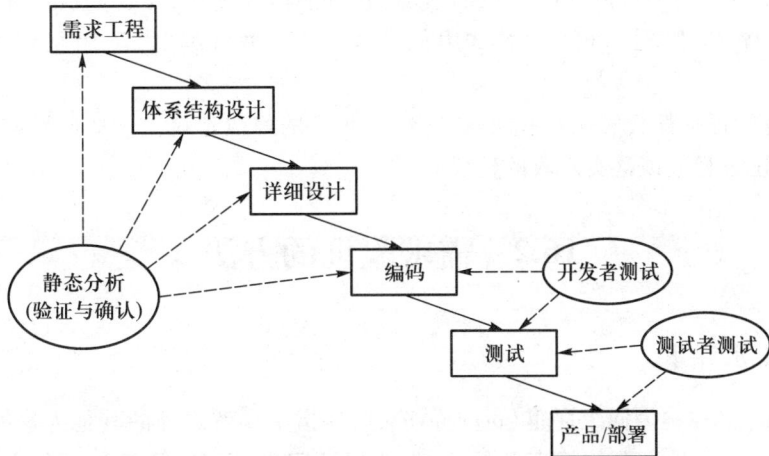

图 16-1　软件开发中的验证与确认活动,源自［Hailpern 2002］

- 测试中的验证:是否所有的需求和系统功能都得到了测试?
- 产品/部署中的验证:产品能否在符合要求的环境下正确工作?

需求验证就是在需求工程中发生的验证活动,它的主要手段是静态分析。

16.1.2　需求验证活动

和验证活动贯穿于软件开发活动一样,验证活动同样也普遍存在于需求开发活动中。例如:

- 在需求获取中:获得的用户需求是否正确? 是否充分地支持业务需求?
- 在需求分析中:建立的分析模型是否正确反映了问题域特性和需求? 细化的系统级需求是否充分和正确的支持用户需求?
- 需求规格说明:需求规格说明文档是否组织良好、书写正确? 需求规格说明文档内的需求是否充分和正确地反映了涉众的意图? 需求规格说明文档是否可以作为后续开发工作(设计、实现、测试等等)的基础?

本章所述的需求验证专指在需求规格说明完成之后,对需求规格说明文档进行的验证活动。需求验证活动的流程图如图 16-2 所示。

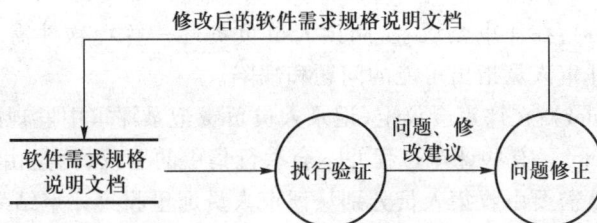

图 16-2　需求验证活动流程图

需求验证并不是一个可以一次结束的活动,它可能需要多次、反复地执行验证。执行验证的方法有:需求评审、原型与模拟、测试用例开发、用户手册编制、利用跟踪关系和自动化分析。

在每次执行验证是都会发现一些问题,并给出相应的修改建议。这些问题应该在验证后及时得到修正,修正过程应该落实修改的建议。

16.2 需求验证的方法

16.2.1 需求评审

评审(review)又被称为同级评审(peer review),是指由作者之外的其他人来检查产品问题。在系统验证当中,评审是主要的静态分析手段,所以评审也是需求评审的一种主要方法。原则上,每一条需求都应该进行评审。

1. 参与评审的人员

评审过程中的所有参与者,包括作者,他们的任务都是查找缺陷和对其进行改进的机会。评审组中的成员在评审期间可能扮演下面的角色(如图 16-3 所示)。

① 组织者(organizer):负责整个项目当中评审活动的组成和规划。

② 仲裁者(moderator):负责确保整个评审过程的正确进行,协调评审活动。在评审会议上,负责评审会议的主持,是评审活动成功最为关键的角色。在最为正式的评审类型当中,要求对仲裁者进行专门的培训。

③ 作者(author):创建或者维护软件需求规格说明文档的人,在评审中作为听众听取评论,并在需要时解答评审人员的问题。在严格的评审形式当中,作者不可以同时担任仲裁者、阅读人员或记录人员。

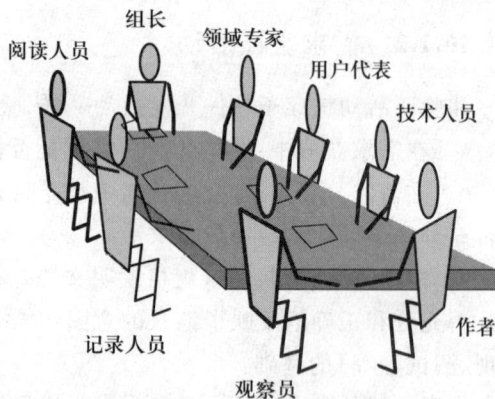

图 16-3 同级评审的参与人员

④ 阅读人员(reader):在评审会议上,阅读人员负责逐一解释软件需求规格说明文档的内容,并在每次解释后由评审人员指出可能的问题和缺陷。

⑤ 记录人员(recorder):在评审会议上,记录人员负责记录评审中发现的问题及修改建议。

⑥ 收集人员(collector):有些评审过程并不会举行集中的会议,而是由分散的评审人员各自独立完成评审。这时,就需要由收集人员分别从评审人员那里收集评审结果。

⑦ 评审人员(inspector),在需求评审当中包括以下评审人员

● 领域专家(domain specialist):评审人员当中至少应该存在一名领域专家。

- 用户代表(user representation)：评审人员当中应该尽可能包括各种类型的涉众，尤其是用户。每种重要类型的用户都至少应该有一人参与评审。

⑧ 技术人员(technologist)：评审人员当中应该包括那些需要以被评审的文档内容开展工作的技术人员，如设计人员和测试人员等。

⑨ 观察员(observer)：对被评审的文档内容具有一定经验的人可以被邀请为观察员参与评审过程，如作者的同级伙伴、相关产品(前期系统、类似产品、竞争产品以及需要通过特定接口协作的其他产品)的需求工程师等。

在上面的角色当中，评审人员的数量是可以控制和调整的。[Fagan 1976]认为4人为佳，[Wiegers 2002]认为应该控制在3~7人，其他的实践者也分别给出了不同的答案。[Laitenberger 2002]分析了实践者给出的不同答案后指出，合适团队规模的大小取决于评审的项目环境，没有某个确定的数量是适合于所有情况的。

2. 评审的过程

[Fagan1976]最早提出了评审的基础过程，此后又得到了扩展[Parnas1985，Gilb1993]。

整个评审过程可以分为6个阶段，如图16-4所示。

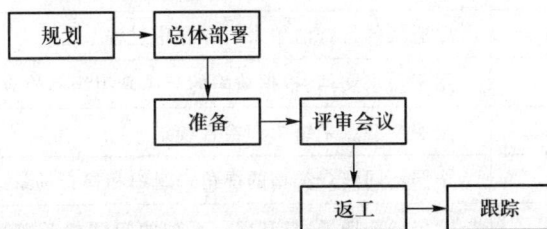

```
┌──────┐    ┌────────┐
│ 规划 │───▶│ 总体部署 │
└──────┘    └────────┘
                 │
                 ▼
            ┌──────┐    ┌────────┐
            │ 准备 │───▶│ 评审会议 │
            └──────┘    └────────┘
                             │
                             ▼
                        ┌──────┐    ┌──────┐
                        │ 返工 │───▶│ 跟踪 │
                        └──────┘    └──────┘
```

图16-4　同级评审的过程

① 在规划阶段(planning)，作者和仲裁者共同制定评审计划，决定评审会议的次数，安排每次评审会议的时间、地点、参与人员和评审内容等。

② 在总体部署阶段(overview)，作者和仲裁者向所有参与评审会议的人员描述待评审材料的内容、评审的目标以及一些假设，并分发文档。

③ 在准备阶段(preparation)，评审人员各自独立执行检查任务。在检查的过程当中，他们可能会被要求使用检查清单、场景等检查方法。检查中发现的问题会被记录下来，以准备开会讨论或者提交给收集人员。

④ 在评审会议阶段(inspection meeting)，通过会议讨论，识别、确认、分类发现的错误。在评审会议结束时，还可以根据评审发现的问题严重度来确定软件需求规格说明文档是可以在修正后接受，还是需要在修正后再次进行评审。

⑤ 在返工阶段(rework)，作者修改发现的缺陷。

⑥ 在跟踪阶段(follow-up)，仲裁者要确认所有发现的问题都得到了解决，所有的错误都得到了修正。仲裁者还要判断修正后的文档是否已满足评审的结束标准，如果不满足就需要再次

进行评审。

在评审的结束标准问题上,[Wiegers 2003]提出了下面的建议标准:

① 评审期间评审人员提出的所有问题都已解决。

② 文档中和相关工作产品中的所有更改都已正确完成。

③ 修订过的文档已经进行了拼写检查。

④ 所有标识为 TBD(待确定)的问题都已经解决,或者已经对每个待确定问题的解决过程、计划解决的目标日期和由谁来解决等编制了文档。

⑤ 文档已经在项目的配置管理系统中登记。

3. 评审的检查方法

在评审中发现问题是整个评审过程的关键。为了更好地发现问题,需要使用一些检查方法来系统化地帮助和引导评审人员。常见的检查方法如表 16-1 所示。

表 16-1　常见的检查方法

检查方法	描述
自由方法(ad-hoc)	没有为评审人员提供系统化的引导
检查清单(checklist-based)	以通用的检查清单来引导评审过程
缺陷(defect-based)	用于需求文档,根据缺陷的分类来组织和检查场景
功能点(function point-based)	按照功能点来组织和检查场景
视角(perspective-based)	按照不同涉众类型的视角来组织和检查场景
场景(scenario-based)	对每一个场景,都利用一系列的问题或者细节要求来引导检查过程。缺陷、功能点、视角都是场景方法的一个特例。
逐步提升(stepwise abstraction)	净室软件开发中的一种方法。阅读者描述一些独立代码段的功能,然后将描述的范围逐步扩大,描述的功能抽象逐步提高,直至阅读人员描述了整个评审物件

在实践中,自由方法和检查清单方法是使用最为广泛的两种方法。其中,检查清单方法在易于操作的同时又具有一定的引导作用,可以帮助评审人员找出问题和缺陷。为此,很多实践者都依据自己的经验判断给出了建议的检查清单列表。[Wiegers 2003]为需求评审建立的检查清单如图 16-5 所示。

基于场景方法也是需求评审当中常用的一种检查方法。一些场景提出了评审人员必须回答的一些关键性问题,另一些场景则指导评审人员执行工作产品的具体任务。给不同的评审人员不同的场景能发现相互正交的缺陷集,这样,多个评审者就能以很少的冗余达到更多的增值。[Porter 1995]还在试验中发现场景方法能够比自由方法和检查清单方法找出更多的错误,后两种方法的效果基本相同。

组织和完整性

- 所有对其他需求的内部交叉引用是否正确？
- 编写的所有需求其详细程度是否一致和合适？
- 需求是否能为设计提供足够的基础？
- 是否确定了每个需求的优先级？
- 是否定义了所有对外的硬件、软件和通信接口？
- 软件需求规格说明中是否包括了所有已知的需求？
- 需求中是否遗漏了必要的信息？ 如果有的话，有没有标记为待确定（TBD）？
- 是否对所有预期错误产生的系统行为都编制了文档？

正确性

- 是否有需求与其他需求相冲突或与其他需求重复？
- 是否清晰、简洁、准确地表达了每个需求？
- 是否每个需求都能通过测试、演示、评审或者分析等方法得到验证？
- 是否每个需求都在项目的范围内？
- 是否每个需求都没有内容上和语法上的错误？
- 在现有的资源限制内，是否能实现所有的需求？
- 每一条特定的错误信息是否都是唯一的和具有含义的？

质量属性

- 是否合理地确定了所有的性能目标？
- 是否合理地确定了防护性和安全性方面要考虑的问题？
- 在对质量属性进行了合理的折衷之后，是否对其他相关的质量属性目标已定量的进行了编档？

可跟踪性

- 是否每个需求都具有唯一性并且可以正确地识别？
- 是否每个软件功能需求都可以被跟踪到高层需求？

特殊问题

- 是否所有的需求都是名副其实的需求，而不是设计或实现方案？

图 16-5　需求评审的检查清单，源自［Wiegers 2003］

4. 评审的类型

在实践当中，评审有多种不同的类型，它们在不同的程度和灵活度上遵循评审过程，有的非常严格，有的非常灵活。

［Wiegers 2002］对评审类型的分类如图 16-6 所示。

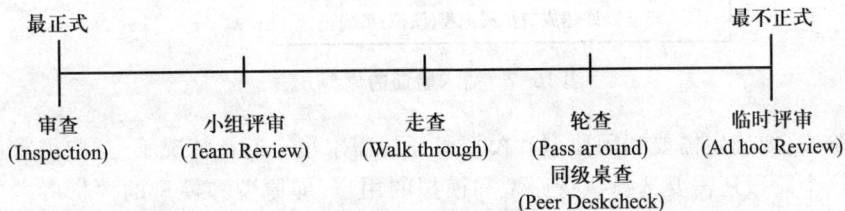

最正式　　　　　　　　　　　　　　　　　　　　　　　最不正式

审查　　　　　　小组评审　　　　走查　　　　　轮查　　　　临时评审
(Inspection)　(Team Review)　(Walk through)　(Pass around)　(Ad hoc Review)
　　　　　　　　　　　　　　　　　　　　同级桌查
　　　　　　　　　　　　　　　　　　(Peer Deskcheck)

图 16-6　评审的类型，源自［Wiegers 2002］

审查是最为严格的评审方式,严格遵守整个评审过程。通常情况下,审查还会收集评审过程中的数据,并改进自身的评审过程。

小组评审是"轻型审查"。和严格的审查相比,它的总体会议和跟踪审查步骤被简化或者省略了,一些评审者的角色也可能会被合并。

走查是由产品的作者将产品逐一向同事介绍,并希望他们给出意见。评审小组很少参与审查问题的跟踪和修正,也很少需要进行耗时的事先准备工作。走查是只请一个审查人员进行检查。

轮查是同时请作者的多个同事分别进行产品的检查。各个检查人员可能在各自的检查当中互相沟通,但是最终参与会议讨论的可能只是一部分甚至少数检查人员。

临时评审是最不正式的评审,它只是作者临时起意(例如工作中碰到了问题)发起的评审活动。

这些评审方法在过程和活动上的区别如表 16-2 所示。

表 16-2　不同评审方法下的活动

评审类型	规划	准备	会议	纠错	跟踪
审查	是	是	是	是	是
小组评审	是	是	是	是	否
走查	是	否	是	是	否
轮查、同级桌查	否	是	可能	是	否
临时评审	否	否	是	是	否

16.2.2　原型与模拟

在大多数情况下,需求都是在静态的方式下被加以验证,如评审方法。但是,当有些需求涉及复杂的动态行为时,它可能就需要使用原型或模拟方法来加以验证。

利用原型和模拟进行需求验证的过程如图 16-7 所示。

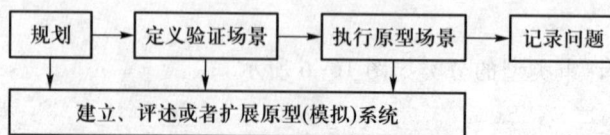

图 16-7　需求验证的原型方法

在规划阶段,要确定需要利用原型和模拟验证的需求集。通常情况下,这些需求应该是紧密相关的。在这个阶段还需要选择执行原型和模拟的用户,即原型和模型的评价者。应该选择那些有一定经验和对新系统持有开放态度的用户。

在定义验证场景阶段,需要依据待验证的需求集定义一些使用场景。这些使用场景应该能够很好地覆盖和体现待验证需求集。

在执行原型场景阶段,用户依据定义的场景要求执行原型,评述实际使用情况,反映发现的缺陷和问题。为了将精力集中在需求的验证上,应该对用户进行一定的使用描述或者使用培训。

发现的缺陷和问题会被记录下来,留待后续的修正处理。

在需求验证中建立的原型或模拟应该是完备、有效率和可靠的,它的功能要求应该与最终的系统相当。

和静态方法相比,原型和模拟方法是成本较高的一种方法,所以它通常只用于验证一些静态方法力所不能及的复杂需求。

其他更多关于原型使用的描述请见第 8 章。

16.2.3　开发测试用例

如前所述,在需求开发完成之后,测试人员就作为软件需求规格说明文档的读者开始进行测试计划。测试计划的主要活动是依据需求设计测试用例,这些测试用例将在软件系统实现之后的功能测试当中得到执行。在实践中发现,在为需求设计测试用例的过程当中可以发现软件需求规格说明文档的很多缺陷与问题。因此,为需求来开发测试用例也可以被看成一个有效的需求验证方法。

在这种需求验证方法下,要求为每个需求都开发测试用例。通常情况下,一条需求的满足可能需要很多个测试用例才能完全体现出来。同时,一个测试用例可能会被用来测试多条需求。如果无法为某条需求定义完备的测试用例,那么它可能就存在着模糊、信息遗漏、不正确等缺陷。

当然,无法定义测试用例的需求也并非是绝对有问题的。下列需求就是通常无法定义测试用例的。

- 排斥性需求(exclusive requirements)。这种需求要求特定的行为绝对不会发生,例如需求可能会要求系统故障不能导致数据库的崩溃。不能发生的行为是无法观测的,也是无法穷举测试的,所以很难为它们定义测试用例。

- 非功能需求,如可靠性、可用性等。对这些需求的测试往往都是大数据集的处理,而这是不适用于需求验证阶段的工作的。

当然,如果要使用开发测试用例的方法来进行需求验证,那么测试的计划工作就不一定非要等到整个软件需求规格说明文档完全确定之后才进行。早期的测试用例开发可以在软件需求规格说明文档产生之后但未完全确定之前就进行,甚至在需求已经确定但还没有文档化的时候可以进行。

16.2.4　用户手册编制

和测试计划一样,用户手册编制也是以软件需求规格说明文档为重要工作依据的,也可以在工作中发现很多软件需求规格说明文档的问题和缺陷。

用户手册主要包含以下内容。

① 对软件系统功能和实现的描述。对这部分信息的描述可以帮助进行功能需求的验证。

② 系统没有实现的功能部分。在分阶段的开发当中,对系统没有实现的功能的描述能够帮助进行项目范围的验证。

③ 问题和故障的解决。对这部分信息的描述可以帮助进行异常流程需求的验证。

④ 系统的安装和启动。对这部信息的描述可以帮助进行环境与约束需求的验证。

通常情况下,用户手册编制总是在系统实现之后才开始进行。但是如果需要使用用户手册编制的方法进行需求验证,那么一部分手册编制的工作可能就需要尽早开展。

16.2.5　利用跟踪关系

如前所述,功能需求通常有业务需求、用户需求和系统级需求 3 个不同的抽象层次,并存在着逐步细化的关系:业务需求→用户需求→系统级需求。

基于这种细化关系,可以建立需求之间的跟踪关系:业务需求(系统特性)→用户需求(业务、任务)→系统级需求(分析模型)。也就是说,在上述的链条当中,每一个前项都可以跟踪到后项,后项是对前项的展开和细化。

软件需求规格说明文档内描述的需求是系统级需求,它在跟踪链条中的关系可以被用来进行需求验证:

• 如果不能依据跟踪关系找到一条系统级需求的前项用户需求和前项业务需求,那么该需求就属于非必要的需求。

• 如果业务需求和用户需求没有得到后项需求(用户需求和系统级需求)的充分支持,那么软件需求规格说明文档就存在不完备的缺陷。

关于跟踪关系的更详细情况请参见第 17 章。

16.2.6　自动化分析

在验证需求的一致性和正确性方面,自动化的工具检查一直是研究者们的关注目标。

自动化分析的需求验证过程如图 16-8 所示。

虽然研究者建立了越来越多的自动化分析工具,但是自动化分析方法有一个非常强的限制前提——用形式化方法书写软件需求规格说明文档。因为形式化语言对用户而言难以理解,所以它较少使用。通常是对关键性系统或系统的关键部分会进行形式化的描述,并使用自动化分析方法进行需求验证。

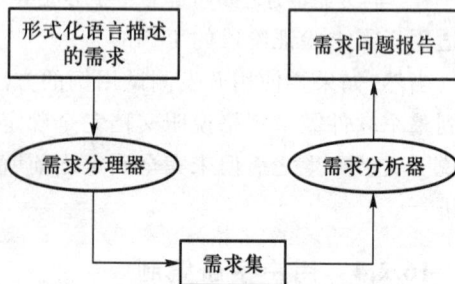

图 16-8　需求文档的自动化分析

16.3　问题的修正

在验证过程中发现的问题都应该得到及时的修正。通常,验证方法会在发现问题和缺陷时给出修改建议。常见的问题修正行为有以下几种。

1. 需求澄清(requirements clarification)

第一种需要澄清的情况是已经获得了相应的需求信息,但是理解当中出现了偏差。这时需要需求工程师重新进行分析工作,按照正确的理解方式修正需求文档。

第二种需要澄清的情况是已经获得了相应的需求信息,但是它们没有被纳入需求分析或者文档化工作。这要求需求工程师重新分析和文档化这部分信息。

第三种需要澄清的情况是获得并正确理解了相应的需求信息,但是在文档化的过程当中使用了不恰当的表达方式。这要求文档编制人员重新以合适的方式修改对需求的表达。

2. 发现缺失需求

需求验证当中可能会发现有些关键的需求没有获取,这时就需要重新执行需求获取工作,发现缺失需求。

比较严重的需求缺失情况是选择获取源时遗漏了某些关键涉众类型,这通常意味着大量的返工。

3. 解决需求冲突

需求验证当中也常常会发现需求不一致和严重冲突的情况,这时需求开发人员要组织相关涉众,进行分析,引导并促成需求的协商解决。

4. 修正不切实际的期望

不切实际的期望也是在需求验证中经常发现的问题类型,它有可能是技术上无法解决的单一需求,也可能是在项目的既定条件下无法解决的单一需求,还可能是在项目的既定条件下无法同时解决的需求集。

在前两种情况下,需求开发人员要为相应的涉众提供充足的技术信息,让其调整原来的要求,达到可以接受的状态。

在后一种情况下,需求开发人员除了要为相应的涉众提供充足的技术信息作为参考之外,可能还会需要他们引导并促成相关涉众之间的需求协商。

16.4　实践中的需求验证

[Standish 1999,Standish 2001]的调查表明坚实的需求基础(firm basic requirements)是影响项目成败的重要因素。这一方面重申了需求在软件开发中的重要性,另一方面也说明了坚实的需求基础并非易得。从这个侧面也可以看到需求验证在实践中的重要性。但是,[Hofmann 2001]发现,在实践中,和需求验证相比,需求工程团队更加关注需求的获取和建模(在整个项目的工作当中,分别是 3.1%、6.4% 和 6.2%)。[Lawrence 2001]也将忽视需求验证视为是需求工程

中的最大风险之一。

在需求验证的执行上,[Lubars 1993]发现人们广泛采用各种方式来进行需求的验证。大多数组织都在需求规格说明文档产生之后进行了正式的评审。这些评审通常都是以会议的形式进行的,少数情况下使用了电子邮件的沟通方式。在评审当中,客户对线索(threads)和场景(scenarios)表现出了最大的兴趣。有将近 1/3 的组织使用了界面原型来验证人机交互需求。在需求验证当中,通常还会使用原型和模拟来验证算法的可行性与系统性能。

[Hofmann 2001]的调查进一步印证了[Lubars 1993]关于需求验证所使用方法的广泛性。技术人员、领域专家、客户及用户进行的需求评审可以使需求工程团队定义更准确的需求,建立更有效的分析模型。评审中的场景方法可以帮助发现需求的缺失。原型使用中的发现可以用来不断改进软件规格说明文档。

在不同的需求评审中发现的缺陷与错误是基本类似的。[Young 2002]发现的缺陷与错误如图 16-9 所示,[Hayes 2003]发现的缺陷与错误则如表 16-3 所示。

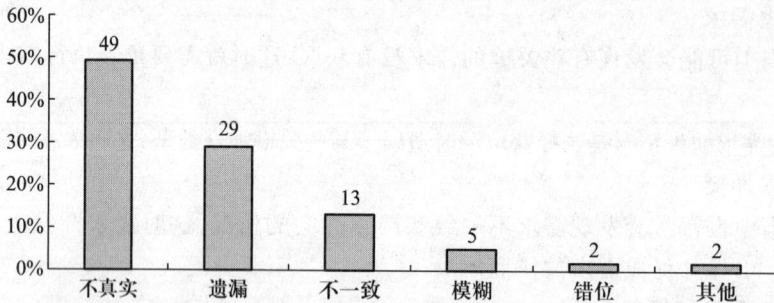

图 16-9　需求定义的常见错误,数据源自于[Young 2002]

表 16-3　NASA 项目中发现的需求缺陷,数据源自[Hayes 2003]

主要缺陷	白分比	主要缺陷	百分比
不完整	20.9	不可跟踪	1.4
遗漏	32.9	不可验证	0.5
不正确(不真实)	23.9	错位	0.7
模糊	6.1	有意偏离(Intentional Deviation)	0.7
不可行	1.4	冗余或重复	0.5
不必要(Over Specification)	6.3		

引 用 文 献

[Ackerman 1989] ACKERMAN A F, BUCHWALD L S, LEWSKY F H. Software inspections: an effective verification process. IEEE Software, 1989, 6(3): 31-36.

[Bahill 2005] BAHILL A T, HENDERSON S J. Requirements development,verification,and validation exhibited in famous failures. Journal of Systems Engineering, 2005, 8(1).

[Britchner 1998] BRITCHNER R N. Using inspection to investigate program correctness. IEEE Computer, 1998: 38- 44.

[Fagan 1976] FAGAN M E. Design and code inspections to reduce errors in program development. IBM Systems Journal, 1976, 15(3): 182- 211.

[Gilb 1993] GILB T, GRAHAM D. Software inspection. Addison Wesley, 1993.

[Hailpern 2002] HAILPERN B, SANTHANAM P. Software debugging,testing and verification. IBM Systems Journal, 2002,41(1).

[Hayes 2003] HAYES J H. Building a requirement fault taxonomy: experiences from a NASA verification and validation research project. Proceedings of the 14th International Symposium on Software Reliability Engineering (ISSRE '03),2003.

[Hofmann 2001] HOFMANN H F, LEHNER F. Requirements engineering as a success factor in software projects. IEEE Software, 2001, 18(4): 58- 66.

[Juristo 2002] JURISTO N, MORENO A M,SILVA A. Is the european industry moving toward solving requirements engineering problems. IEEE Software, 2002, 19(60): 70- 77.

[Kotonya 1998] KOTONYA G, SOMMERVILLE I. Requirements engineering: processes and techniques. John Wiley, 1998.

[Laitenberger 2002] LAITENBERGER O. A survey of software inspection technologies. Handbook on Software Engineering and Knowledge Engineering. 2nd ed. World Scientific Publishing, 2002: 517-555.

[Lawrence 2001] LAWRENCE B, WIEGERS K, EBERT C. The top risks of requirements engineering. IEEE Software, 2001.

[Lubars 1993] LUBARS M, POTTS C, RICHTER C. A review of the state of the practice in requirements modeling. First Int'l Symp.Requirements Engineering. Los Alamitos: IEEE CS Press, 1993: 2-14.

[Parnas 1985] PARNAS D L, WEISS D M. Active design reviews:principles and practices, in Proceedings of the 8th International Conference on Software Engineering, 1985: 215- 222.

[Porter 1995] PORTER A A, VOTTA L G, BASILI V R. Comparing detection methods for software requirements inspections:a replicated experiment. IEEE Transactions on Software Engineering, 1995, 21(6): 563- 575.

[Russell 1991] RUSSELL G W. Experience with inspection in ultralarge -scale developments. IEEE Software, 1991, 8(1): 25-31.

[Standish 1999] Standish Group. CHAOS: A Recipe for Success, 1999.

[Standish 2001] Standish Group. Extreme Chaos, 2001.

[Wiegers 2002] WIEGERS K E. Peer reviews in software: a practical guide. Addison Wesley, 2002.

[Wiegers 2003] WIEGERS K E. Software requirements. 2nd ed. Redmond: Microsoft Press, 2003.

[Young 2002] YOUNG R R. Effective requirements practices. Boston: Addison Wesley, 2002.

第五部分
需求管理及工程管理

　　本部分虽然都是管理内容，却可以划分为两个独立的主题：需求管理及需求开发中的工程管理。

　　第 17 章主要讲解需求管理主题，包括需求管理的动机、主要任务、实践方法等。

　　第 18 章是对第 3 章的深化，在理解软件需求工程过程的基础上进一步探讨软件需求工程过程的定制与改进。

　　第 19 章在软件工程主题上进行必要的展开，对本书前面章节知识内容是有益的补充。

第17章 需求管理

17.1 需求管理概述

在需求开发活动之后,需求基线应该成为后续软件系统开发的工作基础和黏合剂:

- 项目管理者根据需求安排、监控和管理项目计划。
- 开发者依据需求开发相应的产品功能和特性。
- 测试人员按照需求执行系统测试和验收测试。
- 客户和顾客依照需求验收最终产品。
- 维护人员参考需求执行产品的演化。

也就是说,在产生之后,需求的影响力贯穿于整个后续的产品生命周期,而不是单纯地存在于需求开发阶段。软件需求规格说明文档要在产品生命周期的各个阶段都扮演重要角色,发挥重要作用。很多后续的开发工作都应该以软件需求规格说明文档的内容为标准和目标来进行。

因此,在需求开发结束之后,还需要有一种力量保证后续的系统开发活动依照需求的基线展开,从而保障系统的质量(质量就是对需求的依从性)。需求管理就是这样的管理活动,它在需求开发之后的产品生命周期当中保证需求作用的有效发挥。

在实践中发现的需求管理的作用有以下几方面:

① 增强了项目涉众对复杂产品特征在细节和相互依赖关系的理解。需求管理将需求基线纳入了项目的知识管理,能够帮助项目涉众更好地获得并理解这些知识,从而增强了项目涉众对需求(尤其是复杂需求)的掌握。

② 增进了项目涉众之间的交流。需求管理为项目涉众提供了一个共同的需求理解,从而便利了项目涉众之间的交流,减少了可能的误解和交流偏差。

③ 减少了工作量的浪费,提高了生产力。需求管理能够更加有效地处理需求的变更,减少因此产生的返工工作,从而提高了项目的生产率。

④ 准确反映项目的状态,帮助进行更好的项目决策。需求管理收集的需求跟踪信息能够更加准确地反映项目的进展情况,从而帮助项目管理者更好地掌握项目状态,做出更加符合实际情况的合理决策。

⑤ 改变项目文化,使需求的作用得到重视和有效发挥。需求管理可以为项目涉众带来很多的好处,使项目涉众认识到需求在项目工作中的重要性,并依照需求开展工作。

[Richard 1995]认为需求管理的重要任务有:

- 交流涉众需要什么。
- 将需求应用、实施到解决方案。
- 驱动设计和实现工作。
- 控制变更。
- 将需求分配到子系统。
- 测试和验证最终产品。
- 控制迭代式开发中的变化。
- 辅助项目管理。

这些任务可以被归纳为需求管理的 3 个活动：维护需求基线、实现需求跟踪和控制变更，如图 17-1 所示。

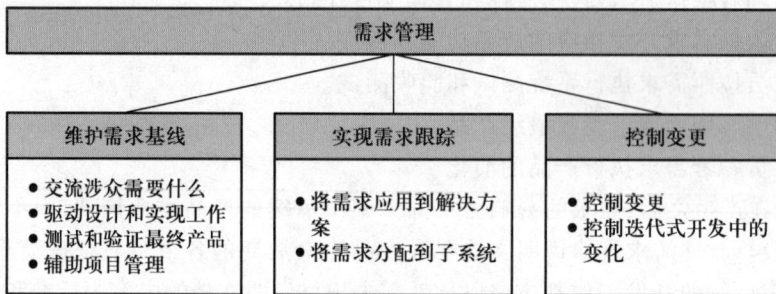

图 17-1　需求管理活动

17.2　维护需求基线

17.2.1　需求基线

作为需求开发的结果，最终的需求应该被明确和固定下来（如写入软件需求规格说明文档），传递给其他的项目工作人员。需求基线就是被明确和固定下来的需求集合，是项目团队需要在某一特定产品版本中实现的特征和需求集合。

[IEEE 1990]定义基线（baseline）为：已经通过正式评审和批准的规格说明或产品，它可以作为进一步开发的基础，并且只有通过正式的变更控制过程才能修改它。所以，需求基线的特性如图 17-2 所示。

建立需求基线之后，项目的涉众各方就可以对产品的功能和特性有一致的理解，并以此为基础开展工作，朝着共同的目标努力。

需求基线是需求开发过程的成果总结，它需要在后续

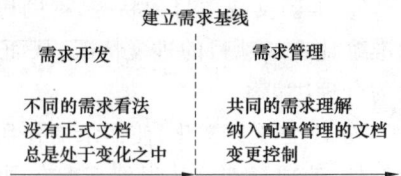

图 17-2　需求基线示意

的产品生命周期中持续发挥作用。因此,需求基线要以一种持续、衡定和易于项目涉众访问的方式存在,通常的做法是将需求基线编写成正式的文档,纳入配置管理。

需求基线在建立之后,并非是一成不变的。产品开发当中以及产品使用之后,用户等产品涉众仍然会提出需求的变更,这些变更都要及时、一致地反映到需求基线。当然,这种变更是应该受到控制的。

17.2.2　需求基线的内容

软件需求是需求基线的关键内容,但是需求基线所应该包含的内容绝不仅仅是软件需求自身,还要包括很多和软件需求相关的描述信息,它们将为软件需求在项目中的作用的有效发挥提供信息支持。

重要的需求描述信息有:

- 标识符(ID),为后续的项目工作提供一个共同的交流参照。
- 当前版本号(version),保证项目的各项工作都建立在最新的一致需求基础之上。
- 源头(source),在需要进一步深入理解或改变需求时,可以回溯到需求的源头。
- 理由(rational),提供需求产生的背景知识。
- 优先级(priority),后续的项目工作可以参照优先级进行安排和调度。
- 状态(status),交流和具体需求相关的项目工作状况。
- 成本、工作量、风险、可变性(cost、effort、risk、volatility),为需求的设计和实现提供参考信息,驱动设计和实现工作。

除了上述信息之外,其他常用的需求描述信息还有:

- 需求创建的日期。
- 和需求相关的项目工作人员,包括需求的作者、设计者、实现者和测试者等。
- 需求涉及的子系统和产品版本号。
- 需求的验收和验证标准。

当然,并不是所有上述的需求描述信息都要收集,实际的项目应该根据需要选择和维护一个最小的属性集。这些属性集为具体需求提供了充分的背景和上下文参考信息,它们应该是所有项目涉众都易于访问的,以帮助需求管理更好地在项目工作中发挥需求的有效作用。

需求描述信息的收集、存储和维护是一个繁琐的工作,所以必要的情况下,可以使用专门的需求管理工具作为辅助手段。

17.2.3　需求基线的维护

1. 配置管理

需求基线的内容是项目的共享资产和工作基础,它应该统一管理。随着项目的深入,需求的修改会逐渐增加,而且有些需求可能会多次修改,导致需求产生多个版本。在这种情况下,一方面要合理控制对需求的更改;另一方面也要维持需求多版本情况下的正确使用,让项目的各方人员都能及时得到最新的需求版本,在正确的基础上开展工作。

上述情况就要求将需求基线纳入配置管理。它的主要工作有以下几方面。

① 标识配置项。设置需求的 ID 属性,唯一地标识每一条软件需求。常用的标识方法有 3 种:一是递增数值,例如 1,2,…,x;二是层次式数值编码,如 1.1.1,1.2.1,…,$x.y.z$;三是层次式命名编码,如 Order.Place.Date,Order.Place.Register,…,Task.Step.Substep。在这 3 种标识方法当中,递增数值最为简单,但是最不利于软件需求规格说明文档的修改。层次式命名编码最为繁琐,但也最有利于软件需求规格说明文档的修改。层次式数值编码的特性介于二者之间。

② 版本控制。为每一个刚纳入配置管理的软件需求项赋予一个初始的版本号,并在需求发生变更时更新需求的版本号,维护需求的多个版本。通常初始的版本号为 1.0,随着每次变更,版本号按着 1.1、1.2 的方式递增。除了每一条单独的需求需要进行版本控制之外,软件需求规格说明等相关的需求文档也需要进行版本控制。需求文档的版本并不依赖于它所包含的需求条目,但是每一个需求文档的版本号都应该与其所包含的需求条目的版本号之间建立明确的对应关系。

③ 变更控制。已经纳入配置管理中的需求发生变化时,需要依据变更控制过程进行妥善的处理。17.4 节将更详细介绍变更控制过程。

④ 访问审计。配置管理的需求基线应该是易于被项目涉众访问的,但这并不意味着需求基线是可以随便访问的。每一次的访问都应该经过正式的登入(Check In)和退出(Check Out)过程,并且应该对访问的情况进行记录和审计。

⑤ 状态报告。配置管理工作还应该定期发表需求基线的状态报告,反映需求基线的成熟度(变化的幅度越大,成熟度越低)、稳定性(改变的次数越多,稳定性越差)等相关信息。

配置管理最有用的方法是使用配置管理工具或专门的需求管理工具来辅助进行工作。

2. 状态维护

需求基线是需求开发阶段之后各种项目工作的基础,它也能很好地反映各种项目工作的进展状况,进而反映整个项目的实际进展状况。这是通过维护需求基线内所有需求的状态实现的。

需求的状态可以分为若干种类别(如表 17-1 所示),每一种类别都反映和具体需求相关的项目工作的进展状况。因此,只要在项目进展当中及时和准确地维护需求基线内的需求状态,就可以得到项目进展状况的准确反映。

表 17-1　需求的状态类别

状态	定义
已提议(proposed)	该需求已被有相应权限的人提出
已批准(approved)	该需求已经被分析,它对项目的影响已进行了估计,并且已经被分配到某一特定版本的基线中。关键涉众已同意包含这一需求,软件开发团队已承诺实现这一需求
已实现(implemented)	实现这一需求的系统组件已经完成了设计和实现。这一需求已经被跟踪到相关的设计元素和实现元素

状态	定义
已验证（verified）	已在集成产品中确认了这一需求的功能实现是正确的。这一需求已经被跟踪到相关的测试用例。这一需求目前可以被认为是已完成了
已删除（deleted）	已批准的需求又从需求基线中取消了。要解释清楚为什么要删除这一需求，以及是谁决定删除的
已否决（rejected）	需求已被提议，但并不在下一版本中实现它。要解释清楚为什么要否决这一需求，以及是谁决定否决的

17.3 实现需求跟踪

17.3.1 需求跟踪

在实际的软件系统开发当中，面对着业务和技术都不断变化的环境，软件系统在开发过程或者演化过程中发生与需求基线不一致和偏离的风险越来越大。为了避免这种现象，控制软件开发的质量、成本和时间，人们提出了需求跟踪（requirements traceability）的方法。需求跟踪是一种有效的控制手段，它能够在涉众的需求变化中协调系统的演化，保持各项开发工作对需求的一致性。

需求跟踪是以软件需求规格说明文档为基线，在向前和向后两个方向上，描述需求以及跟踪需求变化的能力。它分为前向跟踪（pre-traceability）和后向跟踪（post-traceability）两种（如图17-3所示）。

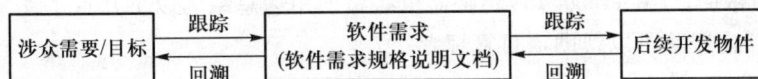

图 17-3 需求跟踪的联系类型

1. 前向跟踪

前向跟踪是指被定义到软件需求规格说明文档之前的需求演化过程。它包括以下两种联系。

① 向前跟踪到需求：说明涉众的需要和目标产生了哪些软件需求。这样，一方面可以确定软件需求规格说明文档的内容是否完备地体现了所有的涉众需要和目标；另一方面，如果在项目开发过程中或者开发结束后，涉众提出需要、目标或者技术设想的变化，就能够快速地确定需要做出变更的相关需求。

② 从需求向后回溯：说明软件需求来源于哪些涉众的需要和目标。这种联系可以帮助找到软件需求的源头，发现不必要的需求。而且，在涉及软件需求的变更时，还可以利用这种联系进

行需求变化的验证与确认。

2. 后向跟踪

后向跟踪是指被定义到软件需求规格说明文档之后的需求演化过程。它也包括两种联系。

① 从需求向前跟踪：说明软件需求是如何被后续的开发物件支持和实现的。这种联系可以帮助确定软件需求所要求的全部职责都被正确地分配给了相应的系统组件。在需求发生变化时，这种联系也可以帮助评估变化的影响范围。

② 回溯到需求的跟踪：说明各种系统开发的物件是因为什么原因(软件需求)而被开发出来的。这种联系可以帮助发现开发工作中的镀金行为(没有需求原因的工作)。而且在对具体开发物件进行验证或者改变时，这种联系所反映出来的原因也应该是一种重要的参考。

需求跟踪意味着每一条需求都从它最初的出现源头就被描述和理解，而且这种理解过程应该贯穿于需求开发过程、后续的系统开发过程以及持续的精化和迭代过程。需求跟踪是对项目当中需求知识的统一化管理和使用。

忽视需求的跟踪性，或者对跟踪关系捕捉的不充分，会降低系统的质量，引起返工，增加项目的成本和时间。在没有对项目的需求知识进行有效管理的情况下，还常常会出现错误的决策、误解和错误的信息交流。如果有个人离开项目，对需求知识有效管理的缺乏还会导致知识的丢失。

17.3.2 需求跟踪的用途

需求跟踪的实现是一个需要进行大量手工劳动的任务，需要组织提供支持。在系统开发和维护的过程中，一定要随时更新这些联系链信息，如果跟踪能力信息已经过时，就可能再也无法重建这些信息了。已过时的跟踪信息会浪费开发人员和维护人员的时间，因为这些数据使他们误入歧途。

但即使面对这些问题，实现需求跟踪仍然是可以一件非常值得的工作，因为需求跟踪可以给项目带来很大的帮助。[Wieringa 1995]将需求跟踪的用途总结为以下几点。

① 需求的后向跟踪可以帮助项目管理者：

- 评估需求变更的影响。
- 尽早发现需求之间的冲突，避免未预料的产品延期。
- 可以收集没有被实现的需求，并估算这些需求需要的工作量。
- 发现可以复用的已有组件，从而降低新系统开发的时间和精力。
- 明确需求的实现进度，跟踪项目的状态。

② 需求的后向跟踪可以帮助客户和用户：

- 评价针对用户需求的产品的质量。
- 可以确认成本上没有(昂贵的)镀金浪费。
- 确认验收测试的有效性。
- 确信开发者的关注点始终保持在需求的实现上。

③ 需求跟踪中针对具体需求的设计方案选择、设计假设条件以及设计结果等信息可以帮助

设计人员：

- 验证设计方案正确的满足了需求。
- 评估需求变更对设计的影响。
- 在设计完成很久之后仍然可以理解设计的原始思路。
- 评估技术变化带来的影响。
- 实现系统组件的复用。

④ 需求跟踪信息还可以帮助维护人员：

- 评估某一个需求变化时对其他需求的影响。
- 评估需求变化时对实现的影响。
- 评估未变化需求对实现变更的允许度。

因此，虽然需求跟踪的实现会增加开发费用，但是它也是一种重要的知识资产，在许多方面都能给项目带来长期利益，进而减少产品生命周期内的整体费用。而且如果在开发过程中注意进行跟踪信息的收集，那么实现需求跟踪也不需要做太多的工作。但是，如果在整个系统完成之后再来整理跟踪信息，就需要付出较大的代价，而且无法体现需求跟踪所能带来的诸多好处。

17.3.3 需求跟踪的内容

17.3.1 小节中所述 4 种跟踪联系在宏观上体现了需求跟踪的内容，但是在实践当中，需要建立跟踪联系的内容会更加具体和详细。而且每一个类别的跟踪联系都可以体现为多种多样的项目工作联系。

在实际工作中，需求跟踪实现的具体内容是依赖于项目的跟踪策略的。不同的项目有着不同的策略需要，会实现不同的需求跟踪联系。[Jarke 1998]将项目的跟踪策略分为 3 个不同的层次，如图 17-4 所示。

在最低的层次上，需求跟踪仅仅是捕获产品内部各个系统组件之间的依赖、满足和实现关系，如图 17-5 所示。在这个层次上，需求跟踪的内容只涉及系统开发当中阶段性的成果片段，常见的有需求、体系结构设计、细节设计、测试用例和实现代码等，如图 17-6 所示。

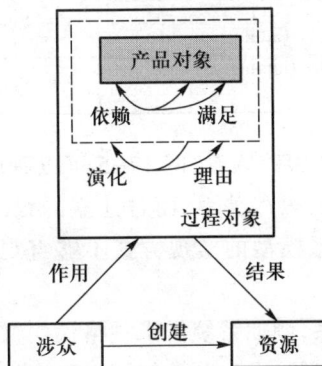

图 17-4 需求跟踪策略的 3 个层次

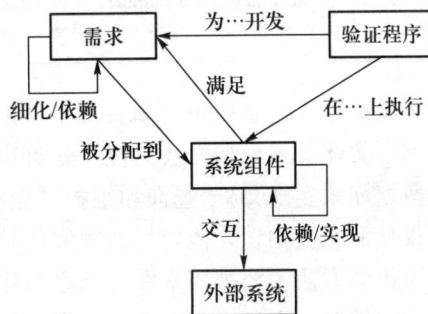

图 17-5 产品组件之间的跟踪关系示意

最低层次上的需求跟踪策略使用者被称为低端(low-end)用户。在一个更高的层次上,需求跟踪不仅要捕获产品各个组件之间的联系,还要捕捉各个组件的工作背景,包括实现的理由、实现方案的选择、实现技术的假设、决策依据和变化历程等。这些信息可以在事后再现当初的组件开发工作背景,为需求变更等工作提供充分的信息参考。

除了产品本身所包含的各种联系之外,项目的组织过程也应该是需求跟踪内容的一个部分。这样,需求跟踪信息就能够在提供组件开发的工作背景的同时提供组织背景,包括开发工作的负责人、时间安排、资源消耗和最终成果等。

实现了工作背景和过程背景捕获的需求跟踪实现者被称为高端(high-end)用户。

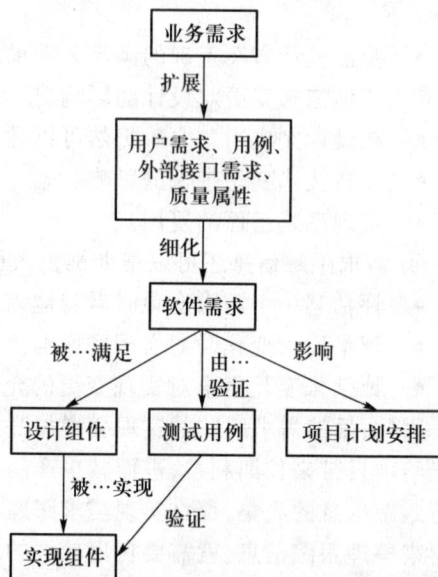

图 17-6 常见的产品组件之间的跟踪关系

17.3.4 需求跟踪的实现方法

需求跟踪的实现方法主要有矩阵、实体关系模型和交叉引用 3 种。

需求跟踪矩阵是最为常用的实现方法,表 17-2 是它的一个示例。矩阵实现方法的优点是跟踪信息清晰易懂,但是限于矩阵的二维性,它仅仅能表达二元的跟踪关系。

表 17-2 需求跟踪矩阵示例

用户需求	功能性需求	设计组件	实现组件	测试用例
UC-28	Catalog.query.sort	Class catalog	Catalog.sort( )	Search.7 Search.8
UC-29	Catalog.query.import	Class catalog	Catalog.import( ) Catalog.validate( )	Search.12 Search.13 Search.14

实体关系模型方法是使用实体关系模型来描述需求的跟踪联系,图 17-5 可以看成它的一个元模型示例。实体关系模型方法的优点是可以表达多元的跟踪关系,而且建立的跟踪信息可以利用关系数据库来实现,易于查询和维护。但是,实体关系模型的实现方式不够直观,需要具备实体关系模型的相关知识才能较好地理解各种跟踪联系。

交叉引用的方法主要被用来在文档之间建立跟踪联系,例如系统需求规格说明文档、软件系统规格说明文档等。交叉引用方法表达出来的跟踪联系比较直接,利于使用,但是它只适用于对需求文档的处理。

17.3.5　需求跟踪过程的建立

需求跟踪的实现是在项目开发过程中点滴积累而成的,不是在项目结束后一蹴而就的。所以,要实现有效的需求跟踪,就要建立一个有效的需求跟踪过程。

需求跟踪过程的建立需要考虑下列因素。

① 认识到需求跟踪的重要性,明确需求跟踪需要解决的问题。需求跟踪是项目开发工作的一个部分,可以很好地反映和再现项目的工作,而不是单纯为了满足一些标准和客户的要求。

② 说明需求跟踪过程的目标。需求跟踪要捕获产品组件、工作环境以及过程环境等多层次的信息,而不是简单的产品组件之间的实现和依赖联系。

③ 明确需要捕获的跟踪联系。要清晰地说明为了实现目标而需要采集的数据信息。

④ 组织提供资源支持和技术支持。有效的需求跟踪过程要反映在开发组织的文化氛围当中,组织应该提供实现需求跟踪所需的时间、人力和资金。组织还应该提供相关的辅助工具,必要时可以考虑自行开发工具。

⑤ 制定有效的过程策略。要将需求跟踪过程与实际的项目开发工作融合起来,将其作为项目开发工作的一部分。项目管理者应该规定由哪些人在什么情况下收集怎样的数据信息。这样,就可以在项目的正常工作中有效捕获跟踪联系信息。

⑥ 便利需求跟踪信息的使用。为客户、项目管理者以及开发者等项目涉众提供便利的使用途径,让需求跟踪信息有效发挥实际作用。一方面,项目管理者应该规定在哪些情况下需求跟踪信息应该被使用;另一方面,可以制定一些手册和规章帮助进行需求跟踪信息的使用。

17.3.6　需求依赖

在需求跟踪的各种联系当中,有一种特殊的跟踪联系——需求依赖(dependency)。大多数的需求并不是完全独立的,它们在一种复杂的机制中互相影响,这就是需求依赖。

需求之间的依赖联系对很多项目开发工作都有着重要的影响,如变更管理,版本规划,需求复用和需求实现等。因为依赖于其他需求的软件需求的有效满足和实现,要取决于被依赖的需求是否能够被正确地满足和实现。例如,在表 17-3 所示的需求依赖关系示例当中,R1 依赖于R3 和 R4,那么在实现、变更或者复用 R1 时,就必须将 R3 和 R4 也考虑在内。

表 17-3　依赖联系的需求跟踪矩阵示例

依赖	R1	R2	R3	R4	R5	R6
R1			*	*		
R2					*	*
R3				*	*	
R4		*				
R5						*
R6						

需求依赖联系的特殊性并不在于它的重要性,而在于它是难以发现、建立和维护的。

对需求之间依赖联系的处理被称为需求交互作用管理(requirements interaction management)[Robinson 2003]:需求交互作用管理是用于发现、管理和部署(disposition)需求之间关键联系的活动。面向目标的方法、多视点方法及共赢模型等都是它常用的技术手段。

17.4 控 制 变 更

17.4.1 需求变化

需求开发是一个获取、明确并定义需求的过程,但需求并不是在需求开发结束之后就会恒定不变的。在产品开发和实现当中或者产品递交之后,用户也常常提出需求的变化,这会给系统的开发工作带来额外的烦恼,增加工作量。尤其是在软件的规模日益复杂的情况下,需求变更带来的影响越发明显。

为了解决需求变化给项目带来的影响,"冻结需求"的方法曾经被很多开发者付诸实施,这种处理措施是武断和不合理的。要正确的处理需求变化,首先要认识到在很多情况下,需求的变化是正当和不可避免的,这些情况有:

① 问题发生了改变。软件被创建的目的在于解决用户的问题,可是随着时间的发展,形势可能会发生变化,导致用户的问题也发生了变化。原来的问题可以因为各种原因不解自破,或者用户将原来的主要问题降为次要问题,而将原来的次要问题升级为主要问题,等等。所有这些都意味着软件的需求应该发生变化,否则创建的软件将会减少甚至失去服务用户的作用。

② 环境发生了改变。软件是通过与其周围环境进行交互的方式来解决用户的问题的。这样,如果软件的环境发生了改变(如法律变化和业务变化等),那么即使用户的问题依旧,软件的需求也应该发生改变。否则,最终的软件将不能像设想的那样有效地解决用户的问题,因为旧有的模式已经无法和新的环境形成有效互动。

③ 需求基线存在缺陷。需求开发的理想结果当然是建立一个完全无缺陷的需求基线,但这是不可能达到的目标。因为需求工程的复杂性,需求开发得到的需求基线总是或多或少地会遗留下一些缺陷。当这些缺陷在开发或使用中暴露出来时,必须予以及时的解决。

此外,在实践当中,下述因素也常常会导致需求的变化:

① 用户变动。在开发和使用当中,软件产品的用户可能发生的人员更替,这时新的用户就可能会提出和原有用户不同的要求。维护期间和比较长的开发周期当中往往会发生这类变更。

② 用户对软件的认识变化。随着对软件开发和使用的直接参与,用户会对软件领域有越来越多的了解,这时他们也往往会提出越来越多、越来越具体的需求,其中就夹杂着对原有需求的修改要求。在一个全新的领域或者为一个没有软件经验的企业开发软件时,这种情况非常

常见。

③ 相关产品的出现。在产品开发的过程当中,可能会有竞争产品、类似产品或者需要交互的其他产品等相关产品出现,这时往往会需要开发者根据抽取相关产品的新知识,变更原有的软件需求和开发计划。

17.4.2 变更控制过程

需求的变更是正当和不可避免的,在需求开发之后冻结需求是不恰当的做法。但是需求的变更又可能会给项目带来很大的负面影响,随意的需求变更也是不恰当的做法。正确的做法是在形成需求基线之后,进行需求的变更控制。

需求变更控制就是以可控、一致的方式进行需求基线中需求的变更处理,包括对变化的评估、协调、批准或拒绝、实现和验证[IEEE 1990]。需求变更控制并不是要限制甚至拒绝需求的变化,它是以一种可控制的严格的过程方式来执行需求的变更。

通过需求的变更控制,项目负责人可以在面对需求的变化时做出周全的业务决策。

这些决策在控制产品生命周期成本的同时,还可以提供最高的客户价值和业务价值。

变更控制的一个典型过程如图 17-7 所示。

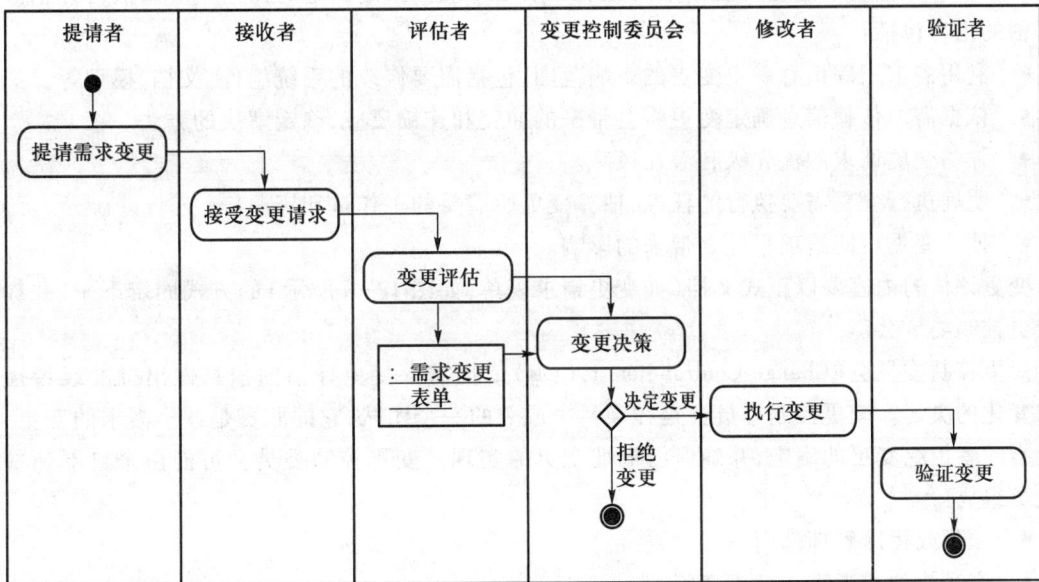

图 17-7 变更控制过程

变更控制过程可能会涉及多个类型的项目涉众,它们各自在过程中的作用如表 17-4 所示。

表 17-4　变更控制过程中可能涉及的项目涉众,源自[Wiegers 2003]

角色	职责描述
提请者	申请和提交变更请求的人,一般为客户和用户
接收者	接收提请者变更请求的人
评估者	负责分析变更请求影响范围的人,可以是技术人员、客户、市场人员或者集这几个角色于一身
变更控制委员会	决定批准或者否决变更请求的团体
修改者	负责实现变更的人,一般为开发者
验证者	负责验证变更是否正确实现的人,一般为质量保障人员

在需求基线建立之后,需求的提请者需要以正式的渠道提请需求的变化要求,例如通过双方建立的协商机制,或者通过联系开发人员、项目管理人员、市场人员或者技术支持人员等。

提交的需求变化请求都会被交给请求的接收者,可能是以书面的形式,也可能会以电子文档的格式。接收者接收到请求之后会给每一个请求分配一个唯一的标识标签。

下一步是评估需求变化可能带来的影响。项目可能会指定固定的评估人员来执行评估。需求评估的内容包括:

- 利用需求跟踪信息确定变更的影响范围,包括需要修改的系统组件、文档、模型等。
- 依据需求依赖信息确定变更将会带来的冲突和连锁反应,确定解决的方法。
- 评估变更请求的优先级和潜在风险。
- 明确执行变更需要执行的任务,估算变更所需要的工作量和资源。
- 评价变更可能给项目计划带来的影响。

变更评估的内容要以正式文档(如变更请求表单,如图 17-8 所示)的方式固定下来,并提交给变更控制委员会。

变更控制委员会(Change Control Board, CCB)依据需求变更评估的信息做出批准或者拒绝需求变化的决定。变更控制委员会是在项目中成立的一个团队,它的职责是评价需求的变更,做出批准或者拒绝变更的确定,并确保已批准变更的实现。变更控制委员会可能由来自下列部门的人员组成:

- 项目或程序管理部门
- 产品管理或者需求分析部门
- 开发部门
- 测试或者质量保障部门
- 市场或客户代表
- 编写用户文档的部门
- 技术支持或帮助部门

项目名称：	请求编号：
提请人：	提请日期：
提请理由及优先级： 变更请求描述：	
评估人：	评估日期：
评估优先级：	变更类型：
影响范围： 工作量估算： 变更评价：	
提交 CCB 日期：	CCB 决策日期：
CCB 决定：	
修改人：	修改日期：
修改结果：	
验证人：	验证日期：
验证结果：	
备注：	

图 17-8　变更请求表单

- 配置管理部门

经过变更控制委员会批准的变更请求会被通知给所有需要修改工作产品的团队成员,由他们完成变更的修改工作。可能会受到影响的工作产品包括需求文档、设计文档、模型、用户界面、代码、测试文档和用户手册等。

为了确保变更涉及的各个部分都得到了正确的修改,通常还需要执行验证工作,如同级评审。验证完成之后,修改者才可以将修改后的工作产品付诸使用,并重新定义需求基线以反映这一变更。

17.4.3　变更控制中的注意事项

在需求的变更控制过程当中,要注意以下事项。

1. 认识到变更的必要性,并为之制定计划

项目团队必须认识到系统需求的变更是不可避免的,甚至还是必须的。认识到将会有一定数量的变更发生并为之制定变更控制计划,是成功进行变更控制的关键。

计划的内容应该包括:

① 定义明确的变更控制过程,建立变更控制的有效渠道。所有的需求变更都应该遵循这一

控制过程。如果提交变更请求的过程与此过程不符,则不予考虑。

② 所有提交的需求变更请求都要进行仔细的评估。

③ 是否进行变更的决定应该由变更控制委员会统一做出。对未获批准的变更,除可行性研究之外,不应再做其他的设计和实现工作。

④ 必须对变更的实现结果进行验证。

⑤ 需求的变化情况要及时的通知到所有会受到影响的项目涉众。

2. 维护需求基线,审计变更记录

有效的变更控制需要项目团队建立和维护需求基线。

一旦建立了需求基线,就很容易对新需求进识别和管理,可以把新需求与已有的基线进行比较,确定它合适的位置以及它是否会有其他已有需求冲突。

在响应需求变更的过程中,项目团队还要及时准确地维护需求基线,审计变更记录:要更新需求基线,保证项目涉众可以访问到最新的需求;保留需求变更表单的记录,尤其是对批准或否决每一个变更请求的理由都要进行记录;绝不能删除或修改变更请求的原始文本。

需求基线的维护工作可以让所有涉众都能了解需求基线的变更情况,使得团队能够区分已知需求、"旧"需求、新需求以及曾经被增加、修改或者删除的需求。

3. 管理范围蔓延

在需求变更的过程当中,对合理和不可避免的需求变化要进行有效变更,但是对不合理的变更请求也要敢于说"不"。范围蔓延就是一类最常见的不合理需求变更请求。

范围蔓延是指在需求基线确定之后,再大幅度增加新的特性、功能和需求,而且这些新增部分是不符合预期的项目前景或者超出预期的项目范围的。因为超出了原来的预算范围,所以范围蔓延的变更请求会消耗额外的项目资源,使项目失去控制。

对范围蔓延的管理,要求根据业务目标、产品前景和项目范围,评估每一项提议的新增需求和特性。当然,管理范围蔓延,并不意味着要绝对拒绝任何范围蔓延,如果涉及非常重大的业务目标调整和市场机遇变化,也可以考虑进行灵活的应对。

4. 灵活应对变更请求

如果需求变更的请求(尤其是范围蔓延的请求)对项目的影响过于重大,原则上是需要拒绝的。但是如果变化的要求对客户意义重大,可以为他们取得巨大的利益,那么拒绝的做法也未必正确。

在此情况下,一个更加灵活的做法是和客户重新协商原先的项目约定,可能包括:

① 推迟产品的交付时间。

② 要求增派人手。当然,这个做法只有在有限的情况下有效,因为很多情况下,增加人手只会使得项目更加落后。

③ 要求员工加班工作。一段时期的加班会耗尽员工的储备精力,因此加班不能是长期的,一般以 30 天为限,否则会产生很多消极影响。因此,这个做法也只能适度使用。

④ 推迟或者去除尚未实现的优先级较低的需求。

⑤ 容许产品质量的降低。当然,这个做法是最不提倡的,因为低质量的产品会伤害整个开

发团队。所以,除非其他的做法都不能达到效果,否则不要使用这种做法。

5. 使用辅助工具

自动化工具能够帮助变更控制过程更有效地运作。许多团队使用商业问题跟踪工具来收集、存储和管理需求变更。用这样的工具创建的最近提交的变更建议清单,可以用作 CCB 会议的议程。问题跟踪工具也可以随时按变更状态分类报告变更请求的数目。

因为可用的工具、厂商和特性总在频繁地变化,所以在这里无法给出有关工具的具体建议。但工具应该具有以下几个特性,以支持需求变更过程:

① 可用定义变更请求中的数据项。

② 可用辅助项目涉众完成变更控制过程中的协作。

③ 可以帮助维护需求基线,审计变更记录。

④ 能够将变更情况及时通知相关人员。

⑤ 可以生成标准的和自定义的报告和图表。

17.5　实践中的需求管理

在实践当中,需求管理的焦点集中在下面的几个问题。

17.5.1　需求的变更

需求的不稳定性在实践调查和研究当中一再被发现和关注。[Standish 1995,1999,2001]认为,对需求变更的有效处理是项目成功的关键因素。[Robert 2002]将"需求变更"和"糟糕的项目计划"并列为导致项目失败的两个最主要因素。

在对需求变更影响的实践分析当中,变更发生的时间越迟影响越大的现象被反复验证。而且新增需求被发现是影响最大的变更类型,缺陷修复则是发生最为频繁的变更类型[Stark 1999,Nurmuliani 2006]。根据[Jones 1994]的报告,需求的范围蔓延是一种非常常见的风险因素:80%的管理信息系统项目,70%的军事软件项目,45%的外部软件项目会发生范围蔓延。

在变化的幅度上,[Jones 1996]发现:对于管理信息系统,其需求一般每月增长 1% 左右;商业软件的增长率可以高达 3.5%;其他类型的软件介于这两者之间。如果需求每个月变更 2%,则相当于需求每年要变化 1/4,所以这是一个惊人的数字。在[Stark 1999]的调查中,需求的可变性(可变性=变化的需求数量÷总需求数量)也高达 48%。

在对需求变更的处理上,变更控制可以起到重要的作用,但是仍然还需要研究者和实践者提出更多专门的方法和技术。[Boehm 2006]认为,尤其是在 20 世纪 90 年代之后,对需求变更的有效应对不仅是需求工程,更是整个软件工程的一个重要发展方向。

17.5.2　需求跟踪信息

需求跟踪工作的重要性已经在实践中得到广泛的关注和重视。但是在对需求跟踪信息的处理上,[Juristo 2002]发现很多开发者仅仅关注对后向跟踪联系的处理,而忽视了对前向跟踪联系的处理。

[Ramesh 2001]在实践调查当中发现了最低层次需求跟踪策略存在的广泛性。低端用户实现需求跟踪通常是为了满足一些规范和标准的要求,如 CMMI 的要求或客户的要求等。他们对需求跟踪的实现较为简单,没有成熟的过程组织和良好的项目环境,更多地体现为个人工作行为。所以,低端用户在付出大量劳动的同时,无法体会需求跟踪所能带来的好处,以至于对需求跟踪实现工作产生极大的不满和抱怨。

[Ramesh 2001]还发现,对高端用户来说,需求跟踪的实现仅仅是他们日常工作的副产物,是对他们实际工作过程的反映和再现。所以,他们在享受需求跟踪信息所提供的各种便利的同时不会觉得需求跟踪的实现是额外的工作负担,他们感觉自己只是在完成正常的开发工作而已。[Ramesh 2001]认为高端用户的需求跟踪实现需要在组织和过程上给予需求跟踪工作足够的重视,要创造一种良好的工作氛围,并提供相应的工具支持。

人们发现,需求之间的依赖关系给很多项目工作(如设置需求的优先级、划分产品版本等)带来了很大的困难和复杂性。[Carlshamre 2001]在对一些项目进行研究后发现:只有大概 20% 的需求是完全独立的,其他的需求都有对外的相互依赖关系;20% 左右的需求产生了所有依赖关系的 75%。

17.5.3　需求管理工具

需求管理并不是一件轻松的工作,尤其是在现有软件的规模日渐膨胀的情况下。在[Juristo 2002]的调查当中,有 27% 的组织建立的软件需求数量在 100~500 之间,有 36.5% 的组织建立的软件需求数量在 500~1 000 之间,另外 36.5% 的组织建立的软件需求数量超过 1 000。在[Nikula 2000]对中小规模企业的调查当中,项目的需求数量有所下降,但是在百数量级上的项目也为数不少:58%,十数级;33% 百数级;9%,千数级。因此,需求管理工作非常需要有效的辅助工具[Siddiqi 1996]。

在实践调查中,被调查者也明确提出了对需求管理工具的需要。但是同时,实践中使用最广的需求管理工具却是通用的文本处理器(word processor)和电子表格(spreadsheet),部分组织自己开发了专用需求管理工具,却很少有组织使用专用的商业需求管理工具。因为被调查者认为商业需求管理工具往往无法和软件的开发过程以及其他辅助工具进行有效的集成。

引 用 文 献

[Boehm 2006] BOEHM B. A view of 20th and 21st century software engineering. International Conference on Software Engineering (ICSE). Shanghai, China, 2006.

[Brooks 1995] BROOKS F P. The mythical man-month: essays on software engineering. Anniversary Edition.Addison-Wesley Professional, 1995.

[Carlshamre 2001] CARLSHAMRE P, SANDAHL K, LINDVALL M, et al. An industrial survey of requirements inter-dependencies in software product release planning. Fifth International Symposium on Requirements Engineering. Toronto, Canada, 2001.

[Curtis 1988] CURTIS B, KRASNER H, ISCOE N. A field study of the software design process for large systems. Communications of the ACM, 1988, 31: 11.

[Dahlstedt 2003] DAHLSTEDT A, PERSSON A. Requirements interdependencies-moulding the state of research into a research agenda. The Ninth International Workshop on Requirements Engineering: Foundation for Software Quality (REFSQ 2003). Klagenfurt/Velden, Austria, 2003: 71- 80, 16- 17.

[Damian 2003] DAMIAN D, CHISAN J, VAIDYANATHASAMY L, et al. An industrial case study of the impact of re-quirements engineering on downstream development. Proceedings of Int'l Symposium on Empirical Software Engi-neering (ISESE), 2003.

[Davis 1990] DAVIS A M. The analysis and specification of systems and software requirements. In Systems and Soft-ware Requirements Engineering.IEEE Computer Society Press, 1990: 119-144.

[DeMarco 1999] DEMARCO T, LISTER T. Peopleware: productive projects and teams. 2nd ed. Dorset House Publishing Company, Incorporated, 1999.

[Domges 1998] DOMGES R, POHL K. Adapting traceability environments to project SP. Communications of the ACM.1998, 41(12).

[Emam 1995] EMAM K E I, MADHAVJI N H. A field study of requirements engineering practices in information sys-tems development. Proceedings of the Second IEEE International Symposium on Requirements Engineering, 1995.

[Finkelstein 1994] FINKELSTEIN A. An analysis of the requirements traceability problem.Proceedings of First Int'l Conference Requirements Engineering. Colorado Springs, 1994: 94-101.

[Hofmann 2001] HOFMANN H F, LEHNER F. Requirements engineering as a success factor in software projects. IEEE Software, 2001, 18(4): 58-66.

[IEEE 1990] IEEE. IEEE standard glossary of software engineering terminology. Std 610.12-1990.

[Jarke 1998] JARKE M. Requirement tracing, Communications of the ACM, 1998, 41(12).

[Jones 1994] JONES C. Assessment and control of software risks. Englewood: PTR Prentice Hall, 1994.

[Jones 1996] JONES C. Applied software measurement. 2nd ed. New York: McGraw- Hill, 1996.

[Juristo 2002] JURISTO N, MORENO A M, SILVA A. Is the european industry moving toward solving requirements engineering problems. IEEE Software, 2002, 19(60): 70-77.

[Leffingwell 1999] LEFFINGWELL D, WIDRIG D. Managing software requirements: a unified approach. Addison Wesley, 1999.

[Lubars 1993] LUBARS M, POTTS C, RICHTER C. A review of the state of the practice in requirements modeling. First Int'l Symp. Requirements Engineering.Los Alamitos:IEEE CS Press, 1993: 2- 14.

[McConnell 1996] MCCONNELL S. Rapid development: taming wild software schedules. 1st ed. Microsoft Press, 1996.

[Nikula 2000] NIKULA U, SJANIEMI J, Kälviäinen H. A state-of-the-practice survey on requirements engineering in small- and medium-sized enterprises. Telecom Business Research Center Lappeenranta,2000.

[Nurmuliani 2006] NURMULIANI N, ZOWGHI D, WILLIAMS S P. Requirements volatility and its impact on change effort:evidence-based research in software development projects. AWRE' 2006, Adelaide, Australia, 2006.

[Pohl 1996] POHL K. Process-centered requirements engineering. John Wiley & Sons, 1996.

[Ramesh 1998] RAMESH B. Factors influencing requirements traceability practice. Communications of the ACM, 1998, 41(12): 37- 44.

[Ramesh 2001] RAMESH B, JARKE M. Toward reference models for requirements traceability. In IEEE transaction on software engineering, 2001, 27(1).

[Richard 1995] RICHARD S, MARTIN J. What is requirements management. Proceedings of the Fifth Annual International Symposium of the NCOSE, 1995, 2: 13-18.

[Robinson 2003] ROBINSON W N, PAWLOWSKI S D, VOLKOV V. Requirements interaction management. ACM Computer. Survey, 2003, 35(2): 132-190.

[Robert 2002] ROBERT L. Glass, facts and fallacies of software engineering. Addison- Wesley, 2002.

[Siddiqi 1996] SIDDIQI J, SHEKARAN M C. Requirements engineering: the emerging wisdom. IEEE Software, 1996: 15-19.

[Sommerville 2005] SOMMERVILLE I. Integrated requirements engineering: a tutorial. IEEE Software, 2005, 22(1): 16-23.

[Standish 1995] Standish Group. CHAOS, 1995.

[Standish 1999] Standish Group. CHAOS: a recipe for success, 1999.

[Standish 2001] Standish Group. Extreme Chaos, 2001.

[Stark 1999] STARK G, OMAN P, SKILLICORN A, et al. An examination of the effects of requirements changes on software maintenance releases. In Journal of Software Maintenance Research and Practice, 1999, 11: 293-309.

[Tvete 1999] TVETE B. Introducing efficient requirements management. In proceedings of the 10th International Workshop on Database & Expert Systems Applications, 1999.

[Wiegers 2003] WIEGERS K. Software requirements. 2nd ed. Redmond: Microsoft Press, 2003.

[Wieringa 1995] WIERINGA R J. An introduction to requirements traceability. Technical Report. IR- 389, Faculty of Mathematics and Computer Science, Vrije Universiteit, 1995.

第18章 需求工程的过程管理

18.1 引　言

需求工程的重要性已经得到了软件实践者和研究者的一致共识,需求的问题一再被各种软件实践调查列为软件生产的头等困难和迫切需要解决的问题。人们也已经认识到了需求工程拥有自己的生命周期和活动过程,需求的各项处理活动应该按照系统化、有组织和可重复的方式交织进行,应该建立严格的需求工程过程,应该采用成熟和有效的需求处理方法和技术。

但是这些认知却很难在实际的开发活动中得到贯彻,建立需求工程过程的工作不是可以轻易完成的。成功的需求工程过程是因势而异的,它会受到产品特性、技术成熟度、组织文化等很多因素的影响,并依这些因素的不同而在不同的项目中有着不同的表现。需求工程过程的建立需要分析项目中的过程影响因素,定制适合于项目环境的需求开发过程,如图 18-1所示。

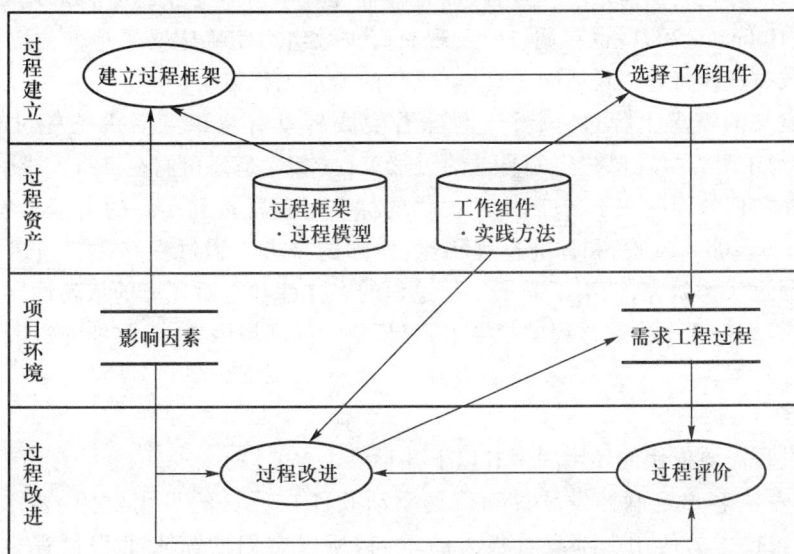

图 18-1　需求工程中的过程管理活动

建立成功的需求工程过程的另一个困难是,需求工程活动的细节内容是无法用系统化的知识体系进行描述的,而是由大量的实践方法进行解释的。所以建立一个有效的需求工程过程就需要过程的定制者熟悉和掌握大量的实践方法,并能够从中选择、实施和维护一套切实有效的实践方法。这套实践方法要能够互相配合,协同完成需求工程的处理任务。实践方法的有效性也是依赖于应用环境的,实施的过程是独立的,所以对实践方法的选择和配套实施也不是一件简单的任务。

除了需求工程过程的建立之外,需求工程过程的改进也是实践中很多组织迫切需要却难以解决的问题。需求工程有着自己的生命周期和活动内容,进行软件工程过程改进的很多方法和标准并不能够很好地适用于需求工程过程的改进,需求工程需要自己的过程改进方法和评价标准。

建立有效的需求工程过程和对需求工程过程进行持续改进的任务都属于需求工程中的过程管理活动。

18.2　需求工程过程的环境依赖性

1. 概述

虽然大量的理论和调查数据表明,需求工程是成功开发产品的一个关键过程,但很多的组织还是没有形成自己的有效的需求工程过程。例如,[Sommerville 1997]就指出,很少有企业有明确定义的需求工程过程。2005 年,[Sommerville 2005]又重复了这一看法,认为大量的组织还在执行着残缺的和非正式的需求工程过程,而且他们在一项对 9 个组织进行的调查当中证实了他们的看法。[Hofmann 2001]也在调查中发现只有少数组织明确定义了他们的需求工程过程,大部分的开发人员还执行着"具体问题具体分析"的需求工程策略。

缺乏明确定义的需求工程过程,并不意味着实践者没有意识到需求工程过程的重要性。[Nukula 2000]就在调查中发现,"定制自己的需求工程过程"是公司们在进行需求活动时最为迫切的需要。但是他们的问题在于,文献中所提供的标准过程常常和实际的需求工程活动有着很大的区别。[Minor 2004]发现,和标准过程相比,实际的需求工程过程存在着很多的变化情况。[Martin 2002]通过实例研究,证实了需求工程过程的多样性和它对环境的依赖性。

因此,开发组织需要在标准过程的指导下,分析组织的环境因素,吸收好的实践,为组织定制明确的需求工程过程。

2. 环境因素

需求工程过程需要依赖的环境因素有以下几种。

① 市场特性。客户定制开发软件和市场驱动软件在项目的可用资源、要求的产品特性以及细节方法和技术的使用上都有着很大的不同,所以它们的需求工程过程也有着很大的不同。

② 领域特性。在比较成熟的业务领域开发需求要比在不成熟的业务领域开发需求容易得

多。为实时或其他关键性软件开发需求的质量要求要高于一般的应用软件。所以,问题领域的特性也对需求工程过程有着很大的影响,成熟和普通的业务领域要求相对简单的需求开发过程,反之则要求复杂的需求工程过程。

③ 技术成熟度。技术成熟度比较高的需求团队可以在复杂和严格的需求工程过程之下开展工作。反之,技术成熟度比较低的需求团队可能就无法达到高成熟度需求工程过程的要求。

④ 组织文化。在执行需求工程时,组织会依据需要从整个需求工程文化当中选择一些自己需要的方法、技术、手段和工具,并进行培训和反复使用,从而将这些方法、技术、手段和工具变成组织文化的一部分,它们也是组织之间需求工程过程差异的一个重要来源。

⑤ 项目特性。项目的特性也是千差万别的,它们也会导致需求工程过程的差异性。对需求工程过程影响比较大的项目特性有以下几项:

- 规模和复杂度:规模越大,复杂度越高,越需要执行严格和系统化的需求工程过程。
- 时间资源和费用资源:时间资源有限的情况下,要在需求工程过程中使用能够提高时间效率的方法与技术,如 JAD、JRP、原型法、CRC 卡建模和辅助工具等。在费用资源有限的情况下,要在需求工程过程中避免使用成本昂贵的方法,如集体面谈、高保真原型和领域分析等。
- 法律、规章或合同约束:有些项目会有法律、规章或者合同的约束,要求项目的需求工程过程要达到某个标准,或者要求项目在需求工程过程中使用某些指定的技术和方法,甚至会要求项目使用固定的需求工程过程形式。

18.3   需求工程过程的建立

需求工程还没有完全建立学科化和系统化的知识体系,能够直接予以明确和定义下来的只是一个高层的过程结构,描述了过程需要完成的工作、工作的划分以及工作开展的安排。过程的工作细节还是由很多独立的需求工程实践方法连接起来予以实现的。所以建立需求工程过程包括两个步骤:

① 建立过程框架,建立需求工程过程的高层结构,说明过程当中应该包括哪些工作部分以及怎样建立它们之间的协作和联系。

② 选择工作组件,为过程框架下的每一个过程工作部分选择实现的实践方法,明确需要的工具支持和资源(成本和人力)支持。

18.3.1   建立过程框架

在明确项目的环境因素之后,就可以着手建立需求工程的过程框架。它的工作基础是各种需求工程的过程模型,工作的主要内容是从中选择一个适用于项目的过程模型并进行定制和本地化。

可以选择的需求工程过程模型数量很多，[Jiang 2004]就曾经在研究中辨别了26种需求工程的过程模型，它们各有自己的优缺点，适用于不同的项目环境。在这些过程模型当中，最为典型的有以下3种。

① 完全线性的过程模型。这种过程模型将需求工程划分为一些固定的活动，并将活动组织为顺序衔接关系，如图18-2所示。完全线性的过程模型适用于需求易于明确、易于处理的简单应用系统的需求处理。

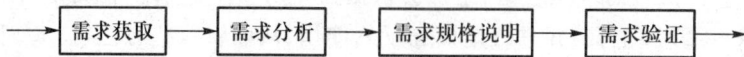

$$需求获取 \rightarrow 需求分析 \rightarrow 需求规格说明 \rightarrow 需求验证$$

图18-2 完全线性的需求工程过程模型

② 线性迭代的过程模型。和完全线性的过程模型相比，这种过程模型认为活动之间存在顺序关系，但不是完全的顺序衔接关系，而是在顺序关系当中存在着一定的迭代过程。线性迭代的过程模型适用于需求并不非常明确但业务并不复杂的应用系统的需求处理。

③ 迭代式的过程模型。这种模型认为需求工程过程的各个活动之间是复杂的迭代、并发和互相交织的关系。业务领域和需求比较复杂的系统需要使用迭代式的过程模型进行需求处理。

在诸多的需求过程模型当中，管理者需要了解它们的特性，为组织选择一个适用的过程框架。影响框架选择的影响因素有以下几个。

① 市场特性。面向广大市场的系统开发，可能会选择侧重前期需求阶段建模的过程模型，如领域工程过程、企业建模过程和面向目标的需求工程等。

② 领域特性。特殊的业务领域可能会要求特殊的需求工程过程，甚至一些特殊的业务领域（如工具型软件或全新业务领域的软件）会不需要使用需求工程过程，而只是使用一些特殊的需求处理方法。

③ 项目特性。项目的规模和复杂程度会影响过程模型的选择：复杂的业务领域可能会要求能够实现迭代式的过程模型，简单的业务领域可能会要求实现完全线性的过程模型。时间资源也会影响过程模型的选择，一个时间要求比较紧迫的项目可能会采用敏捷需求过程。如果项目的法律、规章或合同约束当中有对过程模型的具体要求，那么它们也会影响项目的过程模型选择。

④ 最终建立的过程框架要选择和定制一个能够描述需求工程活动的过程模型，其示意如图18-3所示。除此之外，项目还应该提供一些能够帮助需求团队理解、明确和执行需求工程过程的描述模板，常见的有过程说明模板、活动说明模板和技术说明模板，如图18-4所示。

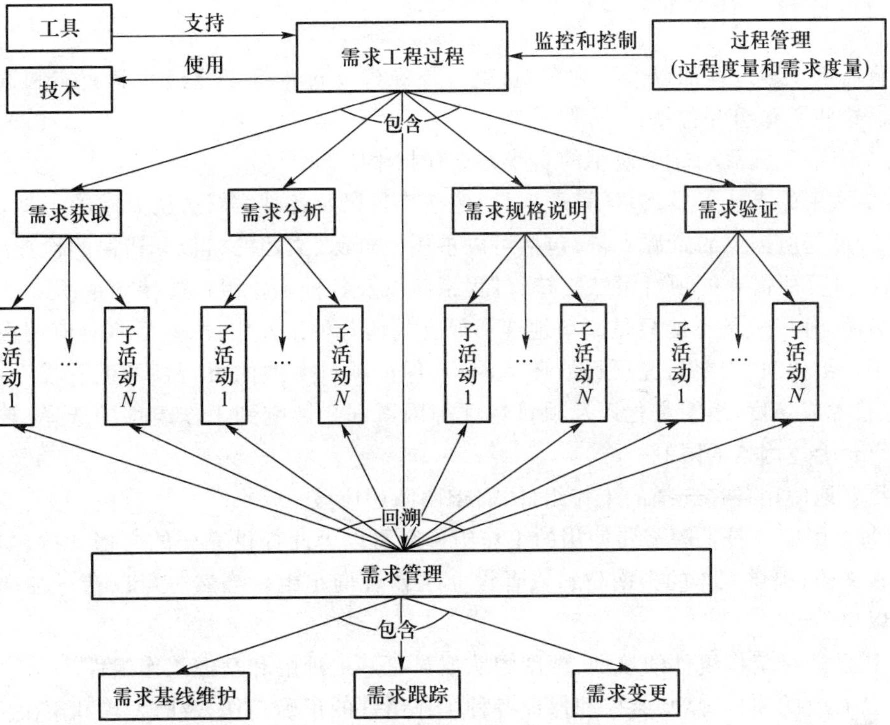

图 18-3 需求工程的过程模板示意图

过程说明模板	技术说明模板	活动说明模板
名称：_____	名称：_____	ID 标识：_____
活动：_____	技术类别：_____	名称：_____
使用的技术：_____	需要的工具支持：_____	参与者：_____
需要的工具支持：_____	引入成本：_____	前置活动：_____
要求的成果：_____	使用成本：_____	后置活动：_____
引入成本：_____	优点：_____	引入成本：_____
使用成本：_____	缺点：_____	使用成本：_____
优点：_____	详细描述：_____	产生物件：_____
缺点：_____	适合的应用：_____	详细描述：_____
详细描述：_____	结果报告：_____	可能使用的技术：_____
适合的应用：_____		
应用评价：_____		

图 18-4 需求工程过程框架下的模板示意

18.3.2　选择工作组件

要想将需求工程过程加以落实和实施,就需要在建立过程框架之后为其充实和选择细节的工作组件。这些工作组件包括:

① 各个需求工程活动需要使用的实践方法和技术。

② 需要使用的支持工具,包括管理工具、建模工具以及各种实践方法要求的工具。

③ 执行过程所需要的资源支持,包括可以重用的资源、文档的模板和错误的检查清单等。

④ 执行过程所需要的项目策略支持、过程指南以及各种工作组件的使用帮助。

经验表明,开发人员不能只是简单地选择或者采购各种工作组件,然后将其应用在开发工作中。选择工作组件时,需要研究项目的环境因素,保证项目实践的可行性和兼容性。市场特性、领域特性、技术成熟度、组织文化以及项目特性等因素都会影响到工作组件的选择,被选择的工作组件要符合上述因素的限制。

为了更好地使用各种选择的工作组件,需求团队还应该:

① 让每个团队成员了解需要使用的工作组件。可以为此提供充分的文档支持,如定义详细的过程模板文档,提供工作的指南材料或者设立工作咨询小组。当然也可以在详细的项目计划文档中予以说明。

② 提供已选择工作组件的培训,帮助团队成员更好地理解和掌握工作组件。

③ 保持有效的项目管理,监控和保证各种工作组件的正确工作,及时发现和解决问题。

④ 提供并运用机制促进整个团队的有效沟通,让工作组件在和谐的氛围中工作的更好、更有效。

18.3.3　应用实践方法

在各种工作组件当中,实践方法的选择和应用是建立需求工程过程最为重要的任务。可用的实践方法数量众多,它们各有优缺点和适用情景。第3章概括了本书中涉及的实践方法,附录2描述了更多人们反复提及的实践方法。

虽然有效实践方法的成功应用对需求工程过程具有重要意义,但是[Kauppinen 2005,Hofmann 2001]等进行的调查表明,大多数的组织并没有能够成功应用一些非常基础的有效实践。与此形成对比的是,[Nukula 2000,Juristo 2002]等发现组织的需求工程活动处于非常不成熟的状态,有很多问题。[Nukula 2000,Pinheiro 2003]更是在调查中直接发现有很多好的理论和方法并不为迫切需要它们的人所知。

学术界在需求工程研究上的做法也加重了实践应用的问题。[Davis 1994,2002;Siddiqi 1996,Berry 1998]等一再指出,学术界在需求工程的研究当中和工程实际有着很大的差距,结果是学术界大量研究的建模与规格说明等形式化技术并不为人们所接受,同时开发者在工程当中又常常面对复杂的问题束手无策。在 Davis 等人一再呼吁需求工程要从实践出发,走面向工程的路线之后,这种状况得到了较大的好转,但差距依然存在。

也有一些调查表明,面对实践应用的不理想状态和技术转化的各种困难,开发者非常希望教育界能够在教育和培训方面提供必要的帮助。

18.4　需求工程过程的改进

软件过程的改进已经得到了业界一致的认同与重视,为此出现了一些框架标准,它们可以指导企业进行系统化和渐进式的软件过程改进,如 CMMI、ISO/IEC15504(又称 SPICE)和 ISO9000-3。这些常见的框架当中都包含了一部分的关于需求处理的内容,但它们都是针对软件过程的改进制定的标准,而需求工程有着自己的生命周期模型,因此它们并不能很好地胜任指导需求工程过程改进的任务。

需求工程过程需要专门、特定的评价标准和改进方法。

18.4.1　过程的评价

人们为了需求工程过程的评价和改进进行了很多工作,其中 REGPG[Sommerville 1997]框架得到了较多的关注和认同。

REGPG 借鉴了现有各种软件过程改进框架的思想,针对需求工程进行了广泛和深入的总结,提出了 66 个好的实践。

REGPG 的 66 个实践被分为三个层次(如表 18-1 所示)。

① 基础实践(basic practices),相对简单的活动,是建立可重复级需求工程过程的基础,易学易用,应该首先考虑采用。

② 中级实践(intermediate practices),通常较为复杂的活动,但能使得需求工程过程更加系统化。

③ 高级实践(advanced practices),能够支持需求工程过程的持续改进,需要专家的支持。

表 18-1　REGPG 实践的层次和领域分布

分布领域	基础	中级	高级	合计
需求文档(Requirements Document)	8	0	0	8
需求获取(Requirements Elicitation)	6	6	1	13
需求分析与协商(Requirements Analysis & Negotiation)	5	2	1	8
需求表述(Requirements Representation)	4	1	0	5
系统建模(System Modeling)	3	3	0	6
需求验证(Requirements Validation)	4	3	1	8
需求管理(Requirements Management)	4	3	2	9
对关键系统的需求工程(RE for Critical Systems)	2	3	4	9

依据实践方法的 3 个层次,REGPG 提出了对需求工程过程的评价,将其分为以下 3 个等级:

① 初始级,没有正式的需求处理过程,靠个人的技能和经验做事情。

② 可重复级,有了一些基本的过程因素,包括为需求文档定义了标准,拥有了需求管理的策略和程序,使用了一些工具和方法等,一般能够按时产生高质量的需求文档;

③ 已定义级,在实践与方法的基础上定义了组织的过程模型,拥有积极的过程改进程序,能够客观地评价新方法和新技术的价值。

在 REGPG 框架下,组织可以按照从基础到高级的步骤逐步选择和采用其 66 个实践,进行需求工程过程的改进。

到目前为止,已经有很多组织在需求工程过程的评价和改进当中使用了 REGPG 框架,并取得了良好的效果。

当然,REGPG 也有缺点:

① 它是为安全关键领域的软件制定的需求工程过程评价和改进框架,很难适用于其他业务领域软件。典型的现象是其他业务领域的需求处理要比安全关键领域简单得多,所以评价的等级普遍偏低。

② REGPG 并不能清晰说明它的成熟度等级是怎样支持项目目标的。它的评价模型当中还缺少能够关联项目目标的量化测量(metrics)和指示器(indicator)。

③ REGPG 虽然提出了逐级提升的改进方案,但是在实际操作当中很难形成明确的改进步骤。它无法像 CMMI 一样在评价的基础上针对项目目标形成系统化的持续改进步骤。

18.4.2 过程的改进

1. 过程改进的实施

起初建立的需求工程过程往往是不完善的,它需要在实践当中持续改进。

关于过程的管理和持续改进,[Ishikawa 1988]提出了一个简单的 PDCA(Plan-Do-Check-Action)模型,如图 18-5 所示。它有 4 个阶段,6 个步骤。通过这 6 个步骤,组织可以定制自己初始的开发过程,也可以对已有的开发过程进行持续的过程改进。

依据 PDCA 模型,可以建立需求工程过程改进的实施步骤,如图 18-6 所示。

(1) 评价当前过程

改进活动的第一步是评估组织当前使用的需求工程过程,找出它的优点和缺陷,发现它和组织宏观目标与策略的差距。过程评价本身不能带来任何改

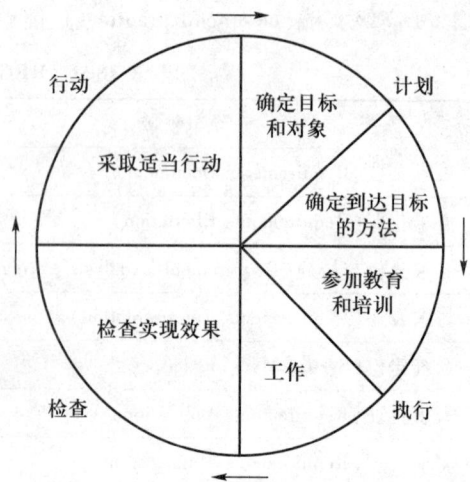

图 18-5　过程管理和持续改进的 PDCA 模型

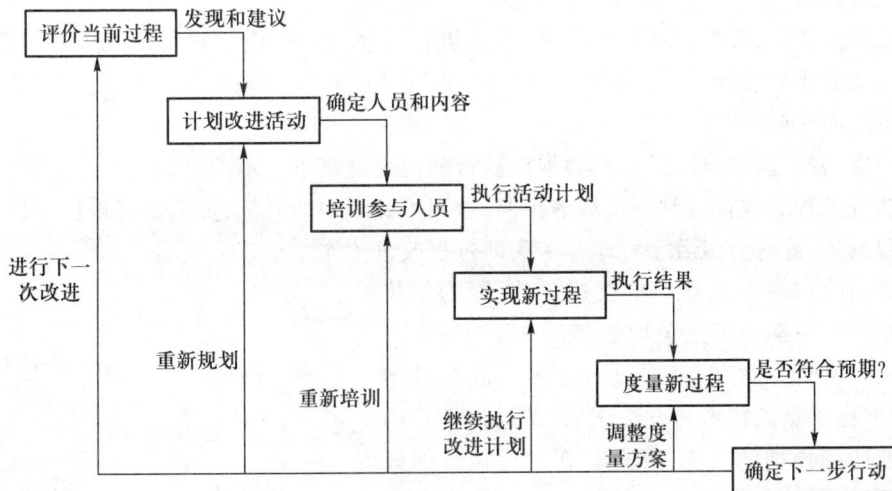

图 18-6　需求工程过程改进步骤

进,但它能提供信息,为正确确定改进目标奠定了基础。评价也能使组织实际采用的过程透明化——实际所采用的过程与陈述的或者文档中记录的过程经常会有差别。

（2）计划改进活动

评价完成之后,就可以依据发现的问题和组织的策略性目标制定过程改进计划。计划的内容通常包括:

- 关于改进活动自身的描述,如改进的项目、日期跨度和改进的目标等。
- 需要的人力资源,包括负责人、参与者以及他们各自的职责和任务。
- 需要的工具支持和其他资源,包括统计分析工具、度量数据收集工具、文档模板和可重用资源等。
- 将会发生的活动和预估的工作,要说明它们的详细执行情况。
- 跟踪、监控和评价改进活动所需要的指标和度量信息。
- 对于将要提交的中间物件和结果物件,说明它们的目标、用途以及是否合格的判断标准。

（3）培训参与人员

为了后面更顺利地执行过程改进活动,组织要对改进活动的参与人进行培训。培训的内容有:改进活动计划及其对每一个参与者的要求;新技术、新方法;新的工具和可用资源的使用;度量要求及其支持工具的使用。

（4）实现新过程

在有了充足的准备之后,就可以着手按照计划实现预期的新过程。不要期望新的过程第一次试用就很完美,许多理论上很好的想法并不能在实践中表现出想象中的效果。因此,一个改进的新过程往往是需要多次实施,多次执行,逐步调整并最终得以实现的。

（5）度量新过程

在新过程工作时，要按照计划的要求，对其进行度量。这些度量将帮助改进者跟踪、监控和评估改进活动的进展状况。

（6）确定下一步行动

在每一次的新过程实现之后，都要根据执行的情况确定下一步的行动。

如果执行过程非常符合对新过程的预期，达到了计划中的目标，那么就可以认为已经进行了成功的过程改进，此时可以着手考虑下一次的过程改进工作。

新过程的改进很少能够一次就成功的，因为新技术和新方法的采用都不可避免地要经历如图 18-7 所示的学习曲线，所以往往需要在进行了多次的项目实践，很好地掌握了新的技术和方法之后，新过程执行的效果才可能达到预期的目标。因此，在过程执行的效果不符合预期目标时，并不一定是新过程本身存在缺陷，可能仅仅是因为还没有完成学习过程。这种情况下的决定就是在其他的项目和实践当中继续执行改进计划。

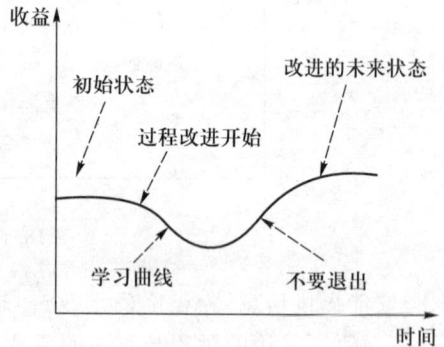

图 18-7　过程改进的学习曲线

过程执行的效果不符合预期目标的另一种可能是新过程或其实现本身存在缺陷，例如开始制定的项目计划不合适，或者是培训过程有问题，或者是度量活动有偏差等。这时就要求改进者发现有缺陷，并重新调整和修正继续执行新过程。

2. 过程改进中的注意事项

实践的经验表明，需求工程过程的改进要注意以下事项：

（1）将需求工程过程放在软件过程的背景下实施改进

需求工程是软件工程的一个部分，它的进展情况会在很大程度上影响软件过程的顺利进行。因此，需求工程过程的改进不仅会影响需求团队的工作，也会影响其他相关软件开发者的工作。例如，在线性迭代和迭代式两者不同的过程模型下，项目管理者也要对整个软件的迭代开发进行不同的安排。在使用新的建模方法与技术时，开发人员也需要掌握这些方法和技术。在使用新方法进行需求验证时，测试人员就应该加倍关注验收测试。因此，需求工程过程的改进工作应该在整个软件过程的背景下进行，综合考虑整个软件过程的工作安排。

（2）改进的实施要建立在现有过程的评价之上

改进是对现有状况的改变和进步，因此改进工作并不是没有任何基础的。现有状态是改进工作的起点和支撑，改进的实施要建立在现有过程的评价之上。当前的需求工程过程反映了需求团队的技术成熟度、组织的技术积累以及组织的需求工程文化，任何脱离这些基础的过程改进都会因为其目标一时难以达到而无法取得成功。

（3）过程的改进要针对目标

对任何需求团队而言，他们尚不掌握的机制、实践方法及建模技术都是数量众多的。需求工程过程的改进并不是要从这些新的机制、实践方法和建模技术当中随便选取一个实施，而应该是有目标地选择改进措施。过程改进的目标可能是弥补当前需求工程过程的重大缺陷和问题，也可能是配合组织的业务策略调整，还可能是应对外界环境的变化。针对目标的过程改进更有意义，也更有可能成功。

（4）过程的改进要有计划

随意使用一些方法来实施过程的改进极少能取得成功，因此不要匆匆忙忙着手于过程改进，更不要完全"摸着石头过河"。要为过程改进制定计划，按照计划来实施改进工作。要跟踪和监控实际进展是否与计划相符，及时发现和纠正问题，保证改进工作的正确和顺利进行。当然，有计划的改进并不意味着机械照搬计划的内容，计划只是起到一个充分准备的作用。在实际情况与计划中的设想出现了差距和不一致时，也要及时修正计划的内容。

（5）过程的改进应该是渐进和持续的

不要期望一次就能实现所有预想的改进，不可能在第一次就弥补当前过程的全部问题并且达成所有的目标。过程改进应该是逐步的，循序渐进的。过程的改进应该由易到难分步实施，每次选择一些适合于过程改进的导航项目，实施可控的部分改进，在取得效果后再向整个组织推广。并不存在完美无缺的过程，所以过程的改进工作还应该是持续的，在每次过程改进取得成功之后，都要全面评价，发现下次改进的目标，进行持续改进。

引 用 文 献

［Berry 1998］BERRY D M, LAWRENCE B. Requirements engineering. IEEE Software, 1998.

［Davis 1994］DAVIS A M, HSIA P. Giving voice to requirements engineering. IEEE Software,1994, 11(2): 12- 16.

［Davis 2002］DAVIS A M, HICKEY A M. Requirements researchers:do we practice what we preach. Requirements Engineering, 2002, 7(2): 107- 111.

［Emam 1995］EMAM K E I, MADHAVJI N H. Measuring the success of requirements engineering processes. Proceedings of the Second IEEE International Symposium on Requirements Engineering, 1995.

［Firesmith 2004］FIRESMITH D G. Creating a project-specific requirements engineering process,in Journal of Object Technology, 2004, 3(5): 31- 44.

［Hofmann 2001］HOFMANN H F, LEHNER F. Requirements engineering as a success factor in software projects. IEEE Software, 2001, 18(4): 58- 66.

［Houdek 2000］HOUDEK F, POHL K. Analyzing requirements engineering processes: a case study. Proceedings of the 11th International Workshop on Database and Expert Systems Applications, 2000.

［Ishikawa 1988］ISHIKAWA K, LU TRANS D J. What is Total Quality Control? The japanese way. Englewood Cliffs: Prentice Hall, 1988.

［Jiang 2004］JIANG L, EBERLEIN A, FAR B H. A methodology for requirements engineering process development.

Proceedings of 11th IEEE International Conference and Workshop on the Engineering of Computer - Based Systems, 2004.

[Juristo 2002] JURISTO N, MORENO A M, SILVA A. Is the european industry moving toward solving requirements engineering problems. IEEE software, 2002, 19(60): 70- 77.

[Kaindl 2002] KAINDL H, et al. Requirements engineering and technology transfer: obstacles,incentives and improvement agenda. Requirements Engineering, 2002, 7(3): 113- 123.

[Kauppinen 2001] KAUPPINEN M, KUJALA S. Assessing requirements engineering processes with the REAIMS model:lessons learned. Proceedings of the Eleventh Annual International Symposium of the International Council on Systems Engineering (INCOSE 2001), 2001.

[Kauppinen 2002] KAUPPINEN M, KUJALA S, AALTIO T, et al. Introducing requirements engineering: how to make a cultural change happen in practice. Proceedings of the IEEE Joint International Conference on Requirements Engineering, 2002.

[Kauppinen 2005] KAUPPINEN M. Introducing requirements engineering into product development:towards systematic user requirements definition. Doctoral Dissertation, 2005.

[Macaulay 1996] MACAULAY L A. Requirements engineering. Springer- Verlag, 1996.

[Mahmood 2002] Mahmood Khan Niazi. Improving the requirements engineering process through the application of a key process areas approach. AWRE'2002, 2002.

[Martin 2002] MARTIN S, AURUM A, JEFFERY R, et al. Requirements engineering process models in practice. AWRE'2002, 2002.

[Minor 2004] MINOR O, ARMAREGO J. Requirements engineering: a close look at industry needs and model curricula.AWRE'2004, 2004.

[Nikula 2000] NIKULA U, SAJANIEMI J, Kälviäinen H. A state-of-the-practice survey on requirements engineering in small- and medium-sized enterprises. Research Report 1. Lappeenranta, Finland, Telecom Business Research Center Lappeenranta: 26 p. Available at http://www.tbrc.fi/,2000.

[Pinheiro 2003] PINHEIRO F A C, LEITE J C S, CASTRO J F B. Requirements engineering technology transfer:an experience report. Journal of Technology Transfer, 2003, 28(2): 159- 165.

[Sawyer 1997] SAWYER P, SOMMERVILLE I, VILLER S. Requirements process improvement through the phased introduction of good practice. Software Process- Improvement and Practice, 1997, 3: 19- 34.

[Sawyer 1998] SAWYER P, SOMMERVILLE I, VILLER S. Improving the requirements process. Proceedings of the Fourth International Workshop on Requirements Engineering: Foundations of for Software Quality(REFSQ'98). Presses Universitaires de Namur, 1998: 71- 84.

[Sawyer 1999a] SAWYER P, SOMMERVILLE I, VILLER S. Capturing the benefits of requirements engineering. IEEE Software, 1999.

[Sawyer 1999b] SAWYER P, SOMMERVILLE I, KOTONYA G. Improving market-driven RE processes.Proceedings of the International Conference on Product Focused Software Process Improvement (Profes'99b). 1999: 222- 236.

[Sawyer 2004] SAWYER P. Maturing requirements engineering process maturity models//MATÉ J,SILVA A.Requirements engineering for sociotechnical systems. Idea Group Inc., 2004.

[Siddiqi 1996] SIDDIQI J, SHEKARAN M C. Requirements engineering: the emerging wisdom. IEEE Software,

1996:15- 19.

［Sommerville 1997］SOMMERVILLE I, SAWYER P. Requirements engineering: good practice guide. Chichester: John Wiley & Sons, 1997.

［Sommerville 2005］SOMMERVILLE I, RANSOM J. An empirical study of industrial requirements engineering process assessment and improvement. ACM Transactions on Software Engineering and Methodology, 2005, 14(1): 85- 117.

［Wiegers 2003］WIEGERS K. Software requirements. 2nd ed. Redmond: Microsoft Press, 2003.

第 19 章　需求工程中的项目管理

19.1　引　　言

关于项目的含义,[Brooks 1987]对编程系统产品的论述给出很好的启示。

1. 概念

[Brooks 1987]区分了下面几个概念。

① 程序(program)。它本身是完整的,作者可以使用计划中的条件让其在被开发的平台上运行。程序也可能能够在其他环境下运行。

② 编程产品(programming product)。它是可以被任何人运行、测试、修复和扩展的程序。它可以在多种操作系统平台上运行,使用多种输入条件。要使程序成为编程产品,就需要执行很多额外的工作,如通用化、测试、文档及维护等。

③ 编程系统(programming system)。它是在功能上能相互协作的程序集合,具有规范的格式,可以进行交互,并可以用来组装和搭建整个系统。要将一个程序集组织成编程系统,就必须要对每一个程序进行接口定义、约束定义及组合测试等。

④ 编程系统产品(programming systems product)。它是同时具有编程产品特征和编程系统特征的程序集,是真正有用的产品,是大多数系统开发的目标。

在实际成本(需要完成的工作)上,程序和编程系统产品有着很大的区别,[Brooks 1987]认为可能高达 9 倍,如图 19-1 所示。人们在实际工作中的一个重大问题就是常常将关注点都放在了"程序"的开发上,而忽视了能够将程序变成系统产品的其他工作,于是就导致了很多的工程问题。

软件项目的目的就是保证所有重要的工作都能得到应有的关注,都能顺利有序地完成,以最终产生高质量的软件产品。为此,项目需要建立计划,并跟踪、监督和保证计划的正确执行。计划的重要内容包括:项目需要的资源(人力、金钱、工具、时间等)、项目中需要执行的活动(生命周期模型和过程模型),以及项目中需要产生的交付物(各种必要的中间物件和最终产品)。围绕着项目计划而执行的各种项目活动就是项目管理。

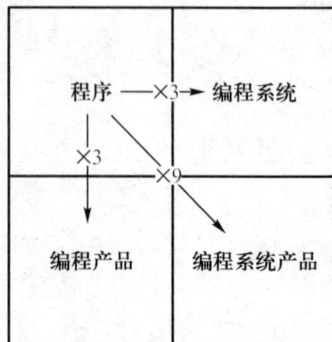

图 19-1　编程程序系统的演进,
源自[Brooks 1987]

2. 需求工程中的项目管理活动

需求工程是软件项目的一个部分,也是非常复杂的活动,自然也需要项目管理活动的关注。需求工程中的项目管理活动包括以下几方面(如图 19-2 所示)。

① 资源管理:为需求工程提供各种资源的支持,尤其是提供人力资源的支持,组织和管理需求团队。资源的支持情况将在 19.2 节进行介绍,19.4 节还将专门介绍关于需求团队的组织和管理。

② 活动管理:规划和实施需求工程中的各种活动。本书前面的很多章已经详细描述了整个需求工程过程的执行情况,19.3 节将介绍需求工程在整个项目中的生命周期选择情况,19.5 节将说明如何进行风险管理以防备实际情况与计划的偏离。

③ 交付物件管理:管理需求工程中产生的各种交付物件。

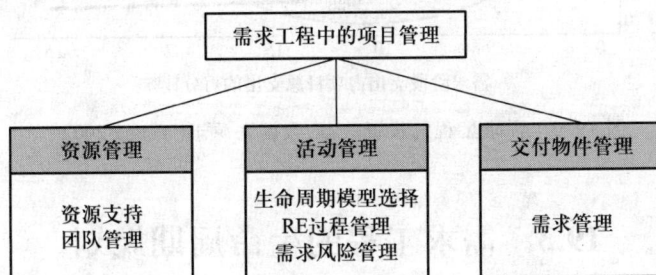

图 19-2　需求工程中的项目管理活动

19.2　资 源 支 持

需求工程的成功执行需要项目提供足够的资源支持,主要包括一定数量技能良好的可用人员,可行的时间限制和充足的资金支持,可用的系统运行环境、软件工具、道具、文档模板、可复用资源等其他资源支持。

实践经验表明,时间资源和资金费用的支持对需求工程甚至整个项目都有重要影响。1981年,[Boehm 1981]发现项目费用的 6%和时间的 9%~12%被消耗在需求阶段。在 20 年之后,随着需求工程的发展,[Hofmann 2001]发现项目对需求工程的投入也加大了许多:项目工作的 15.7%和时间的 38.6%用于进行需求工程。所以,[Hofmann 2001]建议将项目工作的 15%~30%分配给需求工程活动。美国国家航空航天局(National Aeronautics and Space Administration,NASA)提供的数据显示:当在需求工程当中投入项目总成本的 8%~14%时,可以极大地降低项目的超支率(如图 19-3 所示)。

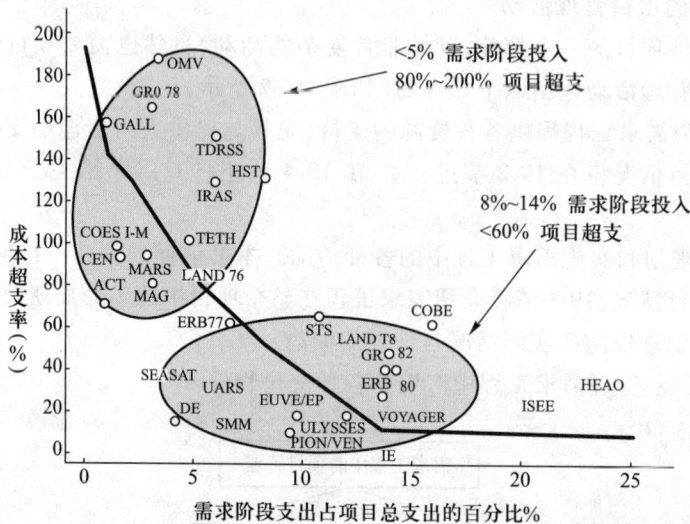

图 19-3　需求工程的投资效益，数据来源于 [Young 2002]

19.3　需求工程的生命周期规划

需求工程的过程模型很好地阐释了需求工程内部活动的组织和执行，但作为软件开发的一个阶段，需求工程还要规划它自己在整个项目工作的位置，进行需求工程的生命周期规划。

需求工程的生命周期规划受项目特点的约束，要符合软件的过程模型，它是软件生命周期模型的一个部分。

在项目的软件过程采用瀑布模型时，需求工程的生命周期规划如图 19-4 所示。这种情况下的软件过程模型往往将需求开发视为一个线性独立的活动，它为后续的开发工作提供一个稳定可靠的需求基线集。如果软件的问题域比较成熟和易于明确化，并且需求也比较稳定，那么整个项目可以采用图 19-4 所示的生命周期模型。反过来说，如果软件的问题域不够成熟或者比较复杂，再或者需求非常易变，那么就不应该采用瀑布模型。瀑布模型下的需求工程还不利于用户的有效参与，因为他们在需求开发结束之后可能就没有机会再继续跟踪和监督需求的实现情况，也没有机会对开发者进一步解释和明确具体的需求。

如果软件的问题域比较复杂，但是业务非常成熟而且需求比较稳定，那么可以采用如图 19-5 所示的增量式模型（又称为渐进交付模型）。增量式模型采用逐步增量和多次发布的方式减小每一次实现的需求范围，降低需求实现的风险。增量式模型仍然要求需求开发活动为后续开发工作提供一个稳定可靠的需求基线集，因此在需求易变或者问题域信息很难一次处理完整时（例如问题域不成熟或者极其复杂），它并不适用。而且增量式模型也可能不利于用户的有效参与。

· 464 ·

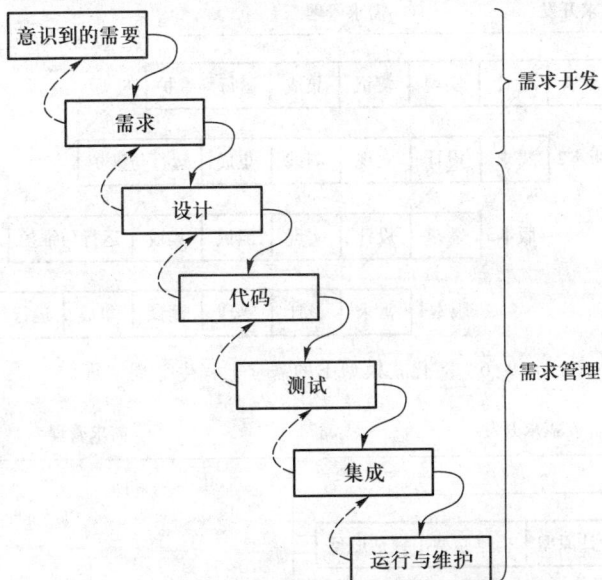

图 19-4   瀑布模型下的需求工程生命周期规划

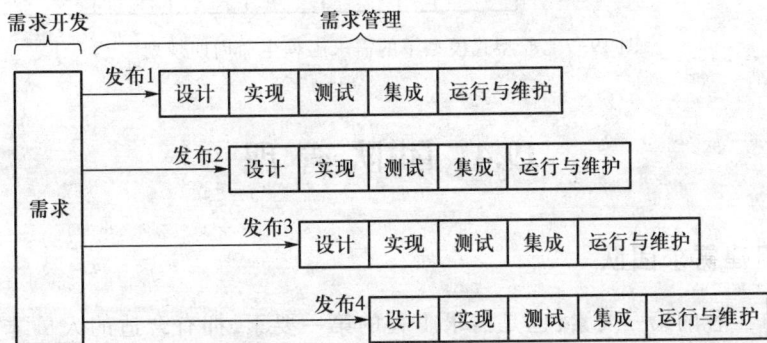

图 19-5   增量式模型下的需求工程生命周期规划

在问题域极其复杂或者需求不稳定时,可以采用图 19-6 所示的演化式模型。演化式模型采用增量迭代和逐步展开的方式进行需求的开发,因此能够处理非常复杂的问题域和业务活动,而且不断迭代的方式还可以使它更好地应对需求的改变,从而适应需求的不稳定性。演化式模型将需求开发看成长期迭代的工作,因此可以延长用户在项目中的作用时期,提高用户的有效参与度。演化式模型的缺点在于它使得开发工作的协同和管理工作变得更加困难。

在问题域不成熟,业务活动仍然在不断发展和改变时,可以使用图 19-7 所示的原型式模型。原型式模型在需求开发阶段重视使用原型法(主要是抛弃式原型),能够很好地解决各种不确定性,包括问题域的不确定性和业务活动的不确定性。原型式方法的缺点在于大量原型的使用提高了需求工程阶段的成本,而且易于发生各种原型风险。

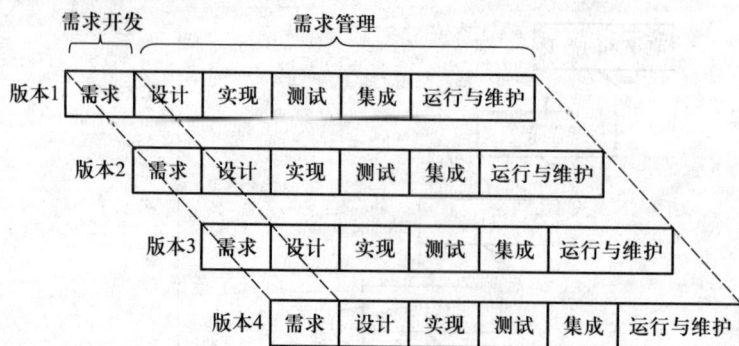

图 19-6　演化式模型下的需求工程生命周期规划

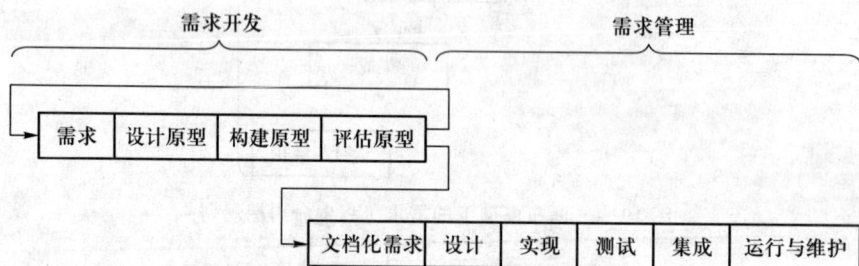

图 19-7　原型式模型下的需求工程生命周期规划

19.4　团队管理

19.4.1　组建需求团队

"人"是软件工程的第一要素,也是需求工程的第一要素,拥有合适的人员才能成功地完成任务。而且随着软件系统越来越复杂,很多工作已经不是一个或者两个人能够胜任的了,软件活动需要集体团队的参与。组建需求团队对需求工程的成功有重要意义。

在挑选人员组建需求团队时,要注意以下事项:

① 团队成员的技能分布要完备。团队成员的知识和技能应该互补并且完备,要有人能够熟悉业务和问题域,也要有人能够熟悉各种需求工程方法,还要有人熟悉各种后续开发工作对需求工程的要求。

② 团队成员应该尽职尽责,能够耐心和持之以恒地处理各种复杂任务。

③ 团队成员应该具备出色的交流能力和沟通技巧,因为需求工程是一个充满交流与沟通的软件开发活动。

④ 团队成员应该能够互相信任,要将固执己见的人员排出于团队之外。

⑤ 团队成员的数量要适中。对于小项目,可以由少到两个人组成(一个来自客户;一个来自

开发者,即需求工程师)。对于大型项目,可以由数人组成。

⑥ 如果团队成员当中存在客户方有决策权的人,很多时候会更加有利于需求工程活动的进行。

⑦ 要对需求团队进行必要的培训,尤其是那些初次参与需求工程活动的成员。

⑧ 作为团队核心的需求工程师要够称职。对需求工程师的选择要慎重,必要的时候要进行重点的培养。开发组织切不可仅仅就因为一些人工作比较空闲就任命其为团队的核心。

19.4.2　维持需求团队内部的有效沟通

需求团队要在需求工程的活动中维持有效的沟通,这样才能建立一个"凝聚在一起"的团队,而不仅仅是一组人,才能保证需求工程的成功。

维持需求团队内部的有效沟通需要注意以下几点。

1. 建立一致的目标

团队是由很多个人组成,这里的每一个人都有着自己的工作目标。要想给团队一个整体的感觉和统一的团队精神,那么这些个人的目标就应该有一个共同的契合点,它就是团队的共同目标。

如果团队成员都能认同相同的项目目标,那么他们就可以朝着一致的方向努力,在工作中可以互相依靠和协同工作。

当然每个团队成员在认同并接受项目共同目标的同时还可以拥有自己的目标,但是他们自己的目标不能和共同目标相冲突,否则整个需求团队就是一盘散沙。

对项目前景和范围的定义可以帮助需求团队更好地建立共同目标。

2. 建立有效的沟通机制

要在团队中维持持续有效的沟通,就不能仅仅依靠团队个人的沟通意识和沟通行为,而是应该建立有效的沟通机制。良好的沟通机制既要帮助团队成员能够顺畅表达自己的信息,又要能够帮助团队成员及时得到其他成员的信息。

定期的会议是一种比较常见和有效沟通机制。需求管理(尤其是前向跟踪信息的管理)也可以作为需求团队的一种有效沟通机制。

3. 利用有效的沟通技巧

如果团队的管理者能够掌握一些常见的沟通技巧,也能很好地促进团队内部的有效沟通,例如自备食品的聚餐,小的集体娱乐活动等。能够提高团队成员积极性的手段(成员激励)也能够提高团队内部的沟通效果。

4. 利用辅助的工具和技术

很多辅助的工具和技术也可以用来提高团队内部的沟通效果。常见的辅助工具和技术有:

- 协同工作的软件工具,如配置管理工具和日程共享工具。
- 网络即时交流工具,如网络聊天工具。
- 文件共享工具。
- 常用的通信途径,如电子邮件。

19.5 需求风险管理

19.5.1 风险管理概述

软件开发是个复杂的活动,涉及很多不可预期的因素,它们都可能会给项目的进行带来很大的影响。例如临时的人员变动,一个未预料而且难以解决的技术问题,经费的突然减少,等等。在项目管理当中,必须对这些可能发生的因素进行管理,减少这些因素发生时会给项目的正常进度带来的影响,防止项目的实际执行情况与计划发生太大的偏离,以至失去对项目的控制。这种对项目可能发生的各种因素的管理就称为风险管理,它是项目管理的一种重要实践方法。

风险一词意为"遭受损失或者伤害的可能性"。在软件开发项目当中,损失是指对项目的负面影响,可能是最终产品的质量下降、成本增加、完成时间推迟,甚至是项目的彻底失败。风险产生的原因是对未来不利事件的不确定性。不确定性是指因为目前知识有限而无法确定未来事件的准确走向,不确定性随着项目的深入和知识的增加会逐步减小直至消失。不确定性的指向可能是未来的有利事件,也可能是未来的不利事件。风险针对的是未来的不利事件。

风险管理就是管理风险的活动,它关注软件开发活动和任务的风险和不确定性,并采取行动减少其中的不确定性或者降低风险的影响范围。

19.5.2 风险管理过程

风险管理的过程如图 19-8 所示。

1. 风险识别

风险识别的目的是系统化地指出对项目的威胁,并在识别之后尽可能的进行回避,或者控制这些风险。

风险识别的一种常用方法是建立风险条目的检查表,逐一比照和分析该检查表的条目就可以进行项目的风险识别。

风险识别的另一种常用方法是进行驱动因素分析。它的核心是一个基于驱动因素建立的决策模型,这样,在分析和得到项目的特定因素之后,就可以依据决策模型,推导出项目的可能风险。

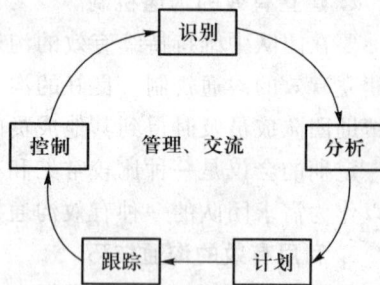

图 19-8 风险管理过程

工作分解也是一种常用的风险识别方法。它为项目管理计划建立工作分解结构和网络图,寻找其中的优先顺序和瓶颈,识别进度中的关键点和风险因素。

2. 风险分析

风险分析活动分析已经识别出来的风险,并使用一定的特征对其进行量化和预测。

风险分析通常使用下面几个特征。

- 不确定性:风险发生的可能性。

- 损失:如果风险发生可能造成的损害。
- 严重性:损失的严重程度。
- 期间:风险的持续期间。
- 优先级:风险需要被优先处置的程度,一般为"不确定性×损失"。

3. 制定风险管理计划

风险管理的目的是管理和降低风险,所以对已经识别和分析的风险,要制定相应的风险管理计划。风险管理计划的重点是对风险的处理策略,有下述 3 个方面。

- 风险回避/缓解策略:最好的策略就是采用主动的方法回避和缓解风险,这需要建立一个风险缓解计划。
- 风险监测:说明在项目的执行当中利用哪些数据和特征来进行风险监测。
- 风险应急计划:如果风险的回避策略失效,导致风险发生,那么就采取措施尽可能减小风险的影响范围或者对风险造成的损失进行及时的弥补。

4. 风险跟踪

在项目启动之后,根据风险计划的监测策略,跟踪项目的风险特征和相应的度量数据,监视风险指示和缓解策略的执行情况。

5. 风险控制

在项目的执行当中,一旦风险发生,就要启动项目风险管理计划中的相应应急计划,及时纠正风险带来的计划偏离情况。

19.5.3　常见的需求风险

需求工程中的风险管理是要识别、分析、计划、跟踪和监控因为需求而可能发生的项目风险。[Mathiassen 2004]对需求风险进行了初步的驱动因素分析,认为复杂性、稳定性和可得性是需求分析的最大驱动因素,如表 19-1 所示。

表 19-1　需求风险的驱动因素分析

风险驱动因素		应对策略	
类别	示例	类别	示例
需求复杂性	系统的规模比较复杂 系统的环境比较复杂 涉及的技术比较复杂	需求建模技术	形式化建模技术,如 KAOS 建模方法学,如 UML 特殊技术,如 ERD、DFD
需求稳定性	任务复杂,有着比较大的可变空间 业务领域不稳定 系统需要解决的问题不稳定 业务领域有不确定性 系统需要解决的问题有不确定性 系统的环境约束有不确定性	需求探索技术	迭代式需求开发,如原型法 协作式需求开发,如 JAD

风险驱动因素		应对策略	
类别	示例	类别	示例
需求可得性	系统用户的数量众多 缺乏用户参与 需求团队的组织存在缺陷 需求团队地理分散	需求获取技术	面谈、原型、观察等

在实践当中发现的常见的需求风险情况如表 19-2 所示。

表 19-2　常见的需求分析及其应对策略

类别	需求风险	解决策略
需求获取	遗漏关键需求	定义项目的前景和范围
	没能充分反映用户的真实意图	提高用户参与;执行需求验证
	范围越界	定义项目的前景和范围;定义系统边界
需求分析	忽略了对非功能需求的建模	使用相关技术进行非功能需求建模,如 NFR
	混淆了需求分析与设计工作	区分"分析"与"设计"
	不熟悉的新技术和新方法	使用熟练技术;进行培训
需求规格说明	要求过于完美	要认识到没有完美的需求,并能够基于不完美的需求进行工作
	文档的低质量	提高文档写作技巧;执行需求验证
	没能在用户间形成一致的看法	引导冲突的协商解决;执行需求验证
需求验证	没有进行文档审查	每一条需求都应该进行审查
需求管理	需求的变更	制定策略和过程,控制变更
	范围越界	维护需求基线;维护需求跟踪信息
工程管理	时间或者进度安排不当	使用增量或迭代式开发;划分需求优先级;不断地进行修正
	人员流失	建立稳定的需求团队;进行有效的需求管理

引 用 文 献

[Brooks 1987] BROOKS F. No silver bullet: essence and accidents of software engineering. Computer, 1987: 10- 19.

［DeMarco 2003］ DEMARCO T, LISTER T. Risk management during requirements.IEEE Software, 2003.

［Lawrence 2001］ LAWRENCE B, WIEGERS K, EBERT C. The top risks of requirements engineering. IEEE Software, 2001.

［Mathiassen 2004］ MATHIASSEN L, SAARINEN T, TUUNANEN T, et al. Managing requirements engineering risks: an analysis and synthesis of literature. HSE Working papers (electronic),2004.

［Young 2002］ YOUNG R R. Effective requirements practices. Boston: Addison- Wesley, 2002.

［Wiegers 2003］ WIEGERS K. Software requirements.2nd ed. Redmond:Microsoft Press, 2003.

习　　题

第一部分　绪　　论

第1章　需求工程导论

复习题

1. 软件开发中碰到的需求问题的现象是什么?

2. 在需求处理当中要注意哪些非技术性因素? 为什么?

3. 解释需求分析与需求工程之间的关系?

4. 解释软件工程与系统工程之间的联系。这种联系对需求工程的工作有什么影响?

5. 需求工程包括哪些活动? 软件开发活动当中为什么要重视需求工程?

6. 需求工程师需要具备哪些知识和技能?

思考题

2000 年之后,软件工程越来越重视与系统工程的融合,了解相关材料,描述一下你认为的原因。

第2章　需求基础

复习题

1. IEEE 是怎样定义需求的?

2. 解释下列名词:问题域、解系统和共享现象,并结合它们的含义说明软件系统是如何与现实世界形成互动的。

3. 解释下列名词:需求、规格说明、问题域特性和约束,并结合它们的含义说明需求工程的主要任务是什么。

4. 需求有哪些常见的类别? 功能需求和非功能需求有什么差异?

5. 描述业务需求、用户需求和系统级需求的区别与联系。

6. 优秀的需求有哪些特性? 请为每一个特性都举出一个不符合的示例。

思考题

你认为计算机系统能够改变现实世界的能力和潜力有多大? 说明理由。

案例题

1. 说明下列需求分别属于下面的哪种类型:

A,业务需求;B,用户需求;C,系统级(功能)需求;D,性能需求;E,质量需求;F,约束;G,对外接口;H,数据需求;I,过程需求;J,项目需求;K,其他需求(包括硬件需求、人力需求等)。

（1）经过 10 天培训的收银员就能够熟练使用系统。

（2）系统开发的成本不超过 10 万元 RMB；

（3）使用银联专用刷卡设备，向银行传递的交易数据格式为……

（4）当订单数量大于现有数量时，系统必须通知操作员。

（5）产品在发布 1 年之后，必须在出版的 A、B、C 三个产品评论刊物中被评为最可靠的产品。

（6）系统每小时必须处理至少 3 000 次呼叫。

（7）系统能够为用户提供库存分析报告、商品/利润报告和过期商品报告。

（8）商品的标识由 0~24 位字母、数字混合组成的字符串。

（9）电梯的默认停运楼层必须是最低楼层到最高楼层范围内的某个整数。

（10）商品标识的类型要能够在 0.5 个人月内更改为长整型。

（11）该软件管理工具必须帮助项目管理者进行开发管理工作，以通过 CMMI-4 的评估。

（12）该软件管理工具的开发过程自身必须符合 CMMI-4 标准。

（13）系统开发必须在 6 个月内完成。

（14）项目需要招聘并培训专职的系统管理员，以让其维护系统的运行与使用。

（15）系统必须能够与 Oracle 数据库交互。

（16）数据库与服务器之间的通信必须是加密的。

（17）在 500 个用户同时使用时，系统数据库和服务器都要能够正常工作。

（18）系统需要帮助项目管理者安排项目计划，具体包括……

（19）在项目管理者请求分配任务时，系统将选中的需求开发任务分配给选中的开发人员。

（20）需求开发任务的 ID 为：项目 ID+需求 ID+开发任务类型+序号。

2. 设想你自己就是 ATM 的唯一用户，写出你对 ATM 系统的用户需求。

3. 对第 2 题，再设想你是需求工程师，尝试将用户需求转换为系统级需求。

4. 对 ATM 系统，除了功能需求之外，还有哪些需求需要定义？请你一一写出这些需求。

第 3 章　需求工程过程

复习题

1. 需求工程过程的工作基础（即输入）有哪些？它的工作成果（即输出）有哪些？

2. 描述需求工程的各个活动，说明它们各自的工作基础、工作目标和工作成果。

3. 请解释需求工程细节知识的实践性。

4. 需求工程对其他软件开发阶段有哪些帮助？

思考题

1. 除了需求开发的 4 个活动和需求管理活动之外，需求工程中是否还有需要执行的活动？如果有，是哪些活动？给出理由。

2. 需求开发过程具有迭代特性，但是否所有项目的需求开发过程都必须是迭代完成的？如果不是，请给出举例和理由。

3. 需求开发的迭代特性与软件开发过程的迭代式开发有什么关系？它们之间会互相影响吗？如果会，那么有哪些影响？

4. 需求工程细节知识的实践性对不同项目的需求开发过程的差异性有没有影响？如果有，请说明影响是什么。如果没有,请说明是哪些因素产生了不同项目的需求开发过程的差异性。

5. 你在以前的软件开发经历中,是如何处理需求过程的? 描述你的需求开发过程。

第二部分 需 求 获 取

第4章 需求获取概述

复习题

1. 需求获取为什么是困难的?

2. 在各种关于软件的调研当中,无一例外地发现"缺乏用户参与"是导致软件失败的最大原因,请说明有哪些原因会使得用户参与不足? 应该怎样解决?

3. 需求获取的内容是什么?

4. 需求获取有哪些可能的来源?

5. 需求获取的常见方法有哪些?

思考题

1. 有一种普遍的看法认为:需求的开发过程包含有一个认知的过程——对用户业务领域的认知过程。请评价这句话,并说明需求获取中有哪些困难和问题的背后有着"认知"的影子。

2. 评价下面的一句话并说明它对需求工程的意义:"软件工程进行方案取舍的最重要标准是成本效益比,其中成本由开发者来确定,效益由用户来确定,开发者和用户的有效配合才能产生成功的软件解决方案"。

3. 结合复习题3、4、5三个题目的答案,说明需求获取的内容和需求获取的来源是怎样影响到需求获取的方法选择的。请一一列举。

第5章 确定项目的前景和范围

复习题

1. 为什么要定义项目的前景和范围?

2. 在建立系统的目标之前,为什么必须分析问题的原因和结果?

3. 问题分析的过程是怎样的?

4. 解释高层解决方案、系统特性、用例、系统输入/输出流之间的关系。

5. 问题分析是怎样完整描述系统解决方案的,详细说明描述了哪些方面?

6. 目标模型有哪些基本元素? 请逐一描述。

7. 目标分析的过程是怎样的?

8. 目标分析是怎样完成描述系统解决方案的? 详细说明描述了哪些方面?

9. 怎样使用目标模型进行非功能需求分析?

10. 活动图有哪些基本元素? 请逐一描述。

11. 业务过程分析的过程是怎样的?

12. 业务过程分析对于系统解决方案的描述有什么作用?

13. 比较问题分析、目标分析和业务过程分析,说明它们各自的适用情景是哪些?

14. 系统中每一个问题解决方案的边界是如何集成建立系统边界的？试举例说明。

15. 编写前景与范围文档有什么作用？

思考题

1. 定义前景和范围时，如何能保证其范围定义是准确的？如果不准确，会产生哪些影响？在后续阶段中怎样做才能避免范围定义不准确带来的问题？

2. 收集材料，分析目标模型，说明它的根本思想优势是什么？可以用于哪些软件开发活动？

案例题

1. 你被任命为替换学生财务资助项目的项目经理。你想开发一个工作陈述来定义范围并降低范围蔓延的风险。财务资助部门的主管坚持要用 15 个月、600 000 美元的预算内替换现有的系统就可以了。他说这就是你需要知道的全部，不需要浪费时间开发一个工作陈述。省略工作陈述的风险是什么？你将如何说服主管？

2. 根据下列描述，说明新的直接销售和财务处理系统的业务需求有哪些？请为其建立解决方案。

Especially for You 是大学城的一个小珠宝零售商。在过去的两年里，Especially for You 在其商业方面有了极大的发展，可是，它的财务业绩却与它的发展不同步。现在的事务处理系统部分手动、部分自动，不能有效追踪客户账单和收据，Especially for You 难以确定为什么它的成本这么高。此外，Especially for You 频繁地实行特价以吸引顾客。它不知道这些特价是否有利可图，是否带来其他的销售。Especially for You 也想增加回头客，所以它需要一个客户数据库。Especially for You 想开发一个新的直接销售和财务处理系统以帮助解决这些问题。

3. 某大银行的一位银行卡办公室收账经理 Liz 遇到了一个问题。她每周都收到一份过期未付款的账户名单。这份报告已经从两年前的 250 个账户增加到现在的 1250 个账户。为了确定那些严重拖欠债务的账户，Liz 需要通读这份报告。严重拖欠债务的账户有几个不同的规则确定，每个规则都要求 Liz 检查客户的一项或几项数据。过去半天的工作量现在增加到了每周三天。即使在确定了严重拖欠债务的账户后，如果没有查阅该账户 3 年内的历史资料，Liz 也不能做出最后的信用决定（如严厉的催款电话、断绝信用或将这个账户转给一个收账代理）。另外，Liz 需要报告所有账户中过期未付款的、拖欠债务的、严重拖欠债务的和呆死账的比例。目前的报告中并没有给她提供这个信息。

假设现在需要你来开发一个软件，解决 Liz 面对的难题。那么你认为 Liz 现在遇到的问题有哪些？你希望新的软件应该达成哪些业务目标？你怎样设计软件的高层解决方案和系统特性？

4. 一个需求工程师正在为一个信息系统考虑 3 个可选的解决方案，所有 3 个方案都满足了用户的业务需求。第一个方案被认为与开发人员的技术知识最一致，第二个方案被认为是最快的实现方案，第三个方案是最划算的方案。这 3 个方案中是否有一个可行方案？如果是这样，你认为需求工程师应该如何做出最后决定？

5. 职工福利和工资顾问遇到了一些问题。她的工作是为雇员提供他们的福利建议。公司刚刚磋商了一个新的医疗保险方案，这个方案要求雇员从 7 个保健组织和首选的供应商方案中进行选择。保健组织和供应商按照雇员的分类、贡献、免赔额、受益人、服务内容和允许的服务提供商而各不相同，目的是尽可能为雇员提供最灵活的福利，用以使公司的花费极小并控制付给保险商的费用（这将对公司被收取的后续保险费产生一定的影响）。

这个顾问被请来为雇员选择最合适的保险方案。她目前以手工方式答复这些请求。但目前的选择比新计划中的选择要直接得多。她需要解释新的选择：它们包括什么，不包括什么，它们的费用和可能费用是多少，具有什么优缺点。但是，雇员对新计划不信任，这种情况迫使她需要向雇员提供更多具体的建议和答复。

她可能不得不为许多雇员逐步建立假定情境——可能的最坏假定情境。这种假定将要根据每个雇员的收入、婚姻和家庭状况、目前的健康风险等进行个人定制。在逐步建立一些样本假定时,她发现了以下问题:

(1) 从信息系统部门获得工资和个人数据需要一天时间。

(2) 雇员数据存储在许多文件夹中,而且并不总是被正确地更新。当冲突数据变得很明显时,除非解决了矛盾,否则就不可能继续她的工作。

(3) 计算复杂。为一个雇员创建投资和退休假定常常需要花费一整天或更长时间。

(4) 有些人担心保险计划会被提供给未授权的个人,如以前的配偶或者非直系亲属。

(5) 计算中可变条件的复杂性导致经常出错,很多错误可能一直未被发现。

假设现在需要你来开发一个软件,解决职工福利和工资顾问的问题。那么你认为现在遇到的问题有哪些?你希望新的软件应该达成哪些业务目标?你怎样设计软件的高层解决方案和系统特性?解决方案有哪些重要的约束?

6. IT 部门经理在部门会议上说道:"我有一些好消息,也有一些坏消息。好消息是公司高层今天早晨已经批准了'工资管理系统项目'。新系统要减少文书工作的时间和错误,提升工资管理部门的士气,避免可能的违约漏洞与损失。坏消息是为满足新的国家法定报表要求,系统必须在 12 月底前完成,成本要控制在预算之内,新系统要能够与已有系统交互,并且财务经理坚持要审查最终的设计方案。"

(1) 根据上述描述,试着给"工资管理系统项目"定义业务需求,描述解决方案,给出系统边界(系统用例图)。

(2) 有一种需求类型被称为约束,解释一下什么是约束。"工资管理系统项目"有哪些约束?

7. 下面是一个生产企业的日常生产管理过程,为该描述建立活动图。

(1) 营销部门提交生效合同的生产通知单(订单),企业开始生产过程。

(2) 常规订单(是指合同金额不大,无特殊要求,按照现有图纸即可组织生产的设备订单)由生产厂长助理直接下达相关指令给技术部、采购部、生产部、质检部等部门,组织采购、生产及检验活动。同时售后服务部门负责安排落实安装技工。

(3) 非常规订单(指需要重新制作图纸,或对图纸进行修改才能制作的设备订单)及大型设备订单,由总经理组织生产协调会议,由销售、技术、采购、生产、售后等相关负责人员参加。统筹讨论安排各部门工作及时间表,下达相关指令。

(4) 在下达指令的同时,技术部建立客户产品档案。

(5) 技术部门设计审核完毕,签发图纸。

(6) 采购部门领取相关图纸,安排采购。

(7) 生产班组按照图纸及工艺要求制作产品。

(8) 生产班组在生产制造过程中如果发现图纸有错误,有遗漏或不懂,应及时向技术部反馈、解决。

(9) 生产班组制造完毕,质检员进行产品检验。

(10) 如果检验合格班长将生产任务通知单、工艺流程检验卡和成品检验报告交到生产厂长助理,由生产厂长助理统计核算。

(11) 如成品检验不合格,由班组进行整修。整修后继续检验,如发现整修后仍无法达到质量合格,由质检员报告总经理,决定是否报废处理。

(12) 售后服务负责人监督设备的生产、检验全过程,并将合格的产品进行安装与调试,交付给客户。

第6章　涉众分析与硬数据采样

复习题

1. 什么是涉众？

2. 哪些系统不需要进行涉众分析？哪些系统需要进行简单的涉众分析？哪些系统需要进行严格的涉众分析？

3. 涉众分析的活动有哪些？它们的工作基础、工作目标和工作成果分别是什么？

4. 涉众识别过程当中是如何判定涉众类别的关键性的？

5. 软件系统有哪些常见的涉众？

6. 比较先膨胀后收缩、检查列表、涉众网络3种不同的涉众识别方法，比较其优缺点。

7. 涉众有哪些特征会影响到软件系统的成功？其中的哪些特征可以通过简单的方式得到，哪些特征需要在深入分析后才能得到？

8. 涉众评估可以帮助项目管理降低哪些风险？

9. 实践当中一个常见的现象是选择系统管理员作为用户的代表参与开发过程，你如何评价这种现象？

10. 对于同一个项目，为什么不同的管理人员、用户、需求工程师和领域专家可以有不同的项目日程表？

11. 目标模型是如何帮助涉众分析工作的？

12. 什么时候应该从现有文档中收集事实？需求工程师应该寻找哪些文档？之后应该做什么？

13. 什么是抽样？两种常用的抽样技术是什么？它们有什么不同？

思考题

1. 以"用户为中心"和"重视用户价值"是20世纪90年代之后的一种软件开发趋势，涉众分析可以从哪些方面实现"用户为中心"和"重视用户价值"？

2. 相当多的软件工程实践者认为：开发团队和用户建立良好的合作关系对项目的成败具有至关重要的意义。请从需求工程的角度分析这句话，并说明采用哪些手段可能建立和用户的良好合作关系。

案例题

1. 从下面的事件当中，可以替 Jeannine 总结出哪些教训？【提示，可以从涉众分析和需求类别两个方面考虑】

投资经理 Jeannine 对一个新的投资跟踪系统具有强烈的需求。她需要做出快速决策来考虑可能进行的投资和撤销投资，耽误一个小时就可能给公司造成几千美元的损失。

最后她放弃了使用公司的信息系统，因为公司的信息系统没有给予她的请求足够高的服务优先级。她找到软件开发商，购买了一套看似可以满足她要求的软件。但高层管理人员不同意使用，而且还遇到了其他一些问题。

首先，财务审计员重新评估了公司的投资策略和投资政策。Jeannine 并不知道这一点，于是新的系统没有计入正在被考虑的新政策。

她自己的职员抵制这个系统产生的有关投资和撤销投资的建议。新系统使用了公司信息系统现有的文件结构，却发现她的职员两年前就放弃使用那些文件了，因为那些文件没有包括全面分析可选替代投资方案所需的数据。她的职员也批评新系统的设计，说很小的操作错误就会把系统带入"混乱"状态，而且很难恢复过来。

她的一些下级经理坚持要有图形形式的报告，而新系统无法产生这些报告。

最后的问题是，Jeannine 不能确定新的系统是否可以进行适当的修改（数据库结构修改和程序修改）以满足新的需求而不用重写所有的程序。而且她的老板也不能肯定是否会出资请一位顾问来解决这些问题。

2. 分析你所在学校使用的选课系统,说明它应该有哪些涉众类别,并进行描述。

3. 你公司的一位副总裁对你开发新的采购信息系统的重要用户参与时间的请求回复道:"我们很忙,我不能让我的采购部人员放下手头的活来给你的项目团队服务。而且你的人是系统开发人员,是你们开发这个系统,我们只是使用它。"

对这个回复,你打算怎么办?

4. Rolland 实业公司拥有着自己的软件开发部门——IS 部门,负责为公司完成各种信息系统的开发。现在,IS 部门给 Rolland 公司的部门结构重组带来了难题。

非 IS 部门的管理人员正施加压力,要求实施一种新的组织结构,其中大部分需求工程师将直接向他们的业务用户组(如会计、财务、生产)汇报工作,而不是向 IS 部门汇报工作。非 IS 部门的管理人员认为:在目前的结构下,由于需求工程师向信息服务部门汇报工作,所以为了方便计算处理,他们往往希望"改变每一件事情"。为了保证系统能够满足 IS 的标准,非 IS 部门的管理人员同意在 IS 部门保留一个需求工程师小组,他们对所有的系统项目具有最终的决定权。

IS 部门的经理们正抵制这种变化。他们认为:需求工程师如果离开 IS 部门,将会在技术上"走入歧途";将需求工程师彼此分开会减少他们的思想交流,最终难以创新;数据文件和程序会产生不必要的重复;由于程序员仍属于 IS 部门,需求工程师和程序员的冲突将会增加。

在这个问题上,需求工程师分成了两个阵营,他们明白用户更直接地控制其系统命运的好处。然而,他们担心当遇到预算超支和技术延迟时,用户和用户管理层将很难谅解。需求工程师还担心,如果他们被重新分配到 IS 部门之外,远离那些更侧重于技术的同事,会导致他们技术的退化。

关于此事的决策可能将由 IS 部门的上层决定。你认为此事应该如何处理?【提示:共赢分析】

5. 为下面的每一个涉众描述选项试举一例,说明对这些选项进行描述的必要性和忽略这些选项描述可能造成的风险:个人特征、工作特征、地理和社会特征、关注点和兴趣、目标期望、被影响程度、力量程度。

6. Phil Ittup 是系统分析员团队中的一员,他受委任去与组织成员面谈,为系统研究收集材料。企业称为 Fall Back 工业,它有 5 个管理层。此外,生产、会计、营销、系统、物流和高层管理是将受到所建议的系统影响的职能区域。每个阶层大约有 40 人。生产层共有 80 人,会计层有 35 人,营销层有 42 人,系统层有 10 人,物流层有 28 人。高层管理有 5 人。Phil 应该怎样选择面谈对象?为什么?

7. 4 个月前,Pembroke 贸易公司将 David 从一个广告代理公司挖到自己门下,让他指导市场工作。最近,David 提出请求,希望重新设计 Pembroke 公司的客户账单陈述。需求工程师 Hannah 被指派负责该任务。

Hannah 首先与 David 进行了一次面谈,以确定 David 要求重新设计客户账单陈述的原因。David 解释说现在的陈述太乏味、完全没有吸引力,"Pembroke 需要改变自己的形象",他说,"我们必须让客户知道 Pembroke 拥有现代的思想与品位,最好的做法就是从我们每月寄给客户一次账单开始,我们需要有一些更吸引眼球,更有艺术感,更积极向上的东西"。

Hannah 接着与会计部门的领导 Karen 进行了一次面谈。会计部门使用现在的财务系统产生每月的客户账单陈述。Karen 告诉 Hannah 现在的财务系统一点问题都没有,没有任何客户因为账单陈述而提出意见。Karen 向 Hannah 保证,现在的账单陈述非常清楚,而且容易理解。

Hannah 感到困惑,于是他决定与负责客户关系管理的 Cecil 再进行一次面谈。Cecil 很肯定地告诉 Hannah,Pembroke 的客户关系没有问题。她甚至向 Hannah 出示了上一年的报表,报表显示 Pembroke 的年度销售处于良好的增长态势。

假设由你来给 Hannah 提出下一步工作的建议:

（1）你认为 David、Karen、Cecil 之间在客户账单陈述的问题上存在冲突吗？给出你的理由。【提示：建立目标模型，分析目标模型】

（2）你会替 Hannah 给出怎样的解决方案？

8. Maverick 公司是一家有 15 年历史的国内货物运输公司，假设你的小组担当 Maverick 公司的系统分析与设计团队，为 Maverick 公司的所有业务设计一个计算机化或者增强设计计算机化的项目。Maverick 主要进行卡车零运，管理人员按照实时处理（Just In Time）原则工作。在这个原则指导下，他们建立了包括发货人、收货人和承运公司的伙伴关系，目的是准时运输和交付生产线上需要的材料。Maverick 主张用 626 台拖拉机拖运货物，它拥有 45 000 平方英尺的仓库和 21 000 平方英尺的办公场地。

（1）制定分析 Maverick 公司的信息需求时，应当收集的硬数据列表。【提示：想象一下该公司要开展的工作，应该会有哪些登记表格】。

（2）设计一种采样机制，使得小组在不必查看这家公司 15 年来产生的所有文档的情况下，形成对该公司的清晰认识。

第 7 章　基于用例/场景模型展开用户需求获取

复习题

1. 展开用户需求获取时，有哪些注意事项？

2. 什么是场景？什么是用例？

3. 用例和场景的主要作用是什么？

4. 场景有哪些基本维度？请逐一对它们进行描述。

5. 如何描述用例？

6. 用例图有哪些基本元素？请逐一对它们进行描述。

7. 如何基于用例/场景模型展开用户需求获取过程？

8. 用例文档的内容是什么？作用是什么？

思考题

你认为用例/场景模型可以在需求工程（甚至软件工程）的哪些方面起到重要作用？

案例题

1. 分析你所在学校使用的选课系统，试着为其建立用例/场景模型。

2. 找到你在之前的软件开发中使用过的用例/场景，分析一下其中是否存在问题？

3. New Century 健康诊所的管理者，Anita，最近请求新雇佣一个办事员，因为她感觉到当前的员工无法应付日益增长的工作负担。相关人员在一次会议中讨论了 Anita 的请求。他们非常认同工作负担的持续增长导致现有工作人员过度劳累这一问题。

因为诊所比过去都要忙，也比过去赚得更多，所以会议一致同意可以考虑雇佣一个新的员工。这时，Jones 医生提出了新的想法，他建议仔细分析一下为 New Century 建立信息系统的可能性。Jones 说信息系统可以跟踪患者、预约、收费、保险处理等信息，并减少文书工作。参与会议的人都对 Jones 的提议很感兴趣，并投票决定执行这一建议，并安排 Jones 负责这一工作。

因为所有诊所员工都没有计算机的相关经验，所以 Jones 决定雇佣你作为顾问来研究当前情况并给出建议措施。

经过仔细研究之后，你建议 New Century 诊所建立患者记录系统、患者账单与保险系统和患者日程安排系统。你相信这 3 个独立系统及其之间的紧密交互将给诊所带来最大的好处。

得到你的建议之后，相关人员开会讨论你的建议。Jones 认为应该接受你的建议，并立刻继续雇佣你展开更详细的分析工作。但是，Garca 医生却担心这会干扰原来的工作程序，她说员工的工作已经超负荷了，如果让他们参与需求获取回答各种问题，只会让情况更加糟糕。Jones 反对说任何新的事件发生都会加重工作负担，但诊所更需要找到长久的解决方案，所以新系统的开发还是非常必要的。最后，Jones 说服了 Garca。于是，Jones 找到你，希望你展开进一步的工作。

试着给出一个进一步工作的计划。【提示：① 需求获取计划；② 解决方案已经建立；③ 考虑涉及的涉众、功能，并采取相应的获取方法；④ 考虑员工的工作负担问题】

第 8 章　需求获取方法之面谈

复习题

1. 面谈时应获取哪些信息？

2. 列出面谈准备的 5 个步骤。

3. 开放式问题有何优缺点，面谈时何时适合提开放式问题？

4. 封闭式问题有何优缺点，面谈时何时适合提封闭式问题？

5. 结构化面谈的过程包括几个阶段？每个阶段的主要任务/注意事项是什么？

6. 解释结构化面谈、半结构化面谈和非结构化面谈之间的区别，每类面谈技术适合什么时候使用？

7. 评价下面一句话"听到是意识到某人在说话，聆听是理解说话人想沟通什么"。

8. 比较面谈和群体面谈，说明群体面谈与面谈有何异同？它们在哪些方面有着根本的不同？为什么群体面谈可以加速软件开发？

9. 比较调查问卷、头脑风暴和面谈，说明它们各自的适用情境是什么？

案例题

1. 在重新浏览面谈日程的时候，你发现有几个问题看上去不合适。下面是准备问 Sampson 纸产品公司销售经理的原问题。这家公司想把它的一些销售信息放到 Web 上去，以便经理们可以交互地评论它，从而优化他们的销售方案。用更合适的方式，重写下面的问题。

（1）你的下属告诉我，你非常渴望有一台计算机。这是真的吗？

（2）我是这个领域的新手，我有没有忽略什么呢？

（3）你在销售计算中最常用的信息资源是什么，使用频度如何？

（4）其他销售经理认为，把一些月度销售商品放到 Web 上，然后做趋势分析，将会是一种主要改进，你同意他们的做法吗？

（5）没有比你现在使用的陈旧的方法更好的销售方案吗？

2. 作为系统分析项目的一部分，需要为生产数字钟的 Chronos 公司更新自动化会计功能。你将要同首席会计 Harry Straiter 面谈。写出 4~6 个涉及他所使用的信息资源、信息格式、决策频度、需求的信息性质和决策样式的面谈目标。

（1）说明你将如何联系 Harry 以安排一次面谈。

（2）说明在这场面谈中你会使用哪种面谈结构。为什么？

（3）Harry 有 3 个下属也使用这个系统。你和他们面谈吗？为什么？

（4）写出 3 个开放式问题，在面谈前通过电子邮件寄给 Harry。用一句话解释为什么应当由人而不是由电子邮件来指导面谈?

3. 对第 6 章的案例题 6,说明 Phil 应该怎样开展他的面谈工作? 包括:面谈对象选择的先后顺序,每次的面谈结构。说明原因。

4. 从你进门到现在,面谈对象 Max Hugo 一直在翻阅文件、看手表、点燃和掐灭香烟。根据你看到的有关面谈对象的情况,可以猜出 Max 很紧张,因为它需要做其他事情。用一段话描述,为了使面谈能在 Max 全神贯注下完成,你将如何处理这种情况。(Max 不能在另外一天重新安排面谈。)

5. 下面是系统分析团队的一名成员提出的第一份面谈报告:"在我看来,面谈进行得很好。我和他就这个问题聊了一个半小时。他告诉我有关公司的所有历史,很有意思。他也提到,自他来到该公司的 16 年间,公司没有任何变化。我们不久将再次举行会面,以及结束这次面谈,因为我们还没有深入研究我准备的问题。"

(1) 试评论这个面谈报告。假设你要团队成员使用下图提供的报告,那么他漏了什么主要信息?

(2) 什么信息对面谈报告来说是无关紧要的?

(3) 如果真的发生了报告中提及的情况,则必须向队友提出哪 3 个建议,以帮助他更好地举行下一次面谈。

面谈对象:SalDomask 会见者:S.Cabbot 面谈的目标:找出关于计算机使用的态度; 　　　　　获得用户的使用估计; 看最新建议的系统的观点是否满足目标吗? 下次面谈的目标: 　　找出 Sal 怎样看待系统支持部门。 　　找出下一个面谈对象的观点。	日期:3 月 3 日 主题:计算机使用
面谈的要点: Sal 说道:"计算机是我的朋友。" "一直"都在用计算机。 迫不及待地要熟悉新系统。	会见者的观点: 对了解更对有关系统如何促进工作感兴趣。 如果不使用计算机进行工作,会感到枯燥。 将成为新系统的热情支持者/促进者。

6. 假设现在由你来负责所在学校选课系统的需求工作,现在需要你来安排一次群体面谈,你打算怎么做?

7. Cab Wheeler 是小组新雇的需求工程师。Cab 一直觉得问卷调查表没有用。现在你要为 MegaTrucks 公司做一个系统项目,MegaTrucks 是一家在 130 个城市有分公司和职员的国际运输公司。你想使用问卷调查表引出一些对当前系统和建议的系统的看法。

(1) 根据你对 Cab 和 MegaTrucks 的了解,给出 3 条有说服力的理由,说明为什么应该在这个研究中使用问卷调查表。

(2) Cab 在你的劝说下同意使用问卷调查表,但是极力主张所有的问题都采用开放式问题,免得约束回答者。用一段话劝服 Cab,封闭式问题也是有用的。一定要指出每种问题类型间的折中考虑。

8. 你被任命为一个库存管理系统项目的需求开发团队负责人。该库存管理系统被期望提供更丰富的信息内容和更及时的信息更新,并能够自动分析畅销和滞销商品。

（1）你的小组成员希望使用群体面谈,他们认为与不同用户的一对一面谈经常导致互相矛盾的事实、观点和优先权,需要大量的后续面谈进行澄清,而使用群体面谈可以避免上述问题。你认为他们的看法正确吗？你会如何回应他们的要求？

（2）你的小组成员在是否应该进行现场面谈和非现场面谈(邮件、网络通信等)的问题上有着比较大的分歧,你会如何选择？怎样说服你的下属？

（3）试着给出你的需求开发方案安排？

第 9 章 需求获取方法之原型

复习题

1. 给出原型技术的定义。

2. 说明原型在需求获取中的作用和适用情境。

3. 在使用方式的分类当中,哪些类型的原型可能在需求获取中得到使用？它们被应用的目的可能是什么？

4. 在开发方法的分类当中,哪些类型的原型可能在需求获取中得到使用？它们被应用的目的可能是什么？哪种类型的原型在需求获取中的作用最大？

5. 在构建技术的分类当中,为每种类型的原型给出一个典型的适用示例。

6. 在介质的分类当中,为每种类型的原型给出一个典型的适用示例。

7. 在表现的分类当中,为每种类型的原型给出一个典型的适用示例。

8. 列出原型方法的步骤。

9. 原型方法可能会产生哪些风险？

思考题

原型方法一直是一种非常重要的软件开发方法,它在软件开发的各个阶段都有着重要的应用。请说明在各种分类方法下,每一种类型的原型可能在需求开发(甚至整个软件开发)中得到怎样的应用。

案例题

1. "每当我认为已经获取用户的信息需求时,他们却已经发生了变化。这就像试图射中一个运动目标。在半数时间里,我认为甚至用户自己也不知道需要什么。"Flo Chart 说。他是 2Good 2 Be True 公司的需求工程师,该公司负责为几家制造公司的营销部门调查产品的用途。

（1）用一段话向 Flo chart 解释,原型化方法怎样才能帮他更好地定义用户的信息需求。

（2）用一段话评论 Flo Chart 的观察:"在半数时间里,我认为甚至用户自己也不知道需要什么。"一定要解释原型化方法怎样才能真正地帮助用户更好地理解和阐明他们自己的信息需求。

（3）用一段话向 Flo Chart 建议:一个具备原型特征的交互式 Web 站点缘何能解决 Flo 关于捕获用户信息需求的问题。

2. "我有一个绝妙的主意！"Bea Kwicke 宣布,他是系统团队的一位新来的需求工程师,"让我们跳过所有的 SDLC 垃圾,直接为一切设计原型。我们的项目会进展得很快,还可以节省时间和金钱,并且所有的用户会感到我们似乎很在意他们,而不是连续几个月不与他们交谈。"

（1）列出你(作为与 Bea 同一个团队的成员)用来劝阻她不要试图放弃 SDLC,而直接为所有项目设计原型的原因。

（2）Bea 对你所说的话很失望。为了鼓励她,用一段话向她说明,你认为适用于原型化方法的情形。

3. Itall 多年来一直担任 Tun-L-Vision 公司的系统分析员。在你加入该系统分析团队以后,建议在目前项目中把原型化方法作为 SDLC 的一部分,Itall 说:"当然可以,但是你不能太在意用户所说的话。他们也不知道自己需要什么。我会做原型化工作,但是我不会'观察'任何用户。"

（1）在不明确否决 Itall 的前提下,尽可能巧妙地说明原型化过程中观察用户反应、用户建议和用户创新的重要性的原因。

（2）用一段话描述,如果系统的某部分已经被原型化,并且在后续系统中没有考虑用户的反馈信息,可能会出现什么情况?

4. Nordic Designs 是一家专营 Scandinavia 当代家具的连锁企业,它已经发布了一则夸耀其配送信息系统原型的公司简讯。简讯报道声称:"我们的配送信息系统原型一发布就投入使用了。绝对没有任何修改的必要,经理们说它是追踪家具配送的最佳解决方案。不久就可以在你们商店中接触原型了。"

（1）这则报道的作者对原型化方法概念明显存在什么样的误解? 用一段话解释它。

（2）如果用户期望原型"绝对没有任何修改的必要"的话,列出原型设计者可能会面临的问题。

5. 下面这段话是在 Fence 公司的经理与系统分析团队的会议上听到的:"你们告诉我们原型可以在 3 个星期以前完成。但现在我们还在等。"

（1）用一段话来评价快速提交原型的重要性。

（2）原型化中可能有哪些难以管理的因素? 试列举它们。

（3）有哪些方法可以帮助控制原型开发的过程和速度?

第 10 章 需求获取方法之观察与文档审查

复习题

1. 为什么需要观察方法? 观察方法的适用情境是什么?

2. 什么是情景性事件? 观察方法是如何解决情景性事件的?

3. 采样观察有哪两种方法? 比较它们的优缺点?

4. 总结民族志的特点,说明用民族志解决复杂协调问题时有哪些注意事项。

5. 文档审查有哪三种方法? 它们各自的工作基础、工作目标和工作成果是什么?

思考题

1. 观察用户工作总是困难的。它通常使你和用户都感到不舒服。为了确保你的访问不至于使用户行为发生改变,你应该怎么办? 为了使观察看起来更自然一些,你应该怎么做?

2. 在需求获取阶段,需求工程师收集了大量的硬数据样本,解释这些样本的类型以及它们适用于哪种文档审查方法。

案例题

1. Ceci Awill 说:"我想我能记得他所做过的大部分事情。"Ceci 准备与 OK Corral 公司战略规划副总裁 Biff Weblldon 进行面谈。OK Corral 是一家拥有 130 间牛排连锁店的公司。"我的意思是说,我有好的记性。我认为听他说什么比看他做什么更重要。"

作为需求工程团队的一员,Ceci Awll 向你诉说了他要写下在面谈中对 Biff 的办公司和 Biff 的活动进行观察的愿望。

（1）用一段话来说服 Ceci,在面谈时仅仅倾听是不够的,观察和记录所观察的内容同样是很重要的。

（2）Ceci 似乎接受了你认为观察时很重要的观点,但是不知道该观察什么。列出需要观察的项目和行为,在每一项行为的旁边用一句话指名 Ceci 通过观察应该得到的信息。

2. "我知道你有很多材料。那些材料里到底有什么?"Betty Kant 问道,她是 MIS 特别工作组的负责人。MIS 特别工作组是你的系统团队联络 Sawder 家具公司的桥梁。你拖了一大堆材料,正准备离开这栋楼。

"哦,是过去 6 个月的一些财政决算、生产报表,还有 Sharon 给我的一些业绩报表,业绩报表涵盖了过去 6 个月的目标和工作业绩。"你在回答时,有些纸掉到了地上,"你为什么问这个问题呢?"

Betty 为你拾起纸并把它放到最近的桌子上,回答道:"因为你根本不需要这些垃圾。你来这里要做一件事情,就是和我们这些用户谈话。从这些材料中得不到任何有益的信息。"

(1) 只有告诉 Betty 你从每份文档中找到的东西才能使她相信每份文档都是重要的。用一段文字解释文档为需求工程师提供了什么帮助?

(2) 在你和 Betty 谈话的时候,意识到实际上也需要其他的定量文档。列出你缺少的东西。

3. Barry 最近被安排到一个项目团队中,他们要为潜水艇三明治店的连锁店开发一套零售店管理系统。Barry 有很多年的编程经验,但在需求方面却没有太多的研究。他对新工作有点紧张,但他相信能胜任任何交给他的任务。

Barry 最初的任务就是去参观一家潜水艇三明治店,准备一份观察报告来说明这个商店是怎么运作的。他计划中午 12 点到达商店,但他选择了一家在他不熟悉地域里的店铺,因为交通堵塞和不熟悉位置,下午 1 点半才赶到。商店老板并不欢迎他,并且拒绝一个陌生人站在柜台后面,最后 Barry 让他联系到公司总部的项目主管,解释了他的身份和意图。

在获得观察许可之后,Barry 自己一直站在柜台后面的工作区域,因而能看到所有情况。员工在做他们工作的时候,必须在 Barry 身边绕来绕去,但只有偶尔的小碰撞。Barry 注意到员工们似乎故意做得很慢,不过他猜想可能是商店不太忙的缘故。一开始,Barry 询问每位员工他们在干什么,但后来商店经理要求他别打断员工的工作——他妨碍了员工对客户的服务。

3 点半的时候,Barry 感到有一些无聊了。他决定离开,计划着能回到公司并在 5 点前给出报告。他认为上司会对他这么快完成任务感到满意的。开车时他想:"报告中真没什么可说的,他们做的就是接收菜单、做三明治、收取付款,然后交出账单,太简单了!"在想到会受到项目领导表扬的时候,Barry 对自己的分析技术更有信心了。

回到商店这边,老板摇着头对员工抱怨说:"那个人在一周最后一天的最晚时间来这里,他根本没看到我在后面房间里所做的事情——清算昨天的买卖,检查手头的目录,组成周末的再补给订单……再加上他根本没有考虑到我们商店开门和打烊的手续,真难以想象新的商店管理系统将由这种人来构建。"

根据上述描述:(1) 评价一下 Barry 所做的观察任务;(2) 如果你来接替 Barry 的任务,你会如何安排观察任务?

第三部分 需求分析

第 11 章 需求分析概述

复习题

1. 需求分析的根本任务是什么?

2. 什么是系统模型,它与需求分析和系统设计有什么关系?

3. 为什么需求分析期间业务/问题术语很重要?

4. 什么是多视点方法,为什么需求分析需要采用多视点方法?

5. 结构化分析与信息工程的区别是什么? 它们有哪些公共的建模技术? 它们在使用那些技术上的基本差别是什么?

6. 什么是面向对象分析? 它与现代的结构化分析和信息工程有何异同?

7. 需求分析阶段需要执行哪些活动?

8. 比较确定需求优先级的各种方法,说明它们的优缺点。

9. 在处理需求冲突协商时,有哪些注意事项? 有哪些可以使用的技术和方法? 对它们进行简要的描述。

思考题

1. 分析"结构化分析"和"面向对象分析"的过程,说明它们为什么都开始于系统的边界定义?

2. 本章对创造性活动的描述过程给了你什么启示?

3. 列举结构化分析的各种技术,说明它们的数学基础是什么?

4. 列举面向对象分析的各种技术,说明它们是对结构化分析技术的继承和借鉴吗? 如果是,那么说明它们借鉴了哪些结构化分析技术,如果不是,那么说明它们的数据基础是什么?

5. Wieringa 框架和 Zachman 框架给了你什么启示?

6. "事件"和"事物"一直是进行需求分析的一个重要思路,你对此如何评价?

第 12 章　过程建模

复习题

1. 数据流图的基本元素有哪些?

2. 什么是黑洞? 什么是奇迹? 如何发现黑洞和奇迹?

3. 数据流图的层次结构是怎样构建的?

4. 如何区分数据流和控制流?

5. 什么是过程分解? 它在过程建模中扮演什么角色?

6. 在考查数据流图质量时,需求工程师主要考虑哪些特征?

7. 在微规格说明的使用上,需求工程师应该如何进行选择?

8. 在使用数据字典描述数据流或数据存储时,主要描述哪些特征?

9. 信息工程使用哪些模型作为数据流图的补充? 它们在哪些方面提高了数据流图的使用效率? 它们的优缺点如何?

10. 逻辑数据流图和物理数据流图的区别是什么,它们各自适用于什么情境? 为什么在绘制一个逻辑数据流图时要排除实现细节?

思考题

1. 什么是系统思想? 过程模型如何反映系统思想?

2. 第 5 章提出将系统中每一个问题解决方案的边界集成起来,就可以建立系统边界。你认为这种想法对上下文图的建立有什么启示? 这种想法与基于数据流图片段建立 0 层图的方法有何异同?

3. 在需求获取阶段,需求工程师收集了大量的样本,包括文档、表格和报告,解释这些样本对过程建模有哪些用处。

案例题

1. 分析你所在学校使用的选课系统,给出它的数据流图描述。

2. 根据下列叙述性描述,为描述的内容绘制一个上下文数据流图。

校园书店"课本库存系统"的目的是向学生提供本地大学课程的课本。大学的教学部门通过一个"课本主清单"向书店提交初始数据,包括课程、教师、课本和预计注册人数。书店生成一个"购买订单","购买订单"被送到供应课本的出版公司。图书订单随着一个"包装清单"到达书店,它被接收的部门检查和验证。学生填写包含课程信息的"购书要求",当他们付了书款之后就得到一个"销售单据"。

3. 为下列描述建立上下文图和0层图的数据流图描述,下面内容描述了典型的美国 IRS 地区中心如何处理纳税申报。

最初,邮局卡车把纳税申报单带到地区中心。信件按照申报单的类型排序——例如,长表格与短表格,以及信件是否包含付款。排序后的信件被送到接收和控制部门,在那里它们被进一步分成3个通用目录(共计27类):要求退款的短表格、要求退款的长表格和包含纳税的申报单。

因为申报单的量很大,所以对文档进行两次排序。对 IRS 来说,在一天内收到超过 200 000 份申报单是很正常的事情。第一次排序划分总量是为了使工作更加便于管理。

为什么有这么多类型? 有些申报单要求延期填写,另一些按季度估计纳税额。填写纳税申报单的政府表格超过了 500 种。

例如,为了处理要求退款的短表格,操作员将表格提交给一个扫描申报单的机器,并存储数据供以后处理。数据由主计算机读取,它确定正确的税款,决定退款是否应发出,修改纳税人记录,打印信件、通知和留置权等等。

退款信息发送到国家计算中心,经由该中心引发财政部发出对实际退款的检查。信件、通知和其他传递的信息被发送到国内当地的 IRS 站点,从这些 IRS 站点把相应的信息发送给纳税人。

对要求退款的长表格的处理也是类似的,但与短表格的处理不完全一样,因为长表格通常包括信息的多项细目表,如详细的扣除额。首先,申报单被排序成批处理块以作为单个部分处理。对批处理块进行编号以确保申报单没有被丢失或者没有被过度的延迟。之后将批处理块传送到检查员。检查员检查和改正错误,并将申报单译成代码以供处理。

检查员将任何有不完全或不正确数据的申报单退回给纳税人。而且,当申报单在系统中转移时,办事员在每个申报单上粘贴一个文档定位号,用于提供额外的跟踪能力。这种处理类似于短表格。申报单被输入到计算机系统,对数据进行存储供后续使用。数据被主计算机阅读,以确定正确的税款,决定是否应发送退款,修改纳税人的文件记录,选择申报单用于税收审计,打印信件、通知和留置权等等。退款信息被发送到国家计算中心,经由该中心引发财政部发出对实际退款的检查。通知和审计信息被发送到国内当地的 IRS 站点,从那里把相应的信息发送给纳税人。

对于包含纳税的申报单,检查员检查并改正错误,译成代码以供处理,并将任何有不完全或不正确数据的申报单退回给纳税人。将申报单输入到计算机,计算机检查纳税人的计算和总额,分配文档定位编号,并存储数据。然后由不同的操作员重复进行前面的步骤。

来自第二个操作员的数据按照第一组数据进行正确性检查。错误报告被发送到检查员,对正确的数据进行存储后供后续处理。美国联邦储备银行为确定每日保证金而收集这些核查结果。

检查员检查错误,改正任何他们可以修改的错误,并写信通知纳税人索要遗漏的信息。在这一点上,申报单接着按照包含请求退款的长表格的描述做同样的处理。

4. 对第3题,给出相应的功能分解图和过程依赖图。

5. 建立一个决策表,正确反映下面的课程评分策略一个学生可以得到一个期末课程成绩 A、B、C、D、F。为了给出学生的期末课程成绩,老师首先确定一个学生的初始期末成绩,具体按照以下的方式确定:

头 3 次作业和测验中总成绩不低于 90 分,并且第 4 次作业成绩不低于 70 分的学生,这门课将得到成绩 A。头 3 次作业和测验总成绩低于 90 但不低于 80,并且第 4 次作业成绩不低于 70 的学生,这门课将得到成绩 B。头 3 次作业和测验总成绩低于 80 但不低于 70,并且第 4 次作业成绩不低于 70 的学生,这门课将得到成绩 C。头 3 次作业和测验总成绩低于 70 但不低于 60,并且第 4 次作业成绩不低于 70 的学生,这门课将得到成绩 D。头 3 次作业和测验总成绩低于 60,或者第 4 次作业成绩低于 70 的学生,这门课将得到成绩 F。一旦老师确定了学生的初始成绩,他将决定最后的课程成绩。如果学期期间旷课不多于 3 堂课,这个学生的学生课程成绩将同他的初始成绩一样。否则,学生的学期课程成绩将比他的初始课程成绩低一级。

存在某些条件使得老师无法采取行动吗?如果有,你将如何改正错误?你的决策表可以通过消除不可能的规则或合并规则进行简化吗?

6. 如果基本数据类型是单字符 char,有效域为|'a~z','0~9','A~Z'|,那么请以此为基础定义其他的数据类型:String,Integer(32 位),Date(1900-01-01 之后,包括 1900-01-01)。

7. 试着利用在本章中学习到的各种过程建模技术,为 ATM 机系统建立详细和完整的过程模型。

第 13 章　数据建模

复习题

1. 什么是数据建模?

2. 区分概念模型、逻辑模型和物理模型,它们中的哪些适合需求分析阶段的数据建模?给出理由。

3. 什么是实体?实体关系图中有哪些实体类型?

4. 数据存储和数据实体的区别是什么?数据实体和外部实体的区别是什么?

5. 什么是属性?属性有哪些类型?

6. 属性的域描述了哪些特征?

7. 什么是关系?确定和描述关系为什么很重要?

8. 区分基数和度数。

9. 在结构化分析当中,数据流图和实体关系图的协同是如何实现的?

思考题

1. 在需求获取阶段,需求工程师收集了大量的样本,包括文档、表格和报告,解释这些样本对数据建模有哪些用处。

2. 比较过程模型和数据模型,每个模型显示了什么?应该在两种建模策略之间做出选择吗?为什么?

3. 有些需求工程师认为数据建模是业务需求建模中最重要的方面,你如何评价这种看法?

案例题

1. 分析你所在学校使用的选课系统,给出它的数据模型描述。

2. 为下列描述建立实体关系图

Burger World 分销中心为 45 家 Burger World 特许经销商提供供应服务。你参与了为分销中心构造一个数据库系统的项目。每个特许经销商对下一个月其 Burger World 的菜单产品提交一份当天的销售计划。所有的菜单产品需要有配方和(/或)包装。基于商店销售计划,系统必须每天生成一个当天的配方需求,然后,将那些需求合成为每周一次的购买需求和发货需求。

3. 我们企业的 MIS 部门想构造一个数据库来跟踪所有的硬件和软件。我们拥有工作站、网络服务器和外设,而且 MIS 部门想跟踪软件包以及这些软件包的许可证。有些软件许可证是针对单机的,我们可以把这个软件安装在网络服务器上,但只能允许与许可证授权的用户数同样多的网络用户使用该软件。我们还拥有网络许可证,单个网络许可证授权了一定数量的用户。非网络许可证可以安装在工作站或服务器上。我们想跟踪软件许可证安装在哪里。某些许可证可以在某个时间未被安装在任何地方。我们还必须能够证明安装软件的合法性。每个许可证必须被跟踪到一个购买订单、赠品或者一次租借。我们也可以订购一些软件。我们订购软件包,同时收到许可证。请通过集体讨论构造数据模型和属性。

4. Sunset Valley Distributors 公司最近完成了一个大的转换项目。几个月前,公司决定进入数据库时代。公司的计算机文件有很多已经不可靠了,难以维护,并且对于实现许多最终用户的报告和查询请求来说太不灵活了。DBMS 看来是一个显然的解决方法。两个需求工程师主要负责这个转换项目,这花了他们几个月的时间。需求工程师已经决定简单地将每个计算机文件实现成关系数据库中的一个独立的表。一旦转换完成,文件系统中存在的问题又会出现在数据库系统中。报告包括了不正确的数据,报告和查询请求不容易实现,数据维护仍然很困难。公司雇佣了一个顾问来研究这个问题。顾问认为许多问题是因为分析员没有成功进行数据建模造成的。请解释设计数据库时进行数据建模的重要性。

第 14 章　面向对象建模

复习题

1. 什么是 UML,它可以用于什么类型的建模? 分别使用哪些技术?

2. 对象模型包含哪些基本元素? 给出这些元素的描述。

3. 对象模型包含有哪些重要思想? 给出这些思想的描述。

4. 对象模型的目的和目标是什么?

5. 为什么在开发周期的需求阶段产生的类图被称为领域模型? 它有什么特点?

6. 行为模型有哪些不同的技术,它们在适用情境上有什么区别?

7. 为什么要建立系统顺序图?

8. 状态图可以用来描述单个对象、对象集合或者整个系统,请举例说明。

9. OCL 是一种语言吗? 它具有哪些特点?

10. OCL 在 UML 中的地位如何? 主要用途是什么?

11. 面向对象分析的主要建模活动有哪些?

思考题

1. 在需求获取阶段,需求工程师收集了大量的样本,包括文档、表格和报告,解释这些样本对面向对象建模有哪些用处。

2. 评价下面一句话:面向对象是个好东西,但是只有专家开发者才能用好它。

3. 比较包括 CRC 策略在内的各种对象与类的发现方法,说明各种的优缺点和适用场景。

4. 一直以来,开发者认为面向对象方法在两个方面有着自己的优势:① 对象的思想符合人们认识现实世界的思路;② 顺利地实现了从分析向设计的平滑过渡。请你对此进行评价。

案例题

1. 基于以下描述开发一个领域模型。

该例是一个简化了的大学图书馆系统。当然,图书馆系统必须跟踪书的情况,同时还要维护关于书的标题及副本的信息。书的标题维护信息是关于名称、作者、出版商和目录号等信息。每个副本维护副本号、版本、印刷日期、ISBN、本书状态和归还日期等信息。

同时图书馆系统也要跟踪图书馆借书人的情况。由于它是一个大学图书馆,所以有几种类型的借书人,他们有各自不同的特权。这里包括教职工借书人、研究生借书人和本科生借书人等。借书人的基本信息包括姓名、地址和电话号码等。对于教职工借书人,还要包括诸如办公室地址和电话等信息。对于研究生借书人,还要包括研究项目和导师信息等。对于本科生借书人,还要包括项目和所有学分信息等。

图书馆系统也要跟踪借出书本信息。当一个借书人捧着一堆书去借书台办理借书手续时,借出这个事件就发生了。随着时间的过去,一个借书人可以多次从图书馆中借书。一次可以借出多本图书。

如果借书人想要的书已被借出,他可以预约。每个预约只针对一个借书人和一个标题。预约日期、优先权和完成日期等信息需要维护。当借书完成,系统会将这本书与借出联系起来。

2. 下面是一段用例的描述,针对一个汽车保险系统中"将一辆新车加入一个已有保单中"的用例。请你为其设计系统顺序图。

(1) 客户打电话给保险公司,并提供他的保单号,办事员输入这个信息,系统显示基本的保单。然后办事员检查信息,以确保保险费通用及保单有效。

(2) 客户给出要添加的汽车的牌子、模型、年份和车辆识别代号(VIN),办事员输入这些信息系统验证这些数据是否有效。然后客户选择期望的保额类型,以及每种类型的数量,办事员输入这些信息,系统会逐一记录并根据保单限制验证所请求的数量。输入所有的保额后,系统验证保额总和,包括保单上的其他汽车。

(3) 最后,客户必须要确认所有的驾驶员,以及他们驾驶汽车的时间比例。如果有一个新驾驶员加入,则调用另一个用例"增加新驾驶员"。

(4) 整个过程最后,系统更新保单,计算新的保险费,打印新的保单说明,邮寄给保单所有人

3. 请你给电梯调度系统开发一个状态图描述。

4. 分析你所在学校使用的选课系统,给出其详细和完备的面向对象分析模型描述。

5. 请分别为下列两个用例描述建立:(1)领域类图;(2)系统顺序图;(3)状态图;(4)重要行为的契约说明。

ID	1	名称	处理销售
参与者	收银员,目标是快速、正确地完成商品销售,尤其不要出现支付错误		
触发条件	顾客携带商品到达销售点		
前置条件	收银员必须已经被识别和授权。		
后置条件	存储销售记录,包括购买记录、商品清单、赠送清单和付款信息;更新库存和会员积分;打印收据。		

正常流程	1. 如果是会员,收银员输入客户编号 2. 收银员输入商品标识 3. 系统记录商品,并显示商品信息,商品信息包括商品标识、描述、数量、价格、特价(如果有商品特价策略的话)和本项商品总价 4. 系统显示已购入的商品清单,商品清单包括商品标识、描述、数量、价格、特价、各项商品总价和所有商品总价 收银员重复2~4步,直到完成所有商品的输入 5. 收银员结束输入,系统计算并显示总价,计算根据总额特价策略进行 6. 系统根据商品赠送策略和总额赠送策略计算并显示赠品清单,赠品清单包括各项赠品的标识、描述与数量 7. 收银员请顾客支付账单 8. 顾客支付,收银员输入收取的现金数额 9. 系统给出应找的余额,收银员找零 10. 收银员结束销售,系统记录销售信息、商品清单、赠送清单和账单信息,并更新库存 11. 系统打印收据

扩展流程	4-7a. 顾客要求收银员从已输入的商品中去掉一个商品:
	    1. 收银员输入商品标识并将其删除
	      1a. 非法标识
	        1. 系统显示错误并拒绝输入
	    2. 返回正常流程第5步
	4-7b. 顾客要求收银员取消交易
	    1. 收银员在系统中取消交易
	8a. 会员使用积分
	    1. 系统显示可用的积分余额
	    2. 营业员输入使用的积分数额,每50个积分等价于1元RMB
	    3. 系统显示剩余的积分余额和余下的现金数额
	    4. 收银员输入收取的现金数额
	10a. 会员
	    1. 系统记录销售信息、商品清单、赠送清单和账单信息,并更新库存
	    2. 计算并更新会员积分,将积分总额和积分余额都增加现金数额

特殊需求	1. 系统显示的信息要在1米之外能看清 2. 如果在一个销售任务在第10步更新数据过程中发生机器故障,系统的数据要能够恢复到该销售任务之前的状态

ID	3		名称	退货处理
参与者	收银员,目标是快速、正确地完成商品退货,不要因退货出现业务损失			
触发条件	顾客携带退货商品和购买收据到达销售点			
前置条件	收银员必须已经被识别和授权			
后置条件	存储本次退货情况,包括退货信息、退回商品清单和退回账款,并更新库存和会员积分;打印退货留存单据			
优先级	高			
正常流程	1. 收银员输入收据的销售记录号 2. 系统查找销售记录,显示销售信息和账单信息 3. 系统查找该销售记录曾经的退货清单和已退回账款,显示已退货商品列表,包括已退货商品总价和退货商品的标识、描述、数量、价格、特价 4. 收银员输入退货商品标识 5. 系统显示该退货商品的信息,包括商品标识、描述、数量、价格、特价和本项商品总价 6. 系统显示退货商品列表 7. 系统计算并显示应退账款总额和本次应退账款,计算要参考总额特价策略 收银员重复4~7步,直到完成所有商品的输入 8. 收银员结束所有退货商品输入 9. 收银员结束退货过程,系统显示本次应退账款 10. 收银员退给顾客现金 11. 系统记录本次退货情况,包括退货信息、退回商品清单和退回账款,并更新库存 12. 系统打印退货留存单据			
扩展流程	2a. 销售日期已超15天,不包括15天 　　1. 系统提示超期并取消退货 4b. 有多个具有相同商品类别的商品(如5把相同的雨伞) 　　1. 收银员可以手工输入商品标识和数量 7a. 应退账款总额>账单信息的现金数额 　　1. 系统提示退货总额超出并拒绝本次商品输入 7b. 会员,并且本次应退账款>会员积分 　　1. 系统提示已享受积分兑换的商品不能退货并拒绝本次商品输入 4-8a. 顾客要求收银员取消退货 　　1. 收银员在系统中取消退货 11a. 会员 　　1. 系统记录本次退货情况,包括退货信息、退回商品清单和退回账款,并更新库存 　　2. 计算并更新会员积分,将积分总额和积分余额都减少本次应退账款数额			

第四部分　需求的文档化和验证

第 15 章　需求规格说明

复习题

1. 什么是需求规格说明？为什么要建立需求规格说明？
2. 需求规格说明有哪些常见类型？它们的主要内容分别是什么？
3. 需求规格说明有哪些常见读者？他们阅读的目的是什么？他们对需求规格说明的要求是什么？
4. 需求规格说明有哪些描述手段？应该怎样结合运用？
5. 书写需求规格说明时,采用标准模板的好处是什么？
6. 需求规格说明时,有哪些原则和技巧可以遵循？
7. 优秀的需求规格说明文档,应该具备哪些特性？

思考题

1. 什么时候建立术语表？
2. 在需求获取和需求分析当中采用哪些手段可以保证最终需求集的完备性、一致性和正确性？
3. 关于文档化的 3 种手段——非形式化、半形式化和形式化,一直以来存在着较多的争论,对此你的看法是怎样的？

第 16 章　需求验证

复习题

1. 解释需求验证的准确含义。
2. 软件工程和需求工程中存在哪些重要的验证活动？需求验证在其中的定位是怎样的？
3. 需求验证有哪些常用方法？它们各自的优缺点和适用情境是什么？
4. 需求评审有哪些类型？有哪些参与人员？有哪些可能的活动？有哪些常用的评审方法？
5. 在需求验证中通常可能发现哪些问题？应该如果修正？

思考题

1. 用于需求获取的原型与用于需求验证的原型有何异同？
2. 多种需求验证的方法应该如何结合运用？

第五部分　需求管理与工程管理

第 17 章　需求管理

复习题

1. 什么是需求管理？为什么要执行需求管理？

2. 需求管理的主要任务有哪些？

3. 什么是需求基线？需求基线有哪些特征？

4. 需求基线的内容是什么？应该如何进行维护？

5. 需求跟踪有哪些类型跟踪联系链？它们的作用是什么？

6. 需求跟踪有哪 3 种不同的层次？它们的区别是什么？有什么不同的效果？

7. 需求跟踪有哪些实现方法？各自的优缺点和适用情境是什么？

8. 评价这一句话"一个项目的需求分析从来不会真正结束"，并说明理由。

9. 一个有效的变更控制过程应该包括哪些要素？有哪些注意事项？

思考题

如何有效处理需求的变化是很多现代软件开发技术的主题，对此现象你有什么看法？结合本章内容，你将怎样做以控制一个需求多变的项目？

第 18 章　需求工程中的过程管理

复习题

1. 如何理解需求工程过程的环境依赖性？它通常依赖于哪些环境因素？

2. 建立需求工程过程需要进行哪些工作？

3. 在常见的需求开发过程描述当中，有线性顺序、线性增量和迭代式 3 种常见类型，请比较和评价它们的特点。

4. 在建立需求工程过程时，需要建立的工作组件有哪些？

5. 为什么需求工程过程的评价和改进不能利用 CMMI 等软件工程方法来进行？

6. REGPG 是如何进行需求工程过程的评价和改进的？

7. 依据 PDCA 模型，应该如何进行需求工程过程的改进？

8. 在进行需求工程过程的改进时，要注意哪些事项？

思考题

对于软件开发而言，软件开发过程的质量决定了软件产品的质量，那么需求开发过程的质量是否能够决定解决方案和需求集的质量？请说明理由。

第 19 章　需求工程中的项目管理

复习题

1. 需求工程中的项目管理活动有哪些？

2. 应该如何安排对需求工程的资源安排？

3. 应该如何结合总体软件开发过程规划需求工程的生命周期？

4. 在组建需求工程团队时，要注意哪些事项？怎样维持团队内部的有效沟通？

5. 需求工程中可能会有哪些常见的需求风险？应该如何应对？

思考题

需求工程中的项目管理活动在整个软件的项目管理当中处于什么位置？

附录 1　IEEE SRS 模板

下面是 IEEE Std 830–1998 推荐的软件需求规格说明模板中第 3 部分内容的组织方式。

版本 1:按照操作模式进行组织

3. 详细需求描述

    3.1　对外接口需求

        3.1.1　用户界面

        3.1.2　硬件接口

        3.1.3　软件接口

        3.1.4　通信接口

    3.2　功能需求

        3.2.1　模式 1

            3.2.1.1　功能需求 1.1

            …

            $3.2.1.n$　功能需求 $1.n$

        3.2.2　模式 2

        …

        $3.2.m$　模式 m

            $3.2.m.1$　功能需求 $m.1$

            …

            $3.2.m.n$　功能需求 $m.n$

    3.3　性能需求

    3.4　约束

    3.5　质量属性

    3.6　其他需求

版本 2:按照操作模式进行组织

3. 详细需求描述

    3.1　功能需求

        3.1.1　模式 1

            3.1.1.1　对外接口需求

                3.1.1.1.1　用户界面

版本 3:按照用户类别进行组织

版本 4:按照类/对象进行组织

3. 详细需求描述

  3.1　对外接口需求

    3.1.1　用户界面

    3.1.2　硬件接口

    3.1.3　软件接口

    3.1.4　通信接口

  3.2　类/对象

    3.2.1　类/对象 1

      3.2.1.1　属性(直接的或继承的)

        3.2.1.1.1　属性 1

        …

        3.2.1.1.n　属性 n

      3.2.1.2　功能(服务、方法,直接的或继承的)

        3.2.1.2.1　功能 1

        …

        3.2.1.2.m　功能 m

      3.2.1.3　消息(收或发)

    3.2.2　类/对象 2

    …

    3.2.p　类/对象 p

  3.3　性能需求

  3.4　约束

  3.5　质量属性

  3.6　其他需求

版本 5:按照系统特性进行组织

3. 详细需求描述

  3.1　对外接口需求

    3.1.1　用户界面

    3.1.2　硬件接口

    3.1.3　软件接口

    3.1.4　通信接口

  3.2　功能需求

    3.2.1　系统特性 1

      3.2.1.1　特性描述

      3.2.1.2　刺激/响应序列

          3.2.1.3　相关功能需求

             3.2.1.3.1　功能需求 1.1

             …

             3.2.1.3.n　功能需求 1.n

       3.2.2　系统特性 2

       …

       3.2.m　系统特性 m

   3.3　性能需求

   3.4　约束

   3.5　质量属性

   3.6　其他需求

版本 6：按照刺激/响应进行组织

3. 详细需求描述

   3.1　对外接口需求

       3.1.1　用户界面

       3.1.2　硬件接口

       3.1.3　软件接口

       3.1.4　通信接口

   3.2　功能需求

       3.2.1　刺激因素 1

          3.2.1.1　功能需求 1.1

          …

          3.2.1.n　功能需求 1.n

       3.2.2　刺激因素 2

       …

       3.2.m　刺激因素 m

          3.2.m.1　功能需求 m.1

          …

          3.2.m.n　功能需求 m.n

   3.3　性能需求

   3.4　约束

   3.5　质量属性

   3.6　其他需求

版本 7：按照功能分解进行组织

3. 详细需求描述

   3.1　对外接口需求

版本8:多种组织方式混合

附录2 重要的需求工程实践方法

表附录2-1 ［REGPG］推荐的实践方法

活动	实践方法	活动	实践方法
需求文档	1. 在需求文档中应用标准结构 2. 考虑文档的使用 3. 包括需求的摘要 4. 为系统建立业务用例(Business Case) 5. 定义专用术语 6. 为可读性组织文档结构 7. 能够帮助读者查找信息 8. 使文档易于修改	需求获取	1. 评估系统可行性 2. 留意组织上和行政上的考虑事项 3. 辨别并咨询系统的涉众 4. 记录需求的来源 5. 定义系统的运行环境 6. 使用业务关系驱动需求获取 7. 寻找领域约束 8. 记录需求的理由 9. 从多个视角收集需求 10. 为理解不充分的需求建立原型 11. 使用场景获取需求 12. 定义操作过程 13. 重用需求
需求分析与协商	1. 定义系统边界 2. 需求分析时使用检查表 3. 为协商提供软件工具支持 4. 为冲突和冲突的解决做出计划 5. 确定需求优先级 6. 使用多维度方法分类需求 7. 使用交互矩阵发现冲突和交叠 8. 评估需求风险	需求描述	1. 使用标准模板来表述单个需求 2. 用语简单、一致、准确 3. 恰当地使用图表 4. 为需求的其他形式描述提供自然语言补充 5. 定量的描述需求
系统建模	1. 开发系统的补充模型 2. 建模系统的环境 3. 建模系统的体系结构 4. 使用结构化方法进行系统建模 5. 使用数据字典 6. 记录涉众需求和系统模型之间的联系	需求验证	1. 确保需求文档符合自己定义的标准 2. 组织正式的需求审查 3. 使用具有多种知识的团队审查需求 4. 使用验证检查表 5. 使用原型模拟需求 6. 写作一个粗略的用户使用手册 7. 计划需求测试用例 8. 解释系统模型

活动	实践方法	活动	实践方法
需求管理	1. 唯一的标识每条需求 2. 使用需求管理策略 3. 定义需求跟踪策略 4. 使用需求跟踪指南 5. 使用数据库管理需求 6. 定义变更控制策略 7. 标识全局性系统需求 8. 标识不稳定的需求 9. 记录被丢弃的需求	对关键系统的RE	1. 建立安全性需求检查表 2. 让外部评审员参与验证过程 3. 辨别并分析危险因素 4. 从危险因素分析中推导出安全性需求 5. 反复核对安全性需求对应的操作性和功能性需求 6. 用形式化手段描述系统 7. 收集偶发事件的经历(Incident Experience) 8. 在偶发事件的经历中学习 9. 建立组织的安全文化

表附录 2-2　[REGPG]中最重要的 10 个实践

实践	关键好处	学习成本	应用成本
在需求文档中应用标准结构	需求文档的高质量和低成本	中—高	低
使得文档易于修改	降低变化需求的成本	低	很低
唯一标识每条需求	为细节需求提供明确的引用法	很低	很低
使用需求管理策略	为所有的需求管理活动提供指南	中	低
使用标准模板来表述单个需求	以一致方式表述的需求更易于理解	中	低
用语简单、一致、准确	需求易于阅读和理解	较低	低—中
组织正式的需求审查	发现大部分的需求问题	中	中
使用验证检查表	帮助在验证过程中保持注意力	低—中	低
需求分析时使用检查表	需求分析进行的更快、更完整	低—中	低
为冲突和冲突的解决做出计划	需求问题得到更快的解决	低	低

表附录 2-3　[Hofmann2001]的 10 个最佳实践

最佳实践	关键好处	学习成本	应用成本
1. 在需求工程中全程引入用户和客户	可以更好地理解"真实需求"	低	中
2. 标识和考虑所有的需求源	提高需求的覆盖度	低—中	中
3. 为 RE 活动安排有技术的管理者和成员	提高需求工程过程的可预测性	中—高	中
4. 项目精力的 15%~30%分配给 RE 活动	让项目全程持有高质量的规格说明	低	中—高
5. 提供规格说明的模板和示例	提高规格说明的质量	低—中	低

最佳实践	关键好处	学习成本	应用成本
6. 与涉众维持良好的关系	更好地满足用户需要	低	低
7. 将需求区分优先级	集中注意力于最重要的用户需要	低	低—中
8. 和原型一起开发补充性的模型	去除规格说明的模糊性和不一致性	低—中	中
9. 维护一个跟踪矩阵	显式的连接需求和工作产品	中	中
10. 使用同级评审、用例和走查来验证和确认需求	更精确的规格说明和更高的用户满意度	低	中

表附录 2-4 ［Wieger2003］的 46 个实践

主题	实践方法	难度	影响
需求获取	1. 定义需求开发过程	高	高
	2. 定义项目前景和范围	低	高
	3. 确定用户群	低	高
	4. 选择用户代言人	中	中
	5. 建立核心队伍	中	中
	6. 确定用例	中	高
	7. 确定系统事件和响应	低	中
	8. 举行需求获取的讨论会	高	中
	9. 观察用户如何工作	低	中
	10. 检查问题报告	低	低
	11. 重用需求	高	中
需求分析	1. 绘制关联图	低	高
	2. 创建原型	中	中
	3. 分析可行性	低	中
	4. 确定需求优先级	中	高
	5. 为需求建模	高	中
	6. 创建数据字典	低	中
	7. 将需求分配至各子系统	中	高
	8. 应用质量功能部署 QFD	高	中
需求规格说明	1. 采用 SRS 模板	中	高
	2. 确定需求来源	低	高
	3. 唯一标识每项需求	低	中
	4. 记录业务规范	中	高
	5. 定义质量属性	中	高
需求验证	1. 审查需求文档	中	高
	2. 测试需求	低	中
	3. 确定合格标准	中	中

主题	实践方法	难度	影响
需求管理	1. 定义需求变更控制过程 2. 成立变更控制委员会 3. 分析需求变更的影响 4. 控制需求版本并为其建立基线 5. 维护需求变更的历史记录 6. 跟踪每项需求的状态 7. 衡量需求稳定性 8. 使用需求管理工具 9. 创建需求跟踪矩阵	中 中 中 低 中 低 高 高 高	高 高 中 高 低 中 中 中 中
项目管理	1. 选择合适的开发周期 2. 根据需求制定项目计划 3. 重新协商权利和义务 4. 管理需求风险 5. 跟踪需求耗费的人力物力 6. 回顾以往的教训	中 高 高 高 中 低	中 高 高 中 低 中
知识	1. 培训需求分析员 2. 对用户代表和管理者进行需求培训 3. 对开发者进行应用领域相关的培训 4. 创建术语表	中 高 低 低	中 中 高 中

表附录 2-5 ［Young2002］推荐的 10 个实践方法

编号	实践方法
1	使用有效的合作方法建立并维护客户和开发者之间的承诺
2	建立并使用负责需求的联合团队
3	定义真实的客户需要
4	使用并不断改进需求过程
5	迭代使用系统需求和体系结构过程
6	运行机制维护项目组之间的沟通
7	选择熟悉的方法并维护一组工作产品
8	执行需求检验与确认
9	提供适应需求变更的有效机制
10	使用实践证明的、已知的、熟悉的最佳实践,推动开发工作

引 用 文 献

［Hofmann 2001］ HOFMANN H F, LEHNER F. Requirements engineering as a success factor in software projects. IEEE Software. 2001,18(4): 58- 66.

［REGPG］ SOMMERVILLE I, SAWYER P. Requirements engineering:good practice guide. Chichester: John Wiley & Sons, 1997.

［Young 2002］ YOUNG R R. Effective requirements practices. Boston: Addison Wesley, 2002.

［Wiegers 2003］ WIEGERS K. Software requirements. 2nd ed. Redmond: Microsoft Press, 2003.

郑重声明

高等教育出版社依法对本书享有专有出版权。任何未经许可的复制、销售行为均违反《中华人民共和国著作权法》，其行为人将承担相应的民事责任和行政责任；构成犯罪的，将被依法追究刑事责任。为了维护市场秩序，保护读者的合法权益，避免读者误用盗版书造成不良后果，我社将配合行政执法部门和司法机关对违法犯罪的单位和个人进行严厉打击。社会各界人士如发现上述侵权行为，希望及时举报，本社将奖励举报有功人员。

反盗版举报电话　　（010）58581897　58582371　58581879
反盗版举报传真　　（010）82086060
反盗版举报邮箱　　dd@hep.com.cn
通信地址　　北京市西城区德外大街4号　高等教育出版社法务部
邮政编码　　100120